智能科学与技术丛书

Applied Machine Learning

机器学习

应用视角

[美] 大卫·福赛斯（David Forsyth） 伊利诺伊大学 ◎ 著

常虹 王树徽 庄福振 杨双 中科院计算所 ◎ 等译

机械工业出版社
China Machine Press

图书在版编目（CIP）数据

机器学习：应用视角 /（美）大卫・福赛斯（David Forsyth）著；常虹等译．—北京：机械工业出版社，2020.11
（智能科学与技术丛书）
书名原文：Applied Machine Learning

ISBN 978-7-111-66829-9

I. 机… II. ①大… ②常… III. 机器学习－高等学校－教材 IV. TP181

中国版本图书馆 CIP 数据核字（2020）第 206964 号

本书版权登记号：图字 01-2020-2373

本书涵盖了每个想以机器学习为工具的人都应该知道的概念和方法，广泛介绍了机器学习的诸多领域，包括分类、高维数据、聚类、回归、图模型和深度网络。理论方法与应用实例相结合，使读者易于理解和上手实践。强调使用现有的工具和软件包，而不是自己编写代码。

本书是一个机器学习工具箱，不仅可以作为相关专业高年级本科生和低年级研究生的教材，也适合各类工程技术人员自学参考。

出版发行：机械工业出版社（北京市西城区百万庄大街 22 号 邮政编码：100037）
责任编辑：柯敬贤　　责任校对：李秋荣
印　　刷：三河市东方印刷有限公司　　版　　次：2021 年 1 月第 1 版第 1 次印刷
开　　本：185mm×260mm 1/16　　印　　张：21.75
书　　号：ISBN 978-7-111-66829-9　　定　　价：129.00 元

客服电话：（010）88361066 88379833 68326294　　投稿热线：（010）88379604
华章网站：www.hzbook.com　　读者信箱：hzjsj@hzbook.com

译者序

在计算机科学领域，机器学习正逐渐遍及各个角落，很多应用问题上的研究进展都得益于机器学习方法，人工智能对计算机科学提出的很多挑战性问题也有待于从机器学习中求解。随着计算技术的发展，机器学习的强大能力逐渐显现，因而得到日益广泛的关注。对于想要了解和掌握机器学习方法的学生和学者，本书是一个理想的入门途径。

本书覆盖范围广，注重“实用”。书中的每一类方法都结合了应用实例，例如，结合计算机视觉领域的图像分类和物体检测阐述深度学习的模型和方法。这种理论方法与具体实例相结合的风格易于读者理解和动手实践。

机器学习领域内容非常广泛，通过本书，读者可以了解其基本思想、方法和应用。当然，本书不可能覆盖机器学习的每个角落：一方面，本书没有涉及某些传统的机器学习范式，如增强学习；另一方面，本书没有介绍近年来先后出现的一些新的学习范式，如半监督学习、迁移学习、元学习等。随着机器学习的发展，会有更多根植于传统理论的新概念、新方法出现，但只有掌握了基础，你才能跟得上技术的日新月异。

我在 2001 年读博士时开始接触机器学习，之后一直从事机器学习及其应用的研究工作。近年来，通过对计算机视觉和模式识别领域若干问题的探索，我愈发认识到机器学习的重要，尽管机器学习在解决问题的角度和方式上与这些应用领域不尽相同。非常感谢大卫·福赛斯教授的信任和机械工业出版社的委托，让我有幸负责组织本书的翻译工作。期待本书能够帮助国内的学生、学者和工程技术人员更好地学习机器学习，我很高兴能为此尽一点绵薄之力。

本书的翻译工作主要是我和计算所的同事王树徽、庄福振、杨双三位老师合作完成的，他们分别在多媒体计算、数据挖掘和计算机视觉领域有丰富的科研经验，从不同的视角对机器学习有深入的理解。还有一些研究生参与了本书的翻译，他们是(排名不分先后)：康楠、胡民阳、崔晏菲、李胤祺、叶博涛、胡梓珂、张函玉、张富威、齐志远、张远航。出版社的老师在排版和校对方面给予了极大的帮助，感谢他们为本书出版付出的努力！

由于时间仓促，本书难免存在瑕疵，包括一些翻译习惯上的差异，在此谨致歉意。若有发现，请及时反馈给我或出版社以进行修正，不胜感激。

常　虹

2020 年 5 月

机器学习方法已成为各个领域科学家、研究人员、工程师和学生的重要工具。许多年前，人们可以发表论文，将(比如说)分类器引入一个还未听说过它的研究领域。现在，在大多数领域中，你要开启自己的研究就必须知道什么是分类器。本书面向想要使用机器学习作为主要工具，而并不一定要成为机器学习研究人员的读者——在本书编写之际，几乎人人都是如此。本书没有引入机器学习的最新发现，主要涵盖我自己选择的一些主题。这是本书与其他书籍的不同之处。

本书根据我在很多场合针对不同学生讲授的课程的课堂笔记修改而成。当时的学生大多是四年级本科生和一年级研究生，其中有一半的学生不是计算机科学专业，但他们仍然需要机器学习方法的背景知识。该课程强调将各种方法应用于真实的数据集，本书亦然。

决定本书内容的主要原则是要覆盖一些机器学习的思想，我想无论读者的专业或职业如何，只要他们使用学习工具，就应该了解这些思想。虽然忽略一些内容不是件好事，但是我必须做出选择。大多数人会发现广而浅地了解这个领域比深而窄地掌握更有用，因此本书广泛介绍了很多领域。我认为这样很好，因为本书的目标就是让所有读者都能够充分了解这一点，比如，启用分类工具包会使很多问题迎刃而解。所以，本书为你提供了足够多的基础知识，同时使你意识到还有更多的内容值得去了解。

本书对有专业基础的学生也是有用的。以我的经验，很多学生学习部分或全部材料时并不知道它们的用处，最后就忘记了。如果你也是这种情况，我希望本书可以唤醒你的记忆。

本书适合从头至尾地讲授或阅读。在包含 15 周的一个学期中，我讲授了其中很多内容，且通常设置 12 次编程作业。不同的教师或读者有不同的需求，所以我在下面给出几点建议。

阅读准备

本书假设你已经具备一定的概率和统计的背景知识。这些背景知识在我编写的另一本书——*Probability and Statistics for Computer Science*㊀中均有介绍。两本书有部分重叠，因为不是每位读者都会完整阅读这两本书。但是，我已经尽量减少重叠的比例(大约 40 页)，内容仅限于有必要重复介绍的部分。你应该从另一本书(或其他类似的书籍)中了解的内容包括：

- 各种描述性统计量(均值、标准差、方差)和一维数据集的可视化方法
- 二维数据集的散点图、相关性和预测
- 一些离散概率知识
- 少量连续概率知识(大体掌握概率密度函数及其解释)
- 随机变量及其期望
- 少量样本和总体知识

㊀ 中文版将由机械工业出版社于 2021 年出版。——编辑注

- 最大似然
- 简单贝叶斯推断
- 各种实用概率分布的一些性质，或者到哪里查找它们

理论基础：熟练掌握和应用线性代数的相关知识。我们很快将遇到矩阵、向量、正交矩阵、特征值、特征向量和奇异值分解等概念，本书不会对这些概念做过多的介绍。

编程基础：你应该能够毫不费力地使用一种编程环境。在此我使用的是 R 或 MATLAB，具体依特定工具包的可靠程度而定。在某些地方，使用 Python 是个很好的主意。

学习技巧：大多数关于编程的简单问题可以通过搜索得到答案。我通常通过网络搜索来了解语法、特定工具包等的详细信息，因为它们很容易被遗忘。答疑时间有学生来问我诸如“如何在 R 中写循环”等问题时，我经常通过搜索“R loop”来回答，而且告诉他这其实并不需要记忆。

数据集及失效的链接

使用真实数据集是本书的一个重要特点。然而，现实生活是复杂的，我在本书中引用的数据集可能在你阅读时已经被移动了。一般而言，使用网络搜索引擎简单地查找就可以找到被移动的数据集或条目。我也会尽量在我的个人主页上提供缺失或被移动的数据集的链接。在因特网上搜索我的名字，很容易找到我的个人主页。

引用

一般来说，我遵循教材的风格，尽量不在正文中引用论文。我并不准备提供完整的现代机器学习的参考文献列表，也不打算提供一个不完整的参考文献列表。但是，我在书中某些地方提及了一些论文，或者是因为对读者来说了解该论文非常重要，或者是因为我使用的数据集的提供者要求引用其出处。我将尽量在我的个人主页上更正引用的错误或遗漏。

省略的主题

罗列出所有省略的主题是不现实的。其中，我深感遗憾地省略了下述三个主题：核方法、强化学习和像 LSTM 那样的神经序列模型。省略这些是因为我曾经认为，虽然每个主题都是实践者工具箱的一个重要部分，但是其他的主题更需要在本书中涵盖。完成本书之后我可能会编写关于这些主题的附加内容，完善后再将它们放到网上，并链接到我的个人主页。

本书涉及非常少量的学习理论。尽管学习理论非常重要(我仅用简短的一章进行介绍，让读者有个初步的了解)，但它并不会直接影响实践。而且，很多机器学习方法虽然仅由较弱的理论支撑，却是极其有用的。

大卫·福赛斯
美国伊利诺伊州厄巴纳市

我要感谢在我的成长过程中帮助过我的人。在长长的致谢列表中，一些重要的人包括：Gerald Alanthwaite、Mike Brady、Tom Fair、Margaret Fleck、Jitendra Malik、Joe Mundy、Jean Ponce、Mike Rodd、Charlie Rothwell 和 Andrew Zisserman。

尽管本书是我自己的成果，但我从各种各样的资源中得到了启发，包括下列书籍：

- *The Nature of Statistical Learning Theory*, V. Vapnik; Springer, 1999
- *Machine Learning*: *A Probabilistic Perspective*, K. P. Murphy; MIT Press, 2012
- *Pattern Recognition and Machine Learning*, C. M. Bishop; Springer, 2011
- *The Elements of Statistical Learning*: *Data Mining*, *Inference*, *and Prediction*, Second Edition, T. Hastie, R. Tibshirani, and J. Friedman; Springer, 2016
- *An Introduction to Statistical Learning*: *With Applications in R*, G. James, D. Witten, T. Hastie, and R. Tibshirani; Springer, 2013
- *Deep Learning*, I. Goodfellow, Y. Bengio, and A. Courville; MIT Press, 2016
- *Probabilistic Graphical Models*: *Principles and Techniques*, D. Koller and N. Friedman; MIT Press, 2009
- *Artificial Intelligence*: *A Modern Approach*, Third Edition, S. J. Russell and P. Norvig; Pearson, 2015
- *Data Analysis and Graphics Using R*: *An Example-Based Approach*, J. Maindonald and W. J. Braun; Cambridge University Press, 2e, 2003

现代科学生活的一个绝妙特征是人们愿意在因特网上共享数据。我是在网上寻找的数据集，在这里将尽可能准确而全面地致谢本书使用的数据的构造者和共享者。如果因为我的疏忽遗漏了你，请告诉我，我将尽量纠正。我尤其热衷于使用来自下述地址的数据：

- UC Irvine 机器学习库，网址为 http://archive.ics.uci.edu/ml/
- John Rasp 博士的统计网站，网址为 http://www2.stetson.edu/~jrasp/
- OzDasl：澳大拉西亚数据和故事资料库，网址为 http://www.statsci.org/data/
- 约翰逊实验室的基因动力学中心，网址为 http://cgd.jax.org/（拥有惊人数量的有关老鼠的信息）以及 17.2 节和 18.1 节罗列和描述的数据集

我在准备本书手稿时定期地查阅维基百科，会把其中相关的内容融入本书。通过阅读维基百科并不能学到本书的内容，但是适当地查阅非常有助于弥补书中的错失、混乱或者被遗漏的内容。

当我第一次组织这门课程时，Alyosha Efros 让我看了他讲授的一门课程的笔记，这影响了我对课程所涉及主题的选择。Ben Recht 给了我一些主题选择方面的建议。我和 Trevor Walker 曾共同组织这门课程一个学期，他的意见非常有价值。Eric Huber 作为在线部分的课程负责人提出了大量的建议。各种版本的本课程以及相关课程的助教也帮助改进了讲义，他们是：Jyoti Aneja、Lavisha Aggarwal、Xiaoyang Bai、Christopher Benson、Shruti Bhargava、Anand Bhattad、Daniel Calzada、Binglin Chen、Taiyu Dong、Tanmay Gangwani、Sili Hui、Ayush Jain、Krishna Kothapalli、Maghav Kumar、Ji Li、Qixuan

Li、Jiajun Lu、Shreya Rajpal、Jason Rock、Daeyun Shin、Mariya Vasileva 和 Anirud Yadav。下列人指出过本书中的笔误：Johnny Chang、Yan Geng Niv Hadas、Vivian Hu、Eric Huber、Michael McCarrin、Thai Duy Cuong Nguyen、Jian Peng 和 Victor Sui。

有些学者针对本书的深度网络部分提出了有价值的意见，他们是：Mani Golparvar Fard、Tanmay Gupta、Arun Mallya、Amin Sadeghi、Sepehr Sameni 和 Alex Schwing。

审稿人提出了非常有帮助的建议，我通过裁减章节、调换章节顺序和重新组织某些主题等方式予以采纳。在此向以下审稿人致以谢意：

Xiaoming Huo，佐治亚理工学院

Georgios Lazarou，南阿拉巴马大学

Ilias Tagkopoulos，加州大学戴维斯分校

Matthew Turk，加州大学圣芭芭拉分校

George Tzanetakis，维多利亚大学

Qin Wang，阿拉巴马大学

Guanghui Wang，堪萨斯大学

Jie Yang，伊利诺伊大学芝加哥分校

Lisa Zhang，多伦多大学密西沙加校区

很多人为本书提供了帮助，非常感谢他们付出的努力。本书中仍然存在的缺陷是我的原因，在此谨致歉意。

关于作者

大卫·福赛斯(David Forsyth)在开普敦长大。他分别于1984年和1986年在约翰内斯堡的金山大学获得电子工程学学士和硕士学位，并于1989年在牛津大学贝利奥尔学院获得博士学位，曾在艾奥瓦大学任教3年，在加州大学伯克利分校任教10年，之后到伊利诺伊大学任教。他是2000、2011、2018和2021年度IEEE计算机视觉和模式识别会议(CVPR)的程序委员会共同主席，2006年度CVPR和2019年度IEEE国际计算机视觉会议(ICCV)的大会共同主席，2008年度欧洲计算机视觉会议(ECCV)的程序委员会共同主席，而且是所有主要的计算机视觉国际会议的程序委员会成员。此外，他还在SIGGRAPH程序委员会任职了6届。他于2006年获得IEEE技术成就奖，分别于2009年和2014年成为IEEE会士和ACM会士。从2014年到2017年，他一直担任IEEE *TPAMI* 杂志的主编。他是 *Computer Vision：A Modern Approach* 一书的主要作者，该书作为计算机视觉的教材，更新到了第2版，被翻译为4种不同的语言。他还是 *Probability and Statistics for Computer Science* 一书的唯一作者，它为本书提供了背景知识。他的爱好广泛，比如他是拥有中级三混气体潜水资格认证的潜水爱好者。

第四部分 回归

第五部分 图模型

第六部分 深度网络

第一部分

Applied Machine Learning

分　类

第 1 章

Applied Machine Learning

学 会 分 类

分类器是一个接收一个特征集合并为其产生类标签的程序。分类器非常有用而且有广泛的应用场景，因为很多问题都很自然地属于分类问题。例如，你想确定是否要把广告放到一个网页上，就可以使用一个分类器(即查看该网页，根据某些规则决定是或否)。再如,你在网上找到一个免费的程序，也可以使用分类器来确定运行它是否安全(即查看该程序，根据某些规则决定是或否)。再如，信用卡公司必须确定一笔交易是正常的还是存在欺诈的。

所有这些例子都是二分类问题，但是在很多情况下会自然地有多个类别。比如，可以把分拣要洗的衣服看作多类分类问题，也可以把医生看作复杂的多类分类器：医生接受一个特征集合(你的主诉、对问题的回答等)，然后做出答复，每种答复就是一个类别。对任意课程的打分过程也是一个多类分类：接收一个特征集合——考试成绩、作业等，然后产生一个类别标签(由字母表示的等级)。

分类器通常使用一个有标签的训练样例集合来训练，然后通过优化训练数据的代价函数来搜索分类器。训练分类器有趣的一点是，训练数据上的性能并不重要，重要的是在运行时测试数据上的性能。但是因为我们不知道这些数据的正确标签，所以很难评估其性能。例如，我们希望将信用卡交易分类为安全的和存在欺诈的。我们能够得到一个具有正确标签的历史交易数据集，但是我们关心的是新的交易，而判断它的分类结果是否正确是非常困难的。为了能够完成分类问题，有标签的样例集合必须在某些方面足以代表未来的新样例。我们通常假设有标签的样例是从所有可能样例中抽取出来的独立同分布的样本，虽然我们从未显式地使用这个假设。

记住：分类器是一个接收一个特征集合并为其产生类标签的程序。分类器在有标签的样例上训练，而其最终目标是在训练阶段看不到的数据上得到好的性能。训练一个分类器需要有标签的数据，这些数据可以在一定程度上代表未来的数据。

1.1 分类的主要思想

我们把训练数据集记作$(\boldsymbol{x}_i, y_i)$。对于第 i 个样例，$\boldsymbol{x}_i$ 表示一组特征的取值。在最简单的情况下，$\boldsymbol{x}_i$ 是一个实数向量；在另一些情况下，$\boldsymbol{x}_i$ 可能包含类别型数据甚至未知的值。虽然 $\boldsymbol{x}_i$ 不一定总是向量，但是我们通常称之为**特征向量**(feature vector)。标签 y_i 给出了该样例所属的目标类型。我们需要用这些有标签的样例来得到一个分类器。

1.1.1 误差率及其他性能指标

我们可以用**误差**(error)或**总误差率**(total error rate，即分类错误的百分比)和**准确率**(accuracy，即分类正确的百分比)来概括一个分类器的性能。在大多数实际情况下，即使最好的分类器也会产生误差。例如，一个外星人尝试只以身高为特征，把人类分类为男人和女人。不管这个外星人的分类器如何使用这个特征，总会有错误分类的情况。这是因为该分类器需要对每个身高值给出男或女的标签，然而，大多数身高值对应的性别都既有男也有女，因此这个外星人的分类器最终一定会产生一些错误。

如上例所述，一个特定的特征向量 $\boldsymbol{x}$ 可能会对应不同的标签(比如那个外星人很可能会在训练数据中看到同样6英尺[㊀]高的男人和女人，而且未来数据中也一定会出现这种情况)。通常，标签会以观测量为条件以一定概率出现，记为 $P(y|\boldsymbol{x})$。如果在特征空间的某些部分 $P(\boldsymbol{x})$ 相对较大(所以我们期望看到那种类型的观测)，同时在这部分对应的 $P(y|\boldsymbol{x})$ 对于超过一种标签的取值都相对较大，那么此时最好的分类器也会具有一个较高的误差率。而如果我们已知 $P(y|\boldsymbol{x})$(这种情况极少)，我们就可以找到具有最小误差率的分类器并计算其误差率。对于一个特定问题，由最好的分类器产生的最小期望误差率称为该问题的**贝叶斯风险**(Bayes risk)。在实际中，由于计算贝叶斯风险需要事先知道 $P(y|\boldsymbol{x})$，而 $P(y|\boldsymbol{x})$ 通常是不确定的，因此在多数情况下都很难得到贝叶斯风险。

一个分类器的误差率本身并没有多大意义，因为通常不知道对应问题的贝叶斯风险。一种有益的做法是将给定的分类器与一些自然存在的备选方法进行比较。这些被用来比较的备选方法有时也称为**基准**(baseline)。为一个特定的问题选择合适的基准几乎总是一个应用逻辑问题。最简单的一种通用性基准是一无所知策略。想象一下分类数据时根本不使用任何特征向量的策略——这样能做到多好？如果 C 个类别中的每个类出现的概率都相同，那么把数据均匀且随机地进行标注就可以，这时的分类误差率是 $1-1/C$。如果一个类别比其他类别出现得更频繁，那么可以通过把所有数据都标注成这个类别来得到最低的分类误差率。这种比较方法通常称为**与随机对比**(comparing to chance)。

实际中一种常见的情况是数据中只有两个类别。你应该知道这意味着最高可能的误差率是50%——如果你有一个误差率更高的分类器，那意味着你可以通过对输出进行交换来改进它。如果一个类别比另一个类别更常见得多，训练就会变得更复杂，因为最优策略——把所有数据都标记为这个常见的类别——通常会获得不错的效果，变得很难被比下去。

记住：分类器的性能可以由总误差率或准确率来概括。对于一个分类问题，你很难知道一个分类器可能的最好性能如何。因此，可以和基准方法进行性能比较，其中随机分类通常都是一种超乎预期的基准方法。

1.1.2 更详细的评估

分类误差率是一种度量分类器性能的非常粗略的指标。对于一个二类分类器和0-1损失函数，可以报告其**假正率**(false positive rate，测试数据中负类样本被错误地划分为正类的比例)和**假负率**(false negative rate，测试数据中正类样本被错误地划分为负类的比例)。注意同时提供两个指标很重要，因为一个具有较低假正率的分类器会倾向于有较高的假负率，反之亦然。所以，对那些只给出其中一个指标的结果要保持警惕。除了这两个指标外，其他的报告指标还包括**灵敏度**(sensitivity，正例被分类为正类的比例)和**特异度**(specificity，负例被分类为负类的比例)。

二类分类器的假正率和假负率可以类似地扩展到多类分类器的评估，为此构建**类别混淆矩阵**(class-confusion matrix)。这是一个由许多单元组成的表格，其中第(i, j)个单元表示真实标签为 i 而预测标签为 j 的实例数量(也有人计算它们所对应的比例而不是具体的

㊀ 1英尺=0.3048米。——编辑注

数量值)。表 1-1 给出了一个例子。这是一个分类器的混淆矩阵，该分类器根据一组生理和身体测量数据来预测心脏疾病。这里一共有五个类别(0，…，4)。第(i，j)个表格单元的数值表示真实标签为 i 而预测标签为 j 的实例数量。为方便区分行和列分别代表的是真实标签还是预测标签，我们可以在表格上作出标记。每行都可以计算出一个**类别误差率**，即对应类别的数据实例被错分的比例。对于这样的表格，通常最先查看其对角线。如果最大的数值都出现在对角线上，那么就可以认为该分类器效果不错。可以看出，这种情况并没有发生在表 1-1 中。你能看到这个分类方法更善于判断数据点是否属于类别 0(对应的类别误差率很小)，但是无法有效区分其他类别。这也有力地说明了仅由这些数据并不能达到我们想要的区分性。也许用它们来区分其他类型的标签会更好一些。

表 1-1 多类分类器的类别混淆矩阵。这是一个单元表格，其中第(i，j)个单元表示真实标签为 i 而预测标签为 j 的实例数量(也有人计算它们所对应的比例而不是具体的数量值)。有关这个数据集的细节和例子将在实例 2.1 中给出

		预测					
		0	1	2	3	4	类别误差率
真实	0	151	7	2	3	1	7.9%
	1	32	5	9	9	0	91%
	2	10	9	7	9	1	81%
	3	6	13	9	5	2	86%
	4	2	3	2	6	0	100%

记住：当需要对分类器做更详细的评估时，可以查看假正率和假负率。要同时查看这两个指标，因为一个指标上的优越反而容易引起另一个指标的低下。类别混淆矩阵可以概括多类分类的误差。

1.1.3 过拟合与交叉验证

选择和评估一个分类器时需要非常小心。我们的目标是利用一个有标签的训练样例集合，来得到一个在未来的数据上工作得很好的分类器(而这些未来的数据，可能我们永远都无法知道其真实类别)。这并不容易。例如，想象一个这样的分类器，它在接收要预测的数据点之后，只判断该数据点是否与训练集合中的某一数据点相同：若是，就输出与该训练数据点相同的类别，否则它就随机地将数据点划分到一个类别。这样的做法太简单粗暴，因此我们需要选择合适的指标来进行评估。

分类器的**训练误差**(training error)指该分类器在训练样例上的分类误差。相对地，**测试误差**(test error)指在这些用于训练分类器的样例以外的数据上的误差。因为分类器的训练过程就是要在训练数据上不断做好，因而通常都会有较小的训练误差，但不一定具有较小的测试误差，这个现象有时被称为**过拟合**(overfitting)，也被称为**选择偏差**(selection bias)(因为被选择的训练数据与测试数据并不是很精确地相似)或**泛化失败**(generalizing badly)(因为分类器没能从训练数据很好地泛化到测试数据)。这种情况发生的原因是对应的训练过程很可能找到了对应于训练数据集的特殊性质，因而在训练数据集上工作得很好。但由于训练数据集与测试数据集的不同，使得所找到的这些特殊性质在测试数据集上可能并不具有代表性，导致在测试数据集上表现不好。训练数据集通常是用于构建分类器的所有可能数据中的一个典型样本，所包含的不确定性很可能是远小于测试数据集的，可能有某些性质不出现在测试数据中，从而导致过拟合。过拟合现象告诉我们，分类器的评

估总是需要在训练中没有用到的数据上进行。

现在假设我们想要在测试数据上估计分类器的误差率。这时不能用训练分类器的那些数据来估计分类器的误差率，因为分类器已经在那些数据上被训练得很好，这意味着只根据这些数据得到的误差率的估计值会过低。因此一种方法是将训练数据分出一部分组成**验证集**(validation set，它有时候也一样被称为测试集)，然后在训练数据的其余数据上训练分类器，在验证集上评估分类器的性能。由于验证集是所有可能需要分类的数据的一个样本，因此在验证集上的误差估计值是一个随机变量的取值，且这个误差估计是**无偏的**(unbiased)，也就是说误差估计的期望值就是误差的真实值(详见3.1节)。

但是，从训练数据中分出一部分数据带来一个问题，因为我们训练的时候缺失了一部分训练数据，可能会使得分类器无法训练到最好。当我们试图从许多分类器中进行选择时，这个问题会引发另一个问题——分类器在验证数据上表现不佳是因为验证数据选取得不适合表示这个问题还是因为训练数据过少?

对上面的问题，我们可以通过**交叉验证**(cross-validation)来解决这个问题：首先将数据均匀且随机地划分为训练集和验证集两个部分；然后，在训练集上训练分类器，在验证集上进行评估。重复以上操作，最后在所有的划分上计算平均误差。其中每个不同的划分通常被称为**折**(fold)。这个过程以大量的计算为代价来得到对分类器可能的实际性能的预估。这种算法的一个常见形式是只取单个数据项形成验证集。这种方式被称为**留一交叉验证**(leave-one-out cross-validation)。

记住：因为分类器通常的训练过程就是要在训练数据上不断做好，所以它们通常在训练数据上的性能优于测试数据。这个现象被称为过拟合。为了对分类器未来的性能做出准确的估计，需要用训练数据之外的数据进行评估。

1.2 最近邻分类

假设我们有一个包含 N 个数据对$(\boldsymbol{x}_i, y_i)$的有标签数据集。这里，$\boldsymbol{x}_i$ 表示第 i 个数据的特征向量，y_i 表示第 i 个数据的类别标签。我们希望可以准确预测任意一个新样例 $\boldsymbol{x}$ 的标签 y。该样例经常被称为查询样例。这里有一种非常有效的策略：找到与 $\boldsymbol{x}$ 最相近的有标签样例 $\boldsymbol{x}_c$，然后输出该样例的标签。

这个策略具体可以有多好呢？我们接下来进行一个简单的推理和分析。假设有两个类别，1和-1(多类的情况也类似，只是描述起来稍微复杂一些)。我们希望，如果 $\boldsymbol{u}$ 和 $\boldsymbol{v}$ 足够接近，那么 $p(y|\boldsymbol{u})$与 $p(y|\boldsymbol{v})$也相似。这意味着如果一个有标签样例 $\boldsymbol{x}_i$ 与 $\boldsymbol{x}$ 接近，那么 $p(y|\boldsymbol{x})$与 $p(y|\boldsymbol{x}_i)$也相似。因而，我们可以进一步地希望在有标签数据集中常出现(或极少出现)的点在查询样例中也经常出现(或甚少出现)，并从这个角度来度量查询样例与有标签数据集是否“相像”。

现在，试想查询样例是来自概率 $p(y=1|\boldsymbol{x})$较大的地方，那么与其实际标签最相近的有标签样例 $\boldsymbol{x}_c$ 应该在其附近(因为查询与有标签数据“相像”)，且应该标注为1(因为附近的样例应该都具有相似的类别标签分布，即 $p(y=1|\boldsymbol{x}_c)$应该也比较大)。由这个过程，这个方法通常很可能产生出正确的答案。

现在，再试想查询样例是来自概率 $p(y=1|\boldsymbol{x})$与 $p(y=-1|\boldsymbol{x})$大约相等的地方，那么与其实际标签相近的有标签样例 $\boldsymbol{x}_c$ 应该依然在其附近(因为查询与有标签数据“相像”)。但是这时候可能会有许多个与之同样接近的样例，而这些样例所对应的标签是非常不相同的(因

为$p(y=1|\boldsymbol{x})$约等于$p(y=-1|\boldsymbol{x})$)。这意味着，如果查询样例的标签为1(或−1)，那么查询样例发生一个微小的变化就会导致它被标注为−1(或1)。在这样的区域，分类器当然会更容易分错。但经过更多的严格推理可以证明，如果有足够多的样例，最近邻分类法的误差率不会高于两倍的最优误差率，虽然实际中通常很难有足够多的样例来保证这一点成立。

对上述最近邻方法的一种重要扩展是找到k个最近邻样例，然后从中选出一个标签。(k,l)-最近邻分类器找到k个与给定样例最近的样例，然后根据这k个样例的类别进行投票，只要对应类别的票数多于l就参与计数。最后，将给定样例划分到票数最高的类别(否则，就将给定样例划分为未知类别)。在实际中，最近邻数目k通常不超过3。

记住：最近邻分类是一种直接而且相对准确的方法。在训练数据足够的情况下，理论上可以保证误差率不高于最优误差率的两倍，虽然这个结论通常不会用到实际中去。

最近邻的实际考虑

实际中使用最近邻分类器的一个问题是，需要大量的有标签样例才能让这个方法的效果比较好。这意味着在有些实际情况下无法使用该方法。第二个问题是需要使用一个合理的距离度量。对于显然属于相同类型的特征，例如长度，一般性的距离度量就足以解决。但是如果一个特征是长度，一个特征是颜色，还有一个特征是角度的话，该如何是好？一种好的做法是独立地缩放每个特征，使其方差相同或至少一致，这可以避免一些较大尺度的特征主导较小尺度特征的情况。另一个可能的方法是将特征进行变换，使其协方差矩阵变换为单位矩阵(有时也称为**白化**(whitening)操作，该方法遵循第4章的思想)。当然，如果特征维度很高，使协方差矩阵很难估计和计算，那么这时这个方法也就会很难实现。

第三个问题是需要找到查询样例的最近邻样例。一种直接的方法是简单地查看该点分别到每个训练样例的距离并做出比较，但计算代价太大。如果直觉告诉你使用树结构可以解决这个困难，那么这个直觉并不正确，因为事实证明高维空间很难进行分析和推理，高维空间的最近邻问题要比看上去难得多。很长时间以来，有很多方法看似高效，但是一旦仔细研究就会发现并不是那么好。

幸运的是，通常使用**近似最近邻**(approximate nearest neighbor)就足够了，即有很大可能与最近邻一样接近查询数据的样例。得到近似最近邻比得到最近邻要容易得多。我们不在此对各种方法一一详述，但确实有许多不同的可以用于找到近似最近邻的方法。每个方法通常都包含一系列可调的常数参数等。同时，一般在不同的数据集上，不同的方法需要采用不同的可调常数参数来得到最优结果。如果你想在大规模的运行时数据上使用最近邻分类器来分类，通常值得认真地搜索不同的查找近似最近邻的方法和可调常数参数，以发现能够对查询样例进行快速预测的算法。进行这种搜索的方法是已知的，这里推荐一个出色的软件FLANN(http://www.cs.ubc.ca/~mariusm/index.php/FLANN/FLANN，开发者是Marius Muja和David G. Lowe)。

通过交叉验证来估计最近邻分类器的误差率是一种很直接有效的做法。首先将有标签的训练数据划分成两部分，一个(通常较大的)训练集和一个(通常较小的)验证集。然后，对验证集中的每个数据点，找到训练集中与这个点最近的数据点并用其类别作为验证集中这个数据点的类别。计算这个过程得到的结果的误差率(真实标签和预测标签不同的比例)。最后，对数据集的多次随机划分重复上述过程，并计算不同划分上的平均误差率。仔细一点，你需要写出的代码将比此处描述的要短。

实例 1.1　最近邻分类

请构建一个最近邻分类器去分类 MNIST 数据集上的数字数据。这个数据集经常被用来检验一些相对简单的分类方法，它最初由 Yann Lecun、Corinna Cortes 和 Christopher J. C. Burges 创建，现在已经得到非常广泛的研究，而且可以在许多地方找到这个数据集。最初的数据集发布在 http://yann.lecun.com/exdb/mnist/。本书使用的是曾用于 Kaggle 竞赛的版本(所以我并不需要去对 Lecun 的最初格式版本进行解压操作)，地址为 http://www.kaggle.com/c/digit-recognizer。

答：这里我们用 R 语言来解决这个问题，因为 R 语言中有比较好的最近邻分类代码包(至少目前我还没有发现它有什么不好的问题)。关于这个代码，并没有很多可说的。这里使用 R FNN 包。一共采用 42 000 个样例中的 1000 个进行训练，在另外的 200 个样例上进行测试。据此得到如下的类别混淆矩阵：

预测

真实	0	1	2	3	4	5	6	7	8	9
0	12	0	0	0	0	0	0	0	0	0
1	0	20	4	1	0	1	0	2	2	1
2	0	0	20	1	0	0	0	0	0	0
3	0	0	0	12	0	0	0	0	4	0
4	0	0	0	0	18	0	0	0	1	1
5	0	0	0	0	0	19	0	0	1	0
6	1	0	0	0	0	0	18	0	0	0
7	0	0	1	0	0	0	0	19	0	2
8	0	0	1	0	0	0	0	0	16	0
9	0	0	0	2	3	1	0	1	1	14

这里没有给出类别误差率，但是，通过对混淆矩阵对角线元素的观察，我们依然能够看到这个分类器对于 MNIST 数据分类问题很有效。在后续的练习题中，我们还会继续深入地探索 MNIST 数据集。

记住：最近邻方法具有很好的性质。在训练数据充足而且维度比较低的情况下，其错误率保证不高于最优错误率的两倍。该方法对于分类器预测的标签非常灵活。从二类分类器扩展到多类分类器，在方法上不需要做任何改变。

最近邻方法也存在一些关键的困难。你需要一个较大的训练集。如果你无法对两个数据点之间的距离做出可靠的度量，那么不应该使用最近邻方法。还有，为了寻找一个数据点的最近邻，你要能够在一个大样本集中进行查询。

1.3　朴素贝叶斯

一种构建分类器的方法是直接基于概率分布来构建模型。现在先暂时假设我们已知数据的 $p(y|\boldsymbol{x})$，也假设所有的分类错误都具有一样的重要性。那么，依据下述准则产生的结果将会具有分类误差率最小可能的期望值：

对于一个测试样例 $\boldsymbol{x}$，将其判别到使得 $p(y|\boldsymbol{x})$ 的值最高的类别 y。如果多个类别都可以取到这个最大值，就随机选择其中的一个。

我们通常不知道 $p(y|\boldsymbol{x})$。如果我们已知 $p(\boldsymbol{x}|y)$(经常被称为**似然**(likelihood)或**类别条件概率**(class conditional probability))和 $p(y)$(经常被称为**先验**(prior))，那么可以使用

贝叶斯规则得到**后验**(posterior)为

$$p(y|\boldsymbol{x})=\frac{p(\boldsymbol{x}|y)p(y)}{p(\boldsymbol{x})}$$

这个形式很难看出含义，我们接下来将 $\boldsymbol{x}$ 的第 j 个分量写作 $x^{(j)}$。然后假设特征在给定该数据的类别标签的条件下条件独立，即

$$p(\boldsymbol{x}|y)=\prod_j p(x^{(j)}|y)$$

虽然这个假设并不总是成立，但是它可以帮助我们快速地理解接下来的过程。根据上面的式子，我们可以得到

$$p(y|\boldsymbol{x})=\frac{p(\boldsymbol{x}|y)p(y)}{p(\boldsymbol{x})}=\frac{\left(\prod_j p(x^{(j)}|y)\right)p(y)}{p(\boldsymbol{x})}$$

$$\propto\left(\prod_j p(x^{(j)}|y)\right)p(y)$$

现在我们需要选择使 $p(y|\boldsymbol{x})$具有最大值的类别来进行类别的预测和判断。这意味着我们只需要知道与 $\boldsymbol{x}$ 成比例的后验值即可，而无须估计 $p(\boldsymbol{x})$。那么在所有错误具有相同代价的情况下，此时的分类准则即为

$$\text{选择 } y \text{ 使得}\left[\left(\prod_j p(\boldsymbol{x}^{(j)}|y)\right)p(y)\right]\text{最大}$$

但这个准则在实际操作时会有一个问题。因为将大量的概率值相乘之后，所得到的结果很可能会是一个非常小的小数，在浮点数系统的计算中会得到 0。我们注意到对数函数有一个很好的性质：它是单调的，这意味着 $a>b$ 和 $\log a>\log b$ 等价，而且可以将乘法操作转化为加法操作，因此我们对上式进行转化，可以得到如下更加有实际意义的准则：

$$\text{选择 } y \text{ 使得}\left[\left(\sum_j \log p(\boldsymbol{x}^{(j)}|y)\right)+\log p(y)\right]\text{最大}$$

为了使用上面的准则，我们需要对 $p(y)$以及每个对应 j 的 $p(\boldsymbol{x}^{(j)}|y)$进行建模。$p(y)$通常可以用类别 y 所对应的训练样例数量除以所有类别的样例数来近似。

而对于 $p(\boldsymbol{x}^{(j)}|y)$，我们用简单的参数模型就可以很好地建模。例如，对于每个 $\boldsymbol{x}^{(j)}$ 和每个可能的 y 值，都可以利用训练数据通过一个正态分布来建模，这个正态分布的参数可以用最大似然来选择和估计。这里也可以用其他分布和其他的数据度量方式来建模。比如，若某一个 $\boldsymbol{x}^{(j)}$ 的取值是计数值，则可以用一个泊松分布去拟合(还是用最大似然)；若它是一个 0～1 的值，则可以用一个伯努利分布去拟合；若它是一个离散变量，则可以用一个多项式分布建模。即便 $x^{(j)}$ 的取值是连续的，我们也可以通过将其量化成一些固定值的集合，然后用多项式分布建模，这种做法通常都会比较有效。

朴素贝叶斯分类器的一个特点是，即使对每个特征的拟合效果都比较差，它依然可以很好地对数据进行分类。呈现这个(着实令人困惑的)性质的原因是，分类任务本身并没有要求对 $p(\boldsymbol{x}|y)$甚至是 $p(y|\boldsymbol{x})$的准确建模。分类任务需要的是，对于任意 $\boldsymbol{x}$，其正确类别对应的分数能高于其他类别的分数。在如图 1-1 所示的例子中，根据类别条件概率的直方图所构建的正态模型并不好，但从图中可以看出，在这个正态模型中，来自类别 1 的数据被划分到类别 1 的概率总是比划分到类别 2 更大，也就是数据被划分到正确类别的概率更大。因此可以发现从估计的正态模型出发产生了一个比较好的朴素贝叶斯分类器。

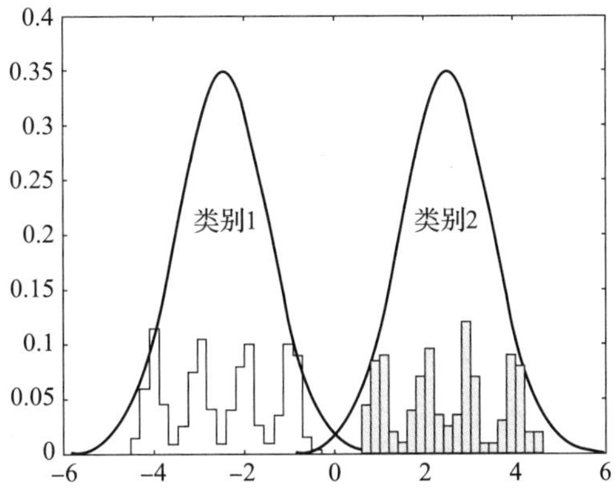

图 1-1 朴素贝叶斯分类器即使在对类别条件概率的分布建模较差的情况下依然有效。此图显示了来自两个不同类别的特征 x 的类别条件概率的直方图。这些直方图经过了正则化，使得所有直方图的和为 1，因此我们可以把它们看作是粗略的概率分布。很显然一个正态分布模型(叠加在图上的)并不能很好地描述这些直方图；但是，从这个正态分布出发，确实构建出了一个比较好的朴素贝叶斯分类器

实例 1.2 乳腺组织样本分类

“乳腺组织”数据集(https://archive.ics.uci.edu/ml/datasets/Breast+Tissue)包含了 6 种不同乳腺组织的各种属性的度量值。请构建并评估一个朴素贝叶斯分类器，自动地利用这些测量值进行类别预测和判断。

答：我们这里用 R 语言来实现这个过程，因为它有很方便的工具包可以调用。其中涉及的一个主要难点是寻找合适的工具包，理解它们对应的文档，并检验其正确性(除非你想自己写源代码，这其实没有那么难)。我们这里选用 R 语言中的 caret 工具包来对 klaR 工具包中的朴素贝叶斯分类器进行训练-测试数据的划分、交叉验证等。我们随机地划分出一个测试集(大约随机选择每个类别的 20%)，然后在其他剩余的数据上用交叉验证的方式进行训练和评估。其中，我们为每个特征都建立一个正态模型。最后得到的测试集上的类别混淆矩阵如下：

		预测					
		adi	car	con	fad	gla	mas
真实	adi	2	0	0	0	0	0
	car	0	3	0	0	0	1
	con	2	0	2	0	0	0
	fad	0	0	0	0	1	0
	gla	0	0	0	0	2	1
	mas	0	1	0	3	0	1

可以看出这个结果还是比较好的，6 类分类的准确率是 52%。在训练数据中，涉及的 6 个类别分布接近平衡，意味着随机分类的正确几率约是 17%。与之相比，52%显然是一个可以接受的结果。需要注意的是，准确率和类别混淆矩阵可能会随着训练-测试的划分不同而有所不同。应当在所有不同的划分上求平均才是对准确率更准确的估计，这里略去具体过程。

1.3.1 利用交叉验证进行模型选择

朴素贝叶斯方法带给我们一个新问题：如何对 $p(\boldsymbol{x}^{(j)} \mid y)$ 建模？在具体实践中，我们

可以从几个不同类型的模型中选择某一个来对其建模(例如，正态模型或是泊松模型)，但我们需要知道选择哪一个所得到的分类器会最好，同时还需要知道这个分类器具体能有多好。这时候一种很自然的方法就是用交叉验证来对每个模型的有效性进行评估。这时候，不能对每个变量都考虑所有可能模型，因为那样的计算代价太大。我们可以只选择 M 种合理的模型(例如，观察类别条件下的特征分量的直方图，然后根据其特性做出选择)。接下来，对 M 种模型分别计算其交叉验证误差，并选择误差最低的那个。其中，计算交叉验证的误差的过程为，首先将训练集划分成两部分，用其中一部分进行训练，另一部分计算误差，然后重复这个划分和计算过程，并在最后计算平均误差。注意这意味着每一折数据所训练出来的模型的参数值会稍有不同，因为每一折的训练数据稍有不同。

一旦我们选定了模型类型，接下来就面临两个问题。首先，我们不知道最优的模型类型参数的正确取值。因为在交叉验证中的每一折上，我们的训练数据都会稍有不同，因此估计的参数也会稍有不同，而我们并不知道哪个估计是正确的。其次，我们无法估计所选择的这个最优模型真实情况下能有多好，因为我们选择的模型具有最小的估计误差，但这个估计比起该模型的真实误差，很可能偏低。

这时候，如果你有相当大的数据集，这个问题可以很容易解决。把有标签数据集划分成两部分。一部分(称为训练集)用于训练和选择模型类型。另一部分(称为测试集)仅用于评估最终的模型。然后，在训练集上计算每种模型选择的交叉验证误差即可。

当我们用交叉验证误差来选择模型类型时，通常这只是意味着所选择的模型类型会产生最低的交叉验证误差。但实际中完全可能存在这种情况：两种模型产生的误差大致相同，但是其中一种模型评估起来更快。那么一种改进方式是，我们用整个训练集来估计该类型模型的参数。这样的估计应该要比交叉验证中的任何估计都好(一点)，因为它是用(稍微)更多一点的数据来训练的。最后，我们可以在测试集上评估最终的模型。

过程 1.1 用交叉验证来选择模型

将数据集 $\mathcal{D}$ 随机分成两部分：一部分作为训练集($\mathcal{R}$)；另一部分作为测试集($\mathcal{E}$)。

对你感兴趣的模型集合中的每个模型：

- 重复以下过程：
  - 将 $\mathcal{R}$ 随机划分成两部分：$\mathcal{R}_t$ 和 $\mathcal{V}$；
  - 用 $\mathcal{R}_t$ 拟合模型以进行训练；
  - 在 $\mathcal{V}$ 上估计模型的误差率。
- 将这些误差率的均值作为所对应的模型的误差率。

最后，使用这些平均误差率(以及其他可能的标准，例如速度等)来比较和选择模型，并用所选择的模型在 $\mathcal{E}$ 上计算误差率。

这个过程描述起来比执行要困难得多(这里有一组很自然的嵌套循环)。上面的这种验证方式有许多比较好的优点。首先，因为我们是在训练集之外的数据上对各种类型的模型性能进行估计，因此这个估计结果是无偏的；其次，一旦选定了模型的类型，那么估计得到的参数就是所能得到的最优结果，因为我们用了全部的训练集来得到这个估计值；最后，当选定某种类型的模型后，对于具体选定的模型的性能估计也是无偏的，因为我们是使用训练之外的数据来估计的。

1.3.2 数据缺失

当训练数据中的某些值未知时就表示发生了数据缺失。这种情况的发生可以有很多种不同的形式。比如有人忘了记录某个数据值；或者有人记录错了某个数据值，你知道这个值是错误的却不知道正确的值是什么；或者数据集在存储或传输时遭到破坏；或者仪器故障等。这种情况常出现在观测真实世界得到的特征值中。由信号计算得到的特征值则较少出现这种情况——例如，要对数字图像或录音片段进行分类的任务等。

数据缺失是分类任务中比较棘手的问题，因为很多方法都无法处理不完整的特征向量。例如，最近邻分类无法真正处理特征向量的某些分量未知时的情况。如果仅有相对很少量的不完整的特征向量，那么我们可以直接忽略掉它们，但是这样明显比较低效。

而朴素贝叶斯方法可以很方便地应对和处理数据特征向量不完整的问题。例如，假设我们希望用正态分布来拟合对应于某个 i 的分布 $p(x_i|y)$，那么需要估计该正态分布的均值和标准差(对此，我们可以用最大似然估计来得到)。如果某些样例的特征 x_i 是未知的，那也没有关系。我们可以在估计时忽略掉未知值，也就是说如果记第 j 个样例的第 i 个特征的值为 $x_{i,j}$，那么为了估计其均值，我们可以计算

$$\frac{\sum_{j\in\text{值已知的样例}} x_{i,j}}{\text{值已知的样例总数}}$$

在利用朴素贝叶斯分类时要处理数据缺失问题也很简单。我们只需要寻找使得 $\sum_i \log p(x_i|y)$ 取最大值的 y 即可。如果特征 x_i 的值缺失，我们就无法估计对应于某个 y 的 $p(x_i|y)$，但是这种缺失是针对所有类别的，即对所有 y 的取值都存在这个缺失。因此，我们可以不把这一项放在求和里，直接继续后面的步骤。如果数据缺失是由“噪声”引起的(也就是缺失的数据项是类别无关的)，那么上述过程并没有问题，但如果缺失的数据项是依赖于类别取值的，那我们就需要做更多其他工作——比如构建一个缺失数据项的类别条件概率的密度模型。

需要注意的是，如果对于某个类别，一个离散特征 x_i 的某些值一直没有出现，那么这时候得到的模型 $p(x_i|y)$会在某些值上取值为 0。这样的结果自然会产生很多严重的问题，因为这意味着你可能观测不到对应于那个类别中的值的模型状态。这不是一个安全的性质：没有观察到某件事并不意味着不能观察到它。这时，一种简单而有用的解决办法是对所有小的计数值加一以避免某些值为 0。当然也有其他更复杂的解决方法，暂时不在本书中讨论。

记住： 朴素贝叶斯分类器构建起来很直接，而且非常有效。对于数据缺失问题处理也很方便。经验表明，它们对于高维数据尤其有效。可以用交叉验证的一个变种选择合适的模型。

编程练习

1.1 UC Irvine 机器学习数据库中收集了一系列关于患者是否有糖尿病的数据(Pima Indians 数据集)，该数据集最初由美国国立糖尿病、消化系统和肾脏疾病研究所拥有，由 Vincent Sigillito 贡献。可以在 http://archive.ics.uci.edu/ml/datasets/Pima+Indians+Diabetes 找到该数据集。这个数据集包含患者的属性集合，以及患者是否有糖尿病所对应的类别变量。(这个练习推荐用 R 语言完成，因为其中有许多工具包可以用。)

(a) 构建一个简单的朴素贝叶斯分类器对这个数据集进行分类。可以留出 20%的数据用于评估，用其余的 80%来训练。可以用一个正态分布来建模每个类别条件概率分布。请自己编写出这个分类器的代码。

(b) 现在使用 caret 和 klaR 工具包针对该数据集构建一个朴素贝叶斯分类器。可以利用 caret 工具包做交叉验证(请看 train)和划分数据。klaR 工具包可以通过密度估计程序来估计类别条件概率密度，我们将在后续章节中对此进行介绍。请尝试使用 caret 中的交叉验证机制来估计你的分类器的准确率。

1.2 UC Irvine 机器学习数据库中收集了一系列葡萄牙学生的成绩表现数据，该数据集由葡萄牙米尼奥大学的 Paulo Cortez 贡献，可以在 https://archive.ics.uci.edu/ml/datasets/Student+Performance 找到该数据集，在下述论文中有相关的详细描述：P. Cortez and A. Silva. "Using Data Mining to Predict Secondary School Student Performance," In A. Brito and J. Teixeira Eds., *Proceedings of 5th FUture BUsiness TEChnology Conference* (*FUBUTEC* 2008) pp. 5-12，Porto，Portugal，April，2008。该数据集包括两个子数据集(数学和葡萄牙语的分数)。一共 649 个学生，每个学生对应 30 个属性和 3 个可预测的值(G_1、G_2 和 G_3)。我们在这里暂时忽略 G_1 和 G_2，只考虑 G_3。

(a) 使用数学数据集，将 G_3 属性量化成两个类别，$G_3>12$ 和 $G_3\leqslant 12$。然后请构建并评估一个朴素贝叶斯分类器，根据除去 G_1 和 G_2 之外的所有属性来预测 G_3。这里应该从零开始构建这个分类器，不要使用前面的代码段中描述的工具包。对于二值属性，使用二项分布模型；对于类型描述为"numeric(数值)"只有有限个取值的属性，使用多项分布模型；对于类型描述为"nominal(名称)"只有有限个取值的属性，还是使用多项分布模型。忽略数据集中描述为"absence(缺失)"的属性。最后，请用交叉验证估计准确率。为了最后得到准确的估计，应该至少使用 10 折，每次随机留出 15%的数据用作测试数据，并对所有这些折求准确率的平均值及标准差。

(b) 现在修改你的分类器，选用朴素贝叶斯分类器以外的分类器。对于类型描述为"numeric(数值)"只有有限个取值的属性，使用多项分布模型；对于类型描述为"nominal(名称)"只有有限个取值的属性，还是使用多项分布模型。忽略数据集中描述为"absence(缺失)"的属性。最后，请用交叉验证估计准确率。为了最后得到准确的估计，应该至少使用 10 折，每次随机留出 15%的数据用作测试数据，并对所有这些折求准确率的平均值及标准差。

(c) 你认为哪个分类器更准确，为什么？

1.3 UC Irvine 机器学习数据库中收集了一系列有关心脏病的数据。收集和提供该数据集的人员包括：布达佩斯匈牙利心脏病研究所医学博士 Andras Janosi，瑞士苏黎世大学医院医学博士 William Steinbrunnn，瑞士巴塞尔大学医院医学博士 Matthias Pfisterer，长滩 V. A. 医学中心和克利夫兰医学中心医学博士、哲学博士 Robert Detrano。可以在 https://archive.ics.uci.edu/ml/datasets/Heart+Disease 找到该数据集。我们这里使用处理过的 Cleveland 数据集，其中包括 303 个实例，每个实例有 14 个属性，其中无关的属性已经被删除了。第 14 个属性是疾病的诊断。在数据中，有些记录对应的属性有缺失，你应该去掉它们。

(a) 将疾病对应的属性量化成两个类别：数值 $=0$ 和数值 >0。构建并评估一个朴素贝叶斯分类器，根据其他属性的值来预测疾病的类别(两类)，并用交叉验证估计其准确率。为了最后得到准确的估计，应该至少使用10折，每次随机留出15%的数据用作测试数据，并对所有这些折求准确率的平均值及标准差。

(b) 现在修改你的分类器，来预测疾病属性的可能值(不再是两类，而是具体对应的0～4的值)，并用交叉验证估计其准确率。为了最后得到准确的估计，应该至少使用10折，每次随机留出15%的数据用作测试数据，并对所有这些折求准确率的平均值及标准差。

1.4 UC Irvine 机器学习数据库中收集了一系列乳腺癌诊断的数据，该数据集由 Olvi Mangasarian、Nick Street 和 William H. Wolberg 贡献，可以在 http://archive.ics.uci.edu/ml/datasets/Breast+Cancer+Wisconsin+(Diagnostic)找到该数据集。每条记录包括1个ID、10个连续变量和1个类别标记(良性或恶性)。数据集一共有569个样例，将其进行随机划分，构成有100个样例的验证集、有100个样例的测试集和有369个样例的训练集。

请编写一个程序，利用这个数据结合随机梯度下降来训练一个支持向量机。这里最好不要使用工具包来训练这个分类器，而是自己编写代码。这里忽略ID，使用连续变量作为特征向量，并对这些变量进行缩放变换，使每个变量都具有单位方差。你需要为支持向量机中的正则化常数寻找一个合适的值，可以使用验证集来测试和比较这些值：$\lambda=[1e-3, 1e-2, 1e-1, 1]$。

你应该至少训练50轮(epoch)，每轮至少100步，且在每一轮中，都随机划分出50个训练样例用于评估。在训练过程中，每10步就在留出的数据上计算一次当前分类器的准确率。最后，你应该完成：

(a) 对于正则化常数的每个取值，画出训练过程中每10步一次的准确率图。

(b) 对正则化常数做出最优值估计，并简要陈述为何你认为这个值是最优的。

(c) 所得最优分类器在留出数据上的准确率的估计。

第 2 章

Applied Machine Learning

支持向量机和随机森林

2.1 支持向量机

假设我们有一个由 N 对样本$(\boldsymbol{x}_i, y_i)$组成的标记数据集，其中 $\boldsymbol{x}_i$ 是第 i 个样本的特征向量，y_i 是第 i 个样本的类别标签。同时，我们假设只有两个类，即此时 y_i 只取 1 或 −1。对任意样本 $\boldsymbol{x}$，我们希望预测其对应的 y 的符号。对此，可以使用线性分类器，即对于新数据项 $\boldsymbol{x}$，采用下式进行预测：

$$\operatorname{sign}(\boldsymbol{a}^{\mathrm{T}}\boldsymbol{x}+b)$$

上式可以通过给出选定的 $\boldsymbol{a}$ 和 b 来构建出特定的分类器。

$\boldsymbol{a}$ 和 b 本质上确定了一个超平面，该超平面可以由满足 $\boldsymbol{a}^{\mathrm{T}}\boldsymbol{x}+b=0$ 的点集表示。注意当 $\boldsymbol{x}$ 点远离超平面时，$\boldsymbol{a}^{\mathrm{T}}\boldsymbol{x}+b$ 的绝对值将会增大。该超平面将正数据与负数据分开，实际上可以看作是一个**决策边界**(decision boundary)。当一个点越过决策边界时，该点的预测标签会发生变化。所有分类器都有决策边界，找到一个产生最佳效果的决策边界是构建分类器策略的重要一环。

例 2.1　输入为单个特征的线性模型

假设我们使用的线性模型的输入数据只具备单个特征。对于特征为 x 的样本，模型预测结果为 $\operatorname{sign}(ax+b)$，也就是说，该模型利用阈值 $-b/a$ 来分类 x。

例 2.2　输入为两个特征的线性模型

假设我们使用的线性模型的输入数据包含两个特征。对于特征向量为 $\boldsymbol{x}$ 的样本，模型预测结果为 $\operatorname{sign}(\boldsymbol{a}^{\mathrm{T}}x+b)$。由于具有两个特征，所以该式 $\boldsymbol{a}^{\mathrm{T}}\boldsymbol{x}+b=0$ 代表一条直线。样本预测结果在直线两侧变化。在这条直线的某一侧，该模型预测为正，而在另一侧预测为负。通过将 $\boldsymbol{a}$ 和 b 同时乘以 −1 可以交换两侧的预测值。

这族线性分类器可能看上去会让人觉得效果不佳，因为我们很容易想出被错误分类的例子。但事实上，这个分类器族非常强大。首先，对于非常大的数据集来说，线性分类器很容易训练；其次，线性分类器在实际数据的应用中已经有了很长历史，且通常效果较好；第三，线性分类器的分类速度很快。

在实际应用中，线性分类器的效果不佳通常是由于样本的特征太少。举一个例子，一个外星人最开始可能仅通过观察身高来将人类分为男性和女性。但如果外星人通过同时观察人类的染色体和身高来综合判别男女的话，错误率可能会变小。在实际例子中，经验表明，可以通过向特征向量 $\boldsymbol{x}$ 添加特征来改善性能较差的线性分类器。

对于 $\boldsymbol{a}$ 和 b 的选择，我们通常通过最小化代价函数来实现。代价函数需要达到两个目标。首先，代价函数需要有一项(训练误差项)来确保每个训练样本都应位于决策边界的正确的一侧(或者，在错误的一侧至少不要太远)；其次，代价函数需要有一项来对预测错误的样本进行相应的惩罚。一个合适的代价函数具有以下形式：

训练误差代价＋λ＊惩罚项

其中 λ 是一个未知权重，用来平衡两个目标，我们最终将通过搜索过程来确定 λ 的值。

2.1.1 铰链损失

假设

$$\gamma_i = \boldsymbol{a}^{\mathrm{T}}\boldsymbol{x}_i + b$$

是线性函数对第 i 个样本所预测的值，$C(\gamma_i, y_i)$ 是 γ_i 关于 y_i 的误差函数。那么训练误差代价可以写成：

$$(1/N)\sum_{i=1}^{N} C(\gamma_i, y_i)$$

一个好的 C 函数应该满足以下几个性质：

- 如果 γ_i 和 y_i 异号，则 C 应该很大，原因在于分类器对此训练样本做出了错误的预测。进一步地，如果 γ_i 和 y_i 异号，且 γ_i 的绝对值较大，则分类器很可能对接近 $\boldsymbol{x}_i$ 的测试样本做出了错误的预测。原因在于随着 $\boldsymbol{x}$ 远离决策边界，$(\boldsymbol{a}^{\mathrm{T}}\boldsymbol{x}+b)$ 的绝对值会增大。因而可以推出当 γ_i 和 y_i 异号，且 γ_i 的绝对值较大时，$\boldsymbol{x}_i$ 远离决策边界。在这种情况下，若 γ_i 的绝对值变大，C 也应该变大。
- 如果 γ_i 和 y_i 具有相同的符号，但 γ_i 的绝对值较小，则此时分类器能正确地对 $\boldsymbol{x}_i$ 进行分类。但分类器可能无法对该点附近的点进行正确的分类。这是因为 γ_i 的值较小意味着此时 $\boldsymbol{x}_i$ 比较接近决策边界。因此，$\boldsymbol{x}_i$ 附近的点的预测结果可能会落在决策边界的另一侧。我们不希望这种情况发生，所以在这种情况下 C 也不应该为零。
- 最后，如果 γ_i 和 y_i 具有相同的符号，且 γ_i 的绝对值较大，则 C 可以为零。因为此时 $\boldsymbol{x}_i$ 位于决策边界的正确一侧，同时所有接近 $\boldsymbol{x}_i$ 的点也位于相同的正确的一侧。

图 2-1 中的**铰链损失**(hinge loss)采用下面的误差函数

$$C(y_i, \gamma_i) = \max(0, 1 - y_i\gamma_i)$$

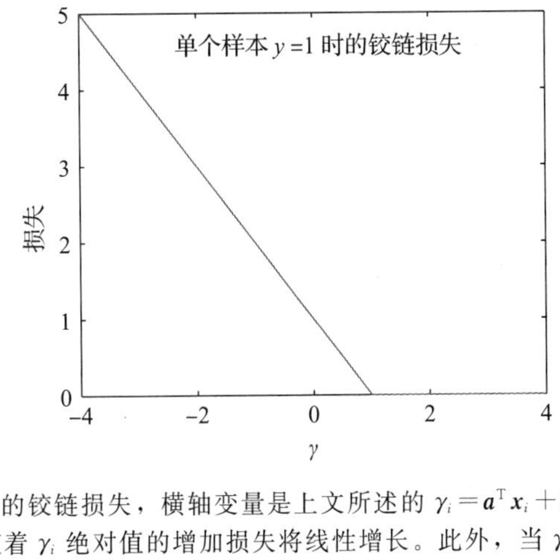

图 2-1　针对情况 $y_i=1$ 绘制的铰链损失，横轴变量是上文所述的 $\gamma_i=\boldsymbol{a}^{\mathrm{T}}\boldsymbol{x}_i+b$。注意到，当正样本($y_i=1$)被预测为负时，随着 γ_i 绝对值的增加损失将线性增长。此外，当 γ_i 为正但其值较小时也会产生损失。当 γ_i 为正且值较大时则不会产生损失

这个函数有以下性质：

- 如果 γ_i 和 y_i 异号，则 C 将会很大。此外，随着 $\boldsymbol{x}_i$ 在错误的一侧越来越远离决策边界，损失会呈线性增长。

- 如果γ_i和y_i具有相同的符号，但$y_i\gamma_i<1$(这意味着$\boldsymbol{x}_i$接近决策边界)，此时仍存在部分损失。该损失随着$\boldsymbol{x}_i$越来越接近决策边界而会变得越来越大。
- 如果$y_i\gamma_i>1$(这意味着分类器能正确地预测，且$\boldsymbol{x}_i$远离决策边界)，则没有损失。

分类器通过训练来使损失最小化。我们希望分类器满足：(a) 对于正(或负)样本做出肯定的正(或负)预测；(b) 对于无法正确分类的样本，预测的绝对值应当尽可能小(即尽量靠近决策边界，不要偏离太远)。用铰链损失训练得到的线性分类器就被称为**支持向量机**(support vector machine，SVM)。

记住： SVM是一种用铰链损失训练的线性分类器，铰链损失是一种代价函数，用于评估由二类分类器产生的误差。如果一个样本分类正确并且绝对值很大，则损失为零；如果绝对值很小，则损失较大；如果样本分类错误，则损失更大。当损失为零时，随着预测的绝对值不断增长(即在正确的一侧越来越远离分类面)，损失依旧保持为零。

2.1.2　正则化

惩罚项非常必要，因为铰链损失具有一个奇怪的属性。假设现在$\boldsymbol{a}$，b的值能保证对所有训练样本分类正确，即可以使得对所有的i都有$y_i(\boldsymbol{a}^{\mathrm{T}}x_i+b)>0$。则此时通过缩放$\boldsymbol{a}$和$b$，我们可以确保数据集的铰链损失依旧为零。比如，我们可以选择一个合适的缩放因子来使得对于每个样本索引j，都有$y_j(\boldsymbol{a}^{\mathrm{T}}x_j+b)>1$。该缩放因子并未改变分类器对训练数据的分类结果。换而言之，如果$\boldsymbol{a}$和b能使铰链损失为零，那么$2\boldsymbol{a}$和$2b$也是如此。这种情况是不好的，因为这意味着我们无法唯一地选择出一组分类器参数。

现在考虑一下未知的样本。对这些样本，我们不知道它们的特征值，以及它们的标签。我们只知道样本具有特征向量$\boldsymbol{x}$和未知标签y时对应的铰链损失是$\max(0,1-y[\boldsymbol{a}^{\mathrm{T}}\boldsymbol{x}+b])$。现在假设该样本的铰链损失不是零，该样本仍可能被正确分类，此时它必然离决策边界很近。考虑到在铰链损失不是零时，这类靠近决策边界被正确分类的样本数量通常少于远离决策边界被错误分类的样本，因此我们将重点放在被错误分类的样本上。对于错误分类的样本，如果$\|\boldsymbol{a}\|$很小，那么至少铰链损失会很小。考虑到这一点，我们要使训练样本上的铰链损失值较小，可以用较小模长的$\boldsymbol{a}$，因为这样的$\boldsymbol{a}$在测试样本中产生的铰链损失应当也会较小。

为了实现这一点，我们可以通过在铰链损失上增加一个惩罚项来使解的结果倾向于$\|\boldsymbol{a}\|$较小的情况。通过使$(1/2)a^{\mathrm{T}}a$的值最小化可以确保得到的$\boldsymbol{a}$具有较小模长(因子1/2的存在会使后续梯度计算更简洁)。该惩罚项能确保在铰链损失为零的情况下只存在唯一的一组分类器参数满足条件。经验表明(我们不在这里讨论相关理论)，一个较小的$\|\boldsymbol{a}\|$往往是有帮助的，哪怕在一些无法使所有的训练样例都能被正确分类的情况下。这样做可以改善在未知样本中的误差。通过添加惩罚项来改进学习问题的解的方式有时被称为**正则化**(regularization)。所添加的惩罚项也因此通常被称为**正则化项**(regularizer)，因为它会倾向于避免那些数值较大同时与训练数据不能十分吻合的解(这可能会导致在未知的测试数据上有较大损失)。参数λ通常被称为**正则化参数**(regularization parameter)。

总结上述过程，若使用铰链损失来构造训练损失，并使用惩罚项$(1/2)a^{\mathrm{T}}a$进行正则化，则此时的代价函数可以表达为：

$$S(\boldsymbol{a},b;\lambda)=\left[(1/N)\sum_{i=1}^{N}\max(0,1-y_i(\boldsymbol{a}^{\mathrm{T}}\boldsymbol{x}_i+b))\right]+\lambda\left(\frac{\boldsymbol{a}^{\mathrm{T}}\boldsymbol{a}}{2}\right)$$

那么现在有两个问题需要解决：首先，假设我们知道λ，需要找到a和b的值，使$S(a,b;$

λ)最小；其次，目前还不知道如何选择 λ，所以我们需要通过搜索来找到一个好的 λ 值。

记住： 正则化项是对分类器在未知数据上产生大误差的惩罚。由于未来可能面对的测试数据未知，因此最可取的策略是令被错误分类的未来数据具有较小的铰链损失，这一点可以通过避免分类器具有较大的 $\|a\|$ 值来实现。

2.1.3 通过随机梯度下降来寻找分类器

将寻找最小值的常用方法应用到我们的代价函数上通常效率极低。一些常用方法首先将向量 $\boldsymbol{a}$ 与 b 串接得到的向量写成 $\boldsymbol{u}=[\boldsymbol{a},b]$，这样问题转化为已知函数 $g(\boldsymbol{u})$，求解使得 $g(\boldsymbol{u})$ 达到最小值的 $\boldsymbol{u}$ 值。我们有时可以通过先求出梯度的表达式，然后找到一个使梯度为零的 $\boldsymbol{u}$ 值来解决这个问题。但这种方法对我们的代价函数往往不可行(可以试试，max 函数会带来问题)。这里我们需要使用数值方法。

典型的数值方法是取一个点 $\boldsymbol{u}^{(n)}$，将其更新为 $\boldsymbol{u}^{(n+1)}$，然后检查函数是否达到最小值。这个过程从一个起点开始，一般而言，起点的选择可能对最终结果有影响，也可能没有影响。但我们这里随机选取起点没有影响。每一点的更新通常需要计算方向 $\boldsymbol{p}^{(n)}$，使得对于小的 η 值，$g(\boldsymbol{u}^{(n)}+\eta\boldsymbol{p}^{(n)})$ 小于 $g(\boldsymbol{u}^{(n)})$。这个方向称为**下降方向**(descent direction)。然后，我们需要确定当前点要沿着下降方向走多远。这一过程称为**线搜索**(line search)。

获得下降方向： 选择下降方向的一种方法是**梯度下降**(gradient descent)，它利用了函数的负梯度。回想一下符号：

$$\boldsymbol{u}=\begin{pmatrix} u_1 \\ u_2 \\ \cdots \\ u_d \end{pmatrix}$$

和

$$\nabla g=\begin{pmatrix} \dfrac{\partial g}{\partial u_1} \\ \dfrac{\partial g}{\partial u_2} \\ \cdots \\ \dfrac{\partial g}{\partial u_d} \end{pmatrix}$$

我们可以写出函数 $g(\boldsymbol{u}^{(n)}+\eta\boldsymbol{p}^{(n)})$ 的一个泰勒级数展开，即

$$g(\boldsymbol{u}^{(n)}+\eta\boldsymbol{p}^{(n)})=g(\boldsymbol{u}^{(n)})+\eta[(\nabla g)^{\mathrm{T}}\boldsymbol{p}^{(n)}]+O(\eta^2)$$

这意味着如果

$$\boldsymbol{p}^{(n)}=-\nabla g(\boldsymbol{u}^{(n)})$$

那么至少对于小的 η 值，$g(\boldsymbol{u}^{(n)}+\eta\boldsymbol{p}^{(n)})$ 小于 $g(\boldsymbol{u}^{(n)})$ 是成立的。这是可行的(只要 g 是可微的，并且在不可微时也经常成立)，因为 g 在这个方向上至少可以向下移动很小的一步。

不过，回想一下，我们的代价函数是一个惩罚项和每个样本损失函数的和。即代价函数如下：

$$g(\boldsymbol{u})=\left[(1/N)\sum_{i=1}^{N}g_i(\boldsymbol{u})\right]+g_0(\boldsymbol{u})$$

作为 $\boldsymbol{u}$ 的函数，梯度下降需要先计算

$$-\nabla g(\boldsymbol{u}) = -\left(\left[(1/N)\sum_{i=1}^{N}\nabla g_i(\boldsymbol{u})\right] + \nabla g_0(\boldsymbol{u})\right)$$

然后朝着这个方向迈出一小步。但当 N 很大时，这样直接处理就不一定有效果，因为我们可能要对很多项求和。这种情况在构建分类器时经常发生，因为我们很有可能需要处理数百万(数十亿，甚至数万亿)的样本，而在每个步骤都处理所有样本显然不切实际。

随机梯度下降(Stochastic gradient descent)是一种通过将精确梯度用近似值代替来进行计算(这时会产生一个随机误差项)而提出的算法。该方法计算简单快速，这一项

$$\left(\frac{1}{N}\right)\sum_{i=1}^{N}\nabla g_i(\boldsymbol{u})$$

是总体均值，我们在已知样本时就可以进行求解。而随机梯度下降法，是通过从 N 个样本的总体中抽取一个大小为 N_b(**批量大小**，batch size)的随机样本集(**一个批次**，batch)来估计这一项，然后计算该样本集的均值。我们用

$$\left(\frac{1}{N_b}\right)\sum_{j\in\text{批次}}\nabla g_j(\boldsymbol{u})$$

来作为总体均值的近似。批量大小通常需要综合考虑计算机体系结构(实例数量多少适合已有缓存?)或数据库设计(在一个磁盘周期中恢复了多少实例?)来确定。一个常见的选择是 $N_b=1$，这和随机均匀地选择一个例子是一样的。我们构造

$$\boldsymbol{p}_{N_b}^{(n)} = -\left(\left[(1/N_b)\sum_{j\in\text{批次}}\nabla g_i(\boldsymbol{u})\right] + \nabla g_0(\boldsymbol{u})\right)$$

然后沿着 $p_{N_b}^{(n)}$ 走一小步，更新后

$$\boldsymbol{u}^{(n+1)} = \boldsymbol{u}^{(n)} + \eta\boldsymbol{p}_{N_b}^{(n)}$$

式中的 η 叫作**步长**(steplength 或 stepsize)(有时或称为**学习率**(learning rate)，虽然它并不是指一步的大小、长度，或速度!)。

因为样本均值的期望值是总体均值，如果沿着 p_{N_b} 走很多步长较小的步，那么它们的均值应该会沿着负梯度的方向走一步。这种方法被称为随机梯度下降，因为我们不是沿着梯度，而是沿着一个期望为梯度的随机向量行进。然而，随机梯度下降并不总是一个好方法，虽然在该方法中每一步的计算都很容易，但我们可能需要计算更多步。即我们在随机梯度下降中每一步梯度计算所节省的时间不一定能弥补因需要采取更多步而增加的时间代价。对于这个问题，理论分析上我们无法知道太多。但实践表明，随机梯度下降这种方法对于训练分类器而言是非常成功的。

选择一个步长：选择步长 η 还需要一些其他工作。我们不能直接搜索得到使 g 达到最优的步长值，主要是我们希望不用求评估函数 g 的值(那样做会涉及计算每个 g_i 项)。一个可行的方法是先对 η 设定一个较大的初始值，然后在训练的初始阶段大幅度地调整分类器的参数值。然后减小步长 η，让参数值稳定下来。将 η 变小的机制通常被称为**步长进度表**(steplength schedule)或**学习进度表**(learning schedule)。

下面是一些比较有效的步长进度表示例。我们通常可以决定训练时要遍历整个数据集多少次，一次称为**一轮**(epoch)。在一般的步长进度表中，我们可以设置第 e 个 epoch 中的步长为

$$\eta^{(e)} = \frac{m}{e+n}$$

其中 m 和 n 是通过在数据集的较小子集上进行实验而得的常数。在样本较多的情况下，在一轮中固定一个步长的时间会较长，且此时这样的过程降低步长的速度过慢，使得训练效

率较低。一个可行的方法是可以将训练集划分为 season(固定迭代次数的块，小于轮)，并设定步长为关于 season 的函数。

目前还没有很好的检验方法检测随机梯度下降是否收敛到全局最优值。因为自然检验涉及计算梯度和函数，而这样做的代价很高。更常见的方法是估计验证集上的误差，得到误差关于迭代次数的函数，并在误差达到可接受级别时中断或停止训练。误差(准确率)应该随机变化(因为每一步中下降的方向只是利用了近似梯度)，但随着训练的进行而减少(或增加，因为整体还是沿着近似梯度方向进行的)。图 2-2 和图 2-3 展示了这些曲线的例子，这些曲线有时被称为**学习曲线**(learning curve)。

记住：随机梯度下降是分类器的主要训练方法。随机梯度下降利用训练数据的部分样本来估计梯度。这会快速产生一个快速但有噪声的梯度估计。当训练集非常大(通常如此)时，这一方法尤其有价值。步长是根据步长进度表来选择的，除了在验证数据上评估分类器效果外，没有其他有效的方法检测收敛性。

2.1.4　λ 的搜索

一个好的 λ 值很难确定，我们选择一组不同的值，用每个值拟合 SVM，并采用产生最佳 SVM 的 λ 值。经验表明，模型的效果对 λ 的值不是非常敏感。因此我们可以选间隔很远的值。通常取一个小的数(如 1e−4)，然后乘以 10 的幂次，(或者 3 的幂次，如果你觉得自己很严格，且有一台速度很快的电脑的话)。例如，给定 $\lambda \in \{1e-4, 1e-3, 1e-2, 1e-1\}$，我们已经知道给定一个 λ 值如何去拟合一个 SVM(2.1.3 节)，现在的问题是如何选择产生最佳 SVM 的 λ 值，并利用该值得到最佳分类器。

我们以前见过这个问题的一个版本，从几种不同的模型中选取最优的朴素贝叶斯分类器(1.3.1 节)，该问题的解决方法也适用于当前问题。用每个不同的 λ 值代表一个不同的模型，将数据分为两部分：一个是训练集，用于拟合和选择模型；另一个是测试集，用于评估最终选择的模型。

对于每个 λ 值，计算 SVM 在训练集上的交叉验证误差。通过将训练集不断地分成两部分(训练集和验证集)来进行该验证操作。使用随机梯度下降将具有参数 λ 的 SVM 在训练集上训练，在验证集上估计误差，并将这些误差取平均。然后使用交叉检验误差来选择最好的 λ 值。通常，这只是意味着选择产生最低交叉验证误差的 λ 值，但在某些情况下，两个 λ 值可能产生相同的误差，并且出于一些其他原因要首选其中一个值。注意，这里可以计算交叉验证误差的标准差和平均值，这样就可以判断交叉验证误差之间的差异是否显著。

接下来采用整个训练集，用选中的 λ 值来拟合 SVM。这应该比在交叉验证中获得的任何 SVM 都好(至少好一点)，因为它使用了(稍微)更多的数据。最后，在测试集上对得到的 SVM 进行评估。

这个过程虽然比较容易，但很难描述(这里有一些非常自然的嵌套循环)。这样的操作过程有许多优点。首先，对选定的一种特定 SVM 的效果的估计是无偏的，因为我们是根据未用于训练的数据进行评估的。其次，一旦选定了交叉验证参数，所拟合的 SVM 就是能求得的最佳 SVM，因为它使用了所有的训练集数据。最后，对特定 SVM 工作效率的估计也是无偏的，因为评估使用的数据并没有用来训练或选择模型。

过程 2.1　选择 λ

将数据集 $\mathcal{D}$ 随机划分为两个部分：训练集($\mathcal{R}$)和测试集($\mathcal{E}$)。选择一组将要评估的 λ 值(通常相差 10 倍)。

对你感兴趣的集合中的每个 λ：

- 重复以下过程
  - 将 $\mathcal{R}$ 随机划分成两部分：$\mathcal{R}_t$ 和 $\mathcal{V}$；
  - 用 $\mathcal{R}_t$ 拟合模型以进行训练；
  - 在 $\mathcal{V}$ 上估计模型的误差率。
- 将这些误差率的均值作为所对应的模型的误差率。

最后，使用这些平均误差率(以及其他可能的标准，例如速度等)来比较和选择 λ 的值。并用所选择的模型在 $\mathcal{E}$ 上计算误差率。

2.1.5　总结：用随机梯度下降训练

过程 2.2～过程 2.4 总结了 SVM 训练过程。这些方法有许多有用的变化，比如，其中一种有用的实践技巧是缩放(rescale)特征向量分量，使每个分量都具有单位方差。这不会改变任何实质性的内容，因为缩放后的数据对应的最佳决策边界很容易从未缩放数据对应的最佳决策边界得出，反之亦然。通常缩放后会使随机梯度下降法的效果更好，因为这样可以使该方法的每一步操作在各个分量中较为均衡。

通常可以使用程序包来拟合 SVM，好的程序包可能会使用各种技巧来提高训练效率。但是，你应该掌握整个训练过程，因为它遵循的模式对于训练其他模型也都很有用(此外，大多数深度网络也是使用此模式进行训练的)。

过程 2.2　训练 SVM：总体过程

从包含 N 对样本$(\boldsymbol{x}_i, y_i)$的数据集开始，每个 $\boldsymbol{x}_i$ 是 d 维特征向量，每个 y_i 是 1 或 −1 的标签。可以选择缩放 $\boldsymbol{x}_i$，使 d 维特征的每个分量具有单位方差。选择一组正则化权重 λ 的可能值，将数据集分为两组：测试集和训练集。保留测试集，对于每个 λ，使用训练集来估计具有该 λ 值的 SVM 的准确率，并使用过程 2.3 中的交叉验证和随机梯度下降法来选择最佳值 λ_0(通常是产生最高准确率的 λ 值)。使用训练集以 λ_0 作为正则化常数来拟合最佳 SVM。最后，使用测试集计算该 SVM 的准确率或错误率。

过程 2.3　训练 SVM：估计准确率

重复以下过程：将训练数据集随机分为两部分(训练集和验证集)；使用训练集训练 SVM，使用验证集计算准确率，再对准确率取平均值。

过程 2.4　训练 SVM：随机梯度下降

利用下面的代价函数进行随机梯度下降，来获得 $\boldsymbol{u}=(\boldsymbol{a}, b)$

$$g(\boldsymbol{u}) = \left[(1/N)\sum_{i=1}^{N} g_i(\boldsymbol{u})\right] + g_0(\boldsymbol{u})$$

其中 $g_0(\boldsymbol{u})=\lambda(\boldsymbol{a}^{\mathrm{T}}\boldsymbol{a})/2$，$g_i(\boldsymbol{u})=\max(0, 1-y_i(\boldsymbol{a}^{\mathrm{T}}\boldsymbol{x}_i+b))$

为此，首先选定批量大小 N_b、每个 season 内的执行步数 N_s、评估模型之前要执行的步数 k(通常比 N_s 小很多)，随机选取开始点，开始迭代：

- 更新步长。在第 s 个 season 中，步长通常是 $\eta^{(s)}=\frac{m}{s+n}$，其中 m，n 是通过小规模实验选取的常数。
- 将训练数据集分为训练部分和验证部分。每个 season 中划分都会变化，使用验证集可以准确地估算出该 season 训练期间的误差。
- 直到 season 结束(也等价于直到已经进行 N_s 步)：
  - 进行 k 步如下操作：每一步中，从该 season 的训练集中均匀且随机地选取一个有 N_b 个数据项的批次，记为 $\mathcal{D}$。计算

$$\boldsymbol{p}^{(n)}=-\frac{1}{N_b}\left(\sum_{i\in\mathcal{D}}\nabla g_i(\boldsymbol{u}^{(n)})\right)-\lambda\boldsymbol{u}^{(n)}$$

  并通过计算 $\boldsymbol{u}^{(n+1)}=\boldsymbol{u}^{(n)}+\eta\boldsymbol{p}^{(n)}$ 更新模型。
  - 通过在该 season 的验证部分计算准确率来评估当前模型 $\boldsymbol{u}^{(n)}$，绘制出准确率关于执行步数的函数曲线。

最后，有两种停止方式，可以选择固定 season(或轮)的数量，并在完成后停止。或者可以观察误差图并在误差达到某个级别或某个标准时停止。

2.1.6　例子：利用支持向量机分析成人收入

这是一个详细的示例，从 http://archive.ics.uci.edu/ml/datasets/Adult 下载数据集。该数据集包含 48 842 个数据项，这里仅使用了前 32 000 个。每个数据项都包含一个人的数值特征和类别特征，以及他们的年收入是否大于或小于 5 万美元。我们在这个例子中暂时忽略类别特征(当然，如果想要一个好的分类器，这是不明智的)。我们将使用这些特征来预测收入是超过还是低于 5 万美元。我们将数据随机分为 5000 个测试样本和 27 000 个训练样本(随机划分非常重要)，每个样本包含 6 个数值特征。

数据重新规范化：这里通过减去平均值(通常不会产生很大的差异)，然后缩放每个样本使方差为 1(通常非常重要)进行数据规范化。你可以同时尝试两种方式：进行规范化和不进行规范化。通常如果不对数据进行规范化，效果不会很好。

设置随机梯度下降：假设我们已经有一组分类器的参数 $\boldsymbol{a}^{(n)}$ 和 $b^{(n)}$，现在想改进它们。这里使用批量大小 $N_b=1$。随机选择第 r 个示例，其对应的梯度是

$$\nabla\left(\max(0,1-y_r(\boldsymbol{a}^{\mathrm{T}}\boldsymbol{x}_r+b))+\frac{\lambda}{2}\boldsymbol{a}^{\mathrm{T}}\boldsymbol{a}\right)$$

假设 $y_k(\boldsymbol{a}^{\mathrm{T}}\boldsymbol{x}_r+b)>1$。那么此时，分类器以正确的符号以及大于 1 的值预测了一个分数，此时上述梯度项中求和式的第一项为零，第二项的梯度也比较容易计算；如果 $y_k(\boldsymbol{a}^{\mathrm{T}}\boldsymbol{x}_r+b)<1$，那么可以忽略 max，此时上述梯度项中的第一项是 $1-y_r(\boldsymbol{a}^{\mathrm{T}}\boldsymbol{x}_r+b)$，只涉及对参数的线性操作，因此梯度同样很简单。如果 $y_r(\boldsymbol{a}^{\mathrm{T}}\boldsymbol{x}_r+b)=1$，由于 max 项不可微，有两个不同的值作为梯度的选择。但选择哪一项对最终结果影响不大，因为这种情况几乎不会发生(对应的满足条件的数据很少，几乎没有)。现在我们选定步长 η，并使用该梯度更新估计，即有：

$$\boldsymbol{a}^{(n+1)}=\boldsymbol{a}^{(n)}-\eta\begin{cases}\lambda\boldsymbol{a} & \text{若 } y_k(\boldsymbol{a}^{\mathrm{T}}\boldsymbol{x}_k+b)\geqslant 1\\ \lambda\boldsymbol{a}-y_k\boldsymbol{x} & \text{其他}\end{cases}$$

以及

$$b^{(n+1)}=b^{(n)}-\eta\begin{cases}0 & 若\ y_k(\boldsymbol{a}^{\mathrm{T}}\boldsymbol{x}_k+b)\geqslant 1\\ -y_k & 其他\end{cases}$$

训练： 这里使用两种不同的训练方式。在第一个训练方案中，设定 100 个 season，在每个 season 中，执行 426 步。对于每一步，随机均匀地选取一个数据项(有放回采样)，然后逐步沿梯度下降。这意味着该方法总共可以查看 42 600 次数据项，也就是每个数据项至少被使用一次的概率很高(一共 27 000 个数据，我们进行有放回采样，一共采样 42 600 次，因此某些项会被多次抽中)。这里为正则化参数选择了 5 个不同的值，并以 1/(0.01 * s+50)的步长进行训练，其中 s 是 season。在每个 season 结束时，都会计算出当前分类器在留出的测试样本上的 $\boldsymbol{a}^{\mathrm{T}}\boldsymbol{a}$ 的值和准确率(正确分类数据的比例)。结果见图 2-2。请注意，每个 season 的准确率都会略有变化；对于值较大的正则化常数而言，$\boldsymbol{a}^{\mathrm{T}}\boldsymbol{a}$ 较小；同时正则化常数从较小值到较大值时，准确率也会很快稳定在约 0.8。

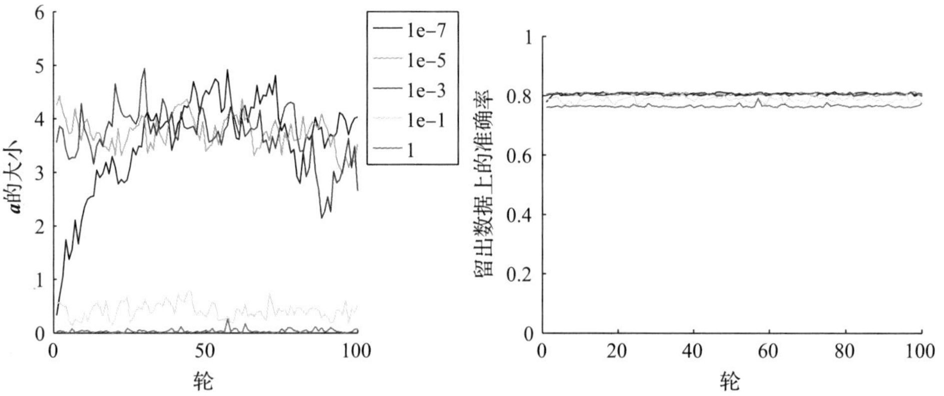

图 2-2 **左图**是第一种训练方案在每个 season 结束时权重向量 $\boldsymbol{a}$ 的大小，**右图**是在每个 season 结束时留出数据上的准确率。请注意观察和分析，正则化参数的不同是如何导致 $\boldsymbol{a}$ 的大小不同的；该方法对正则化参数的选择不是非常敏感(它们的变化倍数为 100)；不同参数下的准确率是如何变化的；以及正则化参数的过大值会怎样影响准确率

在第二种训练方案中，同样设定 100 个 season，但每个 season 中都只执行 50 步。在每一步中，随机均匀选取一个数据项(有放回采样)，然后逐步沿梯度下降。这意味着该方法总共可以查看 5000 个数据项和大约 3000 个不同数据项——此时，这种方法无法覆盖到整个训练集。这里我们为正则化参数选择 5 个不同的值，并以 1/(0.01 * s+50)的步长进行训练，其中 s 是 season。在每个 season 结束时，都会计算出当前分类器在留出的测试样本上的 $\boldsymbol{a}^{\mathrm{T}}\boldsymbol{a}$ 的值和对应的准确率(正确分类数据的比例)。结果如图 2-3 所示。

这是一个简单的分类例子，值得注意的点有：

- 准确率在训练早期变化较大，然后在每个 season 的训练过程慢慢稳定，只产生微小变化
- 正则化常数的改变对结果整体影响不大，但存在最佳选择
- 对于取值较大的正则化常数，$\boldsymbol{a}^{\mathrm{T}}\boldsymbol{a}$ 较小
- 两种训练方案的最终结果区别不大
- 数据规范化很重要
- 该方法不必遍历所有数据便可产生与遍历所有数据效果差不多的分类器

上述的所有这些点都是使用随机梯度下降和非常大数据集来训练 SVM 时的一些典型特征。

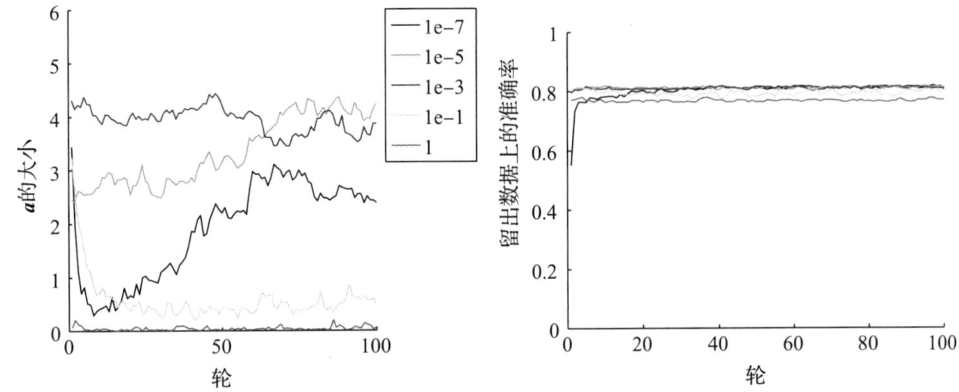

图 2-3　**左图**是第二种训练方案在每个 season 结束时权重向量 $\boldsymbol{a}$ 的大小，**右图**是在每个 season 结束时留出数据上的准确率。请注意观察和分析，正则化参数的不同是如何导致 $\boldsymbol{a}$ 的大小不同的；该方法对正则化参数的选择不是非常敏感(它们的变化倍数为 100)；不同参数下的准确率是如何变化的；以及正则化参数的过大值会怎样影响准确率

记住： 线性 SVM 是首选分类器。当遇到二分类问题时，第一步应该是尝试线性 SVM。用随机梯度下降训练非常简单有效。找到正则化常数的合适值需要简单的搜索，在这方面有大量可用的优质软件。

2.1.7　利用支持向量机进行多类分类

上面已经展示了如何训练线性 SVM 进行二类预测(即预测结果为两种结果中的一种)。但是，如果有三个或更多个类别标签，该怎么办？原则上，可以为每个标签编写一个二进制代码，然后使用不同的 SVM 来预测代码的每一位。事实证明，这样效果不是很好，因为只要其中有一个 SVM 效果不好就会导致非常严重的错误。

目前，有两种广泛使用的多类分类方法。第一种，是**多对多**(all-vs-all)的方法。我们为每一对类别训练一个二类分类器。为了对样本进行分类，每个分类器决定该样本属于两个类别中的哪个，然后为该类别投票。该样本最终判断为获得投票多的类别。这种方法操作很简单，但是随着类别数量的增长会逐渐变得非常困难(对于 N 类分类问题，必须构建 $O(N^2)$ 个不同的 SVM)。

第二种，是**一对多**(one-vs-all)的方法。我们为每个类别各构建一个二类分类器，该分类器必须将这个类别与其他所有类别区分开，然后，我们采用得分最高的类。我们可以想到许多这种方法不可行的理由，其中一种是，分类器之间无法通过比较各个类别的得分来区分类别之间的相似性，因为这种情况下各个分类器的得分并没有可比性。但在实践中，该方法效果通常很好，并且被广泛使用。该方法的复杂度随类别数量 N 增加的速度($O(N)$)较缓。

记住： 从二类分类器构建多类分类器很简单，任何优质的 SVM 软件包都可以做到这一点。

2.2　利用随机森林进行分类

分类器可以描述为获取特征然后输出类别判断结果的规则。一种建立这种规则的方法是使用一系列简单的测试，其中的每个测试都可以使用先前测试的结果。这样的规则构建过程可以绘制为一棵树(图 2-4)，其中每个结点代表一个测试，边代表该测试的可能结果。要使用这种树对测试项进行分类，则只需先将其输入给第一个结点，该结点的测试结果决定了下一步去向哪个结点，然后依此类推，继续往前，直到到达叶子结点为止。当它到达叶子结点时，我们用该叶子结点中最常见的标签作为此次测试的结果，这样的决策方法称为**决策树**(decision tree)。请注意，决策树的一个优点是：它可以有效处理有多个类别标签的问题，在测试时只需将测试项在树上从起始结点向下传递到达叶子结点，然后用对应的叶子结点上最常见的标签来给它做标记即可。

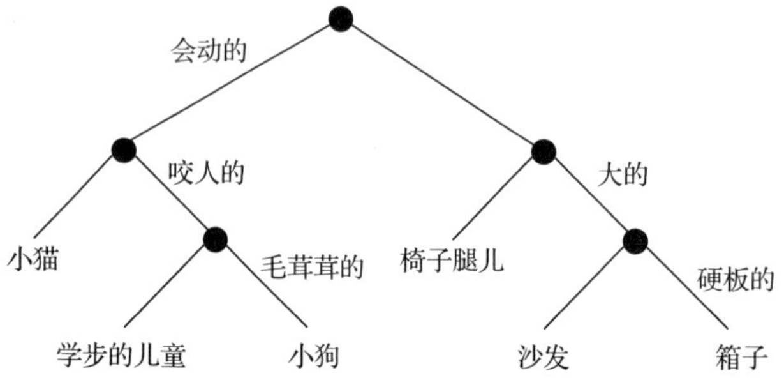

图 2-4　这是家用机器人的障碍物指南，是一种典型的决策树。这里都只标记出了一个输出分支，因为另外一个分支默认就是其对立分支。因此，如果障碍物移动，咬人但又不是毛茸茸的，那就是一个学步的儿童。通常的操作过程是，一个数据项沿着树向下传递，直到遇到叶子结点为止，然后用叶子结点中的最常见标签作为其标记

图 2-5 展示了一个简单的具有四个类的二维数据集，决策树至少可以对训练数据正确分类。实际上，使用决策树对数据进行分类的操作很简单。将数据项传递到树上，注意由于测试方式的限制，数据项不能从左右两个方向同时向下走，这就意味着每个数据项最终只会到达一个叶子结点。我们采取叶子结点上最常见的标签，作为测试项的标记。对应地，我们也可以在与决策树相对应的特征空间上构建几何结构。图 2-5 中展示了这种结构，其中第一个决策将特征空间划分成两部分(这就是为什么如此频繁地使用术语“划分”(split)的原因)，然后下一个决策又进一步地将这些部分中的每一个部分各自划分成两部分。如此继续直到最后一次决策(即对应于最后一次划分)。

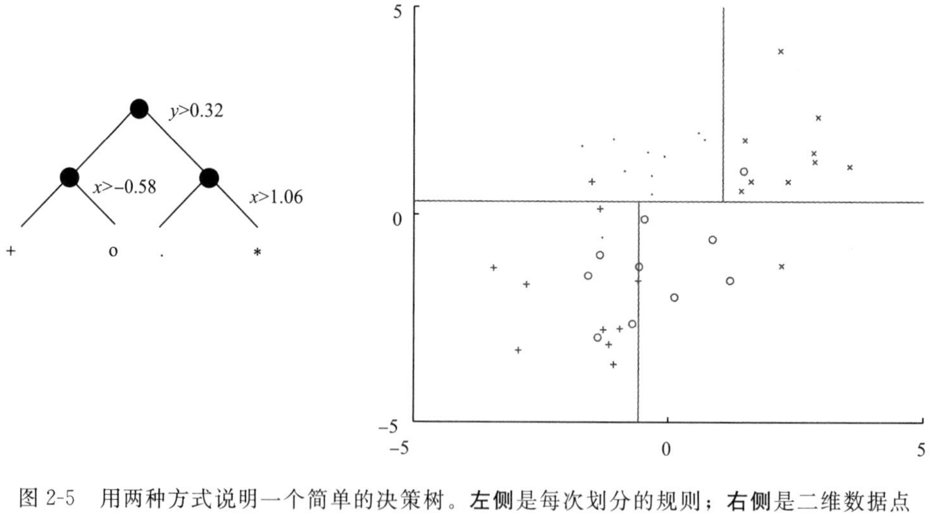

图 2-5　用两种方式说明一个简单的决策树。**左侧**是每次划分的规则；**右侧**是二维数据点以及树在特征空间中产生的几何结构

重要的问题是如何根据数据来得到决策树。事实证明，构造树的最佳方式应涵盖大量

的可能性，从而每次在不同的数据集上训练树时，我们都有可能得到不同的树。可能没有任何一棵单独的树会特别得好(通常被称为“弱学习器”)，但我们可以构造许多棵这样的树(**决策森林**(decision forest))，并让每棵树投票，最后得票最多的类胜出，该策略通常都非常有效。

2.2.1　构造决策树

构造决策树有很多种算法，我们这里介绍一种简单有效的方法，需要注意还有其他的方法。我们始终使用二叉树，因为它更易于描述且很常见(而且它作为一个例子，不会改变关于构造决策树方法的本质内容)。每个结点都会有一个**决策函数**(decision function)接收数据项作为输入并返回 1 或 −1。

我们接下来考虑决策树对训练数据的影响，来决定如何训练树。首先将整个训练数据集传递到决策树的根结点并依次往后，包括根结点在内的任何结点都会将传入的数据分为两个池，左池(决策函数标记为 1 的所有数据)和右池(决策函数标记为 −1 的所有数据)。最后，直到到达叶子结点。因为叶子无法再划分数据往下走，所以每个叶子都只包含一个数据池。

考虑以上的过程，我们这里使用一种简单的算法来训练决策树。首先，我们选择在每个结点上要使用的决策函数。事实证明，一种非常有效的算法是随机选择某一维的特征，然后测试其值是大于还是小于某个阈值。如果使用这种方法，需要非常谨慎地选择阈值，这将在下一部分中描述。如果所选特征是无法按照大小排序的，则需要进行一些微调，将在下面详述。令人惊讶的是，即使这里换成对特征的精细选择，似乎也并没有增加太多的效果。虽然还有很多其他的决策函数，我们这里暂时只选择上述的这种简单函数作为例子进行介绍。

现在假设我们使用上述决策函数，并且假设已知如何选择阈值。那么我们从根结点开始，然后递归地划分每个结点上的数据池，根据决策函数判断结果，将数据向左传递到左池，或者向右传递到右池，或者停止划分并返回。最好的划分涉及从所选择的决策函数类中选定一个具体的来提供“最佳”划分，直到叶子结点。此时的主要问题是如何选择最佳划分(下一节)以及何时停止进一步的划分。

停止相对简单，一些非常简单的停止策略就经常能有好的效果。在数据很少时，很难选择最恰当的决策函数，因此当结点上数据太少时，就必须停止划分，因此我们可以通过测试数据量来选择阈值。同时，如果一个结点上的所有数据都属于同一个类，则没有必要进行进一步划分。最后一点是，构造一棵过深的树通常会导致泛化性能差的问题。因此，我们通常限制树的深度不超过提前给定的划分深度 D。而最佳划分阈值的选择通常比停止策略的选择要更加复杂。

图 2-6 显示了训练数据池的两种可能的划分，显然左边比右边好很多。在好的情况下，划分会将池分为正确的正例和负例。在不好的情况下，划分的每一侧都具有相同数量的正例和负例。通常我们不能直接得到像左图中这么好的划分，因而将目标转化为寻找一种可以使正确的标签更加确定的划分。

图 2-7 展示了一个更微妙的情况来说明这一点，该图中的划分是通过针对不同阈值测试特征的横坐标取值而获得的。在一种情况下，左池和右池包含大约相同比例的正例(“x”)和负例(“o”)。在另一种情况下，左池全部为正，右池大部分为负，这是比较好的阈值选择。如果我们将左侧的任意数据项标记为正，而将右侧的任意数据项都标记为负，则

错误率并不大。如果计算准确率，则左侧具有信息量的划分在训练数据上的最小错误率为20%，而右侧信息量较少的划分在训练数据上的最小错误率为40%。

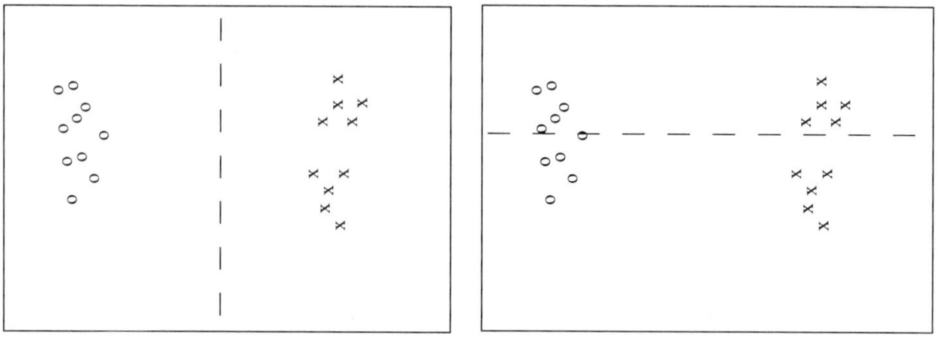

具有信息量的划分　　　　信息量较少的划分

图 2-6　训练数据池的两种可能的划分。正例用“x”表示，负例用“o”表示。请注意观察，如果用具有信息量的划分线划分该池，则左侧的所有点都是“o”，而右侧的所有点都是“x”。这是划分的最好选择——一旦到达叶子结点，该结点中的所有数据项都具有相同的标签。右图为信息量较少的划分，从一个包含一半为“x”和一半为“o”的结点开始，划分后有两个结点，每个结点下面都有一半“x”和一半“o”，这样并不能改进对数据的认知，因为划分后我们对标签没有更清晰的了解

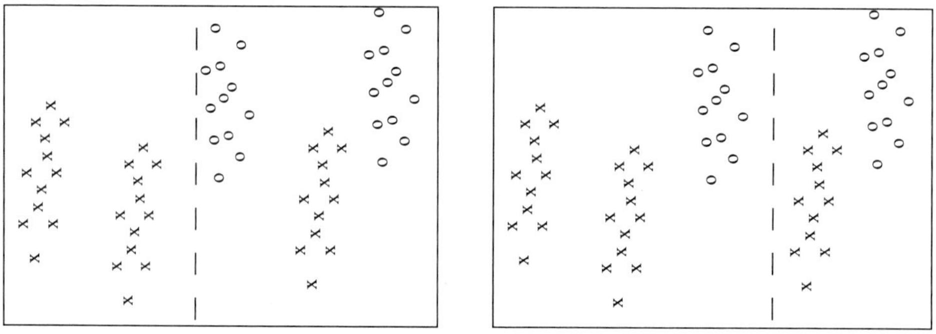

具有信息量的划分　　　　信息量较少的划分

图 2-7　训练数据池的两种可能的划分。正例用“x”表示，负例用“o”表示。请注意观察，如果用具有信息量的划分线划分该池，则左侧的所有点都是“x”，右侧的三分之二是“o”。这意味着知道一个点位于划分的哪一侧将为我们估计其标签提供良好的基础。而在右图信息量较少的划分下，左侧约三分之二的点是“x”，右侧约半数的点是“x”——此时知道一个点位于划分的哪一侧对确定其标签的作用并没有那么大

我们需要一些方法来评估不同的划分，这样才可以确定哪个阈值是最佳的。请注意，对于信息量较少的划分，知道数据项位于左侧(或右侧)得到的对于数据的标签信息并不比已经知道的更多。如图 2-7 中右图所示，p(类别 1|左池，无信息)$=2/3\approx 3/5=p$(类别 1|父结点池)和 p(类别 1|右池，无信息)$=1/2\approx 3/5=p$(类别 1|父结点池)。对于左侧具有信息量的划分，当知道数据项在左侧时，就完全可以对它进行分类了；而知道数据项在右侧时，分类错误率也只有 1/3。这意味着，对于具有信息量的划分，如果知道数据项是在左侧还是在右侧，那么对数据项所属类别的不确定性将大大降低。对比这两种情况，也就意味着要选择一个好的阈值，我们需要追踪不同划分所对应的信息量。

2.2.2 用信息增益来选择划分

令 $\mathcal{P}$ 为结点上所有数据的集合，$\mathcal{P}_l$ 为左池，$\mathcal{P}_r$ 为右池。一个数据池 $\mathcal{C}$ 的熵可以刻画平均需要多少位来表示该池中数据项的类别。令 $n(i;\mathcal{C})$ 表示数据池 $\mathcal{C}$ 中第 i 类数据的个数，$N(\mathcal{C})$ 表示该池 $\mathcal{C}$ 中数据项的总数，则池 $\mathcal{C}$ 的熵 $H(\mathcal{C})$ 为

$$-\sum_i \frac{n(i;\mathcal{C})}{N(\mathcal{C})}\log_2 \frac{n(i;\mathcal{C})}{N(\mathcal{C})}$$

显然对于结点 $\mathcal{P}$ 而言，就需要 $H(\mathcal{P})$ 位来将 $\mathcal{P}$ 中的数据项进行分类。对于左池 $\mathcal{P}_l$ 中的数据项，需要 $H(\mathcal{P}_l)$ 位；对于右池 $\mathcal{P}_r$ 中的数据项，需要 $H(\mathcal{P}_r)$ 位。如果对父结点池 P 进行划分，则数据项被划分到左池的概率为

$$\frac{N(\mathcal{P}_l)}{N(\mathcal{P})}$$

被划分到右池的概率为

$$\frac{N(\mathcal{P}_r)}{N(\mathcal{P})}$$

这意味着如果划分父结点池，则对其中的每个数据项进行分类平均需要提供

$$\frac{N(\mathcal{P}_l)}{N(\mathcal{P})}H(\mathcal{P}_l)+\frac{N(\mathcal{P}_r)}{N(\mathcal{P})}H(\mathcal{P}_r)$$

位的信息量。满足这个条件的好的划分，是一种可使左池和右池都包含信息量的方法。同时，当完成一次划分后，我们再进行分类判断所需要的信息量位数应比划分前需要的位数少。因此可以构建二者之差如下：

$$I(\mathcal{P}_l,\mathcal{P}_r;\mathcal{P}) = H(\mathcal{P})-\left(\frac{N(\mathcal{P}_l)}{N(\mathcal{P})}H(\mathcal{P}_l)+\frac{N(\mathcal{P}_r)}{N(\mathcal{P})}H(\mathcal{P}_r)\right)$$

该项称为划分的**信息增益**(information gain)，表示如果知道样本位于划分的哪一侧后不必再提供的信息位的平均数。更好的划分会产生更大的信息增益。

回想一下，我们的决策函数是随机选择某一维特征，然后测试其值和阈值之间的大小。特征值比阈值大的数据点都将进入左池；特征值比阈值小的数据点进入右池。这听起来虽然很简单，但实际上却是很有效且被普遍使用的。假设有一个结点，记为 k，在到达该结点的训练数据池中，第 i 个样本的特征向量为 $\boldsymbol{x}_i$，每个特征向量都是一个 d 维向量。

那么，我们首先均匀且随机地选择一个 1，…，d 内的整数 j，并依据每个数据的第 j 维特征进行划分。我们将 j 存储在结点中。这个过程为，$x_i^{(j)}$ 记为第 i 个特征向量的第 j 个分量的值，我们首先选择一个阈值 t_k，并通过检验 $x_i^{(j)}-t_k$ 的符号来进行划分。t_k 值的选择很容易，假设池中有 N_k 个样本，则有 N_k-1 个可能的不同划分值 t_k。我们可以用 $x^{(j)}$ 对所有这 N_k 个样本进行排序，则 t_k 值在样本值之间的位置有 N_k-1 种可能(图 2-8)。对于每一种可能，我们都计算划分所对应的信息增益，然后选择具有最佳信息增益的位置对应的值作为阈值。

我们可以通过下面的方式来进一步详细说明这个过程：随机选择 m 个维度上的特征，找到每个维度的特征的最佳划分，然后记录对应的特征维度和最佳阈值。在这个过程中 m 通常都比总特征数小很多——通常原则上 m 取特征总数的平方根。在选定一个 m 后，就可以进行不同划分。

现在假设我们恰好选择的是无法依照大小直接排序的特征，因此无法与阈值比较来进行检验。此时一个自然有效的策略是，对每一个特征维度的值，掷一枚均匀硬币，来将这

个特征分为两个池——如果硬币正面朝上，则具有该值的任何数据点向左；如果硬币背面朝上，则具有该值的任何数据点向右。我们这里是随机选择划分，因此可能效果不是最佳。重复此过程 F 次，计算每个划分的信息增益，然后保留具有最佳信息增益的划分，可以得到一个相对较好的划分。我们通常会预先选定 F，它的取值通常依类别变量的数量而定。

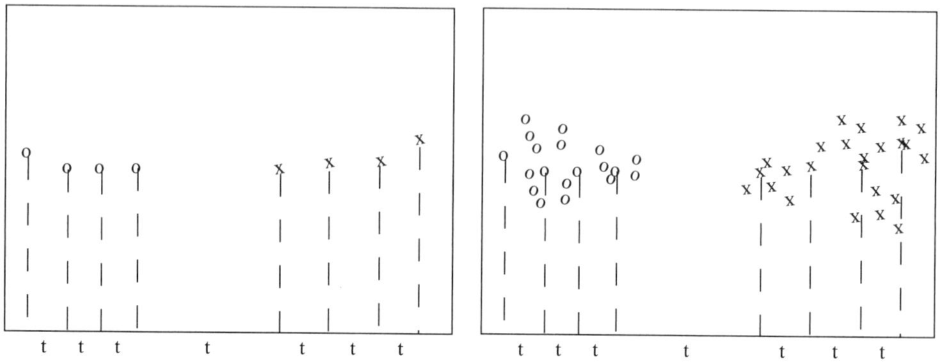

图 2-8　依据所选的分量取不同数值时产生的划分的对比来寻找好的划分阈值。**左图**显示了一个小数据集，并将其投影到选定的划分分量(水平轴)上。对于此处的 8 个数据点，只有 7 个阈值会产生有意义的划分，每个划分对应于轴上标注的“t”；**右图**显示了一个更大的数据集，这里只投影了一部分数据，这使得需要搜索的阈值对应于一个小的集合

现在，我们有一个相对简单的算法蓝图，如下过程所示。这里称之为蓝图，因为它也可以利用其他方式进行修改。

过程 2.5　构造决策树：概述

现有一个包含 N 对数据$(\boldsymbol{x}_i, y_i)$的数据集，每个 $\boldsymbol{x}_i$ 是 d 维特征向量，每个 y_i 是标签，我们称这个数据集为一个**池**。现在递归地应用以下步骤：

- 如果池太小，或者池中的所有数据都有相同的标签，或者递归深度已达到极限，则停止。
- 否则，根据特征找到一个好的划分，将池分为两部分，然后对每个子池应用此步骤。

通过以下步骤寻找好的划分：

- 随机选择某几维特征，池中所有数据的这几维特征构成了一个子集，通常选择的维度数量约为特征维度的平方根。
- 对于选中的几维特征中的每一维数据，都搜寻一个良好划分。如果该维度对应的特征可排序，则使用过程 2.6 的步骤，否则使用过程 2.7 的步骤。

过程 2.6　可排序特征的划分

通过以下步骤在给定的可排序特征上搜寻一个良好划分：

- 选择一个可能的划分阈值集合
- 利用每个划分阈值，划分数据集(数据值低于阈值则向左，否则向右)，并计算该划分对应的信息增益。

选择具有最大信息增益的阈值。

一组较好的可能的阈值应包含能"合理"划分数据的值。如果数据池较小，则可以将数据投影到这个特征维度上(即仅看该维度上的值)，然后选择位于两个数据点(两个数据在某个维度上的值)之间的 $N-1$ 个不同的值作为备选的阈值。如果数据池很大，则可以随机选择数据池的一个子集，将该子集投影到这个特征维度上，然后从数据点之间的值选择备选的阈值。

过程 2.7 不可排序特征的划分

当某一维特征的取值无法直接按照大小排序时，可以对特征的每一个取值，掷一枚均匀硬币，将这个特征分为两个池：如果硬币正面朝上，则具有该特征值的所有数据点向左；如果硬币背面朝上，则具有该特征值的所有数据点向右。重复此过程 F 次，计算每个划分的信息增益，然后保留具有最佳信息增益的划分。我们一般会预先选定 F，而它的取值通常依据类别变量的数量来确定。

2.2.3 森林

单个决策树得到的分类性能往往不够好，原因之一是每棵树在构建时并不是按照对训练数据做最佳分类的原则进行的。由于在每个结点上只是随机选择划分变量，因此构建的树对于分类而言不可能是"最佳"的。构建一棵最佳的树可能有很大的技术难度，因为在训练数据上能提供最佳结果的树在测试数据上可能会表现不佳。训练数据只是所有可能样本中的一小部分，因此肯定与测试数据不同。可能训练数据上的最佳树会有大量的小叶子，而每一个叶子结点都是由精心选择的划分构成的(比如使得每个叶子结点中的数据都属于同一个类别)，但是这样的构建方式对训练数据最适合，却不一定是最适合测试数据的。

因此，另一种方式是我们不去构造最佳可能树，而是构造很多有效的树，其中每棵树都涉及许多随机选择。如果我们要重建类似的树，那么很可能会获得不同的结果。下面将给出一种非常有效的策略：构造许多树，然后通过合并所有树的结果完成分类。

2.2.4 构造并评估决策森林

对于决策森林的构建和评测，有两种重要的策略，并且这两种策略并没有明显的孰优孰劣，只是不同的软件包会使用不同的策略。在第一种策略中，我们将标记数据分为训练集和测试集，然后构造多个决策树，对每棵树使用整个训练集进行训练，最后，在测试集上评估森林的效果。在这种方法中，一部分已有标签的数据是构建的森林无法查看的，我们用这些数据进行测试。但这个过程中每棵树可以选择查看任何一个训练数据。

过程 2.8 构造决策森林

现有一个包含 N 对数据$(\boldsymbol{x}_i, y_i)$的数据集，每个 $\boldsymbol{x}_i$ 是 d 维向量，y_i 是标签。将数据集分为测试集和训练集，在训练集上训练多棵不同的决策树，这里可以回想一下之前使用一组随机的特征维度来搜寻良好划分的过程，特征选择的随机性意味着每进行一次都会得到一棵不同的树。

第二种构建和评测森林的策略有时称为**袋装法**(bagging)。在这种策略中，每次训练都对有标签的数据进行有放回的子采样，得到与原始标记数据集大小相同的新的训练集，请注意，此训练集中可能会存在重复项，就像自助法(bootstrap)一样。每个新的训练集通常称为一个**袋子**(bag)，我们对每个袋子记录那些没有出现在袋子中的样本（“袋外”样本）。在评估森林时，根据每个袋外样本对每棵树进行评估，并对得到的所有误差项求平均值。通过这种方法，虽然很可能没有一棵树遍历了所有的训练数据，但整个森林可以覆盖所有标记数据，同时也得到了估计的误差值。

过程 2.9 袋装法构造决策森林

现有一个包含 N 对数据$(\boldsymbol{x}_i, y_i)$的数据集，每个 $\boldsymbol{x}_i$ 是 d 维向量，y_i 是标签。构造训练数据集的 k 个自助法复本，在每个复本上依据上述袋装法的过程训练每个决策树。

2.2.5 利用决策森林进行数据分类

一旦构建好了决策森林，就可以对测试数据项进行分类。这里主要有两种方法。第一种是最简单的方法，利用森林中的每棵树对数据进行分类，然后将得票数最多的类作为判断结果。这是有效的，但也忽视了一些可能比较重要的情况。例如，假设森林中的一棵树的叶子结点中有许多带有相同类别标签的数据项，而另一棵树上的叶子结点中恰好只有一个数据项，那么此时我们可能希望不同的叶子结点能有不同的投票权重。

过程 2.10 用决策森林进行分类

给定一个测试样本，将其传递到森林的每棵树，现在选择以下方法之一来对该样本进行类别判断：

- 样本到达每棵树的叶子结点时，就为每个叶子结点中最常出现的标签记录一票，最后选择得票数最多的标签。
- 样本到达每棵树的叶子结点时，为每个叶子结点中出现的所有标签都进行记录，每个标签记录 N_l 票，其中 N_l 是该叶子结点中的训练数据中该标签出现的次数。最后，选择得票数最多的标签。

考虑到上述的观察结果，另一种改进方法是将测试数据传递到每棵树，在到达叶子结点时，为该叶子结点中的每个训练数据项对应的类别都记录一票，最后选出得票数最多的类别。这种方法可以让包含大量数据且相对准确的叶子结点在投票中占主导地位。两种策略都在实际中使用，但目前并没有明显的证据表明哪一种方法总是比另一种更好，这可能是因为训练过程中的随机性使得包含大量数据而且相对准确的叶子结点在实践中比较少见。

实例 2.1 心脏病数据分类

构造随机森林分类器，对 UC Irvine 机器学习库中的“心脏”数据进行分类。该数据集可以从 http://archive.ics.uci.edu/ml/datasets/Heart+Disease 下载，有多个版本，推荐查看已处理的 Cleveland 数据，该数据位于文件“processed.cleveland.data.txt”中。

答：我们使用 R 语言中的随机森林包。它使用袋装法来构建森林。我们所使用的程序包可以使拟合随机森林变得非常简单。在此数据集中，变量 14(V14)会取 0，1，2，3，4 共 5 个可能的值，具体取决于动脉变窄的严重程度；其他变量是与患者有关的生理和物理测量值(请在网站上阅读更多详细信息)。接下来尝试使用随机森林作为多变量分类器来预测变量 14 对应的五个级别，其结果如下面的袋外数据的类混淆矩阵所示，其效果比较差，总的袋外数据分类错误率是 45%。

预测标签

真实标签	0	1	2	3	4	分类错误率
0	151	7	2	3	1	7.9%
1	32	5	9	9	0	91%
2	10	9	7	9	1	81%
3	6	13	9	5	2	86%
4	2	3	2	6	0	100%

这是表 1.1 中的类混淆矩阵的示例。显然，我们可以从这个特征中预测动脉是否变窄，但无法预测变窄的程度(至少对于随机森林而言)。因此我们可以将变量 14 量化成两个级别，0(表示未变窄)和 1(表示变窄，可以是任何程度，因此其原始值可能是 1，2，3 或 4)，然后我们构造一个随机森林，并依据其他变量的取值来预测量化后的二值变量。此时袋外数据的总错误率为 19%，同时可以得到此时的袋外数据类混淆矩阵为

预测标签

真实标签	0	1	分类错误率
0	138	26	16%
1	31	108	22%

请注意观察，此时假正率(16%，即 26/164)比假负率(22%)要小得多。假如我们换一种训练方式，先预测 0，…，4，再对预测值进行量化，此时假正率为 7.9%，相对较小，但假负率要高得多(36%，即 50/139)。但在这个应用问题中，假负率比假正率可能更关键(相当于把原来变窄的判断为未变窄，其后果会更严重)，因此这种先预测再量化的方式并不适合。

记住：随机森林容易构建并且非常有效，它们可以预测任何种类的标签，并且通常都有比较好的软件可以很容易实现对随机森林的构建。

编程练习

2.1 UC Irvine 的机器学习数据库存储着一系列有关乳腺癌诊断的数据，该数据集由 Olvi Mangasarian、Nick Street 和 William H. Wolbe 贡献，你可以在 http://archive.ics.uci.edu/ml/datasets/Breast+Cancer+Wisconsin+(Diagnostic)找到该数据集。每条记录包括 1 个身份编号、10 个连续变量和 1 个类别标记(良性或恶性)。数据集一共有 569 个样例。将此数据集随机划分为 100 个测试数据、100 个验证数据和 369 个训练数据。请编写一个程序，然后使用随机梯度下降法在该数据上训练一个支持向量机。请不要用程序包来训练分类器(这里不必使用程序包)，而应使用自己的代码。可以忽略身份编号，用连续变量作为特征向量，并缩放这些变量，使每个变量都有单位方差。为了找到正则化常数的合适值，可以使用验证集至少尝试 $\lambda=[1e-3,1e-2,1e-1,1]$这些值。

你应至少训练 50 轮，每轮至少 100 步。且在每轮中，应随机分离出 50 个训练样本用于评测，每 10 步针对该轮计算当前分类器的准确率。经过这个过程，可以得到：

(a) 对于正则化常数的每个取值，画出每 10 步计算一次的准确率曲线图。

(b) 对正则化常数的最佳值进行估计，并简要说明为什么你认为这是一个好的值。

(c) 对最佳分类器在留出的测试数据上的准确率进行估计。

2.2 UC Irvine 的机器学习数据库存储了一个成人收入数据集，该数据集由 Ronny Kohavi 和 Barry Becker 贡献，你可以在 https://archive.ics.uci.edu/ml/datasets/Adult 找到该数据集。每条记录包括一组连续的属性和类别：≥50 000 或<50 000，一共有 48 842 个样本。我们这里只使用连续属性(请参阅网页上的说明)，并丢弃那些缺少连续属性值的样本，将得到的数据随机分出 10%作为验证样本、10%作为测试样本和 80%作为训练样本。

请编写一个程序，使用随机梯度下降法在该数据上训练一个支持向量机，请不要用程序包来训练分类器(这里不必使用程序包)，而应使用自己的代码。我们这里暂时忽略身份编号，用连续变量作为特征向量，并缩放这些变量，使每个变量都有单位方差。为了找到正则化常数的合适值，可以使用验证集至少尝试 $\lambda=[1e-3,1e-2,1e-1,1]$ 这些值。

你应至少训练 50 轮，每轮至少 300 步。在每轮中，应随机分离出 50 个训练样本用于评测，每 30 步针对该轮计算当前分类器的准确率。经过这个过程，可以得到：

(a) 对于正则化常数的每个取值，画出每 30 步计算一次的准确率曲线图。

(b) 对正则化常数的最佳值进行估计，并简要说明为什么你认为这是一个好的值。

(c) 对最佳分类器在留出的测试数据上的准确率进行估计。

2.3 UC Irvine 机器学习数据库存储了有关 p53 表达式是否激活的数据。通过阅读以下内容，你可找到其含义以及有关数据集的更多信息：Danziger, S. A., Baronio, R., Ho, L., Hall, L., Salmon, K., Hatfield, G. W., Kaiser, P., and Lathrop, R. H. "Predicting Positive p53 Cancer Rescue Regions Using Most Informative Positive (MIP) Active Learning," *PLOS Computational Biology*, 5(9), 2009; Danziger, S. A., Zeng, J., Wang, Y., Brachmann, R. K. and Lathrop, R. H. "Choosing where to look next in a mutation sequence space: Active Learning of informative p53 cancer rescue mutants", *Bioinformatics*, 23(13), 104-114, 2007; Danziger, S. A., Swamidass, S. J., Zeng, J., Dearth, L. R., Lu, Q., Chen, J. H., Cheng, J., Hoang, V. P., Saigo, H., Luo, R., Baldi, P., Brachmann, R. K. and Lathrop, R. H. "Functional census of mutation sequence spaces: the example of p53 cancer rescue mutants," *IEEE/ACM transactions on computational biology and bioinformatics*, 3, 114-125, 2006。

你可以在 https://archive.ics.uci.edu/ml/datasets/p53+Mutants 找到该数据集，共有 16 772 个样本，每个样本有 5409 个属性，其中属性 5409 是类别属性，分为有效(active)和无效(inactive)。此数据集有多个版本，推荐使用 K8.data 的版本。

(a) 使用随机梯度下降训练 SVM 对该数据进行分类。你需要删除有缺失值的数据项，使用交叉验证来估计正则化常数，并尝试至少三个值。你的训练方法应至少覆盖 50%的训练数据，同时留出 10%的数据作为验证数据，并在验证数据上对分类器的准确率进行评测。

(b) 现在训练一个朴素的贝叶斯分类器对该数据进行分类，分类时要留出 10%的数据作为验证数据，并在留出数据上对分类器的准确率进行评测。

(c) 比较两个分类结果，哪一个更好？为什么？

2.4 UC Irvine 机器学习数据库存储了有关蘑菇是否可食用的数据，该数据集由 Jeff Schlimmer 贡献，可以在 http://archive.ics.uci.edu/ml/datasets/Mushroom 查看。该数据具有一组蘑菇的类别属性，以及两个标签(有毒或可食)。请使用 R 语言中的随机森林包(如本章中的示例)来构建随机森林，根据蘑菇的属性将蘑菇分为可食用蘑菇或有毒蘑菇。

请形成这个问题的一个类混淆矩阵。并判断，如果你根据分类器对蘑菇是否可食用的预测食用蘑菇，那么中毒的概率是多少?

MNIST 练习

以下练习比较复杂，但很有意义。MNIST 数据集最初是由 Yann Lecun、Corinna Cortes 和 Christopher J. C. Burges 构建的，它包含 60 000 个训练样本和 10 000 个测试样本的手写数字数据集，广泛用于检验简单分类方法。共有 10 个类别(从“0”到“9”)。该数据集已被广泛研究，并且在 http://yann.lecun.com/exdb/mnist/上有针对该数据的许多方法和特征构造，你可以从中发现目前最佳的方法效果非常好。原始数据集位于 http://yann.lecun.com/exdb/mnist/，存储的格式不太常见，在该网站上有详细说明。编写你自己的阅读器代码也非常简单，但是通过网络搜索也可以找到为标准包准备的阅读器，(至少)在 matlab 中有可参考的阅读器代码：http://ufldl.stanford.edu/wiki/index.php/UsingtheMNISTDataset。在 R 中也有可参考的阅读器代码：https://stackoverflow.com/questions/21521571/how-to-read-mnist-database-in-r。

这个数据集由 28×28 的图像组成。这些最初是二进制图像，但由于进行了抗锯齿处理，因此看起来是灰度图像。这里将忽略中间的灰度像素(数量不多)，将深色像素称为“墨水像素(ink pixels)”，浅色像素称为“纸张像素(paper pixels)”。同时，我们将图像像素的重心居中，将数字定位在图像的中央。以下是一些用于将数字重新定位到中央的选项，将在练习中提到。

- **不做改变**：不使数字重新居中，而是按原样使用原图像。
- **边框**：构造一个 $b \times b$ 的边框，以使墨水像素的水平宽度(保持宽高比)位于该框的中心。
- **拉伸的边框**：构造一个 $b \times b$ 的边框，以使墨水像素的水平宽度(保持宽高比)正好是该框的整个水平宽度。要得到这个表示，会涉及对图像的缩放：确定数字在原图像中的水平宽度和垂直高度，然后将其从原始图像中剪切，再将剪切出的图像重新调整为 $b \times b$。

图像重新居中后，即可计算特征。在本练习中，我们将使用原始像素值作为特征值。

2.5 研究如何使用朴素贝叶斯对 MNIST 进行分类。用 1.3.1 节的过程比较原始图像的像素特征的四种情况。为每个像素特征、未作改变的原图像和拉伸边框的图像三种类型，分别选择正态模型或二项分布模型来得到对应的分类结果。

(a) 哪一种结果最好?

(b) 最佳结果对应的准确率如何?(请注意，这个问题的答案和(a)并不相同，如果不清楚这一点，可以查看 1.3.1 节)。

2.6 研究如何使用最近邻分类对 MNIST 进行分类。使用近似最近邻搜索，从 http://www.cs.ubc.ca/~mariusm/index.php/FLANN/FLANN 获取近似最近邻搜索的 FLANN 软件包。为使用这个包，需要先为训练数据集创建索引(flann_build_index()函数，或其变形)，然后使用测试数据进行查询(flann_find_nearest_neighbors_index()函数，或其变形)。另一种方法(flann_find_nearest_neighbors()函数等)是先建立索引然后删除，但如果使用不正确，效率可能会很低。

(a) 利用未作改变的原始图像像素与加边框的原始图像像素，以及拉伸边框的图像像素，分别进行上述最近邻搜索，并进行比较。哪个更好？为什么？查询次数是否不同？

(b) 缩放每个特征(即每个像素值)使其具有单位方差，是否会改进(a)中的任一分类器？

2.7 研究如何使用 SVM 对 MNIST 进行分类。比较以下情况：未作改变的原始图像像素和拉伸边框的图像像素，哪个的效果更好？为什么？

2.8 研究如何使用决策森林对 MNIST 进行分类。在构造森林过程中使用相同的参数(即树的深度相同、树的数量相同等)。比较以下情况：未改变的原始图像像素和拉伸边框的原始像素，哪个的效果更好？为什么？

2.9 如果你已完成之前的四个练习，你可能已经对 MNIST 非常熟悉了。请将你的方法与 http://yann.lecun.com/exdb/mnist/的方法表进行比较，并思考你可以进行哪些改进？

学习理论初步

了解一个分类器的关键之处在于知道它在未知的测试数据上的分类效果如何。这涉及两个需要关注的方面：留出训练数据上的误差如何反映和预测测试误差，以及训练误差如何反映和预测测试误差。留出训练数据上的误差是对测试误差的一个很好的反映和预测。其中的原理将在3.1节进行详述。我们在训练过程中往往假设，若分类器在训练集上达到良好的训练误差，则在测试数据上应当依然有好的效果。那么我们需要一些依据来确认这一假设，在这一章中我们就会进行介绍。从训练误差来反映测试误差是可能的。但训练误差对测试误差的所可能的取值范围的反映是很宽松的，没有什么实际意义，但可以肯定的是，这个范围肯定存在边界，这一点是有意义的。

如果训练误差和测试误差间存在较小差距，那么就认为对应的分类器可以很好地泛化。仅用训练误差来反映测试误差是可以实现的，但这个反映带来的信息通常很宽松。原因在于对一个给定的分类器来说，分类器总是会使训练误差尽可能小，而训练样本并不总是和测试样本同分布，导致训练误差是测试误差的有偏估计。如果分类器是从一个较小的、有限的分类器族中选择，那么可以直接由训练误差得到测试误差的界。此时一共有两步：首先，对于单个分类器，限制测试误差和观测误差存在较大差距的可能性；然后，限制族中所有分类器的这个误差差距都不能太大。从而等价地，我们可以说测试误差小于某个值的可能性很大。这将在3.2节进行详细阐述。

上面的阐述没有覆盖最重要的情况，即分类器是从无限族中选择的。此时需要一些技巧。我们可以将分类器看作从有限数据集到一个由标签构成的字符串(每个数据对应一个标签)的映射。那么对于一个给定的数据集，我们就可以知道一个分类器族可以对它生成多少个标签字符串。要推断训练误差与测试误差的差距，其关键不在于族中分类器的数量，而在于它可以在固定数据集上产生的字符串的数量。事实证明，许多分类器族产生的字符串数量都远远少于预期，这也引出了对留出的验证数据上的误差的一些限制。这将在3.3节详细阐述。

3.1 用留出损失预测测试损失

将一个**预测器**(predictor)进行泛化是很有益的，这里的预测器是一个接收某种特征输入然后输出某些内容的函数。如果输出的是标签，那么这个预测器就是一个分类器。我们接下来还会见到输出其他形式内容的预测器。预测器的形式有许多种——线性函数、树等。我们假设，你在实际中主要出于是否方便的原因来选择具体使用哪种预测器(比如有哪种现成的程序包可以使用，或者更偏好哪种数学运算方式等)。一旦确定了使用什么样的预测器，那么接下来，只需要通过最小化**训练损失**(training loss，用于在训练数据上评估误差的代价函数)就可以选择该预测器的参数了。

我们接下来对训练数据上的各个**数据点损失**(pointwise loss)取平均值，并将这个平均值作为我们后续的分析对象，它可以看作对所有数据点的损失期望值的一个估计。**数据点损失**函数 ℓ 接收三个参数的输入：预测器应该产生的真实 y 值、特征向量 $\boldsymbol{x}$ 和预测结果

$F(\boldsymbol{x})$。目前，对于线性 SVM，我们只有一个数据点损失

$$\ell_h(y,\boldsymbol{x},F) = \max(0, 1 - yF(\boldsymbol{x}))$$

12.2.1 节展示了一些其他的数据点损失的例子，本节的内容也适用于其他形式的数据点损失。

接下来分析一种简单的情况。假设我们用训练数据构建了一个预测器 F，已知数据点损失$\ell(y,\boldsymbol{x},F)$。现在有 N 对留出的验证数据项$(\boldsymbol{x}_i, y_i)$，假设这些数据项都没有被用来训练预测器，并且假设这些数据对与测试数据独立同分布，我们将该分布记作 $P(X,Y)$。我们接下来评估在留出的验证数据上的损失

$$\frac{1}{N}\sum_i \ell(y_i, \boldsymbol{x}_i, F)$$

而测试数据上的损失的期望值可以表达为

$$\mathbb{E}_{P(X,Y)}[\ell]$$

可以认为，前述验证数据上的均值是对测试数据上真实损失的期望的一种很好的估计。而我们有一些很简单的方法来评估上述估计值与真实值的差距较大的可能性。但上述验证数据上的损失确实是一种对测试损失的很好估计。

3.1.1 样本均值和期望

从分布 $P(X,Y)$中得到样本$(\boldsymbol{x}_i, y_i)$，并估计$\ell(y_i, \boldsymbol{x}_i, F)$的值，记作 L。我们研究 L 的期望值 $\mathbb{E}[L]$与其估计值之间的关系。这里的估计值是由 $P(L)$中采样得到的 N 个独立同分布的样本，并计算 $\frac{1}{N}\sum_i L_i$ 得到的。因为根据不同采样样本集合计算，会得到不同的估计值，因此该估计值其实是一个随机变量，我们记作 $L^{(N)}$。为了分析其特性，我们只关注其均值

$$\mathbb{E}[L^{(N)}]$$

及其方差

$$\mathrm{var}[L^{(N)}] = \mathbb{E}[(L^{(N)})^2] - \mathbb{E}[L^{(N)}]^2$$

我们假设它的方差是有限的。

均值： 因为期望值是可以写作线性求和形式的，所以我们有

$$\begin{aligned}\mathbb{E}[L^{(N)}] &= \frac{1}{N}\mathbb{E}[L^{(1)} + \cdots + L^{(1)}] \\ &\quad (\text{有 } N \text{ 个 } L^{(1)} \text{ 的副本}) \\ &= \mathbb{E}[L^{(1)}] \\ &= \mathbb{E}[L]\end{aligned}$$

方差： 用 L_i 表示计算 $L^{(N)}$ 中的第 i 个样本对应的损失。所有样本损失的平均值可以表达为 $L^{(N)} = \frac{1}{N}\sum_i L_i$，从而有

$$\mathbb{E}[(L^{(N)})^2] = \frac{1}{N^2}\mathbb{E}\Big[\sum_i L_i^2 + \sum_i \sum_{j \neq i} L_i L_j\Big]$$

由于 $\mathbb{E}[L_i^2] = \mathbb{E}[L^2]$，同时，$L_i$ 与 L_j 独立且 $\mathbb{E}[L_i] = \mathbb{E}[L]$，所以有

$$\mathbb{E}[(L^{(N)})^2] = \frac{(N\mathbb{E}[L^2] + N(N-1)\mathbb{E}[L]^2)}{N^2} = \frac{(\mathbb{E}[L^2] - \mathbb{E}[L]^2)}{N} + \mathbb{E}[L^2]$$

从而有

$$\mathbb{E}[(L^{(N)})^2]-\mathbb{E}[L^{(N)}]^2=\frac{(\mathbb{E}[L^2]-\mathbb{E}[L]^2)}{N}$$

我们可以将上式进行进一步简化。随机变量 L 的方差为 $\mathrm{var}[L]=\mathbb{E}[L^2]-\mathbb{E}[L]^2$，从而上式可以表达为

$$\mathrm{var}[L^{(N)}]=\frac{\mathrm{var}[L]}{N}$$

这个式子就是大家熟悉的形式了，其实就是利用均值作为估计的标准差。如果不熟悉，那么最好记住。上面的式子也说明在估计均值时用的样本越多，估计值就越好。

有用的事实 3.1 由样本对期望进行估计的均值和方差

用 X 表示随机变量，$X^{(N)}$ 表示根据该随机变量的 N 个独立同分布样本所计算的均值，我们有：

$$\mathbb{E}[X^{(N)}]=\mathbb{E}[X]$$

$$\mathrm{var}[X^{(N)}]=\frac{\mathrm{var}[X]}{N}$$

现在我们已经得到了两个有用的结论：第一，留出的验证数据上的损失是一个随机变量的值，其期望是测试损失；第二，如果我们在足够多的留出样本上计算留出损失，那么损失对应的随机变量的方差可以很小。如果该随机变量的方差小，那么就有很大可能取到其均值附近的值。我们接下来要确定的是留出损失和测试损失之间差异很大的可能性，下面的形式不仅适用于留出损失，也同样适用于留出误差。

3.1.2 利用切比雪夫不等式

切比雪夫不等式(Chebyshev's inequality)将待估计的随机变量的观测值、期望值以及方差关联了起来。它的形式大家应该之前就见过(如果没有，请查阅 *Probability and Statistics for Computer Science*)。它的形式如下所示：

有用的事实 3.2 定义：切比雪夫不等式

对于有限方差的随机变量 X，有下面的**切比雪夫不等式**成立：

$$P(\{|X-\mathbb{E}[X]|\geqslant a\})\leqslant\frac{\mathrm{var}[X]}{a^2}$$

结合切比雪夫不等式和前述的样本均值，可以得到如下结果。

有用的事实 3.3 根据切比雪夫不等式，当利用留出误差来预测测试误差时，存在常数 C 使得下式成立：

$$P(\{|L^{(N)}-\mathbb{E}[L]|\geqslant a\})\leqslant\frac{C}{a^2N}$$

3.1.3 一个泛化界

大多数泛化界会给出 $\mathbb{E}[L]$的一个以 $1-\delta$ 的概率约束的界限值，表示 $\mathbb{E}[L]$超过这个界限值的概率不会超过 $1-\delta$，也意味着下式以 $1-\delta$ 的概率成立：

$$\mathbb{E}[L]\leqslant L^{(N)}+g(\delta,N,\cdots)$$

接下来，我们将以此为基础来研究当 δ 变小或 N 变大时，g 会如何变化。可以将上述误差在切比雪夫不等式下的形式转化为如下形式：

$$P(\{|L^{(N)}-\mathbb{E}[L]|\geqslant a\})\leqslant\frac{C}{a^2N}=\delta$$

根据等式右边，可以由 δ 求解出 a。从而可以得到下式以 $1-\delta$ 的概率成立：

$$\mathbb{E}[L]\leqslant L^{(N)}+\sqrt{\frac{C\left(\frac{1}{\delta}\right)}{N}}$$

注意到这个界可能很弱，因为当 $\mathbb{E}[L]$ 大于 $L^{(N)}+\omega$ 时，上式就不再成立。此时这是一种最坏的情况。但因为我们无法得知真实分布是什么，因此需要考虑这种最坏的情况。在大多数实际情况下，我们无法知道

$$C=\mathbb{E}_{P(X,Y)}[\ell^2]-(\mathbb{E}_{P(X,Y)}[\ell])^2$$

的具体值，并且对 C 的值进行估计也并不总是有用。我们无须确定 C 的具体取值，将它当作一个常数即可。

记住： *存在某一个与损失函数和数据分布相关的常数 C，使得下式以 $1-\delta$ 的概率成立*

$$\mathbb{E}[L]\leqslant L^{(N)}+\sqrt{\frac{C\left(\frac{1}{\delta}\right)}{N}}$$

这个结论粗略地反映了对于损失 L 的估计的误差情况，即留出的验证数据上的误差确实是对测试误差的一个比较好的估计。如果可以利用更多的验证数据计算留出误差，那就可以得到对测试误差的更好的估计。上式中的估计界限是通用的，可以应用到几乎所有形式的数据点损失。这里的“几乎”是因为我们必须假设损失 L 的方差有限，但目前还没有遇到过方差无限的损失。这一特性使得这个界限估计可被应用于广泛的回归和分类问题，并且可以使用任何形式的分类损失。

在得到上面的界限的过程中存在两个问题：第一，上述界限是在假设我们知道留出误差的基础上进行的，但我们真正想做的是考虑由训练误差得到测试误差；第二，上述的界限约束很弱，下一节会加以改进，但是改进后的界限只适用于特定范围内的分类损失。

3.2　有限分类器族的测试误差与训练误差

很多分类器的测试误差都可以用训练误差来给出相应的界限估计，虽然我没有遇到过该界限的实际应用，但它确实是个可靠的指标。这些界限可以表明我们原来的做法(选择具有小训练误差的分类器)是合理的，并且可以阐明分类器族的表现方式。然而，这些分类器的误差界限相较于基于测试数据的误差的界限更难得到，因为所选的预测器通常会最小化训练误差(或者近似最小)，这意味着训练误差会是对测试误差的一个偏低的估计(分类器是以低训练误差为目的的)。因此，训练误差是对测试误差的一个有偏估计。

假定我们选择的预测器是来自某一族的预测器，那么它的训练误差与测试误差之间的偏差会非常依赖于所选的预测器族。一个例子是假设所选的预测器族是所有线性 SVM，如果使用某一个线性 SVM，则相当于是从众多可能的参数值中选择了一组特定的参数值，来得到当前训练的这个特定的 SVM。其他再比如，如果使用决策树，则相当于从所有满足给定的深度限制等条件的决策树族中选取一个当前的决策树。不严格地说，如果从一个“较大”的族中选择一个预测器，偏差应该会较大。因为当从较大的预测器族中选择时，很有可能会得到一个具有低训练误差而有高测试误差的预测器。

我们要能以巧妙的方式在“大”和“小”的预测器族间进行辨别和区分，一种自然的想

法是先从有限个预测器的集合开始，例如，从 10 个固定的线性 SVM 集合中选择一个作为我们的预测器。虽然这一点在实践中并不总是有可操作性，但它的原理和过程可以使我们能够处理其他更困难的案例。到时候，就可以结合一些技巧来帮助我们推断出连续的预测器族(而并不只是有限的集合)，同时，这些预测器族也会表现出一些重要的可供分析的特性。

接下来，我们只考虑 0-1 损失，因为这样可以得到更严格的界限。我们首先考虑当给定预测器时损失的界限值，然后考虑当预测器从有限集中选择时会发生什么变化。

3.2.1 霍夫丁不等式

前述的切比雪夫不等式是通用的，它可以适用于任何有有限方差的随机变量。如果假设随机变量不仅有有限的方差，还有更强的性质，那么我们有可能得到更严格的界限。

有用的事实 3.4 定义：霍夫丁不等式

假设 X 是伯努利随机变量，以概率 θ 取值为 1，其他情况取值为 0。$X^{(N)}$ 表示由 X 的 N 个独立同分布样本的均值得到的随机变量，那么，**霍夫丁不等式**(Hoeffding's inequality)可以表述为

$$P(|\theta - X^{(N)}| \geqslant \varepsilon) \leqslant 2\mathrm{e}^{-2N\varepsilon^2}$$

要证明这个式子成立并不难。现在假设我们的损失是 0-1 损失，这对分类器来说极其常见，即当答案正确时损失值为 0，否则损失值为 1。任何一个分类器的例子上的损失都可以用伯努利随机变量来表达，该变量以概率 $\mathbb{E}[L]$ 取值为 1，这意味着可以用霍夫丁不等式使 3.1.3 节中的界限值更小。这样可以有

记住： 下式以 $1-\delta$ 的概率成立

$$\mathbb{E}[L] \leqslant L^{(N)} + \sqrt{\frac{\log\left(\frac{2}{\delta}\right)}{2N}}$$

这个界限比之前的界限更紧致，因为 $\log\left(\frac{1}{\delta}\right) \leqslant \left(\frac{1}{\delta}\right)$。当 δ 很小时，这个差别会更加突出。

3.2.2 在有限预测器族上训练

假设从包含 M 个不同预测器的有限集 $\mathcal{P}$ 中选择一个预测器，现在只考虑 0-1 损失，使用预测器 F 的期望损失记作 $E_F = \mathbb{E}_{P(X,Y)}[\ell(y, \boldsymbol{x}, F)]$。一种理解这个损失的方式是把它看作实例被错误标注的概率，用 $L_F^{(N)}$ 表示对预测器 F 在训练集上损失的估计。由霍夫丁不等式，对任意预测器 F 有

$$P(\{|E_F - L_F^{(N)}| \geqslant \varepsilon\}) \leqslant 2\mathrm{e}^{-2N\varepsilon^2}$$

我们想知道的是所选预测器的泛化误差，这一点较难。我们可以考虑所有预测器中最坏的泛化误差——因为我们所选择的预测器至少会和最坏的一样好。现在考虑用 $\mathcal{G}$ 表示的事件：至少有一个预测器的泛化误差大于 ε，可将其表达为

$$\begin{aligned}\mathcal{G} = &\{|E_{F_1} - L_{F_1}^{(N)}| \geqslant \varepsilon\} \cup \\ &\{|E_{F_2} - L_{F_2}^{(N)}| \geqslant \varepsilon\} \cup \\ &\cdots\end{aligned}$$

$$\{|E_{F_M} - L_{F_M}^{(N)}| \geqslant \varepsilon\}$$

我们先回顾一下关于事件的一些概念。对两个事件 $\mathcal{A}$ 和 $\mathcal{B}$，一定有 $P(\mathcal{A}\cup\mathcal{B})\leqslant P(\mathcal{A})+P(\mathcal{B})$成立，当且仅当两事件不相交时等号成立(上述 $\mathcal{G}$ 中的事件不一定满足)。因此我们可以得到 $P(\mathcal{G})$的上界，具体来说，由霍夫丁不等式可得

$$\begin{aligned} P(\mathcal{G}) \leqslant\ & P(\{|E_{F_1} - L_{F_1}^{(N)}| \geqslant \varepsilon\}) + \\ & P(\{|E_{F_2} - L_{F_2}^{(N)}| \geqslant \varepsilon\}) + \\ & \cdots \\ & P(\{|E_{F_M} - L_{F_M}^{(N)}| \geqslant \varepsilon\}) \\ \leqslant\ & 2M\mathrm{e}^{-2N\varepsilon^2} \end{aligned}$$

这个形式有时被称为**联合界**(union bound)。

根据以上表达式，可以得到 $P(\mathcal{G})$相当于 $\mathcal{P}$ 中至少有一个预测器 F 满足$|E_F - L_F^{(N)}|\geqslant\varepsilon$的概率。因此，可以得到$|E_F - L_F^{(N)}|$中最大值大于 ε 的概率为

$$\begin{aligned} P(\mathcal{G}) &= P(\{\text{至少一个预测器的泛化误差} > \varepsilon\}) \\ &= P(\{\sup_{F\in\mathcal{P}}[|E_F - L_F^{(N)}|] \geqslant \varepsilon\}) \\ &\leqslant 2M\mathrm{e}^{-2N\varepsilon^2} \end{aligned}$$

从而可以很自然地得到下面的界限值。需要注意的是，这个界限值并不依赖预测器的具体选取方式。

记住：假设 0-1 损失。从 M 个不同预测器中选择一个预测器 F，其期望损失为

$$E_F = \mathbb{E}_{P(X,Y)}[\ell(y,\boldsymbol{x},F)]$$

用 $L_F^{(N)}$ 表示对预测器 F 在训练集上损失的估计，则对从 M 个预测器集中任意选择的预测器 F，下式以 $1-\delta$ 的概率成立

$$E_F \leqslant L_F^{(N)} + \sqrt{\frac{\log M + \log\left(\frac{2}{\delta}\right)}{2N}}$$

3.2.3　所需样例数量

一般来说，当我们在较大的预测器族中搜索时，很容易找到具有较好训练误差及较差测试误差的预测器(这是较差的预测器)，上述界限中的 M 就反映了这一点。类似地，如果可用的数据实例的数量相对较少，那么很容易找到这样的预测器。但如果可用的数据实例很多，就没那么容易找到了，所以上述界限中的参数有数据样本量 N。接下来，我们就通过重新整理界限，来看看需要多少实例才可以保证找到较差的预测器的概率较小。

一个较差的预测器 F 会有下式成立：$E_F - L_F^{(N)} > \varepsilon$(如果未来数据上的测试损失比观察损失小更好)。那么数量为 M 的预测器集中至少有一个预测器是较差预测器的概率会受上界 $M\mathrm{e}^{-2N\varepsilon^2}$ 限制(根据前述联合界限的表达式即可得)。现在假设希望错误概率上界被参数 δ 限制。那么我们可以通过重新整理前述的表达式，来构建达到这个错误概率所需的样例数量的界。

记住：如果 $E_F - L_F^{(N)} > \varepsilon$，则称预测器 F 是一个差预测器，用 P_{bad}表示集合中至少有一个预测器(可能正好是我们所选的预测器)是差预测器的概率。那么为了确保 $P_{\mathrm{bad}}\leqslant\delta$，需要实例数量 N 满足：

$$N \geqslant \frac{1}{2\varepsilon^2}\left(\log M + \log\left(\frac{1}{\delta}\right)\right)$$

3.3　无限预测器集合

大多数情况下，我们对从一个小的有限离散集中选择预测器的做法并不感兴趣。在前面章节中，我们看到的所有预测器都来自无限族。在这种情况下，上一节中的界限值就不是很有用了。我们可以通过一些数学上的技巧，来获得无限预测器集合的界限。

我们可以通过限制有限预测器族中最差的泛化误差，来限制该预测器族的泛化误差。这很容易实现，但这也意味着该界限中会有一项是预测器族的成员数量（即包含的预测器数量）。如果这个数量是无限的，就会出现问题。我们可以在这里使用一个有用的技巧。仔细思考会发现，我们要考虑的问题其实也不完全是族中预测器的数量。比如，我们可以将预测器看作产生二进制字符串的函数（3.3.1 节）。具体来说，对于每个数据实例，预测器都会要么输出正确（0），要么输出错误（1）。然后，以某种方式对所有数据实例进行排列，即可将预测器视为产生了 N 个 0 和 1 组成的二进制字符串的函数。训练集的 N 个实例中的每个实例都占据一位。如果要使用预测器族中不同的预测器，则可能得到不同的字符串。我们这里实际上关心的是，当尝试族中每个预测器时可能出现的不同字符串的数量 s，这个数量最好是有限的——即便一共有 N 个实例，每一个都是对或错——字符串数量可以达到 2^N，但它依然是有限的。

我们可以基于以下两点来限制泛化误差：第一，令人惊讶的是，有一些预测器族的 s 很小，并且随着 N 的增长而很缓慢地增长（3.3.1 节），这意味着我们可以只关注一个较小的有限字符串集合就可以，而不用关注无限的预测器集；第二，选中某个预测器之后，当给定两个不同的训练数据集时会产生不同的误差，我们可以用这两个误差之间的差异来限制泛化误差（3.3.2 节）。因为误差对应的结果字符串的数量相对较少，所以推断两个误差之间的差异要相对简单。综合这两点，可以对泛化误差得出一个重要的界限值（3.3.3 节）。

本节中大多数有用的点都可以直接和简单地证明（不需要过多的操作），但证明需要一些时间和步骤。大部分时候这些证明并不需要，所以这里省略了它们。

3.3.1　预测器和二值函数

预测器是一个接收自变量并产生预测值的函数。因为我们这里使用 0-1 损失，所以选择预测器 F 等同于选择一个二值函数（即输出为 0 或 1 的函数）。在使用 F 产生预测值后，我们可以用损失函数通过对预测值进行打分来得到一个二值函数，这个过程意味着预测器族会相应地产生一个二值函数族。

接下来对这个二值函数的性质进行简要介绍。假设在二值函数族 $\mathcal{B}$ 中有某个二值函数 b，取 N 个样本点 $\boldsymbol{x}_i$，函数 b 将产生一个对应的长度为 N 的二进制字符串，每个样本点对应一位。接下来考虑一个集合 $\mathcal{B}_N$，当函数族 $\mathcal{B}$ 中的不同函数对同一个样本产生不同的输出时，就将这些不同的二进制字符串放入 $\mathcal{B}_N$。记 $|\mathcal{B}_N|$ 为 $\mathcal{B}_N$ 中不同元素的数量。由于一共有 2^N 个不同的字符串，所以有 $|\mathcal{B}_N| = 2^N$。

但大多数情况下，$|\mathcal{B}_N|$ 远小于 2^N，这其实是二值函数族的一个性质，而不是（比如）我们选取了特殊的数据点造成的。接下来，我们要研究的就是**成长函数**（growth function）：

$$s(\mathcal{B}, N) = \sup_{N\text{个点的集合}} |\mathcal{B}_N|$$

有时这也称为 $\mathcal{B}$ 的**打散数**(shattering number)。在某些情况下，我们可以用基本的方法来得到成长函数。

实例 3.1　位于直线上的一个简单线性分类器 $s(\mathcal{B},3)$

假设有一个一维自变量 x，分类器族为 $\text{sign}(ax+b)$，其中 a，b 为参数。可以发现，这些分类器等价于一个二值函数族 $\mathcal{B}$，请问 $s(\mathcal{B},3)$ 为多少？

答：首先，预测器在每个点都会产生一个符号。对于题目中的例子，显然只有当三个数据点($N=3$)的输出都不同时，才会产生一个最大的字符串集。预测器先产生一串预测符号(每个数据点一个)，然后通过测试真实标签是否等于预测器产生的预测符号来形成一个二值函数。这意味着二进制字符串的数量与不同符号串的数量相同，可以不直接受标签实际值的影响。现在我们将三个数据点按顺序排列，使得 $x_1<x_2<x_3$。注意，只有在 $s=-b/a$ 时才会有一次符号的改变，因此 s 和这三个数据点比较，会有四种情况 $s<x_1$，$x_1<s<x_2$，$x_2<s<x_3$，$x_3<s$(s 恰好在某边界点上的情况稍后处理)，此时意味着预测器(至多)会产生如下六种模式：

$$---,\ --+,\ -++,\ +++,\ ++-,\ +--$$

若 s 落在某一点上，那么对这一点随机选取符号，可以证明这样做不会增加符号的模式集(读者可以自己检验)。所以综上可得，$s(\mathcal{B},3)=6<2^3$。

实例 3.2　位于平面上的一个简单线性分类器 $s(\mathcal{B},4)$

假设有一个二维自变量 x，分类器族为 $\text{sign}(a^{\mathrm{T}}x+b)$，其中 a，b 为参数。可以发现，这些分类器等价于一个二值函数族 $\mathcal{B}$，请问 $s(\mathcal{B},4)$ 为多少？

答：预测器在每个点都会产生一个符号。先来看题目中的例子，首先预测器会产生一串符号(每个数据点对应一个)，然后通过测试真实标签是否等于预测器产生的符号来形成一个二值函数。这意味着二进制字符串的数量与不同符号串的数量相同，并且显然只有当四个点的输出都不同的时候才会产生最大字符串集。如果四个点共线，那么我们可以按照实例 3.1 的方式进行计算，可得结果 10。只有三个点共线的情况也易于计算，结果是 12。还剩下两种情况，即第四个点 x_4 在剩余三个点形成的凸包之内或之外(图 3-1)。如果 x_4 在凸包内，则不会出现$+++-$或$---+$的情况；如果 x_4 在凸包外，那么线性预测器不会预测出 x_1，x_3 为$+$而同时 x_2，x_4 为$-$的结果。因此，此时共有 14 种可能的符号串，所以 $s(\mathcal{B},4)=14$。

上面这些例子想要说明的重点在于，即便是无限预测器族，也可能会产生较小的二值函数族。但是，对任意可能的预测器族来说，$s(\mathcal{B},N)$可能会很难计算，此时可采用的一种策略就是用所谓的 $\mathcal{P}$ 的 **VC 维**(源于发明者 Vapnik 和 Chervonenkis)。

有用的事实 3.5　定义：VC 维

二值函数类 $\mathcal{B}$ 的 VC 维是

$$\text{VC}(\mathcal{B}) = \sup\{N: s(\mathcal{B},N) = 2^N\}$$

实例 3.3　位于直线上的线性分类器所产生的二值函数的 VC 维

假设有一个一维自变量 x，分类器族为 $\text{sign}(ax+b)$，其中 a，b 为参数。可以发现，这些分类器等价于一个二值函数族 $\mathcal{B}$，请问 $\text{VC}(\mathcal{B})$是多少？

答：由实例 3.1 可知 $\text{VC}(\mathcal{B})$小于 3，而易知 $s(\mathcal{B},2)=4$，所以 $\text{VC}(\mathcal{B})=2$。

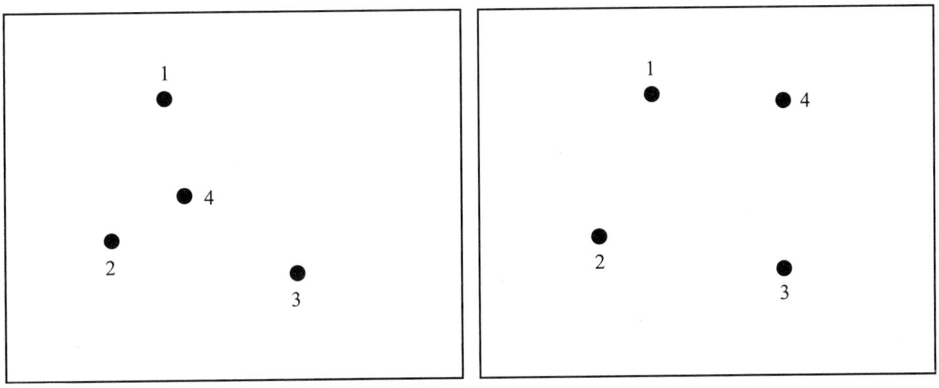

图 3-1　在**左图**中，四个点在同一平面，因为点 x_4 在 x_1，x_2，x_3 三点的凸包内，所以线性预测器不会产生＋＋＋－或－－－＋。在**右图**中是另一种情况，线性预测器不会出现预测 x_1，x_3 为＋而同时 x_2，x_4 为－的情况(如果不确定，可以自己试着画出决策边界)

实例 3.4　位于平面上的线性分类器所产生的二值函数的 VC 维

假设有一个二维自变量 x，分类器族为 $\mathrm{sign}(a^{\mathrm{T}}x+b)$，其中 a，b 为参数。可以发现，这些分类器等价于一个二值函数族 $\mathcal{B}$，请问 $\mathrm{VC}(\mathcal{B})$为多少？

答：由实例 3.2 可知 $\mathrm{VC}(\mathcal{B})$小于 4，而易知 $s(\mathcal{B},3)=8$，所以 $\mathrm{VC}(\mathcal{B})=3$。

由预测器族产生的二值函数的 VC 维这个说法有一点绕，所以我们通常将其简化为预测器族的 VC 维。因此平面上线性分类器族的 VC 维就是 3，其他类似。

记住：将对 d 维向量进行分类的线性分类器族 $\mathrm{sign}(a^{\mathrm{T}}x+b)$记为 $\mathcal{P}$，则有

$$\mathrm{VC}(\mathcal{P})=d+1$$

d 维向量上的每个线性分类器有 $d+1$ 个参数，并且其 VC 维是 $d+1$。但这只是一个巧合，不要被这个巧合误导了——其实也存在只有一个参数的预测器族，但对应的 VC 维为无穷大的例子，所以我们其实并不能仅通过参数的数量来得到 VC 维。我们可以把 VC 维看作是对某种形式的“抖动”的度量。比如，线性预测器不是抖动的，因为只要预先知道了少数数据点对应的符号，就可以知道许多其他点的符号。但是，如果一个预测器族具有较高的 VC 维，那么我们可以随机选取大量数据点。然后在每个点处指定一个符号，最后找到预测器族中的一个预测器进行预测，并确保该预测器在每个选中的数据点给出的都是指定的该符号。

有用的事实 3.6　有限 VC 维族的成长数

假设 $\mathrm{VC}(\mathcal{B})=d$，$d$ 是有限的，则对所有 $N\geqslant d$，$\mathcal{B}$ 的成长数为

$$s(\mathcal{B},N)\leqslant\left(\frac{N}{d}\right)^d\mathrm{e}^d$$

3.3.2　对称化

一个差的预测器 F 会导致 $E_F-L_F^{(N)}>\varepsilon$。对于有限个预测器的集合，我们用霍夫丁不等式来界定特定预测器是差预测器的概率。同时，我们认为，在 M 个预测器的集合中至少有一个预测器是差预测器的概率上限是该边界的 M 倍。需要注意的是，这种做法对于无限的预测器集是无效的。

假设有一个具有有限 VC 维的预测器族。现抽取 N 个数据样本，那么每个预测器都可以形成一个 N 位二进制变量的字符串(表示预测器在每个数据点上的预测是对还是错)。虽然预测器的数量可能是无穷的，但不同字符串的数量有限，因而我们可以限制该数量。我们接下来就来推导出根据这些字符串来限制泛化误差的结果。

现在假设我们有第二个同样由 N 个独立同分布的样本组成的数据集合，计算分类器在第二个样本集合上的平均损失，记此新的平均损失为$\widetilde{L}_F^{(N)}$。第二个样本集合在这里纯粹是一个抽象出来的样本集合(因为我们并不需要对应的第二个训练集)，但是它的存在能让我们使用一种非常强大的技巧来得到界限，这种技巧称为对称化。得到的界限结果以两个式子来表达，如下：

有用的事实 3.7　根据样本均值的最大变化范围来得到如下界限

$$P(\{\sup_{F\in\mathcal{P}}[\,|L_F^{(N)}-L_F\,|\,]>\varepsilon\})\leqslant 2P\left(\left\{\sup_{F\in\mathcal{P}}[\,|L_F^{(N)}-\widetilde{L}_F^{(N)}\,|\,]>\frac{\varepsilon}{2}\right\}\right)$$

上式的证明并不是非常难，在此省略，因为它可能会分散我们对这个结论本身的意义的注意力。请注意右侧，

$$P\left(\left\{\sup_{F\in\mathcal{P}}[\,|L_F^{(N)}-\widetilde{L}_F^{(N)}\,|\,]>\frac{\varepsilon}{2}\right\}\right)$$

这一项是完全根据预测器在数据上的值所表示的。我们可以再回忆下关于一维自变量的线性预测器族的例子。对于 $N=3$ 个数据点，无限预测器族只能做出 6 种不同的预测，这意味着下面这个事件

$$\left\{\sup_{F\in\mathcal{P}}[\,|L_F^{(N)}-\widetilde{L}_F^{(N)}\,|\,]>\frac{\varepsilon}{2}\right\}$$

会非常容易处理，也就是我们不用考虑无限预测器族的上确界，而是可以仅通过 36 个预测值来考虑这个界限($L_F^{(N)}$ 有 6 个，$\widetilde{L}_F^{(N)}$ 有另外 6 个)。

3.3.3　限制泛化误差

有用的事实 3.8　与 VC 维有关的泛化界

假设 $\mathcal{P}$ 表示 VC 维为 d 的预测器族，那么下式以至少 $1-\varepsilon$ 的概率成立：

$$L\leqslant L^{(N)}+\sqrt{\frac{8}{N}\left(\log\left(\frac{4}{\varepsilon}\right)+d\log\left(\frac{Ne}{d}\right)\right)}$$

我们可以直接用已学过的知识来证明这个事实。首先从证明以下命题开始。

简短陈述： 关于无限预测器族的泛化界

正式命题： 假设 $\mathcal{P}$ 是一个预测器族，且 $t\geqslant\sqrt{\frac{2}{N}}$，则有

$$P(\{\sup_{F\in\mathcal{P}}[\,|L_F^{(N)}-L_F\,|\,]>\varepsilon\})\leqslant 4s(\mathcal{F},2N)e^{-N\varepsilon^2/8}$$

证明： 记 b 是根据一个预测器 $p\in\mathcal{P}$ 在 $2N$ 个样本点上的预测结果正确与否的判断结果所构成的二进制字符串，记 b_i 是其第 i 个元素，记 $\mathcal{B}$ 为所有这些字符串的集合。对字符串 b，记 $L_b^{(N)}=\frac{1}{N}\sum_{i=1}^{N}b_i$，$\widetilde{L}_b^{(N)}=\frac{1}{N}\sum_{i=N+1}^{2N}b_i$，则有

$$
\begin{aligned}
P(\{\sup_{F\in\mathcal{P}}|L_F^{(N)}-L_F|>\varepsilon\}) &\leqslant 2P(\{\sup_{F\in\mathcal{P}}|L_F^{(N)}-\widetilde{L}_F^{(N)}|>\varepsilon/2\}) \\
&\quad (\text{利用对称化}) \\
&= 2P(\{\max_{b\in\mathcal{B}}|L_b^{(N)}-\widetilde{L}_b^{(N)}|>\varepsilon/2\}) \\
&\quad (\text{说明了对称化的用处}) \\
&\leqslant 2s(\mathcal{B},2N)P(\{|L_b^{(N)}-\widetilde{L}_b^{(N)}|>\varepsilon/2\}) \\
&\quad (\text{联合界，}s(\mathcal{B},\ 2N)\text{是 }\mathcal{B}\text{ 的大小}) \\
&\leqslant 4s(\mathcal{B},2N)\mathrm{e}^{-N\varepsilon^2/8} \\
&\quad (\text{霍夫丁不等式})
\end{aligned}
$$

进一步，我们可以使用 VC 维来限制预测器族中最差的预测器的损失。

简短陈述： 有限 VC 维的预测器族的泛化界

正式命题： 假设 $\mathcal{P}$ 表示 VC 维为 d 的预测器族，则下式以至少 $1-\varepsilon$ 的概率成立：

$$
\sup_{F\in\mathcal{P}}|L_F^{(N)}-L_F|\leqslant\sqrt{\frac{8}{N}\left(\log\left(\frac{4}{\varepsilon}\right)+d\log\left(\frac{N\mathrm{e}}{d}\right)\right)}
$$

证明： 根据前述，我们可以得到

$$
P(\{\sup_{F\in\mathcal{P}}|L_F^{(N)}-L_F|>\varepsilon\})\leqslant 4s(\mathcal{B},2N)\mathrm{e}^{-N\varepsilon^2/8}
$$

从而，可以得到下式以至少 $1-\varepsilon$ 的概率成立：

$$
L_F\leqslant L^N+\sqrt{\frac{8}{N}\left(\log\left(\frac{4s(\mathcal{B},N)}{\varepsilon}\right)\right)}
$$

进一步地，由于 $s(\mathcal{B},\ N)\leqslant\left(\frac{N}{d}\right)^d\mathrm{e}^d$，因而

$$
\log\frac{4s(\mathcal{B},N)}{\varepsilon}\leqslant\log\frac{4}{\varepsilon}+d\log\left(\frac{N\mathrm{e}}{d}\right)
$$

从而可以得到原始结论。

第二部分

Applied Machine Learning

高维数据

第 4 章
Applied Machine Learning

高维数据

我们有一个由 d 维向量组成的数据集，本章将介绍这样的数据带来的糟糕影响。像这样的数据集是难以绘制的，不过 4.1 节给出了一些有用的技巧。大多数读者已经知道均值可以作为数据的概括(它是一维均值的简单推广)，但是对协方差矩阵可能不太熟悉。协方差矩阵是一个含有所有分量之间的协方差的集合。我们使用协方差，而不是相关系数，是因为协方差易于在一个矩阵中表示。高维数据有一些不好的性质(通常把它们称为“维数灾难”)。数据并不是你想象的那样，这可能是个麻烦，使得复杂的概率模型难以拟合。

数据集的自然变换可以很容易地导出均值和协方差矩阵的变换。这意味着我们可以对任意一个数据集进行变换，来产生一个新数据集，使它的协方差矩阵具有理想属性。我们将在下面的章节中积极使用这些方法。

解决维数灾难的主要方法是使用极其简单的数据表示形式。这其中最有效的是把一个数据集看作是一组由数据点构成的堆(blob)的集合。每个堆都由彼此“合理接近”又与其他堆的数据点“相当远”的数据点构成。一个堆可以用多元正态分布进行建模。对数据集均值和协方差进行变换的知识将揭示多元正态分布的要点。

4.1 概述及简单绘图

在这一部分，我们假设数据项是向量，这意味着我们在进行加减运算以及与标量相乘时不会有任何困扰。

对于一维数据，均值和方差是对具有单峰直方图分布的数据非常有用的描述。如果有不止一种分布模式，那么在解释均值和方差时就需要谨慎一些，因为均值不能很好地概括模式，而方差取决于模式具体是如何分布的。在更高的维度中，与单峰直方图类似的是“堆”——一组很好地聚在一起并且应该被一起分析理解的数据点。

你可能不相信“堆”是一个技术术语，但它的使用相当广泛。这是因为理解单个数据堆相对容易一些，我们有很好的概括表示法(均值和协方差，在下文讲述)。如果一个数据集形成多个堆，我们通常可以强制将它表示为堆的集合(使用第 8 章的方法)。但很多数据集实际是单个堆，我们在这里就专注于这样的数据。有一些相当有用的通过绘图来理解低维堆的技巧，我们将在这部分讲述。为了理解一个高维度的堆，我们需要考虑坐标变换，将它转变为一个特别合适的形式。

符号：我们的数据项是向量，并把一个向量记作 $\mathbf{x}$。数据项是 d 维的，共有 N 个数据项。整个数据集记作$\{\mathbf{x}\}$。当需要指定第 i 个数据项时，我们用 $\mathbf{x}_i$ 表示。我们用$\{\mathbf{x}_i\}$表示一个含有 N 个数据项的新数据集，其中第 i 项是 $\mathbf{x}_i$。如果需要指定向量 $\mathbf{x}_i$ 的第 j 个分量，我们用 $x_i^{(j)}$ 表示(注意它不是粗体的，因为它是一个分量而不是一个向量，j 在括号中是因为它不表示幂运算)。这里，向量总是指列向量。

4.1.1 均值

对于一维数据，我们有

$$\text{mean}(\{x\}) = \frac{\sum_i x_i}{N}$$

这个表达式也适用于向量，因为向量可以相加并且可以被标量除。我们有

$$\text{mean}(\{\boldsymbol{x}\}) = \frac{\sum_i \boldsymbol{x}_i}{N}$$

并把它称之为数据的均值。注意 mean($\{\boldsymbol{x}\}$)的每一个分量是数据相对应分量的均值。然而，中位数的计算并不如此简单(如何给高维数据排序?)，这是一件令人讨厌的事情。注意，就像一维的均值一样，我们有

$$\text{mean}(\{\boldsymbol{x} - \text{mean}(\{\boldsymbol{x}\})\}) = 0$$

(即：如果你将一个数据集减去它的均值，那么得到的数据集具有零均值)。

4.1.2 杆图和散点图矩阵

绘制高维数据是棘手的问题。如果维数相对较少，你可以只选择其中两个(或三个)然后绘制一个二维(或三维)散点图。图 4-1 就是这样的一个散点图，它的数据本来是四维的。这是著名的鸢尾花卉数据集(它与鸢尾花卉的植物学分类有关)，由 Edgar Anderson 于 1936 年采集，并由 Ronald Fisher 于同年使之在统计学领域流行起来。在 UC Irvine 库的数据集中有它的一个副本(http://archive.ics.uci.edu/ml/index.html)，这些数据集在机器学习领域非常重要。后面将展示这个数据集的一些绘图。

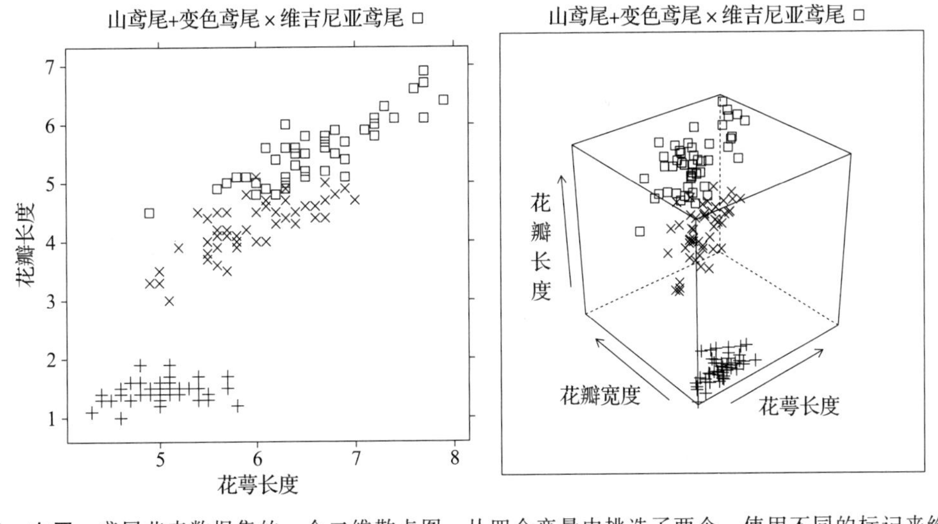

图 4-1 **左图：**鸢尾花卉数据集的一个二维散点图。从四个变量中挑选了两个，使用不同的标记来绘制不同的种属。**右图：**同一数据集的一个三维散点图。从图中可以看出种属聚集得相当紧密，并且彼此不同。如果将两图进行比较，会发现抑制一个变量是如何导致结构信息丢失的。注意到，左图中的一些“×”位于框图的上方；可以把这看作是三维散点图投影的效果(对于这些数据点中的每一个，花瓣宽度都是相当不同的)。你应该担心，去除最后一个变量可能会抑制像这样的重要信息

另一种简单但有用的机制是绘制杆图。这对绘制一些高维数据点是有用的。将向量的每一个分量分别绘制成一段垂线，通常在末端有一个圆圈(图比文字更为直观，见图 4-2)。这里使用的数据集来自 UC Irvine 机器学习库的葡萄酒数据集，可以在 http://archive.ics.uci.edu/ml/datasets/Wine 找到。对于三种葡萄酒中的每一种，数据集记录了 13 种不同属性的取值。图中

展示了数据集的总均值以及每一类葡萄酒的均值(也称为类均值，或者类别条件概率的均值)。比较类均值的一个自然的方法是在一个杆图中把它们叠在一起(图 4-2)。

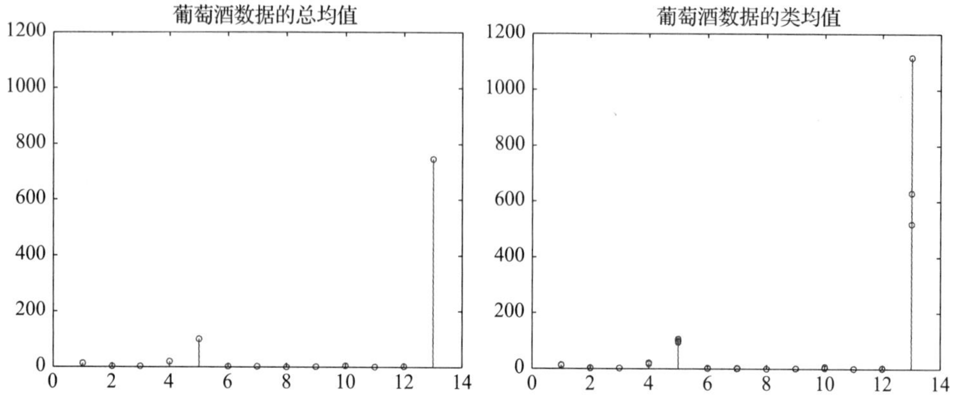

图 4-2　**左图**是描绘葡萄酒数据集中所有数据项的均值的杆图。**右图**将葡萄酒数据集中每一类的均值的杆图叠加起来，以便于看到类均值间的差异。数据集均来自 http://archive.ics.uci.edu/ml/datasets/Wine

还有一种策略是使用散点图矩阵，它在数据维数不是很多时非常有用。为了构建它，要在一个矩阵中为每一对变量绘制散点图。对角线上标注的变量的名称对应该行上的图的纵轴和该列上的图的横轴。这听起来比它实际复杂得多；请看图 4-3 中的样例，它展示了同一个数据集的三维散点图以及散点图矩阵。

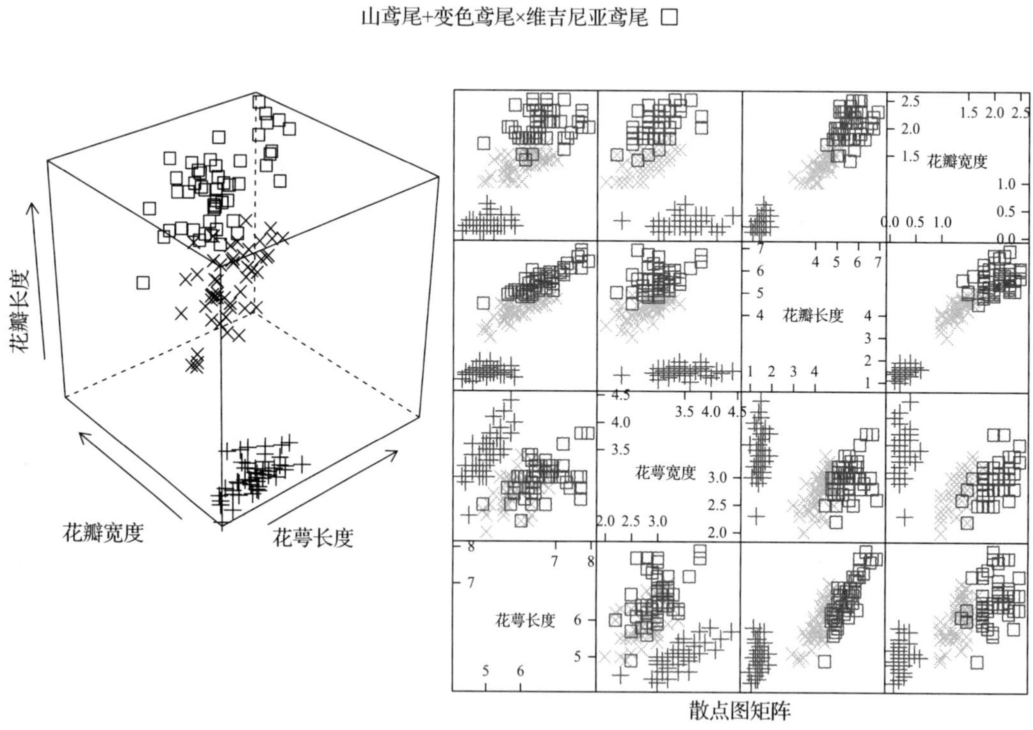

图 4-3　**左图**：图 4-1 中的鸢尾花卉数据集的三维散点图，用于比较。**右图**：鸢尾花卉数据集的一个散点图矩阵。有四个变量来度量鸢尾花卉属于三个种属中的哪一种。图中使用了不同的标记来绘制不同的种属。从图中可以看出种属聚集得相当紧密，并且彼此不同

图 4-4 是用 http://www2. stetson. edu/～jrasp/data. htm 身高体重数据集 bodyfat. xls 中的四个变量绘制的散点图矩阵。它原本是一个 16 维的数据集，但一个 16 乘 16 的散点图矩阵是十分拥塞的，并且难以解释。从图 4-4 中可以看出体重与肥胖表现出很强的相关性，而体重和年龄的相关性是很弱的。年龄与身高的相关性似乎较低。可视化异常数据点也很容易，通常会有一个交互式过程来执行此操作——可以用一个“刷子”刷过散点图，以改变刷子刷过数据点的颜色。

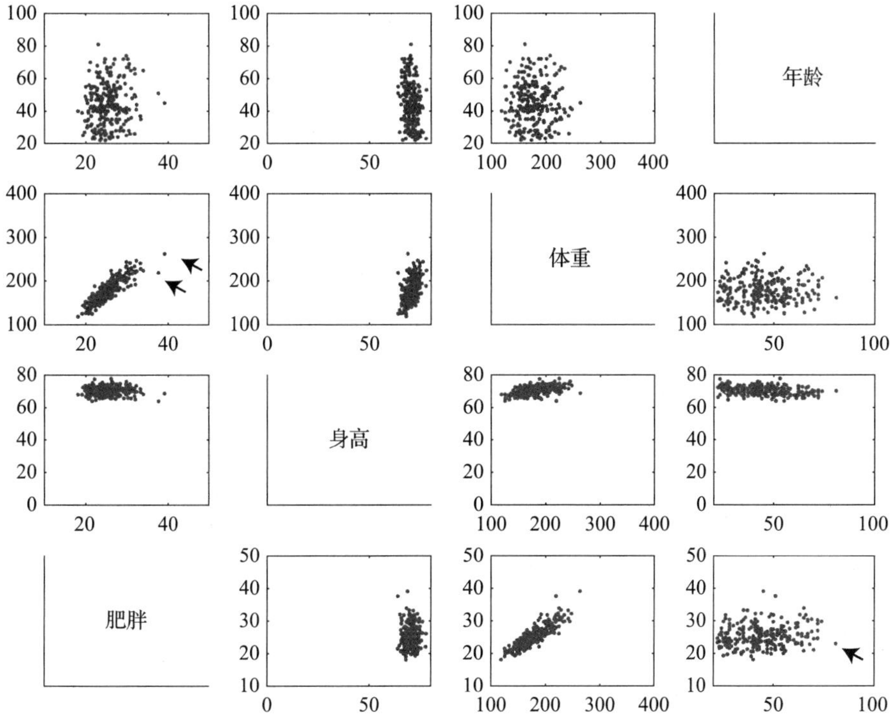

图 4-4 这是 http://www2. stetson. edu/～jrasp/data. htm 身高体重数据集中的四个变量的散点图矩阵。每幅图都是一对变量的散点图。横轴的变量名是通过列上的变量获取的；而纵轴的变量名是通过行上的变量获取的。尽管这幅图是冗余的(一半的图恰是另一半的翻转)，但这使得通过人眼观察数据点更加容易。你可以观察一列，向下移动到一行，再移动到另一列，等等。注意你是如何看出变量间的相关性以及异常点(箭头所指)的

4.1.3 协方差

方差、标准差、相关系数均可被视作对数据进行更一般操作的示例。对于数据集中的每一个向量，我们从中提取两个分量，得到两个含有 N 个数据项的一维数据集，分别记作$\{x\}$和$\{y\}$。$\{x\}$的第 i 个元素与$\{y\}$的第 i 个元素相对应($\{x\}$的第 i 个元素是某个向量 $\boldsymbol{x}_i$ 的一个分量，$\{y\}$的第 i 个元素是同一向量的另一个分量)。我们可以定义$\{x\}$和$\{y\}$之间的协方差。

有用的事实 4.1 定义：协方差

假设我们有两个含有 N 个数据项的集合$\{x\}$和$\{y\}$。我们用下式来计算协方差：

$$\mathrm{cov}(\{x\},\{y\})=\frac{\sum_i (x_i-\mathrm{mean}(\{x\}))(y_i-\mathrm{mean}(\{y\}))}{N}$$

协方差测量的是$\{x\}$与$\{y\}$的对应元素大于(或小于)均值的倾向。对应关系是由数据集

中元素的顺序定义的，因此 x_1 对应于 y_1，x_2 对应于 y_2，依此类推。如果$\{x\}$倾向于大于(或小于)它的均值，同时$\{y\}$也倾向于大于(或小于)它的均值，那么协方差是正的；如果$\{x\}$倾向于大于(或小于)它的均值，同时$\{y\}$倾向于小于(或大于)它的均值，那么协方差是负的。注意

$$\mathrm{std}(x)^2 = \mathrm{var}(\{x\}) = \mathrm{cov}(\{x\},\{x\})$$

可以通过代入表达式来证明上式。回想到方差测量的是数据集与其均值不同的倾向，所以一个数据集与它自己的协方差测量的是它不保持恒定的倾向。更重要的是下面给出的协方差与相关系数的关系。

记住：

$$\mathrm{corr}(\{(x,y)\}) = \frac{\mathrm{cov}(\{x\},\{y\})}{\sqrt{\mathrm{cov}(\{x\},\{x\})}\sqrt{\mathrm{cov}(\{y\},\{y\})}}$$

这有时是一种考虑相关系数的有用方法。它指出了相关系数测量的是$\{x\}$与$\{y\}$在相同数据点上与它们自己的变化程度相比，比它们的均值大(或小)的倾向。

4.1.4 协方差矩阵

使用协方差(而不是相关系数)可以让我们统一一些想法。特别地，对于 d 维向量的数据项，我们可以直接计算一个包含所有分量之间的协方差的矩阵——协方差矩阵。

有用的事实 4.2 定义：协方差矩阵

协方差矩阵定义为：

$$\mathrm{Covmat}(\{\boldsymbol{x}\}) = \frac{\sum_i (\boldsymbol{x}_i - \mathrm{mean}(\{\boldsymbol{x}\}))(\boldsymbol{x}_i - \mathrm{mean}(\{\boldsymbol{x}\}))^{\mathrm{T}}}{N}$$

注意，将协方差矩阵记作 Σ 是很常见的，我们将遵循这个约定。

协方差矩阵通常被记作 Σ，无论数据集如何(你可以从上下文中弄清楚所意指的数据集)。一般地，当需要指定一个矩阵 $\mathcal{A}$ 的 j，k 位置的元素时，我们用 $\mathcal{A}_{jk}$ 表示。所以 Σ_{jk} 表示的是数据的第 j 个分量与第 k 个分量之间的协方差。

有用的事实 4.3 协方差矩阵的性质

- 协方差矩阵 j，k 位置的元素是 $\boldsymbol{x}$ 的第 j 个与第 k 个分量之间的协方差，记作 $\mathrm{cov}(\{x^{(j)}\},\{x^{(k)}\})$。
- 协方差矩阵 j，j 位置的元素是 $\boldsymbol{x}$ 的 j 个分量的方差。
- 协方差矩阵是对称的。
- 协方差矩阵总是半正定的；它是正定的，除非存在一个向量 $\boldsymbol{a}$，使得 $\boldsymbol{a}^{\mathrm{T}}(\boldsymbol{x}_i - \mathrm{mean}(\{\boldsymbol{x}_i\}))=0$ 对所有的 i 都成立。

命题：

$$\mathrm{Covmat}(\{\boldsymbol{x}\})_{jk} = \mathrm{cov}(\{x^{(j)}\},\{x^{(k)}\})$$

证明： 回想到

$$\mathrm{Covmat}(\{\boldsymbol{x}\}) = \frac{\sum_i (\boldsymbol{x}_i - \mathrm{mean}(\{\boldsymbol{x}\}))(\boldsymbol{x}_i - \mathrm{mean}(\{\boldsymbol{x}\}))^{\mathrm{T}}}{N}$$

那么这个矩阵 j，k 位置的元素是

$$\frac{\sum_i (x_i^{(j)} - \text{mean}(\{x^{(j)}\}))(x_i^{(k)} - \text{mean}(\{x^{(k)}\}))^{\mathrm{T}}}{N}$$

也就是 $\text{cov}(\{x^{(j)}\},\ \{x^{(k)}\})$。

命题：

$$\text{Covmat}(\{\boldsymbol{x}\})_{jj} = \sum_{jj} = \text{var}(\{x^{(j)}\})$$

证明：

$$\text{Covmat}(\{\boldsymbol{x}\})_{jj} = \text{cov}(\{x^{(j)}\},\{x^{(j)}\}) = \text{var}(\{x^{(j)}\})$$

命题：

$$\text{Covmat}(\{\boldsymbol{x}\}) = \text{Covmat}(\{\boldsymbol{x}\})^{\mathrm{T}}$$

证明：我们有

$$\text{Covmat}(\{\boldsymbol{x}\})_{jk} = \text{cov}(\{x^{(j)}\},\{x^{(k)}\}) = \text{cov}(\{x^{(k)}\},\{x^{(j)}\}) = \text{Covmat}(\{\boldsymbol{x}\})_{kj}$$

命题： 记 $\Sigma=\text{Covmat}(\{\boldsymbol{x}\})$。如果不存在一个向量 $\boldsymbol{a}$，使得 $\boldsymbol{a}^{\mathrm{T}}(\boldsymbol{x}_i-\text{mean}(\{\boldsymbol{x}_i\}))=0$ 对所有的 i 都成立，那么对于任意一个向量 $\boldsymbol{u}$，$\|\boldsymbol{u}\|>0$，有

$$\boldsymbol{u}^{\mathrm{T}}\Sigma\boldsymbol{u} > 0$$

如果存在这样的一个向量 $\boldsymbol{a}$，那么有

$$\boldsymbol{u}^{\mathrm{T}}\Sigma\boldsymbol{u} \geqslant 0$$

证明：我们有

$$\begin{aligned}\boldsymbol{u}^{\mathrm{T}}\Sigma\boldsymbol{u} &= \frac{1}{N}\sum_i [\boldsymbol{u}^{\mathrm{T}}(\boldsymbol{x}_i - \text{mean}(\{\boldsymbol{x}\}))][(\boldsymbol{x}_i - \text{mean}(\{\boldsymbol{x}\}))^{\mathrm{T}}\boldsymbol{u}] \\ &= \frac{1}{N}\sum_i [\boldsymbol{u}^{\mathrm{T}}(\boldsymbol{x}_i - \text{mean}(\{\boldsymbol{x}\}))]^2\end{aligned}$$

注意到这是一个平方和。如果存在一个向量 $\boldsymbol{a}$，使得 $\boldsymbol{a}^{\mathrm{T}}(\boldsymbol{x}_i-\text{mean}(\{\boldsymbol{x}_i\}))=0$ 对所有的 i 都成立，那么协方差矩阵一定是半正定的(因为平方和在这种情况下可能为零)。否则，它是正定的，因为平方和恒为正数。

4.2 维数灾难

高维模型呈现出不直观的特性(或者说，可能需要数年才能自然地看出高维模型的真实性质)。在这些模型中，大多数数据位于意想不到的地方。我们将用一个简单的高维分布来进行一些简单的计算以建立一些直觉。

4.2.1 灾难：数据不是你想象的那样

假设我们的数据位于一个边长为 2，以原点为中心的立方体中。这意味着 $\boldsymbol{x}_i$ 的每一个分量的取值范围都是[−1，1]。对于这样的数据的一个简单模型是假设在该取值范围内的每个维度都具有均匀概率密度。这意味着 $P(x)=\frac{1}{2^d}$。模型的均值位于原点，记作 $\mathbf{0}$。

关于高维数据的第一个令人惊讶的事实是大部分数据可能与均值相距很远。例如，我

们可以将数据集分成两部分。$\mathcal{A}(\varepsilon)$包含所有的每一个分量的取值都在$[-(1-\varepsilon),(1-\varepsilon)]$之间的数据。$\mathcal{B}(\varepsilon)$包含其余的数据。如果把数据集想象成一个立方体的橙子，那么$\mathcal{B}(\varepsilon)$就是果皮(厚度为ε)，$\mathcal{A}(\varepsilon)$是果肉。

直觉告诉你，果肉要比果皮多。这对于三维橙子是正确的，但对于高维橙子却不正确。橙子是立方体简化了计算，但与实际问题无关。

我们可以计算$P(\{\boldsymbol{x}\in\mathcal{A}(\varepsilon)\})$和$P(\{\boldsymbol{x}\in\mathcal{B}(\varepsilon)\})$，它们指出了一个数据项位于果肉(或果皮)中的概率。$P(\{\boldsymbol{x}\in\mathcal{A}(\varepsilon)\})$很容易计算，我们有

$$P(\{\boldsymbol{x}\in\mathcal{A}(\varepsilon)\})=(2(1-\varepsilon))^d\left(\frac{1}{2^d}\right)=(1-\varepsilon)^d$$

和

$$P(\{\boldsymbol{x}\in\mathcal{B}(\varepsilon)\})=1-P(\{\boldsymbol{x}\in\mathcal{A}(\varepsilon)\})=1-(1-\varepsilon)^d$$

注意到，当$d\to\infty$时，

$$P(\{\boldsymbol{x}\in\mathcal{A}(\varepsilon)\})\to 0$$

这意味着当d很大时，我们认为大部分数据位于$\mathcal{B}(\varepsilon)$中。等价地，当d很大时，每一个数据项都至少有一个分量是接近1或-1的。

这(正确地)表明很多数据离原点很远。容易计算数据点与原点的平方距离的平均值，我们有

$$\mathbb{E}[\boldsymbol{x}^{\mathrm{T}}\boldsymbol{x}]=\int_{\mathrm{box}}\left(\sum_i x_i^2\right)P(\boldsymbol{x})\mathrm{d}\boldsymbol{x}$$

重新整理上式，有

$$\mathbb{E}[\boldsymbol{x}^{\mathrm{T}}\boldsymbol{x}]=\sum_i\mathbb{E}[x_i^2]=\sum_i\int_{\mathrm{box}}x_i^2P(\boldsymbol{x})\mathrm{d}\boldsymbol{x}$$

现在$\boldsymbol{x}$的每一个分量都是相互独立的，所以$P(\boldsymbol{x})=P(x_1)P(x_2)\cdots P(x_d)$。现在我们用下式来代替上式。

$$\mathbb{E}[\boldsymbol{x}^{\mathrm{T}}\boldsymbol{x}]=\sum_i\mathbb{E}[x_i^2]=\sum_i\int_{-1}^{1}x_i^2P(x_i)\mathrm{d}x_i=\sum_i\frac{1}{2}\int_{-1}^{1}x_i^2\mathrm{d}x_i=\frac{d}{3}$$

因此，随着d的增大，大多数数据点将离原点越来越远。更糟糕的是，随着d的增大，数据点彼此之间的距离也越来越远。可以通过计算数据点之间距离平方的平均值来证明这点。用$\boldsymbol{u}$和$\boldsymbol{v}$表示两个数据点，我们有

$$\mathbb{E}[d(\boldsymbol{u},\boldsymbol{v})^2]=\int_{\mathrm{box}}\int_{\mathrm{box}}\sum_i(u_i-v_i)^2\mathrm{d}\boldsymbol{u}\mathrm{d}\boldsymbol{v}=\mathbb{E}[\boldsymbol{u}^{\mathrm{T}}\boldsymbol{u}]+\mathbb{E}[\boldsymbol{v}^{\mathrm{T}}\boldsymbol{v}]-2\mathbb{E}[\boldsymbol{u}^{\mathrm{T}}\boldsymbol{v}]$$

由于$\boldsymbol{u}$和$\boldsymbol{v}$是相互独立的，我们有$\mathbb{E}[\boldsymbol{u}^{\mathrm{T}}\boldsymbol{v}]=\mathbb{E}[\boldsymbol{u}]^{\mathrm{T}}\mathbb{E}[\boldsymbol{v}]=0$。这使得

$$\mathbb{E}[d(\boldsymbol{u},\boldsymbol{v})^2]=2\frac{d}{3}$$

这意味着当d很大时，可以认为数据点之间相距很远。

不好的事实是——在高维度中，数据倾向位于数据集的“外部”，并且数据点彼此之间的距离很远——这通常是正确的。这里我们选择均匀分布是因为积分的计算会比较容易。如果你记得如何查找积分(或者你可以自己完成!)，那么可以直接将这些例子应用在多元正态分布(4.4节)上。一个非常重要的警告是事实上数据需要占据所有维度。话虽如此，实际上高维数据倾向于容许非常精确的低维表示(这是下一章的主题)，这可以在某种程度上改善这种情况。

4.2.2 维数的小困扰

由于维数灾难，高维数据呈现出许多重要的实际问题。协方差矩阵是很难估计的，也难以建立直方图。

难以使用协方差矩阵的原因有两个。矩阵中元素的个数随着维数平方的增大而增多，导致矩阵可以变得相当大，从而难以存储。更重要的是，在矩阵的所有元素中，需要被准确估计的数据量增长很快。当我们估计更多数字时，就需要更多数据来保证我们的估计是合理的。有很多解决此问题的直接方法。在一些情况下，有足够多的数据，我们不需要担心。在其他情况下，我们假设协方差矩阵有一个特定的形式，并且只估计那一部分参数。通常有两种策略。一种是假设协方差矩阵是对角矩阵，并且只估计对角线元素。另一种是假设协方差矩阵是单位矩阵的一个缩放版本(scaled version)，并且只估计这个缩放版本。这些策略应该被看作是迫不得已的方法，只有当计算整个协方差矩阵比使用这些方法复杂时才采用。

很难为高维数据建立直方图表示。将数据域划分为一系列区间，然后计算每个区间中有多少值的策略是行不通的，因为需要划分的区间太多了。在立方体的例子中，设想将每个维度一分为二(即[−1,0]和[0,1])，那么就会有 2^d 个区间。这带来了两个问题：其一，我们很难表示这个区间的数量；其二，除非非常幸运，否则大部分区间都会是空的，因为我们不会有 2^d 个数据项。

相反，高维数据通常以**簇**(cluster)的形式表示——由相似的数据点聚在一起形成的堆，这些数据点在特定情况下可以被认为是相同的。这样我们就可以用每个簇的中心以及簇中数据点的个数来表示数据集。由于每个簇都是一个堆，因此，如果可以计算，我们也可以得到每个簇的协方差矩阵。这种表示方法将在第 8 章和第 9 章进行探讨。

记住： 高维数据的特性与多数人的直觉并不一致。数据点总是靠近边界，并且它们之间的距离比想象中更远。这个性质给它在许多方面带来了麻烦。最重要的一点是只有最简单的模型在高维度中表现良好。

4.3 用均值和协方差理解高维数据

理解高维数据的技巧是用均值和协方差来解释堆。图 4-5 展示了一个二维的数据集。注意到在 x 坐标和 y 坐标之间明显存在着某种相关(它是一个对角线形状的堆)，并且 x 和 y 的均值都不为零。我们很容易计算并将数据点减去它们的均值，这样就将堆进行了平移，使得原点位于均值处(图 4-5)。平移后的新数据集的均值为零。

注意到这个堆是对角的。我们从相关性的研究中可以知道这意味着这两个测量是相关的。现在考虑绕着原点旋转这堆数据。这并不会改变任何一对数据点之间的距离，但会改变数据堆的整体外观。我们可以选择一个旋转操作，使得数据堆看起来(大体上!)是一个与坐标轴对齐的椭圆。在这些坐标中，水平和垂直分量之间是没有相关性的，但一个方向比另一方向上的方差更大。

这种方法可以推广到高维的团块(blobs)。把它们的均值平移到原点，再将其旋转，使得任意一对不同的分量之间都没有相关性(事实上这很简单，但可能不太明显)。现在这个堆看起来像是一个与坐标轴对齐的椭圆，我们可以推断出(a)哪些坐标轴是“大”坐标轴，(b)原始数据集的含义是什么。

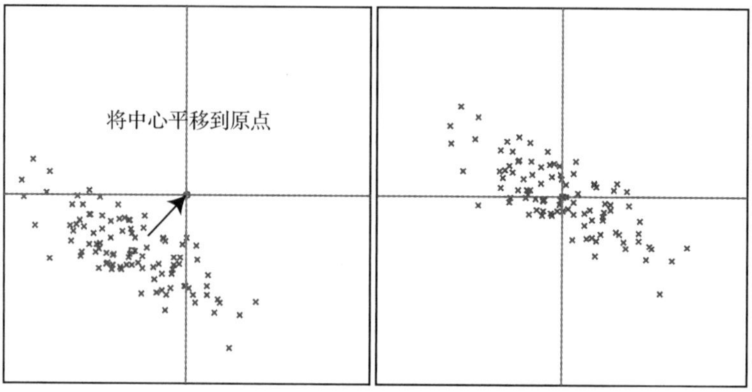

图 4-5　**左图**是一个二维的“堆”。这组数据点聚在一个由均值给出的中心附近。图中用一个空心正方形（当数据量大时容易看出）表示这些数据点的均值。为了将这个堆平移到原点，我们只需将每个数据点减去均值，便得到了**右图**中的 blob

4.3.1　仿射变换下的均值和协方差

我们有一个 d 维的数据集 $\{\boldsymbol{x}\}$。这个数据集的一个**仿射变换**（affine transformation）是通过选择某个矩阵 $\mathcal{A}$ 和向量 $\boldsymbol{b}$，形成一个新的数据集 $\{\boldsymbol{m}\}$ 来实现的，其中 $\boldsymbol{m}_i = \mathcal{A}\boldsymbol{x}_i + \boldsymbol{b}$。在这里 $\mathcal{A}$ 不必是方阵、对称矩阵或其他形式，它只需要满足第二个维数是 d。

容易计算 $\{\boldsymbol{m}\}$ 的均值和协方差。我们有

$$\text{mean}(\{\boldsymbol{m}\}) = \text{mean}(\{\mathcal{A}\boldsymbol{x} + \boldsymbol{b}\}) = \mathcal{A}\text{mean}(\{\boldsymbol{x}\}) + \boldsymbol{b}$$

因此，通过将原始均值与 $\mathcal{A}$ 相乘再加上 $\boldsymbol{b}$，便得到了新的均值；等价地，与旧均值变换方式一样，实现对数据点变换。

新的协方差矩阵也容易计算。我们有

$$\begin{aligned}
\text{Covmat}(\{\boldsymbol{m}\}) &= \text{Covmat}(\{\mathcal{A}\boldsymbol{x} + \boldsymbol{b}\}) \\
&= \frac{\sum_i (\boldsymbol{m}_i - \text{mean}(\{\boldsymbol{m}\}))(\boldsymbol{m}_i - \text{mean}(\{\boldsymbol{m}\}))^{\mathrm{T}}}{N} \\
&= \frac{\sum_i (\mathcal{A}\boldsymbol{x}_i + \boldsymbol{b} - \mathcal{A}\text{mean}(\{\boldsymbol{x}\}) - \boldsymbol{b})(\mathcal{A}\boldsymbol{x}_i + \boldsymbol{b} - \mathcal{A}\text{mean}(\{\boldsymbol{x}\}) - \boldsymbol{b})^{\mathrm{T}}}{N} \\
&= \frac{\mathcal{A}\left[\sum_i (\boldsymbol{x}_i - \text{mean}(\{\boldsymbol{x}\}))(\boldsymbol{x}_i - \text{mean}(\{\boldsymbol{x}\}))^{\mathrm{T}}\right]\mathcal{A}^{\mathrm{T}}}{N} \\
&= \mathcal{A}\text{Covmat}(\{\boldsymbol{x}\})\mathcal{A}^{\mathrm{T}}
\end{aligned}$$

所有这些意味着我们能够选择产生“好的”均值和协方差矩阵的仿射变换。很自然地选择一个 $\boldsymbol{b}$ 使得新数据集的均值为零。$\mathcal{A}$ 的一个适当选择可以揭示数据集的许多信息。

记住： 将数据集 $\{\boldsymbol{x}\}$ 变换为新的数据集 $\{\boldsymbol{m}\}$，其中 $\boldsymbol{m}_i = \mathcal{A}\boldsymbol{x}_i + \boldsymbol{b}$，那么有

$$\text{mean}(\{\boldsymbol{m}\}) = \mathcal{A}\text{mean}(\{\boldsymbol{x}\}) + \boldsymbol{b}$$
$$\text{Covmat}(\{\boldsymbol{m}\}) = \mathcal{A}\text{Covmat}(\{\boldsymbol{x}\})\mathcal{A}^{\mathrm{T}}$$

4.3.2　特征向量及矩阵对角化

回想到一个矩阵 $\mathcal{M}$ 如果满足 $\mathcal{M} = \mathcal{M}^{\mathrm{T}}$，那么它是**对称**（symmetric）的。一个对称矩阵

必定是一个方阵。假设 $\mathcal{S}$ 是一个 $d\times d$ 的对称矩阵，$\boldsymbol{u}$ 是一个 $d\times 1$ 的向量，λ 是一个标量。如果有

$$\mathcal{S}\boldsymbol{u}=\lambda\boldsymbol{u}$$

那么 $\boldsymbol{u}$ 称为 $\mathcal{S}$ 的一个**特征向量**(eigenvector)，λ 是对应的**特征值**(eigenvalue)。矩阵不必对称便可具有特征向量和特征值，但对称是我们唯一感兴趣的情况。

在矩阵是对称矩阵的情况下，特征值是实数，并且有 d 个不同的相互正交的特征向量，这些特征向量可以被缩放到单位长度。将这些特征向量堆放到一个矩阵中 $\mathcal{U}=[\boldsymbol{u}_1,\cdots,\boldsymbol{u}_d]$，那么这个矩阵是标准正交的，也就是说 $\mathcal{U}^{\mathrm{T}}\mathcal{U}=\mathcal{I}$。

这意味着存在一个对角矩阵 Λ 和一个标准正交矩阵 $\mathcal{U}$，使得

$$\mathcal{S}\mathcal{U}=\mathcal{U}\Lambda$$

事实上，这样的矩阵有许多个，因为我们可以重新排列矩阵 $\mathcal{U}$ 中的特征向量的顺序，在重新排列矩阵 Λ 中对角元素的顺序后，等式仍然成立。不需要弄得这么复杂。相反，我们遵循如下惯例：排列 $\mathcal{U}$ 中的元素，使得 Λ 中的相应元素按降序排列。这就有了下面这个特别重要的过程。

过程 4.1 对角化对称矩阵

通过下式可以将任意一个对称矩阵 $\mathcal{S}$ 转化为对角形式：

$$\mathcal{U}^{\mathrm{T}}\mathcal{S}\mathcal{U}=\Lambda$$

数值和统计编程环境提供了计算 $\mathcal{U}$ 和 Λ 的方法。我们假设 $\mathcal{U}$ 中的元素总是有序的，使得 Λ 中的相应元素按降序方式排列。

有用的事实 4.4 标准正交矩阵是旋转矩阵

标准正交矩阵是旋转矩阵，因为它们不会改变长度或角度。对于向量 $\boldsymbol{x}$，标准正交矩阵 $\mathcal{R}$，以及 $\boldsymbol{u}=\mathcal{R}\boldsymbol{x}$，我们有

$$\boldsymbol{u}^{\mathrm{T}}\boldsymbol{u}=\boldsymbol{x}^{\mathrm{T}}\mathcal{R}^{\mathrm{T}}\mathcal{R}\boldsymbol{x}=\boldsymbol{x}^{\mathrm{T}}\mathcal{I}\boldsymbol{x}=\boldsymbol{x}^{\mathrm{T}}\boldsymbol{x}$$

这意味着 $\mathcal{R}$ 没有改变长度。对于单位向量 $\boldsymbol{y}$，$\boldsymbol{z}$，它们之间夹角的余弦是

$$\boldsymbol{y}^{\mathrm{T}}\boldsymbol{x}$$

基于以上内容，$\mathcal{R}\boldsymbol{x}$ 与 $\mathcal{R}\boldsymbol{y}$ 之间的内积同样是 $\boldsymbol{y}^{\mathrm{T}}\boldsymbol{x}$。这意味着 $\mathcal{R}$ 也没有改变角度。

4.3.3 通过旋转数据堆来对角化协方差矩阵

对于一个含有 N 个 d 维向量的数据集 $\{\boldsymbol{x}\}$，我们可以对它进行平移，形成一个均值为零的新数据集 $\{\boldsymbol{m}\}$，其中 $\boldsymbol{m}_i=\boldsymbol{x}_i-\mathrm{mean}(\{\boldsymbol{x}\})$。回想一下，如果有一个新数据集 $\{\boldsymbol{a}\}$，其中

$$\boldsymbol{a}_i=\mathcal{A}\boldsymbol{m}_i$$

那么，$\{\boldsymbol{a}\}$ 的协方差矩阵为

$$\mathrm{Covmat}(\{\boldsymbol{a}\})=\mathcal{A}\mathrm{Covmat}(\{\boldsymbol{m}\})\mathcal{A}^{\mathrm{T}}=\mathcal{A}\mathrm{Covmat}(\{\boldsymbol{x}\})\mathcal{A}^{\mathrm{T}}$$

且可以将 $\mathrm{Covmat}(\{\boldsymbol{m}\})=\mathrm{Covmat}(\{\boldsymbol{x}\})$ 对角化，有

$$\mathcal{U}^{\mathrm{T}}\mathrm{Covmat}(\{\boldsymbol{x}\})\mathcal{U}=\Lambda$$

这意味着我们可以构造数据集 $\{\boldsymbol{r}\}$，其中

$$\boldsymbol{r}_i=\mathcal{U}^{\mathrm{T}}\boldsymbol{m}_i=\mathcal{U}^{\mathrm{T}}(\boldsymbol{x}_i-\mathrm{mean}(\{\boldsymbol{x}\}))$$

这个新数据集的均值明显是 0，它的协方差为

$$\mathrm{Covmat}(\{\boldsymbol{r}\})=\mathrm{Covmat}(\{\mathcal{U}^{\mathrm{T}}\boldsymbol{x}\})=\mathcal{U}^{\mathrm{T}}\mathrm{Covmat}(\{\boldsymbol{x}\})\mathcal{U}=\Lambda$$

其中 Λ 是一个对角矩阵，对角线元素为 Covmat($\{\boldsymbol{x}\}$)的特征值。现在关于$\{\boldsymbol{r}\}$有一个有用的事实：它的协方差矩阵是对角的。这意味着每对不同的分量间的协方差为零，相关系数也为零。回顾在描述对角化时，我们遵循的惯例是被对角化的矩阵中的特征向量是有序的，使得 Λ 中的相应特征值按降序方式排列。这样的选择意味着 $\boldsymbol{r}$ 的第一个分量的方差最大，第二个分量的方差次之，依此类推。

从$\{\boldsymbol{x}\}$到$\{\boldsymbol{r}\}$的变换是通过平移和旋转实现的($\mathcal{U}$ 是标准正交矩阵，所以是旋转矩阵)。因此，这个变换是图 4-5 和图 4-6 所示变换的高维版本。

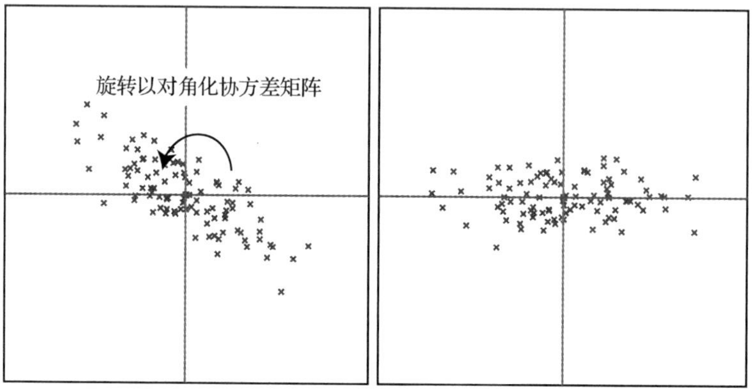

图 4-6　**左图**是图 4-5 中平移后的堆。这个堆有点对角，因为其水平分量和垂直分量是相关的。**右图**是旋转后的数据堆，使得这些分量之间没有相关性。只要是在新坐标系中，我们就可以单独用水平方差或垂直方差来描述这个数据 blob。在这个坐标系中，水平方差明显大于垂直方差——堆是矮而宽的

有用的事实 4.5　可以将数据变换为零均值和对角的协方差矩阵

我们可以将任何数据堆通过平移和旋转操作变换到一个坐标系中，使得它具有(a)零均值，(b)对角的协方差矩阵。

4.4　多元正态分布

上面这些关于高维数据的不好事实表明，我们需要使用非常简单的概率模型。到目前为止，最重要的模型是**多元正态分布**(multivariate normal distribution)，通常被称为**高斯分布**(Gaussian distribution)。这个模型中有两组参数，均值 μ 和协方差 Σ。对于一个 d 维的模型，均值是一个 d 维的列向量，协方差是一个 $d\times d$ 维的矩阵。协方差矩阵是对称的。为了使我们的定义有意义，协方差矩阵必须是正定的。分布 $p(\boldsymbol{x}|\mu,\Sigma)$的形式为

$$p(\boldsymbol{x}|\mu,\Sigma)=\frac{1}{\sqrt{(2\pi)^d\det(\Sigma)}}\exp\left(-\frac{1}{2}(\boldsymbol{x}-\mu)^{\mathrm{T}}\Sigma^{-1}(\boldsymbol{x}-\mu)\right)$$

下面的事实解释了这些参数的名称：

有用的事实 4.6　多元正态分布的参数

对于一个多元正态分布，我们有

- $\mathbb{E}[\boldsymbol{x}]=\mu$，意味着分布的均值是 μ。
- $\mathbb{E}[(\boldsymbol{x}-\mu)(\boldsymbol{x}-\mu)^{\mathrm{T}}]=\Sigma$，意味着 Σ 中的元素表示协方差。

假设有一个由 $\boldsymbol{x}_i$ 数据项组成的数据集，其中 i 从 1 到 N，我们希望用多元正态分布对该数据集进行建模。均值的极大似然估计$\hat{\mu}$为

$$\hat{\mu} = \frac{\sum_i \boldsymbol{x}_i}{N}$$

(很容易得到)。协方差的极大似然估计$\hat{\Sigma}$为

$$\hat{\Sigma} = \frac{\sum_i (\boldsymbol{x}_i - \hat{\mu})(\boldsymbol{x}_i - \hat{\mu})^{\mathrm{T}}}{N}$$

(相当麻烦，需要知道如何对行列式求导)。这些事实使我们了解了有关多元正态分布(或高斯分布)的大部分有趣的内容。

4.4.1 仿射变换与高斯模型

高斯模型在仿射变换下表现得很好。事实上，我们已经完成了所有的数学推导。假设有一个数据集 $\boldsymbol{x}_i$，极大似然高斯模型的均值为 mean($\{\boldsymbol{x}_i\}$)，协方差为 Covmat($\{\boldsymbol{x}_i\}$)。现在用一个仿射变换来对数据集进行变换，得到 $\boldsymbol{y}_i = \mathcal{A}\boldsymbol{x}_i + \boldsymbol{b}$。变换后的数据集的极大似然高斯模型的均值为 mean($\{\boldsymbol{y}_i\}$)，我们已经对此进行了处理；类似地，协方差为 Covmat($\{\boldsymbol{y}_i\}$)，我们也处理过了。

一个显而易见的重要事实是，我们可以对任意一个多元高斯模型应用仿射变换来得到(a)零均值，(b)相互独立的分量。反过来，这意味着在直角坐标系中，任何高斯分布都是零均值的一维正态分布的乘积(product)。这一事实相当有用。例如，这意味着模拟多元正态分布非常简单——先在每个分量上模拟标准正态分布，再应用仿射变换。

4.4.2 绘制二维高斯模型：协方差椭圆

有一些值得了解的技巧来绘制二维高斯模型，因为它们很有用，并且有助于理解高斯模型。假设在二维环境下有一个均值为 μ(二维向量)，协方差为 Σ(2×2 维的矩阵)的高斯模型。我们可以绘制具有固定值 $p(\boldsymbol{x}|\mu,\Sigma)$的点 $\boldsymbol{x}$ 的集合，由下式给出：

$$\frac{1}{2}((\boldsymbol{x}-\mu)^{\mathrm{T}}\Sigma^{-1}(\boldsymbol{x}-\mu)) = c^2$$

其中 c 是常数。这里取 $c^2 = \frac{1}{2}$，因为它的取值无关紧要，这个选择可以简化一些代数计算。回想起满足像这样的二次方程的点集 $\boldsymbol{x}$ 的形状是圆锥曲线。由于 Σ 是正定的(同样 Σ^{-1} 也是)，所以曲线是一个椭圆。这个椭圆几何体与高斯模型之间有着有用的关系。

像所有的椭圆一样，这个椭圆有一个长轴和一个短轴。它们成直角，并在椭圆的中心相交。根据高斯模型可以很容易地得到对应椭圆的属性。椭圆的几何形状不会因旋转或平移而改变，所以我们平移椭圆使得 $\mu=\mathbf{0}$(也就是说，均值位于原点)，再将其旋转使得 Σ^{-1} 是对角的。记 $\boldsymbol{x}=[x,y]$，那么椭圆上的点满足

$$\frac{1}{2}\left(\frac{1}{k_1^2}x^2 + \frac{1}{k_2^2}y^2\right) = \frac{1}{2}$$

其中$\frac{1}{k_1^2}$和$\frac{1}{k_2^2}$是 Σ^{-1} 中的对角线元素。我们假设椭圆是按照使得 $k_1 > k_2$ 来旋转的。点$(k_1, 0)$和$(-k_1, 0)$位于椭圆上，点$(0, k_2)$和$(0, -k_2)$也是这样。在这个坐标系中，椭圆的长轴是 x 轴，短轴是 y 轴。经过一些代数计算，你会发现 x 方向上的标准差为 abs(k_1)，y 方向上的标准差为 abs(k_2)。所以椭圆在标准差最大的方向上较长，在标准差最小的方向上较短。

旋转椭圆意味着用某个旋转矩阵左乘再右乘协方差矩阵，平移将把坐标原点移动到均

值位置。结果，椭圆的中心在均值处，长轴在协方差矩阵最大特征值对应的特征向量方向上，短轴在最小特征值对应的特征向量方向上。在大多数编程环境下可以很容易地绘制这个椭圆，这能为我们提供有关高斯模型的大量信息。这些椭圆称为**协方差椭圆**(covariance ellipse)。

记住： 多元正态分布具有以下形式

$$p(\boldsymbol{x}|\mu,\Sigma)=\frac{1}{\sqrt{(2\pi)^d\det(\Sigma)}}\exp\left(-\frac{1}{2}(\boldsymbol{x}-\mu)^{\mathrm{T}}\Sigma^{-1}(\boldsymbol{x}-\mu)\right)$$

假设用多元正态分布对数据集$\{\boldsymbol{x}\}$进行建模。均值的极大似然估计为 mean($\{\boldsymbol{x}\}$)。协方差Σ的极大似然估计为 Covmat($\{\boldsymbol{x}\}$)。

4.4.3　描述统计与期望

你可能已经注意到上文讲述的一些技巧。我们以两种略有不同的方式描述了均值、方差、协方差、标准差等术语。这是很常见的。在一种概念上，像上文协方差的描述那样，每个术语描述了数据集的一种属性。这种概念上的术语称为**描述统计**(descriptive statistic)。在另一种概念上，这些术语描述的是概率分布的性质。例如，均值是$\mathbb{E}[X]$，方差是$\mathbb{E}[(X-\mathbb{E}[X])^2]$，以此类推。这种概念上的术语称为**期望**(expectation)。我们用一个名字代表两种概念是因为它们之间的差异不是很大。

下面构造的例子可以说明这一点。假设有一个包含 N 项的数据集$\{\boldsymbol{x}\}$，其中第 i 项为 x_i。在每一项的概率都相同的基础上，构建随机变量 X。这意味着每个数据项的概率都是 $1/N$。用$\mathbb{E}[X]$表示这个分布的均值，那么有

$$\mathbb{E}[X]=\sum_i x_i P(x_i)=\frac{1}{N}\sum_i x_i=\text{mean}(\{x\})$$

基于相同的理由，有

$$\text{var}[X]=\text{var}(\{x\})$$

标准差和协方差也适用于这一构造。对于这个特定的分布(有时称为**经验分布**(empirical distribution))，期望值与描述统计值相同。

这个事实还有一种相反的形式，你应该已经见过了，之后也会断断续续地出现。假设有一个由独立同分布的样本组成的数据集(即每个数据项都是独立地从相同的分布中抽取的)。例如，在多次抛硬币的实验中，要统计硬币正面朝上的次数。**弱大数定律**(weak law of large number)表明，描述统计将会是期望的准确估计。

特别地，假设有一个随机变量 X，其概率分布为 $P(X)$，方差有限。我们想要估计$\mathbb{E}[X]$，现在如果有一组 X 的独立同分布样本 x_i，记

$$X_N=\frac{\sum_{i=1}^{N}x_i}{N}$$

这是一个随机变量(不同的样本集合有着不同的 X_N 值)，弱大数定律指出，对于任意的正数 ε，有

$$\lim_{N\to\infty}P(\{\|X_N-\mathbb{E}[X]\|>\varepsilon\})=0$$

可以这样理解上式：对于一组独立同分布随机样本 x_i，当 N 足够大时，

$$\frac{\sum_{i=1}^{N} x_i}{N}$$

依概率非常接近 $\mathbb{E}[X]$。

有用的事实 4.7　弱大数定律

给定一个随机变量 X，其概率分布为 $P(X)$，方差有限。x_i 是 N 个取自 $P(X)$ 的独立同分布样本，记

$$X_N = \frac{\sum_{i=1}^{N} x_i}{N}$$

那么对于任意的正数 ε，有

$$\lim_{N\to\infty} P(\{\| X_N - \mathbb{E}[X] \| > \varepsilon\}) = 0$$

记住： 均值、方差、协方差和标准差既可以指数据集的属性，也可以指期望。通常我们从上下文中可以知道指的是哪个。这些概念间有着密切的关系。给定一个数据集，可以构造一个经验分布，使得其均值、方差和协方差(解释为期望)与均值、方差和协方差(解释为描述统计)的值相同。如果数据集是一个概率分布的独立同分布样本集，那么其均值、方差和协方差(解释为描述统计)通常是均值、方差和协方差(解释为期望)的很好的估计。

4.4.4　维数灾难的更多内容

高维正态分布(以及其他高维分布)的均值是难以准确估计的。这多半是个小麻烦，但值得了解正在发生什么。数据集包含 N 个独立同分布样本，它们取自均值为 μ、协方差为 Σ 的 d 维正态分布。这些样本点倾向于彼此远离，但它们应该不会均匀分布。因此，真实均值一侧的样本点可能比另一侧的要多，导致均值的估计存在噪声。很难明白在高维空间中真实均值一侧的样本较多意味着什么，所以将用代数计算来说明。均值的估计是

$$X^N = \frac{\sum_i \boldsymbol{x}_i}{N}$$

这是一个随机变量，因为不同的样本抽取会得到不同的 X^N 值。在练习中，你将证明 $\mathbb{E}[X^N]$就是 μ(所以这个估计是合理的)。估计均值时总误差的一种合理度量是$(X^N-\mu)^{\mathrm{T}} * (X^N-\mu)$。在练习中，你将证明这个误差的期望值为

$$\frac{\mathrm{Trace}(\Sigma)}{N}$$

它将随 d 的增大而增大，除非 Σ 有一些特性。对高维分布均值的估计可能就会较差。

习题

概述

4.1　有一个由 N 个向量 $\boldsymbol{x}_i$ 组成的数据集$\{\boldsymbol{x}\}$，其中每一项都是 d 维向量。考虑这个数据集的一个线性函数。用 $\boldsymbol{a}$ 表示一个常数向量，那么在第 i 个数据项上该线性函数的值为 $\boldsymbol{a}^{\mathrm{T}}\boldsymbol{x}_i$。记 $f_i=\boldsymbol{a}^{\mathrm{T}}\boldsymbol{x}_i$。根据该线性函数的值可以得到一个新数据集$\{f\}$。

(a) 证明 $\mathrm{mean}(\{f\})=\boldsymbol{a}^{\mathrm{T}}\mathrm{mean}(\{\boldsymbol{x}\})$(简单)。

(b) 证明 $\mathrm{var}(\{f\})=\boldsymbol{a}^{\mathrm{T}}\mathrm{Covmat}(\{\boldsymbol{x}\})\boldsymbol{a}$(困难，但通过定义即可证明)。

(c) 假设数据集有以下特性：存在一个向量 $\boldsymbol{a}$，使得 $\boldsymbol{a}^{\mathrm{T}}\mathrm{Covmat}(\{\boldsymbol{x}\})\boldsymbol{a}=0$。证明该数据集位于一个超平面上。

4.2 有一个由 N 个向量 $\boldsymbol{x}_i$ 组成的数据集$\{\boldsymbol{x}\}$，其中每一项都是 d 维向量。假设 $\mathrm{Covmat}(\{\boldsymbol{x}\})$有一个非零特征值，$\boldsymbol{x}_1$ 和 $\boldsymbol{x}_2$ 的值不相同。

(a) 证明存在一组 t_i，使得每个数据项 $\boldsymbol{x}_i$ 都恰好可以用下式表示。

$$\boldsymbol{x}_i = \boldsymbol{x}_1 + t_i(\boldsymbol{x}_2 - \boldsymbol{x}_1)$$

(b) 现在考虑由这些 t 值组成的数据集。$\mathrm{std}(t)$和 $\mathrm{Covmat}(\{\boldsymbol{x}\})$的非零特征值之间有什么关系？为什么？

4.3 有一个由 N 个向量 $\boldsymbol{x}_i$ 组成的数据集$\{\boldsymbol{x}\}$，其中每一项都是 d 维向量。假设 $\mathrm{mean}(\{\boldsymbol{x}\})=0$。考虑这个数据集的一个线性函数。用 $\boldsymbol{a}$ 表示一个向量，那么在第 i 个数据项上该线性函数的值为$\boldsymbol{a}^{\mathrm{T}}\boldsymbol{x}_i$。记 $f_i(\boldsymbol{a})=\boldsymbol{a}^{\mathrm{T}}\boldsymbol{x}_i$。根据这些 f_i 值可以得到一个新数据集$\{f(\boldsymbol{a})\}$（这个记号是为了突出该数据集取决于向量 $\boldsymbol{a}$ 的选取）。

(a) 证明 $\mathrm{var}(\{f(s\boldsymbol{a})\})=s^2\mathrm{var}(\{f(\boldsymbol{a})\})$。

(b) (a)表明，在 $\boldsymbol{a}$ 的选取上，为了以任何一种合理的方式获得具有大方差的数据集，$\boldsymbol{a}^{\mathrm{T}}\boldsymbol{a}$ 应该是常量。证明

$$\text{最大化 } \mathrm{var}(\{f\})(\boldsymbol{a}) \text{ 使得 } \boldsymbol{a}^{\mathrm{T}}\boldsymbol{a} = 1$$

是通过 $\mathrm{Covmat}(\{\boldsymbol{x}\})$的最大特征值对应的特征向量来求解的。（你应该知道这需要利用拉格朗日乘数法。）

4.4 有一个由 N 个向量 $\boldsymbol{x}_i$ 组成的数据集$\{\boldsymbol{x}\}$，其中每一项都是 d 维向量。考虑这个数据集的两个线性函数，由向量 $\boldsymbol{a}$ 和 $\boldsymbol{b}$ 给出。

(a) 证明 $\mathrm{cov}(\{\boldsymbol{a}^{\mathrm{T}}\boldsymbol{x}\}, \{\boldsymbol{b}^{\mathrm{T}}\boldsymbol{x}\})=\boldsymbol{a}^{\mathrm{T}}\mathrm{Covmat}(\{\boldsymbol{x}\})\boldsymbol{b}$。先证明均值对协方差没有影响，再假设 $\boldsymbol{x}$ 具有零均值，这样会比较容易。

(b) 证明 $\boldsymbol{a}^{\mathrm{T}}\boldsymbol{x}$ 和 $\boldsymbol{b}^{\mathrm{T}}\boldsymbol{x}$ 之间的相关系数为

$$\frac{\boldsymbol{a}^{\mathrm{T}}\mathrm{Covmat}(\{\boldsymbol{x}\})\boldsymbol{b}}{\sqrt{\boldsymbol{a}^{\mathrm{T}}\mathrm{Covmat}(\{\boldsymbol{x}\})\boldsymbol{a}}\ \sqrt{\boldsymbol{b}^{\mathrm{T}}\mathrm{Covmat}(\{\boldsymbol{x}\})\boldsymbol{b}}}$$

4.5 有时将数据集映射为具有零均值和单位协方差是有用的。这个过程称为白化数据（由于一些原因晦涩难懂）。当我们对每个数据向量的分量的相对比例没有清晰的认识时，或是对每个分量的含义了解相当少时，白化数据可能是明智的。有一个由 N 个向量 $\boldsymbol{x}_i$ 组成的数据集$\{\boldsymbol{x}\}$，其中每一项都是 d 维向量。$\mathcal{U}$，Λ 分别是 $\mathrm{Covmat}(\{\boldsymbol{x}\})$的特征向量和特征值。

(a) 证明 $\Lambda\geqslant 0$。

(b) 若 Λ 中某个对角线元素为零，该如何解释？

(c) 假设 Λ 对角线上的所有元素都大于零。$\Lambda^{1/2}$是一个对角矩阵，其对角线元素是 Λ 中相应元素的非负平方根。数据集$\{\boldsymbol{y}\}$中的向量满足 $\boldsymbol{y}_i=(\Lambda^{1/2})^{-1}\mathcal{U}^{\mathrm{T}}(\boldsymbol{x}_i-\mathrm{mean}(\{\boldsymbol{x}\}))$。证明 $\mathrm{Covmat}(\{\boldsymbol{y}\})$是单位矩阵。

(d) $\mathcal{O}$ 是一个标准正交矩阵。使用(c)中的记号，并记 $\boldsymbol{z}_i=\mathcal{O}\boldsymbol{y}_i$，证明 $\mathrm{Covmat}(\{\boldsymbol{z}\})$是单位矩阵。用这个结论证明白化数据集不唯一。

多元正态分布

4.6 由点集(x, y)组成的数据集的均值为零，协方差

$$\Sigma = \begin{pmatrix} k_1^2 & 0 \\ 0 & k_2^2 \end{pmatrix}$$

其中 $k_1>k_2$。

(a) 证明 x 坐标方向上的标准差为 $\mathrm{abs}(k_1)$，y 坐标方向上的标准差为 $\mathrm{abs}(k_2)$。

(b) 证明满足下式的点集是一个椭圆：

$$\frac{1}{2}\left(\frac{1}{k_1^2}x^2+\frac{1}{k_2^2}y^2\right)=\frac{1}{2}$$

(c) 证明这个椭圆的长轴是 x 轴，短轴是 y 轴，椭圆的中心位于(0，0)。

(d) 证明这个椭圆的高为 $2k_1$，宽为 $2k_2$。

4.7 给定正定矩阵 Σ，μ 是一个二维向量，证明满足下式的点集是一个椭圆。

$$\frac{1}{2}((\boldsymbol{x}-\mu)^{\mathrm{T}}\Sigma^{-1}(\boldsymbol{x}-\mu))=c^2$$

一种简单的方法是注意到椭圆在经过旋转和平移后仍是椭圆，并结合之前的习题求证。

维数灾难

4.8 数据集包含 N 个取自多元正态分布的独立同分布样本，维数为 d。分布的均值为零，协方差矩阵是单位矩阵。计算

$$X^N=\frac{1}{N}\sum_i \boldsymbol{x}_i$$

它是一个随机变量，因为对于不同的样本抽取，计算结果会稍有不同。X^N 是服从正态分布的，因为正态分布的随机变量的和还是正态分布。你应该记住以下事实：

- 一个服从(一维)正态分布的随机变量的一个样本位于其均值的一个标准差范围内的概率约为 66%；
- 一个服从(一维)正态分布的随机变量的一个样本位于其均值的两个标准差范围内的概率约为 95%；
- 一个服从(一维)正态分布的随机变量的一个样本位于其均值的三个标准差范围内的概率约为 99%。

(a) 证明 X^N 的每一个分量的期望值为 0，方差为 $1/N$。

(b) 证明大约有 $d/3$ 的分量的绝对值大于 $1/N$。

(c) 证明大约有 $d/20$ 的分量的绝对值大于 $2/N$。

(d) 证明大约有 $d/100$ 的分量的绝对值大于 $3/N$。

(e) 当 d 远大于 N 时，会发生什么？

4.9 数据集包含 N 个独立同分布样本 $\boldsymbol{x}_i$，它们取自均值为 μ、协方差为 Σ 的正态分布。计算

$$X^N=\frac{1}{N}\sum_i \boldsymbol{x}_i$$

它是一个随机变量，因为对于不同的样本抽取，计算结果会稍有不同。

(a) 证明 $\mathbb{E}[X^N]=\mu$。注意到如果 $N=1$，那么显然有 $\mathbb{E}[X^1]=\mu$。再结合每个样本都是独立的即可证明。

(b) 随机变量 $T^N=(X^N-\mu)^{\mathrm{T}}(X^N-\mu)$是 X^N 与 μ 近似程度的合理度量。证明

$$\mathbb{E}[T^N]=\frac{\mathrm{Trace}(\Sigma)}{N}$$

注意到 $\mathbb{E}[T^N]$是 X^N 分量的方差之和。如果注意到将正态分布转换为零均值不会有任何影响(因此可以在 $\mu=\mathbf{0}$ 的情况下证明)，则证明会简单许多。

(c) 利用(a)和(b)的结论确定正态分布均值的估计可能较差的情况。

第 5 章

Applied Machine Learning

主成分分析

我们已经知道，一堆数据可以通过平移变换使其均值为零，然后通过旋转变换使其协方差矩阵为对角矩阵。在这个坐标系中，我们可以将一些成分设置为零，这样能得到一种依然精确的数据表示。旋转和平移变换可以撤销，产生的数据集与原来的在同一个坐标系中，但是维度更低。新数据集是对旧数据集的一个近似。所有这些发现和结论，能够产生一个非常强大的想法：我们可以选择一个小的向量集合，使得原始数据集中的每个元素能够用平均向量和这个集合的加权和来表示。这样的表示形式意味着，我们可以认为数据集位于原始空间里的一个低维空间。这样的数据集模型对于非常高维的数据通常是精确的，而且常常是一个极其便利的模型，这些都是实验事实。此外，像这样表示一个数据集，常常能够抑制噪声——如果你的向量在初始测量中有噪声，那么低维的表示可能比测量值更加接近于真实数据。

5.1 在主成分上表示数据

我们从一个包含 N 个 d 维向量的数据集$\{\boldsymbol{x}\}$开始，对其进行平移变换，使其均值为零，从而形成一个新的数据集$\{\boldsymbol{m}\}$，其中 $\boldsymbol{m}_i=\boldsymbol{x}_i-\mathrm{mean}(\{\boldsymbol{x}\})$。我们将 $\mathrm{Covmat}(\{\boldsymbol{m}\})=\mathrm{Covmat}(\{\boldsymbol{x}\})$对角化，得到以下等式

$$\mathcal{U}^{\mathrm{T}}\mathrm{Covmat}(\{\boldsymbol{x}\})\mathcal{U}=\Lambda$$

然后使用以下规则构造数据集$\{\boldsymbol{r}\}$

$$\boldsymbol{r}_i=\mathcal{U}^{\mathrm{T}}\boldsymbol{m}_i=\mathcal{U}^{\mathrm{T}}(\boldsymbol{x}_i-\mathrm{mean}(\{\boldsymbol{x}\}))$$

因此可知，这个数据集的均值为零，并且其协方差矩阵是对角的。大多数高维的数据集还呈现出另一个重要的性质：在协方差矩阵中，许多或者大多数的对角元素都非常小。这意味着我们可以为高维数据集构造一个非常精确的低维表示。

5.1.1 近似数据团块

$\{\boldsymbol{r}\}$的协方差矩阵是对角的，对角线上的数值也很有趣。对于高维数据集来说，其协方差矩阵的对角线上有少量的大数值和大量的小数值是很常见的。这意味着，数据的堆实际上是一个高维空间中的低维堆。例如，可以考虑一条在三维空间中的线段(一个一维堆)。另一个例子，如图 4-3 所示；散点图矩阵可以有力地表明数据的堆是扁平的(比如，看看花瓣宽度相对于花瓣长度的图)。

现在假设协方差矩阵 $\mathrm{Covmat}(\{\boldsymbol{r}\})$有许多较小的对角元素，以及很少较大的对角元素。在这种情形下，由$\{\boldsymbol{r}\}$代表的数据的堆可以有一个精确的低维表示。数据集$\{\boldsymbol{r}\}$是 d 维的。我们将尝试用一个 s 维的数据集来表示它，然后看看会引入什么样的误差。选择 s 值，使其满足 $s<d$。现在我们取每个数据点 $\boldsymbol{r}_i$，然后将其最后 $d-s$ 个成分替换为 0，将得到的数据项称为 $\boldsymbol{p}_i$。我们想知道用 $\boldsymbol{p}_i$ 表示 $\boldsymbol{r}_i$ 时的平均误差。

这个误差为

$$\frac{1}{N}\sum_i\left[(\boldsymbol{r}_i-\boldsymbol{p}_i)^{\mathrm{T}}(\boldsymbol{r}_i-\boldsymbol{p}_i)\right]$$

将 $\boldsymbol{r}_i$ 的第 j 个成分写作 $r_i^{(j)}$，依此类推。请记住在最后 $d-s$ 个成分中 $\boldsymbol{p}_i$ 为零。那么平均

误差即为

$$\frac{1}{N}\sum_i\left[\sum_{j=s+1}^{d}(r_i^{(j)})^2\right]$$

而我们知道这个数值，因为我们知道$\{\boldsymbol{r}\}$的均值为零。误差是

$$\sum_{j=s+1}^{d}\left[\frac{1}{N}\sum_i(r_i^{(j)})^2\right]=\sum_{j=s+1}^{d}\mathrm{var}(\{r^{(j)}\})$$

其为协方差矩阵中从位置 r，r 到位置 d，d 的对角元素之和。与之等价地，将协方差矩阵 $\mathrm{Covmat}(\{x\})$的第 i 个特征值写作 λ_i，并假设特征值已按照降序排列，那么误差为

$$\sum_{j=s+1}^{d}\lambda_j$$

如果与前面 s 个成分的和相比，这个和较小，那么舍弃最后 $d-s$ 个成分将产生一个较小的误差。在那种情况下，我们可以将数据看成是 s 维的。图 5-1 展示了使用这种方法，将曾用作实例的数据表示为一个一维数据集的结果。

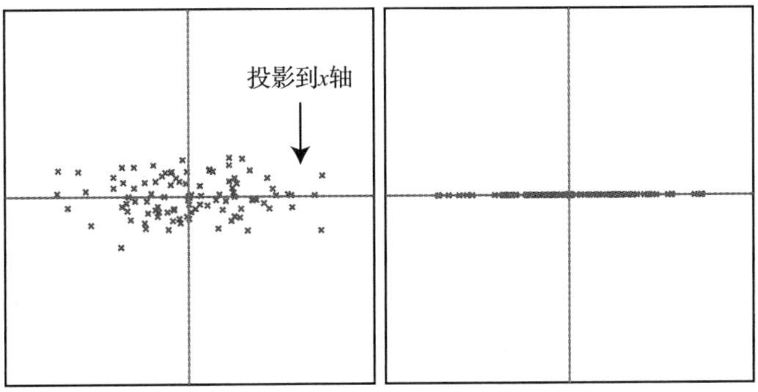

图 5-1　**左图**为图 4-6 中的堆经过平移和旋转的结果。这个堆是经过拉伸的——一个方向上的方差比另一个方向更大。将这些数据点的 y 坐标值都设置为 0 将得到一个误差相对较小的表示，因为这些值的方差不大。这样就得到了**右图**中的堆。正文部分说明了如何计算这个投影产生的误差

这是一个具有重要实际意义的观察结果。实验事实表明，许多高维数据生成的是相对较低维的堆。我们可以确定这些数据堆(blob)的主要变化方向，然后用它们去理解和表示数据集。

5.1.2　例子：变换身高-体重堆

平移变换一个数据的堆不会以任何有趣的方式改变散点图矩阵(坐标轴改变了，但是散点图没有)。然而，旋转变换一个堆却能产生很有趣的结果。图 5-2 展示了将图 4-4 中的数据集平移到原点，然后通过旋转对角化的结果。现在，我们还没有为数据中的每个成分命名(它们是原始成分的线性组合)，现在每一对成分是不相关的。这个堆有一些有趣的形状特征。图 5-2 最好地展示了堆的总体形状。这个图的每个面在每个方向上都有相同的尺度。你能发现堆在方向 1 上延伸了约 80 个单位，但是在方向 2 上只有约 15 个单位，在另外两个方向上就更少了。你应该将这个堆想象成雪茄的形状；它在一个方向上很长，但在其他方向上却不那么长。雪茄的比喻并不是最好的(最近你见过四维的雪茄吗?)，但是它很有用。你可以将这个图的每个面想象成显示雪茄的四个轴之一的视图。

现在，请看图 5-3。这幅图显示了对同样数据的堆做相同的旋转变换，但是坐标轴上的尺度发生了变化，使得我们能以最佳视角观察堆的详细形状。首先，你可以看到这个堆

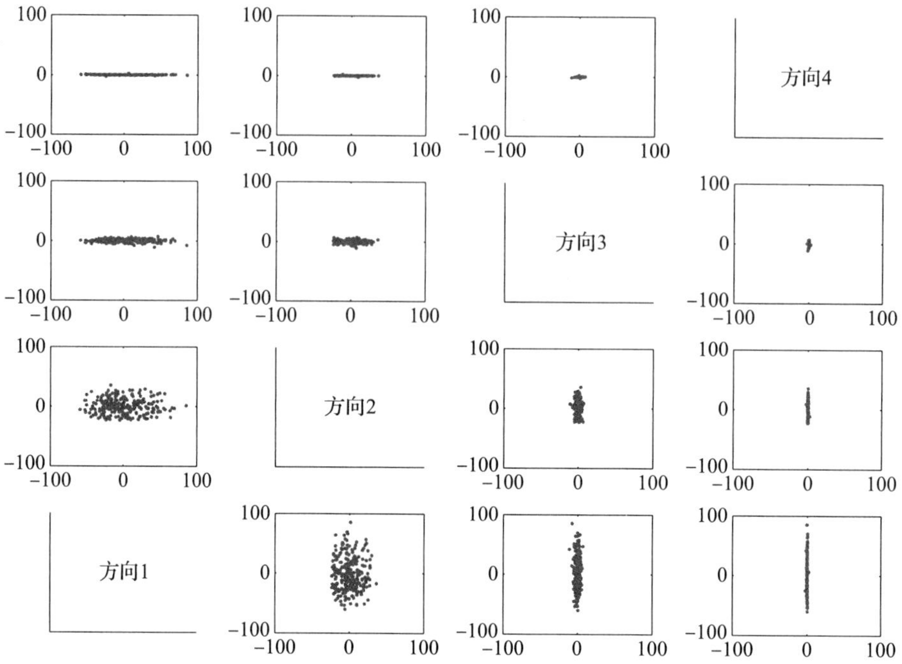

图 5-2 图 4-4 中的体脂数据集的平面图，现在经过旋转使得所有不同的维度对之间的协方差为零。现在我们不知道每个方向的名字——它们是原始变量的线性组合。每个散点图都在相同的一组坐标轴上，所以你可以看到数据集在某些方向上比其他方向上延伸得更多。你应该注意到，在某些方向上，方差非常小。这说明将这些方向上的系数替换为零(如图 5-1 所示)应该能得到误差很小的数据表示

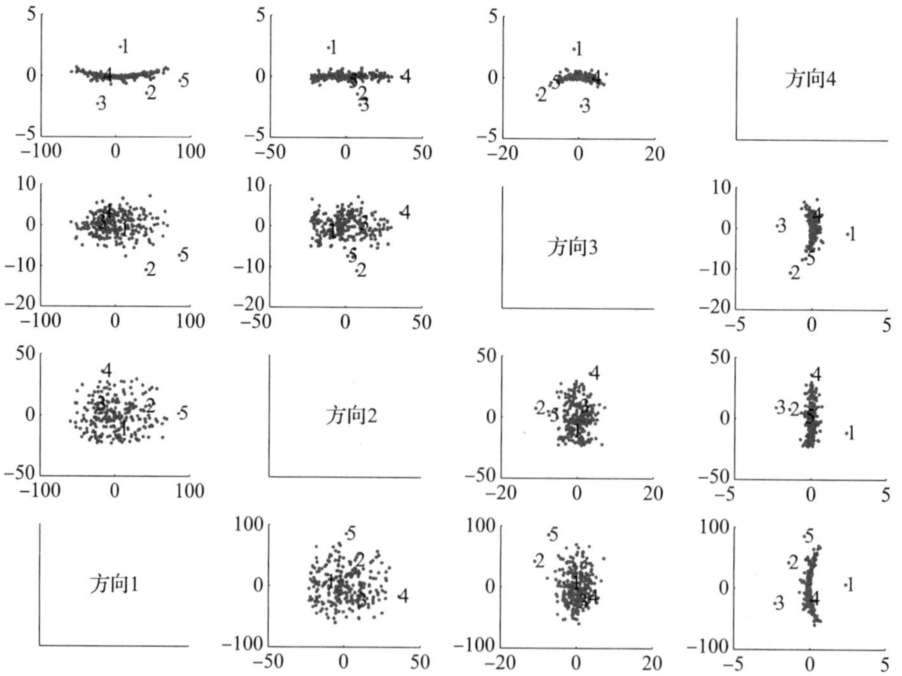

图 5-3 图 4-4 中的体脂数据集的平面图，现在经过旋转使得所有不同的维度对之间的协方差为零。现在我们不知道每个方向的名字——它们是原始变量的线性组合。将这幅图与图 5-2 进行比较；在那幅图中，坐标轴是相同的，但这里对坐标轴进行了缩放，因此你可以看到细节。注意堆有一些弯曲，有一些数据点似乎有些偏离堆，已经进行了标注

有一点弯曲(看看它在方向 2 和方向 4 上的投影)。这里可能有一些值得研究的效果。其次，你可以发现一些点似乎远离了主堆。这里用点标出了每个数据点，并为有趣的数据点标注了数字。这些点显然在某些方面是比较特别的。

这些图的问题在于，坐标轴是毫无意义的。这些成分是原始数据成分的加权组合，所以它们没有单位，等等。这样的问题让人苦恼，并且常常造成不便。但通过平移、旋转和投影数据得到了图 5-2。撤销旋转和平移变换是简单的——这样做能够将投影后的堆(我们知道它是经过旋转和平移的堆的一个很好的近似)移回原始堆所在的位置。旋转和平移变换不改变距离，所以得到的结果是原始堆的一个很好的近似，只是现在位于原始堆的坐标系中。图 5-4 显示了图 4-4 中的数据发生了什么。这是原始数据集的一个二维版本，像一个薄煎饼嵌入到一个四维空间里。关键是，它能够相当准确地表示原始数据集。

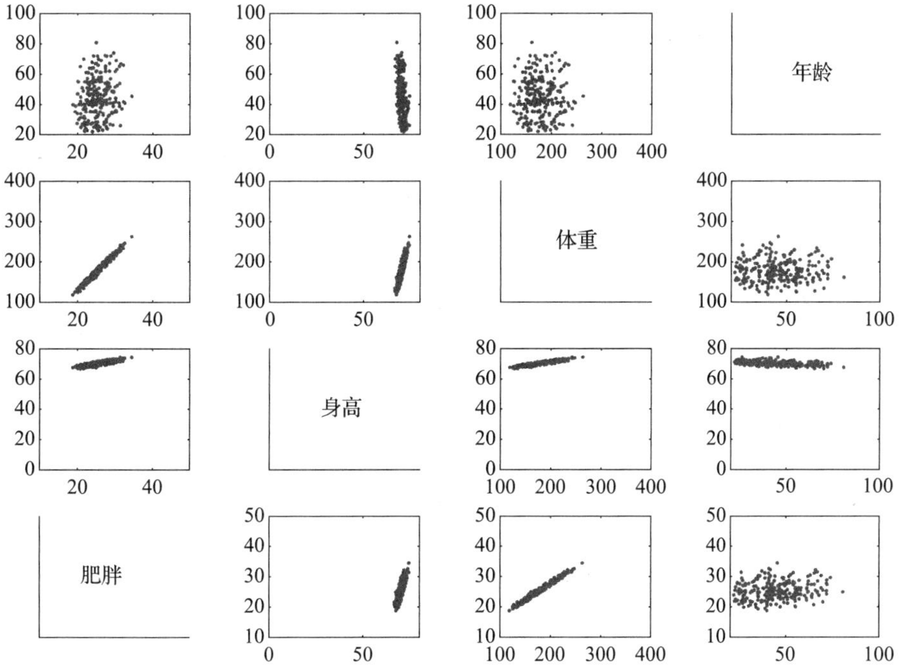

图 5-4　图 4-4 中的数据，通过平移和旋转使得协方差矩阵为对角的，并去掉方差最小的两个方向进行投影，然后撤销旋转和平移变换。数据的堆是二维的(因为我们投影了两个维度——图 5-2 表明这是安全的)，但是是在四维空间中表示的。你可以将它想象成在四维空间中的一个数据的二维薄煎饼(你应该和图 4-4 进行对照)。它是原始数据的一个较好的表示。注意，它看起来在边缘处有一点厚，因为它没有与坐标系对齐——想象一个轻微倾斜的平板的样子

5.1.3 在主成分上表示数据

现在考虑对我们投影后的数据集$\{\boldsymbol{p}\}$撤销旋转和平移变换。我们将构造一个新的数据集$\{\hat{\boldsymbol{x}}\}$，其中第 i 个元素由以下等式给出

$$\hat{\boldsymbol{x}}_i = \mathcal{U}\boldsymbol{p}_i + \text{mean}(\{\boldsymbol{x}\})$$

(你应该检查一下这个表达式)。这个表达式说明$\hat{\boldsymbol{x}}_i$ 是由 $\mathcal{U}$ 的前 s 列元素的加权和(因为 $\boldsymbol{p}_i$ 的其他所有成分都是零)，然后再加上 $\text{mean}(\{\boldsymbol{x}\})$构造而成的。如果我们将 $\mathcal{U}$ 的第 j 列写作 $\boldsymbol{u}_j$，并将权重值写作 w_{ij}，那么我们能得到

$$\hat{\boldsymbol{x}}_i = \sum_{j=1}^{s} w_{ij}\boldsymbol{u}_j + \text{mean}(\{\boldsymbol{x}\})$$

这个和的重要之处在于 s 通常比 d 小很多。反过来说，这意味着我们在用一个更低维的数据集来表示当前的数据集。我们选择 d 维空间中的一个 s 维扁平子空间，并用位于该子空间中的一个点代表每个数据项。$\boldsymbol{u}_j$ 被称为数据集的**主成分**(principal component)(有时被称为**载荷**(loading))；$r_i^{(j)}$ 有时被称为**分数**(score)，但是通常只是被称为**系数**(coefficient)。构造此表示的过程被称为**主成分分析**(Principal Components Analysis，PCA)。权重 w_{ij} 实际上很容易计算。我们有

$$w_{ij}=r_i^{(j)}=(\boldsymbol{x}_i-\text{mean}(\{\boldsymbol{x}\}))^{\mathrm{T}}\boldsymbol{u}_j$$

记住：一个 d 维数据集中的数据项，通常可以以较高的准确率通过少量的 s 个 d 维向量的加权和以及均值来表示。这意味着数据集位于 d 维空间中的一个 s 维子空间中。子空间由数据的主成分张成。

5.1.4 低维表示中的误差

我们可以很容易地确定以 $\{\hat{\boldsymbol{x}}\}$ 近似 $\{\boldsymbol{x}\}$ 时产生的误差。以 $\{\boldsymbol{p}\}$ 表示 $\{\boldsymbol{r}\}$ 时的误差很容易计算，我们有

$$\frac{1}{N}\sum_i[(\boldsymbol{r}_i-\boldsymbol{p}_i)^{\mathrm{T}}(\boldsymbol{r}_i-\boldsymbol{p}_i)]=\sum_{j=s+1}^{d}\text{var}(\{r^{(j)}\})=\sum_{j=s+1}^{d}\lambda_j$$

如果与前 s 个成分的和相比，这个和较小，那么舍弃后 $d-s$ 个成分将得到一个较小的误差。

现在，以 $\{\hat{\boldsymbol{x}}\}$ 表示 $\{\boldsymbol{x}\}$ 的平均误差能够容易地计算出来。旋转和平移变换不改变长度。这意味着等式

$$\frac{1}{N}\sum_i\|\boldsymbol{x}_i-\hat{\boldsymbol{x}}_i\|^2=\frac{1}{N}\sum_i\|\boldsymbol{r}_i-\boldsymbol{p}_i\|^2=\sum_{j=s+1}^{d}\lambda_j$$

容易计算出来，因为这些是我们决定忽略的 Covmat($\{\boldsymbol{x}\}$)的 $d-s$ 个特征值。现在我们可以通过确定可以忍受多少误差来选择 s。更常见的是在图上标出协方差矩阵的特征值，并寻找一个“拐点”，如图 5-5 所示。你可以发现剩余特征值的和很小。

过程 5.1 主成分分析

假设我们有一个一般的数据集 $\boldsymbol{x}_i$，包含 N 个 d 维向量。现在，用 $\Sigma=$Covmat($\{\boldsymbol{x}\}$)表示协方差矩阵。构造 $\mathcal{U}$，Λ，使得

$$\Sigma\mathcal{U}=\mathcal{U}\Lambda$$

(这些变量是 Σ 的特征向量和特征值)。确保 Λ 中的元素按降序排列。选择 r 为你希望表示的维数。通常，我们通过画出特征值并寻找其“拐点”来确定(如图 5-5)。这个我们通常手动来完成。

构造一个低维表示：对于 $1\leqslant j\leqslant s$，将 $\mathcal{U}$ 的第 i 列记作 $\boldsymbol{u}_i$。数据点 $\boldsymbol{x}_i$ 可表示为

$$\hat{\boldsymbol{x}}_i=\text{mean}(\{\boldsymbol{x}\})+\sum_{j=1}^{s}[\boldsymbol{u}_j^{\mathrm{T}}(\boldsymbol{x}_i-\text{mean}(\{\boldsymbol{x}\}))]\boldsymbol{u}_j$$

该表示的误差为

$$\frac{1}{N}\sum_i\|\boldsymbol{x}_i-\hat{\boldsymbol{x}}_i\|^2=\sum_{j=s+1}^{d}\lambda_j$$

5.1.5 用 NIPALS 算法提取若干主成分

如果你记得维数灾难，那么应该已经注意到我们对 PCA 的描述是有些问题的。当描述维数灾难的时候，我们说过一个后果就是为高维数据构造一个协方差矩阵会很困难或者不可能做到。然后我们将 PCA 描述为一种理解高维数据中重要维度的方法。但是 PCA 似乎依赖于协方差，所以我们不能一开始就构造出主成分。事实上，我们可以在不计算协方差矩阵的情况下构造出主成分。

为了简化表示符号，我们现在假设数据集的均值为零，这很容易做到。在开始时你需要将每个数据项减去它们的均值，当你完成之后再将均值加回来。照例，我们有 N 个数据项，每一个都是 d 维的列向量。现在我们将这些向量排列成一个矩阵，

$$\mathcal{X}=\begin{pmatrix}\boldsymbol{x}_1^{\mathrm{T}}\\ \boldsymbol{x}_2^{\mathrm{T}}\\ \cdots\\ \boldsymbol{x}_N^{\mathrm{T}}\end{pmatrix}$$

矩阵中每一行都是一个数据向量。现在假设我们希望找到第一个主成分。这意味着我们在寻找一个向量 $\boldsymbol{u}$ 和 N 个数 w_i，使得 $w_i\boldsymbol{u}$ 是对 $\boldsymbol{x}_i$ 的一个很好的近似。现在我们可以将 w_i 堆叠成列向量 $\boldsymbol{w}$。我们要求矩阵 $\boldsymbol{w}\boldsymbol{u}^{\mathrm{T}}$ 是 $\mathcal{X}$ 的一个很好的近似，在这个意义上，$\boldsymbol{w}\boldsymbol{u}^{\mathrm{T}}$ 编码了尽可能多的 $\mathcal{X}$ 的方差。

弗罗贝尼乌斯范数(Frobenius norm，简称 F-范数)是矩阵范数中的一种，通过对矩阵元素的平方求和得到。我们将其写作

$$\|\mathcal{A}\|_F^2=\sum_{i,j}a_{ij}^2$$

在练习中，你会发现正确选择 $\boldsymbol{w}$ 和 $\boldsymbol{u}$ 能最小化代价

$$\|\mathcal{X}-\boldsymbol{w}\boldsymbol{u}^{\mathrm{T}}\|_F^2$$

我们可以将其写作

$$C(\boldsymbol{w},\boldsymbol{u})=\sum_{ij}(x_{ij}-w_iu_j)^2$$

现在我们需要找到相关的 $\boldsymbol{w}$ 和 $\boldsymbol{u}$。注意这个选择并不唯一，因为 $(s\boldsymbol{w},(1/s)\boldsymbol{u})$ 和 $(\boldsymbol{w},\boldsymbol{u})$ 一样有效。我们将选择使得 $\|\boldsymbol{u}\|=1$ 的 $\boldsymbol{u}$。即使这样，依然没有唯一的选择，因为你可以翻转 $\boldsymbol{u}$ 和 $\boldsymbol{w}$ 的符号，但是这不重要。代价函数的梯度在正确的 $\boldsymbol{w}$ 和 $\boldsymbol{u}$ 处为零。

代价函数的梯度是一组关于 $\boldsymbol{w}$ 和 $\boldsymbol{u}$ 分量的偏导。关于 w_k 的偏导是

$$\frac{\partial C}{\partial w_k}=\sum_j(x_{kj}-w_ku_j)u_j$$

可以用矩阵向量的形式写成

$$\nabla_{\boldsymbol{w}}C=(\mathcal{X}-\boldsymbol{w}\boldsymbol{u}^{\mathrm{T}})\boldsymbol{u}$$

类似地，关于 u_l 的偏导是

$$\frac{\partial C}{\partial u_l}=\sum_i(x_{il}-w_iu_l)w_i$$

可以用矩阵向量的形式写成

$$\nabla_{\boldsymbol{u}}C=(\mathcal{X}^{\mathrm{T}}-\boldsymbol{u}\boldsymbol{w}^{\mathrm{T}})\boldsymbol{w}$$

这些偏导在其解处为零。注意，如果我们知道正确的 $\boldsymbol{u}$，那么方程 $\nabla_{\boldsymbol{w}}C=0$ 关于 $\boldsymbol{w}$ 是线性的。类似地，如果我们知道正确的 $\boldsymbol{w}$，那么方程 $\nabla_{\boldsymbol{u}}C=0$ 关于 $\boldsymbol{u}$ 是线性的。这样我们

就能提出一种算法。首先，假设我们有一个 $\boldsymbol{u}$ 的估计值，比如 $\boldsymbol{u}^{(n)}$。然后我们可以选择一个使得关于 $\boldsymbol{w}$ 的偏导为零的 $\boldsymbol{w}$，因此

$$\hat{\boldsymbol{w}} = \frac{\mathcal{X}\boldsymbol{u}^{(n)}}{(\boldsymbol{u}^{(n)})^{\mathrm{T}}\boldsymbol{u}^{(n)}}$$

现在我们可以通过选择一个使得关于 $\boldsymbol{u}$ 的偏导为零的值，并使用我们估计的 $\hat{\boldsymbol{w}}$，来更新 $\boldsymbol{u}$ 的估计值，以得到

$$\hat{\boldsymbol{u}} = \frac{\mathcal{X}^{\mathrm{T}}\hat{\boldsymbol{w}}}{(\hat{\boldsymbol{w}})^{\mathrm{T}}\hat{\boldsymbol{w}}}$$

我们需要进行缩放以保证 $\boldsymbol{u}$ 的估计值是单位长度。将 s 写作 $s=\sqrt{(\hat{\boldsymbol{u}})^{\mathrm{T}}\hat{\boldsymbol{u}}}$，我们可以得到

$$\boldsymbol{u}^{(n+1)} = \frac{\hat{\boldsymbol{u}}}{s}$$

以及

$$\boldsymbol{w}^{(n+1)} = s\hat{\boldsymbol{w}}$$

这个迭代可以从选择 $\mathcal{X}$ 的某一行作为 $\boldsymbol{u}^{(0)}$ 开始。你可以通过检查 $\|\boldsymbol{u}^{n+1}-\boldsymbol{u}^{(n)}\|$ 来测试收敛性。如果这个值足够小，那么算法就已经收敛了。

为了得到第二个主成分，你可以令 $\mathcal{X}^{(1)}=\mathcal{X}-\boldsymbol{w}\boldsymbol{u}^{\mathrm{T}}$，然后对其应用上述算法。可以像这样得到很多主成分，但这不是得到所有主成分的好方法。(最终，数值的问题意味着估计将会很差)。这种算法被称为 NIPALS(非线性迭代偏最小二乘)。

5.1.6 主成分和缺失值

现在假设我们的数据集缺失了一些值。我们假设缺失数据值并不会造成麻烦——例如，如果每个向量的第 k 个分量都缺失了，那么我们必须要舍弃它——但是不去深究什么确切的缺失方式会造成问题。直觉告诉我们，估计出数据集的几个主成分没有什么特别的问题。论证如下：协方差矩阵中的每个元素都是平均值的一种形式；在缺少一些值的情况下估计平均值是很简单的；并且，当估计几个主成分时，我们需要估计的数比估计整个协方差矩阵时要少得多，所以我们应该能做些什么。这个论证过程虽然有些模糊，但是合理的。

NIPALS 的重点在于，如果想要得到一些主成分，你不需要用到协方差矩阵。这简化了对于缺失值的思考。NIPALS 对于缺失值非常宽容，尽管缺失值会使矩阵表示变得很困难。回想之前将代价函数写成 $C(\boldsymbol{w},\boldsymbol{u})=\sum_{ij}(x_{ij}-w_iu_j)^2$。注意，$\mathcal{X}$ 会缺失数据，因为有 x_{ij} 的值我们不知道，但是在 $\boldsymbol{w}$ 和 $\boldsymbol{u}$ 中没有数据缺失(我们在估计这些值，并且总会得到一些估计的值)。我们改变这个和，使得它只在已知的值上变化，得到

$$C(\boldsymbol{w},\boldsymbol{u}) = \sum_{i,j\in\text{已知的值}}(x_{ij}-w_iu_j)^2$$

现在我们需要进行简写，以确保只在已知的值上计算和。将给定行(列)索引 k 对应的具有已知值的列(行)索引值写作 $\mathcal{V}(k)$。所以 $i\in\mathcal{V}(k)$ 表示所有满足 x_{ik} 已知的 i 或者所有满足 x_{ki} 已知的 i(上下文会告诉你是哪一种情况)。我们有

$$\frac{\partial C}{\partial w_k} = \sum_{j\in\mathcal{V}(k)}(x_{kj}-w_ku_j)u_j$$

以及

$$\frac{\partial C}{\partial u_l} = \sum_{i\in\mathcal{V}(l)}(x_{il}-w_iu_l)w_i$$

在解处这些偏导必须为零。这说明我们可以用 $\boldsymbol{u}^{(n)}$，$\boldsymbol{w}^{(n)}$ 来估计

$$\hat{w}_k = \frac{\sum_{j \in \mathcal{V}(k)} x_{kj} u_j^{(n)}}{\sum_j u_j^{(n)} u_j^{(n)}}$$

以及

$$\hat{u}_l = \frac{\sum_{i \in \mathcal{V}(l)} x_{il} \hat{w}_l}{\sum_i \hat{w}_i \hat{w}_i}$$

然后我们像之前那样正则化，得到 $\boldsymbol{u}^{(n+1)}$，$\boldsymbol{w}^{(n+1)}$。

过程 5.2　用 NIPALS 得到一些主成分

我们假设 $\mathcal{X}$ 的均值为 0。每行是一个数据项。由 $\mathcal{X}$ 的某一行 $\boldsymbol{u}^{(0)}$ 开始。给定一个行或列的索引 k，用 $\mathcal{V}(k)$ 表示具有已知值的索引集合。现在进行以下的迭代过程：

- 计算

$$\hat{w}_k = \frac{\sum_{j \in \mathcal{V}(k)} x_{kj} u^{(n)_j}}{\sum_j u_j^{(n)} u_j^{(n)}}$$

和

$$\hat{u}_l = \frac{\sum_{i \in \mathcal{V}(l)} x_{il} \hat{w}_l}{\sum_i \hat{w}_i \hat{w}_i}$$

- 计算 $s = \sqrt{(\hat{\boldsymbol{u}})^{\mathrm{T}} \hat{\boldsymbol{u}}}$ 和

$$\boldsymbol{u}^{(n+1)} = \frac{\hat{\boldsymbol{u}}}{s}$$

以及

$$\boldsymbol{w}^{(n+1)} = s \hat{\boldsymbol{w}}$$

- 通过检查 $\|\boldsymbol{u}^{(n+1)} - \boldsymbol{u}^{(n)}\|$ 的值是否很小来验证收敛。

这个程序能生成一个代表数据集中最高方差的主成分。要获得下一个主成分，则将 $\mathcal{X}$ 替换为 $\mathcal{X} - \boldsymbol{w}\boldsymbol{u}^{\mathrm{T}}$，然后重复这个过程。这个过程将产生前几个主成分的良好估计，但是随着你生成更多的主成分，数值误差将会越来越显著。

5.1.7　PCA 作为平滑方法

假设每个数据项 $\boldsymbol{x}_i$ 都是有噪声的，我们使用一个简单的噪声模型。将数据项的潜在的(underlying)真实值记为 $\widetilde{\boldsymbol{x}}_i$，将一个均值为零、协方差为 $\sigma^2 \mathcal{I}$ 的正态随机变量记为 ξ_i，然后我们使用下面的模型

$$\boldsymbol{x}_i = \widetilde{\boldsymbol{x}}_i + \xi_i$$

(所以每个成分的噪声是相互独立的，都为零均值，方差为 σ^2；这就是**可加的、零均值的、独立的高斯噪声**)。你应该把测量值 $\boldsymbol{x}_i$ 看作 $\widetilde{\boldsymbol{x}}_i$ 的一个估计值。对 $\boldsymbol{x}_i$ 进行的主成分分析可以产生比测量值更接近 $\widetilde{\boldsymbol{x}}_i$ 的估计值。

这里有一点微妙之处，尽管噪声是随机的，但是我们却能看见噪声的值。这说明 Covmat($\{\xi\}$)(即观测数值的协方差)是一个随机变量的值(因为噪声是随机的)，均值为 $\sigma^2 \mathcal{I}$

(因为这就是那个模型)。微妙之处就在于 mean($\{\xi\}$)无须是 $\mathbf{0}$，协方差矩阵 Covmat($\{\xi\}$)也无须是 $\sigma^2\mathcal{I}$。弱大数定律告诉我们，对于一个足够大的数据集来说，Covmat($\{\xi\}$)将会非常接近它的期望(即为 $\sigma^2\mathcal{I}$)。我们将假设 mean($\{\xi\}$)=0 以及 Covmat($\{\xi\}$)=$\sigma^2\mathcal{I}$。

第一步是写出数据的潜在真实值的协方差矩阵$\widetilde{\Sigma}$，以及观测数据的协方差Covmat($\{x\}$)。那么下面的等式将很简单：

$$\text{Covmat}(\{\boldsymbol{x}\}) = \widetilde{\Sigma} + \sigma^2\mathcal{I}$$

因为噪声与测量值无关。请注意如果 $\mathcal{U}$ 对角化了 Covmat($\{x\}$)，那么它也将对角化$\widetilde{\Sigma}$。写出$\widetilde{\Lambda}=\mathcal{U}^{\mathrm{T}}\widetilde{\Sigma}\,\mathcal{U}$。我们有

$$\mathcal{U}^{\mathrm{T}}\text{Covmat}(\{\boldsymbol{x}\})\mathcal{U} = \Lambda = \widetilde{\Lambda} + \sigma^2\mathcal{I}$$

现在考虑 Λ 的对角元素，如果它们比较大，那么它们将会很接近$\widetilde{\Lambda}$的相应成分，但如果它们比较小，那么很有可能它们是噪声的结果。而这些特征值与 PCA 表示中的误差紧密相关。

在 PCA 中(程序 5.1)，d 维数据点 $\boldsymbol{x}_i$ 通过以下等式表示：

$$\widetilde{\boldsymbol{x}}_i = \text{mean}(\{\boldsymbol{x}\}) + \sum_{j=1}^{s}[\boldsymbol{u}_j^{\mathrm{T}}(\boldsymbol{x}_i - \text{mean}(\{\boldsymbol{x}\}))]\boldsymbol{u}_j$$

其中 $\boldsymbol{u}_j$ 为主成分。这种表示方法是通过将方差较小的 $d-s$ 个主成分的系数设置为零得到的。由 5.1.4 节，用$\{\hat{\boldsymbol{x}}\}$表示$\{\boldsymbol{x}\}$的误差为

$$\frac{1}{N}\sum_i \|\boldsymbol{x}_i - \hat{\boldsymbol{x}}_i\|^2 = \sum_{j=s+1}^{d}\lambda_j$$

现在考虑用 $\boldsymbol{x}_i$(已知)表示$\widetilde{\boldsymbol{x}}_i$(未知)时的误差。整个数据集的平均误差为

$$\frac{1}{N}\sum_i \|\boldsymbol{x}_i - \widetilde{\boldsymbol{x}}_i\|^2$$

因为噪声的方差为 $\sigma^2\mathcal{I}$，这个误差就必须为 $d\sigma^2$。或者，我们可以用$\hat{\boldsymbol{x}}_i$ 表示$\widetilde{\boldsymbol{x}}_i$。这样整个数据集的平均误差将为

$$\frac{1}{N}\sum_i \|\hat{\boldsymbol{x}}_i - \widetilde{\boldsymbol{x}}_i\|^2 = \text{保留的成分的误差} + \text{变为零的成分的误差} = s\sigma^2 + \sum_{j=s+1}^{d}\widetilde{\lambda}_{\boldsymbol{u}}$$

现在，如果 $j>s$，$\widetilde{\lambda}_j<\sigma^2$，那么误差就将比 $d\sigma^2$ 小。我们无法知道哪个 s 能保证此条件，除非我们知道 σ^2 和$\widetilde{\lambda}_j$，这常常不会发生。但是，通常我们可能做出一个安全的选择，从而通过减少噪声来**平滑**(smooth)数据。这种平滑方法有效的原因是，数据的成分是相关的。因此，对一个高维数据的每个成分的最佳估计可能不是测量值——它是从所有测量值得出的预测值。在主成分上的投影就是这样一种预测。

记住：给定一个 d 维数据集，其中的数据项已加上了随机独立的噪声，在 $s<d$ 个主成分上表示每个数据项将能得到一个平均比原始数据项更接近潜在的真实数据的表示。s 的选择取决于应用场景。

5.2 例子：用主成分表示颜色

漫反射面在各个方向均匀地反射光线。漫反射面的例子包括哑光油漆、各种布料、各种粗糙的材料(树皮、水泥、石头等)。一种分辨漫反射面的方法是，当你从不同方向看它时，它看起来不会更亮(或更暗)。漫反射面可以着色，因为它的表面会反射照射到它上面的不同波长的光的不同部分的光线。这种效应可以通过测量表面的光谱反射率来表示，即表面反射光的比例，

它是波长的函数。这通常是在波长可见范围里测量的(大约为 380 纳米到 770 纳米)。根据测量仪器的不同，典型的测量方法是每隔几纳米测量一次。从http://www.cs.sfu.ca/～colour/data/可以得到 1995 种不同表面的数据(这里有各种各样的数据集，由 Kobus Barnard 贡献)。

每个光谱有 101 个测量值，它们之间相隔 4 纳米。这样表示的表面属性的精度远高于实用性。表面的物理性质表明反射率在不同的波长之间不会变化得太快。结果表明，极少的主成分足以描述几乎所有的光谱反射率函数。图 5-5 展示了该数据集的平均光谱反射率，以及协方差矩阵的特征值。

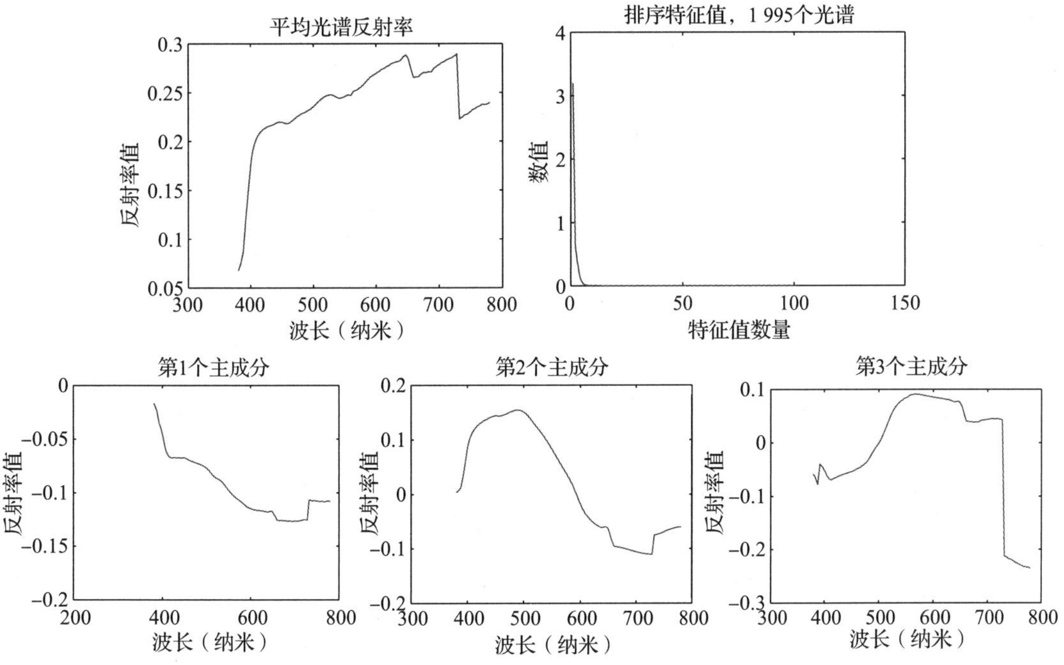

图 5-5　**左上角**是由 Kobus Barnard(在 http://www.cs.sfu.ca/～colour/data/)收集的一个包含 1995 个光谱反射率的数据集的平均光谱反射率。**右上角**是光谱反射率数据的协方差矩阵的特征值，来自一个包含 1995 个光谱反射率的数据集，由 Kobus Barnard(在 http://www.cs.sfu.ca/～colour/data/)收集。注意前几个特征值都很大，但是大多数特征值很小；这表明使用较少的主成分得到一个较好的表示形式是可行的。**下面一行**显示了前三个主成分。这些主成分的线性组合(赋予合适的权重)加到(**左上角**)平均值上，可以得到数据集的一个很好的表示

这在实践中非常有用。你应该将光谱反射率想像成一个函数，通常写作 $\rho(\lambda)$。主成分分析告诉我们，我们可以在(非常小)有限维的基上相当精确地表示这个函数，这个基如图 5-5所示。这意味着，有一个平均值函数 $r(\lambda)$和 k 个函数 $\phi_m(\lambda)$，使得对于任意$\rho(\lambda)$，有

$$\rho(\lambda)=r(\lambda)+\sum_{i=1}^{k}c_i\phi_i(\lambda)+e(\lambda)$$

其中 $e(\lambda)$是表达式的误差，我们知道它是很小的(因为它包含了其他所有的主成分，它们的方差很小)。在光谱反射率中，使用 3～5 范围的 k 值对于多数应用情况下都是可行的(图 5-6)。这很有用，因为当我们想要预测一个特定的物体在特定的光线下将是什么样子时，我们不需要使用一个具体的光谱反射率模型；只要知道物体的 c_i 就足够了。这在计算机图形学中的许多渲染应用中很有用。它也是一个重要的计算机视觉问题中的关键步骤，称作**色彩恒常性**(color constancy)。在这个问题中，我们看到的是一个由未知的彩色光线照射的彩色物体组成的世界的图像，我们必须确定这些物体是什么颜色。现代色彩恒常性

系统是相当精确的，尽管这个问题听起来缺乏约束。这是因为它们能够利用相对较少的 c_i 足以精确描述一个表面反射率的事实。

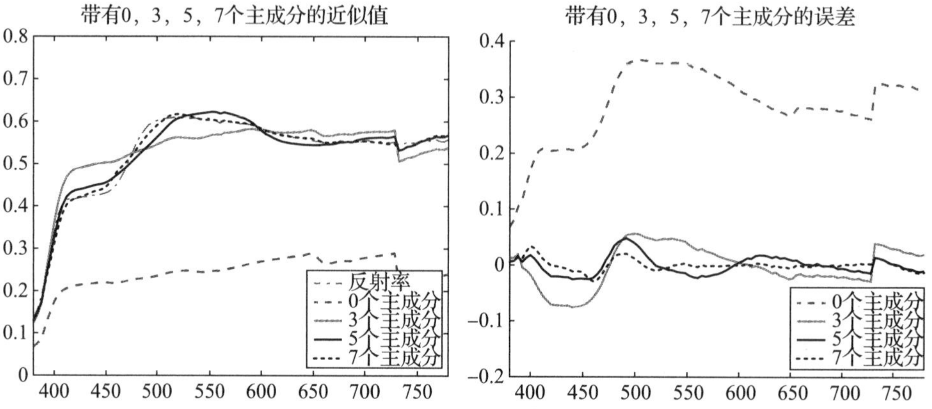

图 5-6　**左边**是光谱反射率的曲线(虚线)和近似值曲线，近似值分别使用的是平均值、平均值和 3 个主成分、平均值和 5 个主成分、平均值和 7 个主成分。注意平均值是一个相对较差的近似，但是随着主成分数量的增加，测量值和主成分表示之间的均方距离下降得相当快。**右边**是这些近似值的距离。在非常少的主成分上的一个投影会抑制数据中的局部波动，除非许多数据项都在相同的地方有相同的波动。随着主成分数量的增加，主成分表示和测量值将更加接近。一个数据项的每个成分的最佳估计可能不是测量值——而是从所有测量值中得到的预测值。主成分上的投影就是这样一个预测，并且你可以在这些图中看到主成分分析的平滑效果。绘制的图来自一个包含 1995 个光谱反射率的数据集，由 Kobus Barnard 收集(在 http://www.cs.sfu.ca/～colour/data/)

图 5-7 和图 5-8 说明了平滑过程。我们既不知道噪声过程，也不知道真实的方差(这很常见)，所以不能说哪个平滑表示是最好的。每个图显示了四个光谱反射率及其在一组主成分上的表示。注意，随着主成分数量的增加，测量值和表示越来越相近。这不一定说明越多的主成分就越好——测量值本身可能是有噪声的。也请注意，少数主成分上的表示常常会抑制光谱反射率中的局部小“波动”)。它们被抑制是因为这些模式通常不会出现在所有光谱反射率中的同一个位置，所以最重要的主成分中往往没有它们。噪声模型易于产生这些模式，所以在一小组主成分上的表示很可能是比测量值更准确的光谱反射率的一个估计。

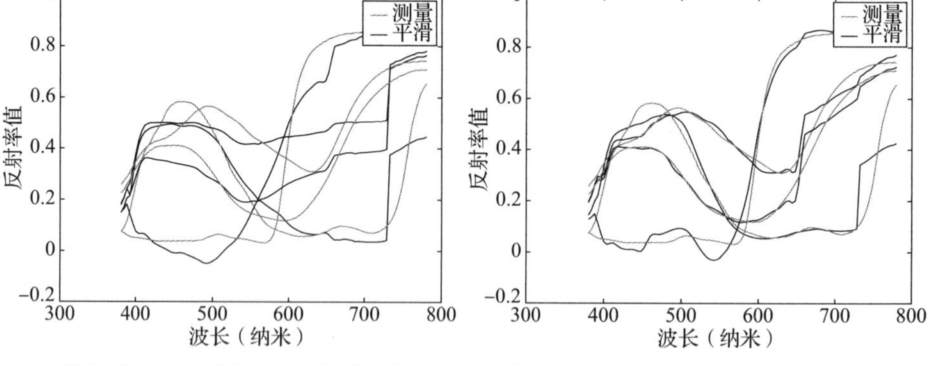

图 5-7　一个数据项的每个成分的最佳估计可能不是测量值——而是从所有测量值中得到的预测值。主成分上的投影就是这样一种预测，这些图显示了主成分分析的平滑效果。每个图显示了四个光谱反射率，以及使用主成分计算的平滑后的版本。在非常少的主成分上的一个投影会抑制数据中的局部波动，除非许多数据项都在相同的地方有相同的波动。随着主成分数量的增加，其表示和测量值将更加接近。图 5-8 显示了在更多的主成分上的表示

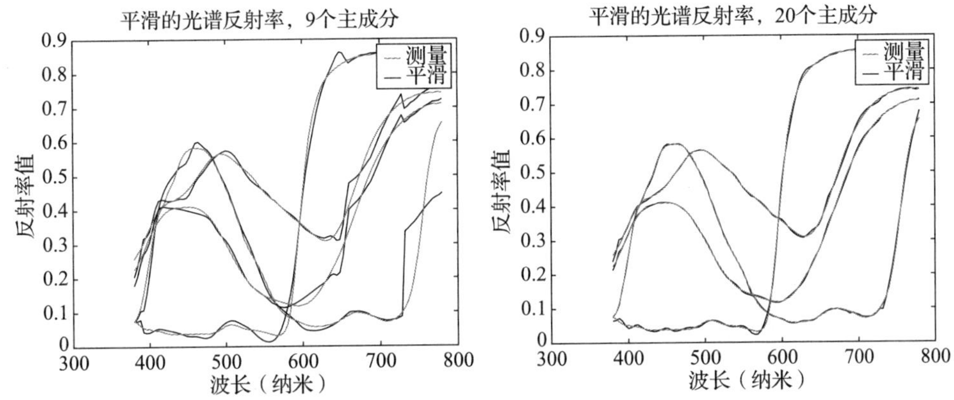

图 5-8 每个图显示了四个光谱反射率，以及使用主成分计算的平滑后的版本。与图 5-7 相比，注意，得到一个非常接近测量值的表示只需要很少的主成分(比较图 5-5 中的特征值图，其中这一点体现得没有那么明显)。对某些主成分来说，平滑的表示要比测量值更准确，尽管在不知道测量噪声的情况下通常很难确定是哪一个数。如果测量噪声很低，那么波动就是数据；如果很高，那么波动就可能是噪声

5.3 例子：用主成分表示人脸

一幅图像通常表示为一个数组。我们将考虑强度图像，所以在每个单元格中有一个单一的强度值。你可以通过重新排列，将图像转换为一个向量，例如，将列堆叠在一起。这意味着你可以得到一组图像的主成分。一段时间里，在计算机视觉领域里这样做是一种时髦的消遣，尽管一些原因使得这不是一种好的图像表示形式。然而，这种表示方法产生的图像可以给数据集一个很好的直觉。

图 5-10 显示了一组编码了日本女性的人脸表情的人脸图像的均值(可在 http://www.kasrl.org/jaffe.html 得到；在 http://www.face-rec.org/databases/有非常多的人脸数据集)。把图像缩小到 64×64，由此得到了一个 4096 维的向量。数据集的协方差的特征值如图 5-9 所示；它们共有 4096 个，所以很难看出趋势，但是放大后的图像说明前几百个数值包含了大部分的方差。一旦我们构建了主成分，它们就可以重新排列成图像；这些图像如图 5-10 所示。主成分能很好地近似真实图像(图 5-11)。

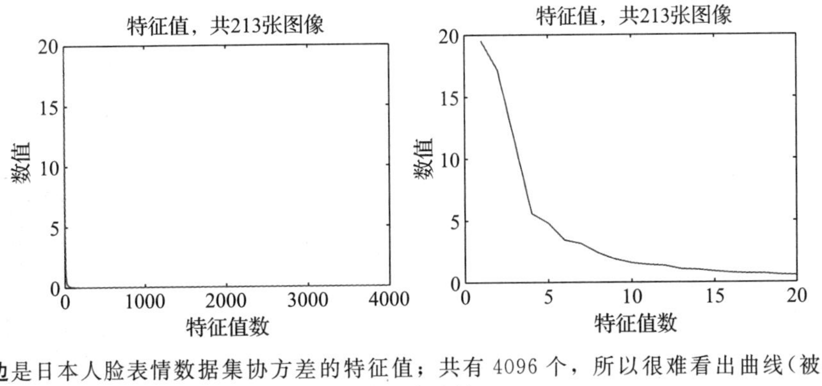

图 5-9 **左边**是日本人脸表情数据集协方差的特征值；共有 4096 个，所以很难看出曲线(被挤在左边)。**右边**是放大后的曲线，显示了特征值变小得有多快

主成分刻画出了人脸表情变化的主要种类。注意，图 5-10 中的平均值对应的脸看起来像是一张放松的脸，但是边界有些模糊。这是因为人脸不能精确地对齐，每张脸都有稍

微不同的形状。解释这些成分的办法就是，记住可以通过加(或减)某个比例值乘以成分，将均值向一个数据点调整。所以前几个主成分一定和发型有关；到第四个时，我们处理的是更长/更短的脸；然后几个成分一定会和眉毛的高度、下巴的形状和嘴巴的位置有关，等等。这些都是不戴眼镜的女性形象。从更广泛的模型中拍摄的人脸照片中，胡子、胡须和眼镜通常都出现在前几十个主成分中。

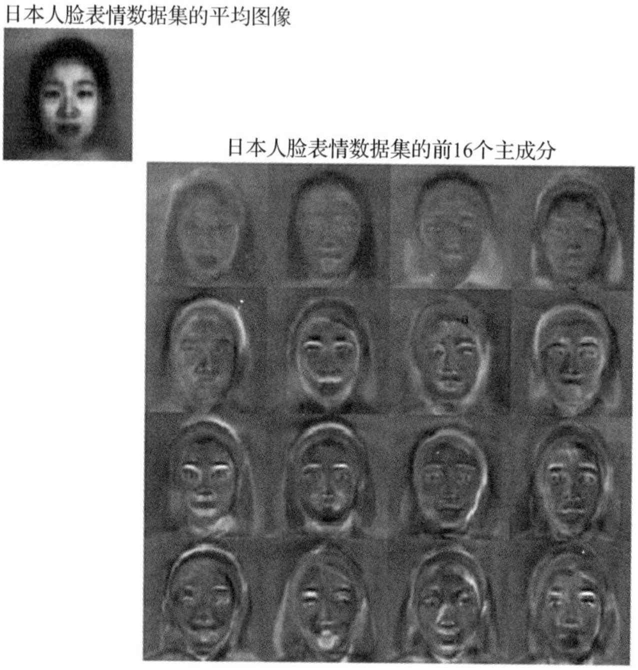

图 5-10　日本人脸表情数据集的均值和前 16 个主成分

在足够的主成分上的表示会产生比测量值更接近真实值的像素值，这是“平滑”这个词的一种含义。这个词的另一种含义是模糊。令人烦恼的是，模糊减少了噪声。一些减少噪声的方法，如主成分，也会造成模糊(图 5-11)。但这并不意味着得到的图像作为图像更好。事实上，你不需要模糊图像来平滑它。生成既是真实值的准确估计，又看起来像清晰、逼真的图像需要相当多的技术，这超过了我们目前讨论的范围。

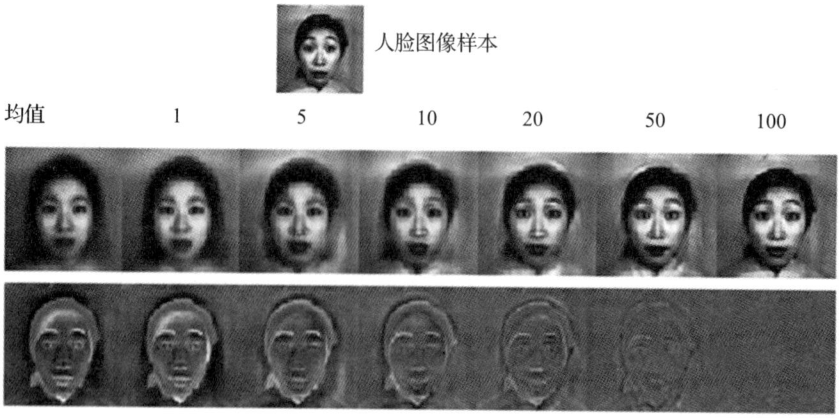

图 5-11　用均值和一些主成分近似一张人脸图像；注意在成分相对较少的情况下，这种近似有多好

习题

5.1　用本章的符号证明：

$$w_{ij} = r_i^{(j)} = (\boldsymbol{x}_i - \text{mean}(\{\boldsymbol{x}\}))^{\mathrm{T}} \boldsymbol{u}_j$$

5.2　我们有 N 个 d 维数据项组成一个数据集$\{\boldsymbol{x}\}$，对数据集进行平移变换使其均值为零，计算

$$\mathcal{U}^{\mathrm{T}} \text{Covmat}(\{\boldsymbol{x}\}) \mathcal{U} = \Lambda$$

并使用以下规则，构造数据集$\{\boldsymbol{r}\}$

$$\boldsymbol{r}_i = \mathcal{U}^{\mathrm{T}} \boldsymbol{m}_i = \mathcal{U}^{\mathrm{T}} (\boldsymbol{x}_i - \text{mean}(\{\boldsymbol{x}\}))$$

选择 s 值，使其满足 $s<d$，取每个数据点 $\boldsymbol{r}_i$，然后将最后 $d-s$ 个成分替换为 0。将得到的数据项称为 $\boldsymbol{p}_i$。

(a) 证明

$$\frac{1}{N} \sum_i [(\boldsymbol{r}_i - \boldsymbol{p}_i)^{\mathrm{T}} (\boldsymbol{r}_i - \boldsymbol{p}_i)] = \sum_{j=s+1}^{d} \text{var}(\{r^{(j)}\})$$

(b) 将 $\text{Covmat}(\{x\})$的特征值按照降序排列，并将第 i 个特征值写作 λ_i（所以 $\lambda_1 \geqslant \lambda_2 \geqslant \cdots \geqslant \lambda_N$）。证明

$$\frac{1}{N} \sum_i [(\boldsymbol{r}_i - \boldsymbol{p}_i)^{\mathrm{T}} (\boldsymbol{r}_i - \boldsymbol{p}_i)] = \sum_{j=s+1}^{d} \lambda_j$$

5.3　你有一个由 N 个 d 维向量 $\boldsymbol{x}_i$ 组成的数据集，堆叠成一个矩阵 $\mathcal{X}$。这个数据集的均值为零。你想要确定这个数据集对应于其协方差的最大特征值的主成分。将这个主成分写作 $\boldsymbol{u}$。

(a) F-范数是矩阵范数中的一种，通过对矩阵元素的平方求和得到。我们将其写作

$$\| \mathcal{A} \|_F^2 = \sum_{ij} a_{ij}^2$$

证明

$$\| \mathcal{A} \|_F^2 = \text{Trace}(\mathcal{A}\mathcal{A}^{\mathrm{T}})$$

(b) 证明

$$\text{Trace}(\mathcal{A}\mathcal{B}) = \text{Trace}(\mathcal{B}\mathcal{A})$$

记住这个事实，它可能对记住迹只定义在方阵上有帮助。

(c) 证明，如果 $\boldsymbol{u}$ 和 $\boldsymbol{w}$ 一起最小化式子

$$\| \mathcal{X} - \boldsymbol{w}\boldsymbol{u}^{\mathrm{T}} \|_F^2$$

那么下列等式成立：

$$(\boldsymbol{w}^{\mathrm{T}} \boldsymbol{w}) \boldsymbol{u} = \mathcal{X}^{\mathrm{T}} \boldsymbol{w}$$

$$(\boldsymbol{u}^{\mathrm{T}} \boldsymbol{u}) \boldsymbol{w} = \mathcal{X} \boldsymbol{u}$$

请通过求导，并将导数设为 0 来完成。NIPALS 部分的文字应该会有所帮助。

(d) $\boldsymbol{u}$ 是一个单位向量——为什么？

(e) 证明

$$\mathcal{X}^{\mathrm{T}} \mathcal{X} \boldsymbol{u} = (\boldsymbol{w}^{\mathrm{T}} \boldsymbol{w}) \boldsymbol{u}$$

以及，如果 $\boldsymbol{u}$ 最小化上述的弗罗贝尼乌斯范数，它一定是 $\text{Covmat}(\{x\})$的某个特征向量。

(f) 证明，如果 $\boldsymbol{u}$ 是一个单位向量，那么有

$$\text{Trace}(\boldsymbol{u}\boldsymbol{u}^{\mathrm{T}}) = 1$$

(g) 假设 $\boldsymbol{u}$，$\boldsymbol{w}$ 满足上述最小值的等式，证明

$$\| \mathcal{X} - \boldsymbol{w}\boldsymbol{u}^{\mathrm{T}} \|_F^2 = \operatorname{Trace}(\mathcal{X}^{\mathrm{T}}\mathcal{X} - \boldsymbol{u}(\boldsymbol{w}^{\mathrm{T}}\boldsymbol{w})\boldsymbol{u}^{\mathrm{T}}) = \operatorname{Trace}(\mathcal{X}^{\mathrm{T}}\mathcal{X}) - (\boldsymbol{w}^{\mathrm{T}}\boldsymbol{w})$$

(h) 利用上述的信息论证，如果 $\boldsymbol{u}$ 和 $\boldsymbol{w}$ 一起最小化

$$\| \mathcal{X} - \boldsymbol{w}\boldsymbol{u}^{\mathrm{T}} \|_F^2$$

那么 $\boldsymbol{u}$ 是对应于 $\mathcal{X}^{\mathrm{T}}\mathcal{X}$ 最大特征值的特征向量。

5.4 你有一个由 N 个 d 维向量 $\boldsymbol{x}_i$ 组成的数据集，堆叠成一个矩阵 $\mathcal{X}$。这个数据集的均值为零。你想要确定这个数据集对应于其协方差的最大特征值的主成分。将这个主成分写作 $\boldsymbol{u}$，假设每个数据项 $\boldsymbol{x}_i$ 都是有噪声的。我们使用一个简单的噪声模型，将数据项潜在的真实值记为 $\widetilde{\boldsymbol{x}}_i$，将一个均值为零、协方差为 $\sigma^2\mathcal{I}$ 的正态随机变量记为 ξ_i，然后我们使用模型

$$\boldsymbol{x}_i = \widetilde{\boldsymbol{x}}_i + \xi_i$$

我们将假设 $\operatorname{mean}(\{\xi\}) = \mathbf{0}$ 以及 $\operatorname{Covmat}(\{\xi\}) = \sigma^2\mathcal{I}$。

(a) 注意，噪声与数据集无关。这意味着 $\operatorname{mean}(\{\boldsymbol{x}\xi^{\mathrm{T}}\}) = \operatorname{mean}(\{\boldsymbol{x}\})\operatorname{mean}(\{\xi^{\mathrm{T}}\}) = 0$。证明

$$\operatorname{Covmat}(\{\boldsymbol{x}\}) = \widetilde{\Sigma} + \sigma^2\mathcal{I}$$

(b) 证明如果 $\mathcal{U}$ 对角化 $\operatorname{Covmat}(\{x\})$，那么它也将对角化 $\widetilde{\Sigma}$。

编程练习

5.5 从 UC Irvine 机器学习数据库 https://archive.ics.uci.edu/ml/machine-learning-databases/iris/iris.data 获取鸢尾花数据集。

(a) 绘制该数据集的散点图矩阵，用不同的标记表示每个种类。

(b) 现在得到数据的前两个主成分。单独绘制这两个主成分的数据，再次用不同的标记表示每个种类。此图有严重的变形吗？请解释。

5.6 从 UC Irvine 机器学习数据库 https://archive.ics.uci.edu/ml/datasets/Wine 获取葡萄酒数据集。

(a) 按顺序画出协方差矩阵的特征值。应该用多少主成分来表示这个数据集，为什么？

(b) 为前 3 个主成分(即对应于协方差矩阵最大的特征值的特征向量)分别绘制一个分布茎叶图。你看到了什么？

(c) 计算这个数据集的前两个主成分，并将其投影到这两个成分上。现在生成这个二维数据集的散点图，其中类别 1 的数据项绘制为“1”，类别 2 的数据项绘制为“2”，依此类推。

5.7 从 UC Irvine 机器学习数据库 http://archive.ics.uci.edu/ml/datasets/seeds 获取小麦粒数据集。计算这个数据集的前两个主成分，并将其投影到这两个成分上。

(a) 生成这个投影的散点图。你看到什么有趣的现象了吗？

(b) 按顺序画出协方差矩阵的特征值。应该用多少主成分来表示这个数据集？为什么？

5.8 UC Irvine 机器学习数据库收集了由 Olvi Mangasarian、Nick Street 和 William H. Wolberg 贡献的乳腺癌诊断的数据，可以在 http://archive.ics.uci.edu/ml/datasets/Breast+Cancer+Wisconsin+(Diagnostic)找到这些数据。每条记录都有 1 个身份编号、10 个连续变量和 1 个类别标记(良性或恶性)。数据集一共有 569 个样例，将其随机划分成 100 个验证样本、100 个测试样本和 369 个训练样本。绘制前三个主成分上的数据集，用不同的标记表示良性和恶性病例。你看到了什么？

5.9 UC Irvine 机器学习数据档案管理着一个鲍鱼测量数据集，可以在 http://archive.

ics. uci. edu/ml/datasets/Abalone 找到这些数据。计算除了性别以外所有变量的主成分。现在将测量值投影到前两个主成分上，绘制散点图，其中“m”表示雄性鲍鱼，“f”表示雌性鲍鱼，“i”表示刚出生的鲍鱼。你看到了什么？

5.10 从 UC Irvine 机器学习数据库 https://archive. ics. uci. edu/ml/machine-learning-databases/iris/iris. data 获取鸢尾花数据集。我们将研究如何使用主成分来平滑数据。

(a) 忽略物种名称，所以你应该有 150 个数据项，每个数据项有 4 个测量值。对于{0.1,0.2,0.5,1}中的每个值，通过向原始数据集中的每个数据项加上以此为标准差的正态分布中的独立样本来构造一个数据集。现在，对于每个值，绘制原始数据集和扩展到 1，2，3 和 4 个主成分上的数据集之间的均方误差。你应该看到，随着噪声的增大，使用较少的主成分可以更准确地估计原始数据集(即没有噪声的数据集)。

(b) 现在我们将用一个非常不同的噪声模型来尝试(a)。对于每一个 $\boldsymbol{w}=\{10,20,30,40\}$，构造一个掩码矩阵，其每一项都是一个二项分布随机变量的样本，出现 1 的概率为 $\boldsymbol{p}=1-\boldsymbol{w}/600$。这个矩阵应该有 $\boldsymbol{w}$ 个 0。忽略物种名称，所以你应该有 150 个数据项，每个数据项有 4 个测量值。现在，通过将原始数据集中的每个位置乘以相应的掩码位置来形成一个新的数据集(所以你正在随机地将一小组测量值设置为 0)。现在，对于 $\boldsymbol{w}$ 的每个值，绘制原始数据集和扩展到 1，2，3 和 4 个主成分上的数据集之间的均方误差。你应该看到，随着噪声的增大，使用较少的主成分可以更准确地估计原始数据集(即没有噪声的数据集)。

低秩近似

主成分分析对高维数据点利用一个精确、低秩的模型来建模，于是我们基于这些近似点集合形成了一个数据矩阵。这个数据矩阵必须是低秩的(因为这个模型是低维的)，并且它必须与原始的数据矩阵接近(因为这个模型是精确的)。这启发我们利用低秩矩阵来对数据进行建模。

假定我们的数据在集合 $\mathcal{X}$ 中，秩为 d，并且我们希望产生 $\mathcal{X}_s$，使得：(a)$\mathcal{X}_s$ 的秩为 s(s 小于 d)，以及(b)$\|\mathcal{X}-\mathcal{X}_s\|^2$ 被最小化。所得到的 $\mathcal{X}_s$ 被称作 $\mathcal{X}$ 的**低秩近似**(low rank approximation)。产生一个低秩近似，是奇异值分解(SVD)的一个直接应用。

我们已经看到有用的低秩近似的例子。NIPALS——实际上是一种部分奇异值分解的形式——能够产生一个矩阵的秩为1的近似(如果你不确定，请验证这个表述)。一种新的有用的应用是利用低秩近似来形成高维数据集的低维映射(参考6.2节)。

主成分分析与低秩近似之间的关联(正确地)表明你可以利用低秩近似来平滑和抑制噪声。平滑是极其有用的，6.3节描述了一个重要的应用。一个文档中词的计数可以粗略地表示该文档的含义。然而，对于同一个意思，一个作者可以用不同的词来表达(比如，扳手可用“spanner”或“wrench”来表示)，这表明两个相似的文档有可能会有截然不同的单词计数结果。单词计数可通过低秩近似非常有效地平滑成一个恰当的矩阵。这有两个非常有用的应用。第一，这种低秩近似能够对文档间的相似度产生一个好的度量。第二，它能够产生对词的潜在(underlying)含义的有效表示，而这对于处理不熟悉的单词尤为有用。

6.1 奇异值分解

对于任意 $m\times p$ 的矩阵 $\mathcal{X}$，我们能够得到如下分解形式：

$$\mathcal{X}=\mathcal{U}\Sigma\mathcal{V}^{\mathrm{T}}$$

其中 $\mathcal{U}$ 是 $m\times m$ 矩阵，$\mathcal{V}$ 是 $p\times p$ 矩阵，Σ 是 $m\times p$ 的矩阵，且 Σ 是对角的。Σ 的对角元素是非负的。$\mathcal{U}$ 和 $\mathcal{V}$ 都是正交的(即 $\mathcal{U}\mathcal{U}^{\mathrm{T}}=\mathcal{I}$ 且 $\mathcal{V}\mathcal{V}^{\mathrm{T}}=\mathcal{I}$)。这个分解方法被称作**奇异值分解**(singular value decomposition，简称SVD)。

如果你不记得当一个对角矩阵不是方阵时是什么样子的，这很简单。这个矩阵的所有元素都是0，除了(i，i)位置上的元素，其中 i 是从1到min(m，p)的任意整数。所以，如果 Σ 是高且窄的矩阵，则上半部的方阵是对角阵，其他部分为零；如果 Σ 是矮且宽的矩阵，则左半部的方阵是对角阵而其他部分为零。Σ 对角线上的项常常被称作**奇异值**(singular value)。针对SVD的有效、准确且大规模的计算问题，有大量的文献可以参考，在本书中我们忽略这些：如果你找到了正确的函数，阅读你所用的计算环境的介绍手册，任何像样的计算环境都可以为你做这些事。

过程6.1 奇异值分解

给定一个矩阵 $\mathcal{X}$，任意差强人意的数值线性代数计算包或计算环境都能够产生一个矩阵分解：

$$\mathcal{X} = \mathcal{U}\Sigma\mathcal{V}^{\mathrm{T}}$$
其中 $\mathcal{U}$ 和 $\mathcal{V}$ 都是正交的，Σ 是对角的且元素皆为非负。大多数 SVD 的运算环境都能够提供 $\mathcal{U}$ 的列和 $\mathcal{V}^{\mathrm{T}}$ 的行，对应前 k 个最大的奇异值。

给定一个矩阵，存在很多种奇异值分解，因为你可以对奇异值进行重排，同时对 $\mathcal{U}$ 和 $\mathcal{V}$ 也进行重排。为此，我们将一直假定 Σ 的对角元素是从最大到最小按顺序排列的。在这种情况下，对应于 Σ 的非零对角元素的 $\mathcal{U}$ 的列和 $\mathcal{V}^{\mathrm{T}}$ 的行是唯一确定的。

注意到 SVD 过程和矩阵对角化之间存在关系。具体来讲，$\mathcal{X}^{\mathrm{T}}\mathcal{X}$ 是对称的，同时它能被对角化成如下形式：

$$\mathcal{X}^{\mathrm{T}}\mathcal{X} = \mathcal{V}\Sigma^{\mathrm{T}}\Sigma\mathcal{V}^{\mathrm{T}}$$

类似地，$\mathcal{X}\mathcal{X}^{\mathrm{T}}$ 是对称的，并且它也能被对角化成如下形式：

$$\mathcal{X}\mathcal{X}^{\mathrm{T}} = \mathcal{U}\Sigma\Sigma^{\mathrm{T}}\mathcal{U}^{\mathrm{T}}$$

记住： 奇异值分解(SVD)将矩阵 $\mathcal{X}$ 分解成 $\mathcal{X}=\mathcal{U}\Sigma\mathcal{V}^{\mathrm{T}}$，其中 $\mathcal{U}$ 是 $m\times m$ 的矩阵，$\mathcal{V}$ 是 $p\times p$ 的矩阵，Σ 是 $m\times p$ 的对角阵。Σ 的对角元素是非负的，$\mathcal{U}$ 和 $\mathcal{V}$ 都是正交的。$\mathcal{X}$ 的奇异值分解产生了 $\mathcal{X}^{\mathrm{T}}\mathcal{X}$ 和 $\mathcal{X}\mathcal{X}^{\mathrm{T}}$ 的对角化。

6.1.1 SVD 和 PCA

现在假定我们有一个数据集，均值为 0。一如往常，我们有 N 项数据，每个数据是一个 d 维的列向量。我们将这些数据用一个数据矩阵来表示：

$$\mathcal{X} = \begin{pmatrix} \boldsymbol{x}_1^{\mathrm{T}} \\ \boldsymbol{x}_2^{\mathrm{T}} \\ \cdots \\ \boldsymbol{x}_N^{\mathrm{T}} \end{pmatrix}$$

其中，矩阵的每一行是一个数据向量。其协方差矩阵表示为：

$$\mathrm{Covmat}(\mathcal{X}) = \frac{1}{N}\mathcal{X}^{\mathrm{T}}\mathcal{X}$$

其中 Covmat 是数据集的协方差矩阵的计算函数(请记住，数据是零均值的)。对 $\mathcal{X}$ 进行奇异值分解，得到

$$\mathcal{X} = \mathcal{U}\Sigma\mathcal{V}^{\mathrm{T}}$$

而我们有 $\mathcal{X}^{\mathrm{T}}\mathcal{X}=\mathcal{V}\Sigma^{\mathrm{T}}\Sigma\mathcal{V}^{\mathrm{T}}$，所以

$$\mathrm{Covmat}(\mathcal{X})\mathcal{V} = \frac{1}{N}(\mathcal{X}^{\mathrm{T}}\mathcal{X})\mathcal{V} = \mathcal{V}\frac{\Sigma^{\mathrm{T}}\Sigma}{N}$$

且 $\Sigma^{\mathrm{T}}\Sigma$ 是对角的。通过模式匹配，$\mathcal{V}$ 的列包含了 $\mathcal{X}$ 的主成分，且 $\frac{\Sigma^{\mathrm{T}}\Sigma}{N}$ 是每个成分的方差。这表明我们可以通过对一个数据矩阵进行 SVD 读取到该数据的主成分，而不需要计算这个数据矩阵的协方差——我们仅仅需要计算 $\mathcal{X}$ 的 SVD，得到 $\mathcal{V}$ 矩阵的列就是主成分，记住，是 $\mathcal{V}$ 矩阵的列——这里的 $\mathcal{V}$ 和 $\mathcal{V}^{\mathrm{T}}$ 很容易被混淆。

我们已经看到 NIPALS 可以作为一种提取数据矩阵某些主成分的方式。实际上，NIPALS 是一种可以获得 $\mathcal{X}$ 矩阵的部分 SVD 的方法。回顾一下，NIPALS 生成了一个向量 $\boldsymbol{u}$ 和一个向量 $\boldsymbol{w}$，使得 $\boldsymbol{w}\boldsymbol{u}^{\mathrm{T}}$ 尽可能地与 $\mathcal{X}$ 接近，且 $\boldsymbol{u}$ 是一个模长为 1 的向量。通过模式匹

配，我们有如下结论：

- $\boldsymbol{u}^{\mathrm{T}}$ 是 $\mathcal{V}^{\mathrm{T}}$ 的行，且对应最大的奇异值；
- $\frac{\boldsymbol{w}}{\|\boldsymbol{w}\|}$是 $\mathcal{U}$ 的列，且对应最大的奇异值；
- $\|\boldsymbol{w}\|$是最大的奇异值。

如果你使用 NIPALS 从数据矩阵中提取若干主成分，你将会获得 $\mathcal{V}^{\mathrm{T}}$ 中的几个行和 $\mathcal{U}$ 中的几个列，以及几个奇异值。注意，然而由于数值误差的累积，这并非有效地或准确地提取很多个奇异值的方式。如果需要一个部分 SVD 来获取很多个奇异值，你应该去找特定的求解包，而不是自己创建。

记住： 假定 $\mathcal{X}$ 是零均值的。$\mathcal{X}$ 的 SVD 产生了 $\mathcal{X}$ 表示的数据集的主成分。NIPALS 是一种获得 $\mathcal{X}$ 的部分 SVD 的方法。除此之外还有其他的特定方法。

6.1.2　SVD 和低秩近似

假定我们有一个秩为 d 的矩阵 $\mathcal{X}$，并且希望产生一个 $\mathcal{X}_s$，使得：(a)$\mathcal{X}_s$ 的秩为 s(s 小于 d)，以及(b)$\|\mathcal{X}-\mathcal{X}_s\|^2$ 被最小化。利用 SVD 能够构造出 $\mathcal{X}_s$。令 $\mathcal{X}=\mathcal{U}\Sigma\mathcal{V}^{\mathrm{T}}$，构造 Σ_s 使得 Σ 中除了前 s 个最大的奇异值外，其余值都为 0。我们有：

$$\mathcal{X}_s=\mathcal{U}\Sigma_s\mathcal{V}^{\mathrm{T}}$$

很明显，$\mathcal{X}_s$ 的秩为 s。作为一个练习，你可以试着证明在这种情况下 $\|\mathcal{X}-\mathcal{X}_s\|^2$ 已被最小化，注意到$\|\mathcal{X}-\mathcal{X}_s\|^2=\|\Sigma-\Sigma_s\|^2$。

这里可能会有一个潜在的疑惑点，在 Σ_s 中有很多个零，使得大多数 $\mathcal{U}$ 的列和 $\mathcal{V}^{\mathrm{T}}$ 的行是无关的。具体地，我们用 $\mathcal{U}_s$ 来表示一个 $m\times s$ 的矩阵，包含了 $\mathcal{U}$ 的前 s 个列，同理对 $\mathcal{V}^{\mathrm{T}}$ 进行类似表示；我们用 $\Sigma_s^{(s)}$ 来表示 Σ_s 的 $s\times s$ 大小的具有非零对角线元素的子矩阵，则：

$$\mathcal{X}_s=\mathcal{U}\Sigma_s\mathcal{V}^{\mathrm{T}}=\mathcal{U}_s\Sigma_s^{(s)}(\mathcal{V}_s)^{\mathrm{T}}$$

在没有任何注释的情况下，从一种表示转换到另一种表示是非常普遍的。我尽量不使用这种很常见的转换。

6.1.3　用 SVD 进行平滑

正如我们所见到的，主成分分析能够对数据矩阵中的噪声进行平滑(5.1.7 节)。这种说法最早是针对一种特定噪声类型提出来的，但经验表明 PCA 也能够对其他类型的噪声进行平滑(在第 5 章的习题中有一个例子)。这意味着数据矩阵中的元素都能通过计算一个 $\mathcal{X}$ 的低秩近似来进行平滑。

我们已经展示了 PCA 可以对数据进行平滑。在 PCA(过程 5.1)中，d 维的数据 $\boldsymbol{x}_i$ 被表示成

$$\hat{\boldsymbol{x}}_i=\operatorname{mean}(\{\boldsymbol{x}\})+\sum_{j=1}^{s}[\boldsymbol{u}_j^{\mathrm{T}}(\boldsymbol{x}_i-\operatorname{mean}(\{\boldsymbol{x}\}))]\boldsymbol{u}_j$$

其中 $\boldsymbol{u}_j$ 表示主成分。低秩近似将 $\mathcal{X}$ 的第 i 行(即 $\boldsymbol{x}_i^{\mathrm{T}}$)表示为：

$$\hat{\boldsymbol{x}}_i^{\mathrm{T}}=\sum_{j=1}^{r}w_{ij}\boldsymbol{v}_j^{\mathrm{T}}$$

其中 $\boldsymbol{v}_j^{\mathrm{T}}$ 是 $\mathcal{V}^{\mathrm{T}}$ 的行(从 SVD 中获得)，且 w_{ij} 是通过 SVD 计算得来的权重值。在每种情况下，数据点能够通过到低维空间上的一个投影来表征，所以说 SVD 能进行平滑是合理的。

就像用 PCA 进行平滑一样，用 SVD 进行平滑可对很多的噪声过程是有效的。在一个非常有用的例子中，一个数据向量的每一个成分(每一维)可以是一个计数。具体来说，令数据的每一个元素是高速公路中每英里[⊖]死于交通事故的特定种类的动物数量，每一行对应一个种类，每一列对应某一特定英里。像这样的计数方式通常存在噪声，因为你只能偶尔碰见稀有物种。至少对于稀有物种而言，大多数的英里的计数为 0，只有极少数被计数为 1。对于每英里的估计来说，0 太低了，而 1 又显得太高了，但人们不会看到死于路上的不完整的动物(理想情况!)。建立一个低秩近似则倾向于产生对计数结果的更好估计。

数据缺失是一种特别有趣的噪声形式——这个噪声过程消除了数据矩阵中的某些元素——低秩近似则是应对数据缺失问题的有效手段。假定你知道了 $\mathcal{X}$ 矩阵中的大多数元素，不是全部，你会想要对整个矩阵进行估值。如果你希望真实的整个矩阵是低秩的，可以对整个矩阵计算一个低秩的近似。例如，数据矩阵中的每一项是观众对一部电影喜爱程度的分数。数据矩阵的每一行对应一个观众，每一列对应一部电影。在一个合理的尺度上，大多数观众没有看过大多数电影，所以数据矩阵当中的大多数元素是缺失的。然而，依然有理由相信，用户彼此之间存在相似性——行与行之间不太可能相互独立。因为，如果两个观众都喜欢恐怖电影，他们也极有可能都不喜欢纪录片。电影之间也存在相似性。两部恐怖片很有可能同时被那些既喜欢恐怖片又不喜欢纪录片的观众所喜欢。这一切说明一个真实的数据矩阵的行(列)之间非常有可能高度相关。更正式地，真实的数据矩阵很有可能是低秩的。这表明我们可以利用 SVD 来填充矩阵当中缺失的值。

数值和算法方面的问题在这儿变得有些棘手。如果秩非常低，你可以利用 NIPALS 来处理缺失的元素。如果你处理的数据具有更大的秩，或者很多的缺失元素，你需要对数值误差格外小心，并且你需要找到特定的优化包，而不是自己用 NIPALS 写一个。

记住： 对一个数据矩阵进行 SVD 一般会产生一个对数据矩阵的平滑估计。在矩阵元素是加性、零均值和具有独立高斯噪声的情况下，平滑操作能够保证是有效的，且通常在矩阵元素是有噪声的计数值时效果也很好。平滑操作也可用来填充缺失值。

6.2 多维缩放

一种观察数据集的方式是将它画出来。然而，对于一个高维数据集，选择什么来画是很困难的。假定我们必须将这个数据集画在二维空间中(目前为止最普遍的选择)。我们希望建立一个二维的散点图——但是我们将每个数据点画在哪儿呢？一种自然的要求是数据点以一种能够反映它们在多维(高维)空间中的位置方式显示在二维空间中。具体而言，我们希望那些在高维空间中彼此远离的点在图上也相互远离，且高维空间中相互接近的点在图中也相互接近。

6.2.1 通过高维的距离选择低维的点

我们将把一个高维空间中的点 $\mathbf{x}_i$ 画在一个 s 维的向量坐标 $\mathbf{y}_i$ 处(在大多数情况下，s 为 2 或者 3)。这样，点 i 和点 j 在高维空间中的平方距离为：

⊖ 1 英里＝1.609 344 千米。——编辑注

$$D_{ij}^{(2)}(\boldsymbol{x}) = (\boldsymbol{x}_i - \boldsymbol{x}_j)^{\mathrm{T}}(\boldsymbol{x}_i - \boldsymbol{x}_j)$$

其中上标是为了提醒你这是个平方距离。我们可以建立一个 $N \times N$ 的平方距离矩阵，记作 $\mathcal{D}^{(2)}(\boldsymbol{x})$。这个矩阵的第 i，j 项元素就是 $D_{ij}^{(2)}(\boldsymbol{x})$，变量 $\boldsymbol{x}$ 表明这些距离是高维空间中的点的距离。现在我们可以选择 $\boldsymbol{y}_i$ 使得：

$$\sum_{ij}(D_{ij}^{(2)}(\boldsymbol{x}) - D_{ij}^{(2)}(\boldsymbol{y}))^2$$

越小越好。这么做意味着在高维空间中彼此远离的点在图上也相互远离，且高维空间中相互接近的点在图中也相互接近。

以目前的形式，这个表达式很难处理，但是我们能够改善这种状况。因为坐标平移不会改变点与点之间的距离，也不会改变两个 $\mathcal{D}^{(2)}$ 矩阵中的任意一个。所以，我们只需要解决 $\boldsymbol{x}_i$ 的均值为 0 的情形就足够了。我们假定所有点的均值为 0，所以

$$\frac{1}{N}\sum_i \boldsymbol{x}_i = 0$$

现在我们用 $\mathbf{1}$ 来表示一个全部元素为 1 的 n 维向量，用 $\mathcal{I}$ 来表示单位矩阵。注意到

$$D_{ij}^{(2)} = (\boldsymbol{x}_i - \boldsymbol{x}_j)^{\mathrm{T}}(\boldsymbol{x}_i - \boldsymbol{x}_j) = \boldsymbol{x}_i \cdot \boldsymbol{x}_i - 2\boldsymbol{x}_i \cdot \boldsymbol{x}_j + \boldsymbol{x}_j \cdot \boldsymbol{x}_j$$

现令

$$\mathcal{A} = \left[\mathcal{I} - \frac{1}{N}\mathbf{1}\mathbf{1}^{\mathrm{T}}\right]$$

于是

$$-\frac{1}{2}\mathcal{A}\mathcal{D}^{(2)}(\boldsymbol{x})\mathcal{A}^{\mathrm{T}} = \mathcal{X}\mathcal{X}^{\mathrm{T}}$$

我们现在提出，为了让 $\mathcal{D}^{(2)}(\boldsymbol{y})$ 与 $\mathcal{D}^{(2)}(\boldsymbol{x})$ 接近，只要选择 $\boldsymbol{y}_i$，使得 $\mathcal{Y}\mathcal{Y}^{\mathrm{T}}$ 和 $\mathcal{X}\mathcal{X}^{\mathrm{T}}$ 相互接近就足够了。证明会使我们不必要地偏离当前的讨论，所以我们省略了。

6.2.2　使用低秩近似分解因子

我们需要找到一个 $\boldsymbol{y}_i$ 的集合，使得(a) $\boldsymbol{y}_i$ 是 s 维的，以及(b) $\mathcal{Y}$(即将 $\boldsymbol{y}_i$ 堆叠起来形成的矩阵)最小化 $\mathcal{Y}\mathcal{Y}^{\mathrm{T}}$ 和 $\mathcal{X}\mathcal{X}^{\mathrm{T}}$ 之间的距离。注意到 $\mathcal{Y}\mathcal{Y}^{\mathrm{T}}$ 的秩必须是 s。

对 $\mathcal{X}$ 进行 SVD 分解，得到：

$$\mathcal{X} = \mathcal{U}\Sigma\mathcal{V}^{\mathrm{T}}$$

回顾 $\Sigma_s^{(s)}$ 是 Σ_s 的 $s \times s$ 且具有非零对角线元素的子矩阵，$\mathcal{U}_s$ 是 $m \times s$ 的包含 $\mathcal{U}$ 的前 s 列的矩阵，诸如此类。考虑

$$\mathcal{X}_s = \mathcal{U}_s\Sigma_s\mathcal{V}_s^{\mathrm{T}}$$

则 $\mathcal{X}_s\mathcal{X}_s^{\mathrm{T}}$ 的秩为 s，它是对 $\mathcal{X}\mathcal{X}^{\mathrm{T}}$ 的一个最佳近似。$\mathcal{X}_s$ 的行是 d 维的，所以它并不是我们想要的矩阵。但是

$$\mathcal{X}_s\mathcal{X}_s^{\mathrm{T}} = (\mathcal{U}_s\Sigma_s\mathcal{V}_s^{\mathrm{T}})(\mathcal{V}_s\Sigma_s\mathcal{U}_s^{\mathrm{T}})$$

其中 $\mathcal{V}_s^{\mathrm{T}}\mathcal{V}_s$ 是一个 $s \times s$ 的单位矩阵。这意味着

$$\mathcal{Y} = \mathcal{U}_s\Sigma_s$$

就是我们想要的矩阵。我们甚至在不知道 $\mathcal{X}$ 的情况下也能获得 $\mathcal{Y}$，只要知道 $\mathcal{X}\mathcal{X}^{\mathrm{T}}$ 就足够了。这是因为：

$$\mathcal{X}\mathcal{X}^{\mathrm{T}} = (\mathcal{U}\Sigma\mathcal{V}^{\mathrm{T}})(\mathcal{V}\Sigma\mathcal{U}^{\mathrm{T}}) = \mathcal{U}\Sigma^2\mathcal{U}^{\mathrm{T}}$$

所以对 $\mathcal{X}\mathcal{X}^{\mathrm{T}}$ 进行对角化是足够的，这种建立绘图的方法被称作**主坐标分析**(principal coordinate analysis)。

这个绘图可能不完美，因为对数据点进行降维会导致一些失真。在很多情形下，这种失真是可以容忍的。在其他情况下，我们有可能需要用更复杂的评分系统，它能够更强地惩罚其中某些形式的失真。有很多方法可以做到这个被称为**多维缩放**(Multidimensional Scaling，MDS)的一般性问题。我们将在 19.1 节继续阐述，并针对这个问题介绍更复杂的方法。

过程 6.2　主坐标分析

假定我们有一个矩阵 $D^{(2)}$，其元素由 N 个点的两两平方距离构成。我们不需要知道这些点的具体值。我们希望计算一个 s 维的点集，使得这些点的距离与矩阵 $D^{(2)}$ 尽可能地接近。

- 构造 $\mathcal{A}=\left[\mathcal{I}-\frac{1}{N}\mathbf{1}\mathbf{1}^{\mathrm{T}}\right]$。
- 构造 $\mathcal{W}=\frac{1}{2}\mathcal{A}\mathcal{D}^{(2)}\mathcal{A}^{\mathrm{T}}$。
- 构造 $\mathcal{U}$，Λ 使得 $\mathcal{W}\mathcal{U}=\mathcal{U}\Lambda$(这些是 $\mathcal{W}$ 的特征向量和特征值)。保证 Λ 中的元素按照降序排列。注意到你仅仅需要前 s 个特征值及其特征向量，很多优化包能够比计算所有的特征值更快地计算出这些结果来。
- 选择你需要表征的维数 s。构造 Λ_s，即 Λ 的左上 $s\times s$ 部分。构造 $\Lambda_s^{(1/2)}$，其中每一个元素都是 Λ_s 的正平方根。构造 $\mathcal{U}_s$，包含 $\mathcal{U}$ 的前 s 列。

然后

$$\mathcal{Y}=\mathcal{U}_s\Sigma_s=\begin{bmatrix}\mathbf{y}_1\\ \cdots\\ \mathbf{y}_N\end{bmatrix}$$

就是我们要画的点集。

6.2.3　例子：利用多维缩放进行映射

多维缩放从距离(6.2.1 节中的 $\mathcal{D}^{(2)}(\boldsymbol{x})$)获得位置坐标(6.2.1 节中的 $\mathcal{Y}$)。这意味着我们可以利用这个方法仅从距离构建映射。首先从互联网上搜集距离信息(我利用 http://www.distancefromto.net，但谷歌搜索的结果可以为“城市距离”提供更广的可能来源)，然后利用多维缩放法。我们获得了南非的省份首府之间的以公里为单位的距离，然后利用主坐标分析找到每个首府的位置。通过对结果图进行旋转、平移、放缩来和一个真实的地图进行比对(图 6-1)。

一种主坐标分析的自然使用方式是看我们能否由此发现数据集的某些结构。一个数据集是否构成一个团块，或者块状结构？这不是一个完美的测试，但却是一种观察有趣现象发生的好方式。在图 6-2 中，我们对一个谱数据用主坐标分析降到了三维，并对三维图进行了显示。这个图非常有意思。你可以注意到数据点在三维空间中是分散开的，但实际上看起来像坐落在一个复杂的曲面上——它们很显然没有构成一个均匀的团块。对于我们来说，这个结构看起来多少有点像个蝴蝶。不知道为什么是这样(也许是宇宙在涂鸦)，但它确实表明了一些值得深入探究的现象。也许测量样本的选择方式非常有趣，也许测量工具不能进行某些类型的测量，也许这是一种防止数据在空间扩散的物理过程(图 6-3)。

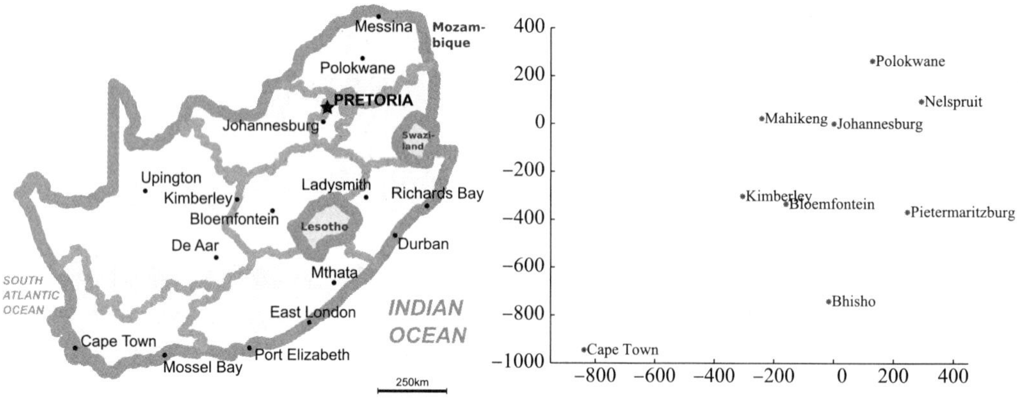

图 6-1　在**左图**中是一个南非的公共领域地图，从 http://commons.wikimedia.org/wiki/File：Map _ of _ Sourth _ Africa.svg 中获得，并通过编辑去掉了周边的国家。在**右图**中通过多维缩放得到的城市的位置，通过旋转、平移和缩放来支持肉眼对地图的观察和比对。这个地图上面并未列出所有的省会城市，但是很容易能看到 MDS 将那些在地图上的省会城市放到了正确的位置上(请用一片描图纸来检查)

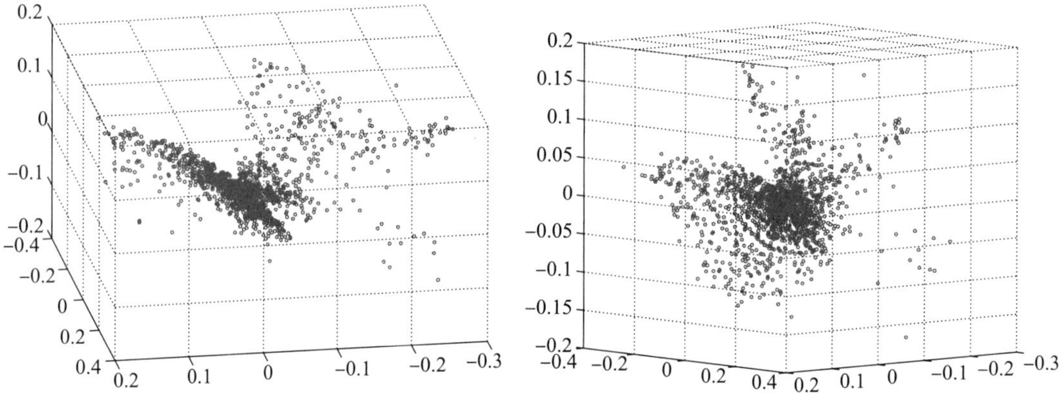

图 6-2　5.2 节中的光谱数据的两个视角，利用主坐标分析来获得三维点集，并用散点图的方式画出来。注意到数据在三维空间中散布，但看起来像坐落在某种结构上。这显然并不是一个单一的团块。这也表明更进一步的探究是有帮助的

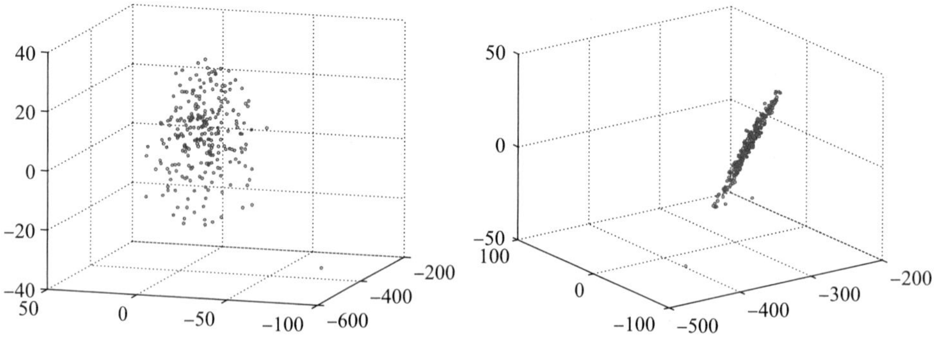

图 6-3　对图 4-4 中的高度-重量数据集上进行多维缩放后得到的三维空间上的两个视角。注意这个数据看起来像坐落在一个三维的扁平结构之上，且仅仅有一个偏远点。这意味着数据点之间的距离(足)以用一个二维的表示来解释

我们的算法具有一个特别有趣的性质。在某种情形下，我们实际上不知道数据点的向量表示，只知道数据点之间的距离。这种情况常常在社会科学中出现，但在计算机科学中也有重要的实例。作为一个人为设计的例子，可以对人们的早餐食物进行调研(如，鸡蛋、培根、谷物、燕麦、蛋糕、烤面包、松饼、腌鱼和香肠，总共9种选择)。我们要求每个人都对两个不同的食物的相似度在某个评分等级上打分。我们建议，在同时提供两个相似的食物的情况下，他们不会对任何一个有特定偏好，但对于不相似的食物，他们应该喜欢某个更甚于另外一个。评分等级可能是“非常相似”“比较相似”“相似”“比较不相似”和“非常不相似”(即**利克特量表**，Likert scales)。对于每一对不同的食物，我们从很多人中搜集这些相似度，然后对所有搜集到的相似度打分值进行平均。我们从相似度中计算距离，高度相似的食物非常接近，非常不相似的食物距离比较远。现在我们有了一个食物之间的距离表，并且能计算 $\mathcal{Y}$ 进而产生一个散点图。这个图非常具有启发意义，因为人们认为能够相互替换的食物非常接近，而不能相互替换的则离得较远。这里用了一个巧妙的方法，即我们没有从 $\mathcal{X}$ 出发，而是从一组的距离出发，但我们仍然能够对“鸡蛋”赋予一个向量，并产生一个有意义的图表。

6.3 例子：文本模型和潜在语义分析

度量两个文档之间的相似度是非常有用的，但建立能够理解自然语言的程序仍然十分困难。经验表明，即使是十分简单的模型也可以用来度量两个文档的相似度，并不需要费力去写一个理解文档内容的程序。这里有一个表示方式，已被证明是成功的。选择一个词表(一个不同单词的列表)，然后将文档表示成单词计数向量，并且忽略掉所有不在这个词表当中的单词。这在很多应用中是一种可行的表示方法，因为通常情况下，人们实际使用的大多数词都来自一个很短的词表(取决于不同的应用，大概为100到1000)。这个向量对于词表中的每个词都有一个对应的元素来记录这个词被使用的次数。这个模型有时被称为**词袋**(bag-of-word)模型。

具体如何构建词表非常重要。计算极其常见的词不是一个好的方法，这些词通常被称作**停用词**(stop word)。因为每个文档都有很多这样的词，且这些词的计数结果不会告诉你更多信息。典型的停用词包括“and,”“the,”“he,”“she,”等。这些词被排除在词表之外。注意到停用词的选择非常重要，且多少取决于应用的需求。通常(但并非总是如此)，对**词根**(stem)进行归类是有用的——例如从“winning”到“win”，从“hugely”到“huge”。这个过程并非总是有用，并且有可能产生混淆(例如，基于“stock”的搜索和基于“stocking”的搜索寻找的是截然不同的东西)。我们将一直利用那些经过预处理并能够产生单词计数的数据集，但你要知道到数据的预处理是困难的，并且会对应用产生非常显著的影响。

假定我们有 N 个文档的集合需要处理。我们已经将停用词去掉，选择了 d 维的词表，并计算了每个词在每个文档中出现的次数。处理后的结果是一个具有 N 个 d 维向量的集合，将第 i 个向量写作 $\boldsymbol{x}_i$(通常被称作**词向量**)。这里有一个让人恼火的小问题，我们已经使用了 d 来表示向量 $\boldsymbol{x}_i$ 的维度，并与后面的章节保持一致，但 d 表示的是词表中词项的数量，并不是文档的数量。

两个词向量的距离通常对文档之间的相似度起到负面作用。有一个很小的原因，词的使用变化有可能导致计数向量之间很大的变化。例如，一些作者喜欢使用“car”，但其他作者喜欢用“auto”。而两个文档可能在“car”上会有大(小)的计数值，以及在“auto”

上具有小(大)的计数值。仅仅考察词计数会过高估计两个向量间的差异。

6.3.1　余弦距离

一个文档中词的数量并不是特别有用。作为一个极端的例子，我们可以将一个文档附加到它自身的后面以产生一个新的文档。这个新文档中每个词的数量是原来的文档中词的数量的两倍，所以这个新文档的词向量与其他词向量之间的距离会发生很大的变化。但是，这个新文档的含义并没有产生任何改变。避免这种问题的一种方式是对单词计数向量进行某种归一化处理。对词计数用该向量的幅值进行归一化是很普遍的做法。

在各自被归一化到单位向量之后，两个单词计数向量之间的距离为：

$$\left\| \frac{\boldsymbol{x}_i}{\|\boldsymbol{x}_i\|} - \frac{\boldsymbol{x}_j}{\|\boldsymbol{x}_j\|} \right\|^2 = 2 - 2\,\frac{\boldsymbol{x}_i^{\mathrm{T}}\boldsymbol{x}_j}{\|\boldsymbol{x}_i\|\,\|\boldsymbol{x}_j\|}$$

其中，表达式

$$d_{ij} = \frac{\boldsymbol{x}_i^{\mathrm{T}}\boldsymbol{x}_j}{\|\boldsymbol{x}_i\|\,\|\boldsymbol{x}_j\|}$$

被称作文档之间的**余弦距离**(cosine distance)。虽然经常被称作是距离，实际上它并不是。如果两个文档非常相似，它们的余弦距离将接近 1，如果它们特别不同，它们的余弦距离将接近 0。经验表明，文档之间的余弦距离是一种度量文档 i 和 j 的相似度的非常有效的方式。

6.3.2　对单词计数进行平滑

度量单词计数向量的余弦距离是存在问题的。我们已经看到一个重要的问题：如果一个文档用“car”而另外一个用“auto”，这两个文档应该很相似，但其余弦距离接近于 0。记住，余弦距离接近 0 表明它们离得很远。这是因为单词计数有误导性。比如说，如果你计数“car”一次，你应该也在“auto”上有个非零的计数。你可以把在“auto”上的零计数看作噪声。这表明对单词计数进行平滑是必要的。

将词向量按常规方式整理成一个矩阵，得到

$$\mathcal{X} = \begin{bmatrix} \boldsymbol{x}_1^{\mathrm{T}} \\ \cdots \\ \boldsymbol{x}_N^{\mathrm{T}} \end{bmatrix}$$

这个矩阵被称为**文档-词矩阵**(它的转置被称为**词-文档矩阵**)。这是因为你可以将它看作一个计数表，每一行表示一个文档，每一列表示一个词表中的词。我们以此为目标产生每个文档中词的降维表示，这将对单词计数进行平滑。对 $\mathcal{X}$ 进行 SVD，得到

$$\mathcal{X} = \mathcal{U}\Sigma\mathcal{V}^{\mathrm{T}}$$

用 Σ_r 表示将 Σ 中除前 r 个最大奇异值之外的所有其他元素置零得到的矩阵，并构建

$$\mathcal{X}^{(r)} = \mathcal{U}\Sigma_r\mathcal{V}^{\mathrm{T}}$$

你应该将 $\mathcal{X}^{(r)}$ 当作对 $\mathcal{X}$ 的平滑。在 5.1.7 节中我们用到的将主成分看作是一种平滑方法的论证在此并不适用，因为此处的噪声模型与 5.1.7 节不相同。但是，一个定性的说法支撑了我们在进行平滑操作时的想法。每个包含“car”的文档也将在有“automobile”一词上有一个非零的计数(反之亦然)，因为这两个词表示的是同一个事物。原始的单词计数矩阵 $\mathcal{X}$ 却并没有这样的信息，因为它依赖的是对真实单词的计数。相比于简单的实际单词的计数，在 $\mathcal{X}^{(r)}$ 中的计数值则是对真正的词计数的更好估计，因为它们考虑了词之间的关联关系。

此处可以这样理解这个问题。因为 $\mathcal{X}^{(r)}$ 中的词向量被强制地占据一个低维空间，所以这些计数“透露”了词之间的相似关系。试试确实如此，因为大多数使用“car”的文档也同时会使用其他更多的词，而这些词往往也同时在使用“auto”的文档中被使用。例如，如下情形发生的概率是微乎其微的，即每个使用了“car”而不是“auto”的文档也使用“spanner”而不是“wrench”，反之亦然。一个好的低维表示会将包含大量的词且词频相似的文档放在相近的位置，尽管它们对某些词具有不同的使用频率。相应地，一个使用了“auto”的文档也会使这个词的频率适当降低，而对应“car”词的计数适当提高。从 $\mathcal{X}$ 的 SVD 中恢复信息的方法被称作**潜在语义分析**(Latent Semantic Analysis，LSA)。

我们有

$$(\boldsymbol{x}_i^{(r)})^{\mathrm{T}} = \sum_{k=1}^{r} u_{ik}\sigma_k \boldsymbol{v}_k^{\mathrm{T}} = \sum_{k=1}^{r} a_{ik}\boldsymbol{v}_k^{\mathrm{T}}$$

所以每个 $\boldsymbol{x}_i^{(r)}$ 是 $\mathcal{V}^{\mathrm{T}}$ 的前 r 行的加权和。

从这些被平滑的单词计数中构造一个单位向量，产生了对第 i 个文档的自然表示：

$$\boldsymbol{d}_i = \frac{\boldsymbol{x}_i^{(r)}}{\|\boldsymbol{x}_i^{(r)}\|}$$

$\boldsymbol{d}_i$ 和 $\boldsymbol{d}_j$ 之间的距离是对文档 i 和文档 j 的语义差异的良好表示(这也等于 2-余弦距离)。

潜在语义分析的一个关键应用是搜索。假定你有几个查询词，并且你需要找到查询词对应的文档。你可以将查询词表示成词向量 $\boldsymbol{x}_q$，你可以认为这个词向量是一个小的文档。我们将通过如下方式找到相近的文档：对查询词向量计算一个低维的单位向量 $\boldsymbol{d}_q$，然后通过一个近似近邻搜索从文档数据集中找到相近的文档。对查询词向量计算 $\boldsymbol{d}_q$ 是直接的。在由$\{\boldsymbol{v}_1,\cdots,\boldsymbol{v}_r\}$张成的空间里，我们找到 $\boldsymbol{x}_q$ 的最佳表示，然后将其归一化到单位长度。

考虑到 $\mathcal{V}$ 是正交的，所以当 $k=m$ 时 $\boldsymbol{v}_k^{\mathrm{T}}\boldsymbol{v}_m$ 等于 1，否则等于 0。这意味着

$$(\boldsymbol{x}_i^{(r)})^{\mathrm{T}}(\boldsymbol{x}_j^{(r)}) = \left(\sum_{k=1}^{r} a_{ik}\boldsymbol{v}_k^{\mathrm{T}}\right)\left(\sum_{m=1}^{r} a_{jm}\boldsymbol{v}_m\right) = \sum_{k=1}^{r} a_{ik}a_{jk}$$

而我们感兴趣的只是文档向量之间的内积。所以，这也意味着我们能够用低维表示来表征文档，比如说，利用

$$\boldsymbol{d}_i = \frac{[a_{i1},\cdots,a_{ir}]}{\sum_k a_{ik}^2}$$

相比于归一化的平滑文档向量，这个表示具有更低的维度，但所包含的信息大致是相同的。

记住： 文档可以用平滑的单词计数来表示。单词计数通过对文档-词矩阵建立一个低秩近似来实现平滑。每个文档接下来被表示成一个和该平滑计数等比例的单位向量。单位向量之间的距离用余弦距离来计算。将查询词用平滑单词计数的单位向量表示，然后利用最近邻查找就可以检索出文档。

6.3.3 例子：对 NIPS 文档进行映射

在网址 https://archive.ics.uci.edu/ml/datasets/NIPS+Conference+Papers+1987-2015，你可以找到一个数据集，它给出了在 1987～2015 年的 NIPS 会议论文集中至少出现过 50 次的词，以及在每篇论文当中的单词计数结果。它非常得大，词典中总共有 11 463 个不同的词，文档数量为 5811。为了对文档进行映射，我们将使用 LSA 来计算文档的平滑单词计数。

首先，我们需要应对实用性问题。对这个尺寸的矩阵进行 SVD 是存在问题的，且结果的存储会出现更严重的问题。存储 $\mathcal{X}$ 相对简单，因为大部分的元素都是 0，所以一个稀疏的矩阵表示能起作用。但是这个练习的关键点在于 $\mathcal{X}^{(r)}$ 并不是稀疏的，所以这将会有大概 10^7 个元素。然而，我们还是能够在 R 语言中实现 SVD，尽管它在计算机上跑了 30 分钟。图 6-4 展示了一个在归一化平滑的单词计数向量距离上做的多维缩放结果。你应该可以注意到文档在空间中相当均匀地分布。为了给这个空间一些含义，我将 10 个与文档最相关的词画在了对应的网格块中(最高的相关性在块的左上角，最低的相关性在右下角)。注意词聚类如何显著地掩盖了坐标。这个(相对粗糙的)证据表明平滑归一化单词计数之间的距离确实捕捉了文档语义的某些方面的信息。

6.3.4 获得词的含义

很难通过观察一个词就知道它的含义，除非你曾经见过它，或者它是某个你见过的词的变形形式。大部分读者可能从来没见过诸如“peridot”“incarnadine”“whilom”或者“numbat”等词。如果对它们不熟的话，仅仅看每个词的字母并不能告诉你它们的含义。这意味着不熟悉的词和不熟悉的图像是非常不同的。如果你看某个以前从来没见过的东西的图像，还是能做出某种合理的猜测，比如它长得像什么(我们对你如何做到这一点还知之甚少，但你确实可以做到，这是一个日常的经验)。

我们经常遇到不熟悉的词，但是上下文能帮助我们确定其含义。作为示例，你可以发现下面这些文本是有帮助的，它们是在网络上找到并适当修改过的句子。

- Peridot：“A sweet row of Peridot sit between golden round beads，strung from a delicate plated chain”(表示的是某种形式的装饰石材)
- Incarnidine：“A spreading stain incarnadined the sea”(某种东西的颜色描述)
- Whilom：“Portions of the whilom fortifications have been converted into promenades.”(对过去的提及)
- Numbat：“They fed the zoo numbats modified cat chow with crushed termite”(一种动物，可能不是素食动物，而是一种挑食动物)

这个示例说明了一个一般现象。在某个特定词附近的词对其含义能够提供较强的且通常也是有用的线索，这是一种被称作**分布式语义**(distributional semantic)的效应。潜在语义分析提供了一种能够挖掘这种效应的方式，来估计每个词含义的表示(图 6-4)。

$\mathcal{X}^{(r)}$ 的每一行都是不同的词出现在一个文档中的次数的平滑估计(图 6-5)。相比之下，每一列都是同一个词在不同文档中出现次数的平滑估计。将第 i 个词用 $\mathcal{X}^{(r)}$ 的第 i 列来表示，把它写成 $\boldsymbol{w}_i$，所以

$$\mathcal{X}^{(r)} = [\boldsymbol{w}_1, \cdots, \boldsymbol{w}_d]$$

使用一个词更多次(或更少次)通常不会改变它的含义。所以，这表明我们应该将第 i 个词表示为：

$$\boldsymbol{n}_i = \frac{\boldsymbol{w}_i}{\|\boldsymbol{w}_i\|}$$

而第 i 个词和第 j 个词之间的距离就是 $\boldsymbol{n}_i$ 和 $\boldsymbol{n}_j$ 之间的距离。这个距离给出了词的含义的很好表示，因为两个距离近的词倾向于出现在同一个文档中。比如，“auto”和“car”应该是接近的。正如我们在之前看到的，对于只有“auto”的文档，平滑操作将倾向于减少“auto”的计数值，并提高“car”的计数值。这表明“auto”倾向于和“car”出现在同一

个文档中，且这两个词的归一化平滑词计数表示的距离应该很小。

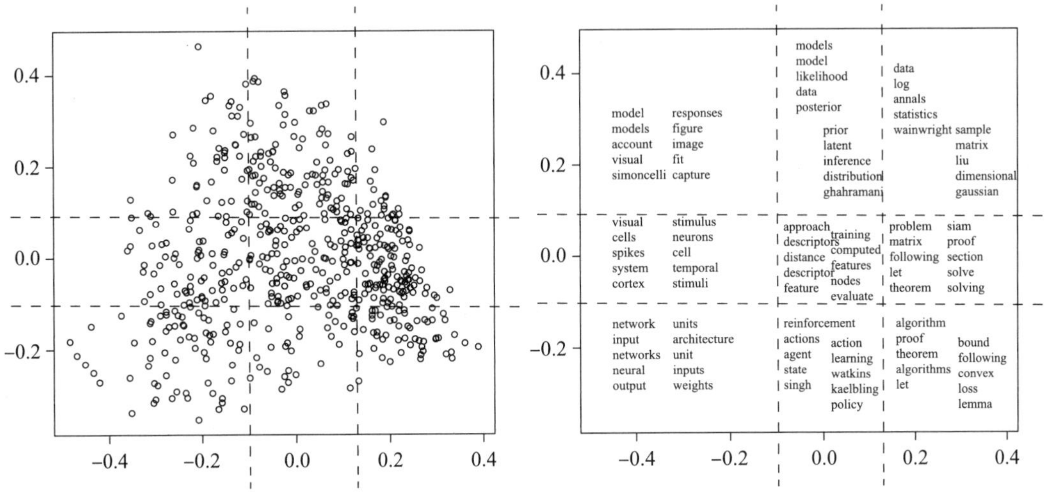

图 6-4 在**左图**中，将一个 NIPS 文档集合用多维缩放映射到二维空间中。点和点的距离(也可以用多维缩放来度量)表示归一化平滑单词计数的距离。每次抽 10 个文档进行绘图，以避免图过于拥挤。在图上加上网格，每个坐标以 33%(66%)的比例划分。在**右图**中，将与每个文档最强相关的 10 个词画在对应的网格块当中。每个块中都有不同的词集合，但有证据表明：坐标的变化导致文档内容的变化。这个文档数据集仍然有合适的名字，虽然内行人可能会注意到这些名字位于一个合理的位置，水平坐标似乎表示了一个(实际意义-概念意义)轴，垂直坐标上不断增大的值则表示了一种不断增强的统计特征。这是一种表明平滑的归一化单词计数确实能够捕捉语义的某些方面信息的(粗略的)证据

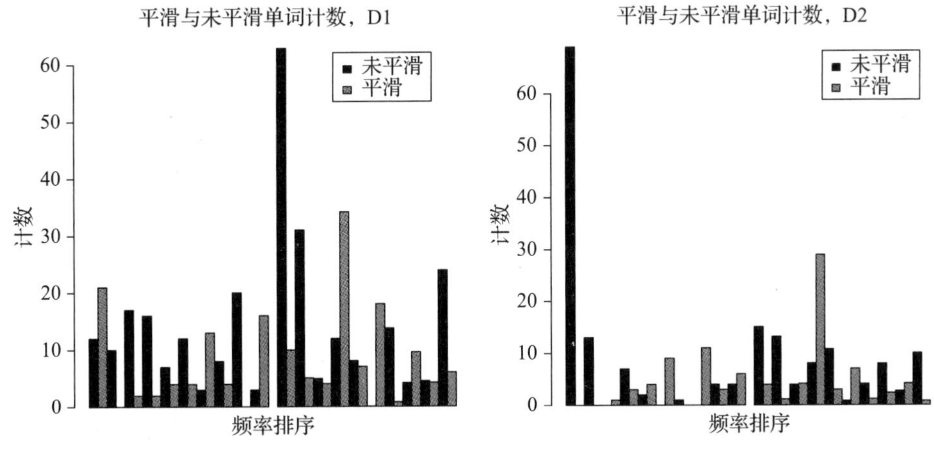

图 6-5 两个不同文档的未平滑与平滑的单词计数，其中平滑是通过将 LSA 映射到 1000 中间维度上完成的。每个图表示一个文档。这个图显示了在整个数据集中出现最频繁的 100 个词的计数情况，通过对单词计数进行排序来展示(最常用的词排在最前面)。注意在一般情况下，大的(未平滑)计数值(在平滑后)倾向于下降，而小的(未平滑)计数值(在平滑后)倾向于上升，正如人们期望的那样

我们有如下等式成立：

$$(\boldsymbol{w}_i^{(r)}) = \sum_{k=1}^{r} (\sigma_k v_{ki}) \boldsymbol{u}_k = \sum_{k=1}^{r} b_{ik} \boldsymbol{u}_k$$

所以每个 $\boldsymbol{w}_i^{(r)}$ 都是 $\mathcal{U}$ 的前 r 个列的加权和。

现在 $\mathcal{U}$ 是正交的，所以当 $k=m$ 时，$\boldsymbol{u}_k^{\mathrm{T}} \boldsymbol{u}_m$ 等于 1，否则等于 0。这表明：

$$(\boldsymbol{w}_i^{(r)})^{\mathrm{T}}(\boldsymbol{w}_j^{(r)}) = \left(\sum_{k=1}^{r} b_{ik}\boldsymbol{u}_k^{\mathrm{T}}\right)\left(\sum_{m=1}^{r} b_{jk}\boldsymbol{u}_m^{\mathrm{T}}\right) = \sum_{k=1}^{r} b_{ik}b_{jk}$$

但所有我们感兴趣的项是词向量之间的内积。所以，这表明我们可以显式地采用词的低维表示，比如，利用

$$\boldsymbol{n}_i = \frac{[b_{i1},\cdots,b_{ir}]}{\sum_k b_{ik}^2}$$

这个表示比归一化平滑词向量的维度低得多，但包含大致相同的信息。这种对词的表示是**词嵌入**(word embedding)的一个例子——一种将词映射到一个高维空间中的一个点的表示，其中嵌入的点具有很好的性质。在这种情况下，我们寻求一种嵌入，能够将具有相近含义的词放在彼此靠近的位置。

记住：*词可以用其出现的文档的平滑计数来表示。这能够发挥作用是因为具有相同意思的词倾向于出现在相似的文档中。*

6.3.5　例子：对 NIPS 数据集的词进行映射

LSA 并不会得到一个特别强的词嵌入，正如这个例子所示。我们利用 6.3.3 节的数据集，计算一个在 1000 维上的表示。图 6-6 展示了一个多维缩放到二维空间的结果(利用 6.2.3 节中的方法)，其中点之间的距离是通过计算 6.3.4 节中的归一化向量的距离获得的。我们仅仅展示前 80 个词，以保证图不会由于过分拥挤而影响阅读。

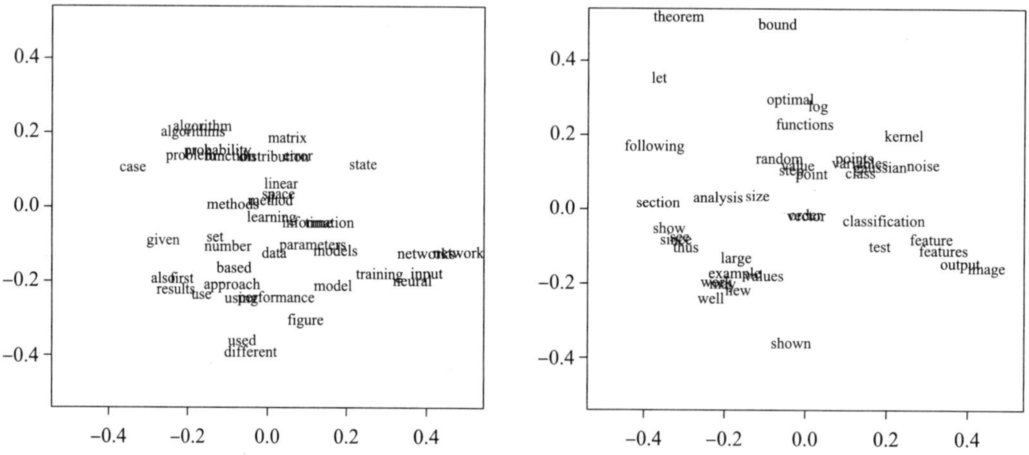

图 6-6　**左图**中显示了 NIPS 数据集上最常出现的 40 个词，使用文档频率的多维缩放绘制，并使用潜在语义分析进行平滑处理。**右图**中显示了接下来最常出现的 40 个词，用相同的方式呈现出来。我们利用 1000 作为平滑的维度设定。在文档中具有相似出现模式的词在图中彼此之间离得较近

一些结果是自然的。比如，"used"和"using"彼此之间离得很近，还有"algorithm"和"algorithms"、"network"和"networks"、"features"和"feature"也一样。这表明这个数据没有被去掉停用词，甚至没有通过预处理来去掉复数词。大多数看起来有意义的词对(且没有被解释为复数或者变体)似乎更像是短语而不是同义关系。例如，"work"和"well"很接近("work well")，"problem"和"case"很接近("problem case")，"probabilistic"和"distribution"很接近("probabilistic distribution")等。一些词对是接近的，因为这些词在一些普遍的短语中很容易相互在其邻近位置出现。所以"classification"和

“feature”可能表示的是“feature based classification”或者“classification by feature”。

这种趋势可以通过词嵌入的 k 近邻来观察到。表 6-1 展示了 20 个最常见的词的 6 个最近邻。但是有证据表明这些词嵌入也捕捉了某种语义信息。请注意，“network”“neural”“unit”和“weight”很接近，它们也确实应该离得很近。类似地，“distribution”“distributions”和“probability”是接近的，类似的还有“algorithm”和“problem”。

表 6-1 最左边的列给出了 NIPS 数据集中前 20 个使用频率最高的词。每一行展示了与每个查询词最接近的七个词，通过潜在语义分析平滑之后的词的文档计数表示的余弦距离排序得到。我们用1000维进行潜在语义分析。在不同文档中具有相似使用模式的词确实具有重要的相似度，但这并不仅限于语义上的相似。例如，“algorithm”和“algorithms”非常相似，并且与“following”也非常相似(很可能是因为短语“following algorithm”非常普遍)，还有“problem”(很可能是因为用一个算法来解决一个问题是非常自然的)

Model	Models	Also	Using	Used	Figure	Parameters
Learning	Also	Used	Using	Machine	Results	Use
Data	Using	Also	Used	Use	Results	Set
Algorithm	Algorithms	Problem	Also	Set	Following	Number
Set	Also	Given	Using	Results	Used	Use
Function	Functions	Also	Given	Using	Defined	Paper
Using	Used	Use	Also	Results	Given	First
Time	Also	First	Given	Used	University	Figure
Figure	Shown	Shows	Used	Using	Also	Different
Number	Also	Results	Set	Given	Using	Used
Problem	Problems	Following	Paper	Also	Set	Algorithm
Models	Model	Using	Also	Used	Parameters	Use
Used	Using	Use	Also	Results	First	University
Training	Used	Set	Using	Test	Use	Results
Given	Also	Using	Set	Results	University	First
Also	Results	Using	Use	Used	Well	First
Results	Also	Using	Used	Paper	Use	Show
Distribution	Distributions	Given	Probability	Also	University	Using
Network	Networks	Neural	Input	Output	Units	Weights
Based	Using	Also	Use	Used	Results	Given

通过词嵌入来捕捉语义是一个难题。除了词在文档中的出现模式，最近较好的算法利用更精细的词相似度计算方式。最近较强的方法，例如 Word2vec 或 Glove，聚焦在那些在感兴趣的词附近出现的词上面，并构建一个试图解释这种相似性统计的嵌入。这些方法也需要在非常大的数据集上训练，其数据量比本章阐述的要大得多。

记住： *最近较强的词嵌入方法，例如 Word2Vec 或者 Glove，聚焦在那些在感兴趣的词附近出现的词上面，并构建一个试图解释这种相似性统计的嵌入。*

6.3.6 TF-IDF

词在文档中出现的原始计数并不是词-文档矩阵中元素值的最佳选择。如果一个词在所有的文档中都非常普遍，那么它在一个给定文档中频繁出现也不能明确地表达该文档的含义。如果一个词仅仅出现在一小部分文档中，但对于那些文档来说却是非常普遍的词，则利用词出现的次数这种信息会降低该词的重要性。例如，在一个描述小宠物的文档集合中，单词“cat”很可能会频繁出现在每一个文档中；又如，单词“tularemia”却不可能频繁出现在很多文档中，但很可能在它出现过的文档里频繁出现。你可以争辩说，相比于观察到“tularemia”来说观察到“cat”五次也提供不了太多关于文档的信息。我们花费了很多时间和精力来让这个吸引人的论证更加严格，但据我所知，这样并没有多大好处。

这些都表明你可能需要使用一个修正的词得分。标准的做法被称作**词频-逆文档频率**(term frequency-inverse document frequency，TF-IDF)。用 c_{ij} 来表示第 i 个词出现在第 j 个文档中的次数，用 N 表示文档总数，N_i 表示包含第 i 个词实例的文档数量。于是一个 TF-IDF 得分为

$$c_{ij}\log\frac{N}{N_i}$$

(其中我们排除了 $N_i=0$ 的情况，因为这表明这个词不会出现在任何文档中)。注意到一个词出现在大多数文档里时，这个得分大致等于计数，但如果该词只出现在少数文档中，这个得分将高于计数。利用这个得分，而不是计数，则倾向于得到比用词-文档矩阵的系统更好的性能。当然，这个得分计算也存在很多种独特的变体——维基百科网站上列了很多——每个都倾向于产生一些系统上的变化(通常有一些地方变得更好，但有一些变得更差)。别忘了取对数，它在方法名称的首字母中被无故丢弃了。

记住： 加权的单词计数能够在文档检索方面带来显著的改进。权重的选择依据是那些普遍出现的词权重被降低，那些稀有的但在特定文档中很普遍的词的权重被提高。

习题

6.1 你有一个由 N 个 d 维向量 $\mathbf{x}_i$ 组成的数据集，堆叠成一个矩阵 $\mathcal{X}$。这个数据集不是零均值的，且数据 $\mathbf{x}_i$ 有噪声。我们利用一个简单的噪声模型，用 $\widetilde{\mathbf{x}}_i$ 来表示数据项的真实潜在值，ξ_i 表示一个均值为零、协方差为 $\sigma^2\mathcal{I}$ 的正态随机变量，然后我们利用如下模型：

$$\mathbf{x}_i=\widetilde{\mathbf{x}}_i+\xi_i$$

用矩阵形式表示成

$$\mathcal{X}=\widetilde{\mathcal{X}}+\Xi$$

我们假定 $\text{mean}(\{\xi\})=\mathbf{0}$ 且 $\text{Covmat}(\{\xi\})=\sigma^2\mathcal{I}$。

(a) 证明我们的假设等价于 Ξ 的行秩为 d。通过反证法证明：如果 Ξ 的行秩 $r<d$，那么存在某种旋转 $\mathcal{U}$，使得 $\mathcal{U}\xi$ 在最后 $d-r$ 个成分中是 0，现在考虑 $\mathcal{U}\xi$ 的协方差矩阵。

(b) 假定 $\widetilde{\mathcal{X}}$ 的行秩 $s\ll d$。证明 $\mathcal{X}$ 的行秩为 d。通过考虑噪声对于数据集是独立的这个条件来证明。这表明 $\text{mean}(\{\mathbf{x}\xi^{\mathrm{T}}\})=\text{mean}(\{\mathbf{x}\})\text{mean}(\{\xi^{\mathrm{T}}\})=0$。现在证明

$$\text{Covmat}(\{\mathbf{x}\})=\text{Covmat}(\{\widetilde{x}\})+\sigma^2\mathcal{I}$$

使用前面练习的结果来证明这个等式。

(c) 我们现在有一个针对 $\widetilde{\mathcal{X}}$ 和 $\mathcal{X}$ 的几何模型。在 $\widetilde{\mathcal{X}}$ 中的点坐落在一个超平面上，这个超平面在原始的 d 维空间中穿过原点。超平面的维度是 s。

(d) $\mathcal{X}$ 中的点坐落在一个超平面的“加厚”版，其维度为 d，因为矩阵的秩是 d。证明数据在任意的原始超平面方向上，法向量的方差都是 σ^2。

(e) 利用前面的子习题证明一个对 $\mathcal{X}$ 的秩 s 近似比 $\mathcal{X}$ 与 $\widetilde{\mathcal{X}}$ 更加接近。利用 F-范数证明。

6.2 用 $\mathcal{D}^{(2)}$ 表示一个矩阵，其 i，j 位置的元素是

$$D_{i,j}^{(2)} = (\boldsymbol{x}_i - \boldsymbol{x}_j)^{\mathrm{T}}(\boldsymbol{x}_i - \boldsymbol{x}_j) = \boldsymbol{x}_i \cdot \boldsymbol{x}_i - 2\boldsymbol{x}_i \cdot \boldsymbol{x}_j + \boldsymbol{x}_j \cdot \boldsymbol{x}_j$$

其中 $\text{mean}(\{x\})=\mathbf{0}$。现在令

$$\mathcal{A} = \left[\mathcal{I} - \frac{1}{N}\mathbf{1}\mathbf{1}^{\mathrm{T}}\right]$$

证明

$$-\frac{1}{2}\mathcal{A}\mathcal{D}^{(2)}(\boldsymbol{x})\mathcal{A}^{\mathrm{T}} = \mathcal{X}\mathcal{X}^{\mathrm{T}}$$

6.3 你有一个由 N 个 d 维向量 $\boldsymbol{x}_i$ 组成的数据集，堆叠成一个矩阵 $\mathcal{X}$，同时希望构建一个 s 维的数据集 $\mathcal{Y}_s$，使得 $\mathcal{Y}_s\mathcal{Y}_s^{\mathrm{T}}$ 最小化 $\|\mathcal{Y}_s\mathcal{Y}_s^{\mathrm{T}} - \mathcal{X}\mathcal{X}^{\mathrm{T}}\|_F$。构造一个 SVD，得到

$$\mathcal{X} = \mathcal{U}\Sigma\mathcal{V}^{\mathrm{T}}$$

并有

$$\mathcal{Y} = \mathcal{U}_s\Sigma_s$$

（下标 s 的标注在本章中）。

(a) 证明

$$\|\mathcal{Y}_s\mathcal{Y}_s^{\mathrm{T}} - \mathcal{X}\mathcal{X}^{\mathrm{T}}\|_F = \|\Sigma_s^2 - \Sigma^2\|_F$$

解释为何这意味着 $\mathcal{Y}_s$ 是一个解。

(b) 对于任意的 $s\times s$ 的正交矩阵 $\mathcal{R}$，证明 $\mathcal{Y}_R=\mathcal{U}_s\Sigma_s\mathcal{R}$ 也是一个解。通过几何的方式解读这件事。

编程练习

6.4 在网站 https://archive.ics.uci.edu/ml/datasets/NIPS+Conference+Papers+1987-2005，你可以找到一个数据集，它给出了在 1987～2015 年的 NIPS 会议论文集中至少出现过 50 次的词，以及在每篇论文当中的单词计数结果。它非常得大。词典中总共有 11 463 个不同的词，文档数量为 5811。为了对文档进行映射，我们探讨如何在这个数据集上进行简单的文档聚类。

(a) 复现图 6-5，分别利用秩为 100、500 和 2000 来做近似。哪个是最好的结果，为什么？

(b) 现在利用一个 TF-IDF 权重来复现图 6-5，利用秩为 100、500 和 2000 来做近似。哪个是最好的结果，为什么？

(c) 复现图 6-6，利用秩为 100、500 和 2000 来做近似。哪个是最好的结果，为什么？

(d) 现在利用一个 TF-IDF 权重来复现图 6-6，利用秩为 100、500 和 2000 来做近似。哪个是最好的结果，为什么？

6.5 选择一个州。找出所选州的 15 个最大的城市之间的距离和公路里程。因为公路的路线设计问题，这两者是不一样的，你可以通过互联网找到这些距离。利用主坐标分析处理这两个距离信息中的任意一个，并准备一个图表，在主坐标分析的结果上用平面来显示这些城市。利用公路网络距离来绘制的地图对州的地理信息结构扭曲得有多严重？各州的情况不同吗？为什么？

6.6 CIFAR-10 是一个有 10 个类的 32×32 图像的数据集，由 Alex Krizhevsky、Vinod Nair 和 Geoffrey Hinton 构建。它通常被用于评估机器学习算法。你可以从 https://www.cs.toronto.edu/～kriz/cifar.html 下载该数据集。

(a) 对于每个类，计算平均图像和前 20 个主成分。将利用每个类的前 20 个主成分表示每个类的所有图像的误差画出来。

(b) 计算每两个类的平均图像之间的距离。利用主坐标分析，对每个类的平均图像

绘制一个二维图。对于这个练习来说，计算距离时将图像视作向量。

(c) 对于两个类的相似度有另外一种度量方式。对于类 A 和类 B，定义 $E(A\rightarrow B)$为在类 A 的所有图像上利用类 A 的平均图像以及在类 B 上利用前 20 个主成分的平均误差。这将会告诉你一些关于类别相似度的信息。例如，想想类 A 当中的图像，是由一些暗色的圆圈坐落在一个亮的图像中间构成的，但不同的图像有不同尺寸的圆圈形状；类 B 当中的图像是左边为暗，右边为亮，但是不同的图像在不同的垂直线上以不同方式从暗到亮。然后类 A 的均值应该看起来像一个模糊的中心化的堆，且它的主成分应该让这个堆更大或者更小。类 B 的主成分应该将黑色的块从左到右移动。若将类 A 当中的一个图像用类 B 的主成分来表示，则效果很差。但是如果类 C 也包含一些暗的圆圈，且在不同的图像之间从左到右移动，利用类 A 的主成分来表示类 C 的一幅图像可能会产生差强人意的结果。现在定义类间的距离为$(1/2)E(A\rightarrow B)+(1/2)E(B\rightarrow A)$。利用主坐标分析绘制一个类的二维图。将这个图和前一个练习的结果进行对比——它们不一样吗？为什么？

典型相关分析

在很多应用中，我们需要将一种类型的数据关联到其他类型的数据上。例如，每一个数据项可以是一个视频序列及其对应的声音通道信息。你可能需要利用这个数据学习如何将声音和视频关联起来，这样你就能够从一个新的、无声的视频预测它的声音序列。你可能需要利用这个数据学习如何从视频中读取由场景中的声音产生的(非常小的)运动线索(比如说，根据由声波引起的远处门帘的微小摆动来读取一段对话)。作为另外一个例子，每个数据项可能是一个带有描述的图像。你可能需要根据图像预测单词来标注这个图像，或者从单词中预测图像来支持图像搜索。重要的问题在于：一种数据的哪一些方面能够被另外一种数据预测?

在每种情况下，我们处理一个具有 N 对数据的数据集 $\boldsymbol{p}_i=[\boldsymbol{x}_i,\boldsymbol{y}_i]^{\mathrm{T}}$，其中 $\boldsymbol{x}_i$ 是一个 d_x 维的向量，表示一种数据类型(如，词、声音、图像、视频)，$\boldsymbol{y}_i$ 是一个 $\boldsymbol{d}_y$ 维的向量，表示另外一种数据类型。我们将用$\{\boldsymbol{x}\}$来表示 $\boldsymbol{x}$ 部分，等等，但注意到在我们的预测中，数据成对是很重要的——如果你打乱其中一部分数据的顺序而不影响算法输出，那么你就不可能从一部分数据预测另一部分。

我们可以在$\{\boldsymbol{p}\}$上做主成分分析，但这个方法没有抓住重点。我们主要感兴趣的是$\{\boldsymbol{x}\}$和$\{\boldsymbol{y}\}$之间的关系，但主成分分析捕捉的是$\{\boldsymbol{p}\}$的变化(方差)的主要成分。比如，所有的 $\boldsymbol{x}_i$ 都有一个很大的尺度，所有的 $\boldsymbol{y}_i$ 的尺度都非常小，于是数据的主成分将主要由 $\boldsymbol{x}_i$ 来决定。我们假定$\{\boldsymbol{x}\}$和$\{\boldsymbol{y}\}$都是零均值的，因为这会对等式进行简化，这很容易做到。像这样处理数据也是一个标准的过程。这在根据图片预测相关的词方面效果非常好。但是，它也会导致误导性的结果，接下来将展示如何检查这个事情。

7.1 典型相关分析算法

典型相关分析(Canonical Correlation Analysis，CCA)寻找$\{\boldsymbol{x}\}$和$\{\boldsymbol{y}\}$的线性投影，使得其中一个可以由另一个容易地预测出来。一个从$\{\boldsymbol{x}\}$到一个维度上的投影可以用向量 $\boldsymbol{u}$ 表示。投影操作产生一个新的数据$\{\boldsymbol{u}^{\mathrm{T}}\boldsymbol{x}\}$，其第 $\boldsymbol{i}$ 个元素是 $\boldsymbol{u}^{\mathrm{T}}\boldsymbol{x}_i$。假定我们将$\{\boldsymbol{x}\}$投影到 $\boldsymbol{u}$ 上，将$\{\boldsymbol{y}\}$投影到 $\boldsymbol{v}$ 上。我们从一个预测另一个的能力是通过两个数据集之间的相关性度量的，即令

$$\operatorname{corr}\{(\boldsymbol{u}^{\mathrm{T}}\boldsymbol{x},\boldsymbol{v}^{\mathrm{T}}\boldsymbol{y})\}$$

最大化。具有大绝对值的负相关同样允许好的预测，但并不能通过最大化上式得到，不必担心，因为我们可以选择 $\boldsymbol{v}$ 的符号。

我们需要更多的符号表示。用 Σ 表示$\{\boldsymbol{p}\}$的协方差矩阵，注意 $\boldsymbol{p}_i=[\boldsymbol{x}_i,\boldsymbol{y}_i]^{\mathrm{T}}$。这表明协方差矩阵具有一个块结构，其中一块是$\{\boldsymbol{p}\}$中 x 部分的数据彼此之间求协方差得到，另一块是$\{\boldsymbol{p}\}$中 y 部分的数据彼此之间求协方差得到，第三块是 x 部分和 y 部分之间求协方差得到。我们写作

$$\Sigma=\begin{bmatrix}\Sigma_{xx} & \Sigma_{xy}\\ \Sigma_{yx} & \Sigma_{yy}\end{bmatrix}=\begin{bmatrix}x-x\text{ 协方差} & x-y\text{ 协方差}\\ y-x\text{ 协方差} & y-y\text{ 协方差}\end{bmatrix}$$

我们有：

$$\mathrm{corr}(\{\boldsymbol{u}^{\mathrm{T}}\boldsymbol{x},\boldsymbol{v}^{\mathrm{T}}\boldsymbol{y}\}) = \frac{u^{\mathrm{T}}\Sigma_{xy}\boldsymbol{v}}{\sqrt{\boldsymbol{u}^{\mathrm{T}}\Sigma_{xx}\boldsymbol{u}}\sqrt{\boldsymbol{v}^{\mathrm{T}}\Sigma_{yy}\boldsymbol{v}}}$$

最大化这个比率将是困难的(考虑一下它的导数)。有一个有用的技巧，假定 $\boldsymbol{u}^*$ 和 $\boldsymbol{v}^*$ 是取最大时的值，则它们也一定是如下问题的解：

$$\text{最大化 } \boldsymbol{u}^{\mathrm{T}}\Sigma_{xy}\boldsymbol{v}\text{，使得 } \boldsymbol{u}^{\mathrm{T}}\Sigma_{xx}\boldsymbol{u} = c_1 \text{ 且 } \boldsymbol{v}^{\mathrm{T}}\Sigma_{yy}\boldsymbol{v} = c_2$$

(其中 c_1 和 c_2 是没有特殊含义的正常数)。第二个问题很容易解决，它的拉格朗日函数为：

$$\boldsymbol{u}^{\mathrm{T}}\Sigma_{xy}\boldsymbol{v} - \lambda_1(\boldsymbol{u}^{\mathrm{T}}\Sigma_{xx}\boldsymbol{u} - c_1) - \lambda_2(\boldsymbol{v}^{\mathrm{T}}\Sigma_{yy}\boldsymbol{v} - c_2)$$

所以我们必须对如下方程进行求解：

$$\Sigma_{xy}\boldsymbol{v} - \lambda_1\Sigma_{xx}\boldsymbol{u} = 0$$

$$\Sigma_{xy}^{\mathrm{T}}\boldsymbol{u} - \lambda_2\Sigma_{yy}\boldsymbol{v} = 0$$

为简单起见，我们假定在 $\boldsymbol{x}$ 或 $\boldsymbol{y}$ 中不存在冗余变量，所以 Σ_{xx} 和 Σ_{yy} 都是可逆的。我们替换 $(1/\lambda_1)\Sigma_{xx}^{-1}\Sigma_{xx}\boldsymbol{v}=\boldsymbol{u}$，得到：

$$\Sigma_{yy}^{-1}\Sigma_{xy}^{\mathrm{T}}\Sigma_{xx}^{-1}\Sigma_{xy}\boldsymbol{v} = \lambda_1\lambda_2\boldsymbol{v}$$

通过类似的推理得到：

$$\Sigma_{xx}^{-1}\Sigma_{xy}\Sigma_{yy}^{-1}\Sigma_{xy}^{\mathrm{T}}\boldsymbol{u} = \lambda_1\lambda_2\boldsymbol{u}$$

所以 $\boldsymbol{u}$ 和 $\boldsymbol{v}$ 是相关矩阵的特征向量。但是是哪一个特征向量？注意到：

$$\boldsymbol{u}^{\mathrm{T}}\Sigma_{xy}\boldsymbol{v} = \boldsymbol{u}^{\mathrm{T}}(\lambda_1\Sigma_{xx}\boldsymbol{u}) = (\lambda_2\boldsymbol{v}^{\mathrm{T}}\Sigma_{yy})\boldsymbol{v}$$

所以

$$\mathrm{corr}(\{\boldsymbol{u}^{\mathrm{T}}\boldsymbol{x},\boldsymbol{v}^{\mathrm{T}}\boldsymbol{y}\}) = \frac{\boldsymbol{u}^{\mathrm{T}}\Sigma_{xy}\boldsymbol{v}}{\sqrt{\boldsymbol{u}^{\mathrm{T}}\Sigma_{xx}\boldsymbol{u}}\sqrt{\boldsymbol{v}^{\mathrm{T}}\Sigma_{yy}\boldsymbol{v}}} = \sqrt{\lambda_1}\sqrt{\lambda_2}$$

表明最大特征值对应的特征向量提供了最大的关联方向，第二大特征值对应的特征向量提供了第二大关联方向，等等。总共有 $\min(d_x, d_y)$ 个方向。$\mathrm{corr}(\{\boldsymbol{u}^{\mathrm{T}}\boldsymbol{x},\boldsymbol{v}^{\mathrm{T}}\boldsymbol{y}\})$ 的不同方向的值，一般被称为**典型相关性**(canonical correlation)。投影一般被称作**典型变量**(canonical variable)。

实例 7.1　老鼠的焦虑和野蛮

在老鼠的焦虑和野蛮指标上计算典型相关性，利用 http://phenome.jax.org/db/q?rtn=projects/details&sym=Jaxpheno7 中的数据。

答：你应该在发布该数据的网页上阅读细节。焦虑指标包括：`transfer_arousal`、`freeze`、`activity`、`tremor`、`twitch`、`defecation_jar`、`urination_jar`、`defecation_arena`、`urination_arena`、而野蛮指标包括：`biting`、`irritability`、`aggression`、`vocal`、`finger_approach`。然后，就仅仅是找到一个算法包，并把数据放进去的问题了。我利用 R 语言的 `cancor` 函数，并找到如下五个典型相关性：0.62，0.53，0.40，0.35，0.30。不要因为出现强相关性而感到震惊(焦虑的老鼠应该喜欢咬人)，但我们没有任何证据表明这不是一个意外事件。在接下来的小节中将更详细地讨论这个问题。

这个数据收集自约翰逊实验室，它们的引用形式如下：

Neuromuscular and behavioral testing in males of six inbred strains of mice. MPD: Jaxpheno7. Mouse Phenome Database website, The Jackson Laboratory, Bar Harbor, Maine USA. http://phenome.jax.org

过程 7.1 典型相关分析

给定一个具有 N 对数据的数据集，$\boldsymbol{p}_i=[\boldsymbol{x}_i,\boldsymbol{y}_i]^{\mathrm{T}}$，其中 $\boldsymbol{x}_i$ 是一个 d_x 维的表征一种数据的向量(例如，单词、声音、图像、视频等)，$\boldsymbol{y}_i$ 是一个 d_y 维的表征另一种数据的向量。令 Σ 为 $\{\boldsymbol{p}\}$ 的协方差矩阵，我们有：

$$\Sigma=\begin{bmatrix}\Sigma_{xx} & \Sigma_{xy}\\ \Sigma_{yx} & \Sigma_{yy}\end{bmatrix}$$

用 $\boldsymbol{u}_j$ 表示如下矩阵的特征向量：

$$\Sigma_{xx}^{-1}\Sigma_{xy}^{-1}\Sigma_{yy}^{-1}\Sigma_{xy}^{\mathrm{T}}$$

并根据特征值按降序排列。用 $\boldsymbol{v}_j$ 表示如下矩阵的特征向量：

$$\Sigma_{yy}^{-1}\Sigma_{xy}^{\mathrm{T}}\Sigma_{xx}^{-1}\Sigma_{xy}$$

并根据特征值按降序排列。于是 $\boldsymbol{u}_1^{\mathrm{T}}\boldsymbol{x}_i$ 与 $\boldsymbol{v}_1^{\mathrm{T}}\boldsymbol{y}_i$ 呈现最强的相关性；$\boldsymbol{u}_2^{\mathrm{T}}\boldsymbol{x}_i$ 与 $\boldsymbol{v}_2^{\mathrm{T}}\boldsymbol{y}_i$ 呈现第二强的相关性，直到 $j=\min(d_x,\ d_y)$ 为止。

7.2 例子：在词和图片上进行 CCA

CCA 通常用于寻找好的匹配空间。这儿有一个例子，假定我们有一个具有标题描述(captioned)的图片集合。建立两个系统是非常自然的：给定一个图像，对其内容做标题描述；给定一个标题，产生一个好的图像。为了解决这个问题，已经提出了各种各样的方法。可能最简单的方法——也是令人惊讶的最有效的方法—是利用一种在巧妙选择的空间上做最近邻的形式来解决。我们有 N 幅图像，用特征向量 $\boldsymbol{x}_i$ 来表示，对应 N 个用词向量 $\boldsymbol{y}_i$ 表示的图像标题，第 i 个图像对应第 i 个标题。图像的特征已用特定的方法构建(在第 8 章和第 17 章中介绍了一些构建方法，随之而来的最佳构建方法仍然是一个热点研究主题，但这超出了本书的范围)。词向量则是利用像 6.3 节中描述的方式构建的。

我们希望将词向量和图像特征映射到一个新空间中。我们假定特征已经提取了图像和标题描述的所有有用的特性，所以对每个特征做线性映射是足够的。如果一幅图像和一个标题描述对应，我们希望它们的特征向量映射到临近的点。如果一个标题不能很好地描述图像，我们希望它的特征向量能够被映射到远离图像特征向量被映射的位置。

假定我们已经有了这个新空间，接下来通过将该图像映射到这个空间，并找到最近的表征标题的点，我们就可以针对一个新图像找到一个标题。通过将该标题映射到这个空间，并找到最近的表征图像的点，我们也可以针对一个新的标题找到一个图像。这个策略(也包括一些调整，改进，等等)仍然很难被打败。

对于这个例子，我们会用一个叫作 IAPR TC-12 评测集的数据集，它是由 ImageCLEF 发布的。这个数据的描述能够通过网站 https://www.imageclef.org/photodata 找到。这个数据总共有 20 000 幅图像，每幅图像都有一个文字标注，这些标注利用了一个具有 291 个词的词表，并且词向量是二值的(即标明该词是否出现)。我们利用由 Matheau Guillaumin 发布的图像特征(在 https://lear.inrialpes.fr/people/guillaumin/data.php 上可找到)。这些特征对于这个问题来说并不是当前最先进的，但是它们很容易获取而且也很有效。在这个位置还有很多不同的可用特征，但对于这些图片，我们利用 DenseSiftV3H1 特征集。我们将测试图片匹配到训练的标题上，利用 150 个具有最大典型相关性的典型变量。

首先你要注意到的事情(图 7-1)是图像和文本特征都如你期望的那样表现。在协方差矩阵中存在一小部分大的特征值和一大部分小的特征值。因为特征的缩放是没有意义的，所以我将特征值除以最大特征值画出来。注意前几个典型相关性是很大的(图 7-1)。

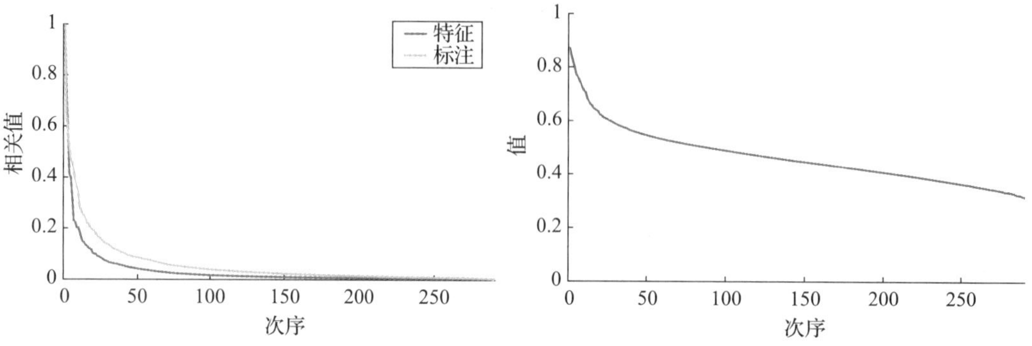

图 7-1　**左图**中是在特征和词向量上计算的协方差矩阵的前 291 个最大的特征值，在每种情况下用最大特征值做归一化之后，绘制出反秩图。注意到在每种情况下相对较少的特征值捕捉了大部分变化信息。词向量是 291 维的，所以这个图展示了词向量的所有变化(方差)，但对于特征部分而言则，总共有 3000 个特征值。**右图**中显示了这个数据集的典型相关性。注意到这里面存在一些相当大的相关性，但很快这个值就变得很小

有两种方法可以像这样评价一个系统。第一个是比较定性化的，如果你是粗心的或者乐观的人，它看起来还不错。图 7-2 展示了一个具有真实词标签和利用最近邻预测标签的图像集合。预测标签和真实标签分别用深灰和浅灰标注。大多数情况下，这些标签看起来相当不错。一些词在预测中缺失了，这确实不假，但大多数预测基本上是正确的。

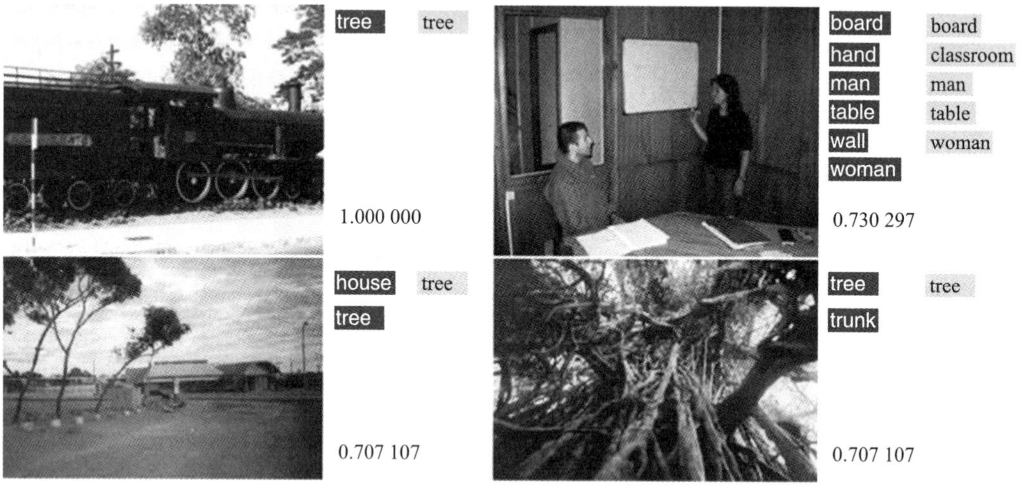

图 7-2　四个图像，用浅灰标注真实标签，深灰标注预测标签。正如文中描述的那样，词是由在图像特征和词向量之间做 CCA 预测得到的。图像来自一个测试集合，没有在构建 CCA 时用到。数字显示了预测词向量和真实词向量之间的余弦距离，并按照第 5 章所述方式用 150 维的子空间投影进行平滑。对于这些图像，它们的余弦距离相当接近于 1，且预测结果看起来很不错

一种定量的评价体现了“大致正确”的含义。对于每个图像，我们在预测词向量和真实词向量之间构建一个余弦距离，并用 150 维的子空间投影进行平滑。余弦距离就是图中显示的数字。这些数据与图 7-2 中的非常接近，是一个很好的信号。但图 7-3 和图 7-4 体现了真实的问题。很明显，有一些图像的预测结果非常差。实际上，对于大部分图像而言，预测都非常差，正如图 7-5 显示的那样。这个图展示了预测标签和真实标签之间的余弦距离(同样用一

个 150 维的子空间进行平滑)，并对所有测试图片按照预测最好到最差进行排序。大多数过程都生成了较差的标签向量，它们和真实值的余弦距离(相似度)非常小。

改进这种情况的关键是图像特征。我们在这儿使用的特征已经不再适用了，但使用它们的原因是能够很容易地从同一个图像集合中获得不同的特征集(这可产生一些有趣的练习)。现代的特征构建改进了图像标注效果，但现代的各类系统仍倾向于使用 CCA，尽管通常比我们在这儿处理的形式更复杂。

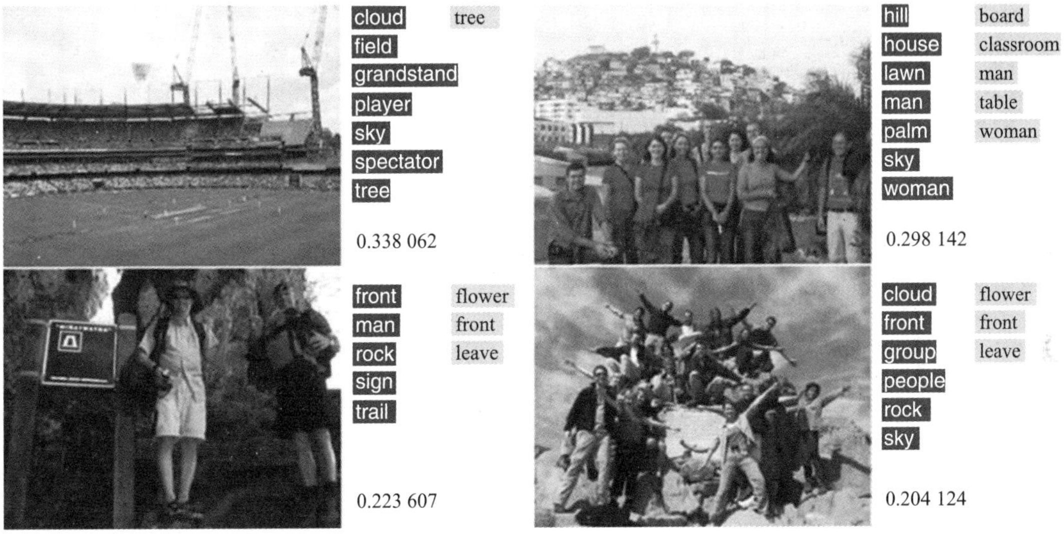

图 7-3　四个图像，用浅灰标注真实标签，深灰标注预测标签。正如文中描述的那样，词是由在图像特征和词向量之间做 CCA 预测得到的。图像来自一个测试集合，没有在构建 CCA 时用到。数字显示了预测词向量和真实词向量之间的余弦距离，并按照第 5 章所述方式用 150 维的子空间投影进行平滑。对于这些图像，它们的余弦距离与 1 的距离相当远，预测结果并不比图 7-2 中的例子好

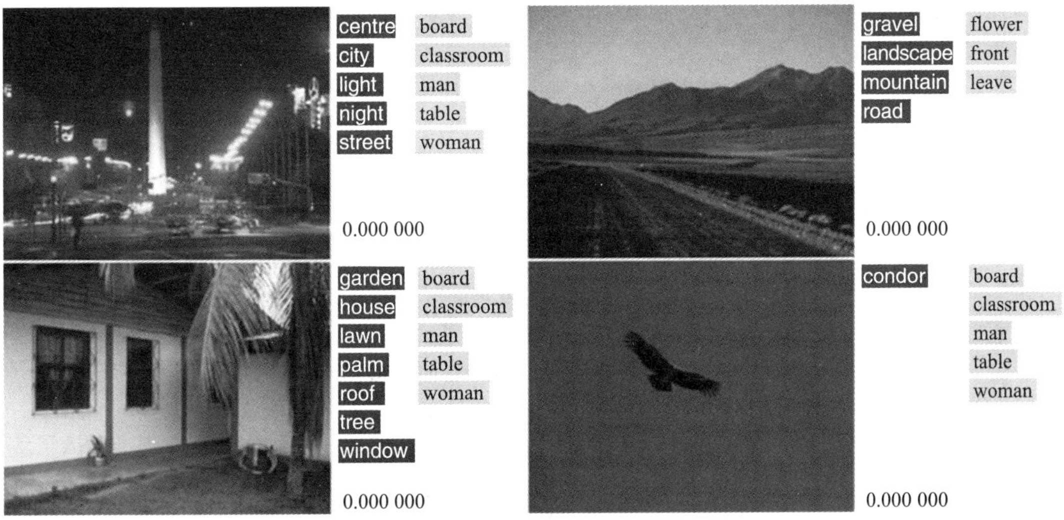

图 7-4　四个图像，用浅灰标注真实标签，深灰标注预测标签。正如文中描述的那样，词是由在图像特征和词向量之间做 CCA 预测得到的。图像来自一个测试集合，没有在构建 CCA 时用到。数字显示了预测词向量和真实词向量之间的余弦距离，并按照第 5 章所述方式用 150 维的子空间投影进行平滑。对于这些图像，它们的余弦距离相当接近于 0，预测结果很差

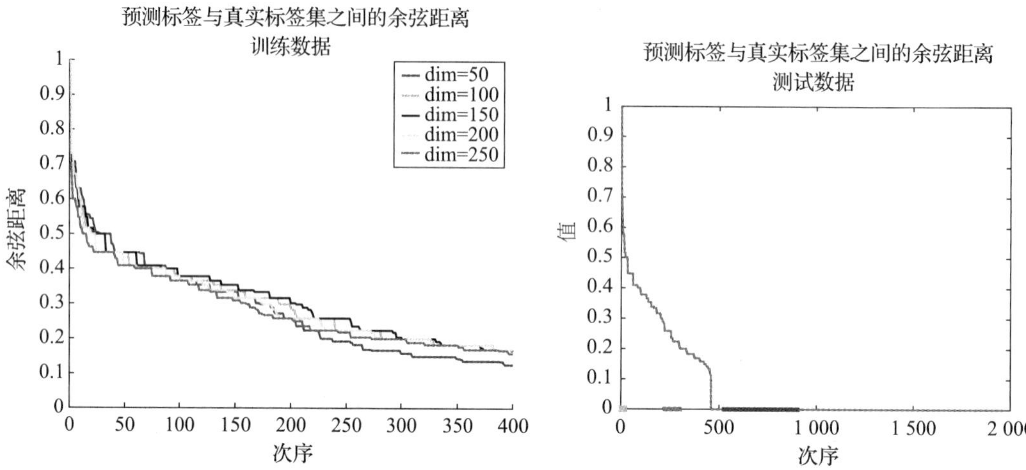

图 7-5　**左图**中显示的是，针对文中所述的 CCA 方法，在训练数据上，针对不同数量的典型变量，所有在预测词标签和真实词标签之间的余弦距离的值，按照最好到最坏来排序的结果。这个距离相当不错，而 150 看起来是一个合适的维度。**右图**中显示了在测试数据上计算的在预测词标签和真实词标签之间的余弦距离；这看起来差很多。将图中的不同区域标记成“好的”“中间的”和“差的”。注意到大多数的值都是差的——从一幅图像中预测词是困难的。准确的预测需要比我们使用的特征构建方法还要复杂的方法

7.3　例子：在反射率和遮光上进行 CCA

这里有一个经典的计算机视觉问题。一幅图像中漫反射表面的亮度(＝dull，即不是亮的或者有光泽的)是两种效果的乘积：**反射率**(入射光反射的比例)和**遮光**(入射光停留在表面的数量)。我们在一幅图像上观察到亮度信息，问题是分别地恢复反射率和遮光。在 20 世纪 70 年代初的计算机视觉领域，和 19 世纪中期的人类视觉研究领域，这一直是一个重要问题。在计算机视觉的文献当中，这个问题仍然经常得到重要的关注，因为它很难，而且很重要。

我们将把讨论局限在平滑(非粗糙)的表面上，为避免急剧增长的不可控的复杂度。反射率是一个表面的特性。一个暗表面具有低的反射率(它将落到其表面上的光反射得相对较少)，一个亮表面具有高的反射率(它将落到其表面上的大部分光反射出来)。遮光是光源针对表面的一种几何特性。当你将一个物体在房间中四处移动时，它的遮光性质将会产生很大变化(尽管人们很难注意到这个事情)，但它的反射率却不会改变。为了改变一个物体的反射率，你需要(比如说)一个标记或者对其表面进行涂抹。这些都表明，在反射率和遮光之间进行 CCA 将表明它们之间不存在相关性。

因为这是一个经典的问题，所以存在能被下载下来研究的数据集。有一个非常好的数据集提供了图像的反射率和遮光，它是由 Roger Grosse、Micah K. Johonson、Edward H. Adelson 和 William T. Freeman 等人提供的，可通过 http://www.cs.toronto.edu/~rgrosse/intrinsic/下载。这些图像展示了一个在黑色背景上的单独物体，并提供了标记物体像素的掩码。对于数据集中的每一幅图像，都有一个反射率映射图(基本上是一个反射率图像)和一个遮光映射图。这些映射图通过巧妙的摄影技术构建。对描绘的 20 个物体中的每一个，我们构建了随机的反射率和遮光的 11×11 大小的块集合。在每幅图像中选择 20 块(所以总共有 400 个)，其中心在随机选择的不同位置，但必须保证每一块上的像素都

是物体的像素。我们针对某个特定图像所选择的反射率的块和遮光的块在图像中的同一个位置——每一对块表征了某个图像块的反射率和遮光的成对信息，然后将每个块重塑为一个 121 维的向量，并计算 CCA。获得的前 10 个最高的典型相关性的值如下：0.96，0.94，0.93，0.93，0.92，0.92，0.91，0.91，0.90，0.88。

如果这并没有让你觉得震惊且荒唐的话，你应该检查一下自己是否理解了反射率和遮光的定义。反射率和遮光如何相互关联？人们将暗物体放在亮的地方，将亮物体放在暗的地方？正确的答案是它们并不相关，但是这个分析忽略了一个重要的但很细微的点。我们优化的目标函数是一个比例：

$$\text{corr}(\{\boldsymbol{u}^{\mathrm{T}}\boldsymbol{x},\boldsymbol{v}^{\mathrm{T}}\boldsymbol{y}\}) = \frac{\boldsymbol{u}^{\mathrm{T}}\Sigma_{xy}\boldsymbol{v}}{\sqrt{\boldsymbol{u}^{\mathrm{T}}\Sigma_{xx}\boldsymbol{u}}\ \sqrt{\boldsymbol{v}^{\mathrm{T}}\Sigma_{yy}\boldsymbol{v}}}$$

现在来看这个分数的分母，并回忆一下我们在 PCA 上的工作。整个 PCA 的关键点在于存在很多个方向 $\boldsymbol{u}$，使得 $\boldsymbol{u}^{\mathrm{T}}\Sigma_{xx}\boldsymbol{u}$ 很小——这就是那些我们能够构建低维模型的方向。我们可以让这个目标函数取一个很大的值，由于分母中的项非常小。这就是在反射率和遮光的例子当中发生的事情。你可以通过查看图 7-6 来检查这个事情，或者真正去看典型相关方向的大小(即那些 $\boldsymbol{u}$ 和 $\boldsymbol{v}$)。你可以发现，如果用我们描述的方式计算 $\boldsymbol{u}$ 和 $\boldsymbol{v}$，这些向量都有很大的幅值(已有达到 100 数量级的幅值)。这表明，确实，它们被关联到了 Σ_{xx} 和 Σ_{yy} 的小特征值上。

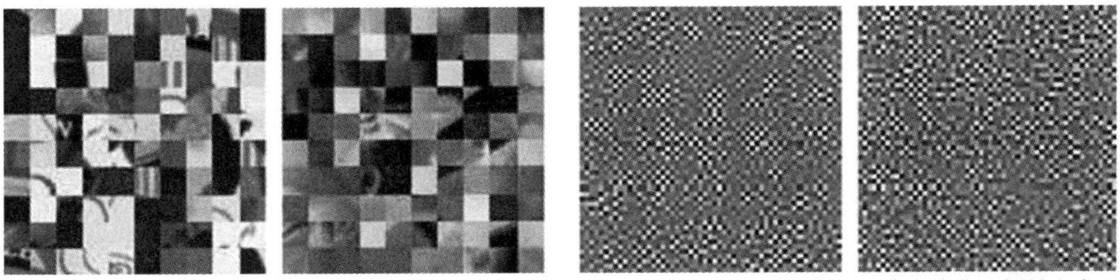

图 7-6　**左图**中，一个 10×10 的网格的反射率的块(**最左**)和遮光的块(**中左**)，从 Grosse 等人构建的数据中采集得到。块的位置被键值化，所以(比如说)第 3，5 个反射率的块对应第 3，5 个遮光的块。**右图**中，反射率(**中右**)和遮光(**最右**)的前 25 个典型相关方向。已经将这些典型相关方向重塑成图像块并对其进行缩小化聚焦。最小值的灰度值是黑的，最大值是白的。这些典型相关方向被排序，所以具有最高相关性的相关方向对在左上角，第二高的在其右边，等等。你应该注意到这些方向看起来与原始的块没有一点相似之处，或者与你在一幅真实图片中期望遇见的模式相似。这是因为它们本来就不是这些模式：这些都是只有很小的方差的方向

仅仅快速通过直觉检查一下，一幅图像可以告诉我们这些典型相关性并不是我们考虑的。但这仅仅在我们存在直觉的时候有效。我们需要一个测试来告诉我们大的相关值是否是偶然产生的。

相关性是否显著

有一种非常简单且有用的策略来对相关性进行测试。如果在 $\{\boldsymbol{x}\}$ 和 $\{\boldsymbol{y}\}$ 之间确实存在有意义的相关性，那么在我们对数据集进行重排时，这种相关性应该被破坏。所以如果有些重要的事情可通过重排一个数据集加以改变，这就是存在有意义的相关性的证据。这个处理方式是直接的。我们选择一种方法将典型相关性用一个数值来描述(这是一种统计量，也是一个你应该记住的术语)。在典型相关性情况下，常见的选择是 Wilks' lambda 值(或

者 Wilks'λ 值，如果你觉得费解的话)。

用 ρ_i 表示第 i 个典型相关性。对于 $r \leqslant \min(d_x, d_y)$，Wilks lambda 值计算为：

$$\boldsymbol{\Lambda}(r) = \prod_{i=1}^{r}(1-\rho_i^2)$$

注意，如果在前 r 个典型相关性当中存在很多强相关性，我们会得到一个小的 $\boldsymbol{\Lambda}(r)$ 值，且当 r 增加时 $\boldsymbol{\Lambda}(r)$ 会变得更小。我们能够利用如下的过程：对于每个 r，计算 $\boldsymbol{\Lambda}(r)$。现在构建一个新的数据集，通过随机重排 $\{\mathbf{y}\}$ 中的数据项得到，对每个重排结果我们都计算 $\boldsymbol{\Lambda}(r)$ 的值。如果不存在相关性的话，这给出了一个 $\boldsymbol{\Lambda}(r)$ 值的分布估计。然后我们要问，哪一部分的重排数据会比观测到的 $\boldsymbol{\Lambda}(r)$ 值更小。如果对于一个给定的 r 这一部分很小，则我们观测到的相关性就不太可能是偶然产生的。用 $f(r)$ 表示随机重排序的数据集部分，且 $\boldsymbol{\Lambda}(r)$ 比从真实数据集中观测到的小。一般情况下，当 r 增长时 $f(r)$ 也在增长，所以你可以利用这个来决定多少数量的典型相关性不是偶然的。这很容易用一个算法包实现(我们用 R 语言的 CCP)。

图 7-7 展示了在实例 7.1 中老鼠的典型相关性上发生的事情。你应该注意到这是一个显著性测试，并且遵循这类测试的常见做法，唯一的不同在于我们用经验的方式估计统计的分布。大约 97%的随机重排都有比原始数据更大的 Wilks lambda 值，这表明我们将看到从 30 次实验中只能见到一次的典型相关值，如果它们纯粹是随机效应的话。你应该将这解读为一个存在关联的好的证据。正如图 7-8 中所示的那样，同样有好的证据表明 7.2 节中的词和图片数据的相关性并不是偶然发生的。

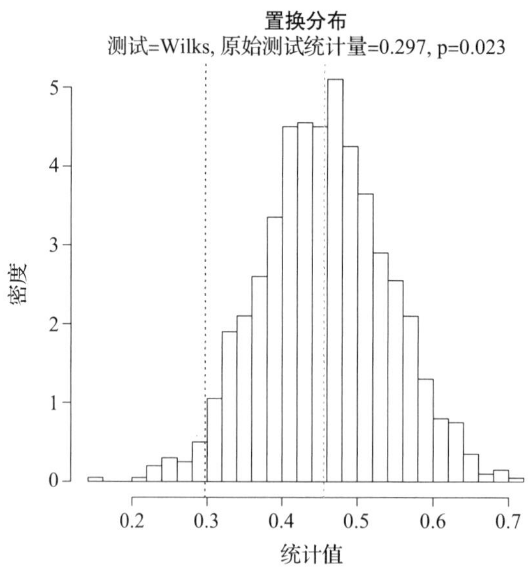

图 7-7　在实例 7.1 的老鼠数据集上通过重排获得的 Wilks'Lambda 值的直方图。在原始数据集上获得的值按照垂直方向显示。注意到大部分的值都很大(大约 97%的值)，表明我们将看到从大约 30 次实验中只能见到一次典型相关值，如果它们纯粹是随机的话。这里非常可能是一种真实的效果

但反射率-遮光的相关性确实只是偶然发生的。图 7-9 展示了在反射率和遮光上发生的事情。这个图很难解释，因为 Wilks lambda 的值极其小；最关键的事情在于几乎所有的重排序后的数据都有一个更小的 Wilks lambda 值——这种相关性完全就是偶然的，且没有任何的统计显著性。

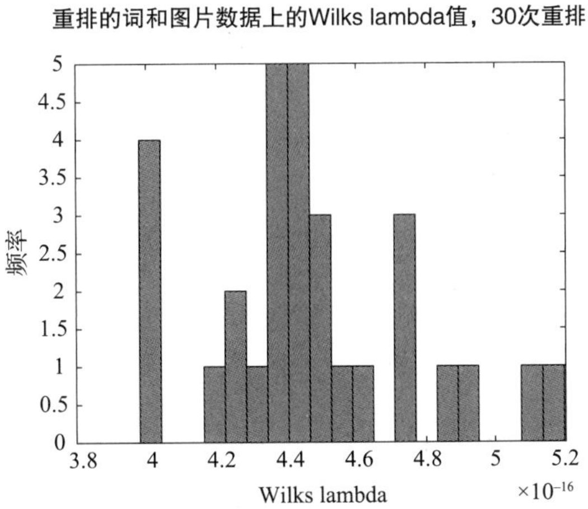

图 7-8　从 7.2 节的词和图片数据集上通过重排获得的 Wilks' Lambda 值的直方图。我在 30 个重排后的数据上计算了前 150 个典型相关变量的值(花了很长的时间)。真实数据集上的值是 9.92e−25，这强烈地表明这些相关性并不是偶然发生的

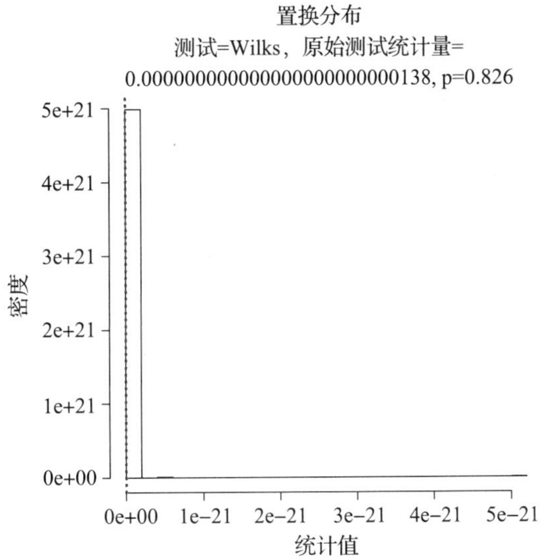

图 7-9　Wilks lambda 值的直方图统计，通过文中讨论的 400 块反射率-遮光数据集随机重排得到。从原始数据集上得到的值已经在垂直线上展示出来，并且看起来确实很小(小于 1e−21)。但相当于比 4/5 多(82.6%)的值甚至更小，这表明我们将在 5 次实验中的 4 次看到更小的典型相关关系值。所以不存在任何理由相信反射率和遮光这两个数据存在相关关系

记住：典型相关分析有可能会误导你。问题出在目标函数中的除法操作上。如果在拥有很多很小的主成分的数据上工作，你可以得到一个大的相关关系作为结果。你应该常常检查 CCA 是否真正告诉你一些有用的东西。一个自然的检查方式是利用 Wilks lambda 值的过程。

编程练习

7.1　我们考察用 CCA 从图片中预测单词，用 Mathieu Guillaumin 发布的特征，位于 https://lear.inrialpes.fr/people/guillaumin/data.php。

(a) 重现 7.2 节的图 7-1 和图 7-5，使用同样的特征和同样数量的典型变量。

(b) 一个合理的性能指标是测试图像上真实标签和预测标签之间的余弦距离的均值。

这个数值依赖于你使用多少典型变量去匹配。画出[1,…,291]范围内的这个数值，用至少10个点。

(c) 基于前两个的结果，选择一个好的典型变量的数量。对于词表中30个最常用的词，计算在整个测试集上的总体误差率、假正率和假负率。这些结果让你想到如何改进该方法了吗？

7.2 我们考察图像特征，用 Mathieu Guillaumin 发布的特征，位于 https://lear.inrialpes.fr/people/guillaumin/data.php。

(a) 相对于 DenseSiftV3H1 特征，计算 CCA 和 GIST 特征，画出排序的典型相关性。你应该得到一个类似图7-1的图。这是否意味着不同的特征集是从不同方面对图像的编码？

(b) 如果你将 GIST 特征和 DenseSiftV3H1 特征串联起来，能得到更好的单词预测结果吗？

7.3 这里是一个更复杂的练习，考察 CCA 从图片中预测单词，用 Mathieu Guillaumin 发布的特征，位于 https://lear.inrialpes.fr/people/guillaumin/data.php。

(a) 重现7.2节的图7-5，对于每个可获得的图像特征集合，是否有任何特别的特征集合比其他的总体上更好。

(b) 现在取图像的每个特征集的前50个典型变量，将其串联起来。这将产生750个变量，你可以用作图像的特征。对这些特征重现图7-5。性能是否有改进？

(c) 最后，如果你可以得到某些强大的线性代数软件，就将所有的特征集合串联起来。对这些特征重现图7-5。性能是否有改进？

第三部分

Applied Machine Learning

聚　　类

聚　　类

一种简单且有用的数据模型是假设模型包含多个数据团。为构建这样的模型，我们必须确定(a)数据团的参数是什么，以及(b)数据点属于哪个数据团。通常来说，我们将一些相似的数据点收集在一起形成数据团。这些数据团通常被称为**簇**(cluster)，得到数据团的过程被称为**聚类**(clustering)。

聚类是一个有点复杂的过程。将数据进行聚类是十分有用的，且合理地进行聚类十分重要。但是，给出一个明确的标准来评价一个数据集聚类结果的好坏极其困难。一种典型的评估方法是观察聚类结果对实际应用帮助的大小。

聚类有许多应用，可以通过聚类对数据集进行概括，并报告每个簇的摘要。这个摘要可能是每个簇的典型元素或者(比如)平均值。聚类能够从数据集中找到一些其他的方法难以找到的结构。例如，在 8.2.5 节中，我们展示了通过客户记录数据的聚类对杂货店之间差异进行可视化的一些方法，结果是不同的商店会吸引不同类型的客户。然而这一点却并不能直接通过这些客户记录看出来。一种可能的方法是通过对这些记录进行聚类来为客户分配标签，然后观察哪些标签的客户去了哪些商店。这种观察为复杂信号(图像、声音、加速度计的数据等)的特征构建提供了一个非常通用的过程。该方法可以接收不同大小的信号，并生成固定长度的、可用于分类的特征向量。

8.1 聚合式聚类和拆分式聚类

可以使用两种自然的方式产生聚类算法。在**聚合式聚类**(agglomerative clustering)中，首先将每个数据项作为一个簇，然后通过递归聚合簇产生良好的聚类结果(过程 8.1)。这里的难点是我们需要知道一种度量簇之间距离的方法。这可能比构建点之间的距离度量要难一些。在**拆分式聚类**(divisive clustering)中，首先将整个数据集作为一个簇，然后通过递归拆分簇产生良好的聚类结果(过程 8.2)。此时的难点是我们需要知道一些用于拆分簇的标准。

过程 8.1 聚合式聚类

选择一个合适的簇间距离，让每个点初始化为一个单独的簇，直到聚类结果符合要求为止，执行：

- 聚合簇间距离最近的两个簇。

过程 8.2 拆分式聚类

选择一个拆分标准，将整个数据集看作一个单独的簇，直到聚类结果符合要求为止，执行：

- 选择一个要拆分的簇，
- 将被选簇拆分成两部分。

若要将这些方式转换为具体算法，我们需要更多细节上的考量。对于聚合式聚类，我们需要选择一个良好的簇间距离，用来聚合相近的簇。尽管可以利用数据点之间的自然距离，但是确定一个规范化的簇间距离还是非常有必要的。通常来说，我们会选择一个看起来适合该数据集的距离。例如，人们可能会选择不同簇里面最近的元素之间的距离作为簇间距离，这往往会产生长簇(统计学家将此方法称为**单链接聚类**(single-link clustering))。另一个合理的选择是第一个簇的元素与第二个簇的元素之间的最远距离，这往往会产生圆簇(统计学家将此方法称为**全链接聚类**(complete-link clustering))。最后，可以使用簇中元素的平均距离，这也倾向于产生圆簇(统计学家将此方法称为**组平均聚类**(group average clustering))。

对于拆分式聚类，我们需要一种拆分方法。这符合实际应用的逻辑，因为这个思想是在大型数据集中找到一个自然拆分的高效方法。我们将不再进一步探讨这个问题。

最后，我们需要知道何时停止聚类。如果没有簇的生成过程的模型，这将是一项本质上很困难的任务。我所说的方法会生成簇的层次结构。通常来说，层次结构展示给用户的是树状图(dendrogram)的形式——表示簇间层次的结构，该结构展示簇间距离——以及如何从树状图中适当地选择簇(参见示例图 8-1)。

从图 8-1 的示例中我们可以注意到，关于聚类的另一件重要的事情是它没有正确的答案。相同的数据会出现多种不同的聚类结果。例如，根据该图中尺度的含义，缩小尺度并将所有数据视为一个簇，或者放大尺度并将每个数据点视为一个簇都可能是正确的。每一个介于两者之间的表示都可能是有用的。

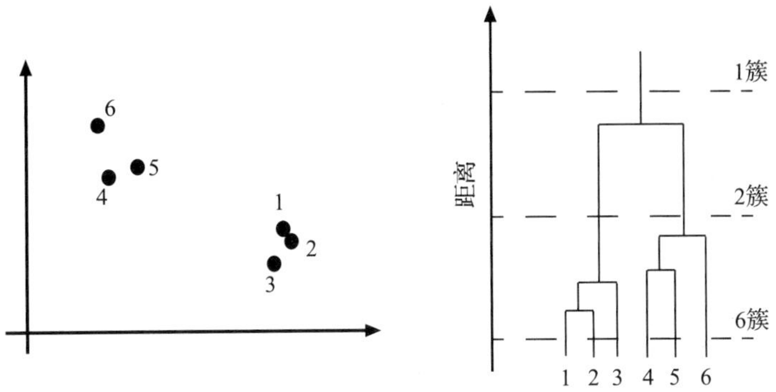

图 8-1　**左边**是一个数据集；**右边**是使用单链接聚类得到的树状图。如果选择一个特定的距离值(阈值)，那么在该距离处的一条水平线会将树状图拆分为多个簇。我们可以通过这种方法猜测可能的簇有多少个，并且可以深入了解这些簇的好坏

聚类和距离

在上面的算法中，我们假设对特征进行了适当的缩放，使得数据点之间的距离(以常规方式测量)可以很好地表示它们之间的相似性。这是很重要的一点，比如说，假设我们正在对表示砖墙的数据进行聚类，这些特征可能包含多个距离要素：砖块之间的间距、墙的长度、墙的高度等，如果这些距离以相同的单位给出，我们可能会遇到问题。举个例子，假设单位是厘米，则砖块与砖块之间的间隔为一至两厘米。但是墙的高度通常为数百厘米。这意味着两个数据点之间的距离可能完全由高度和长度数据决定。它可能是我们想要的，但这可能不是一件好事。

有一些可以解决此问题的方法，一种是去了解这些特征度量什么，并知道如何适当地缩放它们。通常来说，用这种方法是因为你对数据有深刻的理解。如果不理解(这种情况

会发生），比较常用的方法是尝试对数据集的范围进行标准化。这里有两个比较好的方法。最简单的方法是对数据进行平移，使其均值为零(这仅仅是为了操作简单——平移不会改变数据点之间的距离)，然后对每个方向进行缩放，使其具有单位方差。更复杂的方法是对数据进行平移，使其均值为零，然后对其进行变换，使得每个方向都是独立的并且具有单位方差，这样的做法有时也被称为**去相关**(decorrelation)或**白化**(whitening)；我在第 4 章的练习中介绍了具体怎么做。

记住：聚合式聚类的初始状态是每个数据点单独一个簇，然后递归聚合，有三种主要方法可以计算簇与簇之间的距离。拆分式聚类的初始状态是所有数据点在一个簇，然后递归拆分，选择一个好的拆分标准是比较有挑战性的。

实例 8.1　聚合式聚类

对 UC Irvine 机器学习数据库的种子数据集进行聚类(数据集请见 http://archive.ics.uci.edu/ml/datasets/seeds)。

答：每个数据项包含一个小麦籽粒的七个维度的数据，在这个数据集中有三种类型的小麦。对于这个样例，我使用 Matlab 作为聚类工具，但其他的编程环境也提供了对聚合式聚类有用的工具。图 8-2 中展示了聚类时的树状图。由于我使用 Matlab 绘制了完整聚类过程的树状图，所以该图看上去比较拥挤。从树状图和图 8-3 我们可以看出，该数据聚类的结果很好。

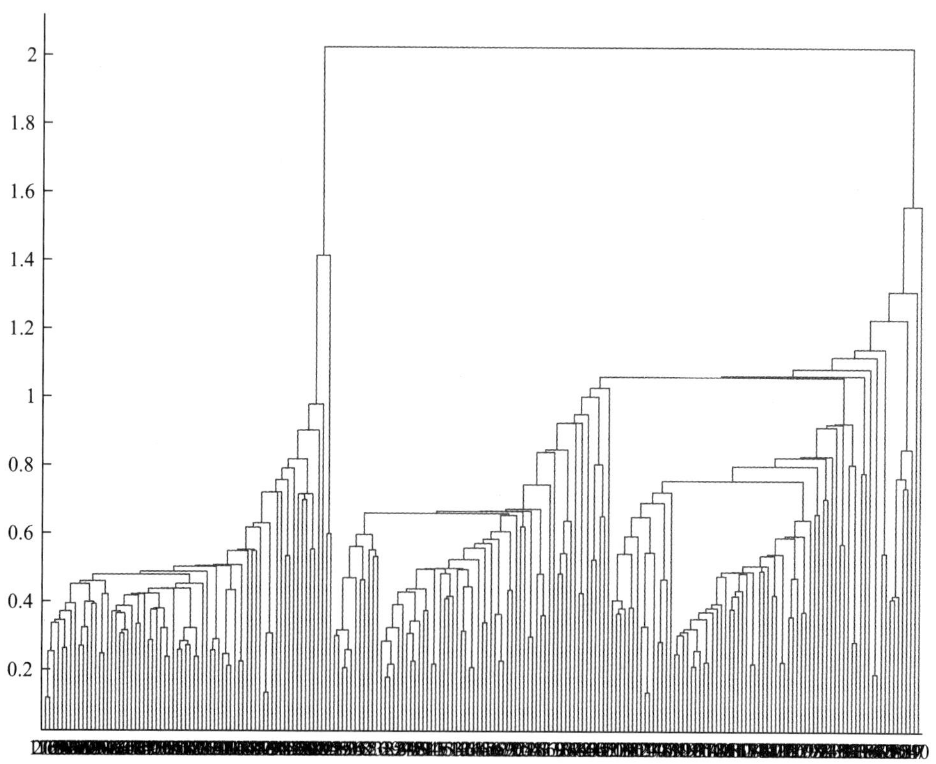

图 8-2　对种子数据集使用单链接聚类得到的树状图。回顾一下，数据点分布在水平轴上，竖直轴是距离。每一条水平线连接两个要聚合的簇，线的高度表示聚合的时机。尽管底部有些拥挤，我仍然在这里绘制了整个树状图，这样就可以清晰地看到数据集如何聚类成少量的簇——少量垂直的“距离”

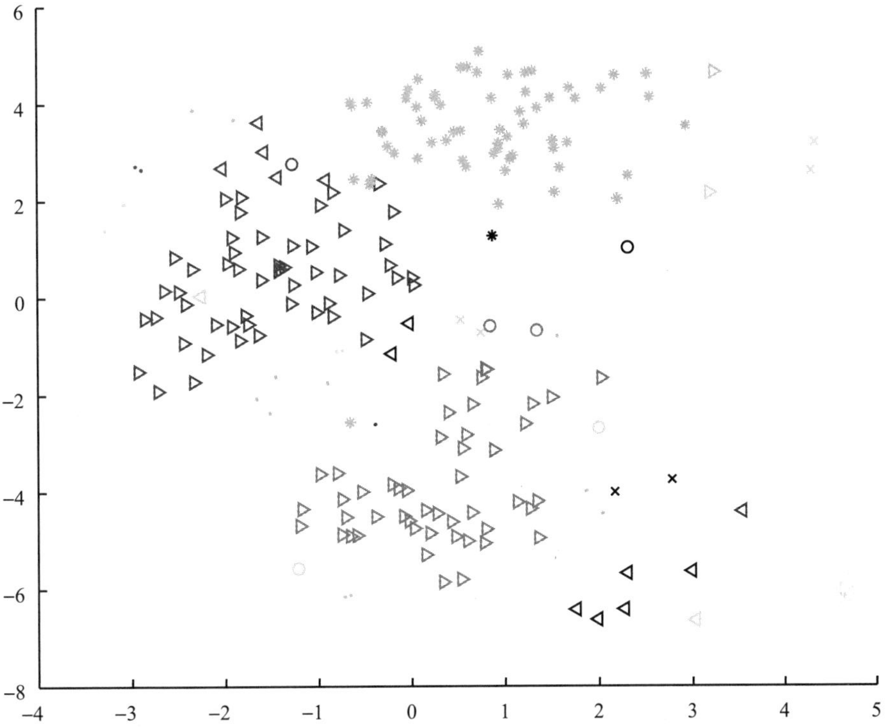

图 8-3 种子数据集的聚类结果，使用了聚合式聚类和最近距离准则，簇的数量最大为 30。我为每个簇绘制了一个不同的标记。我们可以发现存在一组比较自然的隔离簇。因为原始数据是八维的，不方便绘图，所以我选取了前两个主成分绘制了一个二维的散点图(实际上计算了在原始八维空间中簇的距离)

8.2 k 均值算法及其变体

假设我们有一个数据集，它能够形成许多看起来像数据团的簇。如果我们知道每一个簇的中心所在的位置，将不难分辨出每个数据项属于哪个簇——最近的中心点所对应的簇。同样地，如果我们知道每个数据项归属的簇，不难分辨出这些簇的中心——簇里面所有数据项的平均值，它与簇中每个数据点最接近。

通过写出数据点与簇中心之间的距离平方的表达式，我们不难将其形式化。假设我们知道数据集中有多少簇，不妨假设为 k 个。数据集中有 N 个数据项。第 i 个待聚类的数据项可以通过一个特征向量 $\boldsymbol{x}_i$ 表示。用 $\boldsymbol{c}_j$ 表示第 j 类的簇中心。我们用 $\delta_{i,j}$表示第 i 个数据点是否属于第 j 类，因此

$$\delta_{i,j}=\begin{cases}1, & \text{如果 } \boldsymbol{x}_i \text{ 属于第 } j \text{ 类}\\ 0, & \text{其他}\end{cases}$$

我们要求每个数据项只属于一个簇，因此 $\sum_j \delta_{i,j}=1$。同时要求每个簇至少有一个数据点，因为假设我们知道一共有多少个簇，所以每个 j 必须满足 $\sum_i \delta_{i,j}>0$。现在我们可以得出从数据点到簇中心的距离平方之和如下：

$$\Phi(\delta,\boldsymbol{c})=\sum_{i,j}\delta_{i,j}\left[(\boldsymbol{x}_i-\boldsymbol{c}_j)^{\mathrm{T}}(\boldsymbol{x}_i-\boldsymbol{c}_j)\right]$$

注意 $\delta_{i,j}$相当于一个“开关”。对于第 i 个数据点，只有唯一一个非零的 $\delta_{i,j}$能够选择从

该数据点到适当的聚类中心的距离，即 $\delta_{i,j}=1$。由于可变的参数是 δ 和 $\boldsymbol{c}$，我们很自然地能够想到通过选择 δ 和 $\boldsymbol{c}$，使 $\Phi(\delta,\boldsymbol{c})$ 最小来对数据进行聚类。这样可以产生有 k 个簇以及它们的簇中心的集合，使得数据点到簇中心的距离之和最小。

目前没有一个已知的算法能够在合理时间内精确地最小化 Φ。问题在于 $\delta_{i,j}$：事实上很难选择数据点到簇的最好的分配方式。上述我们猜测的算法是一个非常有效的近似解决方案。如果我们已知 $\boldsymbol{c}$ 的值，那么得到 δ 是轻而易举的——对于第 i 个数据点，将与其最接近的 $\boldsymbol{c}_j$ 对应的 $\delta_{i,j}$ 设为 1，将其他的 $\delta_{i,k}(k!=j)$ 设为 0。同理，如果 $\delta_{i,j}$ 是已知的，那么计算出每个簇的最佳中心是很容易的——仅需对该簇内的点做一个平均即可。因此，我们可以按如下方式迭代：

- 假设聚类中心已知，将每个点分配给最近的聚类中心。
- 将每个聚类中心更新为分配给该簇的所有点的平均值。

我们随机选择聚类中心作为起始点，然后按步骤不断交替迭代。该迭代过程最终会收敛到目标函数的局部最小值(该值在每一步要么下降，要么是固定值，并且有下界)。然而，它不能保证目标函数收敛到全局最小值。除非我们修改分配阶段，以确保每个簇都具有一定数量的非零点，否则该过程也不保证会产生 k 个簇。这个算法通常称作 ***k* 均值**(k-means)算法(详见过程 8.3)。

过程 8.3　*k* 均值聚类

选定 k。现在选择 k 个数据点 $\boldsymbol{c}_j$ 作为簇中心，按如下迭代直到簇中心几乎不变：

- 将每个数据点分配给离它最近的簇(该点到簇中心的距离最近)。
- 确保每个簇都有至少一个数据点；如果不能保证，可以在远离其他簇中心的数据点中随机挑选一个点作为空簇的数据点。
- 更新簇中心，使用每个簇内所有点的平均值作为该簇的中心。

通常来说，我们会对高维数据进行聚类，因此将它们可视化是困难的。如果维度不高，我们可以使用面板图(panel plot)来可视化。另一种方法是将数据从高维投影到两个主成分，并在其上绘制簇。4.2.2 节讲到的绘制二维协方差椭圆的过程在这里很有用。一个用来探索 k 均值聚类的经典的数据集是鸢尾花数据集，我们知道该数据应该生成三个簇(鸢尾花存在三个种类)。回忆一下 4.1 节，我把图 4-3 拿到这里作为图 8-4，方便一起比较。图 8-5、图 8-6 和图 8-7 展示了该数据的不同 k 均值聚类。

一种简单的初始化 k 均值的策略是随机选择 k 个数据项，然后将每个数据项用作一个初始的簇中心。这种方法虽然被广泛使用，但是存在一些问题：聚类结果的好坏在很大程度上取决于初始化，初始点的较差选择会导致较差的结果。一种(也是被广泛采用的)改进此策略的方法是进行多次初始化，然后选择在实际应用中表现最好的(性能最佳的)聚类结果。另一种具有很好的理论性质并被广泛使用的策略称为 ***k* 均值＋＋**(k-means＋＋)。你可以从数据集中均匀而随机地选择一个点 $\boldsymbol{x}$ 作为第一个簇中心。接着你可以计算这个点和其他所有点的平方距离；用 $d_i^2(\boldsymbol{x})$ 表示从第 i 个点到第一个簇中心的距离。这时，其他 $k-1$个簇中心可以从下述概率分布中独立同分布地抽取：

$$\frac{d_i^2(\boldsymbol{x})}{\sum_u d_u^2(\boldsymbol{x})}$$

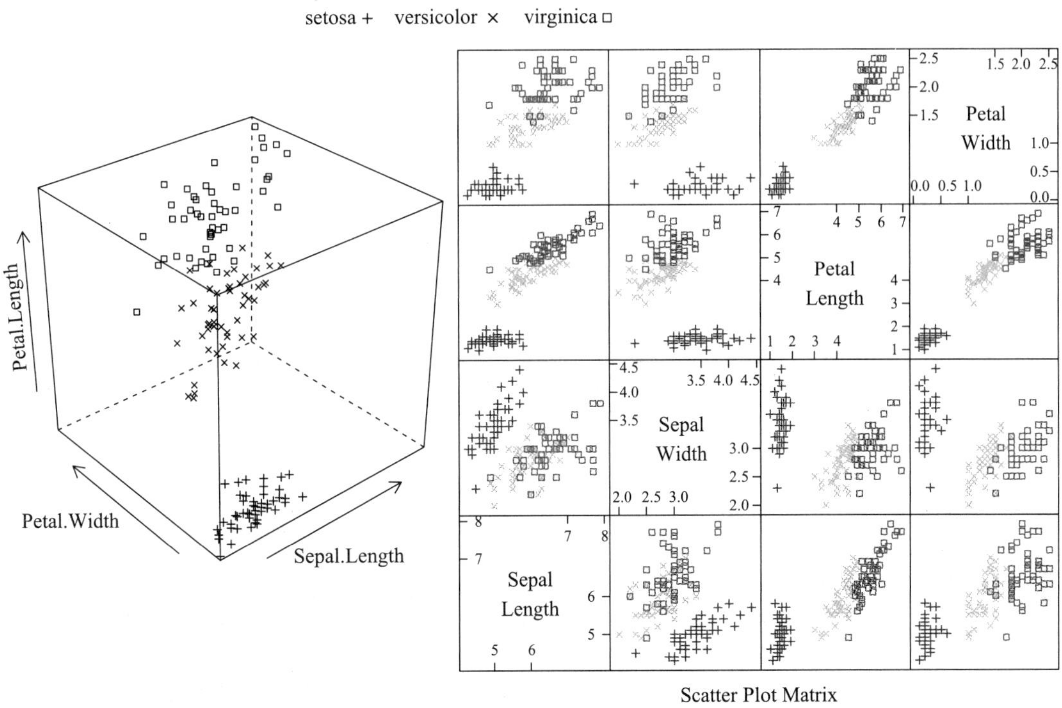

图 8-4　**左图：**著名的鸢尾花数据的三维散点图，由 Edgar Anderson 于 1936 年采集，被 Ronald Fisher 推广，使之在统计学领域广为流传。我从四个指标变量中选择了三个进行绘图，并且通过不同的标记区分每个鸢尾花物种。从图中可以看出，三个物种的聚类很紧致，相互间的区分度是很明显的。**右图：**鸢尾花数据的散点矩阵，其中有四个衡量三种鸢尾花物种的指标变量。我用不同的标记分别表示每个物种。你可以看出三个物种的聚类很紧致，相互间的区分度是很明显的

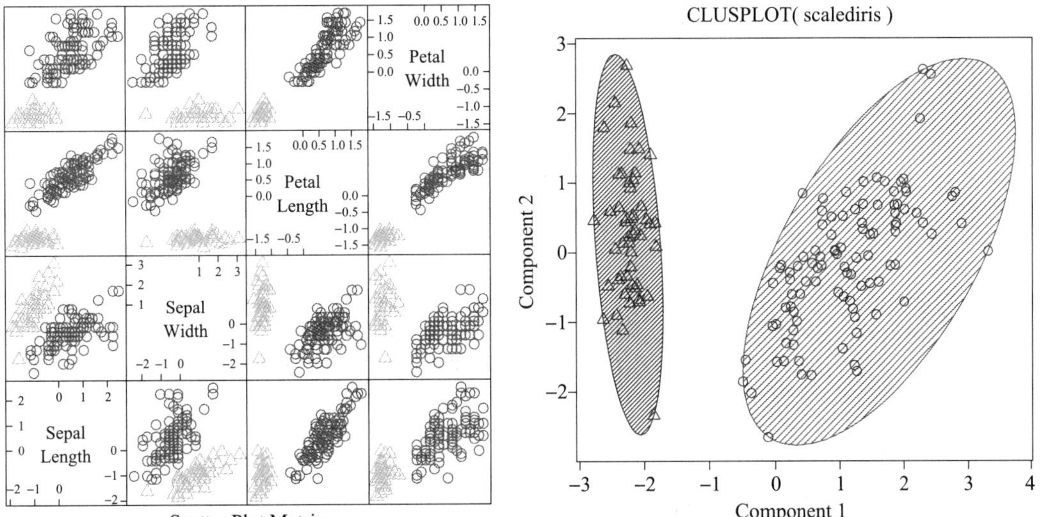

图 8-5　**左图**是使用 k 均值聚类($k=2$)对鸢尾花数据进行聚类的面板图。与图 8-4 比较，注意 versicolor 簇和 verginica 簇是如何被聚合的。在**右图**中，该数据集投影到前两个主成分上，在每个簇上都绘制了一个数据团

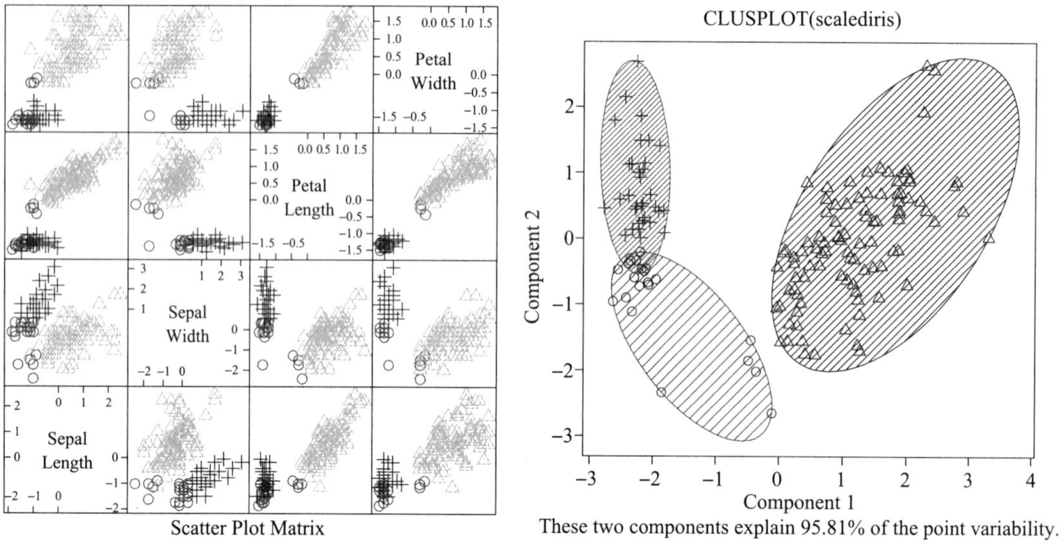

图 8-6　**左图**是使用 k 均值聚类($k=3$)对鸢尾花数据进行聚类的面板图。与图 8-4 比较，注意两个图中簇与标记的关系。在**右图**中，该数据集投影到前两个主成分上，每个簇由一个数据团覆盖

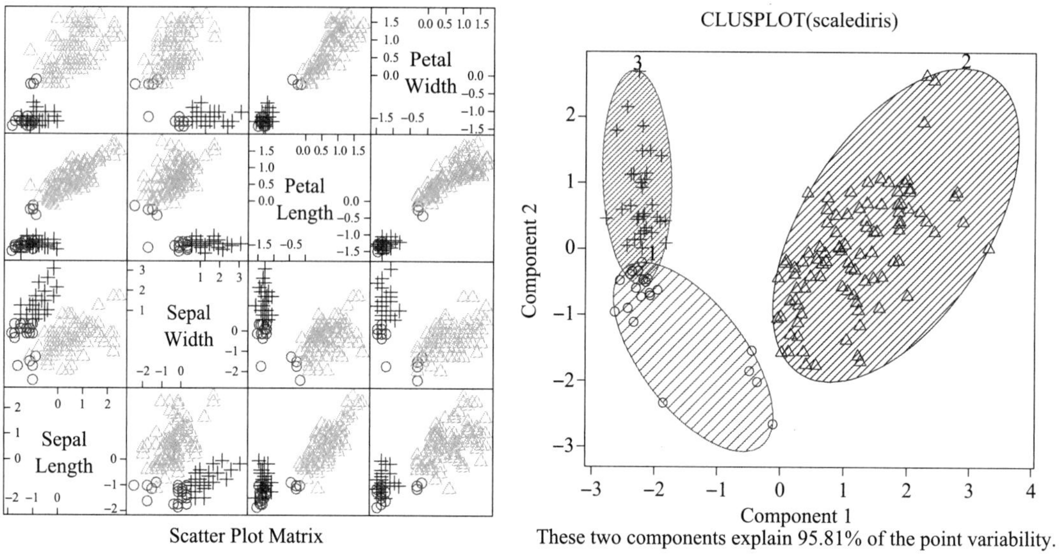

图 8-7　**左图**是使用 k 均值聚类($k=5$)对鸢尾花数据进行聚类的面板图。与图 8-4 比较，setosa 似乎被分为两组，而 versicolor 和 verginica 分为三组。在**右图**中，该数据集投影到前两个主成分上，每个簇由一个数据团覆盖

8.2.1　如何选择 k 的值

鸢尾花数据只是一个简单的例子。我们已经提前知道鸢尾花数据能构成清晰的簇，并且知道有三簇。但在大多数情况下，我们不知道待聚类的数据有多少簇，因此我们需要根据实验确定 k 的值。一种策略是按照不同的 k 值进行聚类，然后根据每个聚类结果的代价函数值的大小确定 k。但如果存在更多的簇中心，这时候每个数据点都可以找到一个更加靠近它的中心，我们不难预料代价函数值会随着 k 的增加不断降低。从这里我们可以看

出，如果只找一个使代价函数值最小的 k 对聚类没有帮助，因为当 k 等于数据点的数目时，代价函数值为 0。但我们将代价函数值随 k 变化的曲线画出来，观察曲线的“拐点”将会对我们有所帮助。图 8-8 就是根据鸢尾花数据画出的相关曲线。观察到 $k=3$(正确答案)看起来并不特别，$k=2$，3，4 似乎都是合理的选择。我们通过对更大的 k 值有一定的惩罚机制，也许能够提出一个可以做出更精确建议的程序，因为更大的 k 值可能表示更低效率的数据编码。然而大多数情况下不值得这么去做。

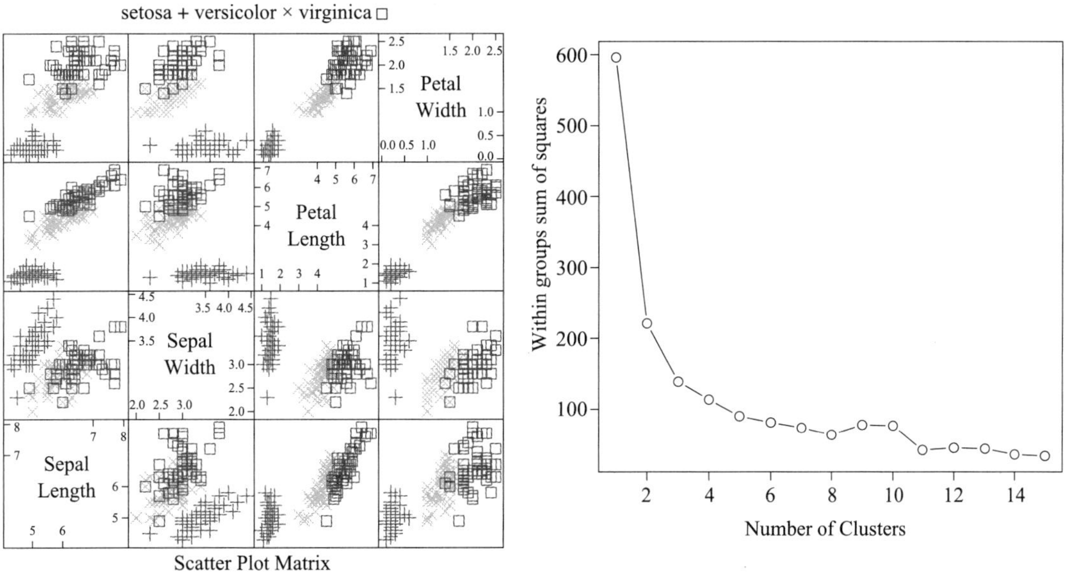

图 8-8　**左图**是鸢尾花数据的散点图矩阵(仅供参考)，**右图**是代价函数值关于不同的 k 值的变化曲线。我们可以观察到代价函数的值在 k 从 1 变到 2 时有一个巨大的落差，同样在 $k=4$ 的时候也发生较大的变化，在那之后，代价缓慢下降。该图建议我们根据实际应用选择 k 的值为 2，3 或 4

在一些特殊的情形中(如鸢尾花情形)，我们可以使用已知的答案来检查我们的聚类结果。在这种情况下，可以通过查看簇中不同标签的数量(有时称为纯度)和簇的数量来评估聚类结果。好的聚类结果具有较少的簇，而且每一个簇都具有很高的纯度。在大多数情况下，我们没有正确的答案来检查结果。一种比较粗糙的策略是通过实践来对 k 做出选择。通常来说，我们对数据进行聚类是要在某个实际应用中使用聚类结果(最重要的应用之一是向量量化，它将在 8.3 节进行介绍)。有一些自然的方式去评估这个应用。例如，向量量化通常用作纹理识别或图像匹配的前期准备；你可以通过识别器的错误率或者匹配器的准确率进行评估。然后选择在验证数据上得分最高的 k。从这个观点来看，问题的关键不在于聚类的好坏，而是整个系统使用聚类结果工作的效果如何。

8.2.2　软分配

k 均值聚类的一个难点是每个点必须只属于一个确定的簇。但是，鉴于我们不知道数据集到底多少个簇，这似乎是不正确的。如果一个点和多个簇很接近，那么我们为什么一定要强迫这个点属于某个簇中心？考虑到这一点，我们可以给每个点和簇中心之间分配权重。这个权重不同于 $\delta_{i,j}$，它不仅仅只有 0 和 1 两个值。我们将 $w_{i,j}$ 作为点 i 与簇中心 j 相关联的权重，这个权重是非负的(即 $w_{i,j}\geqslant 0$)，并且每个点关于所有簇中心的权重之和为 1(即 $\sum_j w_{i,j}=1$)，因此，如果第 i 个点对一个簇中心的贡献更大，那么它对其他簇中心的贡献就相对少了。可以将 $w_{i,j}$ 视为原始代价函数中 $\delta_{i,j}$ 的简化，我们可以写一个新的代价函数

$$\Phi(w,\boldsymbol{c}) = \sum_{i,j} w_{i,j}[(\boldsymbol{x}_i - \boldsymbol{c}_j)^{\mathrm{T}}(\boldsymbol{x}_i - \boldsymbol{c}_j)]$$

这样可以通过确定 w 和 $\boldsymbol{c}$ 的值来使函数值最小化。但这对原来的问题没有任何改进，因为对于所有的 $\boldsymbol{c}$，每个点分配到其最近的簇中心时的 w 值选择是最佳的。这是因为我们没有确定 w 和 $\boldsymbol{c}$ 两者之间的关系。

但是 w 和 $\boldsymbol{c}$ 应该是耦合的。我们希望 $w_{i,j}$ 在 $\boldsymbol{x}_i$ 接近 $\boldsymbol{c}_j$ 的时候尽量大一些，在其他时候小一些。我们选择一个缩放比例系数 $\sigma(\sigma>0)$，$d_{i,j}$ 表示距离 $\|\boldsymbol{x}_i - \boldsymbol{c}_j\|$，引出式子：

$$s_{i,j} = \mathrm{e}^{\frac{-d_{i,j}^2}{2\sigma^2}}$$

$s_{i,j}$ 通常被称作点 i 与簇中心 j 的**邻接关系**(affinity)。当它们以单位 σ 接近时，$s_{i,j}$ 的值很大；当它们远离时 s_{ij} 的值则很小。现在，可以自然地选择权重如下：

$$w_{i,j} = \frac{s_{i,j}}{\sum_{l=1}^{k} s_{i,l}}$$

所有的权重都是非负的，且和为 1。权重大小根据数据点离簇中心的距离大小来决定，距离越小，权重越大。缩放比例系数 σ 设定“更近”的程度——我们把 σ 作为单位测量距离。

一旦我们得到了权重，重新评估簇中心也是很容易的。我们使用权重来计算点的加权平均值。特别地，通过以下方式重新估计第 j 个簇中心：

$$\frac{\sum_i w_{i,j}\boldsymbol{x}_i}{\sum_i w_{i,j}}$$

注意到 k 均值只是该算法中的 σ 接近 0 的一个特殊情况。在这种情况下，每个点有一个簇中心满足 $w_{i,j}=1$，其余的簇中心的权重都为 0，所以加权均值变为普通均值。为了方便起见，我将相关信息放入下面的文本框中(过程 8.4)。

过程 8.4 具有软权重的 k 均值

选取一个 k 值。选择 k 个数据点 $\boldsymbol{c}_j$ 作为初始聚类中心。选择一个缩放比例系数 σ。按以下方式不断迭代，直到簇中心的变化很小：

- 首先，估计权重值。对于每一对点 $\boldsymbol{x}_i$ 和簇中心 $\boldsymbol{c}_j$，计算它们的邻接关系：

$$s_{i,j} = \mathrm{e}^{\frac{-\|\boldsymbol{x}_i - \boldsymbol{c}_j\|^2}{2\sigma^2}}$$

- 然后，对于每对数据点 $\boldsymbol{x}_i$ 和簇中心 $\boldsymbol{c}_j$，计算数据点连接到中心的软权重：

$$w_{i,j} = s_{i,j} \Big/ \sum_{l=1}^{k} s_{i,l}$$

- 对于每个簇，更新它们的中心：

$$\boldsymbol{c}_j = \frac{\sum_i w_{i,j}\boldsymbol{x}_i}{\sum_i w_{i,j}}$$

请注意这个过程的另一个特点。只要你在这个计算中使用了足够大的精度(这可能很

困难)，$w_{i,j}$ 总是大于 0 的。这意味着所有的簇都非空。实际上，如果 σ 比点与点之间的距离更小，你可能会得到空的簇。你可以通过观察 $\sum_i w_{i,j}$ 的值来判断是否发生这种情况；如果它非常小或为 0，则说明有问题。

8.2.3　高效聚类和层级式 k 均值

在实际应用中会存在一些困难。有时候我们会面临规模庞大的数据集(数百万的规模是真实存在的)，而且会有一个很大的 k 值。在这种情况下，使用 k 均值聚类将会变得很困难，因为确定某个点属于哪个簇中心的时间复杂度随着 k 的增大线性增长(而且我们在每一轮迭代时都需要确定每个点的归属)。目前有两种有用的策略可以解决这个问题。

对于第一种方法，注意到如果我们能够合理地确定每一个簇包含许多个数据点，那么有一些数据是冗余的。我们可以对数据进行随机下采样、聚类，然后保留聚类中心为原数据集的簇中心。尽管这很有帮助，但如果你希望数据包含许多簇，这样做还是不够的。

另一种更有效的方法是建立 k 均值聚类的层次结构。我们对数据进行随机下采样(通常非常激进)，然后将它们用较小的 k 进行聚类。每个数据项分配给离它最近的簇中心，然后对每个簇里面的数据点再次使用 k 均值聚类。在此过程后，我们得到看起来像两层聚类树的结果。当然，这个过程仍然可以继续重复，产生一个多层次的聚类树。

8.2.4　k 中心点算法

在某些情况下，我们想要对一些无法做平均的东西进行聚类。其中的一种情况是，你有一张关于物体之间的距离的表，但不知道代表这个物体的具体向量。例如，你可以收集城市之间距离的数据，尽管不知道城市的具体位置(如 6.2.3 节，特别是如图 6-1 所示)，然后尝试使用这些数据进行聚类。另一个示例是，你可以像 6.2.3 节中那样收集早餐物品之间具有相似性的数据，然后通过取负对数将相似性转换为距离。这些操作会给出一个关于距离的表。但你仍然不能把燕麦片和咸鱼做平均，因此你不能使用 k 均值算法来对其进行聚类。

一种 k 均值算法的变体(称作 k 中心点算法，k-medoids)可以在这种情况下做聚类。在 k 中心点聚类中，簇中心是数据项，而不是它们的平均值，因此称为“中心点”。其他的部分和 k 均值算法相似。我们假设簇中心的数量 k 是已知的。我们通过随机选择样本来初始化簇中心。然后，我们按两个步骤迭代。第一步是将每个点分配给最近的中心点；第二步是为每个簇选择最佳的中心点(使簇中的点到该点的距离之和最小)。只需遍历簇中的所有点即可找到该点。

8.2.5　例子：葡萄牙的杂货

聚类可以用来发现一些其他简单方法无法发现的数据集结构，下面就是一个例子：在 http://archive.ics.uci.edu/ml/datasets/Wholesale+customers 上可以找到葡萄牙客户每年在不同商品上消费的金额的数据集。这些商品被分为用于研究的几类(生鲜、牛奶、杂货、冷冻、洗涤剂、纸以及熟食)。这些客户按渠道(两个对应于不同类型的商店的渠道)和地区(三个地区)划分。你可以认为客户数据被分为六个块(每个渠道和每个区域作为一对)。有 440 个客户记录，每个区块中包含很多客户，数据由 M. G. M. S. Cardoso 提供。

图 8-9 显示了客户数据的面板图；数据已经聚类好了，我给 10 个簇中的每一个赋予了标签。你(或者至少我)在这里看不到任何有关这六个区块的差异。这是由于可视化的形

式不太好，而数据的真实属性并不是这样的。人们喜欢与“像”他们的人住在一起，因此你可以预料到相同地区的人有某些相似之处；你可以合理预测不同区块之间的差异（如地域偏好、财富差异等）。零售商有不同的渠道来吸引不同的人，据此你可以预测使用不同渠道的人会有差异。但是你在聚类结果图中看不到这一点。事实上，这个图基本上没什么帮助，它没有凸显出多少结构信息。

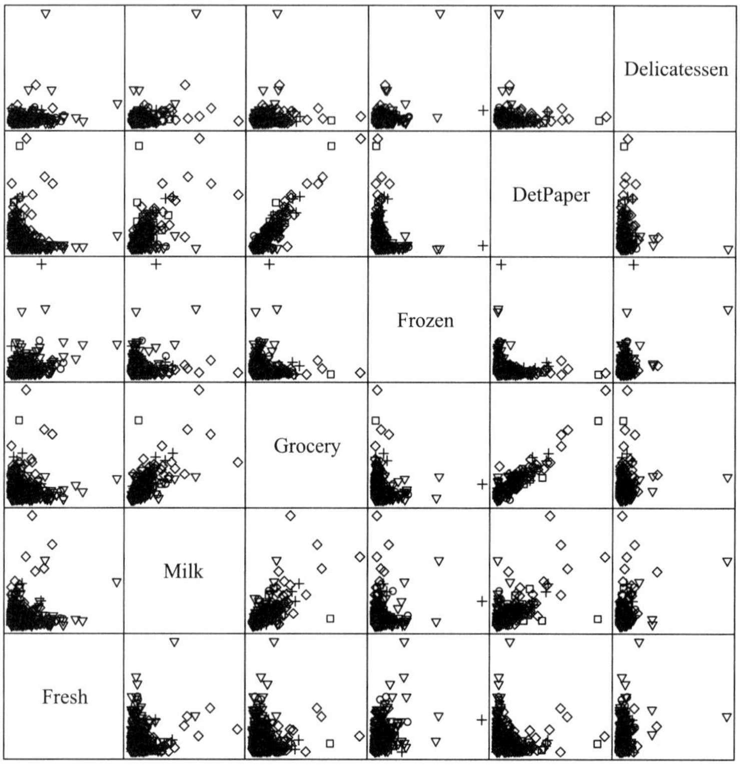

图 8-9　在 http://archive.ics.uci.edu/ml/datasets/Wholesale+customers 上的大规模客户数据的面板图，它记录了葡萄牙客户每年在不同商品上消费的金额。这组数据有六个不同块（两个渠道，每个渠道对应三个区域）。我用不同的标记绘制了每个区块的客户，但是由于上文中提到的原因，你在这里看不到太多的数据结构

以下是一种思考数据结构的方法。客户可能存在不同的“类型”。例如，在家中准备食物的客户可能会在新鲜食品或杂货上花更多的钱，而主要购买即食食品的客户可能会在熟食上花更多的钱；同样地，养猫或有孩子的咖啡爱好者在牛奶上的花费可能会比乳糖不耐受的人多，等等。因此我们可以将客户按照类型进行聚类。在聚类好的数据的面板图上很难看到上面所说的结果（图 8-9）。这些数据很难去解读，因为面板图的维度很高，并且数据都聚集在左下角。然而，当你对数据进行聚类并同时观察不同 k 值的代价函数值时，你会看到不错的效果——少量的一组簇就可以很好地表示不同类别的客户（图 8-10）。簇成员的面板图（也在图 8-10 中）并不是特别有用。它们的维度很高，所有的簇挤在一起，难以区分。

有一个重要的影响因素是在面板图中看不到的。比如说，这些客户可以按类型聚类的一些原因是诸如财富，以及人们倾向于和习惯相似的人做邻居等因素。这意味着不同区块对每种类型的客户有着不同的比例。在较富裕的地区可能会有更多的熟食店；在有很多孩

子生活的地区，常常有更多的牛奶和洗涤剂的消费者，等等。

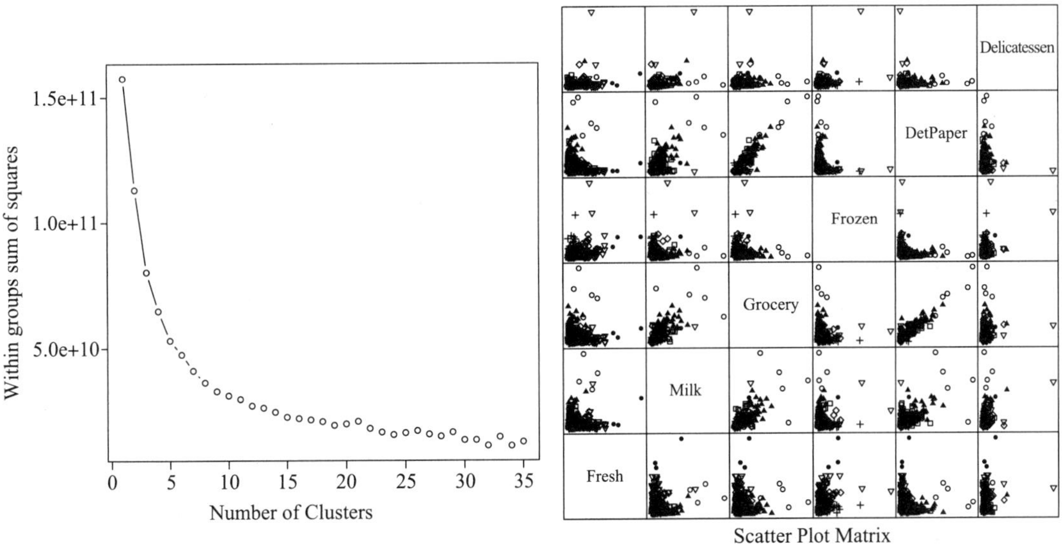

图 8-10　**左图**是 k 取值 2 到 35 时对客户数据进行聚类的代价函数曲线图。从这条曲线可以看出，k 值的合理范围应该是 10 到 30；这里我选择 $k=10$。在**右图**中，我用 k 均值算法将客户数据聚类成 10 类。这些簇看起来是挤在一块的，但是左边的图表明这些簇确实捕捉到了一些重要信息。毫无疑问，聚类成非常少量的簇会导致一些问题。请注意，我没有缩放数据，因为每个度量单位都是可比较的。例如，将新鲜食品的支出和杂货的支出按比例缩放就没有意义了。右图的主要问题是难以解释，因此我们需要一种更好的方法来表示潜在的数据

这种数据结构在面板图中不会很明显。一个由少量牛奶消费者和许多洗涤剂消费者组成的块将包含很少的具有高牛奶支出值(其他值较低)的数据点，以及很多的具有高洗涤剂支出值(其他值较低)的数据点。在面板图中，这看起来像两个数据团；但是如果第二个区块有很多牛奶消费者和少量洗涤剂消费者，它的外观也将像两个数据团，大致位于第一组数据团的顶部。这将使我们很难发现不同区块之间的差异。

一个能够观察到这些区别的方法是查看每个区块内客户类型的直方图。图 8-11 按照这种方式画出了购物者的相关数据。该图画出了出现在每个区块中的客户类型的直方图。正如我们所期望的，这些区块包含了不同的客户类型的分布。而且看起来渠道上的差异(此图中的行)比区域上(此图中的列)的差异更大。接着，你可能会预测：不同地区可能包含稍有不同的客户(例如，由地区食物的偏好导致的)，但不同的渠道旨在迎合不同类型的客户。

8.2.6　关于 k 均值算法的一些见解

如果你尝试使用 k 均值聚类，你会注意到该算法的一个不足：它总是产生一些相当分散的簇或只包含单个元素的簇。大多数簇通常是紧密成团的，但是通常也存在一个或多个不好的簇。这很容易解释，因为每个数据点都必须归属于一个簇，与其他数据点的距离都很远的数据点会归属于某个簇，并且会对该簇的中心产生较大的影响(把中心拉远，到较差的位置)。即使你使用软权重分配，这种现象也会发生，因为每个点的总权重之和必须为 1。如果该点与所有其他点相距较远，则它会被分配到最接近的点，这时权重非常接近 1，因此可能导致簇中心处于一个较差的位置，或者将其单独作为一个簇。

其实有一些方法能够解决这个问题。如果 k 很大，就会有许多可以直接忽略的单个元

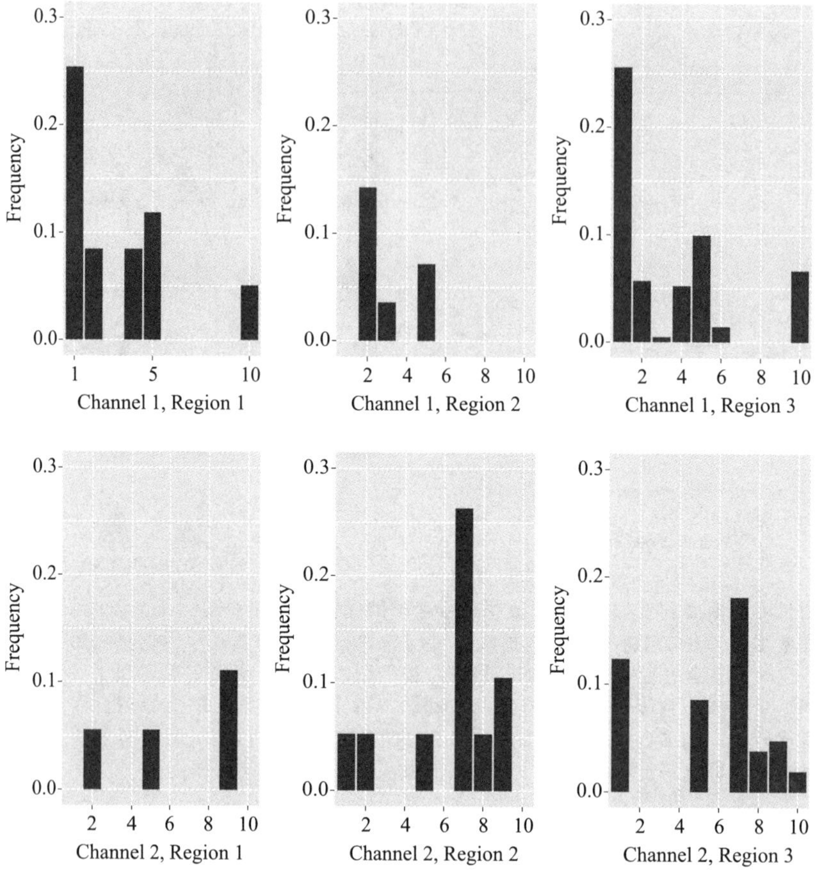

图 8-11　按区块划分的不同类型客户消费数据的直方图。不难观察到，现在区块之间的差异是很明显的——这些区块显示它们包含了不同的客户类型分布。而且看起来渠道上(此图中的行)的差异比区域上(此图中的列)的差异更大

素的簇，那么这个问题不是那么重要了。但是把 k 取得过大不是好的解决办法，这会导致一些原本比较大的簇被分割开来。另一种解决方法是使用一个“假”簇。任何距离真实簇的中心太远的点都将被分配给“假”簇，无需计算“假”簇的中心。但是需要注意，我们只是暂时性地把这个点分配给“假”簇；数据点应该能够随着迭代过程中簇中心的变化进出“假”簇。

记住： k 均值聚类是首选的聚类算法。你应该把它看作很多算法的基本思想。这个基本思想是：迭代——将每个数据点分配给最近的簇中心；重新计算簇中心。在这个基本思想下有许多变体、改进的算法等等。我们已经提到的改进有软权重和 k 中心点算法。通常来说，我描述的方法并不是 k 均值最好的实现方式(它虽然效率不高，但却是整个过程的核心)。k 均值算法的实现在一些重要的方面上和我对算法的概述有所不同。对于任何微小的问题，应该使用一个程序包，并且应该寻找使用 Lloyd-Hartigan 方法的程序包。

8.3　用向量量化描述重复性

第 1 章中的分类器可以应用于简单的图像分类(例如本章末尾的 MNIST 练习)，但是如果你尝试将它们应用于更复杂的信号，分类器的效果将会很差。我们所描述的方法只适

用于定长特征向量。但是典型的信号，比如语音、图像、视频或者加速度计的输出值，往往是同一内容的不同版本具有不同的长度。例如，图片可以有多种分辨率，在对每个图片进行分类之前分类器要求每个图片都是 28×28 的像素大小，这就很死板。再举一个例子，有些人说话语速很慢，有些人语速很快，但是语音识别系统要求每个人必须都以相同的速度说话，这样分类器才可以运转，这种苛刻的条件几乎不可能满足。因此我们需要接收信号并构造出固定长度的有用特征向量。本节展示了一个最有用的构造方法(需要注意的是，这是一个非常庞大的主题)。

重复性是许多有趣的信号的一个重要特征。例如，图像包含纹理，这些纹理是有规律的图案，看起来像大量小结构不断地重复。这种重复性的例子包括动物斑点，如豹子或猎豹；动物的条纹，例如老虎或斑马；树皮、木材和皮肤上的图案等。类似地，语音信号包含音素——有特点的、程式化的、可以组合起来产生语音的声音(例如，"ka"音接上"tuh"音，就产生了"cat")。另一个例子和加速度计有关。如果物体带着加速度计运动，则加速度计的信号会记录其运动过程中的加速度。例如，一个人刷牙的时候手腕会不断地来回移动，走路的时候手臂会重复地前后摆动，这些也是重复性的加速度信号。

重复性出现在一些细微的形式中。它的本质是少量的局部模式可以用于表示大量的例子。你从场景图片中可以看到这些效果。如果你收集过大量的海滩场景的图片，你会发现它们基本上都包含海浪、天空，还有沙子。海浪、天空或沙子的各自的图像块可能惊人地相似。然而，可以通过以下方式对不同的图像进行建模，从图像块的库中取出一些图像块，然后将它们适当地摆放，形成一幅图像。同样地，客厅的图片含有椅子、电视和地毯等图像块。各种各样的客厅图片可以由含有少量的图像块的库构成；但是你很难在客厅中看到海浪(除非是客厅的挂件)，你也很难在沙滩场景上看到地毯。这说明用于构成图像的图像块揭示了图像中所包含的内容。这个观察结果适用于语音、视频和加速度计等信号。

表示重复信号的一个重要部分是构建一个重复模式库，然后用其中的模式描述信号。对于许多问题，知道模式库中的什么模式出现了以及它们出现的频率，要比知道它们出现在哪里更重要。例如，想要区分斑马和豹子，你需要知道条纹和斑点哪个更常见，而不是它们出现在身体的哪个地方。另一个例子是，你想用加速度计信号辨别刷牙和走路，了解大量的扭转动作很重要，但是这些动作在时间上是如何联系在一起的可能就不那么重要了。一般来说，只要知道有哪些模式，你就可以很好地对视频进行分类(即不需要知道模式出现在何处或何时出现)。但并不是所有的信号都是这样的。例如，在语音中，什么声音接着什么声音出现真的很重要。

8.3.1 向量量化

通过寻找经常出现的固定大小的微小信号来尝试确定模式是很自然的。在图像中，这个信号可能是一个 10×10 的小图像块，它可以被重组为一个向量。在可能表示为向量的声音文件中，它可能是固定大小的子向量。3 轴加速度计信号通常表示为 $3\times r$ 维的数组(其中 r 是样本数)；在这种情况下，一个信号片段可能是可以重组为向量的 3×10 的子数组。但是很难找到经常出现的模式，因为信号是连续的——每个模式都会略有不同，我们不能简单地计算出一个特定模式出现了多少次。

下面是一种策略。我们选择一个信号训练集，将每个信号分割成固定大小的片段，并重组成 d 维的向量。然后我们用这些片段构建一组簇的集合。这组簇的集合通常被认为是一个“字典”，我们期望许多或大多数簇中心是信号中经常重复出现的片段。

现在，对于任何新的信号片段，可以用与该片段最接近的簇中心来表示它。这意味着一个信号片段可以用数字 1 到 k(k 为你选择的簇的数量)来表示，并且两个相似的片段应该用相同的数字表示。这种策略称为**向量量化**(vector quantization)，简称 VQ。

该策略适用于任何类型的信号，并且在细节上具有很好的鲁棒性。我们可以将 d 维向量用于声音文件，$\sqrt{d}\times\sqrt{d}$维的块用于图像，$3\times(d/3)$维的子数组用于一个加速度信号。在每种情况下，使用距离平方和即可轻松计算出两个信号片段之间的距离。生成字典时，将信号切成重叠或不重叠的片段不是很重要，只要有足够的片段即可。

过程 8.5　为 VQ 生成字典

获取一组信号训练集，将每个信号分割成固定大小的片段。片段的大小会影响该方法的效果，通常是通过实验来选择。这些片段是否重叠不重要。对所有片段进行聚类，并记录 k 个聚类中心，通常使用 k 均值聚类(也可用其他聚类方式)。

现在，我们可以构建特征来表示信号中重要的重复结构。我们得到一个信号，将它分割成长度为 d 的向量。这些向量可能重叠，可能不重叠。然后我们计算描述每个向量所用的数字(即离它最近的簇中心的编号，如上文所述)。接着我们计算信号中所有向量所获得数字的直方图。这个直方图可以表示信号。

过程 8.6　使用 VQ 表示信号

得到你的信号，将它分割成固定大小的片段。片段的大小会影响该方法的效果，通常是通过实验来选择。这些片段是否重叠不重要。对于每个片段，记录在字典中与其最近的簇中心。可以用这些数字的直方图表示信号，这是一个 k 维向量。

注意这种构建方法有几个不错的特性。首先，它可以应用于任何可以用固定大小片段来表示的对象，因此适用于语音信号、声音信号、加速度计信号、图像等。另一个不错的特性是该构建方法可以接收不同长度的信号，并生成固定长度的表示。一个加速度计信号可能会覆盖 100 个时间间隔；另一个可能会覆盖 200 个间隔；但它总是可以用包含 k 个“桶”的直方图表示，所以它总是一个长度为 k 的向量。

还有一个很好的特性是我们不需要非常仔细地把信号分割成固定长度的向量。这是因为重复性很难隐藏，这一点用图表示比用文本表示更容易(图 8-12)。

信号片段的数量(也就是 k)可能很大。如果是为 100 万个条目构建一个字典，使用数万到数十万个簇中心是非常合理的。在这种情况下，最好使用层级式 k 均值，如 8.2.3 节所述。层级式 k 均值产生一个簇中心的树。借助该树很容易对查询数据项进行向量量化。我们在第一层进行向量量化。这样做将选择树的一个分支，并将数据项继续向下传递给这个分支。它要么是一个叶结点(在这种情况下，我们返回叶结点的编号)要么是一组簇(在这种情况下，我们进行向量量化，并向下传递数据项)。无论是聚类还是在运行时，此过程都是高效的。

将信号表示为簇中心的直方图，会以两种重要方式丢失信息。首先，直方图只有极少量或根本没有相关信号片段的排列顺序。例如，这种表示方式可以体现出图像中是否有条纹或斑点，但无法知道这些东西在图像中的具体位置。你不应该凭直觉来确定丢失的信息是否重要。对于多种图像分类任务，利用簇中心的直方图的结果比你猜想的要好得多，尽管它没有对片段所在的位置进行编码(虽然现在通过卷积神经网络可以获得更好的结果)。

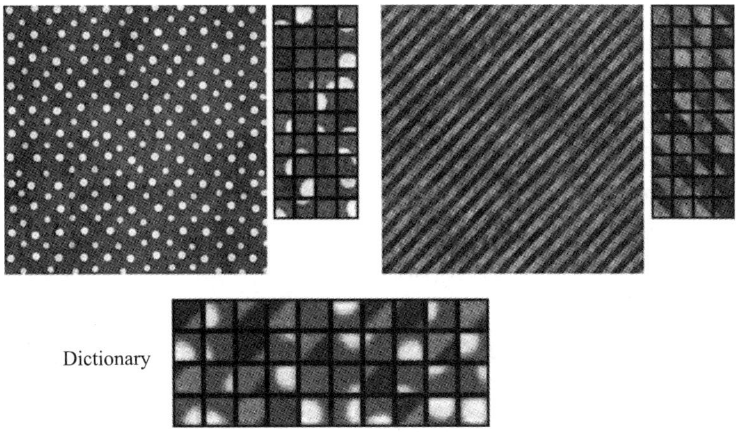

图 8-12 **上图**：左右两幅图像具有大量的重复特征，它们发布在 flickr. com 上，webtreats 拥有其知识共享许可证。在这两幅图像右边，我展示了从这些图像中放大的 10×10 采样块；尽管斑点(或者是条纹)不一定位于图像块的中心，但很明显能看出它们属于哪幅图像。**下图**：使用 k 均值从每个图像的 4000 个样本中计算出包含 40 个模式的字典(库)。如果你仔细观察，会发现某些字典元素是斑点形的，而有的字典元素是条纹形的。条纹图像含有由字典中的条纹形元素表示的图像块，而斑点图像则包含由斑点形元素表示的图像块

其次，用簇中心代替信号肯定会丢失一些细节，这些细节可能很重要，会导致一些错误的分类。一个极其简单的构建方法可以缓解这些问题。使用不同的训练片段集生成三个(或更多)字典，而不是只生成一个。例如，你可以将同一个信号在不同的网格上分割成片段。然后使用每个字典生成簇中心的直方图，并根据这些直方图进行分类。最后，使用投票方案决定每个测试信号的类别。在许多实际问题中，这种方法对分类效果有小但有用的提升。

8.3.2 例子：基于加速度计数据的行为

这里有一个复杂的示例数据集(https://archive.ics.uci.edu/ml/datasets/Dataset+for+ADL+Recognition+with+Wrist-worn+Accelerometer)。这个数据集由安装在手腕上的加速度计的信号组成，这些信号是不同的实验个体在日常生活的不同行为中产生的。这些行为包括：刷牙、爬楼梯、梳头发、下楼等等。每个实验由 16 名志愿者完成。加速度计以每秒 32 次的频率对 X、Y 和 Z 方向的加速度进行采样(即该数据每秒采样并记录 32 次加速度)。该数据集由 Barbara Bruno、Fulvio Mastrogiovanni 和 Antonio Sgorbissa 收集。图 8-13 展示了各种刷牙示例中 X 方向上的加速度变化。

使用这些数据会有一个问题。不同的实验个体完成这些行为的总时间差别很大。例如，有些实验个体可能比其他个体刷牙更认真(即刷牙更慢、更仔细)。另一个例子是，长腿的人走路的频率与短腿的人不同。这意味着由不同实验个体执行同一行为将产生长度不同的数据向量。通过时间规整和重新采样信号处理这个问题并不是一个好的办法。因为这样做会让一个刷牙比较认真的人在刷牙时手部移动变快(或者一个不认真刷牙的人看起来慢得可笑：有点像对电影的快放和慢放)。所以我们需要一个能够处理信号长短不一的方法。

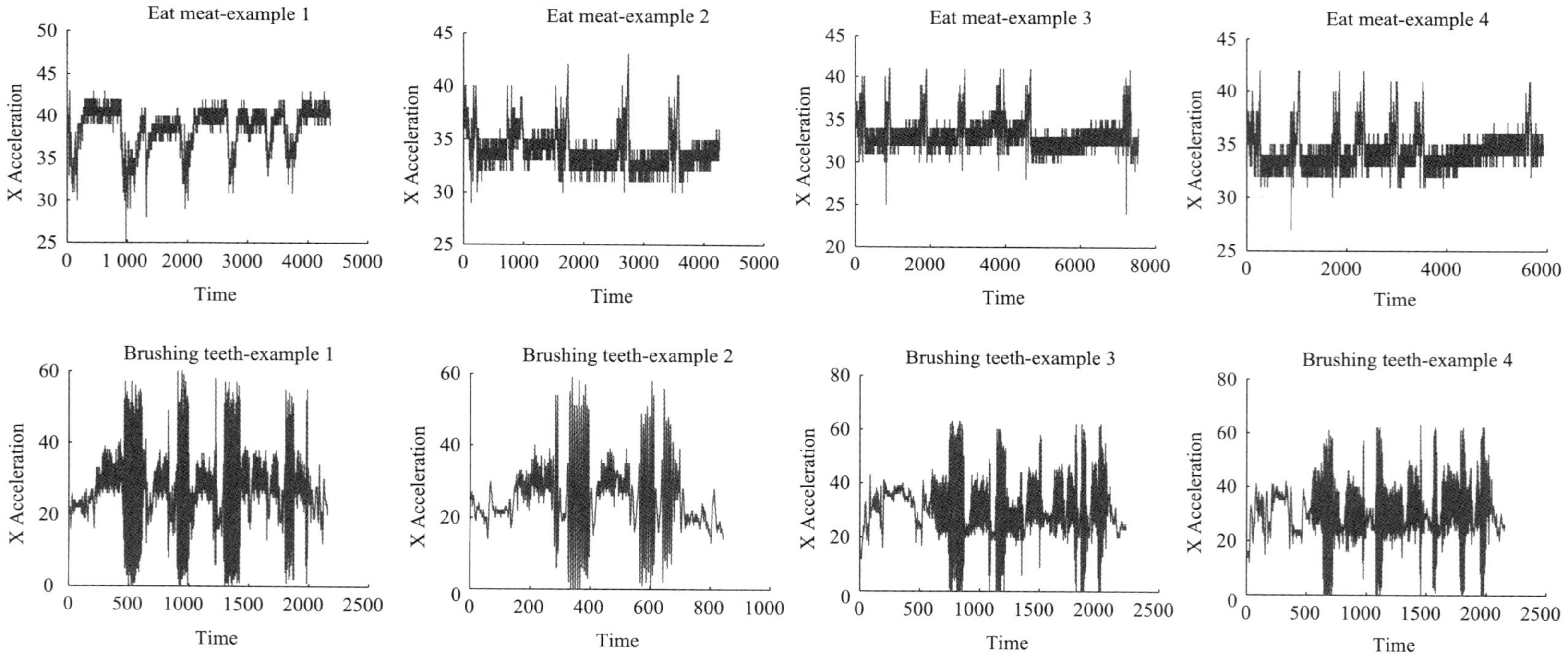

图 8-13 一些来自加速度计数据集(https://archive.ics.uci.edu/ml/datasets/Dataset+for+ADL+Recognition+with+Wrist-worn+Accelerometer)的例子。我已经用行为对每个信号进行了标注。它们显示了 X 方向的加速度(Y 和 Z 方向的也在数据集中)。**刷牙**和**吃肉**各有四个样例。你应该注意到，这些样例的时间长度不一样(有些人慢，有些人快，等等)，但在一个类别中有一些共同的特征(刷牙似乎比吃肉有更快的动作)

这些信号的另一个重要特性是特定行为的所有例子都应包含重复的模式(pattern)。例如，刷牙应该是快速加慢速的行为，走路应在 2 赫兹(Hz)范围内的某个时刻显示出较强的信号，等等。这两点意味着向量量化是有帮助的。用程式化的重复结构对信号进行表示很可能是一个好办法，因为信号很可能包含这些结构。如果我们使用这些结构发生的相对频率来表示这些信号，即使信号长度是不固定的，这种表示方式也会有一个固定的长度。为了做到这一点，我们需要考虑(a)在什么时间尺度内我们能够观察到这些重复的结构，(b)如何确保我们在将信号分割成片段后能观察到这些结构。

一般来说，行为信号中的重复结构是显而易见的，我们很容易得到分段的边界。我把这些信号分成 32 个相邻的片段。每个片段代表 1 秒的行为。这段时间足够人体做出一些动作，但是如果我们对片段边界的选择不好，它会对我们的表示产生不良影响。现在产生了大约 40 000 个片段。然后，我使用层级式 k 均值对这些片段进行聚类。我采用两层聚类：第一层有 40 个簇，第二层有 12 个簇。图 8-14 展示了第二层的一些簇中心。

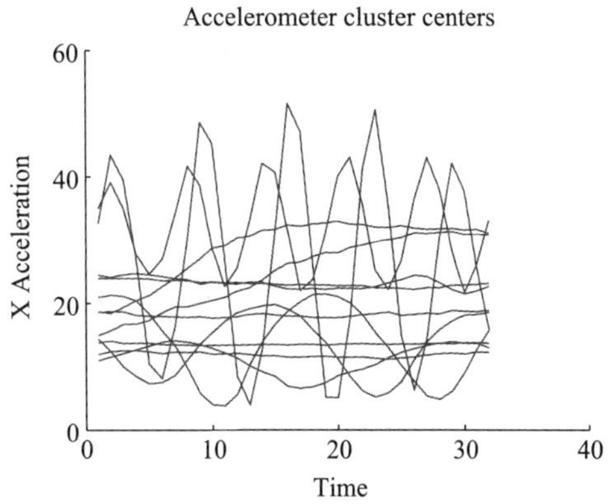

图 8-14　来自加速度计数据集的若干簇中心。每个簇中心代表 1 秒内爆发的行为。我使用层级式 k 均值模型总共得到 480 个簇中心。注意，有几个中心代表大约 5Hz 的动作；有一些代表大约 2Hz 的动作；一些看起来像 0.5Hz 的动作；还有一些似乎代表频率更低的动作。这些簇中心是采样的样本(而不是特意选出的)

然后，我计算了不同样例信号的直方图表示(图 8-15)。可以看出，当信号的行为标签不同时，其直方图也不同。

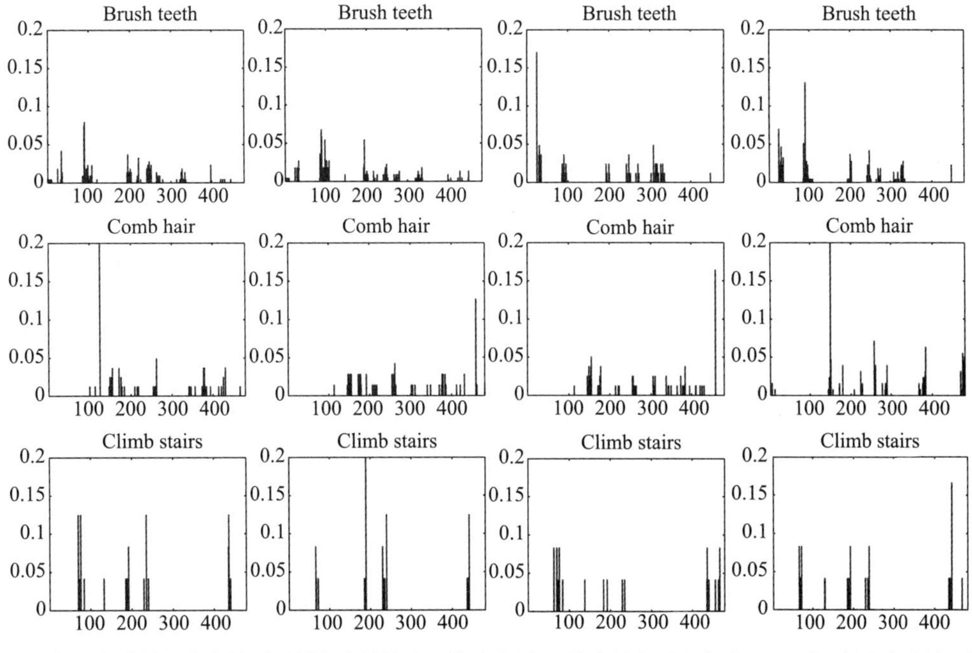

图 8-15　加速度计数据集中针对不同行为的簇中心的直方图。通过观察可以发现：(a)对于执行相同行为的不同个体，这些直方图看起来有些相似；(b)对于不同行为的直方图，它们看起来是不太相似的

检验该表示方式的另一种有效方法是将类内卡方距离的平均值与类间卡方距离的平均值进行比较。我为每个样例都计算出了相应的直方图。然后我计算了每一对样例之间的卡方距离。最后，对于每一对行为标签，我计算了它们之间的平均距离，它们的标签是不一样的(如刷牙和梳头发、刷牙和爬楼梯等等)。在理想的情况下，相同标签的所有样例之间的距离非常小，而不同标签的所有样例之间的距离相当大。表 8-1 表明了实际数据的情况。通过观察可以发现，对于某些行为标签对，样例之间的平均距离小于我们预期的距离(有可能是因为某些样例对十分相近)。但通常具有不同标签的行为样例比具有相同标签的行为样例相距更远，差别更大。

表 8-1　表中每一列表示行为数据集(https://archive.ics.uci.edu/ml/datasets/Dataset+for+ADL+Recognition+with+Wrist-worn+Accelerometer)中的一个行为，每一行也是。在每个上对角单元格中，我计算出了来自这对类别的样例的直方图之间的平均卡方距离(为了清晰起见，我去掉了下对角)。可以观察到，通常对角线上的项(类内的平均距离)比非对角线上的项要小得多。这强有力地表明，我们可以使用这些直方图对样例成功地分类

0.9	2.0	1.9	2.0	2.0	2.0	1.9	2.0	1.9	1.9	2.0	2.0	2.0	2.0
	1.6	2.0	1.8	2.0	2.0	2.0	1.9	1.9	2.0	1.9	1.9	2.0	1.7
		1.5	2.0	1.9	1.9	1.9	1.9	1.9	1.9	1.9	1.9	1.9	2.0
			1.4	2.0	2.0	2.0	2.0	2.0	2.0	2.0	2.0	2.0	1.8
				1.5	1.8	1.7	1.9	1.9	1.8	1.9	1.9	1.8	2.0
					0.9	1.7	1.9	1.9	1.8	1.9	1.9	1.9	2.0
						0.3	1.9	1.9	1.5	1.9	1.9	1.9	2.0
							1.8	1.8	1.9	1.9	1.9	1.9	1.9
								1.7	1.9	1.9	1.9	1.9	1.9
									1.6	1.9	1.9	1.9	2.0
										1.8	1.9	1.9	1.9
											1.8	2.0	1.9
												1.5	2.0
													1.5

还有一种检验该表示方式的方法是计算卡方距离，并尝试使用最近邻方法进行分类。我将数据集分为 80 对测试样例和 360 对训练样例；使用 1 近邻的评判标准，错误率约为 0.79。这说明该表示方式能够揭示重要内容。

编程练习

8.1　你可以在 http://dasl.datadesk.com/data/view/47 上找到关于 1979 年欧洲就业问题的数据集。这个数据集给出了一组欧洲国家 1979 年在某些领域的就业率。

(a) 使用聚合式聚类方法对数据进行聚类。用单链接、全链接和组平均三种方式生成这个数据集的树状图。你应该在坐标轴上标记相关的国家。寻找每种方法可以看出的数据结构。使用开源代码可能会更好。**提示：**我在网上找到一些技巧，使用 R 语言的 hclust 聚类函数可以绘制我非常喜欢的图，然后将结果转换为自然生长的树并使用扇形图。尝试使用函数 plot(as.phylo(hclustresult), type="fan")。如果你了解一些欧洲的历史，你应该发现树状图很有意义，并且有一些有趣的差异。

(b) 使用 k 均值将此数据集聚类。对于该数据集，k 的最佳选择是什么？为什么？

8.2　从 UC Irvine 机器学习网站(http://archive.ics.uci.edu/ml/datasets/Liver%20Disorders，数据集由 Richard S. Forsyth 提供)下载肝脏疾病数据。每行中的前 5 个值代表各种

生物学测量值，第 6 个值是每天所摄入的酒精量。我们将按照 8.2.5 节的方法分析这些数据。根据酒精量将数据分成四个部分，每个部分由一个四分位数确定(所以表示最低的四分之一消耗量的数据属于第一个部分，依此类推)。现在，使用前 5 个值和 k 均值算法对数据进行聚类。对于每个部分，计算簇中心的直方图(如图 8-11 所示)。画出这些直方图。你得出了什么结论？

8.3 从 UC Irvine 机器学习网站(https://archive.ics.uci.edu/ml/datasets/student+performance，数据集由 Paulo Cortez 提供)下载葡萄牙语学生数学成绩数据集。这里有两个数据集——你需要找到与数学成绩有关的数据集。每行包含一些数值属性(第 3、7、8、13、14、15、24、25、26、27、28、29、30 列)和一些其他属性。我们只考虑数值属性。第 33 列包含数值形式的年终成绩。我们将按照 8.2.5 节的方法分析这些数据。使用最终成绩将数据分成四个部分，每个部分由一个四分位数确定(所以表示最低的四分之一成绩的数据属于第一个部分，依此类推)。现在，使用数值特征和 k 均值算法对数据进行聚类。对于每个部分，计算簇中心的直方图(如图 8-11 所示)。画出这些直方图。你得出了什么结论？

8.4 从 UC Irvine 机器学习网站(https://archive.ics.uci.edu/ml/datasets/Dataset+for+ADL+Recognition+with+Wrist-worn+Accelerometer，数据集由 Barbara Bruno、Fulvio Mastrogiovanni 和 Antonio Sgorbissa 提供)下载日常生活的行为数据集。

(a) 构建一个分类器，将序列数据分类为所提供的 14 个行为之一。为了构建特征，你应该使用向量量化的方法，然后使用簇中心的直方图(根据上一小节的描述，这有一系列清晰的步骤)。你会发现使用层级式 k 均值对向量量化很有帮助。虽然我会从 R 的决策森林开始这些步骤(它使用简单且高效)，但你可以使用任何多类分类器。你应该得到(a)总体错误率和(b)分类器的类别混淆矩阵。

(b) 现在看看是否可以通过(a)修改层级式 k 均值中的簇中心数量，(b)修改使用的固定长度样本的大小来改进你的分类器。

8.5 这是一项相当有挑战性的练习。它将教会你如何使用向量量化处理极其稀疏的数据。20newsgroups 数据集是一个著名的文本数据集。它收录了来自 20 个不同新闻组的新闻报告。这里有许多棘手的数据问题(例如，应该忽略标题的哪些方面？我们是否应该把单词简化到只剩下词干——例如“wining”改成“win”、“hugely”改成“huge”等)。我们忽略这些问题，只处理数据集清洗过的版本。它由三个部分组成，每个部分都用于训练和测试：文档-单词矩阵、一组标签和一个字典。你可以在 http://qwone.com/~jason/20Newsgroups/上找到该数据集清洗过的版本。你应该在该页面上查找名字为 20news-bydate-matlab.tgz 的清洗过的版本。通常我们的任务是标记测试文章来自哪个新闻组。现在要做的不是这个任务，而是假设你有一组来自同一个新闻组的测试文章，你需要识别出它们的新闻组。文档-单词矩阵是一个特定单词在特定文档中出现频次的计数表。单词的集合非常大(有 53 975 个不同的单词)，很多单词不会出现在大多数文档中，因此这个矩阵的大多数项为零。文件 train.data 包含一个训练数据集合的文档-单词矩阵；每行代表一个不同的文档(有 11 269 行)，每列代表一个不同的单词。

(a) 使用 k 均值对这个矩阵的行进行聚类以获得一组簇中心。每 10 个文档应有一个中心。你应该用现有的工具进行 k 均值聚类，无需自己实现。特别地，k 均值聚类的实现在许多重要方面与我对算法的概述不同。你应该找到使用 Lloyd-Hartigan 方法的工具包。**提示**：对所有的点聚类将会耗费较多时间；你应该首先调试对数据集的一小部分聚类的代码，因为这个数据集太大，对整个数据集聚类将比较慢。

(b) 现在，你可以将每个簇中心看作一个文档"类型"。对于每个新闻组，绘制在该新闻组的训练数据中体现的文档"类型"的直方图。你需要借助文件 train. label，该文件给出某个条目来自哪个新闻组。

(c) 现在训练一个分类器，该分类器从单个新闻组中接收一小部分文档(10～100)，并预测它属于 20 个新闻组中的哪个。你应该使用 b)中的类型直方图作为特征向量。在测试数据(test. data 和 test. label)上计算你的分类器的分类效果。

8.6 这是一项实质性的练习。MNIST 数据集最初是由 Yann Lecun、Corinna Cortes 和 Christopher J. C. Burges 构建的，它包含 60 000 个训练样例和 10 000 个测试样例的手写数字数据集，广泛用于检验简单分类方法。共有 10 个类(标签为从 0 到 9)。该数据集已被广泛研究，并且在 http://yann. lecun. com/exdb/mnist/上有针对该数据的许多方法和特征构造。目前最好的方法已经能够取得非常棒的结果。原始的数据集在 http://yann. lecun. com/exdb/mnist/。该数据集的格式存储比较特殊，在该网站上有详细描述。编写你自己的阅读器(用来解析)是很简单的，但是通过网络搜索也可以找到为标准包准备的阅读器。Matlab 有一个阅读器代码(http://ufldl. stanford. edu/wiki/index. php/)在 MNIST 数据集上可用。在 https://stackoverflow. com/questions/21521571/how-to-read-mnist-database-in-r 有可用于 R 的阅读器代码。

这个数据集由 28×28 的图像组成。这些最初是二值图像，但由于进行了抗锯齿处理，因此看起来是灰度图像。这里将忽略中间的灰色像素(数量不多)，将深色像素称为"墨水像素"，浅色像素称为"纸张像素"。可以通过使图像像素的重心居中来使数字居中。对于这个练习，我们将使用原始图像中的原始像素。

(a) 我们将使用层级式 k 均值构建一个图像块字典。对于原始图像，构造一个 10×10 像素的图像块的集合。你应该在重叠的 4×4 网格上从训练图像中提取这些(训练)块，这意味着每个训练图像会生成 16 个重叠的块(因此你可以得到 960 000 个训练块!)。对于每个训练图像，均匀且随机地选择这些块之一。现在，对这个包含 60 000 个块的数据集进行均匀而随机的下采样，生成一个含有 6000 个元素的数据集。将该数据集聚类成 50 个中心。现在根据聚类结果构建 50 个数据集，每个簇中心属于一个数据集。你可以通过提取 60 000 个块的数据集中的每一个元素，找到它属于哪个簇中心，并将其放进这个簇中心所属的数据集中来完成聚类。接着请将每个数据集聚类到 50 个中心(总共 50×50 个簇中心作为字典元素)。

(b) 你现在拥有一个含有 2500 个元素的字典。对于每个测试图像，在重叠的 4×4 网格上构造一组 10×10 的块。现在，对每个中心，你应该提取 9 个块。假设中心在坐标(x,y)上；通过提取以$(x-1,y-1)$，$(x,y-1)$，…，$(x+1,y+1)$为中心的块来获得 9 个块。这意味着每个测试图像将有 144(16×9)个相关的块。现在，使用字典查找每个块的最近中心，并为每个测试图像构建块的直方图。

(c) 使用上面构建的直方图训练分类器(我喜欢使用随机森林)。然后评估分类器在测试数据集上的表现。

(d) 你可以通过使用不同的块提取方式、块的大小或中心的数量来改进该分类器吗?

(e) 这时，你可能已经对 MNIST 数据集非常了解，甚至有点厌倦。你可以将自己的方法与 http://yann.lecun.com/exdb/mnist/上的方法表进行比较。

8.7 CIFAR-10 是由 Alex Krizhevsky、Vinod Nair 和 Geoffrey Hinton 收集的 10 类 32×32 像素图像的数据集。它通常用于评估机器学习算法的好坏。你可以从 https://www.cs.toronto.edu/~kriz/cifar.html 下载该数据集。它有 10 个类别、50 000 个训练图像和 10 000 个测试图像。

(a) 我们将会使用层级式 k 均值对这些图像块建立一个字典。对于原始图像，构造一个 10×10×3 大小的图像块。你应该从训练图像中随机地提取这些块(因为不知道图像中有用的块在哪里)，并且应该为每个训练图像提取两个块。然后，均匀且随机地对含有 100 000 个块的该数据集进行下采样，生成有 10 000 个块的数据集。将该数据集聚类成 50 个中心。现在根据聚类结果构建 50 个数据集，每个簇中心属于一个数据集。你可以通过提取 100 000 个块的数据集中的每一个元素，找到它属于哪个簇中心，并将其放进这个簇中心所属的数据集中来完成聚类。接着请将每个数据集聚类到 50 个中心(总共 50×50 个簇中心作为字典元素)。

(b) 你现在拥有一个含有 2500 个元素的字典。对于每个测试图像，构造一组 10×10 的块。你可以使用水平和垂直间隔两个像素的网格为中心提取块，因此块与块之间会有很多重叠部分。现在，使用字典查找每个块的最近中心，并为每个测试图像构建块的直方图。

(c) 使用上面构建的直方图训练分类器(我喜欢使用随机森林)。然后评估分类器在测试数据集上的表现。

(d) 你可以通过使用不同的块提取方式、块的大小或中心的数量来改进该分类器吗?

(e) 这时，你可能已经对 CIFAR-10 数据集非常了解，甚至有点厌倦。你可以将自己的方法与 http://rodrigob.github.io/are_we_there_yet/build/classification_datasets_results.html 上的方法表进行比较。

第 9 章

Applied Machine Learning

使用概率模型进行聚类

对数据进行聚类需要了解它们之间的相似性。我们已经知道如何使用特征空间中的距离进行聚类，这是考虑相似性的一种很自然的方法。另一种考虑相似性的方法是看两个对象是否以较高的概率来自同一个概率模型。如果概率模型的建立比度量距离更容易，那么这是一种更方便地观察数据的方法。它是一种确定聚类软权重的非常自然的方法(这从概率模型中产生)。并且它为我们的入门提供了一个框架，该框架有着非常强大且通用的算法，你应该将其视为 k 均值算法的进一步泛化。

9.1 混合模型与聚类

通过以下方式思考聚类是自然的。数据由一组不同的概率模型(每个簇一个概率模型)生成。对于每个数据项，某些(自然的)因素选择其中一个模型，用于生成一个点，之后该概率模型通过一个独立同分布的采样产生该点。我们可以观测到这些点：我们想知道模型是什么，但(至关重要的是)我们不知道概率模型产生了哪个点。如果已知这些模型，那么我们就能够很容易确定。类似地，如果我们知道点属于哪个模型，那么我们就可以确定这些模型是什么。我们会不断地遇到这种情况(或符合这种情况的问题)。它与聚类问题紧密相关。

你应该注意到这与 k 均值有相似之处。如果我们知道簇中心，那么确定点属于哪个簇中心就很简单了；如果我们知道哪个点属于哪个簇中心，那么确定簇中心就很简单了。我们通过反复地固定其中一个，然后估计另一个来解决这种情况。很明显，处理概率模型的典型算法是不断对模型包含的点和模型参数进行迭代估计。这是一个标准且重要的估计算法的关键，称作 EM(expectation maximization 或者期望最大化)算法。我将用两个简单的例子介绍该算法，之后我们可以看到它的一般形式。

注意：本章和指数、和与乘积的极限等有关。我会举一个非常详细的例子。另一个例子采用相同的形式说明，但进度会更快。显式地写出和或乘积的极限通常比采用紧凑的表示法更加麻烦。现在用 $\sum_i$ 或 $\prod_i$ 表示对所有可取的 i 的求和或乘积，用 $\sum_{i,\hat{j}}$ 或 $\prod_{i,\hat{j}}$ 表示除去第 j 项后对所有可取的 i 的求和或乘积。像之前一样，$\boldsymbol{x}$ 表示向量；第 i 个向量表示为 $\boldsymbol{x}_i$，第 i 个向量的第 k 个分量写作 x_{ik}。在接下来的内容中，我会构造一个与第 i 个数据项 $\boldsymbol{x}_i$ 对应的向量 δ_i(它告诉我们数据项属于哪个簇)。δ 代表所有的 δ_i(δ_i 是 δ 中的一项)。δ_i 的第 j 个分量为 δ_{ij}。Σ_{δ_u} 代表 δ_u 的所有取值之和。$\Sigma_{\delta,\hat{\delta_v}}$ 表示 δ 除去第 v 个向量 δ_v 后的所有取值之和。

9.1.1 数据团块的有限混合模型

一个数据点的堆很容易用单个正态(或高斯)分布建模。获取其参数很简单(使用常用表达式计算均值和协方差矩阵即可)。现在假设有 t 个数据堆，并且 t 已知。单独一个正态分布可能是较差的模型，但是我们可以认为数据是由 t 个正态分布产生的。假设每个正态分布都有一个固定的、已知的协方差矩阵 Σ，但它们均值是未知的。因为协方差矩阵是固定的、已知的，我们可以将其分解成 $\Sigma=\mathcal{A}\mathcal{A}^{\mathrm{T}}$。协方差矩阵必须是正定的，因此这两个因子必须是满秩的。这说明我们可以将 $\mathcal{A}^{-1}$ 作用于所有数据，使得每个数据堆的协方差矩阵（以及每个正态分布）都是单位阵。

用 μ_j 表示第 j 个正态分布的均值，我们可以通过对堆进行加权（第 j 个堆的权值为 π_j）求和构建一个包含 t 个不同数据堆的模型。我们必须确保 $\sum_j \pi_j = 1$，这样才可以将模型看作一个概率分布。然后我们可以根据以下概率分布将数据作为样本建模：

$$p(\boldsymbol{x} \mid \mu_1, \cdots, \mu_k, \pi_1, \cdots, \pi_k) = \sum_j \pi_j \left[\frac{1}{\sqrt{(2\pi)^d}} \exp\left(-\frac{1}{2}(\boldsymbol{x}-\mu_j)^{\mathrm{T}}(\boldsymbol{x}-\mu_j) \right) \right]$$

可以这样理解这种概率分布：先选择一个正态分布（以概率 π_j 选择第 j 个分布），然后由该分布生成一个点。这是聚类数据的一个很典型的模型。每个堆的中心是它们的均值，拥有较多数据点的堆的 π_j 值比较高，反之则 π_j 值比较低。我们现在必须使用数据点来计算 π_j 和 μ_j 的值（再次说明一下，我假设这些堆以及每个堆的正态分布的协方差矩阵都是单位阵）。这种形式的分布称为**高斯混合分布**（mixture of normal distribution），π_j 项通常称为**混合权重**（mixing weight）。

写出它的似然函数，我们会发现一个问题：这个分布是求和后再相乘。常用的取对数技巧在这里将不奏效，因为你会得到求和后取对数再求和的形式，这是难以求解的。一种更有效的方法是假设有一组隐藏变量，这些变量告诉我们每个数据项来自哪个高斯分布。对于第 i 个数据项，我们构建一个向量 δ_i。该向量的第 j 个分量是 δ_{ij}，当 $\boldsymbol{x}_i$ 来自第 j 个数据堆（即正态分布）$\delta_{ij}=1$，否则为 0。在向量 δ_i 中有且仅有一个分量的值为 1，因为每个数据项只能属于一个高斯分布。δ 表示所有 δ_i 的均值（每个数据项对应一个）。假设我们知道这些项的值，对于不知道的参数，记 $\theta=(\mu_1, \cdots, \mu_k, \pi_1, \cdots, \pi_k)$。我们可以写出下面的式子：

$$p(\boldsymbol{x}_i \mid \delta_i, \theta) = \prod_j \left[\frac{1}{\sqrt{(2\pi)^d}} \exp\left(-\frac{1}{2}(\boldsymbol{x}_i-\mu_j)^{\mathrm{T}}(\boldsymbol{x}_i-\mu_j) \right) \right]^{\delta_{ij}}$$

（因为 $\delta_{ij}=1$ 表示 $\boldsymbol{x}_i$ 来自第 j 个堆，因此乘积中仅有一项是我们想要的概率值，其余都为 1）。现在有下面的先验概率：

$$p(\delta_{ij} = 1 \mid \theta) = \pi_j$$

我们可以将其改写成

$$p(\delta_i \mid \theta) = \prod_j [\pi_j]^{\delta_{ij}}$$

（因为这是我们选择第 j 个高斯分布生成数据项的概率值；再次说明一下，乘积中仅有一项是我们想要的概率值，其余都为 1）。这说明

$$p(\boldsymbol{x}_i, \delta_i \mid \theta) = \prod_j \left\{ \left[\frac{1}{\sqrt{(2\pi)^d}} \exp\left(-\frac{1}{2}(\boldsymbol{x}_i-\mu_j)^{\mathrm{T}}(\boldsymbol{x}_i-\mu_j) \right) \right] \pi_j \right\}^{\delta_{ij}}$$

并且我们可以写出它的对数似然形式。该数据是 $\boldsymbol{x}$ 和 δ 的观测值（我们先假设它们已知；稍后会详细说明），并且参数是未知的 $\mu_1, \cdots, \mu_k$ 和 $\pi_1, \cdots, \pi_k$。那么对数似然函数如下：

$$\begin{aligned} \mathcal{L}(\mu_1, \cdots, \mu_k, \pi_1, \cdots, \pi_k;\ \boldsymbol{x}, \delta) &= \mathcal{L}(\theta;\ \boldsymbol{x}, \delta) \\ &= \sum_{ij} \left\{ \left[\left(-\frac{1}{2}(\boldsymbol{x}_i-\mu_j)^{\mathrm{T}}(\boldsymbol{x}_i-\mu_j) \right) \right] + \log \pi_j \right\} \delta_{ij} + K \end{aligned}$$

其中 K 是包含正态分布正则化常数后的常数。你可以观察一下这个式子。我使用了 δ_{ij} 作

为一个项的“开关”，δ_{ij} 为 1 时，大括号中的项“开启”，其余情况下大括号中的项乘以 0。现在的关键在于我们不知道 δ 的值。我会在另一个例子中解决这个问题。

9.1.2 主题和主题模型

我们已经了解单词计数体现文章的相似度(6.3 节)。现在，我们假设拥有相似单词计数的文档来自同一个**主题**(topic)(这是一个自然语言处理领域中经常使用的对簇的命名)。一个有效的模型假设是在给定主题的条件下，单词是条件独立的。这意味着，一旦你知道了主题，单词就是由主题给出的多项式分布的独立同分布样本(该主题的**单词概率**)。你可以把这个话题想像成每个面上有不同单词的多面骰子。每个文档都有一个主题，如果事先知道了主题，你可以通过摇骰子(可能不是均匀的骰子)生成文档。

这个文档模型存在一些问题。在此模型中，单词顺序、文档中单词的位置或单词之间的距离都没有考虑到。我们已经知道，忽略单词顺序、单词位置和相邻单词仍然可以产生有用的结果(6.3 节)。虽然存在问题，但是这个模型能够很好地对文档聚类，易于使用，而且是更复杂模型的基础。

一个单独的文档是一组单词计数的集合，这个集合是通过(a)选择一个主题，然后(b)从该主题抽取独立同分布样本来获得单词。现在有一个文档集合，我们想知道(a)每个文档来自什么主题，(b)每个主题的词概率。假设我们现在知道文档来自哪个主题，那么我们可以通过对每个文档的单词进行简单计数来估计单词在每个主题中的概率。反过来，假如我们知道每个主题的单词概率(词频)。那么我们可以判断出(至少原则上)文档来自哪个主题，这是通过比较每个主题生成该文档的概率，选择概率最高的主题实现的。这个过程会让你觉得它和 k 均值很相似，虽在细节上有变化。

为了更形式化地构造概率模型，我们将假设文档是通过两个步骤生成的。假设有 t 个主题，首先选择一个主题(选择第 j 个主题的概率为 π_j)。然后，我们将通过从该主题反复抽取独立同分布样本来获得一组单词，并用计数向量记录每个单词出现的次数。每个主题都是一个多项式概率分布。单词表是 d 维的，$\boldsymbol{p}_j$ 表示第 j 个主题的 d 维单词概率向量。$\boldsymbol{x}_i$ 为单词计数的第 i 个向量(计数集合中有 N 个向量)。假设单词是根据主题独立生成的，x_{ik} 表示 $\boldsymbol{x}_i$ 的第 k 个分量，$\boldsymbol{x}_i^{\mathrm{T}}\mathbf{1}$ 是 $\boldsymbol{x}_i$ 中所有项的和，因此是文档 i 中的单词数。那么由主题 j 生成文档时，$\boldsymbol{x}_i$ 中计数的概率为

$$p(\boldsymbol{x}_i \mid \boldsymbol{p}_j) = \left(\frac{(\boldsymbol{x}_i^{\mathrm{T}}\mathbf{1})!}{\prod_v x_{iv}!}\right)\prod_u p_{ju}^{x_{iu}}$$

现在，我们可以写出观测文档的概率。我们用 $\theta=(\boldsymbol{p}_1,\cdots,\boldsymbol{p}_t,\pi_1,\cdots,\pi_t)$ 表示向量中的未知参数，有

$$p(\boldsymbol{x}_i \mid \theta) = \sum_l p(\boldsymbol{x}_i \mid \text{主题是 } l)p(\text{主题是 } l \mid \theta) = \sum_l\left[\left(\frac{(\boldsymbol{x}_i^{\mathrm{T}}\mathbf{1})!}{\prod_v x_{iv}!}\right)\prod_u p_{lu}^{x_{iu}}\right]\pi_l$$

这个模型通常称为**主题模型**(topic model)；请注意有很多种主题模型，这只是其中比较简单的一种。正常来看，这个表达式几乎没办法解。如果你写出似然，将看到一系列和的乘积。如果你写出对数似然，则将看到一系列总和取对数后再求和。这两个方法都没有用。但我们可以使用与高斯混合模型相同的技巧。如果 $\boldsymbol{x}_i$ 是来自主题 j 的，那么 $\delta_{ij}=1$，否则为 0。则有

$$p(\boldsymbol{x}_i \mid \delta_{ij}=1,\theta)=\left[\left(\frac{(\boldsymbol{x}_i^{\mathrm{T}}\mathbf{1})!}{\prod_v x_{iv}!}\right)\prod_u p_{ju}^{x_{iu}}\right]$$

（因为 $\delta_{ij}=1$ 表示 $\boldsymbol{x}_i$ 来自主题 j）。这意味着我们可以将式子改写成

$$p(\boldsymbol{x}_i \mid \delta_i,\theta)=\prod_j\left\{\left[\left(\frac{(\boldsymbol{x}_i^{\mathrm{T}}\mathbf{1})!}{\prod_v \boldsymbol{x}_{iv}!}\right)\prod_u p_{ju}^{x_{iu}}\right]\right\}^{\delta_{ij}}$$

（因为 $\delta_{ij}=1$ 表示 $\boldsymbol{x}_i$ 来自主题 j，因此乘积中仅有一项是我们想要的概率值，其余都为 1）。我们有

$$p(\delta_{ij}=1 \mid \theta)=\pi_j$$

（因为这是我们选择主题 j 来产生一个数据项的概率），我们可以继续写出

$$p(\delta_i \mid \theta)=\prod_j[\pi_j]^{\delta_{ij}}$$

（同样，此乘积中仅有一项是我们想要的概率值，其余都为 1）。这意味着

$$p(\boldsymbol{x}_i,\delta_i \mid \theta)=\prod_j\left[\left(\frac{(\boldsymbol{x}_i^{\mathrm{T}}\mathbf{1})!}{\prod_v x_{iv}!}\right)\prod_u (p_{ju}^{x_{iu}})\pi_j\right]^{\delta_{ij}}$$

接着我们可以写出它的对数似然形式。数据是 $\boldsymbol{x}$ 和 δ 的观测值（我们先假设知道这些值），参数是 θ 中包含的所有未知值。我们有

$$\mathcal{L}(\theta;\boldsymbol{x},\delta)=\sum_i\left\{\sum_j\left[\sum_u x_{iu}\log p_{ju}+\log \pi_j\right]\delta_{ij}\right\}+K$$

其中 K 是包含所有

$$\log\left(\frac{(\boldsymbol{x}_i^{\mathrm{T}}\mathbf{1})!}{\prod_v x_{iv}!}\right)$$

的项。我们并不关注这一项，因为它不依赖于我们的任何参数，每个数据集都有一个固定的值（K）。你应该自己验证这个表达式。再次注意，我使用了 δ_{ij} 作为一个“开关”——在一种情况下，δ_{ij} 为 1 时，大括号中的项“开启”，其余情况下大括号中的项乘以 0。和之前一样，问题的关键在于我们不知道 δ_{ij} 的值，但是现在有一个方法可以解决。

9.2　EM 算法

现在有一个简单、自然、非常强大的方法可以估算两个模型（混合模型和主题模型）的未知参数 θ。事实上，我们会对未知的事物进行平均处理。但是这个平均值取决于我们对参数的估计，所以我们先求平均值，然后重新估计参数，再重新求平均，依此类推。如果你没有跟上这里的进度，可以回顾一下 k 均值和软权重的例子（8.2.2 节；这和之前总结的高斯混合模型的式子相近）。在类推过程中，δ 告诉我们数据项来自哪个簇中心。由于我们不知道 δ 的具体值，我们可以假设有一组簇中心；通过簇中心估计值，我们可以对 δ 进行估计；然后我们使用 δ 的估计值重新评估簇中心；以此类推。

这是一个通用方法实例。回想一下，我们之前使用 θ 作为一个未知参数的向量。在高斯混合模型的情况下，θ 包含均值和混合权重；在主题模型的情况下，它包含主题的分布和混合权重。假设我们对这个向量有一个估计值，写作 $\theta^{(n)}$。我们接着可以计算 $p(\delta \mid \theta^{(n)},\boldsymbol{x})$，在高斯混合模型中，此式可以引导样例确定它所属的簇中心；在主题模型中，此式可以引导样例确定它所属的主题。

我们可以使用这一点计算已知 δ 的似然的期望值。计算如下：

$$Q(\theta;\theta^{(n)}) = \sum_{\delta} \mathcal{L}(\theta;\boldsymbol{x},\delta)p(\delta|\theta^{(n)},\boldsymbol{x}) = \mathbb{E}_{p(\delta|\theta^{(n)},\boldsymbol{x})}[\mathcal{L}(\theta;\boldsymbol{x},\delta)]$$

(求和是关于所有的 δ 值求和)。注意 $Q(\theta;\theta^{(n)})$ 是一个关于 θ 的函数(因为 L 是函数),但是现在它不包含任何未知的 δ 项。$Q(\theta;\theta^{(n)})$ 编码了 δ 的值。

例如,假设 $p(\delta|\theta^{(n)},\boldsymbol{x})$ 有一个单一峰值,记作 $\delta=\delta^0$。在高斯混合模型的情况下,这意味着存在一种点到簇中心的分配,该分配显著优于其他分配。在此例中,$Q(\theta;\theta^{(n)})$ 将近似于 $\mathcal{L}(\theta;x,\delta^0)$。

现在假设 $p(\delta|\theta^{(n)},\boldsymbol{x})$ 大约是均匀分布的。在高斯混合模型的情况下,这意味着每一个点的分配都是近似等同的。在这种情况下,$Q(\theta;\theta^{(n)})$ 将在所有可能的 δ 取值上用大约相同的权值来平均 $\mathcal{L}$。

我们可以通过计算获得 θ 的下次迭代的估计值:

$$\theta^{(n+1)} = \arg\max_{\theta} Q(\theta;\theta^{(n)})$$

并且可以一直迭代直到它收敛(这是可以做到的,此处不做证明)。上述算法非常通用且强大,通常被称作**期望最大化**或者(更常用的)EM。我们计算 $Q(\theta;\theta^{(n)})$ 的步骤称作 **E 步**;我们计算新的 θ 值的步骤称为 **M 步**。

注意一个技巧:通常我们会忽略在对数似然中的附加常数项,因为它对最终结果没有影响。当你执行 E 步时,一个常数期望会产生一个常数项;在执行 M 步时,这个常数项不影响结果。结果是,附加常数项可能会在不经意间消失(在研究文献中经常出现这种情况)。在下面的高斯混合模型的例子中,我们会保持常数项;对于多项分布混合,我们会忽略它。

9.2.1 例子——高斯混合:E 步

现在对于高斯混合分布,我们来做一些实际的计算。E 步需要一些计算步骤。我们现在有

$$Q(\theta;\theta^{(n)}) = \sum_{\delta} \mathcal{L}(\theta;\boldsymbol{x},\delta)p(\delta|\theta^{(n)},\boldsymbol{x})$$

这个表达式可能让你产生一些担心,δ 有大量不同的可能值。在这种情况下,有 t^N 个情况(每个数据项有一个 δ_i,并且每个 δ_i 在 t 个位置上有一个取 1 值)。如何计算该平均值并不明显。

但是注意到

$$p(\delta|\theta^{(n)},\boldsymbol{x}) = \frac{p(\delta,\boldsymbol{x}|\theta^{(n)})}{p(\boldsymbol{x}|\theta^{(n)})}$$

这可以让我们分别处理分子和分母。对于分子,注意 x_i 和 δ_i 是独立同分布的样本,使得

$$p(\delta,\boldsymbol{x}|\theta^{(n)}) = \prod_i p(\delta_i,\boldsymbol{x}_i|\theta^{(n)})$$

对于分母的处理需要更多一些计算。我们有

$$p(\boldsymbol{x}|\theta^{(n)}) = \sum_{\delta} p(\delta,\boldsymbol{x}|\theta^{(n)}) = \sum_{\delta}\left[\prod_i p(\delta_i,\boldsymbol{x}_i|\theta^{(n)})\right] = \prod_i\left[\sum_{\delta_i} p(\delta_i,\boldsymbol{x}_i|\theta^{(n)})\right]$$

应该检验最后一步;常用 $N=2$ 和 $t=2$ 进行检查,这意味我们可以写出

$$p(\delta|\theta^{(n)},\boldsymbol{x}) = \frac{p(\delta,\boldsymbol{x}|\theta^{(n)})}{p(\boldsymbol{x}|\theta^{(n)})} = \frac{\prod_i p(\delta_i,\boldsymbol{x}_i|\theta^{(n)})}{\prod_i\left[\sum_{\delta_i} p(\delta_i,\boldsymbol{x}_i|\theta^{(n)})\right]}$$

$$= \prod_i \frac{p(\delta_i, \boldsymbol{x}_i | \theta^{(n)})}{\sum_{\delta_i} p(\delta_i, \boldsymbol{x}_i | \theta^{(n)})} = \prod_i p(\delta_i | \boldsymbol{x}_i, \theta^{(n)})$$

现在我们再看一下对数似然，有

$$\mathcal{L}(\theta; \boldsymbol{x}, \delta) = \sum_{ij} \left\{ \left[\left(-\frac{1}{2}(\boldsymbol{x}_i - \mu_j)^{\mathrm{T}}(\boldsymbol{x}_i - \mu_j) \right) \right] + \log \pi_j \right\} \delta_{ij} + K$$

K 是一个我们不感兴趣的项——它是一个常数——但是我们会尽量保留它。为了化简这个式子，我会为第 i 个数据点构造一个 t 维向量 $\boldsymbol{c}_i$。这个向量的第 j 个分量应该是

$$\left\{ \left[\left(-\frac{1}{2}(\boldsymbol{x}_i - \mu_j)^{\mathrm{T}}(\boldsymbol{x}_i - \mu_j) \right) \right] + \log \pi_j \right\}$$

因此，我们可以写出

$$\mathcal{L}(\theta; \boldsymbol{x}, \delta) = \sum_i \boldsymbol{c}_i^{\mathrm{T}} \delta_i + K$$

现在，利用上述已知可以得到

$$\begin{aligned} Q(\theta; \theta^{(n)}) &= \sum_\delta \mathcal{L}\Big(\theta; \boldsymbol{x}, \delta\Big) p(\delta | \theta^{(n)}, \boldsymbol{x}) = \sum_\delta \Big(\sum_i \boldsymbol{c}_i^{\mathrm{T}} \delta_i + K \Big) p(\delta | \theta^{(n)}, \boldsymbol{x}) \\ &= \sum_\delta \Big(\sum_i \boldsymbol{c}_i^{\mathrm{T}} \delta_i + K \Big) \prod_u p(\delta_u | \theta^{(n)}, \boldsymbol{x}) \\ &= \sum_\delta \Big(\boldsymbol{c}_1^{\mathrm{T}} \delta_1 \prod_u p(\delta_u | \theta^{(n)}, \boldsymbol{x}) + \cdots + \boldsymbol{c}_N^{\mathrm{T}} \delta_N \prod_u p(\delta_u | \theta^{(n)}, \boldsymbol{x}) \Big) \end{aligned}$$

我们可以进一步化简。我们有 $\sum_{\delta_i} p(\delta_i | \boldsymbol{x}_i, \theta^{(n)}) = 1$，因为这是一个概率分布。注意，对于任意下标 v，有

$$\begin{aligned} \sum_\delta \Big(\boldsymbol{c}_v^{\mathrm{T}} \delta_v \prod_u p(\delta_u | \theta^{(n)}, \boldsymbol{x}) \Big) &= \sum_{\delta_v} (\boldsymbol{c}_v^{\mathrm{T}} \delta_v p(\delta_v | \theta^{(n)}, \boldsymbol{x})) \Big[\sum_{\delta, \hat{\delta_v}} \prod_{u, \hat{v}} p(\delta_u | \theta^{(n)}, \boldsymbol{x}) \Big] \\ &= \sum_{\delta_v} (\boldsymbol{c}_v^{\mathrm{T}} \delta_v p(\delta_v | \theta^{(n)}, \boldsymbol{x})) \end{aligned}$$

因此，我们可以推出

$$\begin{aligned} Q(\theta; \theta^{(n)}) &= \sum_\delta \mathcal{L}(\theta; \boldsymbol{x}, \delta) p(\delta | \theta^{(n)}, \boldsymbol{x}) = \sum_i \Big[\sum_{\delta_i} \boldsymbol{c}_i^{\mathrm{T}} \delta_i p(\delta_i | \theta^{(n)}, \boldsymbol{x}) \Big] + K \\ &= \sum_i \left[\left(\sum_j \left\{ \left[\left(-\frac{1}{2}(\boldsymbol{x}_i - \mu_j)^{\mathrm{T}}(\boldsymbol{x}_i - \mu_j) \right) + \log \pi_j \right] w_{ij} \right\} \right) \right] + K \end{aligned}$$

其中

$$w_{ij} = 1 p(\delta_{ij} = 1 | \theta^{(n)}, \boldsymbol{x}) + 0 p(\delta_{ij} = 0 | \theta^{(n)}, \boldsymbol{x}) = p(\delta_{ij} = 1 | \theta^{(n)}, \boldsymbol{x})$$

现在有

$$\begin{aligned} p(\delta_{ij} = 1 | \theta^{(n)}, \boldsymbol{x}) &= \frac{p(\boldsymbol{x}, \delta_{ij} = 1 | \theta^{(n)})}{p(\boldsymbol{x} | \theta^{(n)})} = \frac{p(\boldsymbol{x}, \delta_{ij} = 1 | \theta^{(n)})}{\sum_l p(\boldsymbol{x}, \delta_{il} = 1 | \theta^{(n)})} \\ &= \frac{p(\boldsymbol{x}_i, \delta_{ij} = 1 | \theta^{(n)}) \prod_{u, \hat{i}} p(\boldsymbol{x}_u, \delta_u | \theta)}{\Big(\sum_l p(\boldsymbol{x}, \delta_{il} = 1 | \theta^{(n)}) \Big) \prod_{u, \hat{i}} p(\boldsymbol{x}_u, \delta_u | \theta)} \\ &= \frac{p(\boldsymbol{x}_i, \delta_{ij} = 1 | \theta^{(n)})}{\sum_l p(\boldsymbol{x}, \delta_{il} = 1 | \theta^{(n)})} \end{aligned}$$

如果最后几个步骤使你感到疑惑，请回忆一下我们得到的 $p(\boldsymbol{x},\delta|\theta)=\prod_i p(\boldsymbol{x}_i,\delta_i|\theta)$。另外，仔细观察一下分母，它表示数据一定来自某处。因此现在的主要问题是得到 $p(\boldsymbol{x}_i,\delta_{ij}=1|\theta^{(n)})$。由于

$$
\begin{aligned}
p(\boldsymbol{x}_i,\delta_{ij}=1|\theta^{(n)})&=p(\boldsymbol{x}_i|\delta_{ij}=1,\theta^{(n)})p(\delta_{ij}=1|\theta^{(n)})\\
&=\left[\frac{1}{\sqrt{(2\pi)^d}}\exp\left(-\frac{1}{2}(\boldsymbol{x}_i-\mu_j)^{\mathrm{T}}(\boldsymbol{x}_i-\mu_j)\right)\right]\pi_j
\end{aligned}
$$

因此有

$$
p(\delta_{ij}=1|\theta^{(n)},\boldsymbol{x})=\frac{\left[\exp\left(-\frac{1}{2}(\boldsymbol{x}_i-\mu_j)^{\mathrm{T}}(\boldsymbol{x}_i-\mu_j)\right)\right]\pi_j}{\sum_k\left[\exp\left(-\frac{1}{2}(\boldsymbol{x}_i-\mu_k)^{\mathrm{T}}(\boldsymbol{x}_i-\mu_k)\right)\right]\pi_k}=w_{ij}
$$

9.2.2　例子——高斯混合：M 步

M 步更加直观，回顾一下

$$
Q(\theta;\theta^{(n)})=\left(\sum_{ij}\left\{\left[\left(-\frac{1}{2}(\boldsymbol{x}_i-\mu_j)^{\mathrm{T}}(\boldsymbol{x}_i-\mu_j)\right)\right]+\log\pi_j\right\}w_{ij}+K\right)
$$

在项 w_{ij} 已知的情况下，我们必须求使上式最大化的 μ 和 π。最大化步骤比较简单。我们计算出

$$
\mu_j^{(n+1)}=\frac{\sum_i\boldsymbol{x}_i w_{ij}}{\sum_i w_{ij}}
$$

和

$$
\pi_j^{(n+1)}=\frac{\sum_i w_{ij}}{N}
$$

你应该仔细观察这些表达式，请记住 π 是一个概率分布，所以 $\sum_j\pi_j=1$(否则你会出错)。你需要使用拉格朗日乘子或将一个概率设置为(1－其他所有的概率)。

9.2.3　例子——主题模型：E 步

我们需要两个步骤进行求解，E 步有一点计算量。现在我们有

$$
\begin{aligned}
Q(\theta;\theta^{(n)})&=\sum_\delta\mathcal{L}(\theta;\boldsymbol{x},\delta)p(\delta|\theta^{(n)},\boldsymbol{x})=\sum_\delta\left(\sum_{ij}\left\{\left[\sum_u x_{iu}\log p_{ju}\right]+\log\pi_j\right\}\delta_{ij}\right)p(\delta|\theta^{(n)},\boldsymbol{x})\\
&=\left(\sum_{ij}\left\{\left[\sum_k x_{i,k}\log p_{j,k}\right]+\log\pi_j\right\}w_{ij}\right)
\end{aligned}
$$

这里的最后两步和高斯混合模型求解步骤相同。$\boldsymbol{x}_i$ 和 δ_i 是独立同分布的样本，因此期望可以化简成上述形式。如果你不确定，回顾一下 9.2.1 节的步骤。Q 函数的形式是相同的($\boldsymbol{c}_i^{\mathrm{T}}\delta_i$ 项求和，只不过对 $\boldsymbol{c}_i$ 用了不同的表达式)。在这种情况下，有

$$
w_{ij}=1p(\delta_{ij}=1|\theta^{(n)},\boldsymbol{x})+0p(\delta_{ij}=0|\theta^{(n)},\boldsymbol{x})=p(\delta_{ij}=1|\theta^{(n)},\boldsymbol{x})
$$

接着有

$$
p(\delta_{ij}=1|\theta^{(n)},\boldsymbol{x})=\frac{p(\boldsymbol{x}_i,\delta_{ij}=1|\theta^{(n)})}{p(\boldsymbol{x}_i|\theta^{(n)})}=\frac{p(\boldsymbol{x}_i,\delta_{ij}=1|\theta^{(n)})}{\sum_l p(\boldsymbol{x}_i,\delta_{il}=1|\theta^{(n)})}
$$

现在主要问题是得到 $p(\boldsymbol{x}_i,\delta_{ij}=1|\theta^{(n)})$。由于

$$p(\boldsymbol{x}_i,\delta_{ij}=1|\theta^{(n)})=p(\boldsymbol{x}_i|\delta_{ij}=1,\theta^{(n)})p(\delta_{ij}=1|\theta^{(n)})=\left[\prod_k p_{j,k}^{x_k}\right]\pi_j$$

因此有

$$p(\delta_{ij}=1|\theta^{(n)},\boldsymbol{x})=\frac{\left[\prod_k p_{j,k}^{x_k}\right]\pi_j}{\sum_l\left[\prod_k p_{l,k}^{x_k}\right]\pi_l}$$

9.2.4 例子——主题模型：M 步

M 步更加直观。回顾一下

$$Q(\theta;\theta^{(n)})=\left(\sum_{ij}\left\{\left[\sum_k x_{i,k}\log p_{j,k}\right]+\log \pi_j\right\}w_{ij}\right)$$

在 w_{ij} 已知的情况下，我们必须求使上式最大化的 μ 和 π。最大化步骤比较简单，但是需要注意所有的概率和为 1，因此你需要使用拉格朗日乘子或将一个概率设置为(1－其他所有的概率)。这样你可以得到

$$\boldsymbol{p}_j^{(n+1)}=\frac{\sum_i \boldsymbol{x}_i w_{ij}}{\sum_i \boldsymbol{x}_i^{\mathrm{T}}\mathbf{1}w_{ij}}$$

和

$$\pi_j^{(n+1)}=\frac{\sum_i w_{ij}}{N}$$

你应该通过求导和将导数设为零来检查这些表达式。

9.2.5 EM 算法的实践

上述的算法是很强大的；我会再次复述这些算法，并且使用更精简的符号。你会问它是否能产生一个“好的”结果，答案是可以的。这个算法会产生参数条件下的数据似然 $p(\boldsymbol{x}|\theta)$ 的局部最大值。这是很神奇的，我们费尽心思使用 δ 尽可能地避免直接求解这个似然函数(这是个令人讨厌的求和的乘积)。这个算法是正确的(总会收敛)，这里不做证明。我在下面的框中总结了通用算法以及我们研究的两个实例，以供参考。这里还有一些实际问题。

过程 9.1　EM

给定一个模型，它含有参数 θ、数据 $\boldsymbol{x}$，以及缺失数据 δ，这个模型的对数似然函数为 $\mathcal{L}(\theta;\boldsymbol{x},\delta)=\log P(\boldsymbol{x},\delta|\theta)$，初始化的参数估计值为 $\theta^{(1)}$。进行如下迭代：

- **E 步**：得到

$$Q(\theta;\theta^{(n)})=\mathbb{E}_{p(\delta|\theta^{(n)},\boldsymbol{x})}[\mathcal{L}(\theta;\boldsymbol{x},\delta)]$$

- **M 步**：计算

$$\theta^{(n+1)}=\arg\max_\theta Q(\theta;\theta^{(n)})$$

通过测试 θ 更新的幅度大小判断收敛情况。

过程 9.2 高斯混合模型的 EM 算法：E 步

假设 $\theta^{(n)}=(\mu_1,\cdots,\mu_t,\pi_1,\cdots,\pi_t)$已知，通过以下方式计算权重 w_{ij}(这是第 i 个数据项归属于第 j 个聚类中心的权重)，

$$w_{ij}^{(n)}=\frac{\left[\exp\left(-\frac{1}{2}(\boldsymbol{x}_i-\mu_j^{(n)})^{\mathrm{T}}(\boldsymbol{x}_i-\mu_j^{(n)})\right)\right]\pi_j^{(n)}}{\sum_k\left[\exp\left(-\frac{1}{2}(\boldsymbol{x}_i-\mu_k^{(n)})^{\mathrm{T}}(\boldsymbol{x}_i-\mu_k^{(n)})\right)\right]\pi_k^{(n)}}$$

过程 9.3 高斯混合模型的 EM 算法：M 步

假设 $\theta^{(n)}=(\mu_1,\cdots,\mu_t,\pi_1,\cdots,\pi_t)$和第 i 个数据项归属于第 j 个簇中心的权重 w_{ij} 已知，计算

$$\mu_j^{(n+1)}=\frac{\sum_i\boldsymbol{x}_iw_{ij}^{(n)}}{\sum_iw_{ij}^{(n)}}$$

和

$$\pi_j^{(n+1)}=\frac{\sum_iw_{ij}^{(n)}}{N}$$

过程 9.4 主题模型的 EM 算法：E 步

假设 $\theta^{(n)}=(\boldsymbol{p}_1,\cdots,\boldsymbol{p}_t,\pi_1,\cdots,\pi_t)$已知，通过以下方式计算权重 $w_{ij}^{(n)}$(这是第 i 个数据项归属于第 j 个中心的权重)，

$$w_{ij}^{(n)}=\frac{\left[\prod_k(p_{j,k}^{(n)})^{x_k}\right]\pi_j^{(n)}}{\sum_l\left[\prod_k(p_{j,k}^{(n)})^{x_k}\right]\pi_l^{(n)}}$$

过程 9.5 主题模型的 EM 算法：M 步

假设 $\theta^{(n)}=(\boldsymbol{p}_1,\cdots,\boldsymbol{p}_t,\pi_1,\cdots,\pi_t)$和第 i 个数据项归属于第 j 个簇中心的权重 $w_{ij}^{(n)}$ 已知，计算

$$\boldsymbol{p}_j^{(n+1)}=\frac{\sum_i\boldsymbol{x}_iw_{ij}^{(n)}}{\sum_i\boldsymbol{x}_i^{\mathrm{T}}\mathbf{1}w_{ij}^{(n)}}$$

和

$$\pi_j^{(n+1)}=\frac{\sum_iw_{ij}^{(n)}}{N}$$

首先，你应该思考有多少簇中心？在大多数情况下，答案是贴切实际的。我们出于某种原因对数据进行聚类(向量量化是一个非常好的理由)，然后寻找效果最好的 k。其次，应该如何开始迭代？这取决于你要解决的问题，但是对于我描述的两种情况，使用 k 均值

进行粗略聚类通常是一个很好的开始。在高斯混合模型的问题中，你可以将簇中心作为均值的初值，将每个簇中的点的比例作为混合权重的初值。在主题模型问题中，你可以使用 k 均值对计数向量进行聚类，使用聚类结果中的总体计数来获得多项分布模型概率的初始值，并使用簇中的文档比例来作为混合权重的初始值。这里你需要非常小心，不要对任何单词使用零值来初始化主题概率(要不然，包含该单词的任何文档都不会被划分进簇)。因此，我们只需要将一个较小的值分配给每个词频为 0 的单词，然后调整所有单词的概率，保证它们的概率总和为 1。

第三，我们需要处理好求解过程中的数值问题。你也许会计算类似下面的项：

$$\frac{\pi_k e^{-(x_i-\mu_k)^T(x_i-\mu_k)/2}}{\sum_u \pi_u e^{-(x_i-\mu_u)^T(x_i-\mu_u)/2}}$$

想一下，你有一个离所有簇均值都很远的点。如果你只是按照上式简单地求距离的负指数，很有可能会出现 0 除 0，或者两个很小的数相除的情况。这会产生一些问题。有一个简单的解决办法。先找到离它最近的簇中心。然后将所有原来的距离减去最小距离(离该点最近的簇中心距离)的平方(简写为 $d_{\min}^2$)。于是可以得到下式：

$$\frac{\pi_k e^{-[(x_i-\mu_k)^T(x_i-\mu_k)-d_{\min}^2]/2}}{\sum_u \pi_u e^{-[(x_i-\mu_u)^T(x_i-\mu_u)-d_{\min}^2]/2}}$$

这是一个估算相同数值的更好方法(注意，$e^{-d_{\min}^2/2}$ 项会从分子和分母中抵消)。

最后一个问题更难解决。EM 算法会得到一个 $p(\boldsymbol{x}|\theta)$的局部最大值，但实际上可能存在不止一个局部最小值。对于聚类问题，通常情况下有很多个局部极值。我们并不真正希望聚类问题有一个最好的解决方案，相反，是希望有很多非常好的解决方案。远离所有聚类中心的点是局部极小值的一种来源；将这些点放置在不同的簇中会产生一些不同的簇中心集，每个集合都差不多。我们通常不用担心这一点。一个很自然的策略是在 EM 算法初始化阶段，采用不同的初始化值(类似使用不同的起始点来执行 k 均值算法)，然后选择一个在最终收敛后具有最大的 Q(期望)值的结果。

记住：在执行 EM 的时候，你应该使用和 k 均值相同的方法来选择簇中心(尝试一些不同的值，看看哪个对聚类效果最好)。你可以使用 k 均值初始化 EM 类，但是在初始化主题模型时，请注意初始概率为零的情况。计算权重时应格外小心，因为很容易出现数值问题。最后，最好在多个起点上开始 EM 聚类。

然而，EM 不是万能的。有一些问题很难计算出期望值，通常是因为你必须把大量的情况加起来，而这些情况没有很好的独立性结构(这些结构对我所举的例子帮助很大)。但这类问题也有一些解决方法——实际上，你可以使用一些近似的期望值代替——这已经不是我们考虑的范围了。

关于 EM，有一个很重要但令人尴尬的秘密。实际上，作为聚类算法，通常它并不比 k 均值好。只有当很多点可以对多个簇中心做出贡献时，你才能感受到 EM 对结果的一些提升，但这种情况很少出现。对于能够适用这种情况的数据集，数据本身实际上可能并不是来自高斯混合分布的独立同分布数据，因此你计算的权重仅为近似值。通常，用 k 均值初始化 EM 算法是很好的做法。尽管如此，EM 是一个你应该了解的算法，它在其他情况下被广泛使用，因为其可以在距离计算方式不明显的情况下聚类数据。

记住：EM 聚类并不比 k 均值聚类好多少，但是 EM 十分常用。它是在数据缺失的情况下估计概率模型参数的过程，出现在许多应用中。在聚类的情况下，数据缺失是指不确定数据项归属于哪个簇。

习题

9.1 你将为高斯混合分布聚类求解 M 步的表达式。回忆一下，

$$Q(\theta;\theta^{(n)}) = \left(\sum_{ij}\left\{\left[\left(-\frac{1}{2}(\boldsymbol{x}_i-\mu_j)^{\mathrm{T}}(\boldsymbol{x}_i-\mu_j)\right)\right]+\log\pi_j\right\}w_{ij}+K\right)$$

在项 w_{ij} 已知的情况下，我们必须求出使上式最大化的 μ 和 π。使用

$$\mu_j^{(n+1)} = \frac{\sum_i \boldsymbol{x}_i w_{ij}}{w_{ij}}$$

和

$$\pi_j^{(n+1)} = \frac{\sum_i w_{ij}}{N}$$

最大化 Q。当你这么做的时候，时刻记住 π 是一个概率分布，所以 $\sum_j \pi_j = 1$（否则你会出错）。你需要使用拉格朗日乘子或将一个概率设置为(1－其他所有的概率)。

9.2 你将为主题模型求解 M 步的表达式。回忆一下，

$$Q(\theta;\theta^{(n)}) = \left(\sum_{ij}\left\{\left[\sum_k x_{i,k}\log p_{j,k}\right]+\log\pi_j\right\}w_{ij}\right)$$

现在我们要调整 μ 和 π 来最大化期望，项 w_{ij} 是已知的。使用

$$\boldsymbol{p}_j^{(n+1)} = \frac{\sum_i \boldsymbol{x}_i w_{ij}}{\sum_i \boldsymbol{x}_i^{\mathrm{T}}\mathbf{1}w_{ij}}$$

和

$$\pi_j^{(n+1)} = \frac{\sum_i w_{ij}}{N}$$

最大化 Q。当你这么做的时候，时刻记住 π 是一个概率分布，$\sum_j \pi_j = 1$（否则你会出错）。而且，$\boldsymbol{p}_j$ 是一个概率分布。你需要使用拉格朗日乘子或将一个概率设置为(1－其他所有的概率)。

编程练习

9.3 图像分割是聚类的一个重要应用。人们根据颜色、纹理等将图像分为 k 个部分。这些部分通过将像素周围的图像表示(颜色、纹理等)聚类为 k 个簇得到。然后将每个像素被分配给与其簇中心相对应的部分。

(a) 获取一个表示为三个数组(分别表示红色、绿色和蓝色的像素值)的彩色图像。你应该寻找颜色变化尺度比较大的图像(比如日落)。你需要确保图像最暗处的像素值为(0,0,0)，最亮处的像素值为(1,1,1)。现在假设这些像素值的协方差矩阵都是单位阵。通过将像素值建模为一个高斯混合分布并且使用 EM 算法，将这些像素点聚类成 10、20 和 50 个簇。然后将这些聚类后的像素点的值用它们

的簇中心的值替换并显示获得的图像。你看到了什么？

(b) 将图像连接到簇中心的权重可以被当成图像来可视化。对于 10 个聚类中心，构造一个图像来显示将每个像素连接到每个簇中心的权重(一共 10 个图像)。你会注意到将给定像素连接到每个簇中心的权重变化不大。为什么？

(c) 现在使用 $0.1\times\mathcal{I}$ 作为协方差矩阵重复前两个子练习的步骤。画出一组新的权重图。有什么变化吗？为什么？

(d) 假设像素值是服从高斯分布的，现在可以估算一下像素的协方差(虽然假设它们服从一个高斯混合分布有些不合理，但这是有用的)。接着，通过将像素值建模为一个高斯混合分布并且使用 EM 算法，将这些像素点聚类成 10、20 和 50 个簇。但是和之前的不同之处是，你需要使用你估算的协方差矩阵，然后将这些聚类后的像素点的值用它们的簇中心的值替换并显示获得的图像。将本次的结果和第一个子练习的结果相比较。你发现了什么？

9.4 如果你观察仔细，或者幸运地选择了一张图片，你会发现上面的练习可以生成许多互相连通的图像片段。对于一些实际应用，这是很好的，但是对于某些其他的应用，我们可能更希望分割结果是一些紧凑的像素块。一种实现方法是用五维向量表示每个像素，该向量由其 RG 和 B 值以及 x 和 y 坐标组成。然后你可以对五维向量聚类。

(a) 获取一个表示为三个数组(分别表示红色、绿色和蓝色的像素值)的彩色图像。你应该寻找有许多色彩分明的物体(例如一碗水果沙拉)的图像。你需要确保图像最暗处的像素值为(0,0,0)，最亮处的像素值为(1,1,1)。同样地，每个像素 x 和 y 坐标值的范围也应该是 0 到 1。假设这些像素 RGB 值的协方差为 0.1 倍的单位阵，坐标值和颜色值的协方差为 0，坐标值之间的协方差为 σ 倍的单位阵(σ 为可变的参数)。将图像的像素点按照 $\sigma=(0.01,0.1,1)$ 分别聚类成 20、50 和 100 个簇，我们会得到 9 个结果。同样，通过将像素值建模为一个高斯混合分布并且使用 EM 算法聚类。对于每个结果，将这些聚类后的像素点的值用它们的簇中心的值替换并显示获得的图像。你发现了什么？

9.5 EM 算法的应用在最初并不是用来聚类。下面是一个其他应用。我们将使用 EM 算法排除不能很好地拟合直线的点(如果你还没有看到最小二乘的直线拟合，那么本练习对你有难度)。

(a) 从下面的高斯混合分布产生的独立同分布的样本点中构建一个包含 10 个二维数据点的数据集。从范围[0, 10]上的均匀分布绘制 x 坐标。以 0.8 的概率抽取均值为 0、标准差为 0.001 的正态随机变量 ξ，并形成 y 坐标 $y=x+\xi$。以 0.2 的概率从范围[0,10]上的均匀分布绘制 y 坐标。画出这个数据集——你应该能看到 8 个可以连成一条直线的点和两个孤立的点。

(b) 对你的数据集用最小二乘法拟合出一条直线，画出结果。这个结果应该是很差的，因为孤立的点对直线的影响很大。如果你运气比较差，恰好生成了没有孤立点的数据集，或者直线拟合得很好，你可以多试几次，总会有拟合较差的情况出现。

(c) 我们将会使用 EM 算法来拟合一条表现良好的直线。$N(\mu,\sigma)$ 是一个均值为 μ、方差为 σ 的正态分布，并且 $U(0,10)$ 为一个范围从 0 到 10 的均匀分布。使用混合模型 $P(y|a,b,\pi,x)=\pi N(ax+b,0.001)+(1-\pi)U(0,10)$ 生成 y 坐标。现在给第 i 个数据点定义一个变量 δ_i，$\delta_i=1$ 表示数据点来自线性模型，$\delta_i=0$ 表示数

据点来自高斯模型。写出 $P(y_i, \delta_i | a, b, \pi, x)$ 的表达式。

(d) 假设 $a^{(n)}$，$b^{(n)}$，$\pi^{(n)}$ 是已知的，试证明

$$Q(a,b,\pi;a^{(n)},b^{(n)},\pi^{(n)}) = -\sum_i w_i \frac{(ax_i + b - y_i)^2}{20.001^2} + (1 - w_i)(1/10) + K$$

(K 是一个常量)。这里

$$w_i = \mathbb{E}_{P(\delta_i | a^{(n)}, b^{(n)}, \pi^{(n)}, x)}[\delta_i]$$

(e) 试证明

$$w_i = P(\delta_i | a^{(n)}, b^{(n)}, \pi^{(n)}, x) = \frac{\pi^{(n)} e^{-\frac{(a^{(n)} x_i + b^{(n)} - y_i)^2}{20.001^2}}}{\pi^{(n)} e^{-\frac{(a^{(n)} x_i + b^{(n)} - y_i)^2}{20.001^2}} + (1 - \pi^{(n)}) \frac{1}{10}}$$

(f) 现在使用这些已知信息来实现 EM 算法，并且估计出数据的拟合直线。你应该尝试多个起始点。是否能够获得一条拟合得更好的直线？为什么？

9.6 这是一个相当有挑战性的练习。我们将使用 9.1.2 节中的文档聚类方法来识别文档的簇，即主题。20newsgroups 数据集是一个很著名的文本数据集。它收录了来自 20 个不同新闻组的新闻报告。这里有许多棘手的数据问题(例如，应该忽略标题的哪些方面？我们是否应该把单词简化到只剩下词干——例如“wining”改成“win”、“hugely”改成“huge”等?)。我们忽略这些问题，只处理数据集清洗过的版本。它由三个部分组成，每个部分都用于训练和测试：文档-词矩阵、一组标签和一个字典。你可以在 http://qwone.com/～jason/20Newsgroups/上找到该数据集清洗过的版本。你应该在该页面上查找名字为 20news-bydate-matlab.tgz 的清洗过的版本。通常我们的任务是标记测试文章来自哪个新闻组。文档-词矩阵是一个特定单词在特定文档中出现频次的计数表。单词的集合非常大(有 53 975 个不同的单词)，很多单词不会出现在大多数文档中，因此这个矩阵的大多数项为零。文件 train.data 包含一个训练数据集合的文档-词矩阵；每行代表一个不同的文档(有 11 269 行)，每列代表一个不同的单词。

(a) 使用 9.1.2 节的方法对这个矩阵的行进行聚类，从而获得一组簇中心来代表主题。**提示**：对所有的点聚类将会耗费较多时间；你应该首先调试对数据集的一小部分聚类的代码，因为这个数据集太大，对整个数据集聚类将比较慢。

(b) 现在，你可以将每个簇中心看作一个文档“类型”。假设有 k 个簇(主题)。用一个 k 维的向量代表每个文档。向量的每一项应该是文档属于每个簇的概率的负对数。现在使用这些信息(向量)构建一个分类器用来识别文档。你需要使用文件 train.label，它会告诉你特殊项来自哪个新闻组。我建议你使用随机决策森林作为分类器，但也可以使用其他的方法。在训练好分类器后，你要使用测试数据(文件 test.data 和 test.label)评估你的分类器。

第四部分

Applied Machine Learning

回　　归

第 10 章

Applied Machine Learning

回　　归

分类尝试根据数据项预测类别。**回归**(regression)尝试预测实值。例如，我们知道房屋的邮政编码、地块的面积、房间数量和房屋的面积，希望预测其可能的售价。再如，我们知道要出售的交易卡的成本和状况，希望预测购买并转售时的可能利润。又如，我们有一幅缺少像素的图片(也许有文字覆盖了它们，我们想要替换它)，想要填充缺失的值。最后一个例子，你可以将分类视为回归的一种特殊情况，在这种情况下，我们希望预测＋1或－1。但是，这通常不是最好的方法。预测数值非常有用，因此有很多类似的示例。

10.1　概述

我们想构建一个由特征向量 $\mathbf{x}$ 预测数值 y 的模型。$\mathbf{x}$ 的适当选择(详细信息如下)意味着该模型所做的预测将位于一条直线上。图 10-1 显示了两个很好的回归示例。用散点图绘制数据，该线为水平轴上的每个值给出了模型的预测。图 10-2 显示了两个较差的回归示例。这些示例展示了一些要点。

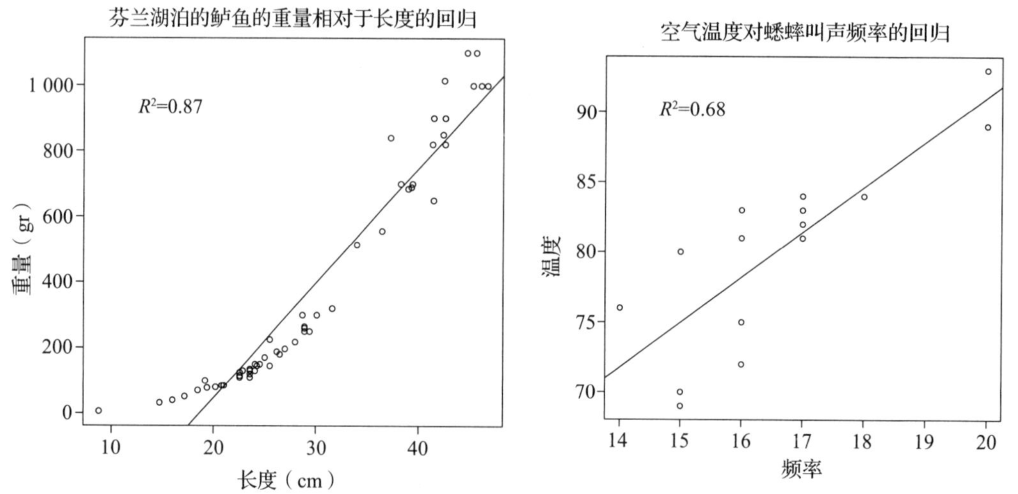

图 10-1　**左图**是来自芬兰湖泊的鲈鱼的重量相对于长度的回归(可以在 http://www.amstat.org/publications/jse/jse_data_archive.htm 上查找“fishcatch”找到该数据集及其背景介绍)。请注意，线性回归非常适合该数据，这意味着你应该能够很好地根据鲈鱼的长度预测其重量。**右图**是空气温度对蟋蟀叫声频率的回归。数据非常接近直线，这意味着你应该可以很好地通过蟋蟀的叫声来判断温度。该数据来自 http://mste.illinois.edu/patel/amar430/keyprob1.html。在每个图中看到的 R^2 是回归拟合质量的度量(10.2.4 节)

对于大多数数据，y 实际上并不是 $\mathbf{x}$ 的函数——你可能有两个示例，其中相同的 $\mathbf{x}$ 对应不同的 y 值。这个情况在每个图中都有。通常，我们认为数据是来自分布 $P(X,Y)$ 的样本，回归估计了 $P(Y|\{X=\mathbf{x}\})$ 的平均值。以这种方式思考问题时，应明确表明我们不依赖 Y 和 X 之间的任何精确的、物理的或因果的关系。它们的联合概率足以使有用的预测成为可能，我们将通过实验进行检验。这意味着你可以构建在某些令人惊讶的情况下依然有效的回归。

例如，将孩子的阅读能力与他们脚的大小进行回归可以非常成功。这不是因为大脚可以帮助你阅读，而是因为总的来说，年龄较大的孩子阅读能力更好，脚也更大。

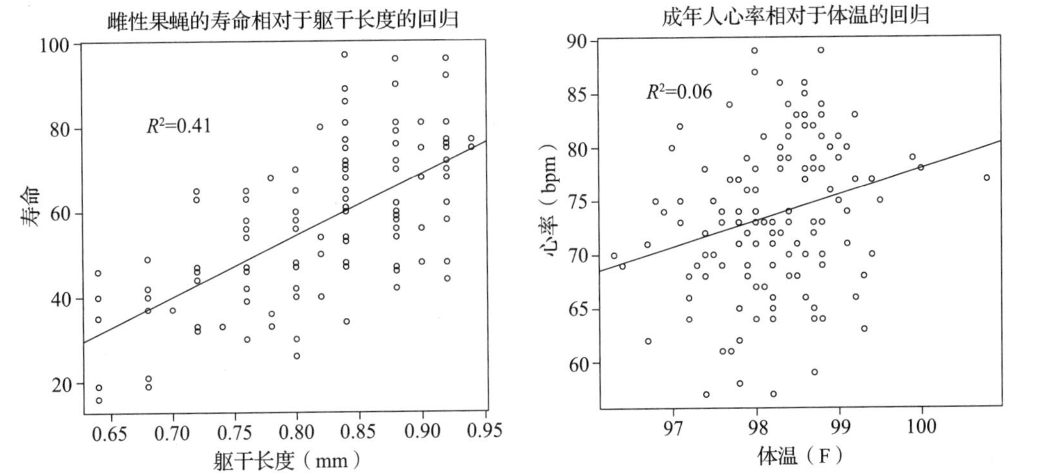

图 10-2 回归不一定能产生良好的预测或良好的模型拟合。**左图**是雌性果蝇的寿命相对于其成年躯干长度的回归(显然，随着果蝇年龄的增长，这种关系不会改变。你可以在 http://www.amstat.org/publications/jse/jse_data_archive.htm 上查找“fruitfly”找到该数据集及其背景介绍)。该图表明，你可以通过测量果蝇的躯干长度来预测其寿命，但并不是特别准确。**右图**是成年人的心率对体温的回归。你也可以在 http://www.amstat.org/publications/jse/jse_data_archive.htm 上查找“temperature”找到该数据集。请注意，根据体温来预测心率也并不一定那么有效

模型可以预测得很好(鱼的重量)，但不太可能做出完美的预测。即使与给定值 $\mathbf{x}$ 关联的 y 发生了很大变化，这些预测也可能有用(例如蟋蟀——你确实可以根据其叫声的频率合理地猜测空气温度)。而有时回归的效果很差(心率和体温之间的关系很小)。

本章将展示如何拟合模型，如何判断模型是否良好，以及改善模型的方法。通常，我们将使用回归进行预测，但是也有其他应用。很显然，如果测试数据“不像”训练数据那样，则回归可能不起作用。为了得到严格的保证，测试和训练数据都需要是来自同一分布的独立同分布样本。通常无法确定实际数据是否如此，因此我们忽略这一点，尝试使用现有数据构建最佳回归。

回归现货趋势

回归不仅适用于预测数值。构建回归模型的另一个用途是比较数据中的趋势。这样做可以弄清楚实际情况。这里有一个来自 Efron 的示例(“Computer-Intensive methods in statistical regression,” B. Efron，SIAM Review，1988)。附录中的表 10-1 显示了一些来自医疗设备的数据，这些设备位于体内并释放激素。数据显示了设备在使用一段时间后，设备中当前激素的量，以及设备使用了多长时间。数据描述了三个生产批次(A、B 和 C)的设备的情况。每个批次中的设备都应该具有相同的表现。重要的问题是：批次是否相同？激素的数量会随着时间变化，因此不能仅比较每个设备中当前的激素量。相反，我们还需要确定使用时间和激素量之间的关系，并查看批次之间这种关系是否不同。我们可以通过在时间上回归激素量来做到这一点。

图 10-3 显示了回归如何提供帮助。在这种情况下，我们将设备中的激素量建模为

$$a\times(\text{使用时间})+b$$

选择 a，b 以获得最佳拟合(稍后将更详细地讨论该点!)。这意味着我们可以在散点图上绘制每个数据点以及最佳拟合线。该图使我们能够发现是否有任何特定批次以任何有趣的方式与整体模型有不同的表现。

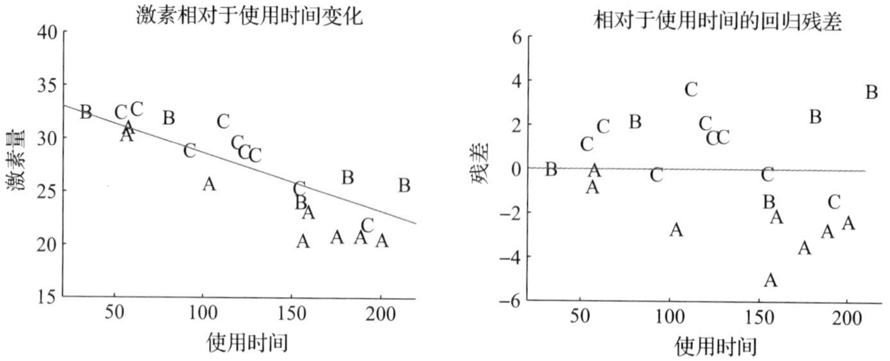

图 10-3　**左图**是表 10-1 中设备激素相对于使用时间变化的散点图。请注意，时间和激素量之间存在非常明显的关系(设备使用时间越长，激素越少)。现在的问题是要了解这种关系，以便可以判断批次 A、B 和 C 是相同还是不同。这里同时显示了所有数据的最佳拟合线，使用 10.2 节中的方法拟合。**右图**是表 10-1 中设备的残差(每个数据点与最佳拟合线之间的距离)相对于使用时间变化的散点图。现在你应该注意到一个明显的区别。批次 B 和 C 中的某些设备具有正残差，某些具有负残差，但批次 A 的所有设备均具有负残差。这意味着，当我们考虑一段时间内激素的损失时，批次 A 设备中的激素仍然较少。这是一个很好的证据，表明该批次产品有问题

但是，很难用肉眼评估数据点和最佳拟合线之间的距离。明智的选择是从测量的量中减去预测的激素量。这样做会产生**残差**(residual)，即测量值与预测值之间的差异。然后我们可以绘出这些残差(图 10-3)。在本例中，该图表明批次 A 很特殊——该批次中的所有设备所含激素量都比我们的模型预测的少。

有用的事实 10.1　定义：回归

回归接收特征向量并产生预测，该预测通常为数值，但有时也可以为其他形式。你可以将这些预测值用于预测，也可以用于研究数据中的趋势。将分类视为回归的一种形式是可能的，但通常不是特别有帮助。

10.2　线性回归和最小二乘法

假设我们有一个由 N 对$(\mathbf{x}_i, y_i)$组成的数据集。我们将 y_i 视为某些函数在 $\mathbf{x}_i$ 处估计得到的值，并添加一些随机成分。这意味着在两个数据项中 $\mathbf{x}_i$ 可能相同，而 y_i 是不同的。我们将 $\mathbf{x}_i$ 称为**解释变量**(explanatory variable)，y_i 称为**因变量**(dependent variable)。我们想使用已有的示例——**训练样本**，来构建 y 和 $\mathbf{x}$ 之间的依赖关系模型。该模型将用于预测新的 $\mathbf{x}$ 值对应的 y 值，通常将其称为**测试样本**(test example)。它也可以用来理解 $\mathbf{x}$ 之间的关系。该模型需要具有一些概率成分。我们不期望 y 是 $\mathbf{x}$ 的函数，并且无论如何评估，y 都可能会出现一些错误。

10.2.1　线性回归

我们不能期望我们的模型做出完美的预测。此外，y 可能不是 $\mathbf{x}$ 的函数——而且相同值的 $\mathbf{x}$ 很可能会有不同的 y。发生这种情况的一种可能是 y 为一个测量值(因此会受到一

些测量噪声的影响)。另一种可能是 y 中有一些随机性。例如，我们预计具有相同特征集的两个房屋($\boldsymbol{x}$)仍可能会以不同的价格(y)出售。

一个好且简单的模型是假设通过估计解释变量(即 $\boldsymbol{x}$)的线性函数，然后加上零均值正态随机变量来获得因变量(即 y)。我们可以将这个模型写为

$$y = \boldsymbol{x}^{\mathrm{T}}\beta + \xi$$

其中 ξ 表示随机(或至少是未建模的)效果。我们将始终假设 ξ 的均值为零。在此表达式中，β 是权重向量，我们必须对其进行估计。当使用该模型预测一组特定的解释变量 $\boldsymbol{x}^*$ 的 y 值时，我们无法预测 ξ 所取的值。最好的可用预测是平均值(为零)。请注意，如果 $\boldsymbol{x}=0$，则模型预测 $y=0$。这对你来说似乎是一个问题——你可能会担心我们只能通过原点拟合直线——但请记住，$\boldsymbol{x}$ 包含解释变量，我们可以选择出现在 $\boldsymbol{x}$ 中的点。这两个例子表明，明智地选择 $\boldsymbol{x}$ 可以使我们对任意的 y 截距拟合出一条线。

有用的事实 10.2 定义：线性回归

对于系数 β 的某些向量，线性回归接收特征向量 $\boldsymbol{x}$ 并预测 $\boldsymbol{x}^{\mathrm{T}}\beta$。使用数据对系数进行调整，以产生最佳预测。

例 10.1 拟合单个解释变量的线性模型

假设我们将线性模型拟合到单个解释变量。然后，模型的形式为 $y=\boldsymbol{x}^{\mathrm{T}}\beta+\xi$，其中 ξ 为零均值随机变量。对于解释变量的任何值 x^*，我们对 y 的最佳估计是 $\beta\boldsymbol{x}^*$。特别是，如果 $\boldsymbol{x}^*=0$，则模型会预测 $y=0$，这是不理想的。我们可以通过在 x，y 平面上绘制一条通过原点且斜率为 β 的直线来得到该模型。该直线的 y 截距一定是零。

例 10.2 y 截距为非零的线性模型

假设有一个解释变量，我们将其写为 u。然后，我们可以根据解释变量创建向量 $\boldsymbol{x}=[u,1]^{\mathrm{T}}$。现在，我们为该向量拟合一个线性模型。模型的形式为 $y=\boldsymbol{x}^{\mathrm{T}}\beta+\xi$，其中 ξ 为零均值随机变量。对于解释变量的任何值 $\boldsymbol{x}^*=[u^*,1]^{\mathrm{T}}$，我们对 y 的最佳估计是 $(\boldsymbol{x}^*)^{\mathrm{T}}\beta$，可以写成 $y=\beta_1 u^*+\beta_2$。如果 $\boldsymbol{x}^*=0$，则模型预测 $y=\beta_2$。我们可以通过在 x，y 平面上绘制一条通过原点且斜率为 β_1、y 截距为 β_2 的直线来得到该模型。

10.2.2 选择 $\boldsymbol{\beta}$

我们必须确定 β。可以通过两种方式进行，在此对这两种方式都进行介绍，因为不同的人会觉得不同的推理方式更具吸引力。每种方式都将得到相同的解。一个是基于概率的，另一个不是。尽管它们至少在原理上是不同的，但我通常仍将它们视为可互换的。

概率方法(probabilistic approach)：我们可以假设 ξ 是均值为零、方差未知的正态随机变量。那么 $P(y|\boldsymbol{x},\beta)$ 是正态分布，均值为 $\boldsymbol{x}^{\mathrm{T}}\beta$，因此我们可以写出数据的对数似然。将 ξ 的方差记为 σ^2，现在还未知，但不用担心。我们有

$$\log \mathcal{L}(\beta) = \sum_i \log P(y_i|\boldsymbol{x}_i,\beta) = -\frac{1}{2\sigma^2}\sum_i (y_i - \boldsymbol{x}_i^{\mathrm{T}}\beta)^2 + \beta\text{ 的无关项}$$

最大化数据的对数似然等效于最小化数据的负对数似然。此外，项 $\frac{1}{2\sigma^2}$ 不会影响最小值的位置，因此我们必须最小化 $\sum_i (y_i - \boldsymbol{x}_i^{\mathrm{T}}\beta)^2$ 或与之成比例的任何值，以得到我们想要的 β。

最小化均方误差的表达式非常有帮助，因为当我们添加数据时，它的增长不会太大(希望如此)。因此，我们最小化

$$\left(\frac{1}{N}\right)\left(\sum_i (y_i - \boldsymbol{x}_i^{\mathrm{T}}\beta)^2\right)$$

直接方法(Direct approach)：请注意，如果我们有一个 β 的估计值，那么对于每个示例，都有未建模效果 ξ_i 的一些估计值。我们只取$\xi_i = y_i - \boldsymbol{x}^{\mathrm{T}}\beta$。使未建模效果“很小”是很自然的。大小的一个很好的度量是上述平方值的平均值，这意味着要最小化

$$\left(\frac{1}{N}\right)\left(\sum_i (y_i - \boldsymbol{x}_i^{\mathrm{T}}\beta)^2\right)$$

可以使用向量和矩阵更方便地表示所有这些内容。向量 $\boldsymbol{y}$ 记作

$$\begin{pmatrix} y_1 \\ y_2 \\ \cdots \\ y_n \end{pmatrix}$$

矩阵 $\mathcal{X}$ 记作

$$\begin{pmatrix} \boldsymbol{x}_1^{\mathrm{T}} \\ \boldsymbol{x}_2^{\mathrm{T}} \\ \cdots \\ \boldsymbol{x}_n^{\mathrm{T}} \end{pmatrix}$$

然后我们想最小化

$$\left(\frac{1}{N}\right)(\boldsymbol{y} - \mathcal{X}\beta)^{\mathrm{T}}(\boldsymbol{y} - \mathcal{X}\beta)$$

这意味着必须有

$$\mathcal{X}^{\mathrm{T}}\mathcal{X}\beta - \mathcal{X}^{\mathrm{T}}\boldsymbol{y} = 0$$

对于特征的合理选择，我们可以期望 $\mathcal{X}^{\mathrm{T}}\mathcal{X}$(它应该像协方差矩阵一样给你留下深刻的印象)是满秩的，这是常见的情况。如果是这样，则此方程很容易求解。否则，还有更多的工作要做，我们将在 10.4.2 节中介绍。

记住：通常使用最小二乘法估计线性回归的系数向量 β。

10.2.3　残差

假设我们已通过解下式得到$\hat{\beta}$ 的值产生了一个回归。

$$\mathcal{X}^{\mathrm{T}}\mathcal{X}\hat{\beta} - \mathcal{X}^{\mathrm{T}}\boldsymbol{y} = 0$$

用$\hat{\beta}$ 表示是因为这是一个估计值。我们可能没有生成数据的 β 的真实值(该模型可能是错误的，等等)。不能期望 $\mathcal{X}\hat{\beta}$ 与 $\boldsymbol{y}$ 相同。相反，可能会出现一些误差。**残差**(residual)是向量

$$\boldsymbol{e} = \boldsymbol{y} - \mathcal{X}\hat{\beta}$$

这给出了每个点的真实值和模型预测值之间的差异。残差的每个分量都是对该数据点未建模效果的估计。**均方误差**(mean-squared error)为

$$m = \frac{\boldsymbol{e}^{\mathrm{T}}\boldsymbol{e}}{N}$$

这给出了在训练样本上预测的平方误差的平均值。

请注意，均方误差并不是衡量回归效果的重要指标。这是因为该值取决于因变量的度

量单位。因此，例如，以米为单位测量 $\mathbf{y}$ 与以公里为单位测量 $\mathbf{y}$ 得到的均方误差会不同。

10.2.4 R^2

有一个重要的定量指标来衡量回归的效果，而这并不取决于度量单位。除非因变量是一个常数(这会使预测变得容易)，否则它会有一定的方差。如果我们的模型有用，它应该能解释因变量值的某些方面。这意味着残差的方差应小于因变量的方差。如果模型做出了完美的预测，则残差的方差应该为零。

可以以相对简单的方式将所有这些形式化。我们将确保 $\mathcal{X}$ 始终包含一列 1，以便回归可以具有非零的 $\mathbf{y}$ 截距。现在通过选择 β 的估计值 $\hat{\beta}$ 使得 $\mathbf{e}^{\mathrm{T}}\mathbf{e}$ 最小来拟合模型

$$\mathbf{y}=\mathcal{X}\beta+\mathbf{e}$$

其中 $\mathbf{e}$ 是残差值向量。然后我们得到一些有用的技术性结果。

有用的事实 10.3 回归

记 $\mathbf{y}=\mathcal{X}\hat{\beta}+\mathbf{e}$，其中 $\mathbf{e}$ 是残差。假设 $\mathcal{X}$ 包含一列 1，并且选择 $\hat{\beta}$ 以最小化 $\mathbf{e}^{\mathrm{T}}\mathbf{e}$。那么我们有：

1. $\mathbf{e}^{\mathrm{T}}\mathcal{X}=0$，即 $\mathbf{e}$ 与 $\mathcal{X}$ 的任何列正交。这是因为，如果 $\mathbf{e}$ 与 $\mathcal{X}$ 的某些列不正交，我们可以增加或减少与该列对应的 $\hat{\beta}$ 项以减小误差。观察这种情况的另一种方法是注意到 $\hat{\beta}$ 是被选择用来最小化 $\frac{1}{N}\mathbf{e}^{\mathrm{T}}\mathbf{e}$，即 $\frac{1}{N}(\mathbf{y}-\mathcal{X}\hat{\beta})^{\mathrm{T}}(\mathbf{y}-\mathcal{X}\hat{\beta})$。现在，因为这是最小值，所以相对于 $\hat{\beta}$ 的梯度为零，因此 $(\mathbf{y}-\mathcal{X}\hat{\beta})^{\mathrm{T}}(-\mathcal{X})=-\mathbf{e}^{\mathrm{T}}\mathcal{X}=0$。

2. $\mathbf{e}^{\mathrm{T}}1=0$(回想一下 $\mathcal{X}$ 的某列全为 1，应用先前的结果)。

3. $1^{\mathrm{T}}(\mathbf{y}-\mathcal{X}\hat{\beta})=0$(与先前结果相同)。

4. $\mathbf{e}^{\mathrm{T}}\mathcal{X}\hat{\beta}=0$(由第一个结果可知这是正确的)。

现在 $\mathbf{y}$ 是排列成向量的一维数据集，因此我们可以计算 $\mathrm{mean}(\{y\})$ 和 $\mathrm{var}[y]$。类似地，$\mathcal{X}\hat{\beta}$ 是排列成向量的一维数据集(其元素为 $x_i^{\mathrm{T}}\hat{\beta}$)，与 $\mathbf{e}$ 一样，因此我们知道均值和方差的含义。我们有一个特别重要的结果：

$$\mathrm{var}[y]=\mathrm{var}[\mathcal{X}\hat{\beta}]+\mathrm{var}[e]$$

这是很容易证明的，只需多用一些符号。用 $\overline{\mathbf{y}}=(1/N)(\mathbf{1}^{\mathrm{T}}\mathbf{y})^{\mathbf{1}}$ 表示所有元素均为 $\mathrm{mean}(\{y\})$ 的向量，$\overline{\mathbf{e}}$ 和 $\overline{\mathcal{X}\hat{\beta}}$ 也类似处理。我们有

$$\mathrm{var}[y]=(1/N)(\mathbf{y}-\overline{\mathbf{y}})^{\mathrm{T}}(\mathbf{y}-\overline{\mathbf{y}})$$

对于 $\mathrm{var}[e_i]$ 等也是如此。注意到 $\overline{\mathbf{y}}=\overline{\mathcal{X}\hat{\beta}}$，现在有

$$\begin{aligned}
\mathrm{var}[y]&=(1/N)([\mathcal{X}\hat{\beta}-\overline{\mathcal{X}\hat{\beta}}]+[\mathbf{e}-\overline{\mathbf{e}}])^{\mathrm{T}}([\mathcal{X}\hat{\beta}-\overline{\mathcal{X}\hat{\beta}}]+[\mathbf{e}-\overline{\mathbf{e}}])\\
&=(1/N)([\mathcal{X}\hat{\beta}-\overline{\mathcal{X}\hat{\beta}}]^{\mathrm{T}}[\mathcal{X}\hat{\beta}-\overline{\mathcal{X}\hat{\beta}}]+2[\mathbf{e}-\overline{\mathbf{e}}]^{\mathrm{T}}[\mathcal{X}\hat{\beta}-\overline{\mathcal{X}\hat{\beta}}]+[\mathbf{e}-\overline{\mathbf{e}}]^{\mathrm{T}}[\mathbf{e}-\overline{\mathbf{e}}])\\
&=(1/N)([\mathcal{X}\hat{\beta}-\overline{\mathcal{X}\hat{\beta}}]^{\mathrm{T}}[\mathcal{X}\hat{\beta}-\overline{\mathcal{X}\hat{\beta}}]+[\mathbf{e}-\overline{\mathbf{e}}]^{\mathrm{T}}[\mathbf{e}-\overline{\mathbf{e}}])\\
&\quad \text{由于}\ \overline{\mathbf{e}}=0,\quad \mathbf{e}^{\mathrm{T}}\mathcal{X}\hat{\beta}=0,\quad \mathbf{e}^{\mathrm{T}}\mathbf{1}=0\\
&=\mathrm{var}[\mathcal{X}\hat{\beta}]+\mathrm{var}[e]
\end{aligned}$$

这非常重要，因为它使我们可以将回归视为对 $\mathbf{y}$ 的方差的解释。由于我们更善于解释 $\mathbf{y}$，因此 $\mathrm{var}[e]$ 下降。反过来，回归好坏的自然度量是它能够解释 $\mathbf{y}$ 的方差的百分比。这称为 R^2(r 平方度量)。我们有

$$R^2=\frac{\mathrm{var}[\mathcal{X}\hat{\beta}]}{\mathrm{var}[\mathbf{y}]}$$

这让我们对回归对训练数据的解释的好坏程度有了一定的了解。请注意，R^2 的值不受 $\mathbf{y}$ 的单位的影响。

好的预测会使得 R^2 的值较高，而完美的模型将使 $R^2=1$(通常不会发生)。例如，图 10-3 中的回归的 R^2 值为 0.87。图 10-1 和图 10-2 显示了各自绘制的回归的 R^2 值。注意更好的模型如何产生更大的 R^2 值。R 语言中为线性回归提供的摘要可以提供 R^2 值的两个估计。这些估计是通过尝试考虑回归中的数据量和回归中变量数的方式获得的。就我们的目的而言，这些估计值与定义的 R^2 之间的差异并不重要。在上述的图示中，我们按照上文所述计算了 R^2，但是如果替换为 R 的其他计算值，也没有什么问题。

记住：可以通过查看回归解释的因变量的方差的比例来评估回归的预测质量。这个数字称为 R^2，取值介于 0 和 1 之间，值较大的回归做出的预测更好。

10.2.5　变量变换

有时，数据的形式无法带来良好的线性回归。在这种情况下，变换解释变量、因变量或两者可以带来很大的改进。图 10-4 显示了一个基于词频概念的示例。一些单词在文本中经常使用；大多数很少使用。此图的数据集包括莎士比亚印刷作品中 100 个最常见单词的出现次数计数。它最初是从一个索引中收集的，已被用来攻克各种有趣的问题，包括试图评估莎士比亚知道多少单词。这很困难，因为他可能知道很多作品中没有使用过的单词，所以我们不能仅仅计数。如果查看图 10-4，你会发现计数(单词使用的次数)相对于排名(单词是否常见，1～100)的线性回归并不是真正有用的。最常见的单词经常使用，并且一个单词的使用次数随着人们查看不太常见的单词而急剧下降。你可以在图 10-4 的残差对因变量的散点图中看到这种效果——残差在很大程度上取决于因变量。这是一个极端的例子，说明线性回归可能会很差。

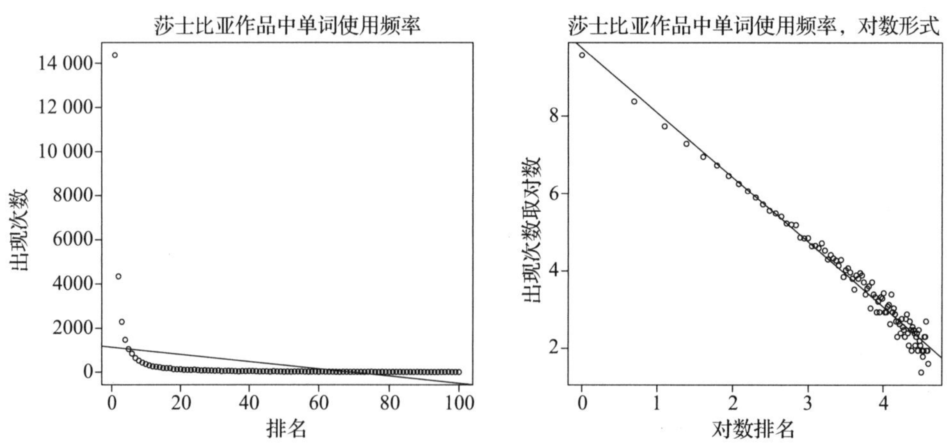

图 10-4　在**左图**中，使用 R 附带的数据集(称为“吟游诗人”，最早来自 J. Gani 和 I. Saunders 的未发表的报告)，对莎士比亚作品中 100 个最常见单词的单词计数与排名进行了比较。也展示了回归线。肉眼看这个拟合很差，R^2 也很差($R^2=0.1$)。在**右图**中，针对莎士比亚作品中 100 个最常见单词的对数排名与对数单词计数作图。回归线非常接近数据

但是，如果我们将对数计数相对于对数排名进行回归，确实得到了很好的拟合。这表明莎士比亚的单词用法(至少对于 100 个最常用的单词而言)符合**齐普夫定律**(Zipf's law)。给出单词的频率 f 和排名 r 之间的关系为

$$f \propto \left(\frac{1}{r}\right)^s$$

其中 s 是描述分布的常数。我们的线性回归表明，对该数据，s 约为 1.67。

在某些情况下，问题的自然逻辑将建议进行变量变换，以提高回归性能。例如，有人可能认为人体的密度大致相同，因此体重应与身高的立方成比例。反过来，这表明可以将体重回归为身高的立方根。通常，矮个子往往不是高个子的按比例缩放版本，因此立方根可能过于激进，因此人们想到了平方根。

记住： 可以通过变换变量来改善回归的性能。可以通过观察数据的图示或思考问题的逻辑来进行变换。

Box-Cox 变换(Box-Cox transformation)是一种可以搜索因变量的变换以改善回归的方法。该方法使用具有唯一参数 λ 的变换族，然后使用最大似然搜索此参数的最佳值。更明智的变换选择意味着此搜索相对简单。我们将因变量的 Box-Cox 变换定义为

$$y_i^{(bc)} = \begin{cases} \dfrac{y_i^\lambda - 1}{\lambda} & 若\ \lambda \neq 0 \\ \log\ y_i & 若\ \lambda = 0 \end{cases}$$

事实证明，使用最大似然估计 λ 的好的取值很简单。搜寻 λ 的值，使残差看起来像正态分布。统计软件将为你做到这一点。这种变换可以显著改善回归。例如，对于图 10-1 所示的例子，该变换建议 $\lambda=0.303$。绘制重量$^{0.303}$相对于长度的图是不自然的，因为我们确实不想预测体重$^{0.303}$。我们绘制了来自此模型的重量的预测，该预测将位于$(ax+b)^{\frac{1}{0.303}}$形式的曲线，而不是直线上。类似地，该变换建议蟋蟀数据的参数值 $\lambda=0.475$。图 10-5 显示了这些变换的结果。

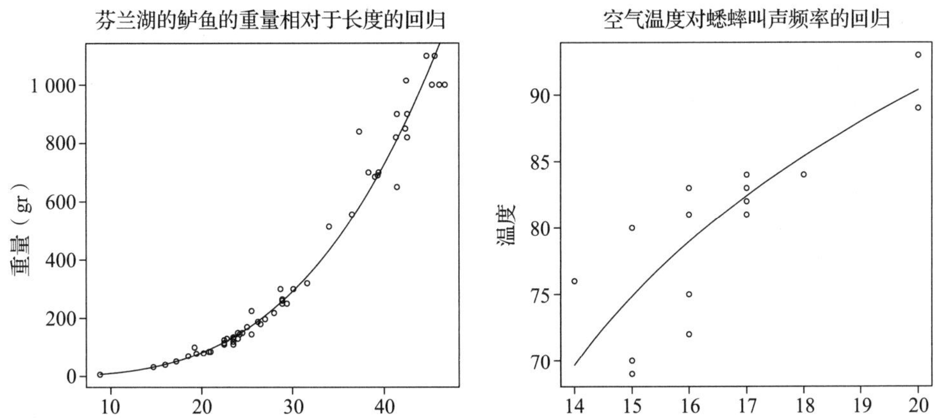

图 10-5　Box-Cox 变换建议将图 10-1 的鲈鱼数据的重量相对于长度的回归值设为 $\lambda=0.303$。你可以在 http://www.amstat.org/publications/jse/jse_data_archive.htm 找到该数据集和背景介绍。在该页面查找“fishcatch”。在**左图**中，结果曲线图覆盖在数据上。对于该图的蟋蟀温度数据(来自 http://mste.illinois.edu/patel/amar430/keyprob1.html)，该变换建议的值为 $\lambda=4.75$。在**右图**中，结果曲线图覆盖在数据上

记住： Box-Cox 变换寻求因变量的幂，该幂可以通过自变量的线性函数更好地预测。该过程的工作原理是在幂上构造一个似然，然后找到最大似然。统计软件提供详细操作。变换仅适用于数据集。

10.2.6 可以相信回归吗

线性回归很有用，但不是魔术。一些回归预测的效果很差(请参见图 10-2 的回归)。再举一个例子，将某人的电话号码的第一个数字对脚的长度进行回归是行不通的。

我们有一些简单的测试来判断回归是否有效。你可以观察具有一个解释变量和一个因变量的数据集的图。将数据绘制在散点图上，然后将模型绘制为该散点图上的一条线。仅看绘图就可以得到很多信息(比较图 10-1 和图 10-2)。

你可以检查回归是否预测的是常数。这通常是一个不好的迹象。你可以通过查看每个训练数据项的预测值进行检查。如果与自变量的方差相比，这些预测的方差很小，则回归效果不佳。如果只有一个解释变量，则可以绘制回归线。如果回归线是水平的或闭合的，则说明解释变量的值对预测的贡献很小。这表明在解释变量和因变量之间没有特殊的关系。

你还可以通过肉眼检查残差是否不是随机的。如果 $y-\boldsymbol{x}^{\mathrm{T}}\beta$ 是零均值正态随机变量，则残差向量的值不应取决于相应的 y 值。类似地，如果 $y-\boldsymbol{x}^{\mathrm{T}}\beta$ 只是未建模效果的零均值集合，我们也希望残差向量的值也不取决于相应的 y 值。如果确实如此，则意味着存在某些我们未建模的效果。查看 e 对 y 的散点图通常会发现回归中存在麻烦(图 10-7)。在图 10-7 的情况下，这个麻烦是由几个与其他数据点非常不同的数据点引起的，这些数据点严重影响了回归。我们将在 10.3 节中讨论如何识别和处理这些问题。一旦删除它们，回归则显著改善(图 10-8)。

记住：线性回归可能会做出错误的预测。你可以通过以下方法检查故障：评估 R^2；观察数据的图；检查回归是否做出恒定的预测；检查残差是否是随机的。

过程 10.1 使用最小二乘法的线性回归

我们有一个包含 N 对$(\boldsymbol{x}_i, y_i)$的数据集。每个 x_i 是三维解释向量，每个 y_i 是单个因变量。我们假设每个数据点都符合模型

$$y_i=\boldsymbol{x}_i^{\mathrm{T}}\beta+\xi_i$$

其中 ξ_i 代表未建模的效果。我们假设 ξ_i 是均值为 0 且方差未知的随机变量的样本。有时，我们假设随机变量是正态分布的。记作

$$\boldsymbol{y}=\begin{pmatrix} y_1 \\ y_2 \\ \cdots \\ y_n \end{pmatrix}$$

和

$$\mathcal{X}=\begin{pmatrix} x_1^{\mathrm{T}} \\ x_2^{\mathrm{T}} \\ \cdots \\ x_n^{\mathrm{T}} \end{pmatrix}$$

通过求解线性系统来估计$\hat{\beta}$(β 的值)

$$\mathcal{X}^{\mathrm{T}}\mathcal{X}\hat{\beta}-\mathcal{X}^{\mathrm{T}}\boldsymbol{y}=0$$

对于一个数据点 $\boldsymbol{x}$，我们的模型预测 $\boldsymbol{x}^{\mathrm{T}}\hat{\beta}$，残差为

$$\boldsymbol{e}=\boldsymbol{y}-\mathcal{X}\hat{\beta}$$

我们有 $\boldsymbol{e}^{\mathrm{T}}\mathbf{1}=0$，均方误差由下式给出

$$m=\frac{\boldsymbol{e}^{\mathrm{T}}\boldsymbol{e}}{N}$$

R^2 由下式给出

$$R^2=\frac{\mathrm{var}[\mathcal{X}\hat{\beta}]}{\mathrm{var}[\boldsymbol{y}]}$$

R^2 取值范围是 0 到 1，一个较大的值意味着这个回归能较好地解释数据。

10.3 可视化回归以发现问题

我们已经描述了单个解释变量的回归，因为在这种情况下很容易绘制回归线。你可以通过查看线和数据点发现大多数问题。但是，单一的解释变量并不是最常见或最有用的情况。如果我们有许多解释变量，则很难绘制回归以暴露问题。某些数据点与其他数据点明显不同是问题的主要来源。在带有一个解释变量的图中最容易看出这一点，但该效果也适用于其他回归。本节主要介绍无法简单地绘制回归图时识别和解决难题的方法。通常，我们将重点放在问题数据点上。

10.3.1 问题数据点具有显著影响

当我们构建回归时，我们求解使 $\sum_i(y_i-\boldsymbol{x}_i^{\mathrm{T}}\beta)^2$ 最小的 β，也就是求解使 $\sum_i e_i^2$ 取最小值 β。这意味着具有较大值的残差可能会对结果产生非常大的影响——我们对这个较大的值求平方，从而产生了巨大的值。通常，许多中等大小的残差的成本要小于一个大残差的成本，而其余的则很小。这意味着远离其他数据点的数据点会非常显著地影响回归线。图 10-6 说明了这种影响，这种影响通常发生在实际数据集中，造成了很大的麻烦。

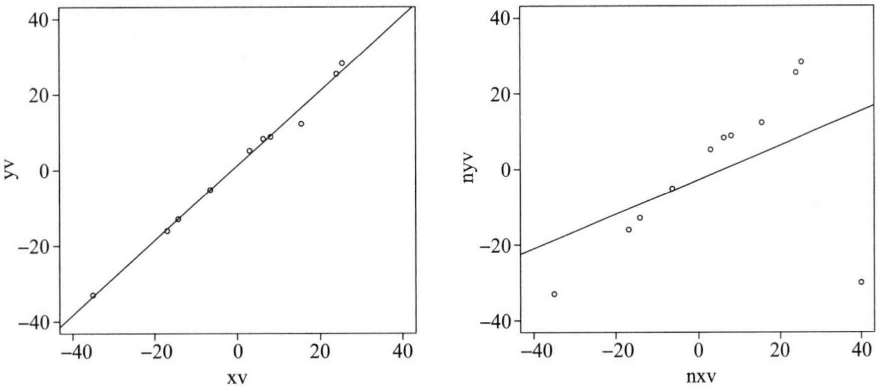

图 10-6 **左图**是具有一个因变量和一个解释变量的综合数据集，并绘制了回归线。请注意，这条线靠近数据点，其预测似乎很可靠。**右图**是将单个异常数据点添加到该数据集的结果。回归线发生了显著变化，因为回归线试图使数据点和线之间的垂直距离的平方和最小。由于异常数据点远离直线，因此到该点的垂直距离的平方很大。回归线已经移动以减小此距离，但其代价是使其他点远离回归线

像图 10-6 所示的数据点通常称为**离群点**或**异常点**(outlier)。这不是一个可以非常精确地使用的名称。这样的数据点可以有多种来源。设备故障、转录错误、有人在猜测要替换丢失数据的值等，这些方法可能会产生离群点。在遥远的过去，学者认为秘书是离群点。可能存在一些重要但相对罕见的情况，会产生若干奇怪的数据点。主要的科学发现归功于研究人员认真对待离群的异常值，并试图找出导致它们的原因(尽管你看不到每个异常值背后都隐藏着诺贝尔奖)。

离群的数据点会显著削弱回归的有用性。对于一些回归问题，我们可以识别出可能有问题的数据点，然后想办法处理它们。一种可能是它们是真正的离群点——有人记录了错误的数据项，或者它们代表了一种并不经常发生的效果。那么删除这些数据点是合理的。另一个可能是，它们是重要的数据，我们的线性模型可能不够好。在这种情况下，删除这些点可能不合理。但删除离群点是可以接受的，因为结果可能是一个线性模型，在大多数情况下表现良好，但不能建模一些罕见的影响，因此偶尔会出现严重错误。

图 10-7 使用一个有四个离群点的数据集显示了人的体重相对于身高的回归。这些数据来自 John Rasp 博士发布的人体测量数据集，可以在 http://www2.stetson.edu/~jrasp/data.htm(查找 bodyfat.xls)找到。在本章中，我们将多次使用这个数据集，构建回归模型从身高和其他各种测量数据中预测体重。请注意，回归线对主要数据块的拟合不是特别好，而且存在一些奇怪的残差。有一个拟合值与其他值相差很大，而有些残差与预测值的大小大致相同。图 10-8 显示了当四个最奇怪的点被移除时的情况。这条线距主要的块更近，残差也不那么不稳定。

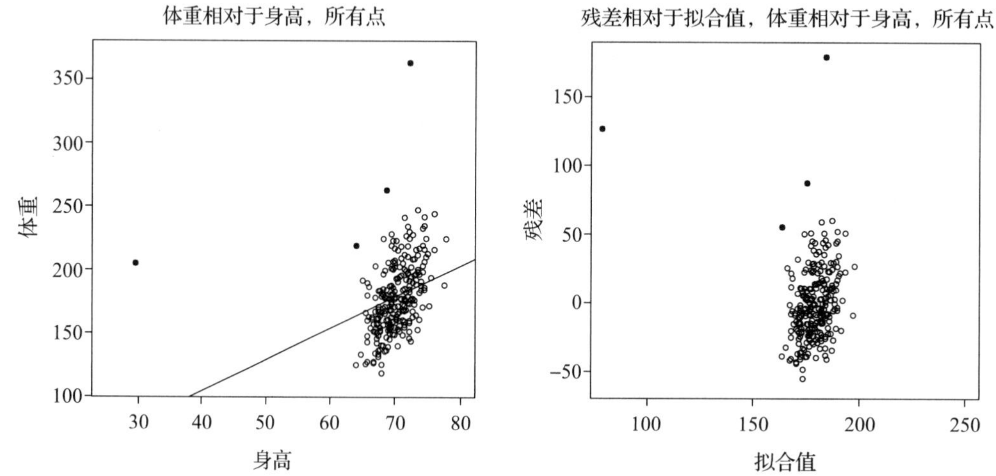

图 10-7　**左边**是体脂数据集中体重相对于身高的回归。这条线并不能很好地描述数据，因为它受到一些数据点(实心点)的强烈影响。**右边**是残差与回归预测值的散点图。这看起来不像噪声，这是麻烦的征兆

这里有两个问题。第一个是可视化问题。在可以绘制的回归图中找出离群点相对简单，但在有许多自变量的回归图中找出异常值需要新的工具。第二个是建模问题。我们可以构建一个包含所有数据但很差的模型；我们可以寻求一些变换，以便该模型在所有数据上都能更有效(这可能很难获得)；或者我们可以剔除或低估离群点，并建立一个在所有数据上都有效但忽略一些影响的模型。

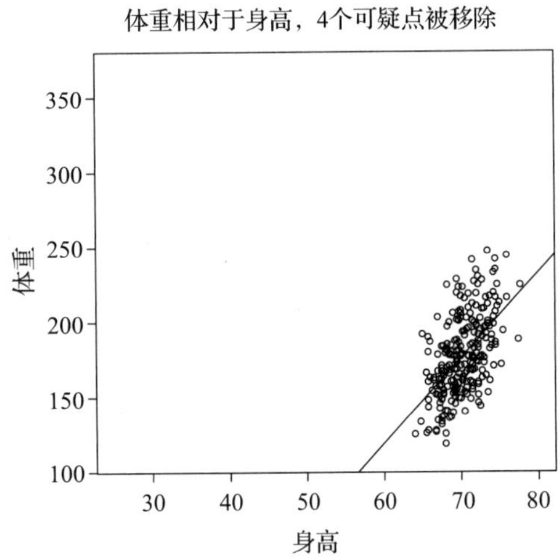

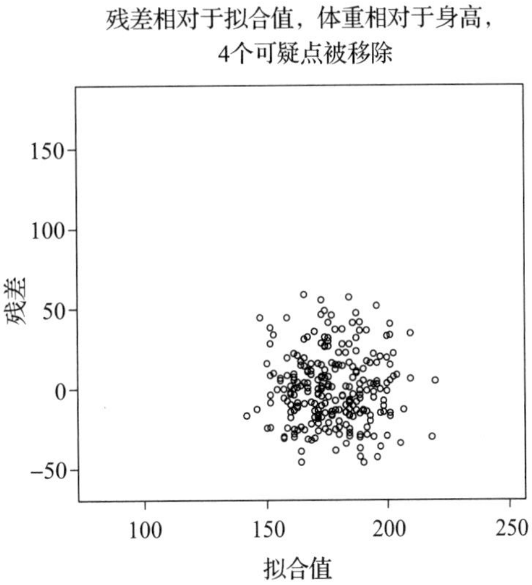

图 10-8 **左边**是体脂数据集中体重相对于身高的回归。现在移除了四个可疑的数据点，如图 10-7 所示的实心点；这些数据点似乎最有可能是离群点。**右边**是残差与回归预测值的散点图。注意，残差看起来像噪声。残差似乎与预测值无关；残差的均值似乎为零；残差的方差与预测值无关。所有这些都是好的迹象，与我们的模型一致，表明回归将产生好的预测

最简单的策略是识别离群点并移除它们，这种策略虽然强大，但很危险。危险在于，每次移除一些有问题的数据点时，你可能会发现更多的数据点看起来很奇怪。过分遵循这一思路可能会导致模型对某些数据非常有用，但本质上是毫无意义的，因为它们无法处理大多数情况。另一种策略是建立能够降低异常值影响的方法。在下一章中，我们将描述一些这样的方法，技术上可能比较复杂。

记住： 离群点可以显著影响线性回归。通常，如果可以绘制回归图，则可以通过观察图来寻找异常值。还有其他方法，但它们超出了本文的范围。

10.3.2 帽子矩阵和杠杆

记$\hat{\beta}$为β的估计值，$\mathbf{y}^{(p)}=\mathcal{X}\hat{\beta}$为 y 的预测值，我们有

$$\hat{\beta}=(\mathcal{X}^{\mathrm{T}}\mathcal{X})^{-1}(\mathcal{X}^{\mathrm{T}}\mathbf{y})$$

所以

$$\mathbf{y}^{(p)}=(\mathcal{X}(\mathcal{X}^{\mathrm{T}}\mathcal{X})^{-1}\mathcal{X}^{\mathrm{T}})\mathbf{y}$$

这意味着模型在训练点的预测值是训练点真实值的线性函数。矩阵$(\mathcal{X}(\mathcal{X}^{\mathrm{T}}\mathcal{X})^{-1}\mathcal{X}^{\mathrm{T}})$有时被称为**帽子矩阵**(Hat Matrix)。帽子矩阵写成 $\mathcal{H}$，其 i，j 分量记作$h_{i,j}$。

记住： 训练数据点的线性回归预测是其 y 值的线性函数。线性函数由帽子矩阵给出。

帽子矩阵具有许多重要的性质，其证明在练习中。它是一个对称矩阵。特征值只能是 1 或 0。行的和的重要性质是

$$\sum_j h_{ij}^2 \leqslant 1$$

这一点很重要，因为它可以用来查找具有难以预测的值的数据点。第 i 个训练点的**杠杆**

(leverage)是帽子矩阵 $\mathcal{H}$ 的第 i 个对角线元素 h_{ii}。现在我们可以写出第 i 个训练点的预测 $y_{p,i}=h_{ii}y_i+\sum_{j\neq i}h_{ij}y_j$。但是如果 h_{ii} 有很大的绝对值，那么帽子矩阵那一行中的所有其他元素必有较小的绝对值。这意味着，如果一个数据点具有高杠杆，那么模型在该点的值几乎完全由该点的观测值预测。或者，很难使用其他的训练数据来预测某个值。

这里有另一种方法可以看出 h_{ii} 的重要性。假设我们通过加上 Δ 来改变 y_i 的值；然后 $y_i^{(p)}$ 变成 $y_i^{(p)}+h_{ii}\Delta$。反过来，较大的 h_{ii} 意味着在第 i 个点的预测对 y_i 的值非常敏感。

记住：理想情况下，特定数据点的预测值取决于许多其他数据点。杠杆测量一个数据点在该点生成预测时的重要性。如果某个点的杠杆很高，其他点对该点的预测贡献不大，它很可能是一个离群点。

10.3.3　库克距离

另一种发现可能产生问题的点的方法是从回归中忽略该点的影响。我们可以用整个数据集计算 $\mathbf{y}^{(p)}$。然后，我们从数据集中省略第 i 个点，并从剩余数据中计算回归系数(记作 $\hat{\beta}_{\hat{i}}$)。现在写出 $\mathbf{y}_{\hat{i}}^{(p)}=\mathcal{X}\hat{\beta}_{\hat{i}}$。这个向量是当从训练数据中移除第 i 点时，回归模型在所有点上进行的预测。现在我们可以比较 $\mathbf{y}^{(p)}$ 和 $\mathbf{y}_{\hat{i}}^{(p)}$。距离值大的点是可疑的，因为省略这样的点会强烈地改变回归的预测。比较的分数叫作**库克距离**(Cook's distance)。如果一个点的库克距离值很大，那么它对回归有很强的影响，很可能是一个离群点。通常，计算每个点的库克距离，并仔细观察具有较大值的任何点。此过程将在下面详细描述。注意此过程与交叉验证大致相似(省略一些数据并重新计算)。但在此，我们使用这个过程来识别我们可能不信任的点，而不是获得对误差的无偏估计。

过程 10.2　计算库克距离

我们有一个包含 N 对$(\mathbf{x}_i, y_i)$的数据集。每个 $\mathbf{x}_i$ 是一个 d 维的解释向量，每个 y_i 是一个因变量。线性回归系数记作 $\hat{\beta}$(见过程 10.1)，通过省略第 i 个数据点计算得出的线性回归系数记作 $\hat{\beta}_{\hat{i}}$，$\mathcal{X}\hat{\beta}$ 记作 $\mathbf{y}^{(p)}$，均方误差记作 m，则

$$\mathbf{y}_{\hat{i}}^{(p)}=\mathcal{X}\hat{\beta}_{\hat{i}}$$

第 i 个数据点的库克距离为

$$\frac{(\mathbf{y}^{(p)}-\mathbf{y}_{\hat{i}}^{(p)})^{\mathrm{T}}(\mathbf{y}^{(p)}-\mathbf{y}_{\hat{i}}^{(p)})}{dm}$$

这个距离的值较大表明该点可能存在问题。统计软件可以计算和绘制这个距离。

记住：训练数据点的库克距离度量离开该点建立的回归对预测值的影响。库克距离较大表明其他点在预测给定点的值时很差，因此库克距离值大的点可能是一个离群点。

10.3.4　标准化残差

帽子矩阵还有另一个用途，它可以用来确定残差有多“大”。我们测量的残差取决于 y 的单位，这意味着我们不知道什么是“大”残差。例如，如果我们用千克表示 y，那么我们可能会认为 0.1 是一个小的残差。使用完全相同的数据集，但是现在 y 用克表示，残

差值变为 100——因为我们改变了单位，它真的“大”吗？

现在回想一下我们的假设，在 10.2.1 节，$y-\boldsymbol{x}^{\mathrm{T}}\beta$ 为零均值正态随机变量，但我们不知道它的方差。可以证明，在我们的假设下，第 i 个残差 e_i 是方差为

$$\left(\frac{(\boldsymbol{e}^{\mathrm{T}}\boldsymbol{e})}{N}\right)(1-h_{ii})$$

的正态随机变量的样本。这意味着我们可以通过**标准化**(standardizing)判断残差是否很大，也就是说，除以它的标准差。第 i 个训练点的标准化残差写作 s_i，然后我们得到

$$s_i=\frac{e_i}{\sqrt{\left(\frac{(\boldsymbol{e}^{\mathrm{T}}\boldsymbol{e})}{N}\right)(1-h_{ii})}}$$

当回归开始时，这个标准化的残差应该看起来像一个标准正态随机变量的样本(图 10-9)。下面显示了标准正态随机变量的三个简单属性，你应该记住它们(如果你还没有的话)。标准化残差大(或奇怪)的值是麻烦的征兆。

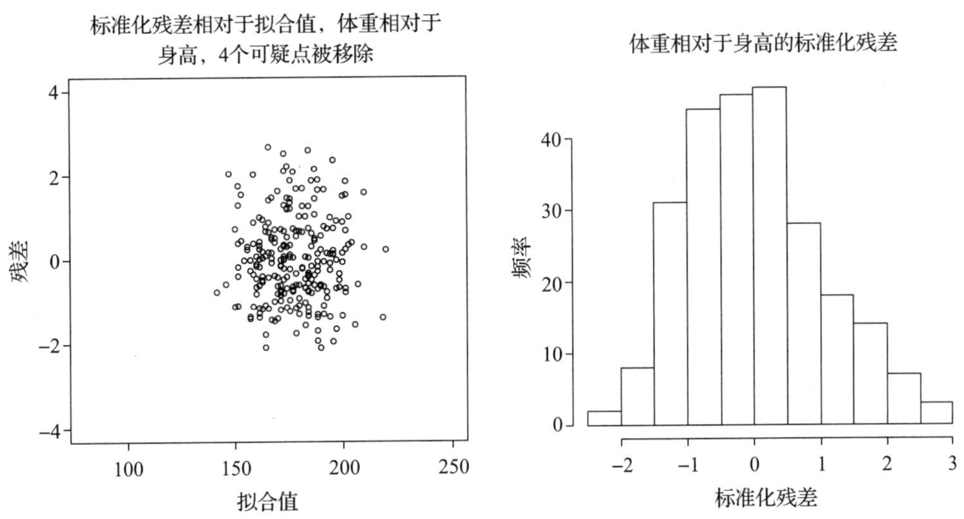

图 10-9 **左图**是体脂数据集中体重相对于身高的回归预测值和标准化残差的散点图。移除了四个可疑的数据点，如图 10-7 所示的实心点。这些数据点似乎最有可能是离群点。你应该将此绘图与图 10-8中未标准化的残差进行比较。请注意，相对较少的残差与平均值相差超过两个标准差，正如我们所料。**右边**是残差值的直方图。注意，这看起来很像是标准正态随机变量的直方图，尽管正残差比我们期望的稍大一些。这表明回归是可以接受的

记住： 标准正态随机变量的采样值约有 66%在范围[−1,1]内；标准正态随机变量的采样值约有 95%在范围[−2,2]内；标准正态随机变量的采样值约有 99%在范围[−3,3]内。

R 可以生成很好的诊断图，用来查找问题数据点。该图是一个标准化残差关于杠杆的散点图，与库克距离的等级曲线叠加。图 10-10 显示了一个例子，一些可能出现问题的不好的地方用一个数字来标识(你可以用要绘制的参数控制数量和数字)。问题点将具有高杠杆和/或高库克距离和/或高残差。此图显示了三个不同版本数据集(原始数据集；移除两个问题点；再移除两个问题点)的绘图。

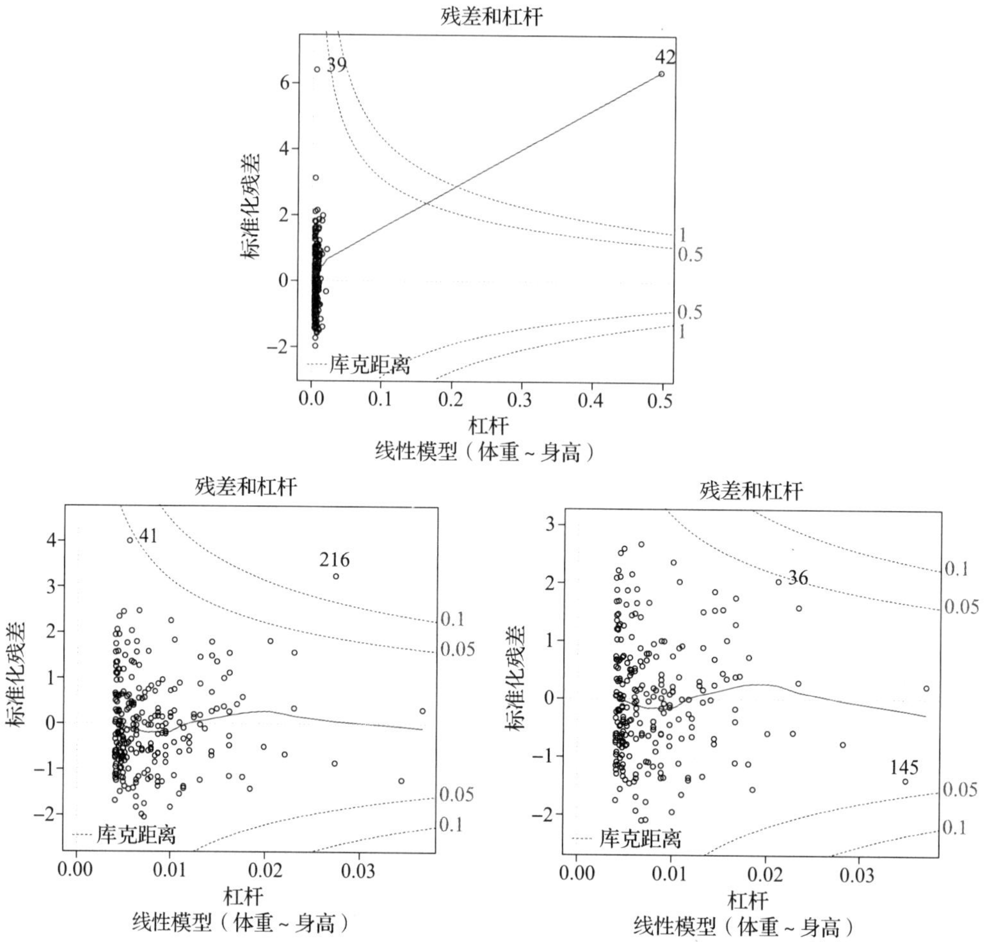

图 10-10　R 绘制的体脂数据集中体重相对于身高的线性回归诊断图。**上图：**整个数据集。注意有两个点确实很奇怪，标记为 42 的点有巨大的库克距离和相当不寻常的杠杆，标记为 39 的点的标准化残差与平均值相差六个标准差(即对于正态随机变量，这种情况永远不会发生)。**左下图：**移除上图中两个最极端点的诊断图，注意，标记为 41 和 216 的点具有非常大的标准化残差和较大的库克距离。**右下图：**再移除两个点的诊断图，此时，回归似乎表现良好(或至少，移除更多点似乎比停止更危险)

10.4　很多解释变量

在前面的章节中，我暗示你可以把任何东西放入解释变量中，这是正确的，并且可以很容易地计算一般情况。然而，那里只绘制了有一个解释变量的情况(加上一个几乎不算数的常数)。在某些情况下(10.4.1 节)，我们可以添加解释变量，并且仍然有一个简单的绘图。添加解释变量会导致矩阵 $\mathcal{X}^{\mathrm{T}}\mathcal{X}$ 的条件数很差；有一个简单的策略来处理这个问题(10.4.2 节)。

大多数情况都很难成功地绘图，我们需要更好的方法可视化回归，而不仅仅是绘图。R^2 的值仍然是回归质量的有用指标，但是获得更多信息的方法是使用上一节中的工具。

10.4.1　一个解释变量的函数

假设我们只有一个测量值来形成解释变量。例如，在图 10-1 的鲈鱼数据中，我们只有鱼的长度。如果我们对测量值的函数进行评估，将其插入解释变量的向量中，那么得到的回归图仍然很容易绘制。它也可能提供更好的预测。图 10-1 的拟合线看起来很好，但数据点看起来似乎趋向遵循曲线。我们可以很容易地得到一条曲线。我们目前的模型对鱼的重量给出了一个带噪声项的长度的线性函数(我们写作 $y_i=\beta_1 x_i+\beta_0+\xi_i$)。但我们可以将这个模型扩展到包含长度的其他函数。事实上，鱼的重量应该由它的长度预测是相当令人惊讶的。比如说，如果鱼在每个方向上都增加 1 倍，它的重量应该会增加 8 倍。我们回归的成功表明，鱼类在生长过程中并不仅仅是向各个方向伸展。但我们可以尝试模型 $y_i=\beta_2 x_i^2+\beta_1 x_i+\beta_0+\xi_i$，这是很容易做到的。矩阵 $\mathcal{X}$ 的第 i 行现在看起来像$[x_i,1]$。我们构造了一个新的矩阵 $\mathcal{X}^{(b)}$，其中第 i 行是$[x_i^2,x_i,1]$，并按上述方法进行回归。这给了我们一个新的模型。它的好处是很容易绘制出我们预测的重量仍然是长度的函数，只是不是长度的线性函数。图 10-11 绘制了几个这样的模型。

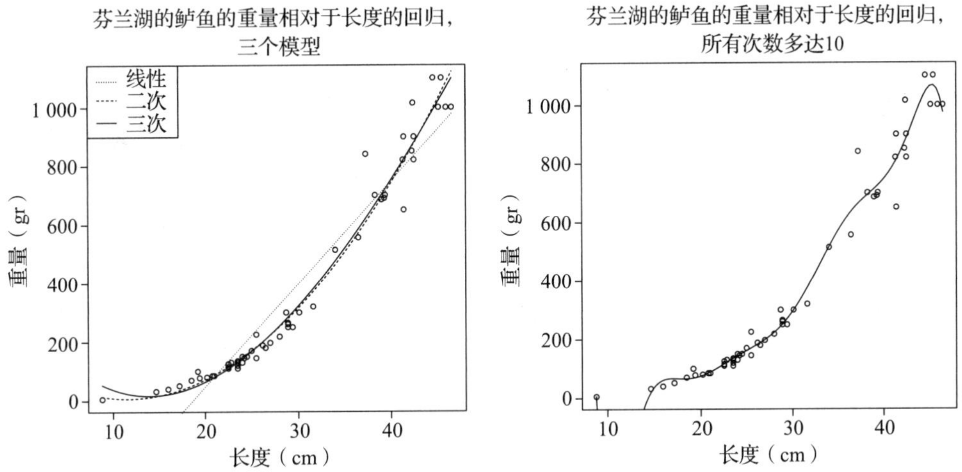

图 10-11 在**左图**中，几个不同的模型预测由鱼的长度预测其重量。直线使用解释变量 1 和 x_i；曲线使用 x_i 的其他单项式，如图例所示。这使得模型能够预测离数据更近的曲线。理解这一点很重要，虽然可以通过插入单项式使曲线更接近数据，但这并不意味着有必要建立更好的模型。在**右图**中，使用了甚至 x_i^{10} 的单项式。这条曲线比左边的任何曲线都离数据点近得多，代价是数据点之间出现了一些看起来非常奇怪的摆动(请看长度很小时的情况；模型在那里变成负的，但无法改变坐标轴来显示明显无意义的预测)。我们不知道这些结构会来自鱼类真实特性的原因，而且很难相信这个模型的预测

你应该注意，添加许多这样的函数是非常容易的(就鱼而言，我也试过 x_i^3)。然而，很难确定回归确实变好了。当你添加新的解释变量时，训练数据的最小二乘误差永远不会上升，因此 R^2 永远不会变差。这是很容易看到的，因为你总是可以将新变量的系数设为零，然后回到之前的回归。然而，当你添加解释变量时，你选择的模型可能会产生越来越差的预测。知道何时停止是很困难的(11.1 节)，尽管有时模型不可信是很明显的(图 10-11)。

记住：如果你只有一个测量值，你可以使用测量的函数构造一个高维的 $\boldsymbol{x}$。这就产生了一种有许多解释变量但仍易于绘制的回归。知道何时停止是困难的，但是洞察潜在的问题有所帮助。

10.4.2 正则化线性回归

我们目前的回归策略需要求解 $\mathcal{X}^{\mathrm{T}}\mathcal{X}\hat{\beta}=\mathcal{X}^{\mathrm{T}}\boldsymbol{y}$。如果 $\mathcal{X}^{\mathrm{T}}\mathcal{X}$ 具有小(或零)特征值，我们

可能会犯严重的错误。具有小特征值的矩阵可以将大向量转化为小向量，因此如果 $\mathcal{X}^{\mathrm{T}}\mathcal{X}$ 具有小特征值，则存在一些大 $\boldsymbol{w}$，使得 $\mathcal{X}^{\mathrm{T}}\mathcal{X}(\hat{\beta}+\boldsymbol{w})$ 与 $\mathcal{X}^{\mathrm{T}}\mathcal{X}\hat{\beta}$ 差别不大。这意味着 $\mathcal{X}^{\mathrm{T}}\boldsymbol{y}$ 的微小变化可能导致 $\hat{\beta}$ 的估计值的大变化。

这是一个问题，因为我们可以预期来自同一数据的不同样本的 $\mathcal{X}^{\mathrm{T}}\boldsymbol{y}$ 值会有所不同。例如，假设在芬兰湖记录鱼类测量值的人记录了一组不同的鱼类；我们预计 $\mathcal{X}$ 和 $\boldsymbol{y}$ 会发生变化。但是，如果 $\mathcal{X}^{\mathrm{T}}\mathcal{X}$ 的特征值很小，这些变化可能会在我们的模型中产生巨大的变化。

小的(或零)特征值在实际问题中很常见。它们产生于解释变量之间的相关性。解释变量之间的相关性意味着我们可以使用其他变量的值非常准确地预测一个解释变量的值。反过来，必须有一个向量 $\boldsymbol{w}$，使得 $\mathcal{X}\boldsymbol{w}$ 很小。练习给出了详细的过程，但思想很简单。如果你能很好地将第一个解释变量预测为其他变量的线性函数，那么

$$[-1, \text{线性函数的系数}]$$

应该产生一个小的 $\mathcal{X}\boldsymbol{w}$。但是如果 $\mathcal{X}\boldsymbol{w}$ 很小，$\boldsymbol{w}^{\mathrm{T}}\mathcal{X}^{\mathrm{T}}\mathcal{X}\boldsymbol{w}$ 一定很小，这样 $\mathcal{X}^{\mathrm{T}}\mathcal{X}$ 至少有一个小特征值。

这个问题相对容易控制。当 $\mathcal{X}^{\mathrm{T}}\mathcal{X}$ 中有小的特征值时，我们期望 $\hat{\beta}$ 会很大(因为我们可以在至少一个 $\boldsymbol{w}$ 的方向上添加分量，而不会有太大的变化)，因此 $\hat{\beta}$ 中的最大分量可能被非常不准确地估计。如果我们试图预测新的 y 值，我们期望在预测中 $\hat{\beta}$ 中的大分量变成大误差(练习)。

抑制这些误差的一个重要而有用的方法是试图找出一个不太大的 $\hat{\beta}$，并给出一个较低的误差。我们可以通过正则化做到这一点，使用我们在分类中看到的相同技巧。我们不是通过最小化

$$\left(\frac{1}{N}\right)(\boldsymbol{y}-\mathcal{X}\beta)^{\mathrm{T}}(\boldsymbol{y}-\mathcal{X}\beta)$$

选择 β 值，而是最小化

$$\underbrace{\left(\frac{1}{N}\right)(\boldsymbol{y}-\mathcal{X}\beta)^{\mathrm{T}}(\boldsymbol{y}-\mathcal{X}\beta)+\lambda\beta^{\mathrm{T}}\beta}_{\text{误差 + 正则化器}}$$

这里，$\lambda>0$ 是一个常数，它将小误差和小 $\hat{\beta}$ 这两个目标加上相对的权重。还要注意，将总误差除以数据点的数量意味着我们对 λ 的选择不应受到数据集大小变化的影响。

正则化有助于处理小特征值，因为要求解 β，我们必须求解方程

$$\left[\left(\frac{1}{N}\right)\mathcal{X}^{\mathrm{T}}\mathcal{X}+\lambda\mathcal{I}\right]\hat{\beta}=\left(\frac{1}{N}\right)\mathcal{X}^{\mathrm{T}}\boldsymbol{y}$$

(通过对 β 进行微分并设为零得到)，矩阵 $\left(\left(\frac{1}{N}\right)(\mathcal{X}^{\mathrm{T}}\mathcal{X}+\lambda\mathcal{I})\right)$ 的最小特征值将至少为 λ(练习)。像这样以 β 的大小做惩罚的回归方法被称为**岭回归**(ridge regression)。

我们用与分类相同的方法选择 λ；将训练集分成训练和验证两部分，训练不同的 λ 值，并在验证集上测试得到的回归。误差是一个随机变量，其随机性来自随机划分。这是一个公平的误差模型，将发生在随机选择的测试样本上，假设训练集与测试集“类似”，我们不希望精确地知道它们在哪种程度上类似。我们可以使用多个划分，并对这些划分进行平均。这样做会产生每个 λ 值的平均误差和误差的标准差的估计值。

统计软件可以做所有的工作。我们在 R 中使用了 glmnet 包(详见练习)。图 10-12 显示了体重相对于身高的回归样例。注意正则化并没有改变模型(图中所绘制的)那么多。对于每一个值 λ(水平轴)，该方法使用交叉验证划分计算误差的平均值和标准差，并用误差

条显示这些误差。注意，与较大的值相比，$\lambda=0$ 产生的预测更差；较大的 $\hat{\beta}$ 确实不可靠。注意，现在没有能产生最小验证误差的 λ，因为误差值取决于交叉验证中使用的随机划分。在产生最小误差(图中的一条垂直线)的最小 λ 值和产生最小误差的一个标准差范围内的平均误差(图中的另一条垂直线)的最大 λ 值(图 10-13)之间，可以合理选择 λ。

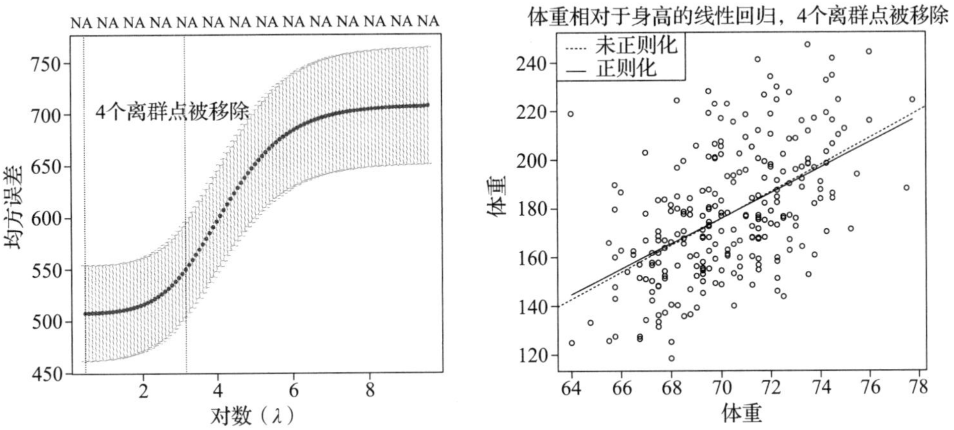

图 10-12 **左图**是对体脂数据集中体重相对于身高线性回归的不同正则化常数选择估计的交叉验证误差，移除了四个离群点。水平轴是对数回归常数，垂直轴是交叉验证误差。误差的平均值显示为一个带有垂直误差条的点。垂直线显示了正则化常数的合理选择范围(**左边**的取值产生最小的观测误差，**右边**的取值产生的平均值误差在最小误差的一个标准误差范围内)。**右图**是该数据集散点图上的两条回归线；一条是未经正则化而计算的回归线，另一条是使用产生最低观测误差的正则化参数得到的回归线。在这种情况下，正则化不会对回归线改变太多，但可能会对新数据产生改进的预测值。请注意，交叉验证的误差是如何与正则化常数的低值相对应的——有一系列很有效的取值

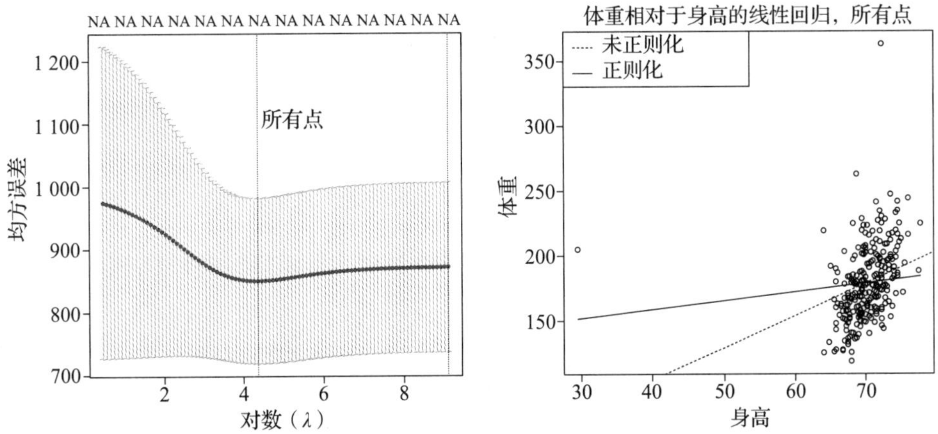

图 10-13 正则化不会使离群点消失。**左图**是对体脂数据集中体重相对于身高线性回归的不同正则化常数选择估计交叉验证误差。水平轴是对数回归常数，垂直轴是交叉验证误差。误差的平均值显示为一个带有垂直误差条的点。垂直线显示了正则化常数的合理选择范围(**左边**的取值产生最小的观测误差，**右边**的取值产生的平均值误差在最小误差的一个标准误差范围内)。**右图**是该数据集散点图上的两条回归线；一条是未经正则化而计算的回归线，另一条是使用产生最低观测误差的正则化参数得到的回归线。在这种情况下，正则化不会对回归线有太大的改变，但可能会对新数据产生改进的预测值。请注意，交叉验证的误差是如何与正则化常数的低值相对应的——正则化常数的精确值并不重要。还要注意，这个回归中的误差比图 10-12 的回归中的误差大得多。交叉验证划分的训练部分中的离群点会导致模型很差，测试部分中的离群点也会导致非常差的预测

所有这些都与正则化分类问题非常相似。我们从一个代价函数开始，它评估了选择 β 所引起的误差，然后对“大”的 β 值添加一个惩罚项，这个项是 β 向量的平方长度。它有时称为向量的 L_2 **范数**。在 11.4 节中，描述了使用其他范数的效果。

记住： 通过正则化可以提高回归的性能，特别是当一些解释变量相关时。这个过程与用于分类的过程类似。

10.4.3 例子：体重与身体测量值

现在，我们可以查看体脂数据集中体重相对于所有身体测量值的回归。我们无法绘制回归图(自变量太多)，但我们可以通过一系列步骤解决问题。

发现可疑点： 图 10-14 显示了体脂数据集中体重与相对于所有身体测量值的回归的 R 诊断图。我们已经看到了一些离群点，所以这个图的结构应该不会特别奇怪。这里有几个令人担忧的地方。如图所示。

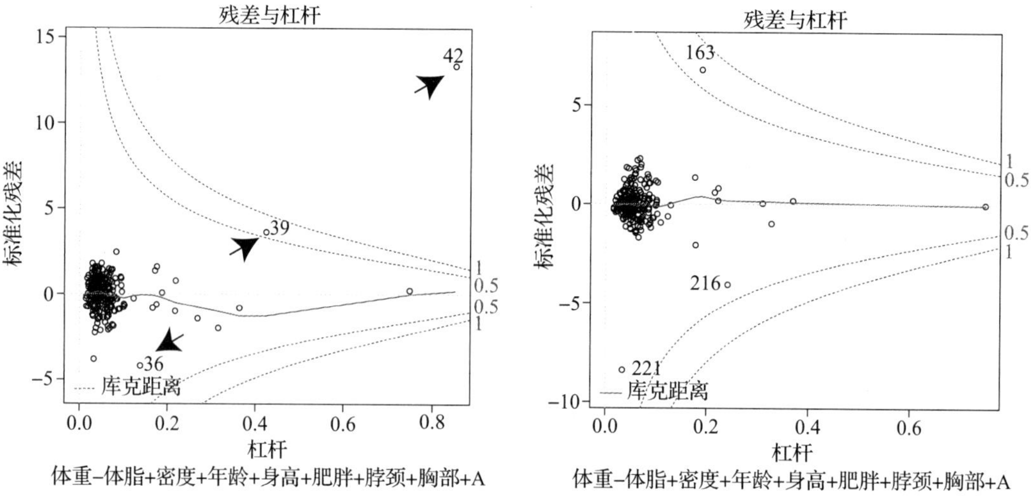

图 10-14　**左图**是根据体脂数据集中体重相对于所有其他测量值的回归，绘制的残差与杠杆的图。没有移除离群点。图上的等高线是库克距离的等高线；箭头显示了库克距离大得可疑的点。还要注意的是，有几个点的杠杆很高，而没有很大的残差值。这些点可能带来问题，也可能没有。**右图**是移除了点 36、39、41 和 42(每个此类绘图都移除这些点)之后此数据集上的绘图。注意，另一个点现在有很高的库克距离，但其残差小得多

移除标题中指出的四个点(这是基于它们非常高的标准化残差、杠杆和库克距离确定的)会使结果得到改进。我们可以通过绘制标准化残差与预测值的对比图(图 10-9)获得一些见解。这里显然有一个问题；残差似乎很大程度上取决于预测值。移除我们已经确定的四个离群点，可以得到一个改进很大的图，如图 10-15 所示。这是香蕉形的，很可疑。有两个点似乎来自其他模型(一个在香蕉中心上方，一个在下方)。移除这些点，得到图 10-16 所示的残差图。

变换变量(transforming variable)：标准化残差对预测值的香蕉形状回归图意味着大的预测值和小的预测值都有点太大，但接近平均值的预测有点太小。这表明非线性可能会改善回归。一种选择是自变量的非线性变换。找到一个合适的变换可能需要一些操作，所以首先尝试 Box-Cox 变换是很自然的。这给出了参数的最佳值为 0.5(即因变量应为 $\sqrt{体重}$)，这使得残差看起来更好(图 10-16)。

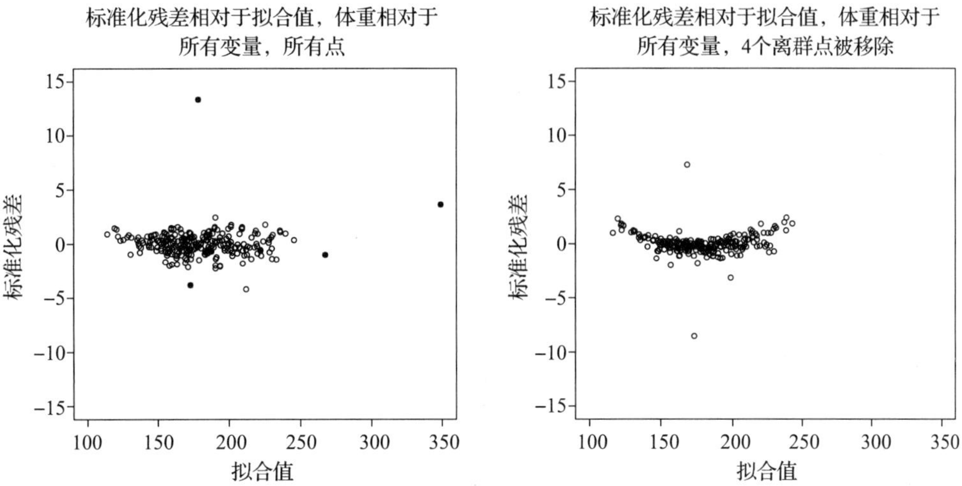

图 10-15 **左图**是根据体脂数据集中体重相对于所有变量的回归，绘制标准化残差与体重预测值的图。四个数据点看起来可疑，已经用实心点标记了它们。**右图**是标准化残差与体重预测值的图，但移除了四个可疑的数据点。注意，还有两个点非常突出

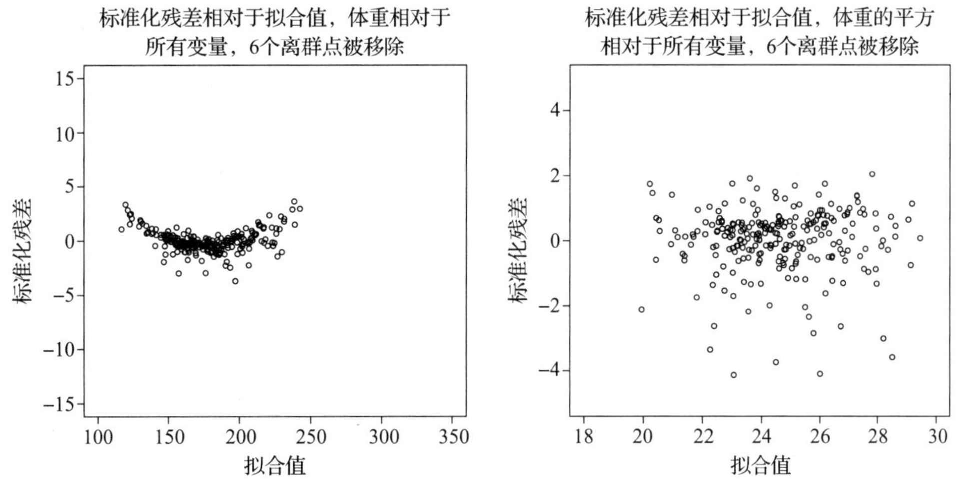

图 10-16 **左图**是根据体脂数据集中体重相对于所有变量的回归，绘制标准化残差与体重预测值的图。移除了图 10-15 中的四个可疑数据点，以及图中确定的另外两个数据点。注意一个可疑的“香蕉”形状——对于较小和较大的预测值，残差明显更大。这表明，对某些量进行非线性变换可能会有所帮助。这里使用了 Box-Cox 变换，它建议对所有变量取相同的参数值 0.5(即回归 $2\sqrt{体重}-1$)。**右图**是这个回归的标准化残差。请注意，“香蕉”已经消失了，尽管有一种可疑的趋势是残差变小而不是变大。请注意，这些图在不同的轴上。用肉眼比较这些绘图是公平的；但比较细节是不公平的，因为预测平方根的残差与预测值的残差含义不同

选择正则化值(choosing a regularizing value)：图 10-17 显示了交叉验证误差的 glmnet 图，它是正则化权重的函数。这里，合理的权重值似乎应该选择小于－2(在一条垂直线所示的最小误差对应的最小参数值和另一条垂直线所示的最小误差的一个标准差范围内的平均误差对应的最大值之间)。我们选择了－2.2。

得到的预测有多好：标准化残差似乎不依赖于预测值，但预测值有多好？我们已经掌握了一些这方面的信息。图 10-17 显示了不同正则化权重下体重$^{1/2}$相对于身高回归的交叉

验证误差，但有些人会发现这不太直接。我们想预测体重，而不是体重的 1/2 次方。我们为图 10-17 的模型选择了产生最小均方误差的正则化权重，省略了前面提到的六个离群点。然后，我们使用该模型计算每个数据点的预测体重(请记住该模型预测体重$^{1/2}$；但是平方可以处理这个问题)。图 10-18 显示了预测值与真实值。不应将此图视为估计泛化的安全方法(这些点用于训练模型；图 10-17 更适于此)，但它有助于可视化误差。这个回归看起来似乎很擅长从其他测量值中预测体重。

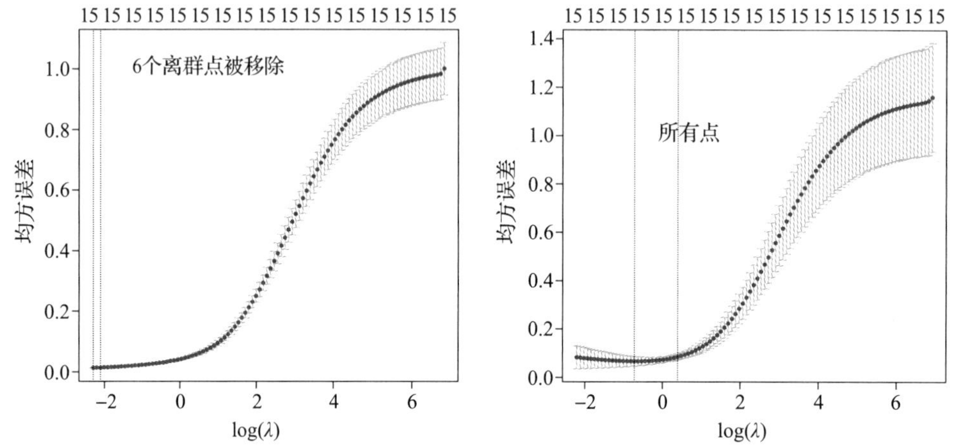

图 10-17　体脂数据集中体重$^{1/2}$相对于所有变量回归的均方误差图，它是对数正则化参数(即 log λ)的函数。这些曲线图显示了通过交叉验证得到的平均均方误差，每个垂直的条表示一个标准差。在左侧，删除了图 10-15 中确定的六个异常值的数据集图。右边是整个数据集的绘图。注意异常值如何增加误差的可变性，以及最大误差

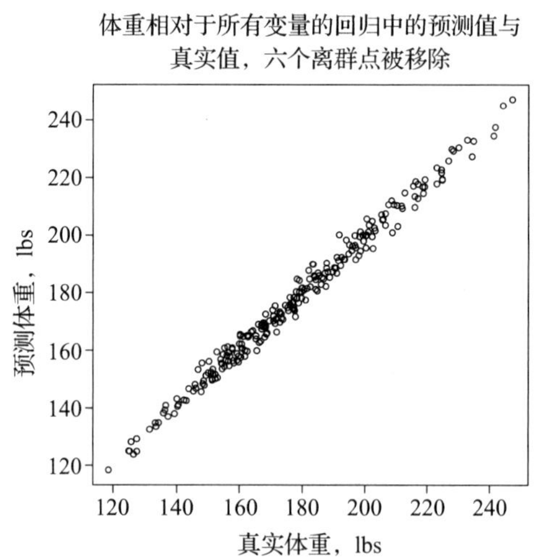

图 10-18　体脂数据集中预测体重与真实体重的散点图。根据所有变量进行预测，但忽略了上述六个离群点。在图 10-17 中，我们使用了参数为 1/2 的 Box-Cox 变换和产生最小均方误差的正则化参数

附录 数据

表 10-1 显示批次 A、B、C 设备的激素含量和使用时间的表。编号是任意的(即 A 批设备 3 和 B 批设备 3 之间没有关系)。我们预计随着设备使用时间的延长，激素的含量会下降，因此不能仅仅通过比较数量来比较批次

批次 A		批次 B		批次 C	
激素含量	使用时间	激素含量	使用时间	激素含量	使用时间
25.8	99	16.3	376	28.8	119
20.5	152	11.6	385	22.0	188
14.3	93	11.8	402	29.7	115
23.2	155	32.5	29	28.9	88
20.6	196	32.0	76	32.8	58
31.1	53	18.0	296	32.5	49
20.9	184	24.1	151	25.4	150
20.9	171	26.5	177	31.7	107
30.4	52	25.8	209	28.5	125

习题

10.1 图 10-19 显示收缩压相对于年龄的线性回归，有 30 个数据点。

(a) 将 $e_i = y_i - \boldsymbol{x}_i^{\mathrm{T}}\beta$ 记为残差。这个回归的 mean($\{e\}$)是多少?

(b) 对于此回归，var($\{y\}$)为 509，R^2 为 0.4324。这个回归的 var($\{e\}$)是多少?

(c) 回归对数据的解释有多好?

(d) 你能做些什么来更好地预测血压(不需要实际测量血压)?

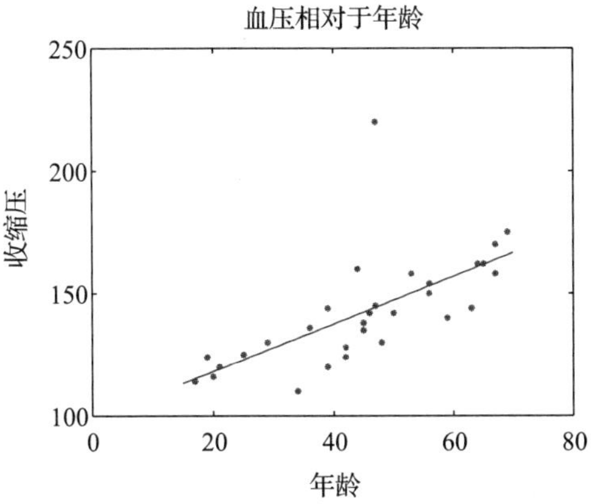

图 10-19 30 个数据点的血压对于年龄的回归

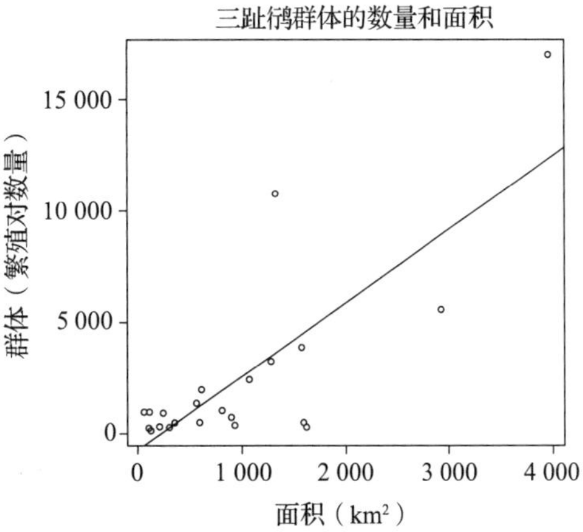

图 10-20 22 个数据点的三趾鸥繁殖对的数量与岛屿面积的回归

10.2 在 http://www.statsci.org/data/general/kittiwak.html，你可以找到 1988 年 D. K. Cairns 收集的数据集，用于测量海鸟(黑腿三趾鸥)群体的可用面积，以及各种不同群体的繁殖对的数量。图 10-20 显示了繁殖对数量与面积的线性回归。有 22 个数据点。

(a) 将 $e_i = y_i - \mathbf{x}_i^{\mathrm{T}}\beta$ 记为残差。这个回归的 mean($\{e\}$)是多少？

(b) 对于此回归，var($\{y\}$) = 16 491 357，R^2 为 0.62。这个回归的 var($\{e\}$)是多少？

(c) 回归对数据的解释有多好？如果你有一个大岛，你会在多大程度上相信这种回归所产生的三趾鸻数量的预测？如果你有一个小岛，会更相信答案吗？

10.3　在 http://www.statsci.org/data/general/kittiwak.html，你可以找到 1988 年 D. K. Cairns 收集的数据集，该数据集测量海鸟(黑腿三趾鸻)群体的可用面积，以及各种不同群体的繁殖对的数量。图 10-21 显示了繁殖对数量与面积的对数的线性回归。有 22 个数据点。

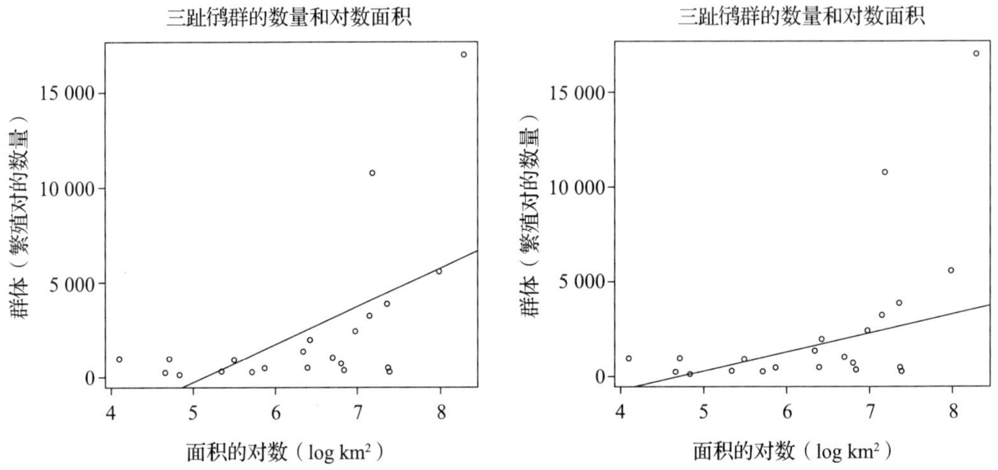

图 10-21　**左图**：22 个数据点的三趾鸻繁殖对的数量相对于岛屿面积的对数的回归。**右图**：用一种忽略两个可能的异常点的方法，对 22 个数据点的三趾鸻繁殖对数量与岛屿面积的对数进行回归

(a) 将 $e_i = y_i - \mathbf{x}_i^{\mathrm{T}}\beta$ 记为残差。这个回归的误差平均值($\{e\}$)是多少？

(b) 对于此回归，var($\{y\}$) = 16 491 357，R^2 为 0.31。这个回归的 var($\{e\}$)是多少？

(c) 回归对数据的解释有多好？如果你有一个大岛，你会在多大程度上相信这种回归所产生的三趾鸻数量的预测？如果你有一个小岛，会更相信答案吗？为什么？

(d) 图 10-21 显示了忽略两个可能的异常点的线性回归结果。你会更相信这种回归的预测吗？为什么？

10.4　在 http://www.statsci.org/data/general/brunhild.html，你将发现一个数据集，该数据集测量了一只名叫 Brunhilda 的狒狒血液中硫酸盐的浓度随时间的变化。图 10-22 绘制了这些数据，浓度与时间呈线性回归。我们已经展示了数据，还有一个残差与预测值的对比图。回归似乎不成功。

(a) 什么表明回归有问题？

(b) 问题的原因是什么？为什么？

(c) 你能做些什么来改善这些问题？

10.5　假设我们有一个数据集，其中 $\mathbf{Y} = \mathcal{X}\beta + \xi$，$\beta$ 和 ξ 未知。项 ξ 是一个均值为零、协方差为 $\sigma^2\mathcal{I}$ 的正态随机变量(即该数据确实遵循我们的模型)。

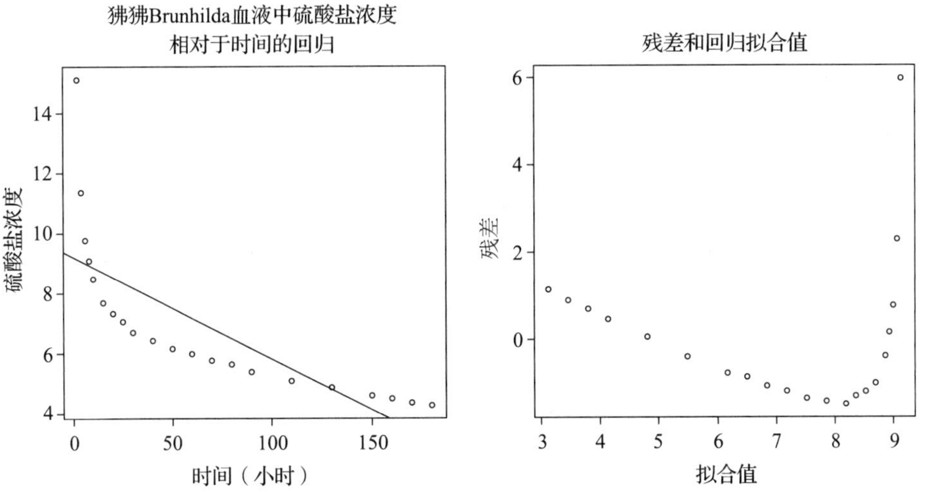

图 10-22　**左图：**狒狒 Brunhilda 血液中硫酸盐浓度对于时间的回归。**右图：**对于这一回归，残差与拟合值的关系图

(a) 用$\hat{\beta}$表示最小二乘法得到的 β 估计值，$\hat{\mathbf{Y}}$表示训练数据点的模型预测值。证明 $\hat{\mathbf{Y}}=\mathcal{X}(\mathcal{X}^{\mathrm{T}}\mathcal{X})^{-1}\mathcal{X}^{\mathrm{T}}\mathbf{Y}$。

(b) 证明对于每个训练数据点 y_i，$\mathbb{E}[\hat{y}_i-y_i]=0$，其中期望值在 ζ 的概率分布上计算。

(c) 证明 $\mathbb{E}[(\hat{\beta}-\beta)]=0$，其中期望值在 ζ 的概率分布上计算。

10.6 本练习调查相关性对回归的影响。假设我们有 N 个数据项$(\boldsymbol{x}_i, y_i)$。我们将研究当数据具有第一分量能被其他分量相对准确地预测的特性时，会发生什么。$\boldsymbol{x}_i$ 的第一个分量写作 x_{i1}，通过删除 $\boldsymbol{x}_i$ 的第一个分量获得向量 $\boldsymbol{x}_{i,\hat{1}}$，选择 $\boldsymbol{u}$ 用最小的误差根据其余分量预测第一个分量，所以 $x_{i1}=\boldsymbol{x}_{i\hat{1}}^{\mathrm{T}}\boldsymbol{u}+w_i$。预测误差为 w_i。$\boldsymbol{w}$ 为误差向量(即 $\boldsymbol{w}$ 的第 i 个分量是 w_i)。因为 $\boldsymbol{w}^{\mathrm{T}}\boldsymbol{w}$ 通过选择$\boldsymbol{u}$ 得以最小化，所以我们得到 $\boldsymbol{w}^{\mathrm{T}}\mathbf{1}=0$(即 w_i 的平均值为零)。假设这些预测是很好的，所以有某个小的正数 ε，使得 $\boldsymbol{w}^{\mathrm{T}}\boldsymbol{w}\leqslant\varepsilon$。

(a) 记 $\boldsymbol{a}=[-1,\boldsymbol{u}]^{\mathrm{T}}$。证明 $\boldsymbol{a}^{\mathrm{T}}\mathcal{X}^{\mathrm{T}}\mathcal{X}\boldsymbol{a}\leqslant\varepsilon$。

(b) 现在证明 $\mathcal{X}^{\mathrm{T}}\mathcal{X}$ 的最小特征值小于或等于 ε。

(c) 记 $s_k=\sum_u x_{uk}^2$，$s_{\max}$表示 $\max(s_1,\cdots,s_d)$。证明最大的 $\mathcal{X}^{\mathrm{T}}\mathcal{X}$ 的特征值大于或等于 $s_{\max}$。

(d) 矩阵的条件数是矩阵的最大特征值与最小特征值之比。使用上面的信息确定 $\mathcal{X}^{\mathrm{T}}\mathcal{X}$的条件数的界。

(e) 假设$\hat{\beta}$是 $\mathcal{X}^{\mathrm{T}}\mathcal{X}\hat{\beta}=\mathcal{X}^{\mathrm{T}}\mathbf{Y}$ 的解，证明$(\mathcal{X}^{\mathrm{T}}\mathbf{Y}-\mathcal{X}^{\mathrm{T}}\mathcal{X}(\hat{\beta}+\boldsymbol{a}))^{\mathrm{T}}(\mathcal{X}^{\mathrm{T}}\mathbf{Y}-\mathcal{X}^{\mathrm{T}}\mathcal{X}(\hat{\beta}+\boldsymbol{a}))$($\boldsymbol{a}$ 如上所述)的上界是 $\varepsilon^2(1+\boldsymbol{u}^{\mathrm{T}}\boldsymbol{u})$。

(f) 使用上一个子练习解释为什么相关的数据会导致$\hat{\beta}$的估计很差。

10.7 这个练习探索了正则化对回归的影响。假设我们有 $\boldsymbol{N}$ 个数据项$(\boldsymbol{x}_i, y_i)$，我们将研究当数据具有第一个分量能被其他分量相对准确地预测的特性时，会发生什么。$\boldsymbol{x}_i$ 的第一个分量写作 x_{i1}，通过删除 $\boldsymbol{x}_i$ 的第一个分量获得向量 $\boldsymbol{x}_{i,\hat{1}}$。选择 $\boldsymbol{u}$ 用最小的误差根据其余分量预测第一个分量，所以 $x_{i1}=\boldsymbol{x}_{i\hat{1}}^{\mathrm{T}}\boldsymbol{u}+w_i$，预测误差为 w_i。$\boldsymbol{w}$ 为误差

向量(即 $\boldsymbol{w}$ 的第 i 个分量是 w_i)。因为 $\boldsymbol{w}^{\mathrm{T}}\boldsymbol{w}$ 通过选择 $\boldsymbol{u}$ 得以最小化，所以我们得到 $\boldsymbol{w}^{\mathrm{T}}\mathbf{1}=0$(即 w_i 的平均值为零)。假设这些预测是很好的，所以有某个小的正数 ε，$\boldsymbol{w}^{\mathrm{T}}\boldsymbol{w}\leqslant\varepsilon$。

(a) 证明对于任何向量 $\boldsymbol{v}$，$\boldsymbol{v}^{\mathrm{T}}(\mathcal{X}^{\mathrm{T}}\mathcal{X}+\lambda\mathcal{I})\boldsymbol{v}\geqslant\lambda\boldsymbol{v}^{\mathrm{T}}\boldsymbol{v}$，并用这个论证$(\mathcal{X}^{\mathrm{T}}\mathcal{X}+\lambda\mathcal{I})$的最小特征值大于 λ。

(b) $\boldsymbol{b}$ 为 $\mathcal{X}^{\mathrm{T}}\mathcal{X}$ 的对应特征值 λ_b 的特征向量，证明 $\boldsymbol{b}$ 是$(\mathcal{X}^{\mathrm{T}}\mathcal{X}+\lambda\mathcal{I})$的对应特征值 $\lambda_b+\lambda$ 的特征向量。

(c) 回忆 $\mathcal{X}^{\mathrm{T}}\mathcal{X}$ 是一个对称的 $d\times d$ 的矩阵，具有 d 个正交特征向量。第 i 个这样的向量写作 $\boldsymbol{b}_i$，其相应的特征值写作 $\lambda_{\boldsymbol{b}_i}$。证明 $\mathcal{X}^{\mathrm{T}}\mathcal{X}\beta-\mathcal{X}^{\mathrm{T}}\boldsymbol{Y}=0$ 的解是 $\beta=\sum_{i=1}^{d}\frac{\boldsymbol{Y}^{\mathrm{T}}\mathcal{X}\boldsymbol{b}_i}{\lambda_{\boldsymbol{b}_i}}$。

(d) 使用上一个子练习的符号，证明$(\mathcal{X}^{\mathrm{T}}\mathcal{X}+\lambda\mathcal{I})\beta-\mathcal{X}^{\mathrm{T}}\boldsymbol{Y}=0$ 的解是 $\beta=\sum_{i=1}^{d}\frac{\boldsymbol{Y}^{\mathrm{T}}\mathcal{X}\boldsymbol{b}_i}{\lambda_{\boldsymbol{b}_i}+\lambda}$。使用此表达式解释为什么正则化回归比非正则化回归在测试数据上产生的结果更好。

10.8　我们将研究帽子矩阵，$\mathcal{H}=\mathcal{X}(\mathcal{X}^{\mathrm{T}}\mathcal{X})^{-1}\mathcal{X}^{\mathrm{T}}$，我们假设$(\mathcal{X}^{\mathrm{T}}\mathcal{X})^{-1}$存在，所以(至少)$N\geqslant d$。

(a) 证明 $\mathcal{H}\mathcal{H}=\mathcal{H}$，此特性有时称为**幂等性**(idempotence)。

(b) 现在由 SVD 得到 $\mathcal{X}=\mathcal{U}\Sigma\mathcal{V}^{\mathrm{T}}$，证明 $\mathcal{H}=\mathcal{U}\mathcal{U}^{\mathrm{T}}$。

(c) 使用上一练习的结果证明 $\mathcal{H}$ 的每个特征值为 0 或 1。

(d) 证明 $\sum_j h_{ij}^2\leqslant 1$。

编程练习

10.9　在 http://www.statsci.org/data/general/brunhild.html，你将发现一个数据集，该数据集测量了一只名叫 Brunhilda 的狒狒血液中硫酸盐的浓度随时间的变化。建立浓度对数相对于时间对数的线性回归。

(a) 准备一幅图，显示(a)数据点和(b)对数坐标中的回归线。

(b) 准备一幅图，显示(a)数据点和(b)原始坐标中的回归曲线。

(c) 根据对数和原始坐标中的拟合值绘制残差。

(d) 用你的曲线图解释你的回归是好还是坏，及其原因。

10.10　在 http://www.statsci.org/data/oz/physical.html，你可以找到 M. Larner在 1996 年建立的测量数据集。这些测量包括体重和各种直径。根据这些直径建立预测体重的线性回归。

(a) 绘制回归的残差相对于拟合值的图。

(b) 现在把体重的立方根相对于这些直径进行回归。绘制残差相对于这些立方根坐标和原始坐标中的拟合值的图。

(c) 用你的曲线图解释哪个回归更好。

10.11　在https://archive.ics.uci.edu/ml/datasetS/Abalone，你可以找到 W. J. Nash、T. L. Sellers、S. R. Talbot、a. J. Cawthorn 和 W. B. Ford 于 1992 年建立的测量数据集。这些是各种年龄和性别的黑唇鲍鱼(红比目鱼；口碑很好)的各种测量方法。

(a) 建立一个由测量值预测年龄的线性回归，忽略性别。根据拟合值绘制残差。

(b) 建立一个由测量值预测年龄的线性回归，包括性别。性别分为三个等级；我们不确定这与鲍鱼的生物学特性有关，还是与性别难以确定有关。你可以选择1代表一个等级，0代表另一个等级，−1代表第三个等级。根据拟合值绘制残差。

(c) 现在建立一个由对数测量值预测年龄的线性回归，忽略性别。根据拟合值绘制残差。

(d) 现在建立一个由测量值预测对数年龄的线性回归，包括性别，如上所述。根据拟合值绘制残差。

(e) 事实证明，确定鲍鱼的年龄是可能的，但很难(你切开外壳，数一数年轮)。用你的图示解释你将用于替换此过程的回归，及其原因。

(f) 你能用正则化改善这些回归吗？使用glmnet获得交叉验证的预测误差图。

10.12 在https://archive.ics.uci.edu/ml/machine-learning-databases/housing/housing.data，你可以找到著名的波士顿住房数据集。这包括506个数据项。每一个包括13个测量值，以及一个房价。这些数据是由Harrison，D.和Rubinfeld，D.L在20世纪70年代(一个能解释低房价的时期)收集的。数据集在回归练习中已经广泛使用，但其普及性似乎正在衰退。至少有一个自变量测量附近的“黑人”人口比例。这一变量当时似乎对房价产生了重大影响(遗憾的是，现在可能仍然如此)。

(a) 将房价(变量14)相对于所有其他变量进行回归，并使用杠杆、库克距离和标准化残差寻找可能的异常点。生成一个诊断图，允许你识别可能的异常点。

(b) 移除所有怀疑为异常的点，并计算新的回归。生成一个诊断图，允许你识别可能的异常点。

(c) 对因变量应用Box-Cox变换，参数的最佳值是多少？

(d) 现在变换因变量，建立线性回归，并检查标准化残差。如果它们看起来可以接受，就绘制房价的拟合值相对于真实值的曲线。

(e) 假设你总共移除了六个异常点。这有各种合理的选择。Box-Cox变量在多大程度上取决于要移除的点的选择？如果不移除异常点，Box-Cox变量是否会改变？

第 11 章

Applied Machine Learning

回归：选择和管理模型

本章从几个方面概括了我们对回归的理解。前一章表明，我们至少可以通过在回归中插入新的自变量来减少训练误差，并很可能提升预测精度。困难在于需要知道停止的时间。在 11.1 节中，我们将介绍搜索一个模型族的一些方法(也就是一组自变量子集)找到一个好的模型。在前一章中，我们了解了如何找到离群点并移除它们。在 11.2 节中，我们将讲解一个很大程度上不受离群点影响的计算回归的方法。由此产生的方法很强大，但也相当复杂。

到目前为止，我们已经学习使用回归预测一个数值。对于线性模型，我们很难用其预测概率——因为线性模型可以预测负数或大于 1 的数或计数以及非整数。一个非常聪明的诀窍(11.3 节)是使用回归来预测一个精心选择的概率分布的参数，由此得到概率、计数等等。

最后，11.4 节介绍了使回归模型从一个大集合中选择一个小的预测器集合，从而产生稀疏模型的方法。这些方法使我们在预测器比样例还多的情况下，能够用回归结果拟合数据，并且通常会显著地改进预测效果。本章介绍的大多数方法可以一起使用，构建相当令人惊讶的复杂而准确的回归模型。

11.1 模型选择：哪种模型最好

在回归问题中，通常易有许多解释变量。即使你只有一个测量值，你也可以计算该值的各种非线性函数。正如我们所看到的，在模型中插入变量会降低拟合成本，但这并不意味着会得到更好的预测(10.4.1 节)。我们需要选择使用哪些解释变量。一个有极少解释变量的线性模型可能会做出较差的预测，因为模型本身无法准确地表示自变量；一个有过多解释变量的线性模型也可能会做出糟糕的预测，因为我们不能很好地估计系数。解释变量的选择(以及模型的选择)需要我们平衡这些影响。

11.1.1 偏差与方差

现在我们用相当抽象的方式看待寻找模型的过程。这样做会产生三个明显而重要的效应，导致模型做出错误的预测。第一个是**不可约减误差**(irreducible error)，即由噪声引起的误差。即使是对模型的选择是完美的，也可能会做出错误的预测，因为对于同一个 $\boldsymbol{x}$ 可能有多个预测是正确的。换言之，未来可能会有许多数据项，它们都有相同的 $\boldsymbol{x}$，但每个都有不同的 y。在这种情况下，我们的一些预测肯定是错误的，而且这个影响是无法避免的。

第二个是**偏差**(bias)。我们必须使用一些模型集合。即使是集合中最好的模型也可能无法预测数据中发生的全部影响。最佳模型仍不能准确预测数据导致的误差是由偏差造成的。

第三个是**方差**(variance)。我们必须从模型集合中选取我们的模型，而我们选择的不一定是最好的模型。这可能会发生，例如，因为数据有限，我们对参数的估计不精确。由于我们选择的不是最好的模型而导致的误差是由方差造成的。

这些全部可以用符号写出。我们有一个预测向量 $\boldsymbol{x}$ 和一个随机变量 Y。任意给定点 $\boldsymbol{x}$，我们有：

$$Y=f(\boldsymbol{x})+\xi$$

其中，ξ 是噪声，f 是一个未知函数。我们有：

$$\mathbb{E}[\xi]=0, \quad \mathbb{E}[\xi^2]=\operatorname{var}(\{\xi\})=\sigma_\xi^2$$

噪声 ξ 独立于 X。我们有一些选择训练数据的过程，包括$(\boldsymbol{x}_i, y_i)$对与模型$\hat{f}$的选择。我们将用这个模型预测未来 $\boldsymbol{x}$ 的预测值。$\hat{f}$不太可能等于 f；即使我们可以用有限的数据集完美地估计出最佳模型，这也不可能发生。

我们需要理解当我们用$\hat{f}$预测训练集之外的数据时会产生的误差。这是我们在实践中会遇到的误差。任意点 $\boldsymbol{x}$ 的误差是

$$\mathbb{E}[(Y-\hat{f}(\boldsymbol{x}))^2]$$

其中，期望取 $P(Y$，训练数据$|\boldsymbol{x})$。但新的查询点 $\boldsymbol{x}$ 不依赖训练数据，其值 Y 也不依赖训练数据，因此其分布为 $P(Y|\boldsymbol{x})\times P($训练数据$)$。

期望可以写成一种非常有用的形式。由 $\operatorname{var}[U]=\mathbb{E}[U^2]-\mathbb{E}[U]^2$，我们有：

$$\begin{aligned}\mathbb{E}[(Y-\hat{f}(\boldsymbol{x}))^2] &= \mathbb{E}[Y^2]-2\mathbb{E}[Y\hat{f}]+\mathbb{E}[\hat{f}^2] \\ &= \operatorname{var}[Y]+\mathbb{E}[Y]^2-2\mathbb{E}[Y\hat{f}]+\operatorname{var}[\hat{f}]+\mathbb{E}[\hat{f}]^2\end{aligned}$$

现在，$Y=f(X)+\xi$，$\mathbb{E}[\xi]=0$，ξ 独立于 X，所以我们有 $\mathbb{E}[Y]=\mathbb{E}[f]$，$\mathbb{E}[Y\hat{f}]=\mathbb{E}[(f+\xi)\hat{f}]=\mathbb{E}[f\hat{f}]$，以及 $\operatorname{var}[Y]=\operatorname{var}[\xi]=\sigma_\xi^2$，由此推导出

$$\begin{aligned}\mathbb{E}[(Y-\hat{f}(\boldsymbol{x}))^2] &= \operatorname{var}[Y]+\mathbb{E}[f]^2-2\mathbb{E}[f\hat{f}]+\operatorname{var}[\hat{f}]+\mathbb{E}[\hat{f}]^2 \\ &= \operatorname{var}[Y]+f^2-2f\mathbb{E}[\hat{f}]+\operatorname{var}[\hat{f}]+\mathbb{E}[\hat{f}]^2 \quad (f\text{ 不是随机的}) \\ &= \sigma_\xi^2+(f-\mathbb{E}[\hat{f}])^2+\operatorname{var}[\hat{f}]\end{aligned}$$

所有未来数据的预期误差是以下三项之和。

- 不可约减误差σ_ξ^2；就平均而言，即使是真实模型也会产生这种误差。对于这个误差我们无能为力。
- 偏差是$(f-\mathbb{E}[\hat{f}])^2$。这一项反映了一个事实：即使是模型的最好选择($\mathbb{E}[\hat{f}]$)，也可能不等于真实的数据源($f$)。
- 方差是 $\operatorname{var}[\hat{f}]=\mathbb{E}[(f-\mathbb{E}[\hat{f}])^2]$。为了解释这个术语，请注意选择的最佳模型将会是 $\mathbb{E}[\hat{f}]$(记住，期望在训练数据的所有选择上计算；这个模型将是所有可能的训练尝试中最好的)。方差表示我们选择的模型($\hat{f}$)不同于最好的模型($\mathbb{E}[\hat{f}]$)。之所以会产生区别，是因为我们的训练数据是所有数据的子集，我们的模型通过在训练数据上表现良好而被选择，而不是在每个可能的训练集上。

不可约减误差易于处理；我们做什么都无法改善这个误差，所以没有必要在此做任何工作。但在偏差和方差之间存在一个实际的重要权衡。一般来说，当一个模型来自一个“小”或“简单”的族时，我们期望我们可以合理且精准地估计出族中最好的模型(因此方差会很低)，但是该模型可能很难重现数据(意味着偏差很大)。类似地，如果模型来自一个“大”或“复杂”的族，那么方差可能很大(因为很难准确地估计出族中最好的模型)，但是偏差很小(因为模型可以更准确地重现数据)。所有的模型都涉及如何在偏差和方差之间进行权衡。我们避免精确地描述模型的复杂度，因为这可能比较棘手。取而代之，我们关注那些需要估计的模型参数的数量。

在 10.4.1 节和图 10.11 关于鲈鱼的示例中，你可以看到这种权衡的粗略版本。回想

一下，当我们在重量相对于长度的回归中加入单项式时，拟合误差下降了；但是，使用长度的 10 次方作为解释变量的模型对训练数据做出了非常奇怪的预测。当使用低次单项式时，误差的主要来源是偏差；但当用的是高次单项式时，误差的主要来源是方差。一个常见的错误是认为主要的难点是偏差，因而使用非常复杂的模型。通常的结果是对模型参数的估计很差，导致来自方差的巨大误差。经验丰富的建模者对方差的恐惧远远超过对偏差的恐惧。

关于偏差-方差的讨论表明，简单地使用你可以获得(或想到)的所有解释变量并不是一个好主意。这样做可能会导致模型出现严重的方差问题。我们必须选择一个模型，它使用的解释变量的子集要小到足以控制方差，大到偏差不是问题。我们需要一些策略来选择解释变量。最简单的(但不意味着是最好的；我们将在本章看到更好的)方法是从解释变量集中搜寻一个好的集合。主要的难点是知道你什么时候有一个好的集合。

记住：总计有三种误差。对于不可约减误差是无能为力的。偏差是模型族中的模型都不能准确地拟合数据造成的。方差是难以估计族中使用哪个模型造成的。一般来说，偏差和方差之间是有权衡的——使用更简单的模型族会导致更多的偏差与更少的方差等。

11.1.2　用惩罚机制选择模型：AIC 和 BIC

我们想从一个模型集合中选择一个。我们不能仅仅使用训练误差做到这一点，因为更复杂的模型往往有更低的训练误差，所以训练误差最小的模型往往是最复杂的模型。训练误差是测试误差的较差指导，因为较低的训练误差是模型偏差较低的证据；但是随着偏差的降低，方差会增大，而训练误差并没有考虑这一点。

一种策略是惩罚模型的复杂度。我们在训练误差上增加了一些惩罚项，以反映模型的复杂度。然后，我们期望看到图 11-1 所示的一般情况。当模型变得更复杂时，训练误差减小，惩罚增加，所以我们期望看到一个点，这个点上的训练误差和惩罚之和最小。

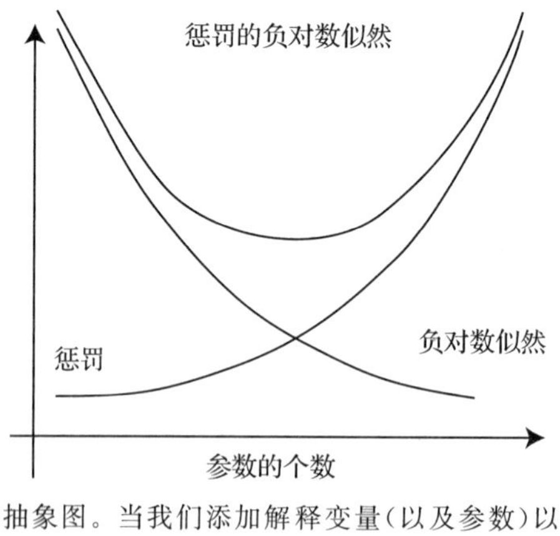

图 11-1　这是一组模型的标准抽象图。当我们添加解释变量(以及参数)以生成更复杂的模型时，最佳模型的负对数似然值不会上升，而通常会下降。这意味着我们不能使用这个值指导解释变量的个数。我们添加一个惩罚，该惩罚随模型复杂度的增加而增加，并搜索最小化负对数似然和惩罚之和的模型。AIC 和 BIC 对复杂度的惩罚与参数的个数呈线性关系，但还有其他可能的惩罚。在这个图中，我们遵循通常的习惯，将惩罚绘制成曲线而不是直线

构造惩罚的方法多种多样。AIC(An Information Criterion 的简写)最早是由 H. Akaike 提出的方法，在“A new look at the statistical model identification,” IEEE Transactions on Automatic Control，1974 中有描述。AIC 没有使用训练误差，而是使用模型的对数似

然的最大值。记这个值为 $\mathcal{L}$。用以拟合模型的待估计参数的数目记为 k。那么 AIC 为

$$2k - 2\mathcal{L}$$

更好模型的 AIC 值更小(记住，更大的对数似然对应于更好的模型)。如果假设噪声是一个零均值正态随机变量，那么为回归模型评估 AIC 就很简单了。你估计均方误差，就可以给出噪声的方差，以及模型的对数似然。你必须记住两点。首先，k 为拟合模型的待估计参数总数。例如，在线性回归模型中，你用 $\boldsymbol{x}^{\mathrm{T}}\beta+\xi$ 建模 y，需要估计 d 个参数来估计 $\hat{\beta}$ 和 ξ 的方差(从而得到对数似然)。因此，在这种情况下，$k=d+1$。其次，对数似然通常是已知的，但相差一个常数，因此不同的软件通常使用不同的常量实现。如果你不了解这种情况(为什么 AIC 和 extractAIC 会在同一个模型上得到不同的数值?)，这是非常令人困惑的——你在寻找数的最小值，而实际的值没有任何意义。仅注意只在相同的例程中比较计算得到的数字。

另一种选择是 BIC(Bayes's Information Criterion，贝叶斯信息准则)，由下式给出：

$$2k \log N - 2\mathcal{L}$$

(其中 N 是训练数据集的大小)你会经常看到写作 $2\mathcal{L}-2k\log N$ 的这种形式；我们已经给出上面的形式，以便人们总是想要与 AIC 一样的较小的值。有相当多比较 AIC 和 BIC 的文献。AIC 在高估所需参数的个数方面有些许“名声”，但经常被认为有更坚实的理论基础。

实例 11.1　AIC 与 BIC

从鲈鱼数据集中的长度预测重量的模型 M_d 为 $\sum_{j=0}^{d}\beta_j$ 长度^j，用 AIC 和 BIC 为 $d\in[1,10]$选择一个近似值。

答：使用 R 的函数 AIC 和 BIC，得到下面的表格。

	1	2	3	4	5	6	7	8	9	10
AIC	677	617	617	613	615	617	617	612	613	614
BIC	683	625	627	625	629	633	635	633	635	638

AIC 的最佳模型是(相当惊人的!)$d=8$。我们不应该太认真地计较 AIC 中的小差异，因此 $d=4$ 和 $d=9$ 的模型也相当合理。BIC 则建议 $d=2$。

记住：AIC 和 BIC 是计算惩罚的方法，惩罚会随着模型复杂度的增加而增加。我们选择一个具有较低的带惩罚的负对数似然的模型。

11.1.3　使用交叉验证选择模型

AIC 和 BIC 是对未来数据的误差估计。另一种方法是使用交叉验证策略(如 1.1.3 节)，在留出的数据上度量这个误差。其中一个方法是将训练数据分成 F **折**(fold)，其中每个数据项正好位于一个折中。其中 $F=N$ 的情况有时称为“留一法”交叉验证。其为依次留出一折样本，将模型在剩余数据上进行拟合，并评估留出样本上的模型误差。再计算模型误差的平均值。这个过程给出一个模型在留出的数据上性能的估值。有许多方法的变体可用，特别是当存在大量计算和大量数据时。例如，可以不在所有的折上做平均，使用更少或更多的折，等等。

实例 11.2 交叉验证法

从鲈鱼数据集中的长度预测重量的模型 M_d 为 $\sum_{j=0}^{d}\beta_j$ 长度^j，使用“留一法”交叉验证为 $d\in[1,10]$选择一个近似值。

答：使用 R 的函数 CVlm，这需要一点时间来熟悉。得到

1	2	3	4	5	6	7	8	9	10
1.9e4	4.0e3	7.2e3	4.5e3	6.0e3	5.6e4	1.2e6	4.0e6	3.9e6	1.9e8

其中，最佳模型的 $d=2$。

11.1.4 基于分阶段回归的贪心搜索

假设我们有一组解释变量，希望构建一个模型，为我们的模型选择其中的一些变量。我们的解释变量可以是许多不同的测量值，也可以是同一测量值的不同的非线性函数，或者是两者的组合。我们可以相当容易地评估模型之间的关系(AIC、BIC 或交叉验证，由你选择)。然而，选择使用哪一组解释变量可能相当困难，因为有太多的变量集。问题在于你无法简单地预测添加或删除解释变量会发生什么。当你添加(或移除)一个解释变量时，模型所产生的误差会改变，因此所有其他变量的可用性也会改变。这意味着(至少在原则上)你必须查看解释变量的每个子集。假设你从一组 F 个可能的解释变量(包括原始度量和一个常数)开始。你不知道要用多少个，所以你可能要尝试每一个不同的组，及其每种大小，有太多的组要尝试。因此，这里有两个有用的选择。

在正向分阶段回归中，你从一个空的解释变量的工作集开始，迭代以下流程：对于不在工作集中的每个解释变量，使用工作集和该解释变量构建一个新模型，计算模型的评估分数。如果这些模型中最好的模型比基于工作集的模型得分更高，则将适当的变量插入工作集并进行迭代。如果没有任何变量可以改进工作集，那么你可以确定得到了最佳模型并停止。这显然是一个贪心算法。

反向分阶段回归是非常类似的，但你是从一个包含所有变量的工作集开始，然后逐个移除变量并贪婪地移除。通常，贪心算法是很有帮助的，但不能精确地优化。每一种策略都可以产生相当好的模型，但都不能保证产生最好的模型。

记住：正向和反向分阶段回归是用贪心搜索确定能够有效预测的自变量集。在正向分阶段回归中，我们在回归中添加变量；在反向分阶段回归中，我们从回归中移除变量。可以使用 AIC、BIC 或交叉验证检查是否成功。当添加(或者移除)一个变量会使回归更糟时，搜索停止。

11.1.5 哪些变量是重要的

想象一下，你根据血压、是否吸烟，以及拇指的长度等回归死亡风险的测量值。因为高血压和吸烟倾向于增加死亡的风险，你会期望看到这些解释变量具有较“大”的系数。由于拇指长度的变化没有影响，你可能会看到这些解释变量具有较“小”的系数。你可能认为这表示可以使用回归确定在构建模型时哪些影响因素是重要的。这是可以的，但是获得正确的结果包括很严重的困难，这里不详细讨论这些困难。相反，我们概述可能出错的

地方，这样你就可以在没有学到更多的情况下避免这样做。

其中一个困难是可变的尺度导致的。如果以公里为单位测量拇指长度，则系数可能很小；如果用微米为单位测量拇指的长度，系数可能很大。但这种变化与变量对预测的重要性无关。这意味着解释这个系数很棘手。

另一个困难是抽样方差的结果。假设我们有一个解释变量，它与因变量完全没有关系。如果我们有一个任意大的数据量，并且能够准确地找到出正确的模型，我们会发现，在正确的模型中，这个变量的系数是零。但是我们没有任意大的数据量。相反，我们有一个数据样本。希望我们的样本是随机的，这样我们对系数的估计就是一个随机变量的值，它的期望值是 0，但它的方差不是。这意味着我们不太可能看到一个零，但可以看到一个离零只有很小的标准差的值。处理这个问题需要一种方法判断系数和零之间的差异是否有意义，或者仅仅是随机效应的结果。对于回归系数，有**统计显著性**(statistical significance)理论，但我们还有其他事情要做。

还有一个困难与实际意义有关，而且难度更大。我们可能有真正与因变量相关，却无关紧要的解释变量。这是一个普遍的现象，尤其在医学统计中。要解开其中一些问题，需要相当谨慎。这里有一个例子。肠癌是一种严重的疾病，它可能会夺去你的生命。接受肠癌筛查是非常令人尴尬和不愉快的，而且涉及一些令人震惊的风险。对于肠癌筛查是否有价值，有很多来源合理的质疑，如果有价值，那么价值是多少(作为入门，你可以看看 Ransohoff DF 的文章“结肠镜检查能在多大程度上降低结肠癌死亡率?”，出自 Ann. Intern. Med. 2009)。有证据表明食用红肉或加工肉制品与肠癌的发病率有关。一个很好的实际问题是：一个人应该因为增加的患肠癌的风险而避免食用红肉或加工肉制品吗?

这很难找到答案；任何回归的系数显然都不是零，但很小。这有一些数据。2012 年英国人口为 6370 万(这是谷歌使用世界银行数据得出的总数据；没有理由相信这是严重错误的)。从英国癌症研究所网站(http://www.cancerresearchuk.org/health-professional/cancer-statistics/statistics-by-cancer-type/bowel-cancer)可以获得以下数据。2012 年，英国有 41 900 例新的肠癌病例。在这些病例中，43%发生在 75 岁及以上的人。57%被诊断患肠癌的人在确诊后存活 10 年及以上。在确诊的病例中，估计有 21%与食用红肉或加工肉制品有关，目前最好的估计是，每天食用 100 克红肉，发病风险会高出 17%到 30%(即如果每天食用 100 克红肉，风险会增加 17%到 30%；每天食用 200 克红肉，风险会增加两倍；接下来都大致如此)。这些数字足以证明，饮食中红肉或加工肉制品的数量与患肠癌的风险之间存在着非零系数关系(尽管从这里的信息估计该系数的确切值很困难)。如果吃更多的红肉，死于肠癌的风险就会上升。但上面给出的数字表明，(a)风险不会上升太多，(b)很可能会死得很晚，在那时死亡的可能性很大。把吃红肉和肠癌联系起来的系数显然很小，因为这种疾病的发病率大约是 1/1500 每年。这一联系的作用是否足以(比如)停止食用红肉或加工肉制品？你可以选择，你的选择会有结果。

记住：试图解释回归系数存在严重的困难。小系数可能来自相关变量的尺度选择。大系数可能仍然是随机效应的结果，并且验证这一点需要一个统计显著性模型。更糟糕的是，系数可能明显不是零，但实际意义不大。研究这些系数并试图得出结论是很有诱惑力的，但是如果没有更多的理论，你不应该这样做。

11.2 鲁棒回归

我们已经看到，异常数据点可能导致一个糟糕的模型。这是由平方误差代价函数引起的：平方一个大误差产生一个巨大的数字。解决这个问题的一种方法是在拟合模型之前识别并移除离群点。这可能很困难，因为很难精确地指出哪个点是离群点。更糟糕的是，在高维空间，大多数点看起来都有点像离群点，我们可能最终会移除几乎所有的数据。这里提供的另一种解决方案是提出一个代价函数，该函数不易受到离群点问题的影响。可以忽略某些离群点的回归的一般术语是**鲁棒回归**(robust regression)。

11.2.1　M 估计和迭代加权最小二乘

降低离群点对最小二乘解影响的一种方法是对代价函数中的每个点进行加权。我们需要一些方法估计一组合适的权重。这将对“可信”点上的误差使用较大的权重，对“可疑”点上的误差使用较小的权重。

我们可以使用 **M 估计**(M-estimator)获得这样的权重，M 估计通过用表现更好的项替换负对数似然估计参数。在我们的例子中，负对数似然总是平方误差。待拟合的模型参数写作 β，在第 i 个数据点上的模型的残差写作 $r_i(\boldsymbol{x}_i,\beta)$。对我们来说，$r_i$ 永远是 $y_i-x_i^{\mathrm{T}}\beta$，因此，与其最小化 β 的函数

$$\sum_i (r_i(\boldsymbol{x}_i,\beta))^2$$

我们将最小化

$$\sum_i \rho(r_i(\boldsymbol{x}_i,\beta);\sigma)$$

其中 ρ 是某个适当选择的函数。显然，我们的负对数似然是这样一个估计(使用 $\rho(u;\sigma)=u^2$)。M 估计的诀窍是使 $\rho(u;\sigma)$ 对于较小的 u 值看起来像 u^2，但是要确保对于较大的 u 值，它比 u^2 增长得慢(图 11-2)。

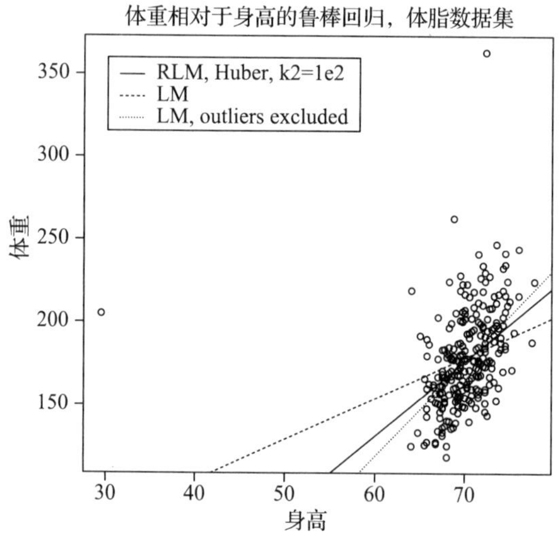

图 11-2　比较体脂数据中体重相对于身高回归的三种不同线性回归策略。注意，使用 M 估计给出的答案与手工舍弃离群点得到的答案非常相似。答案很可能是“更好”，因为不确定被舍弃的四个点中的每一个都是离群点，而鲁棒的方法可能从这些点包含的一些信息中获益。我尝试了一系列的 Huber 损失的尺度(“k2”参数)，但该尺度以 1e4 的幅度增减变化时，结果没有发现差异，这就是只绘制一个尺度的原因

Huber 损失是一个重要的 M 估计。其形式为

$$\rho(u;\sigma)=\begin{cases}\dfrac{u^2}{2} & |u|<\sigma\\ \sigma|u|-\dfrac{\sigma^2}{2}\end{cases}$$

对于$-\sigma\leqslant u\leqslant\sigma$，我们使用与 u^2 相同的函数，对于更大(或更小)的 u，则切换到$|u|$。Huber 损失是凸的(这意味着我们的模型将有一个唯一的最小值)和可微的，但它的导数不是连续的。参数 σ(称为**尺度**)的选择对估计值有影响。你应该将此参数解释为一个点在仍然被视为**内点**(inlier)(甚至部分不是离群点的任何点)的情况下与拟合函数的距离(图 11-3)。

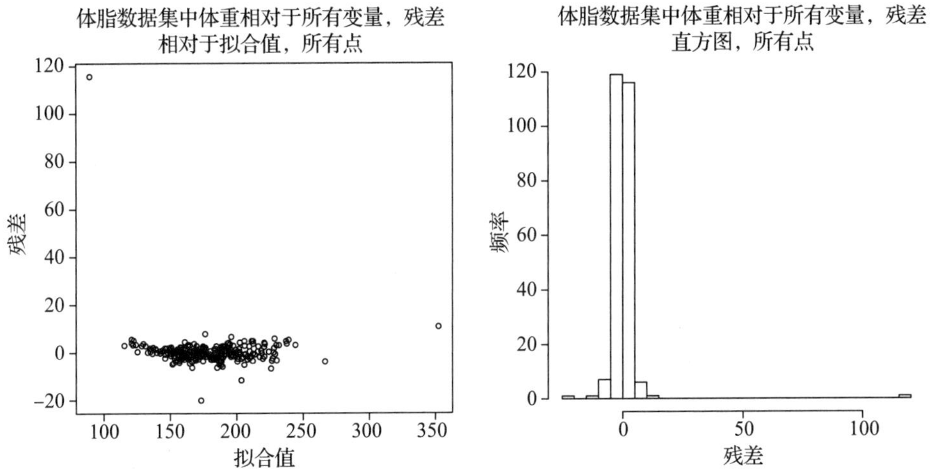

图 11-3　使用 Huber 损失和所有数据点，对体脂数据集中体重相对于所有变量进行鲁棒线性回归。在**左边**，残差与拟合值进行比较(残值未标准化)。注意，有些点的残差非常大，但大多数点的残差要小得多；这不会在平方误差的情况下发生。**右边**是残差的直方图。如果忽略极端残差值，这看起来很正常。稳健的流程能够降低离群点的影响，而无须我们手工识别和移除离群点

一般来说，M 估计是根据其影响函数(influence function)来讨论的。这是

$$\frac{\partial\rho}{\partial u}$$

当我们考虑使用 M 估计计算$\hat{\beta}$的算法时，它的重要性就成为证据。我们的最小化准则是

$$\nabla_\beta\Big(\sum_i\rho(y_i-\boldsymbol{x}_i^{\mathrm{T}}\beta;\sigma)\Big)=\sum_i\left[\frac{\partial\rho}{\partial u}\right](-\boldsymbol{x}_i)=0$$

这里导数$\frac{\partial\rho}{\partial u}$在 $y_i-\boldsymbol{x}_i^{\mathrm{T}}\beta$ 处求值，所以它是 β 的函数。现在把

$$\frac{\frac{\partial\rho}{\partial u}}{y_i-\boldsymbol{x}_i^{\mathrm{T}}\beta}$$

记作$w_i(\beta)$(同样，导数在 $y_i-\boldsymbol{x}_i^{\mathrm{T}}\beta$ 处求值，w_i 是 β 的函数)。我们可以将最小化准则写为

$$\sum_i[w_i(\beta)][y_i-\boldsymbol{x}_i^{\mathrm{T}}\beta][-\boldsymbol{x}_i]=0$$

现在写出对角矩阵 $\mathcal{W}(\beta)$，它的第 i 个对角元素是 $w_i(\beta)$。那么我们的拟合标准等价于

$$\mathcal{X}^{\mathrm{T}}[\mathcal{W}(\beta)]\boldsymbol{y}=\mathcal{X}^{\mathrm{T}}[\mathcal{W}(\beta)]\mathcal{X}\beta$$

解决这个问题的困难在于 $w_i(\beta)$依赖于 β，所以我们不能只求解 β 的线性方程组。我们可以采用以下策略，找到初始的 $\hat{\beta}^{(1)}$。
现在用这个估计值计算 $\mathcal{W}$，然后通过解线性方程组重新估计。重复这个直到它稳定下来。

这个过程使用 $\mathcal{W}$ 降低与我们 β 的当前估计值疑似不一致的点的权重，然后使用这些权重更新 β。该策略称为迭代加权最小二乘(iteratively reweighted least square)，非常有效。

假设我们有一个正确参数的估计值$\hat{\beta}^{(n)}$，考虑将其更新为$\hat{\beta}^{(n+1)}$。我们计算

$$w_i^{(n)} = w_i(\hat{\beta}^{(n)}) = \frac{\frac{\partial \rho}{\partial u}(y_i - \boldsymbol{x}_i^{\mathrm{T}}\hat{\beta}^{(n)};\sigma)}{y_i - \boldsymbol{x}_i^{\mathrm{T}}\hat{\beta}^{(n)}}$$

然后我们通过求解

$$\mathcal{X}^{\mathrm{T}}\mathcal{W}^{(n)}\boldsymbol{y} = \mathcal{X}^{\mathrm{T}}\mathcal{W}^{(n)}\mathcal{X}\hat{\beta}^{(n+1)}$$

估计$\hat{\beta}^{(n+1)}$。

该算法的关键是找到迭代的良好初始点。一种策略是随机搜索。我们随机均匀地选择一小部分点，在这些点上估计$\hat{\beta}$，然后将结果作为初始点。如果我们多次这样做，其中一个初始点将是一个不受离群点污染的估计。

过程 11.1　用迭代加权最小二乘拟合回归

第 i 个点处的残差 r_i 为 $y_i-\boldsymbol{x}_i^{\mathrm{T}}\beta$。选择一个 M 估计 ρ，可能是 Huber 损失；将

$$\frac{\frac{\partial \rho}{\partial u}}{y_i - \boldsymbol{x}_i^{\mathrm{T}}\beta}$$

写作$w_i(\beta)$。我们将通过重复以下步骤最小化

$$\sum_i \rho(r_i(\boldsymbol{x}_i,\beta);\sigma)$$

- 通过随机均匀地选择一小部分点，并对这些点进行回归拟合，找到一个初始 $\hat{\beta}^{(1)}$；
- 迭代以下过程，直到更新非常小。
  1. 计算 $\mathcal{W}^{(n)}=\mathrm{diag}(w_i(\hat{\beta}^{(n)}))$；
  2. 求解

  $$\mathcal{X}^{\mathrm{T}}\mathcal{W}^{(n)}\boldsymbol{y} = \mathcal{X}^{\mathrm{T}}\mathcal{W}^{(n)}\mathcal{X}\hat{\beta}^{(n+1)}$$

  得到$\hat{\beta}^{(n+1)}$。
- 如果 $\sum_i \rho(r_i(\boldsymbol{x}_i,\hat{\beta});\sigma)$ 小于目前看到的任何值，则保留得到的结果$\hat{\beta}$。

11.2.2　M 估计的尺度

估计量需要对 σ 进行合理的估计，常称为**尺度**。通常，尺度估计在求解方法的每次迭代中进行。一个合理的估计是

$$\sigma^{(n)} = 1.4826\ 中位数_i\ |r_i^{(n)}(x_i;\hat{\beta}^{(n-1)})|$$

给出的**中位数绝对离差**(Median Absolute Deviation，MAD)。

另一个流行的尺度估计是通过 Huber 提议 2(Huber's proposal 2，所有人都这么称呼!)获得的。选择某个常数 $k_1>0$，然后定义 $\Xi(u)=\min(|u|,k_1)^2$。现在求解下列方程得到 σ:

$$\sum_i \Xi\left(\frac{r_i^{(n)}(x_i;\hat{\beta}^{(n-1)})}{\sigma}\right) = Nk_2$$

其中 k_2 是另一个常数，通常被选择以便估计量给出正态分布的正确答案(练习)。这个方程需要用迭代法求解；MAD 估计是通常的起点。R 提供了 hubers，它将计算这个尺度的估计值(并为其绘制出 k_2)。k_1 的选择在一定程度上取决于你期望的数据的污染程度。随着 $k_1 \to \infty$，这种估计变得更像是数据的标准差。

11.3　广义线性模型

我们使用线性回归由特征向量预测一个值，并隐含地假设该值是实数。其他情况也很重要，其中一些可以用线性回归的简单推广处理。当导出线性回归时，我们提到的一种可以考虑的模型是

$$y = \boldsymbol{x}^{\mathrm{T}}\beta + \xi$$

其中 ξ 是一个均值为零、方差为 σ_ξ^2 的正态随机变量。另一种方法是把 y 看作随机变量 Y 的值。在这种情况下，Y 具有均值 $\boldsymbol{x}^{\mathrm{T}}\beta$ 和方差 σ_ξ^2。这可以写成

$$Y \sim N(\boldsymbol{x}^{\mathrm{T}}\beta, \sigma_\xi^2)$$

这提供了一种有效的推广方法：我们用其他参数分布代替正态分布，并用 $\boldsymbol{x}^{\mathrm{T}}\beta$ 预测该分布的参数。这就是**广义线性模型**(Generalized Linear Model，GLM)。下面三个例子特别重要。

11.3.1　逻辑回归

假设 y 值可以是 0 或 1。你可以把这看作是一个两类分类问题，然后用支持向量机来处理。有时把它看作一个回归问题是有好处的。一个好处是我们看到了一种新的分类方法，它可以明确地对类的后验进行建模，而支持向量机做不到。

我们声明 y 值是从一个伯努利随机变量抽签得到的，进而对其构建模型(对于那些已经忘记它的读者，定义如下)。这个随机变量的参数是 θ，表示该随机变量取 1 的概率。但是 $0 \leqslant \theta \leqslant 1$，所以我们不能把 θ 建模为 $\boldsymbol{x}^{\mathrm{T}}\beta$。我们将选择一些**链接函数**(link function)g，以便我们可以将 $g(\theta)$ 建模为 $\boldsymbol{x}^{\mathrm{T}}\beta$。这意味着，在这种情况下，$g$ 必须将 0 到 1 区间映射到整个值域，并且必须是一一映射。链接函数将 θ 映射到 $\boldsymbol{x}^{\mathrm{T}}\beta$；映射的方向按惯例选择。我们通过声明 $g(\theta) = \boldsymbol{x}^{\mathrm{T}}\beta$ 建立我们的模型。

记住： 广义线性模型从回归中预测概率分布的参数。链接函数确保回归预测满足分布所需的约束。

有用的事实 11.1　定义：伯努利随机变量

参数为 θ 的伯努利随机变量以概率 θ 取值 1，以概率 $1-\theta$ 取值 0。抛硬币等随机事件可以用这个模型建模。

注意，对于伯努利随机变量，我们有

$$\log\left[\frac{P(y=1 \mid \theta)}{P(y=0 \mid \theta)}\right] = \log\left[\frac{\theta}{1-\theta}\right]$$

logit 函数(logit function)$g(u) = \log\left[\frac{u}{1-u}\right]$满足我们对链接函数的要求(它将 0 到 1 区间映射到整个值域，并且是一一映射)。这意味着我们可以通过声明

$$\log\left[\frac{P(y=1 \mid \boldsymbol{x})}{P(y=0 \mid \boldsymbol{x})}\right] = \boldsymbol{x}^{\mathrm{T}}\beta$$

建立我们的模型，然后求解 β，使数据的对数似然最大化。通过简单的操作会得到

$$P(y=1\mid \boldsymbol{x})=\frac{e^{\boldsymbol{x}^{\mathrm{T}}\beta}}{1+e^{\boldsymbol{x}^{\mathrm{T}}\beta}},\quad P(y=0\mid \boldsymbol{x})=\frac{1}{1+e^{\boldsymbol{x}^{\mathrm{T}}\beta}}$$

这意味着数据集的对数似然为

$$\mathcal{L}(\beta)=\sum_i\left[\mathbb{I}_{[y=1]}(y_i)\boldsymbol{x}_i^{\mathrm{T}}\beta-\log(1+e^{\boldsymbol{x}_i^{\mathrm{T}}\beta})\right]$$

你可以通过梯度上升(或者用牛顿法会快得多，如果你知道的话)从对数似然中求得 β。

这种形式的回归称为**逻辑回归**(logistic regression)。它具有吸引人的性质，它产生了后验概率的估计。另一个有趣的特性是逻辑回归很像支持向量机。为了看到这一点，我们用新的标签替换旧标签。写下 $\hat{y}_i=2y_i-1$；这意味着 $\hat{y}_i$ 取值 -1 和 1，而不是 0 和 1。现在 $\mathbb{I}_{[y=1]}(y_i)=\frac{\hat{y}_i+1}{2}$，所以我们可以写出

$$-\mathcal{L}(\beta)=-\sum_i\left[\frac{\hat{y}_i+1}{2}\boldsymbol{x}_i^{\mathrm{T}}\beta-\log(1+e^{\boldsymbol{x}_i^{\mathrm{T}}\beta})\right]=\sum_i\left[-\left(\frac{\hat{y}_i+1}{2}\boldsymbol{x}_i^{\mathrm{T}}\beta\right)+\log(1+e^{\boldsymbol{x}_i^{\mathrm{T}}\beta})\right]$$

$$=\sum_i\left[\log\left(\frac{1+e^{\boldsymbol{x}_i^{\mathrm{T}}\beta}}{e^{\frac{\hat{y}_i+1}{2}\boldsymbol{x}_i^{\mathrm{T}}\beta}}\right)\right]=\sum_i\left[\log(e^{\frac{-(\hat{y}_i+1)}{2}\boldsymbol{x}_i^{\mathrm{T}}\beta}+e^{\frac{1-\hat{y}_i}{2}\boldsymbol{x}_i^{\mathrm{T}}\beta})\right]$$

我们可以将方括号中的项解释为损失函数。如果绘制它，你会注意到它的行为与 hinge 损失相当相似。当 $\hat{y}_i=1$ 时，若 $\boldsymbol{x}^{\mathrm{T}}\beta$ 为正，则损失很小；若 $\boldsymbol{x}^{\mathrm{T}}\beta$ 为强负，则损失在 $\boldsymbol{x}^{\mathrm{T}}\beta$ 内呈线性增长。当 $\hat{y}_i=-1$ 时，也有类似的行为。与 hinge 损失不同，这个损失函数过渡是平滑的。逻辑回归应该(而且确实)表现良好，原因与支持向量机表现良好相同。

要知道，逻辑回归有一个恼人的怪性质。当数据是线性可分的(即存在 β，对于所有数据项而言，$y_i\boldsymbol{x}_i^{\mathrm{T}}\beta>0$)时，逻辑回归将表现不佳。要查看问题，请选择能够分开数据的 β。现在很容易证明增加 β 的大小会增加数据的对数似然；这里没有任何限制。这些情况在实际数据中很少出现。

记住：逻辑回归使用 logit 链接函数预测伯努利随机变量取值 1 的概率。结果得到一个二类分类器，其损失与 hinge 损失非常相似。

11.3.2　多类逻辑回归

假设 $y\in[0,1,\cdots,C-1]$，然后，用这些值的离散概率分布对 $p(y\mid\boldsymbol{x})$ 进行建模是很自然的。这可以由选择$(\theta_0,\theta_1,\cdots,\theta_{C-1})$确定，其中每项的值在 0，1 之间，而且 $\sum_i\theta_i=1$。我们的链接函数需要将有约束的 θ 向量映射到 $\mathcal{R}^{C-1}$。我们也可以使用 logit 函数的一个相当直接的变体实现这一点。注意，我们需要对 $C-1$ 个概率建模(第 C 个来自约束 $\sum_i\theta_i=1$)。我们为每个概率选择一个向量 β，并将用于建模 θ_i 的向量写作 β_i。然后，我们可以写出

$$\boldsymbol{x}^{\mathrm{T}}\beta_i=\log\left(\frac{\theta_i}{1-\sum_u\theta_u}\right)$$

这就产生了模型

$$P(y=0\mid\boldsymbol{x},\beta)=\frac{e^{\boldsymbol{x}^{\mathrm{T}}\beta_0}}{1+\sum_i e^{\boldsymbol{x}^{\mathrm{T}}\beta_i}}$$

$$P(y=1\mid\boldsymbol{x},\beta)=\frac{e^{\boldsymbol{x}^{\mathrm{T}}\beta_1}}{1+\sum_i e^{\boldsymbol{x}^{\mathrm{T}}\beta_i}}$$

$$P(y=C-1\mid \boldsymbol{x},\beta)=\frac{1}{1+\sum_i e^{\boldsymbol{x}^{\mathrm{T}}\beta_i}}$$

我们用最大似然法拟合该模型。似然很容易写出来，而梯度下降是一种很好的模型拟合策略。

记住： 多类逻辑回归使用 logit 链接函数预测多项式分布。结果是一个重要的多类分类。

11.3.3 回归计数数据

现在想象一下 y_i 值是计数。例如，y_i 可能是在一个研究区域中以 x_i 为中心的小方块中捕获的动物数量的计数。作为另一个例子，x_i 可能代表客户的一组特征，而 y_i 可能是客户购买特定产品的次数。计数数据的自然模型是泊松模型，参数 θ 表示强度(回忆该模型如下)。

有用的事实 11.2 定义：泊松分布

非负整数值随机变量 X 的概率分布形式为

$$P(\{X=k\})=\frac{\theta^k e^{-\theta}}{k!}$$

它服从泊松分布，其中 $\theta>0$ 是通常称为分布**强度**的参数。

现在我们需要 $\theta>0$，自然的链接函数是使用

$$\boldsymbol{x}^{\mathrm{T}}\beta=\log\theta$$

产生模型

$$P(\{X=k\})=\frac{e^{k\boldsymbol{x}^{\mathrm{T}}\beta}e^{-e^{\boldsymbol{x}^{\mathrm{T}}\beta}}}{k!}$$

现在假设我们有一个数据集，负对数似然可以写成

$$-\mathcal{L}(\beta)=-\sum_i\log\left(\frac{e^{y_i\boldsymbol{x}_i^{\mathrm{T}}\beta}e^{-e^{\boldsymbol{x}_i^{\mathrm{T}}\beta}}}{y_i!}\right)=-\sum_i(y_i\boldsymbol{x}_i^{\mathrm{T}}\beta-e^{\boldsymbol{x}_i^{\mathrm{T}}\beta}-\log(y_i!))$$

虽然没有最小值的闭合解，但是对数似然是凸的，梯度下降(或牛顿法)足以找到一个最小值。注意 $\log(y_i!)$项与最小化无关，通常会被删去。

记住： 你可以用 GLM 预测计数数据，方法是用指数链接函数预测泊松分布的参数。

11.3.4 离差

交叉验证模型是通过重复地将一个数据集分成两部分，一部分进行训练，另一部分进行验证，并对得分进行平均完成的。但我们需要记录下该怎么计算得分。对于早期的线性回归模型(例如 11.1 节)，我们使用了预测的平方误差。这对于一个广义线性模型来说并没有意义，因为预测的形式完全不同。通常使用模型的离差(deviance)。将我们想要得到预测的自变量写作 $\boldsymbol{x}_p$，其真实预测写作 y_t，我们估计的参数写作$\hat{\beta}$；广义线性模型满足 $P(y\mid \boldsymbol{x}_p,\hat{\beta})$。出于我们的目的，你应该将离差视为

$$-2\log P(y_t\mid \boldsymbol{x}_p,\hat{\beta})$$

(该表达式有时在软件中进行调整以处理极端情况等)。请注意，这与线性回归情况下的最小二乘误差非常相似，因为对于某个常数 K，有

$$-2\log P(y|\boldsymbol{x}_p,\hat{\beta}) = (\boldsymbol{x}_p^{\mathrm{T}}\hat{\beta} - y_t)^2/\sigma^2 + K$$

记住：用模型的离差评估 GLM。

11.4 L_1 正则化和稀疏模型

正向和反向分阶段回归是在模型中添加或移除自变量的策略。另一种非常有效的策略是使用强制某些系数为零的方法构造模型。结果模型忽略了相应的自变量。用这种方法建立的模型通常称为**稀疏模型**(sparse model)，因为(有人希望)许多自变量具有零系数，因此该模型使用的是可能的预测器的稀疏子集。

在某些情况下，我们被迫使用稀疏模型。例如，假设有比数据样例更多的自变量。在这种情况下，矩阵 $\mathcal{X}^{\mathrm{T}}\mathcal{X}$ 将不是满秩的。我们可以用岭回归法(10.4.2 节)，不是满秩的问题将消失，但是得到的模型很难相信，因为它可能使用所有的预测器(更多细节见下文)。我们真的想要一个使用一小部分预测器的模型。然后，由于模型忽略了其他预测器，因此数据样例的数量将比我们使用的预测器更多。

现在，实践者们坚信使用稀疏模型是处理高维问题的最佳方法(尽管对于使用哪种稀疏模型存在激烈的争论，等等)。这有时称为“赌稀疏性”原则：对高维数据使用稀疏模型，因为稠密模型在此类问题上的效果不好。

11.4.1 通过 L_1 正则化删除变量

我们有一个很大的解释变量集，希望从中选择一个小子集解释自变量的大部分方差。我们可以通过使 β 有许多零项实现这一点。在 10.4.2 节中，我们看到可以通过在代价函数中添加一个不使 β 值增大的项来调整回归。我们不求解使 $\sum_i (y_i - \boldsymbol{x}_i^{\mathrm{T}}\beta)^2 = (\boldsymbol{y} - \mathcal{X}\beta)^{\mathrm{T}}(\boldsymbol{y} - \mathcal{X}\beta)$(我称之为**误差代价**(error cost))最小化的 β 的值，而是将

$$\sum_i (y_i - \boldsymbol{x}_i^{\mathrm{T}}\beta)^2 + \frac{\lambda}{2}\beta^{\mathrm{T}}\beta = (\boldsymbol{y} - \mathcal{X}\beta)^{\mathrm{T}}(\boldsymbol{y} - \mathcal{X}\beta) + \frac{\lambda}{2}\beta^{\mathrm{T}}\beta$$

(我称之为 **L_2 正则化误差**(L_2 regularized error))最小化。这里 $\lambda > 0$ 是通过交叉验证选择的常数。λ 的较大值使得 β 的项较小，但不会强制它们为零，原因值得理解。

β 的第 k 个分量写作 β_k，所有其他分量写作 β_{-k}。现在我们可以将 L_2 正则化误差写成 β_k 的函数：

$$(a + \lambda)\beta_k^2 - 2b(\beta_{-k})\beta_k + c(\beta_{-k})$$

其中 a 是数据的函数，b 和 c 是数据和 β_{-k} 的函数。现在注意，β_k 的最佳值将是

$$\beta_k = \frac{b(\beta_{-k})}{(a + \lambda)}$$

注意，λ 不出现在分子中，这意味着，要通过增加 λ 使 β_k 为零，我们可能必须使 λ 无限大。这是因为从一个小的 β_k 到 $\beta_k = 0$ 得到的惩罚的改进很小——惩罚与 β_k^2 成正比。

为了迫使 β 的某些分量为零，我们需要一个在零附近线性增长而不是二次增长的惩罚。这意味着我们应该使用由

$$\|\beta\|_1 = \sum_k |\beta_k|$$

给出的 β 的 **L_1 范数**(L_1-norm)。要选择 β，我们现在必须选择适当的 λ，并求解

$$(\boldsymbol{y} - \mathcal{X}\beta)^{\mathrm{T}}(\boldsymbol{y} - \mathcal{X}\beta) + \lambda\|\beta\|_1$$

一个等价的问题是求解一个约束极小化问题，即最小化

$$(\mathbf{y}-\mathcal{X}\beta)^{\mathrm{T}}(\mathbf{y}-\mathcal{X}\beta)_{\text{满足条件}}\|\beta\|_1\leqslant t$$

其中 t 是为获得良好结果而选择的某个值，通常通过交叉验证得到。t 的选择与 λ 的选择是有关系的(有人认为，较小的 t 对应较大的 λ)，但不值得详细研究。

实际上解决这个系统是相当复杂的，因为代价函数是不可微的。不应尝试使用随机梯度下降，因为这不会迫使 $\hat{\beta}$ 中出现零值。有几种方法，但它们超出了本书的范围。随着 λ 值的增加，β 中的零点也会增加。我们可以采用与分类相同的方法选择 λ；将训练集拆分为一个训练集和一个验证集，训练不同的 λ 值，并在验证集上测试得到的回归。对于所有 $\lambda\geqslant 0$，解的族 $\hat{\beta}(\lambda)$ 称为**正则化路径**(regularization path)。现代方法的一个结果是，我们可以很容易地生成正则化路径的近似值，就像我们对单一的 λ 得到解一样容易。因此，选择 λ 的交叉验证过程是很高效的。

记住： L_1 正则化惩罚鼓励模型具有零系数。结果是相当专业化的优化问题。可以比较容易地产生正则化路径的强近似，因此通过交叉验证选择 λ 是高效的。

理解模型结果的一种方法是观察交叉验证误差随 λ 变化的情况。误差是一个随机变量，其随机性来自随机划分。这是一个公平的误差模型，将发生在随机选择的测试样本上(假设训练集在某种程度上“类似”测试集，对此我还不想做精确的描述)。我们可以使用多个划分，并在划分上进行平均。这样做会产生每个 λ 值的平均误差和误差标准差的估计值。图 11-4 显示了对两个数据集执行此操作的结果。同样，没有产生最小验证误差的 λ，因为误差值取决于随机划分交叉验证。在产生最小误差的参数值(图中的一条垂直线)和平均误差在最小误差的一个标准差内的最大参数值(图中的另一条垂直线)之间，可以合理选择 λ。跟踪 $\hat{\beta}$ 中零的个数作为 λ 的函数是有用的，如图 11-4 所示。

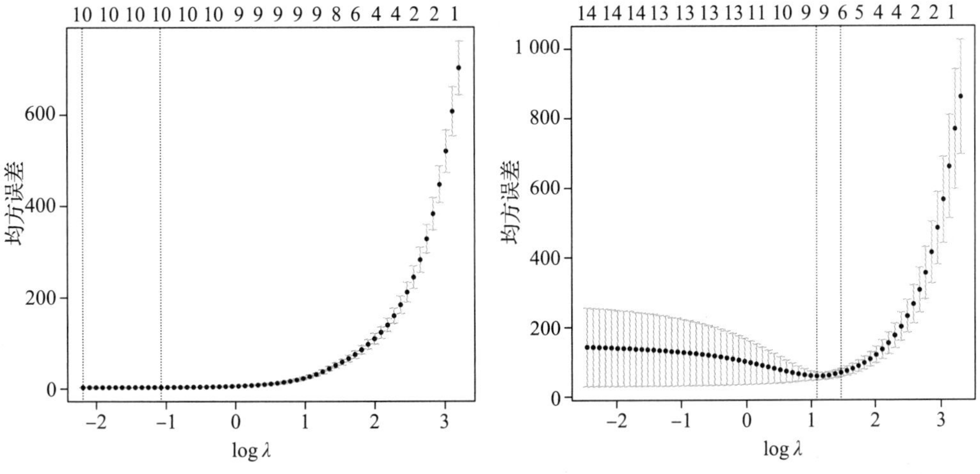

图 11-4 使用 L_1 正则化器(即 lasso)对体脂数据集中体重相对于所有变量进行回归，图示为作为对数正则化参数(即 $\log\lambda$)的函数的均方误差曲线图。这些图显示在交叉验证折上平均的均方误差，竖直的条表示标准差。**左图**是删除了图 10-15 中确定的六个离群点的数据集上的绘图。**右图**是整个数据集上的绘图。注意离群点如何增加误差的可变性，以及最佳误差。顶部的一行数字给出了 $\hat{\beta}$ 中非零分量的个数。注意，随着 λ 的增加，这个数字会下降(有 15 个解释变量，所以最大的模型会有 15 个变量)。惩罚确保了当 λ 变大时，具有小系数的解释变量被丢弃

实例 11.3　构建 L_1 正则化回归

用线性回归拟合体脂数据集，预测体重作为所有变量的函数，并使用 lasso 进行正则化。这些预测有多好？离群点对预测有影响吗？

答：使用 glmnet 程序包，Trevor Hastie 和 Junyang Qian 的示例代码使我受益匪浅，我将其在 http://web.stanford.edu/～hastie/glmnet/glmnet_alpha.html 发布。我特别喜欢 R 版本；在我的计算机上，Matlab 版本偶尔会转储内核，这很烦人。从图 11-4 可以看出，(a)对于移除离群点的情况，预测非常好，(b)离群点会产生问题。请注意误差的大小和低方差，以便进行良好的交叉验证选择。

理解模型结果的另一种方法是观察 $\hat{\beta}$ 如何随着 λ 的变化而变化。我们期望，随着 λ 变小，越来越多的系数变为非零。图 11-5 显示了作为 $\log\lambda$ 函数的系数值曲线图，用于体脂数据集中体重相对于所有变量的回归，使用 L_1 范数进行惩罚。对于不同的 λ 值，可以得到不同的 $\hat{\beta}$ 解。当 λ 很大时，惩罚占主导地位，因此 $\hat{\beta}$ 的范数必须很小。因此，$\hat{\beta}$ 的大多数分量为零。当 λ 变小时，$\hat{\beta}$ 的范数增大，某些分量变为非零。乍一看，系数变大的变量似乎很重要。仔细看，这是模型中最后引入的一个分量。但图 11-4 表明正确的模型有 7 个分量。这意味着右边模型的 $\log\lambda\approx1.3$，如图中垂直线所示。在最佳模型中，该系数实际上为零。

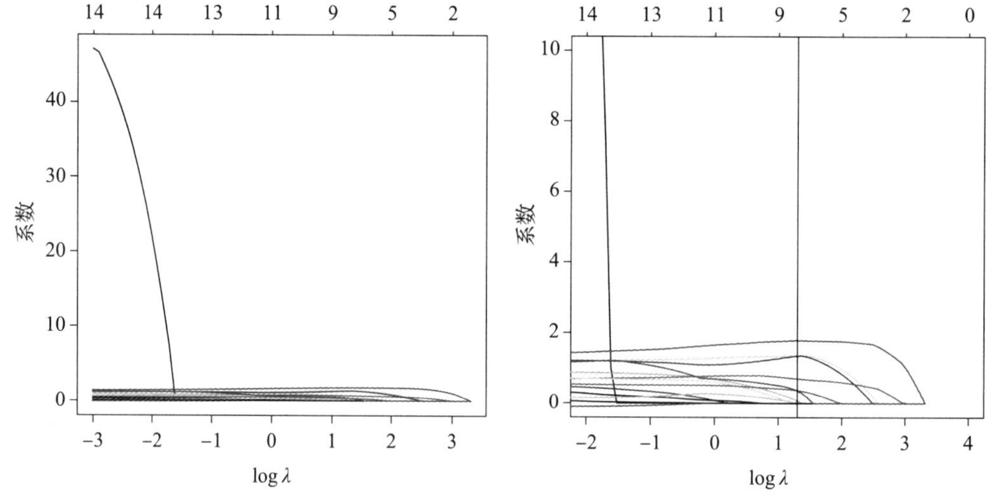

图 11-5　作为 $\log\lambda$ 函数的系数值曲线图，用于体脂数据集中体重相对于所有变量的回归，使用 L_1 范数进行惩罚。在每种情况下，移除图 10-15 中确定的六个离群点。**左图**是每个系数的整个路径图（每个曲线对应一个系数）。**右图**是曲线图的详细版本。垂直线表示产生交叉验证误差最小的模型的 $\log\lambda$ 值（见图 11-4）。请注意，看上去很重要的变量（因为 $\lambda=0$ 时它的权重很大）并没有出现在该模型中

L_1 范数有时可以从大量变量中产生一个令人印象深刻的小模型。在 UC-Irvine 机器学习数据库中，有一个与音乐的地理起源相关的数据集（http://archive.ics.uci.edu/ml/dtasets/Geographical+Original+of+Music）。该数据集由 Fang Zhou 准备，贡献者是 Fang Zhou、Claire Q 和 Ross D. King。更详细的信息在该网页上，还出现在 2014 年在 ICDM 上发表的由 Fang Zhou、Claire Q 和 Ross D. King 撰写的论文“Predicting the Geographical Origin of Music”（预测音乐的地理起源）。数据集有两个版本。其中一个有 116 个解

释变量(代表音乐的各种特征)和 2 个自变量(音乐采集位置的纬度和经度)。图 11-6 显示了利用 L_1 正则化对自变量进行纬度回归的结果。注意，达到最低交叉验证预测误差的模型仅使用 116 个变量中的 38 个。

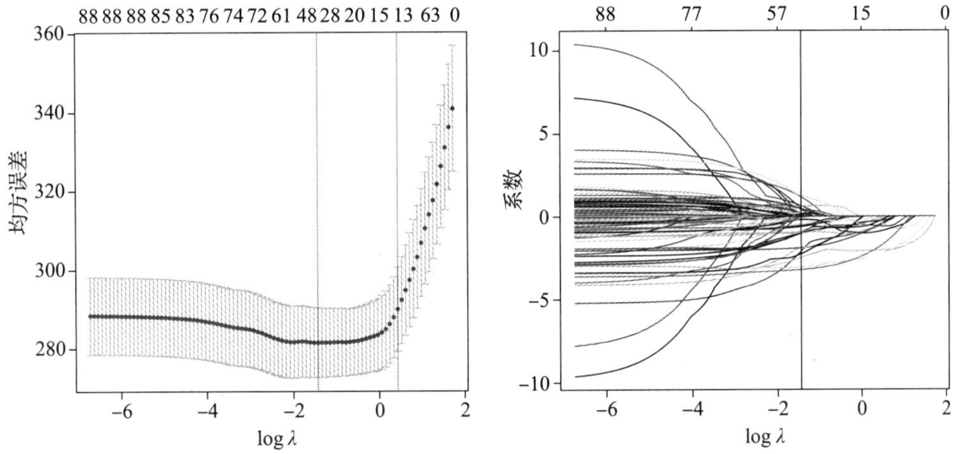

图 11-6　作为对数正则化参数(即 log λ)的函数的均方误差图，使用 https://archive.ics.uci.edu/ml/datasets/geographic+Original+of+music 的数据集，纬度相对于描述音乐的特征进行回归(正文中有详细说明)，并用 L_1 范数进行惩罚。**左边**的图显示在交叉验证折上平均的均方误差，竖直的条表示标准差。顶部的一行数字给出了 $\hat{\beta}$ 中非零分量的个数。注意，随着 λ 的增加，这个数字会下降。惩罚确保了当 λ 变大时，具有小系数的解释变量被丢弃。**右边**是系数值与 log λ 的函数关系图。垂直线表示产生交叉验证误差最小的模型的 log λ 值。该模型只使用 116 个解释变量中的 38 个

用 L_1 范数对回归进行正则化有时称为 **lasso**，lasso 的一个令人讨厌的特点是，如果几个解释变量是相关的，它会倾向于为模型选择一个，而忽略其他变量(练习中的例子)。这可能导致模型的预测误差比使用 L_2 惩罚选择的模型的更高。一个很好的 lasso 最小化算法的特点是很容易同时使用 L_1 惩罚和 L_2 惩罚。可以形成如下目标：

$$\left(\frac{1}{N}\right)\left(\sum_i (y_i - \mathbf{x}_i^{\mathrm{T}}\beta)^2\right) + \lambda\left(\frac{(1-\alpha)}{2}\|\beta\|_2^2 + \alpha\|\beta\|_1\right)$$

误差＋正则化项

其中通常手动选择 $0 \leqslant \alpha \leqslant 1$。这样做既可以抑制 β 中的大值，又可以鼓励零值。用这样的混合范数惩罚回归有时称为**弹性网络**(elastic net)。结果表明，用弹性网络惩罚的回归模型往往产生许多系数为零的模型，而不忽略相关的解释变量。所有的计算都可以通过 R 中的 glmnet 包完成(详见练习)。

11.4.2　宽数据集

现在假设我们有比样例更多的自变量(有时称为“宽”数据集)。这种情况经常发生在各种各样的数据集上；尤其是在生物数据集和自然语言数据集上。未规范化的线性回归一定会失败，因为 $\mathcal{X}^{\mathrm{T}}\mathcal{X}$ 一定不是满秩的。使用 L_2(岭)正则化将产生一个看起来不可信的答案。β 的估计值在某些方向上受数据的约束，而在其他方向上则受正则化约束。

由 L_1(lasso)正则化产生的估计对你来说应该更可靠。β 估计中的零点意味着对应的自变量被忽略了。现在，如果 β 的估计值中有许多零点，则该模型是由一小部分自变量拟合的。如果这个子集足够小，那么实际使用的自变量的数量就小于样例的数量。如果模型给出的误差足够小，那么在这种情况下它看上去应该是可信的。这里有一些难以回答的问题

(例如，模型是否选择了“正确”的变量集?)是我们无法应付的。

记住：lasso 可以产生非常小的模型，且可以很好地处理宽数据集。

实例 11.4　“宽”数据集的 L_1 正则化回归

汽油数据集有 60 个不同辛烷值汽油的近红外光谱示例。该数据集由约翰·H. 卡利瓦斯提供，最初在“Two Data Sets of Near Infrared Spectra,” in the journal *Chemometrics and Intelligent Laboratory Systems*, vol. 37, pp. 255-259, 1997 一文中进行了描述。每个例子都有 401 个波长的测量值。我在 R 库找到了这个数据集。用 L_1 正则物流回归拟合辛烷值与红外光谱的回归。

答：使用 glmnet 程序包，Trevor Hastie 和 Junyang Qian 的示例代码使我受益匪浅，我将其在 http://web.stanford.edu/~hastie/glmnet/glmnet_alpha.html 发布。该软件包将进行岭回归、lasso 和弹性网络回归。一个是调整函数调用中平衡项的参数 α；$\alpha=0$ 对应岭回归，$\alpha=1$ 对应 lasso。不出所料，岭回归并不好。我试过 $\alpha=0.1$，$\alpha=0.5$，$\alpha=1$。图 11-7 中的结果非常有力地表明，lasso 应该使用非常小的正则化常数进行非常好的预测；没有理由相信最好的岭回归模型比最好的弹性网络模型好，反之亦然。模型非常稀疏(查看顶部标出的具有非零权重的变量数)。

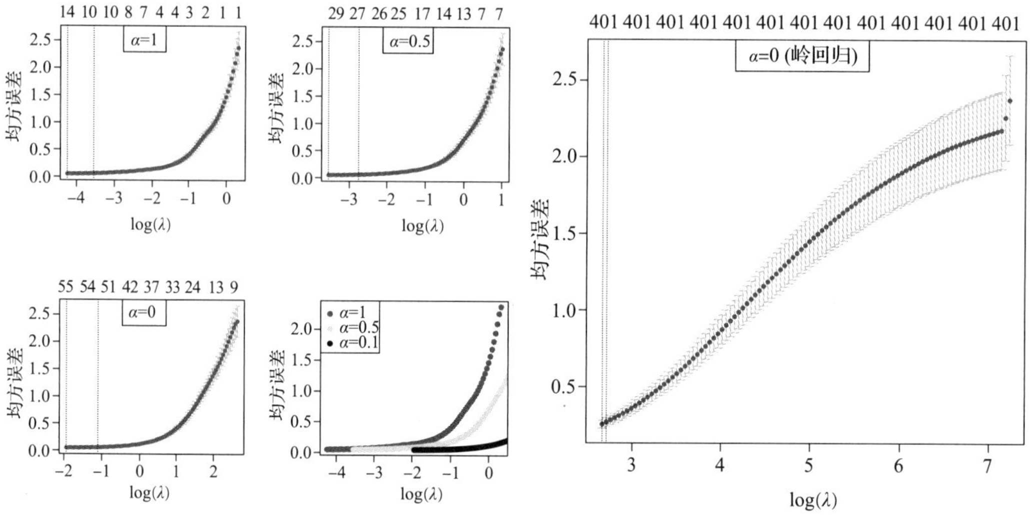

图 11-7　**左边**是根据近红外光谱预测辛烷值的 glmnet 回归中 α 的三个值之间的比较(见实例 11.4)。图中显示了 $\alpha=1$(lasso)和两种弹性网络情况下($\alpha=0.5$ 和 $\alpha=0.1$)不同对数正则化系数对应的交叉验证误差。我已经分别绘制了这些曲线，上面有误差的标准差线，还有一幅图上绘制了三条曲线，但没有标出标准差线。每个图顶部的数值显示了具有该正则化参数的最佳模型中具有非零系数的自变量的数量。**右边**是用岭回归进行比较。请注意，即使在正则化参数取最佳值时，其误差也要大得多

11.4.3　在其他模型上使用稀疏惩罚

在模型中使用 L_1 惩罚来强制稀疏性的一个非常好的特性是，它适用于非常广泛的模型。例如，我们可以用 L_1 正则化替换 L_2 正则化获得稀疏支持向量机。大多数支持向量机软件包都可以做到这一点，尽管我们不知道任何令人信服的证据，其表明这在大多数情况下会产生改进。我们描述的所有广义线性模型都可以用 L_1 正则化。对于这些情况，glmnet 将执行所需的计算。实例显示了使用带有 L_1 正则化的多项分布(即多类)逻辑回归。

实例 11.5　使用 L_1 正则化的多类逻辑回归

MNIST 数据集由一组手写数字组成，这些数字必须分为 10 类(0,…,9)。有一个标准的训练/测试划分。这个数据集通常称为邮政编码数据集，因为数字来自邮政编码，已经得到了相当广泛的研究。Yann LeCun 在 http://yann.lecun.com/exdb/mnist/记录了此数据集上不同方法的性能。从 http://statweb.stanford.edu/~tibs/ElemStatLearn/获取邮政编码数据集，使用带有 L_1 正则化的多类逻辑回归对其进行分类。

答：数据集相当大，在我的计算机上，拟合过程需要一点时间。图 11-8 显示了训练集上用 lasso 和 $\alpha=0.5$ 的弹性网络的情况，使用 glmnet 预测，使用交叉验证选择 λ 值。对于 lasso，我发现留出数据上的错误率为 8.5%，这是可以的，但与其他方法相比不是很好。对于弹性网络，我发现了一个稍微低一点的错误率(8.2%)；我相信用这些代码错误率甚至可以更低。

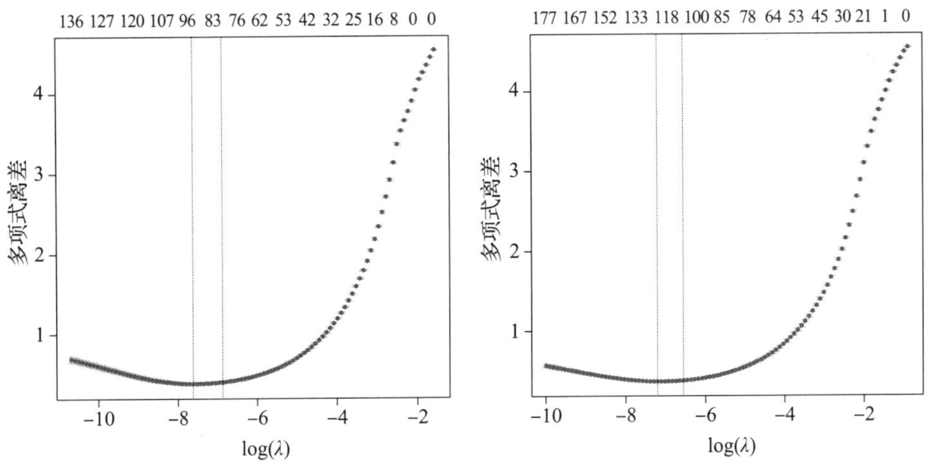

图 11-8　MNIST 数据集上的多类逻辑回归，使用 lasso 和弹性网络正则化。**左边**是数字数据集(实例 11.5)中的留出数据上的离差，对应 lasso 情况下对数正则化参数的不同值。**右边**是数字数据集(实例 11.5)中的留出数据上的离差，对应弹性网络情况下对数正则化参数的不同值，$\alpha=0.5$

编程练习

11.1　这是先前练习的延伸。在 https://archive.ics.uci.edu/ml/machine-learning-databases/housing/housing data，你将找到著名的波士顿住房数据集。这包括 506 个数据项。每一个包括 13 个测量值，以及一个房价。这些数据是由 Harrison，D. 和 Rubinfeld，D. L 在 20 世纪 70 年代(一个能解释低房价的时期)收集的。数据集在回归练习中已经广泛使用，但其普及性似乎正在衰退。至少有一个自变量测量附近的“黑人”人口比例。这一变量当时似乎对房价产生了重大影响(遗憾的是，现在可能仍然如此)。提示：你确实不应该编写自己的代码；我在 R 中使用了 rlm 和 boxcox。

(a) 使用 Huber 鲁棒损失和迭代加权最小二乘法将房价相对于所有其他变量进行回归。这个回归与通过移除离群点并使用 Box Cux 变换得到的回归相比有多好?

(b) 正如你注意到的，Box-Cox 变换可能会受离群点的强烈影响。使用诊断图从该数据集中移除六个离群点，然后估计 Box-Cox 变换。现在变换因变量，并使用

Huber 鲁棒损失和迭代加权最小二乘法将变换后的变量相对于所有其他变量进行回归，使用所有数据点(即将移除的离群点计算 Box-Cox 转换并放回到回归中)。与先前的子练习中的回归，以及通过移除离群点和增加 Box-Cox 变换得到的回归相比，这个回归如何?

11.2 UC Irvine 在 https://archive.ics.uci.edu/ml/datasets/Blog Feedback 拥有博客文章的数据集。有 280 个独立特征衡量博客文章的各种属性。因变量是博客文章在一个基准时间后的 24 小时内收到的评论数。下载的压缩文件在 blogData_train.csv 中包含训练数据，在各种 blogData_test-*.csv 文件中包含测试数据。

(a) 使用所有特征预测因变量，用广义线性模型(这里使用泊松模型，因为这些是计数变量)和 lasso。在本练习中，你确实应该在 R 中使用 glmnet。绘制模型的交叉验证离差相对于正则化变量的图(cv.glmnet 和 plot 可以执行此操作)。仅使用 blogData_train.csv 中的数据。

(b) 交叉验证离差的曲线图对你来说并不意味着什么，因为泊松模型的离差需要慢慢适应。选择一个正则化常数的值，至少通过离差准则得到一个强模型。现在为 blogData_train.csv 中的数据生成真实值与预测值的散点图。回归效果如何?请记住，你正在查看训练集上的预测。

(c) 选择正则化常数的值，至少通过离差准则产生一个强模型。现在为 blogData_test.csv 中的数据生成真实值与预测值的散点图。回归效果如何?

(d) 为什么这种回归很困难?

11.3 在 http://genomics-pubs.princeton.edu/oncology/affydata/index.html，你将找到一个数据集，它给出肿瘤和正常结肠组织中 2000 个基因的表达。建立标签(正常与肿瘤)相对于这些基因表达水平的逻辑回归。总共有 62 个组织样本，所以这是一个“宽”的回归。对于本练习，你确实应该在 R 中使用 glmnet。绘制不同正则化变量对应的模型分类误差的图(cv.glmnet——查看 type.measure 参数——plot 可执行此操作)。将该模型的预测结果与预测常见类别的基准结果进行比较。

11.4 杰克逊实验室公布了大量与老鼠遗传和表型有关的数据集。在 https://phenome.jax.org/projects/Crusio1，你可以找到一个数据集，它给出老鼠的种类、性别和各种观察结果(单击“下载”按钮)。这些观察结果包括身体特性、行为和老鼠大脑的各种特性。

(a) 我们将从老鼠的身体特性和行为预测其性别。你需要的变量是数据集的第 4 列到第 41 列(或 bw 到 visit_time_d3_d5；不应使用老鼠的 id)。请阅读数据说明；我省略了后面的行为测量值，因为有许多 N/A。删除带有 N/A 的行(相对来说很少)。使用逻辑回归和 lasso，你能多准确地使用这些测量值预测性别?对于本练习，你确实应该在 R 中使用 glmnet。绘制不同正则化变量相对于模型分类误差的图(cv.glmnet——查看 type.measure 参数——plot 可执行此操作)。将该模型的预测结果与预测所有老鼠最常见性别的基准结果进行比较。

(b) 我们将从老鼠的身体特性和行为预测其种类。你需要的变量是数据集的第 4 列到第 41 列(或 bw 到 visit_time_d3_d5；不应使用老鼠的 id)。请阅读数据说明；我省略了后面的行为测量值，因为有许多 N/A。删除带有 N/A 的行(相对来说很少)。这个练习比前面的要复杂得多，因为多项分布逻辑回归不喜欢只有极少样本的类。你应该去掉少于 10 行(样本)的种类。用多项分布逻辑回归和 lasso，你能多准确地使用这些测量值预测种类?对于本练习，你确实应该在 R 中使用 glmnet。绘制不同正则化变量相对于模型分类误差的图(cv. glmnet——查看 type. measure 参数——plot 可执行此操作)。将该模型的预测结果与随机预测一个种类的基准结果进行比较。

这些数据是在这个实验室的一组论文中描述的，他们喜欢用户引用这些论文。论文包括：

- Delprato A, Bonheur B, Algéo MP, Rosay P, Lu L, Williams RW, Crusio WE. Systems genetic analysis of hippocampal neuroanatomy and spatial learning in mice. Genes Brain Behav. 2015 Nov; 14(8): 591-606.
- Delprato A, Algéo MP, Bonheur B, Bubier JA, Lu L, Williams RW, Chesler EJ, Crusio WE. QTL and systems genetics analysis of mouse grooming and behavioral responses to novelty in an open field. Genes Brain Behav. 2017 Nov; 16(8): 790-799.
- Delprato A, Bonheur B, Algéo MP, Murillo A, Dhawan E, Lu L, Williams RW, Crusio WE. A QTL on chromosome 1 modulates inter-male aggression in mice. Genes Brain Behav. 2018 Feb 19.

第 12 章
Applied Machine Learning

Boosting

在学习回归之后，你可能会有如下的想法。假设你有一个会产生错误的回归，你可以尝试进行第二次回归以修复这些错误。尽管如此，你可能会否定这个想法，因为如果仅使用经过最小二乘训练的线性回归，很难构建第二个回归来修复第一个回归的错误。

许多人对分类有类似的直觉。假设你训练了一个分类器，你可以尝试训练第二个分类器来修复第一个分类器所产生的错误。没有任何理由止步于此，你可以尝试训练第三个分类器来修复由第一个分类器和第二个分类器产生的错误。这些细节需要做一些工作，正如你所期望的那样。仅仅修复错误是不够的。你需要一些过程确定分类器系统的总体预测是什么，且需要某种方式确保整体预测比初始分类器产生的预测更好。

考虑用新的集合纠正早期的预测是有效的。我们将从一个简单的方案开始，该方案可以避免线性代数中的最小二乘线性回归问题。每个回归能使用与上一个回归不同的特征，因此有改进模型的空间。这种方法很容易扩展到使用线性函数以外的某种机制来预测回归值(以树为例)。

充分利用这个想法需要一些泛化。回归建立一个接收特征并产生预测的函数。分类也是如此。回归器接收特征并产生数值(或者有时候，诸如向量或树之类的更复杂的对象，尽管我们讨论的还不多)。分类器接收特征并产生标签。我们将其一般化，将接收特征并产生预测的任何函数称为**预测器**(predictor)。预测器使用损失进行训练，分类器和回归器之间的主要区别就是用于训练预测器的损失。

我们将构建一个最优预测器，它是一系列不那么有野心的预测器的和，通常称为**弱学习器**(weak learner)。我们将使用贪心法逐步建立最优预测器，在此方法中，我们将构造一个新的弱学习器，以在不调整旧学习器的情况下提高所有以前的弱学习器的能力总和。这个过程称为 Boosting。实现这个需要一些努力，但这是值得的，因为这样我们就有了一个可以增强各种各样分类器和回归器的框架。当一个弱学习器简单且易于训练时，boosting 特别有吸引力，这样我们就可以建立非常准确且易于评估的预测器。

12.1 贪心法和分阶段回归法

我们从线性回归开始。假设我们有非常多的特征，以至于我们不能解决由最小二乘回归产生的线性代数问题。回想一下，为了构建一个基于高维向量 $\boldsymbol{x}$ 的 y 的线性回归(使用第 10 章的符号)，我们需要解决

$$\mathcal{X}^{\mathrm{T}}\mathcal{X}\beta=\mathcal{X}^{\mathrm{T}}\boldsymbol{y}$$

但如果 $\mathcal{X}$ 确实很大，这可能很难做到。你不太可能看到很多这样的问题，因为现代的软件和硬件在处理巨大的线性代数问题时非常有效。然而，思考这个案例是很有帮助的。我们能做的是选择一些特征的子集来处理，得到一个较小的问题，解决它，然后继续。

12.1.1 例子：贪心分阶段线性回归

用 $\boldsymbol{x}^{(i)}$ 表示特征的第 i 个子集。现在，我们假设这是一个包含小部分特征的集合，并

且不知道之后如何选择这个集合。用 $\mathcal{X}^{(i)}$ 表示由这些特征构造的矩阵等等。现在基于 $\mathcal{X}^{(1)}$ 回归 y，选择 $\hat{\beta}^{(1)}$ 最小化残差向量的模平方：

$$\boldsymbol{e}^{(1)} = \boldsymbol{y} - \mathcal{X}^{(1)}\hat{\beta}^{(1)}$$

我们通过求解下式得到 $\hat{\beta}^{(1)}$：

$$(\mathcal{X}^{(1)})^{\mathrm{T}}\mathcal{X}^{(1)}\hat{\beta}^{(1)} = (\mathcal{X}^{(1)})^{\mathrm{T}}\boldsymbol{y}$$

现在，我们希望通过某种方式使用更多特征来获得改进的预测器。通过将这些新特征的一些线性函数添加到原始预测器中，我们将构建一个改进的预测器。有一些重要的限制。改进的预测器应纠正原始预测器所产生的错误，但是我们不想更改原始预测器。一个不这样做的原因是，我们正在构建第二个线性函数，以避免求解大型线性代数问题。同时调整原始预测器将使我们回到开始的地方(一个大的线性代数问题)。

为了构建改进的预测器，从这些特征中选择 $\mathcal{X}^{(2)}$。改进后的预测器将是

$$\mathcal{X}^{(1)}\hat{\beta}^{(1)} + \mathcal{X}^{(2)}\beta^{(2)}$$

我们不想改变 $\hat{\beta}^{(1)}$，所以我们想最小化

$$(\boldsymbol{y} - [\mathcal{X}^{(1)}\hat{\beta}^{(1)} + \mathcal{X}^{(2)}\beta^{(2)}])^{\mathrm{T}}(\boldsymbol{y} - [\mathcal{X}^{(1)}\hat{\beta}^{(1)} + \mathcal{X}^{(2)}\beta^{(2)}])$$

仅作为 $\hat{\beta}^{(2)}$ 的函数。为简单起见，写作

$$\begin{aligned}\boldsymbol{e}^{(2)} &= (\boldsymbol{y} - [\mathcal{X}^{(1)}\beta^{(1)} + \mathcal{X}^{(2)}\beta^{(2)}]) \\ &= \boldsymbol{e}^{(1)} - \mathcal{X}^{(2)}\beta^{(2)}\end{aligned}$$

我们必须选择 $\hat{\beta}^{(2)}$ 来最小化

$$(\boldsymbol{e}^{(1)} - \mathcal{X}^{(2)}\beta^{(2)})^{\mathrm{T}}(\boldsymbol{e}^{(1)} - \mathcal{X}^{(2)}\beta^{(2)})$$

类似地，我们通过求解下式得到这个 $\hat{\beta}^{(2)}$：

$$(\mathcal{X}^{(2)})^{\mathrm{T}}\mathcal{X}^{(2)}\hat{\beta}^{(2)} = (\mathcal{X}^{(2)})^{\mathrm{T}}\boldsymbol{e}^{(1)}$$

注意，这是 $\boldsymbol{e}^{(1)}$ 对 $\mathcal{X}^{(2)}$ 中特征的线性回归。这非常方便。使用与原始预测器相同的过程(线性回归)获得改善原始预测器的线性函数。我们只是基于新特征对残差(而不是 $\boldsymbol{y}$)进行回归。

新的线性函数不能保证使回归更好，但不会使回归更糟。因为我们选择的 $\hat{\beta}^{(2)}$ 最小化 $\boldsymbol{e}^{(2)}$ 的模平方，所以我们有

$$\boldsymbol{e}^{(2)^{\mathrm{T}}}\boldsymbol{e}^{(2)} \leqslant \boldsymbol{e}^{(1)^{\mathrm{T}}}\boldsymbol{e}^{(1)}$$

只有当 $\mathcal{X}^{(2)}\hat{\beta}^{(2)}=0$ 时才相等。反过来，第二轮并没有使残差变得更糟。如果 $\mathcal{X}^{(2)}$ 中的特征与 $\mathcal{X}^{(1)}$ 中的不同，则很有可能使残差更小。

将所有这些扩展到第 $\boldsymbol{R}$ 轮只是一个符号问题；你可以用 $\boldsymbol{e}^{(0)}=\boldsymbol{y}$ 实现一个迭代，然后基于 $\mathcal{X}^{(j)}$ 中的特征回归 $\boldsymbol{e}^{(j-1)}$，得到 $\hat{\beta}^{(j)}$ 和

$$\boldsymbol{e}^{(j)} = \boldsymbol{e}^{(j-1)} - \mathcal{X}^{(j)}\hat{\beta}^{(j)} = \boldsymbol{e}^{(0)} - \sum_{u=1}^{j}\mathcal{X}^{(u)}\hat{\beta}^{(u)}$$

残差永远不会变大(至少在你计算正确的情况下)。此过程称为**贪心分阶段线性回归**。这是分阶段的，因为我们逐步建立了模型；这是贪心的，因为当我们计算 $\hat{\beta}^{(j)}$ 时，不调整我们对 $\hat{\beta}^{(1)}$，…，$\hat{\beta}^{(j-1)}$ 的估计，等等。

当我们使用 $\mathcal{X}^{(1)}$ 中的所有特征时，上述过程就没有效果。值得思考这是为什么。考虑第一步，我们将选择 β 以最小化 $(\boldsymbol{y}-\mathcal{X}\beta)^{\mathrm{T}}(\boldsymbol{y}-\mathcal{X}\beta)$。但是，有一个 β 的闭合解 ($\hat{\beta}=(\mathcal{X}^{\mathrm{T}}\mathcal{X})^{-1}\mathcal{X}^{\mathrm{T}}\boldsymbol{y}$；如果你忘记了，请参考第 10 章)，这是一个全局最小化。所以要通

过选择 γ 最小化

$$([\mathbf{y}-\mathcal{X}\hat{\beta}]-\mathcal{X}\gamma)^{\mathrm{T}}([\mathbf{y}-\mathcal{X}\hat{\beta}]-\mathcal{X}\gamma)$$

我们必须使 $\mathcal{X}_{\gamma}=0$，这意味着残差不会得到改进。

在这一点上，贪心分阶段线性回归看起来无非就是一种控制不规则线性代数的方法。但这实际上是一个模型的一般方法，其展示在下面的框中。该方法的应用非常广泛。

过程 12.1 贪心分阶段线性回归

我们选择最小化残差向量的模平方

$$\mathcal{L}^{(j)}(\beta)=\|(\boldsymbol{e}^{(j-1)}-\mathcal{X}^{(j)}\beta)\|^{2}$$

从 $\boldsymbol{e}^{(0)}=\mathbf{y}$ 和 $j=1$ 开始。现在迭代：

- 选择一组特征构造 $\mathcal{X}^{(j)}$；
- 通过最小化 $\mathcal{L}^{(j)}(\beta)$ 构造 $\hat{\beta}^{(j)}$；因此求解线性方程组

$$(\mathcal{X}^{(j)})^{\mathrm{T}}\mathcal{X}^{(j)}\hat{\beta}^{(j)}=(\mathcal{X}^{(j)})^{\mathrm{T}}\boldsymbol{e}^{(j-1)}$$

- 令 $\boldsymbol{e}^{(j)}=\boldsymbol{e}^{(j-1)}-\mathcal{X}^{(j)}\hat{\beta}^{(j)}$；
- j 增加为 $j+1$。

对训练数据的预测是

$$\sum_{j}\mathcal{X}^{(j)}\hat{\beta}^{(j)}$$

$\boldsymbol{x}$ 代表你要预测的测试点，$\boldsymbol{x}^{(j)}$ 代表该测试点的第 j 组特征。对 $\boldsymbol{x}$ 的预测是

$$\sum_{j}\boldsymbol{x}^{(j)}\hat{\beta}^{(j)}$$

随机选择特征是很正常的，因为可能难以执行更复杂的策略。虽然没有一个明显的停止标准，但是查看迭代的测试误差的图表将是有用的。

记住：具有大量特征的线性回归可能会导致线性代数问题太大而无法方便地解决。在这种情况下，有一个重要的策略。选择一小部分特征并拟合模型。现在，选择一个小的随机特征子集，使用它们拟合一个回归模型来预测当前模型的残差。将回归添加到当前模型，然后再次进行。该一般方法可以被广泛推广，功能非常强大。

12.1.2 回归树

我们还没有看到过程 12.1 中的方法用于线性回归，但作为模型的一般方法，它的信息非常丰富。当将其应用于不使用线性函数的回归时，它将变得更加有趣。直接采用我们在分类中看到的机制解决回归问题也很简单。**回归树**(regression tree)通过类比决策树来定义(2.2 节)。我们通过划分坐标构建一棵树，因此每片叶子代表空间中的坐标满足某些不等式的一个单元。对于最简单的回归树，每片叶子都包含一个值，表示预测器在该单元格中的值(可以在叶子中放置其他预测器；我们不会介意)。划分过程与我们用于分类的过程相似，但是现在我们可以使用回归中的误差而不是信息增益来选择划分。

实例 12.1 根据位置对虾的分数进行回归

在 http://www.statsci.org/data/oz/reef.html，你将找到描述在昆士兰州北部海岸和大堡礁之间捕获的虾的数据集。该 URL 上有数据集的描述；该数据由 Poiner 等人(在

该网址中引用)收集并分析。使用此数据集构建一个基于纬度和经度的虾的分数 1(无论是多少!)的回归树。

答: 这个数据集很好，因为它可以很容易地可视化有趣的预测器。图 12-1 显示了分数 1 与纬度和经度的 3D 散点图。有很好的包可以构建这样的树(我用了 R 的 rpart)。图 12-1 显示了带有该包的回归树。这使功能的可视化变得容易。最暗的点是最小的值，最亮的点是最大的值。你可以看到树的功能：将空间分成多个框，然后预测每个框内部的常数。

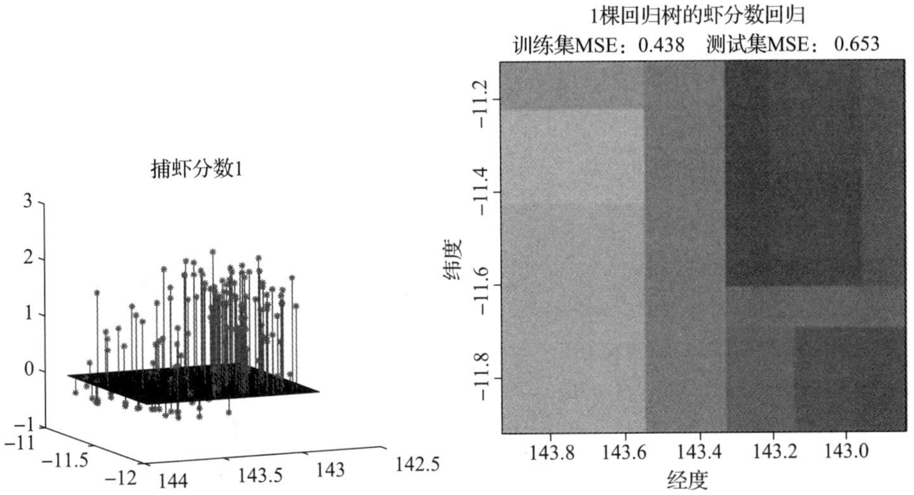

图 12-1　**左图**是来自 http://www.statsci.org/data/oz/reef.html 的捕虾数据的分数 1 的 3D 散点图，它是经度和纬度的函数。**右图**是使用单个回归树进行回归，以可视化这些树产生的预测器。你可以看到树的功能：将空间分成多个框，然后预测每个框内部的常数。选择合适尺度使得范围对称。因为没有小的负数，所以没有非常暗的方框。选择从大到小的水平坐标轴，以便你可以用肉眼从左到右对齐

记住： 回归树就像分类树，但是它在叶子中存储数值而不是标签。回归树使用类似于拟合分类树的过程拟合。

12.1.3　基于树的贪心分阶段回归

我们希望使用很多回归树对 $\boldsymbol{x}$ 回归 y。$f(\boldsymbol{x};\theta^{(j)})$ 表示一个接收输入 $\boldsymbol{x}$ 并产生预测的回归树(这里 $\theta^{(j)}$ 是树的内部参数：在哪里划分，叶子里有什么，等等)。回归可以表示为

$$F(\boldsymbol{x}) = \sum_j f(\boldsymbol{x};\theta^{(j)})$$

其中可能有很多由 j 索引的树。现在，我们必须通过为每个 $\theta^{(j)}$ 选择值来拟合回归模型。我们通过最小化所有 $\theta^{(j)}$ 的函数

$$\sum_i (y_i - F(\boldsymbol{x}_i))^2$$

来拟合模型。这没有什么吸引力，因为尚不清楚如何解决此优化问题。

贪心分阶段线性回归的方法在这里适用，只需要很小的变化。最大的区别在于，无须每次都选择新的自变量子集(回归树拟合过程将执行此操作)。一般方法(大致)如下：使用回归树将 y 根据 $\boldsymbol{x}$ 进行回归；构造残差；根据 $\boldsymbol{x}$ 回归残差；重复直到终止条件。

用符号表示，从 $F^{(0)}=0$(初始模型)，$j=0$ 开始。用 $e_i^{(j)}$ 表示第 j 个样例在第 j 个回合的残差。令 $e_i^{(0)}=y_i$。现在重复以下步骤：

- 通过最小化 θ 的函数

$$\sum_i (e_i^{(j-1)} - f(\boldsymbol{x}_i;\theta))^2$$

选择 $\hat{\theta}^{(j)}$，从而拟合回归树。

- 令

$$e_i^{(j)} = e_i^{(j-1)} - f(\boldsymbol{x}_i;\hat{\theta}^{(j)})$$

- j 增加为 $j+1$。

这有时称为**贪心分阶段回归**(greedy stagewise regression)。请注意，没有特别的理由停止，除非(a)在所有数据点上的残差均为零，或(b)由于某种原因继续下去不可能取得进展。此过程整理如下。

实例 12.2　虾数据的贪心分阶段回归

使用来自 http://www.statsci.org/data/oz/reef.html 的捕虾数据集构建基于经度和纬度的分数 1 的分阶段回归。使用回归树。

答： 有很多用于构建回归树的包(我使用了 R 的 rpart)。分阶段回归很简单。我从当前预测为 0 开始，然后进行迭代：形成当前残差(分数 1——当前预测)；基于经纬度回归；然后更新当前残差。图 12-2 和图 12-3 显示了结果。在此示例中，我使用了二维函数，因此我可以以简单的方式绘制回归函数。以二维形式直观显示回归树很容易。树的根结点通常通过轴线将平面分成两半。然后，每个结点将其父结点拆分为两部分，因此每个叶子都是平面上的一个矩形单元(可能会延伸到无穷远)。每个叶子中的值都是常数。你无法从此类树中得出平滑的预测器，但回归效果很好(图 12-3)。

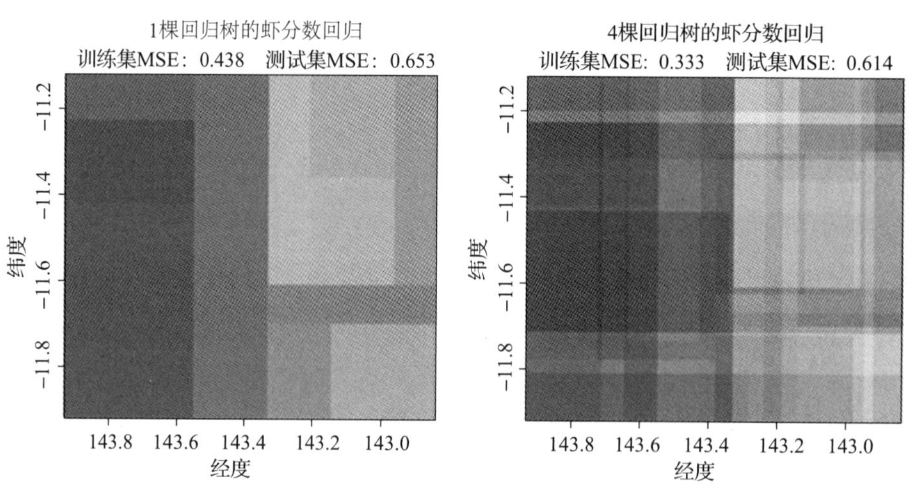

图 12-2　来自 http://www.statsci.org/data/oz/reef.html 的捕虾数据的分数 1，基于经度和纬度进行回归(我未使用该数据集中的深度；这意味着我可以很容易地绘制回归图)。选择轴(从大到小的水平行程)，以便你可以通过肉眼对比图 12-1 中的图。选择合适尺度，以使范围对称。因为没有小的负数，所以没有非常暗的框。该图显示了使用 1 棵树和 4 棵树的结果。注意，当我们添加树时，模型变得更加复杂。图 12-3 显示了其他阶段，该阶段使用相同的明暗尺度

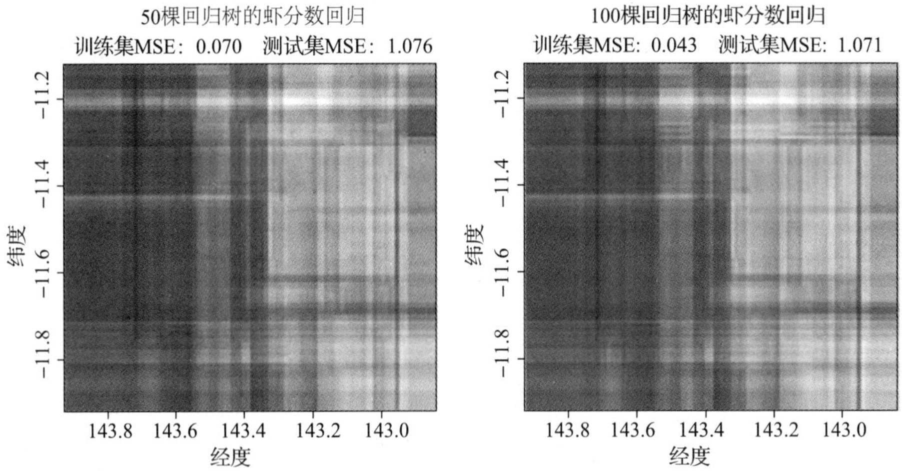

图 12-3 来自 http://www.statsci.org/data/oz/reef.html 的捕虾数据的分数 1，基于经度和纬度进行回归（我未使用该数据集中的深度；这意味着我可以容易地绘制回归图）。选择轴（从大到小的水平行程），以便你可以通过肉眼对比图 12-1 中的图。选择合适尺度，以使范围对称。因为没有小的负数，所以没有非常暗的方框。该图显示了使用 50 棵树和 100 棵树的结果。请注意，训练误差和测试误差均在下降，并且当我们添加树时，模型变得更加复杂

过程 12.2 基于树的贪心分阶段回归

用 $f(\boldsymbol{x};\theta)$ 表示回归树，其中 θ 是内部参数（划分位置、阈值等）。我们将建立一个树的和的回归

$$F(\boldsymbol{x};\theta)=\sum_j f(\boldsymbol{x};\theta^{(j)})$$

我们选择最小化残差向量的模平方

$$\mathcal{L}^{(j)}(\theta)=\sum_i (e_i^{(j-1)}-f(\boldsymbol{x}_i;\theta))^2$$

从 $e_i^{(0)}=y_i$ 和 $j=0$ 开始。现在迭代：

- 通过使用回归树软件最小化 $\mathcal{L}^{(j)}(\theta)$ 来构造 $\hat{\theta}^{(j)}$（它应该给你一个近似的最小化）；
- 令 $e_i^{(j)}=e_i^{(j-1)}-f(\boldsymbol{x}_i;\hat{\theta}^{(j)})$；
- j 增加为 $j+1$。

数据项 $\boldsymbol{x}$ 的预测是

$$\sum_j f(\boldsymbol{x};\hat{\theta}^{(j)})$$

虽然没有一个明显的停止标准，但是查看迭代的测试误差的图表将是有用的。

如果使用树 $1\cdots j$ 的回归比使用树 $1\cdots j-1$ 的回归更糟，那么上述方法就无济于事。这是一个证明贪心分阶段回归应该在训练误差方面取得进展的论点。假设有任何可以减少残差的树，则软件会找到一棵这样的树；如果不是，它将返回一棵包含 0 的单叶树。于是 $\|\boldsymbol{e}^{(j)}\|^2\leqslant\|\boldsymbol{e}^{(j-1)}\|^2$，因为树要最小化 $\|\boldsymbol{e}^{(j)}\|^2=\mathcal{L}^{(j)}(\theta)=\|\boldsymbol{e}^{(j-1)}-f(\boldsymbol{x};\theta)\|^2$。如果树成功地使该表达式最小化，则误差不会增加。

在实践中，贪心分阶段回归表现良好。你可能会担心过拟合，这很合理。在添加树

时，也许只有训练误差在减少，而测试误差可能会增加。这可能发生，但往往不会发生(请参见示例)。

记住：将回归树的加权和直接拟合到数据是困难的。贪心分阶段方法提供一个简单的过程。将树拟合到数据以获得初始模型。现在重复：拟合一棵树以预测当前模型的残差；将该树添加到当前模型。通过验证误差停止该过程。

12.2　Boosting 分类器

上面给出的方法是一般方法的体现。该方法适用于回归和分类，在回归的情况下看起来更自然(这就是我先讨论回归的原因)。但是在回归和分类中，我们都试图构建一个**预测器**(predictor)——一个接收特征并返回数值(回归)或标签(分类)的函数。注意，我们可以将标签编码为数字，这意味着我们可以使用回归机制进行分类。特别地，我们有某函数 $F(\boldsymbol{x})$。对于回归和分类，例如我们使用 F 以获得 $\boldsymbol{x}$ 的预测。通过选择在训练集上表现良好的函数来学习回归器或分类器。这种表示法的抽象度很高(例如，我们用 F 表示分类的过程中某些函数的符号)。

12.2.1　损失

在前面的章节中，似乎我们在分类和回归中使用了不同种类的预测器。但是你可能已经注意到，尽管我们以完全不同的方式训练这两种方法，但是用于线性支持向量机的预测器与用于线性回归的预测器具有很强的相似性。预测器有很多种，线性函数、树等等。现在，我们认为你使用的预测器的种类只是为了方便(你可以使用哪些包、你想做什么样的数学等等)。一旦知道要使用哪种预测器，你就必须选择该预测器的参数。在这种新观点中，分类和回归之间真正重要的区别是选择这些参数所使用的损失。损失用于评估误差，从而训练预测器。训练分类器涉及以某种方式惩罚类别预测中误差的损失，而训练回归器意味着使用损失惩罚预测误差。

经验损失(empirical loss)是训练集上的平均损失。不同的预测器 F 在不同的情况下会产生不同的损失，因此损失取决于预测器 F。请注意，预测器的类型并不重要；而是损失对预测器产生的结果与其应该产生的结果之间的差异进行评价。现在将该经验损失表示为 $\mathcal{L}(F)$。对于不同的预测问题有许多合理的损失。一些例子如下：

- 对于最小二乘回归，我们最小化最小二乘误差：

$$\mathcal{L}_{ls}(F)=\frac{1}{N}\sum_{i}(y_i-F(\boldsymbol{x}_i))^2$$

  (尽管 $1/N$ 有时因不相关而被舍弃；10.2.2 节)。

- 对于线性支持向量机，我们最小化 hinge 损失：

$$\mathcal{L}_h(F)=\frac{1}{N}\sum_{i}\max(0,1-y_iF(\boldsymbol{x}_i))$$

  (假设标签为 1 或 −1；2.1.1 节)。

- 对于逻辑回归，我们最小化逻辑损失：

$$\mathcal{L}_{lr}(F)=\frac{1}{N}\sum_{i}\left[\log\left(e^{\frac{-(y_i+1)}{2}F(\boldsymbol{x}_i)}+e^{\frac{1-y_i}{2}F(\boldsymbol{x}_i)}\right)\right]$$

  (同样，假设标签为 1 或 −1；11.3.1 节)。

我们通过对训练数据的**点损失**(pointwise loss)取平均值构造损失函数 l，l 接收三个参数：y 值，向量 $\boldsymbol{x}$ 和预测 $F(x)$。该平均值是对所有数据点损失的期望值的估计。

- 对于最小二乘回归，

$$\ell_{ls}(y,\boldsymbol{x},F)=(y-F(\boldsymbol{x}))^2$$

- 对于线性支持向量机，

$$\ell_h(y,\boldsymbol{x},F)=\max(0,1-yF(\boldsymbol{x}))$$

- 对于逻辑回归，

$$\ell_{lr}(y,\boldsymbol{x},F)=[\log(e^{\frac{-(y+1)}{2}F(\boldsymbol{x})}+e^{\frac{1-y}{2}F(\boldsymbol{x})})]$$

我们经常将这些损失用于正则化器。在 Boosting 中忽略该正则化项非常常见，我将在下文中解释其原因。

记住： 模型是接收向量并预测一些值的预测器。我们的所有模型均使用点损失函数的平均值进行评价，该函数将每个数据点的预测与该点的训练值进行比较。分类和回归之间的重要区别在于使用的点损失函数。

12.2.2 分阶段降低损失的一般方法

我们使用的预测器是弱学习器(等同于个体线性回归、回归树)的总和。现在通过注意到缩放每个弱学习器可能会产生更好的结果进行整合。所以我们的预测器是

$$F(\boldsymbol{x};\theta,\boldsymbol{a})=\sum_j a_j f(\boldsymbol{x};\theta^{(j)})$$

其中 a_j 表示每个弱学习器的缩放比例。

假设我们有某个 F，并且想计算出一个可以改进它的弱学习器。无论损失 $\mathcal{L}$ 的具体选择是什么，我们都需要最小化

$$\frac{1}{N}\sum_i \ell(y_i,\boldsymbol{x}_i,F(\boldsymbol{x}_i)+a_j f(\boldsymbol{x}_i;\theta^{(j)}))$$

对于最合理的损失选择，我们对其求微分，并用

$$\left.\frac{\partial\ell}{\partial F}\right|_i$$

表示 ℓ 在点 $(y_i,\boldsymbol{x}_i,F(\boldsymbol{x}_i))$ 对 F 的偏导数。然后由泰勒级数得到

$$\frac{1}{N}\sum_i \ell(y_i,\boldsymbol{x}_i,F(\boldsymbol{x}_i)+a_j f(\boldsymbol{x}_i;\theta^{(j)}))\approx\frac{1}{N}\sum_i \ell(y_i,\boldsymbol{x}_i,F(\boldsymbol{x}_i))$$
$$+a_j\frac{1}{N}\sum_i\left[\left(\left.\frac{\partial\ell}{\partial F}\right|_i\right)f(\boldsymbol{x}_i;\theta^{(j)})\right]$$

进而，这意味着我们可以通过找到参数 $\hat{\theta}^{(j)}$ 使得

$$\frac{1}{N}\sum_i\left(\left.\frac{\partial\ell}{\partial F}\right|_i\right)f(\boldsymbol{x}_i;\hat{\theta}^{(j)})$$

为负来最小化。至少对于 a_j 较小的情况，此预测器能使损失下降。现在假设我们选择了一个合适的预测器，用 $\hat{\theta}^{(j)}$(预测器参数的估计值)表示。然后我们可以通过最小化下式来得到 a_j：

$$\Phi(a_j)=\frac{1}{N}\sum_i \ell(y_i,\boldsymbol{x}_i,F(\boldsymbol{x}_i)+a_j f(\boldsymbol{x}_i;\hat{\theta}^{(j)}))$$

这是一个一维问题(记住，F 和 $\hat{\theta}^{(j)}$ 是已知的，只有 a_j 是未知的)。

这是一个非常特殊的优化问题。它是一维的(简化了优化问题的许多重要方面)。此

外，从泰勒级数的参数中，我们期望 a_j 的最佳选择大于零。具有这些属性的问题被称为**线搜索**(line search)问题，并且在任何合理的优化包中都有针对线搜索问题的强大而有效的方案。你可以使用优化包中的线搜索方法，也可以仅使用优化包最小化此函数，该包应将其识别为线搜索。该一般方法非常普遍，称为**梯度提升**(gradient boost)；我把它放在下面的框里。

过程 12.3　梯度提升

我们希望选择一个预测器 F 以最小化损失

$$\mathcal{L}(F) = \frac{1}{N}\sum_j \ell(y_j, \boldsymbol{x}_j, F)$$

我们将迭代地寻找具有如下形式的预测器：

$$F(\boldsymbol{x};\theta) = \sum_j \alpha_j f(\boldsymbol{x};\theta^{(u)})$$

从 $F=0$ 和 $j=0$ 开始。现在迭代：

- 形成一组权重，每个样例一个，其中

$$w_i^{(j)} = \left.\frac{\partial \ell}{\partial F}\right|_i$$

（这代表 $\ell(y,\boldsymbol{x},F)$ 在点 $(y_i,\boldsymbol{x}_i,F(\boldsymbol{x}_i))$ 对 F 的偏导数）；

- 选择 $\hat{\theta}^{(j)}$ 使得

$$\sum_i w_i^{(j)} f(\boldsymbol{x}_i;\hat{\theta}^{(j)})$$

为负；

- 现在令 $\Phi(a_j)=\mathcal{L}(F+a_j f(\cdot;\hat{\theta}^{(j)}))$，使用线搜索方法搜索 a_j 的最佳值。

任何数据项 $\boldsymbol{x}$ 的预测是

$$\sum_j \alpha_j f(\boldsymbol{x};\hat{\theta}^{(j)})$$

虽然没有一个明显的停止标准，但是查看迭代的测试误差的图表将是有用的。

这里最重要的问题是寻找参数 $\hat{\theta}^{(j)}$，使得

$$\sum_i w_i^{(j)} f(\boldsymbol{x}_i;\hat{\theta}^{(j)})$$

为负。对于某些预测器，这可以通过简单的方式完成。对于其他的预测器，此问题可以视为回归问题。我们将为每种情况举一个例子。

记住：梯度提升用贪心分阶段方法建立一个预测器的和。将预测器拟合到数据以得到一个初始模型。现在重复：在每个数据点计算合适的权重；用这些权重拟合一个预测器；搜索最佳的权重用以将此预测器加入当前的模型；把加权的预测器加入当前的模型。通过观察验证误差确定是否停止。权重是损失相对于预测器的偏导数在预测器的当前值处的估计值。

12.2.3　例子：Boosting 决策树桩

“弱学习器”这个名称来源于涵盖了何时以及如何进行 Boosting 的大理论体系。该理

论的一个重要事实是，预测器 $f(\cdot;\hat{\theta}^{(j)})$仅需作为损失的下降方向，即我们需要确保在预测中添加一些正数的 $f(\cdot;\hat{\theta}^{(j)})$将导致损失的改善。在两类分类的情况下，这是一个非常弱的约束(归结为要求学习器在加权的数据集上的错误率略低于50%)，因此预测器使用非常简单的分类器是合理的。

一个非常普通的分类器是**决策树桩**(decision stump)，它针对阈值测试特征的一个线性投影。之所以这么称呼，是因为这是一个大大简化的决策树。有两种常见的策略。在其中一个策略中，树桩针对阈值测试单个特征。在另一个策略中，树桩将特征投影到学习过程中选择的某个向量上，针对阈值进行测试。

决策树桩非常有用，因为它们很容易学习，尽管它们本身并不是特别强大的分类器。我们有一组$(\boldsymbol{x}_i, y_i)$。我们假设 y_i 为1或-1。用 $f(\boldsymbol{x};\theta)$表示树桩，它将给出预测-1或1。对于梯度提升，我们将获得一组权重 h_i(每个$(\boldsymbol{x}_i, y_i)$一个)，并尝试学习一个决策树桩，该决策树桩通过选择 θ 将总和 $\sum_i h_i f(\boldsymbol{x}_i;\theta)$ 最小化。我们使用简单的搜索查看每个特征，然后针对每个特征检查一组阈值，以找到使总和最大化的阈值。如果我们要寻找一个可以投影特征的树桩，则首先将特征投影到一组随机方向上。下框中提供了详细信息。

过程 12.4 构建决策树桩

我们有一组$(\boldsymbol{x}_i, y_i)$。我们假设 y_i 为1或-1，$\boldsymbol{x}_i$ 的维数为 d。用 $f(\boldsymbol{x};\theta)$表示树桩，它将给出预测-1或1。我们将获得一组权重 h_i(每个$(\boldsymbol{x}_i, y_i)$一个)，并尝试学习一个决策树桩，该决策树桩通过选择 θ 将总和 $\sum_i h_i f(\boldsymbol{x}_i;\theta)$ 最小化。如果数据集对于你的计算资源而言过大，请通过无放回随机抽样均匀地获取子集。参数包括投影、阈值和符号。现在对于 $j=1:d$

- 设 $\boldsymbol{v}_j$ 为随机 d 维向量或第 j 个基向量(即除第 j 个分量为1之外，其他都为0)。
- 计算 $r_i=\boldsymbol{v}_j^{\mathrm{T}}\boldsymbol{x}_i$。
- 对这些 r 进行排序；现在从排序的 r 构建一个阈值 t 的集合，其中每个阈值都位于排序值的中间。
- 对于每个 t，构建两个预测器。对于其中一个，如果 $r>t$ 则返回1，否则返回-1；对于另一个，如果 $r>t$ 则返回-1，否则返回1。对于每个预测器，计算 $\sum_i h_i f(\boldsymbol{x}_i;\theta)$。如果这个值比以前看到的任何值都小，则保留 $\boldsymbol{v}_j$，t 和预测器的符号。

现在返回获得最佳值的 $\boldsymbol{v}_j$，t，以及符号。

记住： 决策树桩是很小的决策树。它们易于拟合，并且在梯度提升中特别出色。

12.2.4 决策树桩的梯度提升

我们将处理两类分类，因为boosting多类分类器可能很棘手，可以对任何方便的损失进行梯度提升。但是，使用**指数损失**(exponential loss)是约定俗成的。第 i 个样本的真实标签记为 y_i。我们将用1或-1标记样本(当标签为1或0时很容易得出更新)。指数损失是

$$\ell_e(y,\boldsymbol{x},F(\boldsymbol{x}))=e^{[-yF(\boldsymbol{x})]}$$

注意，如果 $F(\boldsymbol{x})$ 具有正确的符号，则损失很小。如果符号错误，则损失很大。

我们将使用决策树桩。决策树桩返回一个标签（1 或 −1）。注意，这不是说 F 只能返回 1 或 −1，因为 F 是预测器的加权和。假设我们已知 F_{r-1}，要求 a_r 和 f_r。我们构造

$$w_i^{(j)}=\left.\frac{\partial \ell}{\partial F}\right|_i=-y_i e^{[-y_i F(\boldsymbol{x}_i)]}$$

注意，每个样本都有一个权重。如果标签为正，则权重为负；如果标签为负，则权重为正。如果 F 预测样本正确，则权重绝对值将较小；如果 F 预测样本错误，则权重绝对值将较大。我们想要选择参数 $\hat{\theta}^{(j)}$，使

$$C(\theta^{(j)})=\sum_i w_i^{(j)} f(\boldsymbol{x}_i;\hat{\theta}^{(j)})$$

为负。假设过程 12.4 中描述的搜索成功得到了这样的 $f(\boldsymbol{x}_i;\hat{\theta}^{(j)})$。要获得负值，$f(\cdot;\hat{\theta}^{(j)})$ 应该尝试返回与样本标签相同的符号（请注意，如果标签为正，则权重为负；如果标签为负，则权重为正）。这意味着（通常）如果 F 正确地预测正样本，$f(\cdot;\hat{\theta}^{(j)})$ 将尝试增加 F 的取值，依此类推。

搜索产生使 $C(\theta^{(j)})$ 的绝对值较大的 $f(\cdot;\hat{\theta}^{(j)})$。这样的 $f(\cdot;\hat{\theta}^{(j)})$ 应该具有较大的绝对值，例如 $w_i^{(j)}$ 的绝对值较大。但是这些是 F 严重错误的样例（即产生了很大绝对值的输出，但符号错误）。

选择一个使表达式 $C(\theta)$ 最小的决策树桩很容易。权重是固定的，并且树桩返回 1 或 −1，因此我们要做的就是搜索达到最小值的划分。你应注意，最小值始终为负（除非所有权重均为零，这不会发生）。这是因为你可以将树桩的预测值乘以 −1，从而翻转正负。

12.2.5　其他预测器的梯度提升

决策树桩可轻松构建预测器，使得下式为负：

$$\sum_i w_{r-1,i} f_r(\boldsymbol{x}_i;\theta_r)$$

对于其他预测器，这可能并不那么容易。事实证明，此标准可以修改，使得使用其他预测器更简单。这种修改有两种思路，但归根结底都一样：选择 $\hat{\theta}^{(j)}$ 以最小化

$$\sum_i([-w_i^{(j)}]-f(\boldsymbol{x}_i;\theta^{(j)}))^2$$

这与梯度提升一样好（或足够好）。这是一个非常方便的结论，因为许多不同的回归过程可以使这种损失最小化。我将分别给出推导过程，因为不同的人容易接受不同的推导方法。

最小化的推理：注意到

$$\sum_i([-w_i^{(j)}]-f(\boldsymbol{x}_i;\theta^{(j)}))^2=\sum_i\left[\begin{array}{c}(w_i^{(j)})^2\\+(f(\boldsymbol{x}_i;\theta^{(j)}))^2\\+2(w_i^{(j)}f(\boldsymbol{x}_i;\theta^{(j)}))\end{array}\right]$$

现在假设 $\sum_i(f(\boldsymbol{x}_i;\theta^{(j)}))^2$ 不受 $\theta^{(j)}$ 的影响。例如，f 可以是返回 1 或 −1 的决策树。实际上，$\sum_i(f(\boldsymbol{x}_i;\theta^{(j)}))^2$ 不受 $\theta^{(j)}$ 的较大影响通常就足够了。如果下式的值很小：

$$\sum_i([-w_i^{(j)}]-f(\boldsymbol{x}_i;\theta^{(j)}))^2$$

一定是因为 $\sum_i w_{r-1,i} f(\boldsymbol{x}_i;\theta_r)$ 是负的。所以我们要找到最小化下式的 $\theta^{(j)}$：

$$\sum_i ([-w_i^{(j)}] - f(\boldsymbol{x}_i;\theta^{(j)}))^2$$

下降方向的推理：你可以认为 $\mathcal{L}$ 是一个接收预测值向量的函数，每个数据点一个预测值。用 $\boldsymbol{v}$ 表示这个向量。这些值由当前预测器产生。在这个模型中，我们有

$$\nabla_v \mathcal{L} \propto w_i^{(j)}$$

反过来，这表明我们应该通过得到一个新的预测器 f 来最小化 $\mathcal{L}$，该预测器 f 的取值应尽可能接近 $-\nabla_v \mathcal{L}$，也就是说，寻找 f_r 来最小化

$$\sum_i ([-w_i^{(j)}] - f(\boldsymbol{x}_i;\theta^{(j)}))^2$$

记住：梯度提升中预测器的原始拟合标准很尴尬。一个简单的原理将其变成一个熟悉的回归问题。

12.2.6 例子：医生会开阿片类药物吗

你可以在 https://www.kaggle.com/apryor6/us-opatite-prescriptions 找到一个药方的数据集，重点是阿片类药物。这个数据的一列是 0-1 的答案，给出了某人一年中是否开了 10 次及以上的阿片类药物。这里的问题是：根据医生之前开出的药品可以预测医生是否会开阿片类药物吗?

你可以用两种方法讨论这个问题。有可能，医生看到许多需要阿片类药物的病人，也看到许多需要其他种类药物的病人有相似的潜在情况。这意味着之前开出的药品将表明医生是否会开阿片类药物。可能有医生故意欺诈(例如，多开一些不必要的药)。这样的医生往往会开一些人们愿意花钱购买的非正规用途的药物，而阿片类药物就是这样一种药物，因此处方模式是可以预测的。另一种可能性是需要阿片类药物的患者随机就医，因此处方药物的模式无法预测。

我们将使用一个增强的决策树和指数损失函数根据其他元素预测 Opioid. Prescriber 列。令人困惑的是，该列被命名为 Opioid. Prescriber，但所有的网页等都使用“阿片类药物”一词；互联网表明，“阿片类药物”来自鸦片，而“类鸦片药物”是半合成或合成材料，与同一受体结合。大量钱财被用于缓解网络读者对这些物质的焦虑，所以我倾向于认为容易获得的信息是不可靠的；对我们来说，它们意味着同样的事情。

这是一个相当复杂的分类问题。使用回归树尝试梯度提升是很自然的。为了拟合回归树，我使用了 R 语言的 rpart；对于线搜索，我使用了牛顿法。这样做会产生相当好的分类(图 12-4)。此图说明了增强分类的两个非常有用和非常典型的特征。

- **即使训练误差为零，测试误差通常也会下降。**请看图 12-4，注意在 50 棵树之后不久，训练误差为零。损失不是零——指数损失永远不会为零——并且随着树的增加而继续下降，即使训练误差为零。更好的是，测试误差继续下降，尽管速度很慢。指数损失的性质是，即使训练误差为零，预测器试图在每个训练点上具有更大幅度的值(即如果 y_i 是正的，则 boosting 尝试使 $F(\boldsymbol{x}_i)$更大，而如果 y_i 是负的，则更小)。反过来，这意味着，即使在训练误差为零之后，对 F 的更改也可能导致一些测试样本更改符号。
- **测试误差并未急剧增加，而是大大提高了性能。**你可能会担心，将新的弱学习器加

入一个增强的预测器中，最终会导致过拟合问题。这种情况可能发生，但并不经常发生。在通常情况下，过拟合是轻微的。因此，直到最近人们才相信，过拟合是永远不会发生的。在大多数情况下，加入弱学习器会导致测试误差的缓慢改善。当弱学习器相对简单时，这种效果是最可靠的，比如决策树桩。我们所学的预测器是由这样一个事实正则化的，即决策树桩的集合比人们合理预期的更不易过拟合。反过来，这证明了 boosting 损失中不包含明确的正则化项的通常做法。

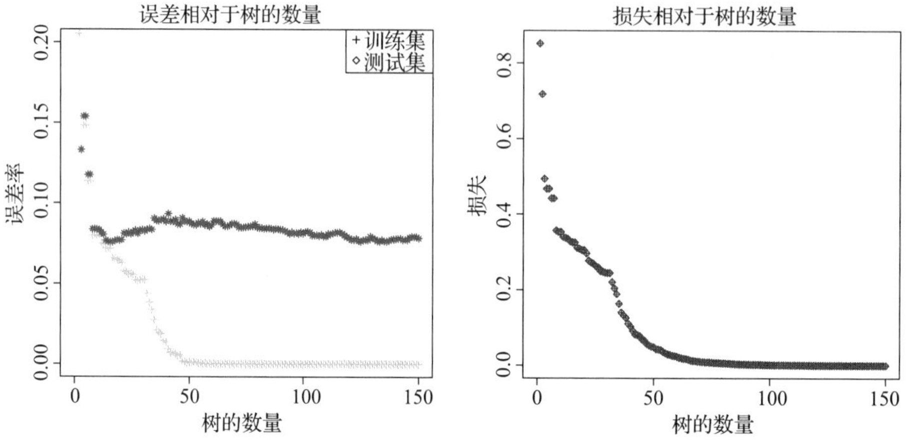

图 12-4 使用 https://www.kaggle.com/apryor6/us-opatite-prescriptions 的数据，增强决策树分类模型预测医生一年内是否会开出超过 10 种阿片类药物。**左图**：不同数量的树对应的训练误差和测试误差；**右图**：不同数量的树对应的指数损失。注意，测试误差和训练误差都会下降，但测试误差和训练误差之间存在一个差距。还要注意 boosting 的一个特性：在训练误差为零后继续增加(在本例中是大约 50 棵树)仍然会导致测试误差的降低。还要注意的是，较低的指数损失并不能保证较低的训练误差

12.2.7 用 lasso 修剪提升的预测器

你应该注意到这里有相对大量的预测器，我们有理由怀疑是否可以用更少的预测器得到好的结果。这是个好问题。当你构建一组增强的预测器时，并不能保证它们都是达到特定误差率所必需的。每一个新的预测器都被构造使损失降低。但损失可能会下降，而不会导致误差率下降。有一种合理的可能性，即一些预测器是多余的。

这是否重要在一定程度上取决于应用。评估最小预测器的数量可能很重要。此外，很多的预测器可能(但通常不会)造成泛化问题。一种移除冗余预测器的策略是使用 lasso。对于二类分类器，使用应用于每个样例的预测器的值的广义线性模型(逻辑回归)。图 12-5 显示了对产生图 12-4 的预测器使用 lasso(来自 glmnet)的结果。注意，缩小模型的尺寸似乎不会导致分类准确率的显著损失。

有一点需要小心。不应计算所有数据的交叉验证误差估计。这种误差估计值将偏小，因为你使用的是一些用于训练预测器的数据(你必须有一个训练集确定增强的模型，并获得初始的预测器)。有两种选择：你可以在训练数据上拟合 lasso，然后在测试时进行评估；或者你可以使用交叉验证单独在测试集上评估已拟合的 lasso。两种选择都不完美。如果你用 lasso 拟合到训练数据，你可能无法对系数做出最佳估计，因为你没有考虑到测试-训练划分造成的差异(图 12-5)。但是，如果只在测试集上使用交叉验证，则会忽略大量数据。这是一个大数据集(25 000 个处方)，所以我尝试了两种方法(比较

图 12-5和图 12-6)。一个更好的选择可能是在 boosting 过程中使用 lasso，但这超出了本书的范围。

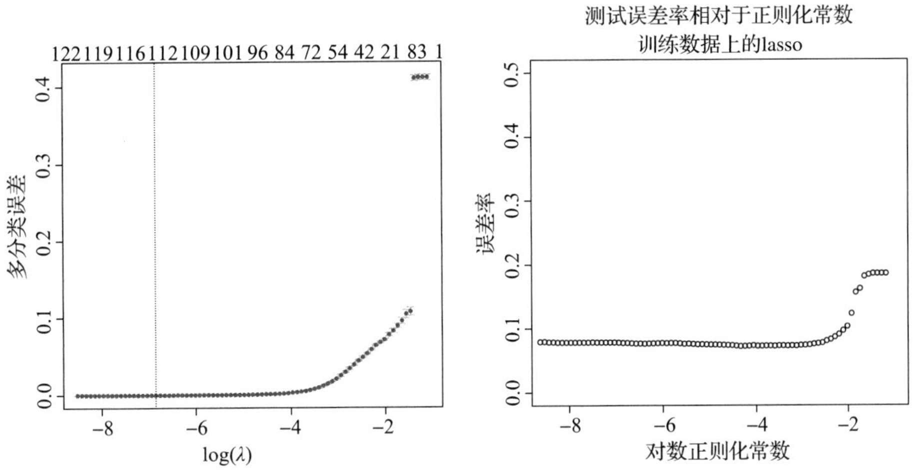

图 12-5 **左图**：cv. glmnet 产生的交叉验证图，将 lasso 应用于训练数据的预测，该预测由图 12-4 的增强的模型的所有 150 棵树获得。你不应该相信这个交叉验证的错误，因为预测器是在这个数据上训练的。这意味着交叉验证划分两边的数据都被模型观察到了(尽管不是 lasso 看到的)。这个曲线图表明，很小的模型可以达到零误差。但交叉验证的误差在这里是偏低的，从右图可以得到确认。**右图**：左图中正则化常数的每一个值对应的最佳模型的误差，现在在留出集上计算。如果你有足够的数据，你可以把它分成训练(训练预测器和 lasso)，验证(选择一个模型，使用这样的曲线图)和测试(评估得到的模型)

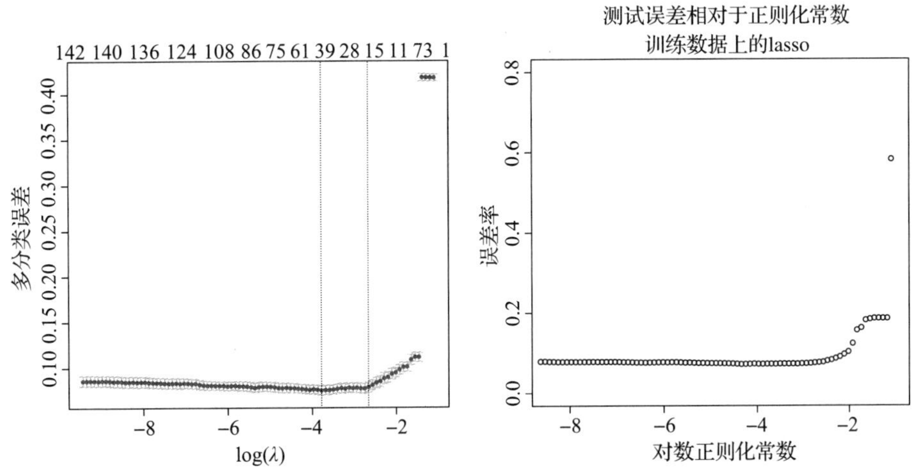

图 12-6 这里我把数据分成两部分。我使用了一个训练集，利用应用于决策树桩的梯度提升产生预测器。然后我将 cv. glmnet 应用到一个单独的测试集。**左图**：cv. glmnet 产生的交叉验证图，将 lasso 应用于测试数据的预测，该预测由图 12-4 的增强的模型的所有 150 棵树获得。这提供了误差的准确估计，你可以通过比较正则化常数(**右图**)的每个值对应的最佳模型的测试误差看到这一点。这种方法可以更好地估计模型的功能，但如果数据很少，可能会出现问题

记住：你可以用 lasso 修剪增强的模型。这通常是非常有效的，但你需要小心如何选择一个模型——很容易在训练数据上得到意外的评估。

12.2.8　梯度提升软件

到目前为止，所示示例使用了我用 R 编写的简单循环。这对于小型数据集来说很好，但是梯度提升可以非常成功地应用于超大型数据集。例如，最近的许多 Kaggle 比赛已经有梯度提升方法胜出。Boosting 方法中的许多工作都允许多线程或多机器的并行化。还有各种巧妙的加速方法。当数据集很大时，你需要具有可以利用这些技巧的软件。在撰写本文时，标准是 XGBoost，可以从 https://xgboost.ai 获得。这是一个大型开源开发者社区，基于 Tianqi Chen 的代码以及 Tianqi Chen 和 Carlos Guestrin 的论文：*XGBoost：A Scalable Tree Boost System*，你可以在 SIGKDD 2016 论文集或在 https://arxiv.org/abs/1603.02754 找到。

XGBoost 具有多种功能(参见 https://xgboost.readthedocs.io/en/latest/tutorials/index.html 上的教程)。XGBoost 不进行线搜索，而是设置一个固定的参数 η(过程 12.3 中的 α 值)。通常，较大的 η 值会导致每棵新树的模型变化较大，但过拟合的机会较大。此参数与你使用的树的最大深度之间存在相互作用。通常，一棵树的最大深度(可以选择)越大，越有可能发生过拟合，除非将 η 设置得很小。

XGBoost 提供提前终止功能。如果正确调用，它可以监视一组适当的数据的误差(训练或验证，由你选择)，如果进展不足，它将停止训练。使用此功能需要小心。如果你使用测试数据提前终止，XGBoost 返回的模型性能的估计值必然有偏差。这是因为它使用测试数据选择模型(何时终止)。你应该遵循将数据分为三部分(训练、验证、测试)的方法，然后用训练数据训练、用验证数据确定提前终止，以及用测试数据评估。

记住：非常好、非常快、可扩展性强的梯度提升软件是可用的。

实例 12.3　预测大学教育质量

你可以在网站 https://www.kaggle.com/mylesoneill/world_university_rankings/data 找到一个大学的评价数据集。这些评价指标用来预测排名。根据这些指标，但不使用排名或大学名称，使用分阶段回归预测教育质量。使用 XGBoost。

答：给大学排名是各种政客、官僚和记者的一个丰富的轻娱乐来源。我不知道这个数据集中的任何数字意味着什么(我怀疑我可能不是唯一的一个)。不管怎样，人们可以通过这些数值预测教育质量分数，以此了解它们的合理性。这是一个很好的用于熟悉 XGBoost 的建模问题。我将排名建模为一个连续变量(这并不是产生有经验的排名的最好方法，但我们只是想看看一个新工具在处理回归问题时的作用)。这意味着均方根误差是一种自然损失。图 12-7 显示了一个简单模型的曲线图。这是训练过的树，其最大深度为 4。对于图 12-7，我使用了 $\eta=1$，这是非常激进的。留出数据上预测值相对于真实值的散点图(图 12-7)表明，该模型对一所大学的强弱有相当好的预测，但对排名相当靠后的大学(即有许多实力更强的大学)的排名预测就不是那么好了。对于图 12-8，我使用的最大深度为 8，最大值为 0.1，这是非常保守的。如果它看到 100 棵树没有在验证集上取得改进，允许训练过程提前停止。该模型明显优于图 12-7 的模型。留出数据上预测值相对于真实值的散点图(图 12-8)表明，该模型对一所大学的强弱有相当好的预测，但对排名相当靠后的大学(即，有许多实力更强的大学)的排名预测就不是那么好了。

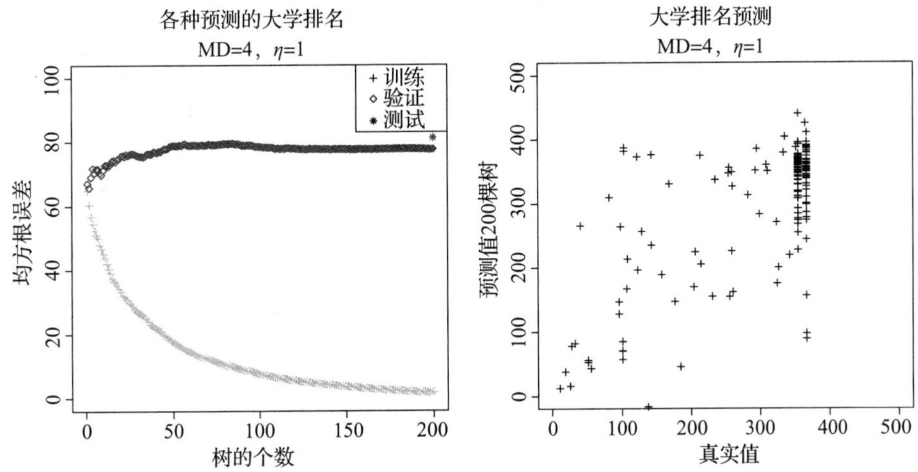

图 12-7　**左边**是 XGBoost 报告的实例 12.3 中的大学排名数据的训练和测试误差。误差是 RMS 误差，因为我将排名建模为一个连续变量。测试误差略大于验证误差，这可能是因为测试集较小。**右边**是最终回归的预测值与真实值的对比图。回归不是预测排名的特别好的方法，因为它不知道每个大学都需要一个不同的值，也不知道排名不能大于大学的数量。尽管存在这些缺点，该方法通常可以预测一所大学的排名何时会很高，但往往会混淆排名较低(即排名数字较大)的大学的排名

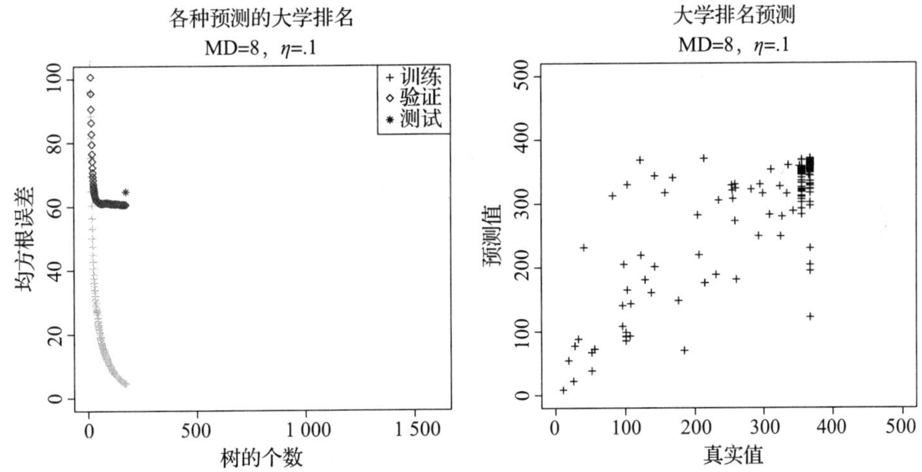

图 12-8　**左边**是 XGBoost 报告的实例 12.3 中的大学排名数据的训练和测试误差。该模型使用较深的树(最大深度为 8)和较小的 η(0.1)。一旦添加 100 棵树并没有太多地改变验证误差，它就会停止。**右边**是最终回归的预测值与真实值的对比图。这个模型明显比图 12-7 更精确

实例 12.4　用 XGBoost 的阿片类处方药

使用 XGBoost 在 12.2.6 节的数据集上获得最佳测试准确率。研究通过改变参数可以建立多么精确的模型。

答： XGBoost 的速度非常快(大约是使用 rpart 的自制梯度提升程序的 10 到 100 倍)，因此可以调整超参数来查看发生了什么。图 12-9 显示了用深度为 1 的树训练的模型(即决策树桩，与图 12-4 的模型相比较)。η 值分别为 1 和 0.5。你应该注意到过拟合的明显迹象，在训练的早期，验证误差会增加，并会持续上升。由于使用了大量的树桩

(800 个)，所以结果很明显。图 12-10 显示了一个最大深度为 1，η 为 0.2 的模型；同样有明显的过拟合迹象。使用较深的树(最大深度为 8，η 为 0.1，并且提前停止)进行保守的训练，可以得到性能更好的模型。所有这些模型都比图 12-4 更精确。

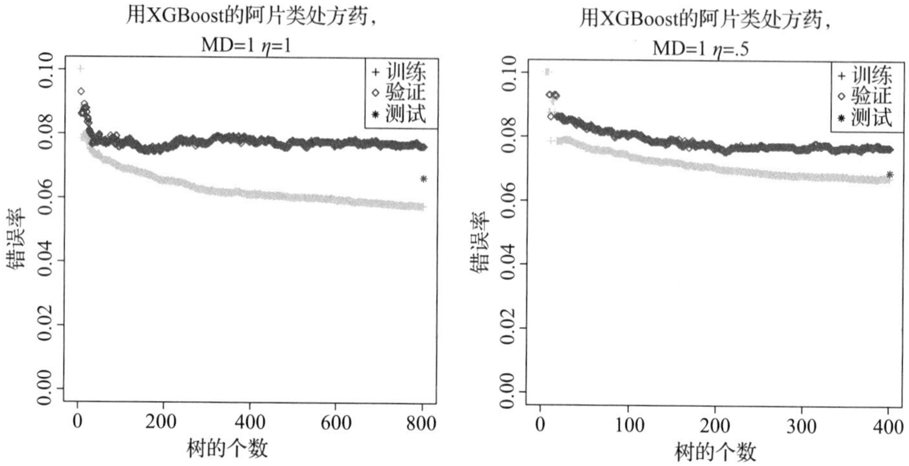

图 12-9　**左边**是 XGBoost 报告的 12.2.6 节中的阿片类药物数据的训练、验证和测试误差。验证误差并不是严格需要的，因为我没有应用提前停止。但此图信息丰富。注意验证误差是如何随着树的数量增加而上升的。虽然这种影响缓慢而微小，它是过拟合的迹象。降低 η(**右边**)并不能纠正这一趋势(另请参见图 12-10)

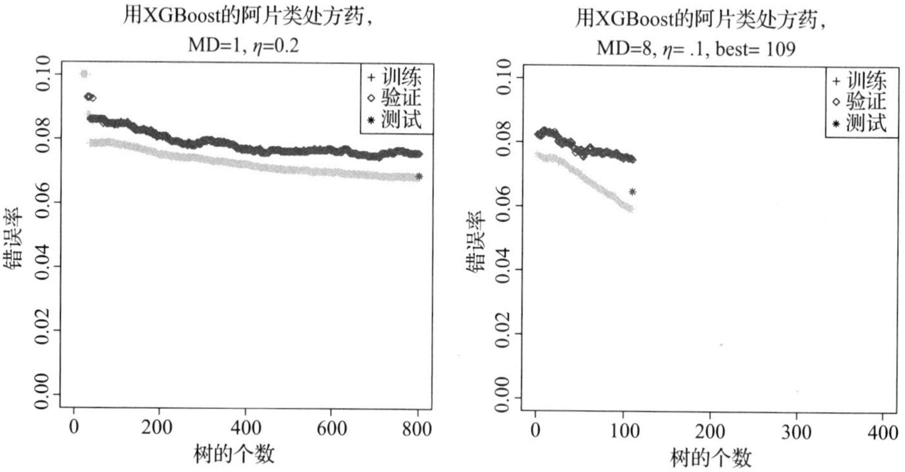

图 12-10　**左边**是 XGBoost 报告的 12.2.6 节中的阿片类药物数据的训练、验证和测试误差。此图应与图 12-9 进行比较。如图所示，我使用了固定数量的树，但现在 η 很小，这仍然不能解决问题。在**右边**，我用了更深层的树，一个更小的 η，并提前停止。这产生了迄今为止最强的模型

习题

12.1　证明你不能分阶段使用所有特征来改善线性回归的训练误差。

(a) 现在用$\hat{\beta}$表示使$(\mathbf{y}-\mathcal{X}\beta)^{\mathrm{T}}(\mathbf{y}-\mathcal{X}\beta)$最小的值。证明对于$\bar{\beta}\neq\hat{\beta}$，有

$$(\mathbf{y}-\mathcal{X}\bar{\beta})^{\mathrm{T}}(\mathbf{y}-\mathcal{X}\bar{\beta})\geqslant(\mathbf{y}-\mathcal{X}\hat{\beta})^{\mathrm{T}}(\mathbf{y}-\mathcal{X}\hat{\beta})$$

(b) 解释为什么这意味着无法通过特征回归来改善残差。

12.2 本练习将回归树与线性回归进行比较。通常，可以通过分阶段来改善回归树模型的训练误差。用 $f(\boldsymbol{x};\theta)$ 表示一棵回归树，θ 表示内部参数(在哪里划分、阈值等)。

(a) 用 $\hat{\theta}$ 表示最小化 $\mathcal{L}(\theta)=\sum_i(y_i-f(\boldsymbol{x}_i;\theta))^2$ 的回归树参数，包括所有可能的深度、划分变量、划分阈值。为什么 $\mathcal{L}(\hat{\theta})=0$？

(b) 有多少树达到这个值？为什么你在实践中不使用该树(这些树)？

(c) 通常通过限制最大深度对回归树进行正则化。为什么这能(一定程度上)起作用？

12.3 我们将对 N 个一维点 x_i 拟合回归模型。第 i 个点的值为 y_i。我们将使用回归树桩。这是具有两片叶子的回归树。将回归树桩表示为

$$f(x;t,v_1,v_2)=\begin{cases}v_1 & x\geqslant t\\ v_2 & \text{其他}\end{cases}$$

(a) 假设每个数据点不同(没有一个 $i\neq j$ 使得 $x_i=x_j$)。证明你可以使用 N 个树桩构建零误差回归。

(b) 是否可以用少于 N 个树桩建立零误差回归？

(c) 是否有拟合树桩的程序确保梯度提升在使用正好 N 个树桩时模型的误差为零？**警告：**这可能很难。

12.4 我们将使用标签 y_i(1 或 -1)对 N 个数据点 $\boldsymbol{x}_i$ 进行分类。数据点是不同的。我们使用指数损失，并使用过程 12.4 确定的决策树桩。用

$$F_r(\boldsymbol{x};\theta,a)=\sum_{j=1}^{r}a_jf(\boldsymbol{x};\theta^{(j)})$$

表示用了 r 个决策树桩的预测器，$F_0=0$，$L(F_r)$为该预测器在这个数据集上评估的指数损失。

(a) 证明用这个程序拟合树桩时存在 α_1 使得 $L(F_1)<L(F_0)$。

(b) 证明用这个程序拟合树桩时存在 α_i 使得 $L(F_i)<L(F_{i-1})$。

(c) 所有这些意味着损失一定会通过几轮 boosting 继续下降。为什么它不停止下降？

(d) 如果损失在每一轮 boosting 中都下降了，那么训练误差是否也会下降？为什么？

编程练习

一般说明：这些练习是建议性的，而且答案是开放式的。在 Mac 上安装多线程 XGBoost 会非常令人兴奋，但是只要单击搜索就可以解决所有问题。

12.5 使用决策树桩重做 12.2.6 节的实例。你应该为这个树桩和梯度提升写你自己的代码。用 lasso 剪掉提升的预测器。你得到的测试准确率是多少？

12.6 重做 12.2.6 节的实例，使用 XGBoost 并调整超参数(η，树的最大深度等)以获得最佳结果。你得到的测试准确率是多少？

12.7 使用 XGBoost 对 MNIST 数字进行分类，直接处理像素。这意味着你将拥有一个 784 维的特征集。你得到的测试准确率是多少？(与 17.2.1 节的例子相比，我的结果出奇得高)。

12.8 研究使用 XGBoost 对 MNIST 数字进行分类的特征结构。下述子练习建议了不同的特征结构。你得到的测试准确率分别是多少？

(a) 一种自然构造是将图像投影到一组主成分上(50 是一个很好的起点，产生 50 维

的特征向量)。

(b) 另一个自然构造是投影每一个 perclass 主成分的图像(50 是一个很好的起点，产生 500 维的特征向量)。

(c) 另一个自然构造是对每个图像中网格上的窗口使用向量量化。

12.9 使用 XGBoost 对 CIFAR-10 图像进行分类，直接处理像素。这意味着你将拥有一个 3 072 维的特征集。你得到的测试准确率是多少?

12.10 研究使用 XGBoost 对 CIFAR-10 图像进行分类的特征结构。下述子练习建议了不同的特征结构。你得到的测试准确率分别是多少?

(a) 一种自然构造是将图像投影到一组主成分上(50 是一个很好的起点，产生 50 维的特征向量)。

(b) 另一个自然构造是将图像投影到每个类的主成分上(50 是一个很好的起点，产生 500 维的特征向量)。

(c) 另一个自然构造是对每个图像中网格上的窗口使用向量量化。

第五部分

Applied Machine Learning

图 模 型

隐马尔可夫模型

我们在很多情况下都需要处理一些序列数据。比如一个简单且典型的例子：我们看到一段文本，但其最后一个字或词丢失了。假如看到的这句话是“I had a glass of red wine with my grilled xx”。那么能否估计出丢失的这个词最有可能是什么呢？一种可能的方法是计算所有词的词频，然后用最经常出现的那个词来代替这里丢失的词。在英文中，“the”是最常出现的词。但我们知道它在这里并不是一个非常好的猜测结果，因为它和前面的“my grilled”并不搭配。那么，我们可以进一步查找最常出现的“grilled xx”形式的词组，然后用最常出现的这个词组中的词代替最后一个词。如果你试一下这种形式(我用的是谷歌的 Google Ngram viewer 软件，搜索“grilled *”)，会发现有许多比较合理的搭配(比如“meats”“meat”“fish”“chicken”)。如果你要随机生成一个词序列，那么后生成的词应该依赖于前面已经生成的一些词。具有这种性质的一个比较简单的模型就是马尔可夫链(Markov chain)(下面给出详细定义)。

我们经常会遇到的一种情况是，希望能从一个带噪声的序列恢复出它对应的无噪声版本。我们也可以以一种比较广义的视角来想这个问题。比如，当我们听到一段语音的时候，在大脑里会将其转换为一段文字。这里的这段语音就是带噪声的序列，文字就是要恢复的无噪声版本。类似地，比如手写体识别中的手写体序列(带噪声序列)和想要得到的文字序列(无噪声版本)，一个人移动的一段视频(带噪声序列)和想要得到的关节角度(无噪声版本)等。针对这类问题的一个基本模型就是隐马尔可夫模型。在本章中，我们假设无噪声版本的序列是由某个已知的马尔可夫模型产生的，同时从这个无噪声序列产生出(带噪声的)观测项的过程也是已知的。那么这时，我们就可以直接从给定的带噪声的观测序列推断出无噪声的序列。更进一步地，也可以用期望最大化(EM)算法从样例中学习出一个隐马尔可夫模型。

13.1 马尔可夫链

由随机变量 X_n 构成的一个序列若满足如下性质，则称该序列是一个**马尔可夫链**。

$$P(X_n = j \mid \text{所有之前的状态值}) = P(X_n = j \mid X_{n-1})$$

该性质表示当前状态的取值概率只依赖于最临近的上一个状态。式中的概率 $P(X_n = j \mid X_{n-1} = i)$称为**转移概率**。通常，我们面对的是离散型随机变量，并假设状态的数目是有限的。同时，对于本书中所有的马尔可夫链，我们假设

$$P(X_n = j \mid X_{n-1} = i) = P(X_{n-1} = j \mid X_{n-2} = i)$$

本书主要关注有限状态空间中离散时间的、*齐次马尔可夫链*。许多其他类型的马尔可夫链都可以在它的基础上经过足够的技术机制构造得到。

一种构建马尔可夫链的直接方式是构建一个有限状态的有向图，然后对结点 i 到结点 j 的每个有向边标注相应的转移概率，记为 $P(X_n = j \mid X_{n-1} = i)$(任意结点的所有出边的概率和为 1)。此时，我们可以将马尔可夫链理解为在这个有向图上的一个**有偏的随机游走**(biased random walk)。假设在图中的某个结点处有一个小虫子(或者你愿意放的任何其他

小东西)，在每一个时刻，这个小虫子会随机地选择一个出边往前走；而选择某条边的概率是在开始绘图的时候就已确定的(即转移概率)。小虫子沿着图中的边向前行进，直到到达最后的状态。

实例 13.1 雨伞

假设我有一把雨伞。我每天早上从家步行去办公室，晚上从办公室步行回家。如果碰到下雨天(概率为 p)且正好伞在我身边，则我会带着伞；如果没有下雨，我就把伞留在它原来所在的地方。不考虑开始下雨时我正在路上的情况，请对我在哪里、我是否被淋构建出一个马尔可夫链，并画出这个马尔可夫链的状态机。

答：该马尔可夫链如图 13-1 所示。通常我们在乎的一个问题是，我有多大的概率被淋？稍后，我们就可以回答这个问题。

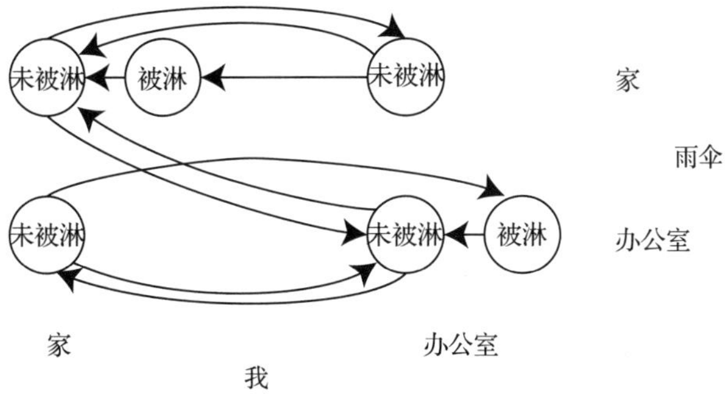

图 13-1 雨伞实例的有向图表示。请注意，我们假设不允许有伞在家里而故意淋雨到办公室，或者有伞在办公室而故意淋雨回家等情况。请读者根据实例 13.1，自行给图中的各条边添加相应的概率值

实例 13.2 赌徒破产问题

假设抛一枚硬币，你赌 1 块钱会出现正面。如果赢了，那么你会得到 1 块钱以及你原来的本金。如果输了，那么你会失去你的本金。硬币出现正面的概率为 $P(H)=p<1/2$。假设开始时，你拥有的本金为 $s>0$ 且你会一直赌下去，直到(a)你没有钱了，所剩为 0(你此时破产了，并假设你不能借钱)，或者(b)你积累到了多于本金的资金 $j(j>s)$，则停止。假设每次掷硬币是相互独立地进行的，在这个赌过程中，你拥有的资金数目是一个马尔可夫链。请画出这个马尔可夫链的状态机。令 P(破产，起始为 $s|p)=p_s$，易发现 $p_0=1$，$p_j=0$。请证明

$$p_s = pp_{s+1} + (1-p)p_{s-1}$$

答：该马尔可夫链如图 13-2 所示。其中箭头所表示的关系能成立是基于每次硬币抛掷都是相互独立进行的这个前提。若你一开始赢了一局，则你会有 $s+1$ 的资金；若你输了，则剩 $s-1$。

请注意实例 13.1 和实例 13.2 的一个重要不同之处，对于赌徒破产问题，随机变量的序列是可以停止的。此时，我们称这个马尔可夫链中有一个**吸收状态**(absorbing state)，即到了该状态就会一直停留在此。而在雨伞的例子中有一个无限的随机变量序列，每一个当前状态都依赖于上一个随机变量的取值。同时这个马尔可夫链中的每个状态都是**循环出**

现的(recurrent)——会在这个无限的序列中重复出现。对比这两种情况，可以知道要想拥有一个不含循环的马尔可夫链，一种方法就是让某一个状态只有入的边而没有出的边。

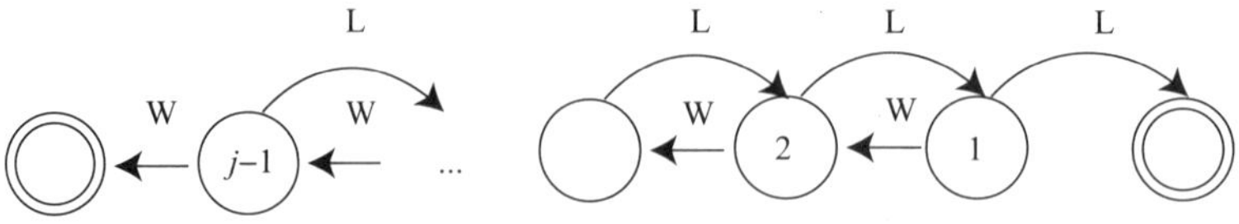

图 13-2　赌徒破产问题的有向图表示。这里用每个状态下赌徒所拥有的资金数目标记每个状态，分别以“W”(win)和“L”(lose)标记状态间的转移，但省略了概率。有两个终止状态，要么赌徒所剩资金为0(破产)，要么赌徒所剩资金为 j 但决定离开赌桌。我们这里要讨论的问题是，计算起始状态为 s 的情况下赌徒破产的概率。这意味着除了终止状态之外，任意状态(拥有一定的资金数目)都可能是起始状态

上面赌徒破产问题的例子帮助我们理解了马尔可夫链的一些典型特点。读者也可以列出其他类似的事件及其所包含的概率转换关系。虽然我们不在本章中再引入其他的例子做进一步阐述，但你会发现有时候你可以得到求解对象的确切闭合解形式。经常思考我们所遇到的问题中相应的随机变量是什么，会加深大家对本节内容的理解和掌握。(实例 13.3)

实例 13.3　硬币抛掷问题

假设你抛掷一枚正常的硬币，如果连续两次出现的都是正面(Head)就停止。若用一个马尔可夫链表示这个结果序列，那么请问恰好抛掷 4 次后停止的概率是多少？

答：你可以把这个链想象成由一系列相互独立地抛掷硬币的结果组成的序列。这时候虽然也对应于一个马尔可夫链，但我们还可以有更好的建模方式。比如可以假设状态 X 是抛掷硬币时连续 2 次出现的结果组合，那么状态发生改变的规则就是抛掷一次硬币后，将出现的结果添加到原来的状态(含有两项)中，并丢掉状态中的第一项。最后，我们设定一个特殊的状态来标识停止，以及一些机制去启动就可以了。图 13-3 给出了表示这个马尔可夫链的一种有向图画法。我们可以推算，最后 3 次抛掷的结果必定是 THH(否则，要么此后需要继续抛掷，要么在此之前就应该停止抛掷。)这也就意味着 4 次抛掷中的第二次抛掷必须是 T，而第一次是 H 或 T 均可。因此，总结来说，要恰好抛掷 4 次后停止只有两种情况：HTHH 或者 TTHH。因此有 P(正好抛掷 4 次后停止)$=2/16=1/8$。根据上面的思路，我们还可以解决一些其他有趣的问题。比如，我们必须抛掷至少 10 次的概率是多少？这里除了上面模拟的方法，也可以用数学分析的方式解答，不过暂时不在这里详述。

有用的事实 13.1　马尔可夫链

一个马尔可夫链是一个由随机变量 X_n 构成的有如下性质的序列：

$$P(X_n = j \mid \text{所有之前的状态值}) = P(X_n = j \mid X_{n-1})$$

13.1.1　转移概率矩阵

我们定义转移矩阵 $\mathcal{P}$ 的各个元素为 $p_{ij}=P(X_n=j \mid X_{n-1}=i)$，且由于在各个时刻，模型最终必然会处于其中某一个状态，因此矩阵 $\mathcal{P}$ 具有如下性质：$p_{ij}\geqslant 0$ 以及

$$\sum_j p_{ij} = 1$$

也即所有出向箭头(outgoing arrow)上的转移概率之和为 1。具有上述两个性质的非负矩阵即称为**随机矩阵**。另外，请留意下标 i 和 j，因为上式的表达正好可以对应马尔可夫链通常被表达成的行向量形式。

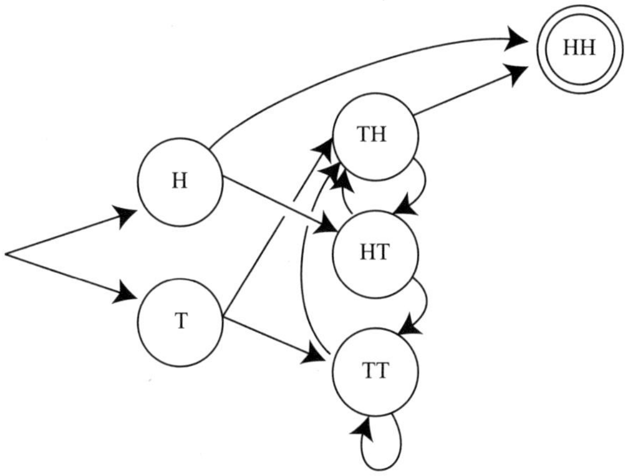

图 13-3　硬币抛掷问题的一种有向图表示。其中的变量如实例 13.3 中所示，代表连续两次出现的结果，每条边的概率为 1/2，最后所处的状态按惯例用一个双圆表示。如一个结果为“HTHTHH”(最后两个 H 表示最后 2 次抛掷的结果)的序列，要在开始先转移到 H，再转移到 HT，再到 TH，再到 HT，再到 TH，最后到 HH

实例 13.4　病毒问题

请写出图 13-4 中病毒的转移概率矩阵，其中假设 $\alpha=0.2$。

答：从题干可得 $P(X_n=1 \mid X_{n-1}=1)=1-\alpha=0.8$，$P(X_n=2 \mid X_{n-1}=1)=\frac{\alpha}{2}=P(X_n=3 \mid X_{n-1}=1)$，从而可得转移矩阵为

$$\begin{bmatrix} 0.8 & 0.1 & 0.1 \\ 0.1 & 0.8 & 0.1 \\ 0.1 & 0.1 & 0.8 \end{bmatrix}$$

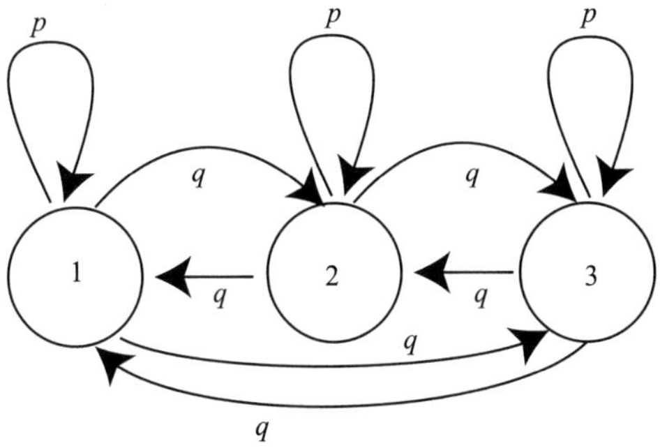

图 13-4　假设一种病毒可以存活于图中 1，2，3 三种亚型之一。每年年底，这种病毒就会发生变异。它有 α 的概率随机转向其他两种亚型，同时有 $1-\alpha$ 的概率继续停留在本身所在的亚型。那么从这个图里，我们可以得到转移概率为 $p=1-\alpha$ 和 $q=\alpha/2$

现在，假设我们有一条马尔可夫链，不知其初始状态，但知道初始状态的概率分布，即对每个状态 i 已知 $P(X_0=i)$。此时假设一共有 k 个状态值对应 k 个这样的概率

值，组成一个 k 维的行向量，记为 π。那么，我们可以以此为起始，计算起始 1 时刻的状态的概率分布：

$$
\begin{aligned}
P(X_1=j) &= \sum_i P(X_1=j, X_0=i) = \sum_i P(X_1=j \mid X_0=i) P(X_0=i) \\
&= \sum_i p_{ij} \pi_i
\end{aligned}
$$

令 $\boldsymbol{p}^{(n)}$ 表示 n 时刻的状态的概率分布行向量，那么可以将上式写作

$$
\boldsymbol{p}^{(1)} = \pi \mathcal{P}
$$

类似上述过程，我们可以进一步得到

$$
\begin{aligned}
p(X_2=j) &= \sum_i P(X_2=j, X_1=i) = \sum_i P(X_2=j \mid X_1=i) P(X_1=i) \\
&= \sum_i p_{ij} \left(\sum_{ki} p_{ki} \pi_k \right)
\end{aligned}
$$

最后，可以得到

$$
\boldsymbol{p}^{(n)} = \pi \mathcal{P}^n
$$

上面的过程对于我们之后模拟和推演马尔可夫链的一些特殊性质会很有帮助。

有用的事实 13.2　转移概率矩阵

一个有限状态的马尔可夫链可以用一个转移概率矩阵 $\mathcal{P}$ 表达，其元素为 $p_{ij} = P(X_n = j \mid X_{n-1} = i)$，该矩阵是一个随机矩阵。若用 π_{n-1} 来表示状态 X_{n-1} 的概率分布，那么状态 X_n 的概率分布就可以表达为 $\pi_{n-1}^T \mathcal{P}$。

13.1.2　稳态分布

实例 13.5　病毒问题

我们假设图 13-4 中的病毒从 1 号亚型开始，那么当 α 分别为 0.2 和 0.9 时，进行 2 次状态转移后的状态的概率分布是什么？如果是经过了 20 次状态转移，那么转移后的状态的概率分布又是什么？假如病毒从 2 号亚型开始，那么经过 20 次状态转移后的状态的概率分布又是什么？

答：假如病毒从 1 号亚型开始，那么有 $\pi = [1,0,0]$。经过 2 次状态转移后的分布，需要计算 $\pi(\mathcal{P}(\alpha))^2$。将 $\alpha = 0.2$ 和 $\alpha = 0.9$ 分别代入可以得到结果分别为 $[0.66, 0.17, 0.17]$ 和 $[0.4150, 0.2925, 0.2925]$。

对比这两组结果，我们可以发现，较小的 α 会倾向于让病毒停留在它原来所处的状态，经过 2 次状态转移后的分布很明显倾向于停留在原来的状态。而当 α 比较大时，转移后的状态在各个不同状态上的取值会相对比较均匀。经过 20 次状态转移后，$\alpha = 0.2$ 和 $\alpha = 0.9$ 时的状态分布分别变成 $[0.3339, 0.3331, 0.3331]$ 和 $[0.3333, 0.3333, 0.3333]$。当初始状态为 2 号亚型时，依然会有类似的现象。我们会发现，经过 20 次状态转移后，病毒会大概率地“忘记”它的最初状态。

在实例 13.5 中发现，经过足够长的时间后，病毒亚型的分布就不那么依赖初始亚型了。这也是许多马尔可夫链所具有的特性。假设我们有一个有限状态的马尔可夫链，并假设从任意一个状态都可以经过或多或少的状态转移到任意其他的某个状态或到它自身，具有这种性质的马尔可夫链就称为**不可约**的。这意味着该链中没有吸收状态，它不

会“停滞”在任何一个或一部分状态中。此时会存在一个唯一的向量 $\boldsymbol{s}$，我们称为**平稳分布**或**稳态分布**，使得对任意的初始状态分布 π，都有下式成立：

$$\lim_{n\to\infty}\pi\mathcal{P}^{(n)}=\boldsymbol{s}$$

也就是说，在经过足够多次的状态转移后，这个马尔可夫链所达到的状态不再依赖于它的初始状态，而是会得到一个稳定的状态分布。

稳态分布通常可以用如下方式计算求解。假设稳态分布为 $\boldsymbol{s}$，那么该链再向前一步后达到的新状态所对应的概率分布应依然为 $\boldsymbol{s}$。也即

$$\boldsymbol{s}\mathcal{P}=\boldsymbol{s}$$

因此可知，$\boldsymbol{s}$ 是 $\mathcal{P}^T$的特征向量，对应的特征值为 1。而且可以证明的是，对于一个不可约的马尔可夫链，一定存在且只存在唯一的特征向量。

稳态分布是一个在实际中很有意义的概念。它可以使我们摆脱初始状态的约束解答一些问题。比如，在前面雨伞问题的例子中，我们可能想要知道有多大的概率要淋着雨回家。这个结果可能依赖于这个马尔可夫链的初始状态(见实例 13.6)。但如果我们仔细看图，会发现这个马尔可夫链是不可约的，也即它有一个稳态分布，(只要我往返家和办公室的次数足够多)这个概率分布最终会处于一个特殊的稳定的状态分布，而不依赖于初始状态。那么此时淋着雨到家的概率就是取稳态分布中对应于某个特殊状态的概率值。

实例 13.6　没有稳态分布的雨伞示例

让我们看下关于雨伞的另一个例子，有一个关键的区别。假如原来没有伞，当我到镇上的时候，我决定去买一把伞的概率是 0.5(也即有 0.5 的概率不会去买伞)。然后我再进行办公室和家之间的往返。假如我买了伞，就按照实例 13.1 中的行为方式进行；假如我没买，那么我在下雨的时候就只能淋湿。试用一个状态图来描述这个马尔可夫链。

答：如图 13-5 所示，可以发现该马尔可夫链不是不可约的。经过无论多少次状态转移，得到的状态依旧依赖于它的初始状态(比如我开始时是否买了伞)。

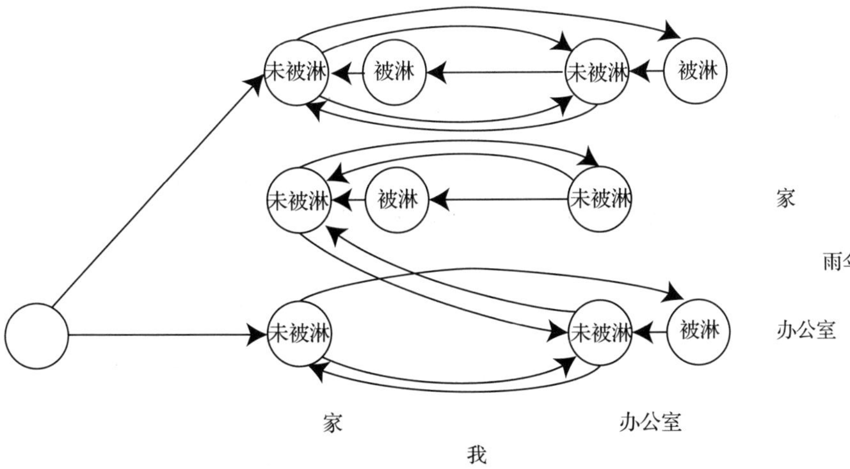

图 13-5　在这个雨伞的例子中，不存在一个稳态分布。每一步所处的状态都与初始状态相关，即是否买到了雨伞

有用的事实 13.3　许多马尔可夫链都有稳态分布

假设一个马尔可夫链有有限个状态，同时，若它可以从任意状态转移到其他的任意状态，那么这个马尔可夫链就一定有一个稳态分布。在经过足够长时间的转移后，该链所处的状态就相当于稳态分布中的一个采样。也即该链在经过足够长的时间后，会以对应于其稳态分布的频率向各个状态转移。

13.1.3　例子：文本的马尔可夫链模型

我们现在来建模英语文本问题。最简单的模型是直接根据各个字母的频率(比如通过计算某一大规模文本语料中字母出现的次数来计算频率)单独预测输出各个字母。其中空格和标点符号也可以当作字母进行同样的处理。我们将得到的频率值当作概率，不断地从这个概率模型中产生字母或标点符号来构建一个序列。可以预料到，这个模型所产生的序列很可能会是一团乱麻。比如，可能会有很多字母“a”。但这个序列依旧是一个马尔可夫链(相当简单粗暴的马尔可夫链)。它被称为 0 阶马尔可夫链或 0 阶马尔可夫模型，因为每个字母的产生都只依赖于距离它最近的前 0 个字母。

稍微复杂一些的是对字母对建模。类似前面的做法，我们可以通过大量的文本统计估计字母对的频率。然后，可以根据这个频率表来产生第一个字母，假设是“a”。那么接下来根据与“a”相接的字母对的分布来采样得出第二个字母，假设是“n”。再接下来，我们再类似地按照与字母“n”相接形成的字母对的分布来采样得到第三个字母。以此类推，逐个产生后续每一个字母。这样形成的结果序列称为一阶马尔可夫链(因为每个字母只与它前面最近邻的 1 个字母相关)。

二阶和更高阶的马尔可夫链或模型也都遵循上述示例中的规则，只是每个字母的取值依赖更多与之相接的字母而已。至此，一些读者可能会产生一个疑问：依据前两个或前 k 个字母产生一个字母的方式不是马尔可夫链的形式，因为马尔可夫链中第 n 个状态只依赖于第 $n-1$ 个状态。其实，我们可以换一种角度。我们可以将两个或 k 个字母的组合整体看作一个状态，然后将状态转移矩阵调整为常数矩阵就可以了(因为示例中是根据固定频率来进行的模拟)。此时对于一个二阶马尔可夫链，字符串“abcde”就可以认为是由 4 个状态构成的：“ab”“bc”“cd”和“de”。

上述的字母模型，如果建模得足够好，可以用于评测语法衔接等，但它们不适合用于产生和输出新单词(见实例 13.7)。我们可以以单词为单位来构建更加有效的语言模型。形式类似前述过程，但用字或单词代替字母，此时得到的模型可以更有效。另外，这样的方式也适用于许多其他领域，比如蛋白质序列、DNA 序列、音乐合成等，只是换成了氨基酸(或者碱基对、乐符)等代替前面例子中的字母。总的来说，我们可以自己决定以什么作为基本单元(比如字母、单词、氨基酸、碱基对、乐符等)。然后其中的每一单项(如各个字母)就称为**一元**(unigram)，对应的 0 阶模型就称为**一元模型**(unigram model)；而成对组合形式的各个单元(如字母组)称为**二元**(bigram)，对应的一阶模型称为**二元模型**(bigram model)；三个相连的组合形式的各个单元称为**三元**(trigram)，对应的二阶模型称为**三元模型**(trigram model)；类似地，对于更高的 n，序列中由 n 个项组成的各个单元项称为 n 元(n-gram)，对应的 $n-1$ 阶模型称为 n **元模型**(n-gram model)。

实例 13.7　短词建模

假设我们有一个文本资源，并用如上的三字母相连的三元模型产生出了许多长为 4 个字母的单词。那么请问，相对于三字母相连的词，两字母相连所产生的词有多大概率是不存在的？而根据它们对应的频率分布模型，各自所产生出的 4 个字母的单词又有多大比例是真实存在的？

答： 这里用本章的草稿(英文原文)作为文本资源。忽略其中的标点符号，并将所有字母转化为小写形式。依照前面的过程，最终可以得到：在二字母相连和三字母相连的字母组合中，分别有 0.44 和 0.9 的比例是不存在的。然后，我构建了两个模型。对于第一个模型，我直接用得到的频率作为概率值(因此会有很多是零概率)；对第二个模型，对于所有没有出现过的组合赋予总和为 0.1 的概率。接下来，由第一个模型输出的 20 个单词样本分别是“ngen”“ingu”“erms”“isso”“also”“plef”“trit”“issi”“stio”“esti”“coll”“tsma”“arko”“llso”“bles”“uati”“namp”“call”“riat”“eplu”。这其中有两个是真实存在的英语单词(“also”和“call”，其中“coll”不算)，因此可以认为有 10%的比例是真实的单词。类似地，可以得到第二个模型输出的 20 个单词样本，分别是“hate”“ther”“sout”“vect”“nces”“ffer”“msua”“ergu”“blef”“hest”“assu”“fhsp”“ults”“lend”“lsoc”“fysj”“uscr”“ithi”“prow”“lith”，其中有 4 个是真实存在的英语单词(“hate”“lend”“prow”“lith”，其中“hest”不算)，因而可以得到有 20%的样本都是真实的单词。当然，这两种情况下用作估计的样本数都太少了，因此不一定接近真实比例。

实例 13.8　基于 n 元单词(word)模型的文本建模

请尝试用一个二元模型、三元模型以及更高的 n 元模型构建一个文本模型，看看你的模型可以产生什么样的段落输出。

答： 这是一个有一定难度的作业，因为如果没有大量的文本资源，很难去对各个字组成的二元项、三元项等得到一个很好的频率估计。谷歌公布了英语单词的 n 元模型、这些 n 元模型发生的年份与频次，以及它们在多少本书中出现的信息，这些信息可以在下面这个网址中查到：http://storage.googleapis.com/books/ngrams/books/datasetsv2.html。可以查到比如单词“circumvallate”在 1978 年出现了 335 次，总计在 91 本不同的书中出现(可以算出在一些书中出现了不止一次)。可以想象，这个原始的数据集会非常大。

除了以上模型外，我们还可以在网上找到许多其他的 n 元语言模型。Jeff Attwood 在https://blog.codinghorror.com/markov-and-you/这个博客上对其中的一些模型进行了基本的讨论；Sophie Chou 也给出了一些模型的代码和例子：http://blog.sophiechou.com/2013/how-to-model-markov-chains/；Fletcher Heisler、Michael Herman 和 Jeremy Johnson 三人则撰写了 Python 训练实例的 RealPython 系列课程，并在如下网页给出了一个基于马尔可夫链的语言文本产生器示例：https://realpython.com/blog/python/lyricize-a-flask-app-to-create-lyrics-using-markov-chains/。基于马尔可夫链的语言模型也是用于创作文学作品的有效工具。比如 Josh Millard 利用 Garkov 工具构建了著名的加菲猫的漫画(详见 http://joshmillard.com/garkov/)；另外，Tony Fischetti 也设计了一个可以用于酒评的马尔可夫链：http://www.onthelambda.com/2014/02/20/how-to-fake-a-sophisticated-knowledge-of-wine-with-markov-chains/。

通常，我们可以很直接地构建一个一元模型，因为通常有足够多的数据估计各个一元项的出现频率。但两个字两两组合的二元项，以及更多字组合的三元项的数目要远远多于一元项的数目。这也意味着要得到对这些二元项、三元项出现频次的准确估计是不容易的。具体来说，我们需要收集非常多的数据，尽量使得每个 n 元项都能出现不止一次。假如有一些 n 元项出现次数过少，那么就需要对这些出现次数很少甚至没有出现过的 n 元项进行合理的概率估计。因为将它们对应的概率值直接置零是不合理的，那意味着它们永远不会出现(但事实上是可能会出现，只是可能出现的次数比较少。)

因此，针对这些很少出现的 n 元项，出现了一系列的数据平滑机制。最简单的一种做法是对那些没有出现过的 n 元项都赋予一个非常小的固定概率值。但这可能不是一种非常好的方法，因为即使对于很小的 n，所对应的未在给定文本集中出现过的 n 元项的数目也可能是非常多的，导致的结果是可能所有这些项对应的小概率的和会是一个比较大的数值，进而导致模型最后可能会把所有的数据都分配给没有出现过的 n 元项。对此的一种改进方式是，对所有未出现过的 n 元项的总和分配一个固定概率，然后将这个概率值均分给各个未出现过的 n 元项。但是，这类方法也有缺点。因为即便是在这些未在给定文本集中出现过的 n 元项中，也可能有一些 n 元项会比其他的 n 元项在实际中出现得更频繁。因此可以考虑比如有一些 n 元项涵盖了一些已经出现过的 $n-1$ 元项，而这些 $n-1$ 元项出现的频次是不同的，可以考虑利用它们在一定程度上反映 n 元项的出现频次；也可以考虑其他更好的机制，但这超出了本书的范围，我们暂不细表。

13.2　隐马尔可夫模型与动态规划

设想我们现在要构建一个将语音转化为文字的程序。每一个文字单元都对应一种或多种语音，并具有一定的随机性。比如，许多人读“fishing”这个词非常像“fission”；再比如，“scone”的韵尾有人读做“stone”的“oʊn”，有人读做“gone”的“ɔːn”，甚至间或读做“toon”的“un”(真的!)。而马尔可夫链可以涵盖所有可能的文字序列模型，并可以让我们针对性地计算任意一个目标文字序列的概率。那么这个问题就可以归纳为：要用马尔可夫链对各个文字构建的文本序列建模，但我们可观测的对象是声音。因此还需要有一个建模各个声音单元到各个文字单元的模型。然后综合这两个模型(声音-文字模型，以及单个文字-文字序列的马尔可夫链模型)，就可以得到与我们听到的声音相一致或接近的文本序列。

在实际中也有许多和上面例子类似的其他应用。比如从一段声音中得到它对应的乐谱序列；根据一段视频理解它对应的美式手语；构建一段描述一个人如何移动的语句序列；破解一段替换式密码等。在这些例子中，我们想要得到的都是一段序列，它可以通过马尔可夫链建模，只是我们观测不到这个马尔可夫链的状态，我们所能观测到的是基于这个链状态的带噪声的输出。我们需要基于此观测值去恢复出一个状态序列，它应该满足：(a)由所构建的这个马尔可夫链模型产生的可能性比较大；(b)产生出我们观测到的输出的可能性比较大。

13.2.1　隐马尔可夫模型

假设我们现在有一个有限状态的齐次马尔可夫链(有 S 个状态)，假设这个马尔可夫链从时刻 1 开始，开始时所处状态的概率分布为 π，具体取各状态的对应概率值为 $P(X_1=i)$。假设该马尔可夫链在时刻 u 处于状态 X_u，它向各个时刻转移的概率为 $p_{ij}=P(X_{u+1}=$

$j|X_u=i)$。在实际中，如前面的例子所示，我们无法知道该马尔可夫链的状态取值，但我们可以知道一些输出的观测值 Y_u。假设 Y_u 是离散的，并且假设对于任意时刻 u 的 Y_u，都有 O 个可能的状态取值。我们将状态 $X_u=i$ 下的观测输出 Y_u 的概率分布记为 $P(Y_u|X_u=i)=q_i(Y_u)$，称之为模型的**输出概率分布**(emission distribution)。为简化后续讨论，我们假设该输出分布不随时间改变。

我们将上述输出概率分布写成一个矩阵形式，记为 $\mathcal{Q}$，那么一个**隐马尔可夫模型**包含 3 个组成部分：状态间的转移概率、状态与输出 Y_u 的分布之间的关系，以及初始状态分布，记为$(\mathcal{P},\mathcal{Q},\pi)$。这些组成部分定义了一个隐马尔可夫模型，它们通常根据具体的实际应用取值。另一种构建模型的方式是构建一个能够非常契合实际观测数据的模型(可能是非马尔可夫模型)，但这超出了本章的范围，我们在这里不做详述。

接下来，我们以语音识别为例构建一个隐马尔可夫模型，读者可以自行将其推广到其他的例子。根据上一段的描述，要构建隐马尔可夫模型，就需要找出对应于$(\mathcal{P},\mathcal{Q},\pi)$的这三个组成部分。首先如 13.1.3 节所述，我们可以利用构建 n 元模型时所用的文本资源得到一个字接着一些字集合的概率。接下来我们将每个字建模为许多对应于声音单元的文字单元的集合。对每一个声音单元，我们称之为**音素**；然后利用发音字典可以得到一个文字对应的音素组合形式。最后，综合利用这两个信息，我们就可以推算出一个音素到另一个音素(如一个音素向同一个字内的下一个音素或者下一个字的第一个音素转移)的概率。从而，我们就有了 $\mathcal{P}$。接下来，对于初始状态 π，我们可以不用过于纠结，比如可以将其建模为均匀分布。对于 $\mathcal{Q}$，可以有许多种方法来构建。比如可以直接对声音信号进行离散化构建特征，然后计算当某一个指定音素(隐状态)出现时特征(观测)出现的次数即可。

13.2.2　用网格图图解推断过程

假设已知由某个隐马尔可夫模型产生的 N 个观测值 Y_i 构成的一个序列，现在需要据此推断出由各个 X_i 构成的“最佳”状态序列，这个过程就称为**推断**(inference)。为此，我们选择在给定观测和模型时后验概率最大的那个序列 $X_1,X_2,\cdots,X_N$，即最大化如下概率：

$$P(X_1,X_2,\cdots,X_N|Y_1,Y_2,\cdots,Y_N,\mathcal{P},\mathcal{Q},\pi)$$

这个过程即称为**最大后验**推断(**MAP** inference)。

上述过程也等价于最小化如下对数概率：

$$-\log P(X_1,X_2,\cdots,X_N|Y_1,Y_2,\cdots,Y_N,\mathcal{P},\mathcal{Q},\pi)$$

写成上面的对数形式有许多优点，比如：(a)对数操作可以将乘法转化为加法，有利于计算；(b)最小化上述负对数概率形式可以让我们得到一种与第 14 章中的算法一致的形式，便于求解。该负对数概率可以进一步写作

$$-\log\left(\frac{P(X_1,X_2,\cdots,X_N,Y_1,Y_2,\cdots,Y_N|\mathcal{P},\mathcal{Q},\pi)}{P(Y_1,Y_2,\cdots,Y_N)}\right)$$

也即

$$-\log P(X_1,X_2,\cdots,X_N,Y_1,Y_2,\cdots,Y_N|\mathcal{P},\mathcal{Q},\pi)+\log P(Y_1,Y_2,\cdots,Y_N)$$

此时值得注意的是，由于 $P(Y_1,Y_2,\cdots,Y_N)$的取值与状态 X_u 的序列无关，上式中的第二项在优化过程中可以忽略。接下来根据马尔可夫链的性质，我们可以将 $-\log P(X_1,X_2,\cdots,X_N,Y_1,Y_2,\cdots,Y_N|\mathcal{P},\mathcal{Q},\pi)$进行分解，转化为如下形式：

$$-\begin{bmatrix}\log P(X_1)+\log P(Y_1\mid X_1)+\\ \log P(X_2\mid X_1)+\log P(Y_2\mid X_2)+\\ \cdots\\ \log P(X_N\mid X_{n-1})+\log P(Y_N\mid X_N)\end{bmatrix}$$

这种形式的一个重要性质是，它是一个求和项，且其中只包含一元项(只依赖某单个状态 X_i)和二元项(依赖两个状态)，而不包含其他项。也即任一个状态 X_i 最多只会出现两次二元项。

我们可以将具有上述结构形式的代价函数以**网格图**(trellis)的形式拆解计算。它是一个带有权重的有向图，其中状态空间在图中重复 N 次(N 为输出序列的长度)。只要两个状态间的转移概率不为 0，我们就在相邻两列(第 u 列与第 $u+1$ 列)的这两个状态间用一个有向箭头表示在这些状态间有可能产生转移。然后将得到的网格图标记权重，其中第 u 列的每个结点表示在状态为 $X_u=j$ 时对应输出为 Y_u 的情况，其权重设置为 $-\log P(Y_u\mid X_u=j)$；从 $X_u=i$ 指向 $X_{u+1}=j$ 的每条边的权重设置为 $-\log P(X_{u+1}=j\mid X_u=i)$。

根据上述过程得到的网格图将具有两个重要性质。首先，在网格图中从起始列到最后一列的每个路径代表一个合法的状态序列。将对应路径上的结点和边的权重求和，得到的结果就是该路径对应的状态序列产生出给定输出时，其观测序列的联合概率的负对数。这里读者可以用一个简单的例子(如图 13-6 所示)证明这个过程。

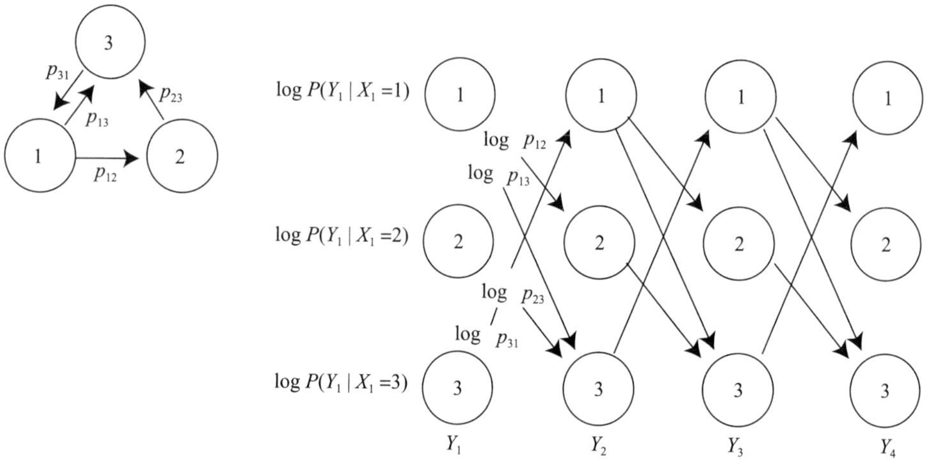

图 13-6　图中**左上角**给出了一个简单的状态转移模型示意图。每一个出边(outgoing edge)都有一个概率值。根据状态转移概率的性质可以知道，其中有两条边的概率值都是 1(2 和 3 都只有一个出边)。右下方的图就是对应于该模型的网格图。网格中的每条路径都对应了一条状态间的合法转移序列(即转移概率不为 0 的路径)，并在此基础上产生了长度为 4 的观测输出序列。每条边对应的权重是转移概率的对数形式，每个结点对应的权重是输出概率的对数形式，如图我们给出了一部分边和结点的权重值

我们要寻找一个具有最大负对数概率的和的状态序列，也就是要寻找一个网格图中的路径，使得到的负对数概率的和最大。一种有效的寻找算法是**动态规划方法**，或者称为**维特比算法**(Viterbi algorithm)。这个过程可以这样进行。首先，对于第一列中的每个结点，我们寻找一个从该结点走到最后一列的最佳路径。假设第一列的每个结点各有 1 条出边，那么总共有 S 条这样的路径。接下来，我们可以从中选出具有最高对数概率项(最小负对数概率项)的路径。假设选出的这条路径经过第 u 列的第 i 个结点，那么以这个结点为分

界点，选出的这条路径在这个结点到最后一列的所有子路径中也必定是最优的。因为如果它不是，那么就意味着我们可以将所选出的这个路径的后半部分的子路径用更优的子路径代替，来进一步优化。这给了我们一个算法的关键见解。

接下来，让我们从网格图的最后一列开始考虑。从最后一列的每个结点到最后一列的路径就相当于结点本身，因此可以根据各结点的权重得到最优路径及其对应的负对数概率值。现在，我们进一步考虑具有两个状态的路径，也就是从网格图的倒数第二列开始(图 13-7中的Ⅰ)。我们可以在之前的最优路径基础上，得到在这一列(倒数第二列)各个结点出发的最优路径的对数概率值。假设现在对某一个结点，我们已知离开这个结点的每个边的权重以及每个边所到达的结点的权重，那么我们就可以从中计算出求和之后具有最大对数概率项(最小负对数概率)的路径，也即得到离开这个结点的最佳路径，所得到的求和结果也就是要从这个结点离开所对应的最佳值，也称为**转移代价函数**(cost to go function)。

根据以上过程，我们可以得到从倒数第二列的每个结点出发的最优路径，进一步，可以继续倒推出从倒数第三列的每个结点出发的最优路径(图 13-7 中的Ⅱ)。从倒数第三列的每个结点出发，可以到达倒数第二层对应的各个结点；同时，我们基于前面的过程，已经知道从倒数第二层的各个结点出发所对应的各个最优路径。因此，我们可以得到从倒数

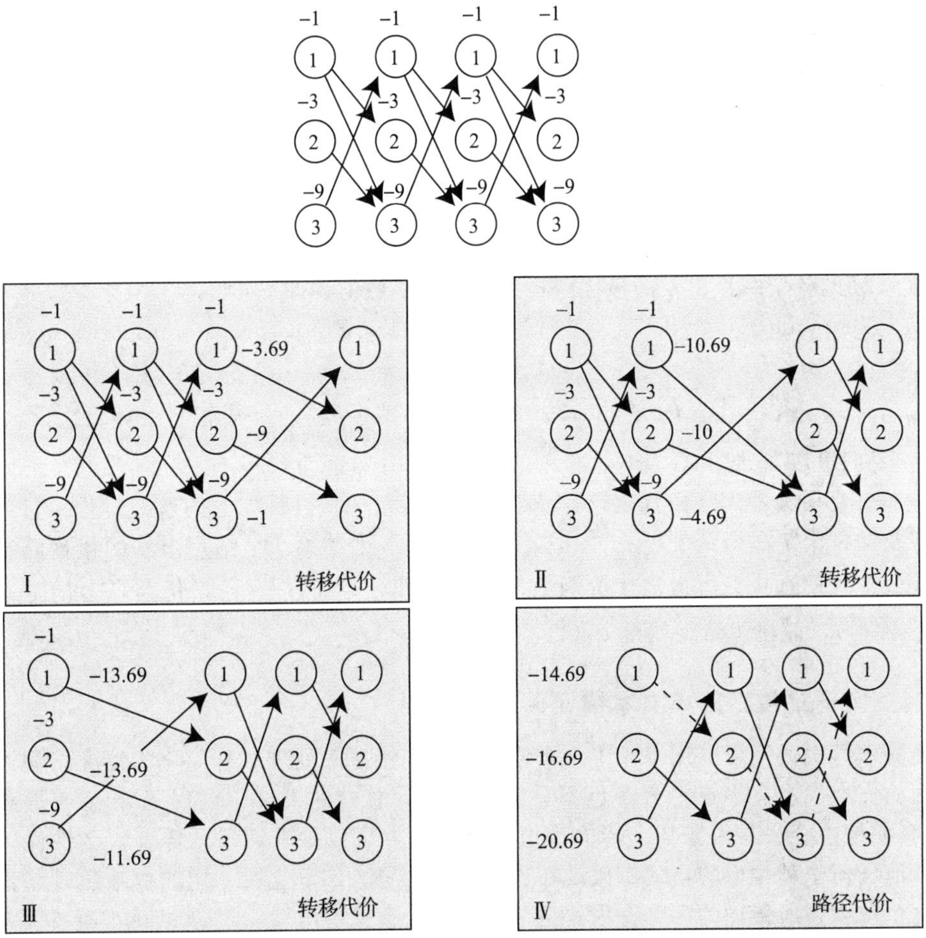

图 13-7　通过网格图寻找最优路径的一个例子。其中每个结点的出边的概率是均匀分布的(注：ln2≈−0.69)

第三层的各个结点出发的最优路径，它应该在以下三种取值上都是最优的：从这个结点出发的边的权值、到达的倒数第二列的结点本身的权值、从到达的倒数第二列的结点出发的路径的值。类似地，这个原则对于前面的层也同样成立(图 13-7 中的Ⅲ)。因此这就形成了一个递归。直到最后，为了找到第一列状态 $X_1=i$ 的最优路径，我们从第一列的该结点出发，然后与从该结点出发的最优路径(已在递归过程中得到，如图 13-7 中的Ⅳ所示)的值求和，然后寻找具有最小负对数概率值的路径对应的第一列中的结点即可。

我们也可以得到具有最小似然值的路径。当计算一个结点对应的值时，我们只计算从这个结点出发的最佳的边。在到达第一列时，我们直接选择具有最优值的路径所对应的结点即可(此时未考虑各个结点自身拥有的权值)。此时所对应的路径如图 13-7 Ⅳ中的虚线所示。

13.2.3　基于动态规划的推断过程

接下来我们将从两个方面对前一节中的递归过程进行形式化。首先，令 $C_w(j)$表示从网格图中的结点 $X_w=j$ 出发到最后的最优子路径的代价值，$B_w(j)$表示从 $X_w=j$ 出发的最优路径所经过的第 $w+1$ 列的结点。因此，$C_w(j)$可以给出最优路径的代价值，而 $B_w(j)$可以表明在最优路径上的下一个结点。

根据以上定义，我们可以得到倒数第二列的每个结点所对应的最优路径以及经过的下一个结点分别为

$$C_{N-1}(j)=\min_u[-\log P(X_N=u|X_{N-1}=j)-\log P(Y_N|X_N=u)]$$

和

$$B_{N-1}(j)=\arg\min_u[-\log P(X_N=u|X_{N-1}=j)-\log P(Y_N|X_N=u)]$$

(以上两个式子可以对照图 13-7 的Ⅰ进行理解。)

一旦有了从第 $w+1$ 列的各个结点出发的最优路径及其代价函数值，我们就可以倒推出从第 w 列的各个结点出发的最优路径及其代价函数值，如下：

$$C_w(j)=\min_u[-\log P(X_{w+1}=u|X_w=j)-\log P(Y_{w+1}|X_{w+1}=u)-C_{w+1}(u)]$$

和

$$B_w(j)\arg\min_u[-\log P(X_{w+1}=u|X_w=j)-\log P(Y_{w+1}|X_{w+1}=u)-C_{w+1}(u)]$$

(同样，我们可以对照图 13-7 中的Ⅱ和Ⅲ进行理解和验证。)

接下来要得到最优路径就比较容易了。我们可以一直进行如上的递归过程，直到对第一列涉及的每个 j 都得到了 $C_1(j)$。这给出了从第一列的第 j 个结点出发的最优路径的代价函数值。我们选择拥有最优代价函数值的结点即可，如$\hat{j}$；这条最优路径上的下一个结点就是 $B_1(\hat{j})$，而最优路径就是 $B_1(\hat{j})$，$B_2(B_1(\hat{j}))$，……

13.2.4　例子：校正简单文本错误

隐马尔可夫模型可以用于校正文本错误。我们接下来处理一种简化的情况。假设我们要处理的文本中没有标点符号，也不含大写字母，总共涉及 27 个符号(26 个字母和空格符)。我们把这个文本沿着某个传输信道进行传送，可以是电话线、传真、文件保存程序或者其他任何一种类似的形式。假设在这个传输中各个字母会有一定的概率出现错误。比如对每个位置，所传输的字母有大小为 $1-p$ 的概率保持与输入字母相同；而有大小为 p 的概率会用该字符的前一个或后一个字符代替实际字符进行传送。这种情况可以类比以前的老式打字机可能会在某个字符上卡壳而重复输出上一个字符。现在，我们需要基于以上

假设条件，从观测到的输出中重构出实际传送的信息。

根据本章的文本，我们可以构建出对应的一元模型、二元模型和三元模型。我将文本中的所有标点符号删去，并将所有大写字母转化为小写字母。然后，我利用一个隐马尔可夫模型工具包完成推断(我这里用的是 Matlab，但也可以用 R 语言)。实现的主要难点是保证状态转移和模型输出的正确。在我们的统计中，大约 40％的二元项和 86％的三元项都没有在我们的文本中出现过。对此，我划分了 0.01 的概率出来，由所有没有出现过的二元项(或三元项)平分。其中最常出现的一元项、二元项和三元项如表 13-1、表 13-2、表 13-3 所示。作为一个简单示例，我用如下文本作为一个观测序列：

the trellis has two crucial properties each directed path through the trellis from the start column to the end column represents a legal sequence of states now for some directed path from the start column to the end column sum all the weights for the nodes and edges along this path this sum is the log of the joint probability of that sequence of states with the measurements you can verify each of these statements easily by reference to a simple example

表 13-1 表中的字符是我基于本章的文本草稿所得到的最常出现的字符(一元项)及其概率(此处实际是频率)。其中“*”表示空格。在这个统计中，表格中最常出现的是空格(根据空格的上述概率值，可以推算出平均每个字的长度大约是 5～6 个字母)

*	e	t	i	a	o	s	n	r	h
1.9e−1	9.7e−2	7.9e−2	6.6e−2	6.5e−2	5.8e−2	5.5e−2	5.2e−2	4.8e−2	3.7e−2

表 13-2 本章书稿中出现最频繁的二元项及其概率(此处为频率)，其中“*”表示空格。这里分别列出了 10 个最常见字符作为开头的 5 个最常出现的二元项字母组。从该表中，我们可以大概看出二元项和一元项出现频次之间的关系：一个单词的首字母的出现频次会和其他字母的出现频次稍有不同(表格中第一行的空格后面跟着的字母就相当于是一个单词的首字母)。在所有的二元项中，大约有 40％的二元项没有在本章书稿中出现过

常见字符					
*	*t(2.7e−2)	*a(1.7e−2)	*i(1.5e−2)	*s(1.4e−2)	*o(1.1e−2)
e	e*(3.8e−2)	er(9.2e−3)	es(8.6e−3)	en(7.7e−3)	el(4.9e−3)
t	th(2.2e−2)	t*(1.6e−2)	ti(9.6e−3)	te(9.3e−3)	to(5.3e−3)
i	in(1.4e−2)	is(9.1e−3)	it(8.7e−3)	io(5.6e−3)	im(3.4e−3)
a	at(1.2e−2)	an(9.0e−3)	ar(7.5e−3)	a*(6.4e−3)	al(5.8e−3)
o	on(9.4e−3)	or(6.7e−3)	of(6.3e−3)	o*(6.1e−3)	ou(4.9e−3)
s	s*(2.6e−2)	st(9.4e−3)	se(5.9e−3)	si(3.8e−3)	su(2.2e−3)
n	n*(1.9e−2)	nd(6.7e−3)	ng(5.0e−3)	ns(3.6e−3)	nt(3.6e−3)
r	re(1.1e−2)	r*(7.4e−3)	ra(5.6e−3)	ro(5.3e−3)	ri(4.3e−3)
h	he(1.4e−2)	ha(7.8e−3)	h*(5.3e−3)	hi(5.1e−3)	ho(2.1e−3)

表 13-3 本章书稿中出现最频繁的 10 个三元项及其概率值(此处为频率)，其中“*”表示空格。我们可以发现，“the”“a”出现得非常频繁，同时由于“*the*”的频繁出现，导致“he*”的出现频次也很高。在所有的三元项中，大约 80％没有在本章书稿中出现过

*th	the	he*	is*	*of	of*	on*	es*	*a*	ion
1.7e−2	1.2e−2	9.8e−3	6.2e−3	5.6e−3	5.4e−3	4.9e−3	4.9e−3	4.9e−3	4.9e−3
tio	e*t	in*	*st	*in	at*	ng*	ing	*to	*an
4.6e−3	4.5e−3	4.2e−3	4.1e−3	4.1e−3	4.0e−3	3.9e−3	3.9e−3	3.8e−3	3.7e−3

上述示例文本序列中一共有 456 个字符。当以本节第一段中的方式按照 $p=0.0333$ 的概率加入噪声后，我们得到如下文本：

theztrellis has two crucial properties each directed path through the tqdllit from the start column to the end coluln represents a legal sequencezof states now for some directed path from the start column to thf end column sum aml the veights for the nodes and edges along this path this sum is the log of the joint probability oe that sequence of states wish the measurements youzcan verify each of these statements easily by reference to a simple examqle

可以发现上述文本已经被打乱了(但不算严重，一共有 13 个字符发生了变化，有 443 个字符和原来一样)。

接下来，我们利用一元模型进行修正输出，可以得到：

the trellis has two crucial properties each directed path through the tqdllit from the start column to the end column represents a legal sequence of states now for some directed path from the start column to thf end column sum aml the veights for the nodes and edges along this path this sum is the log of the joint probability oe that sequence of states wish the measurements you can verify each of these statements easily by reference to a simple examqle

在上述结果中有 3 个错误被修正了。因为一元模型只能在遇到的单个字符的概率比这个位置的字符是由噪声产生的概率高时才会进行修正。而这一点只对“z”成立，因为相对来说它出现的次数最少，概率最低，而被修正时会被一元模型修正为拥有最高概率的空格。

类似地，我们利用二元模型进行修正输出，可以得到：

she trellis has two crucial properties each directed path through the trellit from the start column to the end coluln represents a legal sequence of states now for some directed path from the start column to the end column sum aml the veights for the nodes and edges along this path this sum is the log of the joint probability oe that sequence of states wish the measurements you can verify each of these statements easily by reference to a simple example

上面的结果中有 449 个字符的位置是正确的，因此看上去比一元模型的结果稍好一点。

我们继续用三元模型进行修正输出，得到结果为

the trellis has two crucial properties each directed path through the trellit from the start column to the end column represents a legal sequence of states now for some directed path from the start column to the end column sum all the weights for the nodes and edges along this path this sum is the log of the joint probability of that sequence of states with the measurements you can verify each of these statements easily by reference to a simple example

上述结果基本修正了所有错误，只有一个未修正过来(其中的“trellit”应为“trellis”)。

13.3 隐马尔可夫模型的学习过程

对于一个隐马尔可夫模型的学习，可以分为两种情况。第一种是隐状态具有比较重要和明确的语义信息。比如，隐状态可能是文字或字母。这时我们希望所学习到的模型可以考虑到所包含的语义信息。比如模型应当根据印刷文字或声音等恢复出正确搭配的单词或

词组。可以参看 13.3.1 节。

在第二种情况下，我们需要对一个序列建模，而隐状态只是一个中间桥梁，没有特殊意义。一个例子是人体运动数据。我们可以用各种不同的设备测量一个人在运动时各个关结点的位置信息，构建这些位置信息随时间变化的序列(这一类数据在电影或游戏的计算机虚拟成像(CGI)中具有重要作用)。当我们观测到一些运动数据后，希望能预测产生更多的运动数据；另一个例子是在已有的股票价格序列基础上预测未来的股票价格；或在一段加密文本的基础上预测生成更多的加密文本(比如用来迷惑最初原始加密文本的阅读者)。在这些情况中，它们与前面所描述的隐马尔可夫模型稍有不同，但它们经常出现。针对这类情况，一种学习这个模型的有效方法就是期望最大化算法(EM 算法。见 13.3.2 节)。

13.3.1　当隐状态有明确语义信息时

此时会有两种情况。一种是同时知道状态 X_i 的序列与观测输出 Y_i 的序列。本书中假定所有变量都是离散的，因此可以通过计算频次的方式构建 $P(X_{i+1}|X_i)$和 $P(Y|X)$。当我们对一类数据建模之后，就可以将其类比推广到其他类型。当然，要使得这种根据频次来赋值概率的做法比较合理，前提是有足够多的数据。当数据规模不足时——经常有因为没有出现而导致对应概率被赋值为零的情况，此时需要引入一些数据平滑方法进行处理。

第二种情况是我们知道状态 X_i 的序列，但不知道对应的观测输出 Y_i 的序列。比如对于加密英语文本的替换操作。我们可以很容易地获得大量数据，以此来推算出 $P(X_{i+1}|X_i)$(可以通过大量的英语文本语料获得)，但我们因为不知道 X 如何对应于 Y 而无法得知 $P(Y|X)$。在这种情况下的一种有效学习方法就是期望最大化算法(EM 算法)。接下来进行详细介绍。(更多变体参见习题部分。)

13.3.2　基于 EM 的隐马尔可夫模型学习过程

假设我们有一个数据集 $\mathbf{Y}$，包含 R 个可视状态序列，第 u 个序列包含 $N(u)$个元素。我们假设观测值是离散变量(比如每个 Y 只可以取 O 个可能值中的一个)。我们希望能够构建出一个可以很好地表达这个数据的模型。现在我们先假设已知每个隐状态和每个可视状态之间的对应关系。记 $Y_t^{(u)}$ 表示在第 u 个序列中观测到的第 t 个可视状态的观测值，$X_t^{(u)}$ 表示在第 u 个序列中第 t 个可视状态对应的隐状态变量，s_k 表示隐状态的可能取值($k=1,2,\cdots,S$)，y_k 表示 Y 的可能取值($k=1,2,\cdots,O$)。

根据前面隐马尔可夫模型的定义可知，一个隐马尔可夫模型将由三个部分的参数决定：π、$\mathcal{P}$和 $\mathcal{Q}$。我们假设这三个部分的参数在形成观测序列的整个过程中不随时间发生变化(即该模型是齐次的)。首先，π 是一个 S 维的向量，其中第的 i 个元素 π_i 表示模型以状态 s_i 作为起始状态的概率，即 $\pi_i=P(X_1=s_i|\theta)$。接下来，对于 $\mathcal{P}$，它是一个 $S\times S$ 的矩阵，其中的第(i,j)个元素表示 $P(X_{t+1}=s_j|X_t=s_i)$。最后，对于 $\mathcal{Q}$，它是一个 $O\times S$ 的矩阵，其中的第(i,j)个元素记为 $q_j(y_i)=P(Y_t=y_i|X_t=s_j)$。为方便接下来的讨论，我们用 θ 表示这三组参数的集合。

现在，根据本节第一段的假设，我们可以得到所有 t、u 所对应的 $X_t^{(u)}$ 的取值(即对于每一个 $Y_t^{(u)}$，我们可以知道对应的 $X_t^{(u)}=s_i$)。那么接下来，我们可以通过计算频次的方式对参数进行估计。比如，我们可以通过计算以 $X_1=s_i$ 为起始的序列的数量除以总的序列数目来得到π_i。我们将用如下函数 $\delta_t^{(u)}(i)$表示这个过程：

$$\delta_t^{(u)}(i)=\begin{cases}1, & X_t^{(u)}=s_i\\ 0, & \text{其他}\end{cases}$$

当我们知道 $\delta_t^{(u)}(i)$的取值时，就可以得到

$$\pi_i=\frac{\text{将状态 } s_i \text{ 作为起始状态的次数}}{\text{总的序列数目}}=\frac{\sum_{u=1}^{R}\delta_1^{(u)}(i)}{R}$$

$$\mathcal{P}_{ij}=\frac{\text{从状态 } s_j \text{ 向状态 } s_i \text{ 转移的次数}}{\text{总的状态转移次数}}=\frac{\sum_{u=1}^{R}\sum_{t=1}^{N(u)-1}\delta_t^{(u)}(j)\delta_{t+1}^{(u)}(i)}{\sum_{u=1}^{R}[N(u)-1]}$$

$$q_j(y_i)=\frac{\text{在状态为 } s_j \text{ 时输出观测为 } Y=y_i \text{ 的次数}}{\text{含有状态 } s_j \text{ 的总数目}}=\frac{\sum_{u=1}^{R}\sum_{t=1}^{N(u)}\delta_t^{(u)}(j)\delta(Y_t^{(u)},y_i)}{\sum_{u=1}^{R}\sum_{t=1}^{N(u)}\delta_t^{(u)}(j)}$$

其中 $\delta(u,v)$在 $u=v$ 时取值为 1，否则为 0。

现在的问题是我们并不知道 $\delta_t^{(u)}(i)$，因此也就无法直接得到上面的三项参数(我们之前其实也遇到过类似的情况，参考 9.2.1 节和 9.2.3 节)。这时我们就可以用 EM 来进行求解：我们有缺失变量($X_t^{(u)}$ 或者 $\delta_t^{(u)}(i)$)，同时对数似然形式又可以表达为这些缺失变量的函数形式。那么，现在假设我们得到了 θ 的某一次估计值$\hat{\theta}^{(n)}$。那么可以构建如下函数：

$$Q(\theta;\hat{\theta}^{(n)})=\mathbb{E}_{P(\delta|Y,\hat{\theta}^{(n)})}[\log P(\delta,Y|\theta)]$$

(E 步)。然后，我们可以据此计算

$$\hat{\theta}^{(n+1)}=\arg\min_{\theta}Q(\theta;\hat{\theta}^{(n)})$$

(M 步)。可以看出，上述过程的关键在于 E 步。(这里我们不再对上式的获取过程进行详细推导，读者可以结合第 9 章与本节的内容推导出上式)。而这其中的一个关键步骤是我们需要能够得到

$$\xi_t^{(u)}(i)=\mathbb{E}_{P(\delta|Y,\hat{\theta}^{(n)})}[\delta_t^{(u)}(i)]=P(X_t^{(u)}=s_i|Y,\hat{\theta}^{(n)})$$

若我们已知上面的 $\xi_t^{(u)}(i)$，就可以进一步得到

$$\hat{\pi}_i^{(n+1)}=\text{以状态 } s_i \text{ 作为起始状态的概率的期望}=\frac{\sum_{u=1}^{R}\xi_1^{(u)}(i)}{R}$$

$$\hat{\mathcal{P}}_{ij}^{(n+1)}=\frac{\text{从状态 } s_j \text{ 向 } s_i \text{ 转移的期望}}{\text{从状态 } s_j \text{ 向其他任意状态转移的期望}}=\frac{\sum_{u=1}^{R}\sum_{t=1}^{N(u)}\xi_t^{(u)}(j)\xi_{t+1}^{(u)}(i)}{\sum_{u=1}^{R}\sum_{t=1}^{N(u)}\xi_t^{(u)}(j)}$$

$$\hat{q}_j^{(n+1)}(k)=\frac{\text{在状态为 } s_j \text{ 时输出观测为 } Y=y_k \text{ 的期望}}{\text{所有序列中状态为 } s_j \text{ 的期望}}=\frac{\sum_{u=1}^{R}\sum_{t=1}^{N(u)}\xi_t^{(u)}(j)\delta(Y_t^{(u)},y_k)}{\sum_{u=1}^{R}\sum_{t=1}^{N(u)}\xi_t^{(u)}(j)}$$

其中 $\delta(u,v)$在 $u=v$ 时取值为 1，否则为 0。

为了得到 $\xi_t^{(u)}(i)$，我们引入两个中间变量：**前向变量**和**后向变量**。前向变量为

$$\alpha_t^{(u)}(j)=P(Y_1^{(u)},\cdots,Y_t^{(u)},X_t^{(u)}=s_j|\hat{\theta}^{(n)})$$

后向变量为

$$\beta_t^{(u)}(j)=P(\{Y_{t+1}^{(u)},Y_{t+2}^{(u)},\cdots,Y_{N(u)}^{(u)}\}\mid X_t^{(u)}=s_j\mid\hat{\theta}^{(n)})$$

如果这两组变量已知，那么我们就可以得到

$$\xi_t^{(u)}(i)=P(X_t^{(u)}=s_i\mid\hat{\theta}^{(n)},\mathbf{Y}^{(u)})=\frac{P(\mathbf{Y}^{(u)},X_t^{(u)}=s_i\mid\hat{\theta}^{(n)})}{P(\mathbf{Y}(u)\mid\hat{\theta}^{(n)})}=\frac{\alpha_t^{(u)}(i)\beta_t^{(u)}(i)}{\sum_{i=1}^{S}\alpha_t^{(u)}(i)\beta_t^{(u)}(i)}$$

因此，接下来的关键就是如何得到前向变量和后向变量。而对它们，我们可以通过归纳法得到。首先，对于前向变量 $\alpha_t^{(u)}(j)$，易得

$$\alpha_1^{(u)}(j)=P(Y_1^{(u)},X_1^{(u)}=s_j\mid\hat{\theta}^{(n)})=\pi_j^{(n)}q_j^{(n)}(Y_1)$$

而对于其他时刻 t，可以得到

$$\begin{aligned}\alpha_{t+1}^{(u)}(j)&=P(Y_1^{(u)},\cdots,Y_{t+1}^{(u)},X_{t+1}^{(u)}=s_j\mid\hat{\theta}^{(n)})\\&=\sum_{l=1}^{S}P(Y_1^{(u)},\cdots,Y_t^{(u)},Y_{t+1}^{(u)},X_t^{(u)}=s_l,X_{t+1}^{(u)}=s_j\mid\hat{\theta}^{(n)})\\&=\left(\sum_{l=1}^{S}[P(Y_1^{(u)},\cdots,Y_t^{(u)},X_t^{(u)}=s_l\mid\hat{\theta}^{(n)}\times P(X_{t+1}^{(u)}=s_j\mid X_t^{(u)}=s_l,\hat{\theta}^{(n)})]\right)\\&\quad\times P(Y_{t+1}^{(u)}\mid X_{t+1}^{(u)}=s_j,\hat{\theta}^{(n)})\\&=\left[\sum_{l=1}^{S}\alpha_t^{(u)}(l)p_{lj}^{(n)}\right]q_j^{(n)}(Y_{t+1})\end{aligned}$$

至此，我们就得到了所有的前向变量。类似地，对于后向变量 $\beta_t^{(u)}(j)$，我们可以得到

$$\beta_{N(u)}^{(u)}(j)=P(\text{无进一步输出}\mid X_{N(u)}^{(u)}=s_j,\hat{\theta}^{(n)})=1$$

对于其他时刻 t，我们可以得到

$$\begin{aligned}\beta_t^{(u)}(j)&=P(Y_{t+1}^{(u)},Y_{t+2}^{(u)},\cdots,Y_{N(u)}^{(u)}\mid X_t^{(u)}=s_j,\hat{\theta}^{(n)})\\&=\sum_{l=1}^{S}[P(Y_{t+1}^{(u)},Y_{t+2}^{(u)},\cdots,Y_{N(u)}^{(u)},X_{t+1}^{(u)}=s_l\mid X_t^{(u)}=s_j,\hat{\theta}^{(n)})]\\&=\sum_{l=1}^{S}[P(Y_{t+2}^{(u)},\cdots,Y_{N(u)}^{(u)}\mid X_{t+1}^{(u)}=s_j,\hat{\theta}^{(n)})\times P(Y_{t+1}^{(u)},X_{t+1}^{(u)}=s_l\mid X_t^{(u)}=s_j,\hat{\theta}^{(n)})]\\&=P(Y_{t+2}^{(u)},\cdots,Y_{N(u)}^{(u)}\mid X_{t+1}^{(u)}=s_j,\hat{\theta}^{(n)})\\&\quad\left(\sum_{l=1}^{S}[P(X_{t+1}^{(u)}=s_l\mid X_t^{(u)}=s_j,\hat{\theta}^{(n)})\times P(Y_{t+1}^{(u)}\mid X_{t+1}^{(u)}=s_l\ \hat{\theta}^{(n)})]\right)\\&=\beta_{t+1}(j)\left(\sum_{l=1}^{S}[q_l^{(n)}(Y_{t+1}^{(u)})p_{lj}^{(n)}]\right)\end{aligned}$$

至此我们得到一个简单的拟合算法，如过程 13.1 所示。

过程 13.1　用 EM 算法拟合隐马尔可夫模型

我们的目标是用 EM 算法来使得构建的模型可以拟合给定的数据序列 $\mathbf{Y}$，所需要求解的参数是 $\theta=(\mathcal{P},\mathcal{Q},\pi)_i$。假设现在已经有一个初步的估计值 $\hat{\theta}^{(n)}$，基于此，接下来就需要进一步计算和更新模型的系数。可以证明，这种迭代计算最终可以收敛到 $P(\mathbf{Y}\mid\hat{\theta})$ 的局部极大值。

如果$\hat{\theta}^{(n+1)} \neq \hat{\theta}^{(n)}$，则：

- 计算前向变量α和后向变量β；
- 执行过程13.2和过程13.3；
- 计算$\xi_t^{(u)}(i) = \dfrac{\alpha_t^{(u)}(i)\beta_t^{(u)}(i)}{\sum_{i=1}^{S}\alpha_t^{(u)}(i)\beta_t^{(u)}(i)}$；
- 基于过程13.4进行参数更新。

结束。

过程13.2 计算前向变量

$$\alpha_1^{(u)}(j) = \pi_j^{(n)} q_j^{(n)}(\mathbf{Y}_1)$$

$$\alpha_{t+1}^{(u)}(j) = \left[\sum_{l=1}^{S}\alpha_t^{(u)}(l)p_{lj}^{(n)}\right]q_j^{(n)}(\mathbf{Y}_{t+1})$$

过程13.3 计算后向变量

$$\beta_{N(u)}^{(u)}(j) = 1$$

$$\beta_i^{(u)}(j) = \beta_{t+1}(j)\left(\sum_{l=1}^{S}\left[q_l^{(n)}(Y_{t+1}^{(u)})p_{lj}^{(n)}\right]\right)$$

过程13.4 参数更新

$$\hat{\pi}_i^{(n+1)} = \frac{\sum_{u=1}^{R}\xi_1^{(u)}(i)}{R}$$

$$\hat{p}_{ij}^{(n+1)} = \frac{\sum_{u=1}^{R}\sum_{t=1}^{N(u)}\xi_t^{(u)}(j)\xi_{t+1}^{(u)}(i)}{\sum_{u=1}^{R}\sum_{t=1}^{N(u)}\xi_t^{(u)}(j)}$$

$$\hat{q}_j(k)^{(n+1)} = \frac{\sum_{u=1}^{R}\sum_{t=1}^{N(u)}\xi_t^{(u)}(j)\delta(Y_t^{(u)}, y_k)}{\sum_{u=1}^{R}\sum_{t=1}^{N(u)}\xi_t^{(u)}(j)}$$

其中$\delta(u,v)$在$u=v$时取值为1，否则为0。

习题

13.1 掷骰子问题：假设现在有一个均匀的骰子，我们一直掷，直到出现一个“5”点紧跟一个“6”点为止。以$P(N)$表示掷了N次才停止的概率。那么，

(a) $P(1)$是多少？

(b) 请证明$P(2)=1/36$。

(c) 画一个有向图，用于表示可能的骰子点数序列，并在图中的边上写出对应事件的概率(不是事件本身)。注意：其中只有一个边是有可能的，而另外的五个边都不是到达“5”的，这个暗含的条件简化了我们的问题。

(d) 请证明 $P(3)=1/36$。

(e) 用你画出的有向图证明 $P(N)=5/6P(N-1)+25/36P(N-2)$。

13.2 更复杂的硬币抛掷问题：假设现在我们随机抛掷一个硬币，直到连续三次抛掷的结果组合是 HTH 或 THT 为止。接下来，我们需要计算 $P(N)$的递归关系式。

(a) 请画出这个过程的有向图。

(b) 将画出的有向图设想为一个有限状态机。记 Σ_N 表示该有限状态机所得到的长为 $N(N>3)$的序列，那么可以知道它必然具有以下四种形式之一：

1) $\mathrm{TT}\Sigma_{N-2}$

2) $\mathrm{HH}\Sigma_{N-3}$

3) $\mathrm{THH}\Sigma_{N-2}$

4) $\mathrm{HTT}\Sigma_{N-3}$

(c) 请证明 $P(N)=1/2P(N-2)+1/4P(N-3)$。

13.3 对于实例 13.1 中雨伞的例子，我们假设晚上有 0.7 的概率会下雨，早上有 0.2 的概率会下雨。我早上去工作，晚上离开办公室回家。

(a) 请写出转移概率矩阵；

(b) 它的稳态分布是什么？(可以用计算机来辅助你完成这个问题。)

(c) 我晚上会淋雨到家的可能性有多大？

(d) 我早上去工作不被淋的可能性有多大？

编程练习

13.4 假设现在有一个不诚实的赌徒，他有两个骰子和一个硬币，硬币和其中一个骰子是均匀的，但另一个骰子是非均匀的，其点数为 n 的概率为 $P(n)=[0.5,0.1,0.1,0.1,0.1,0.1]$。在最开始，这个赌徒随机选了一个骰子。然后，他通过抛掷硬币来决定如何选骰子。若硬币显示正面(概率 p)，则赌徒就换另外一枚骰子；反之，若硬币显示反面，赌徒就继续使用手里既有的这枚骰子。

(a) 请用一个隐马尔可夫模型对上述过程进行建模。其输出值应为 1，2，…，6，而要达到这一步需要知道两个隐状态信息(需要知道当前用的是哪个骰子)。请利用这个模型分别模拟出 $p=0.01$ 和 $p=0.5$ 时输出的长序列，并观察它们的不同。

(b) 利用上述的模拟过程构造出在 $p=0.1$ 时的 10 个长度为 100 的输出值序列。并记录每个序列的实际隐状态序列。接下来请用动态规划，根据输出序列对隐状态进行反向推断和求解，并对比有多少隐状态被正确识别出来了。

13.5 假设现在有一个不诚实的赌徒，他有两个骰子和一个硬币，硬币和其中一个骰子是均匀的，但另一个骰子是非均匀的，其点数为 n 的概率为 $P(n)=[0.5,0.1,0.1,0.1,0.1,0.1]$。在最开始，这个赌徒随机选了一个骰子。然后，他通过抛掷硬币来决定如何选骰子。若硬币显示正面(概率 p)，则赌徒就换另外一枚骰子；反之，若硬币显示反面，赌徒就继续使用手里既有的这枚骰子。

(a) 请用一个隐马尔可夫模型对上述过程进行建模。其输出值应为 1，2，…，6。

而要达到这一步需要知道两个隐状态信息(需要知道当前用的是哪个骰子)。请用该模型构建一个当 $p=0.2$ 时长度为 1000 的输出序列。

(b) 请利用(a)中的观测输出序列和 EM 算法来学习一个只有两个隐状态的隐马尔可夫模型。

(c) 可以证明,要想比较上面学习出来的模型与真实模型的区别是很困难的。比如我们是否可以用两个模型各自推断出一个隐状态序列,然后比较这个推断出来的序列?提示:不能。原因留给读者来思考。

(d) 分别用上面学习出来的模型和真实模型模拟一个长度为 1000 的状态序列。对每个序列,分别计算其中 1,2,…,6 的出现比例。从中可以发现学习出来的模型的好坏。提示:可以尝试用 χ^2 测试来判断你所观察到的不同是偶然随机因素造成的,还是确实是由于两个模型不同而造成的。

13.6 **注意:这个练习虽然比较直接,但非常详细。**

我们接下来用一个隐马尔可夫模型进行文本校正。

(a) 获取一个无版权图书的纯文字文本。一个可能的资源是 https://www.gutenberg.org 上的古登堡计划(Project Gutenberg)。去掉文本中除空格以外的所有标点符号,将所有大写字母替换为小写字母,将多个连续出现的空格合并为 1 个空格,最后得到的文本资源就只涉及 27 个符号(26 个小写字母和一个空格符)。根据这个文本资源,计算以字符为单位的一元项、二元项和三元项的频率。

(b) 利用上面计算得到的频率构建一元模型、二元模型和三元模型。请注意,我们应当构建一个不加数据平滑的模型,以及至少一个加数据平滑的模型。对于加数据平滑的模型,可以选择一个较小的概率值 ϵ,将其平分到所有未出现过的 n 元项上。

(c) 将每个字符以 p_c 的概率进行随机替换,构建一个被噪声干扰破坏的文本版本。

(d) 对于噪声干扰后的文本,利用隐马尔可夫模型的推断包输出一个对于真实文本的最佳估计。需留意的是,当选择的单元块比较大时(如 n 元模型中的 n 比较大时),这个推断过程就会变得非常慢;但如果这个单元过小,又可能得不到一个很好的矫正和估计结果。

(e) 分别估计 $p_c=0.01$ 和 $p_c=0.1$ 时,校正后的文本在不同的 ϵ 取值下的错误率。需注意的是,校正后的文本有可能比校正前更糟。

13.7 **注意:这个练习虽然比较直接,但非常详细。**

我们接下来用一个隐马尔可夫模型破译一个替换式加密的文本。

(a) 获取一个无版权图书的纯文字文本。一个可能的资源是 https://www.gutenberg.org 上的古登堡计划。去掉文本中除空格以外的所有标点符号,将所有大写字母替换为小写字母,将多个连续出现的空格合并为 1 个空格,最后得到的这个文本资源就只涉及 27 个符号(26 个小写字母和一个空格符)。根据这个文本,计算由字符构成的一元项、二元项和三元项的频率。

(b) 利用上面计算得到的频率构建一元模型、二元模型和三元模型。请注意,我们应当构建一个不加数据平滑的模型,以及至少一个加数据平滑的模型。对于加数据平滑的模型,可以选择一个较小的概率值 ϵ,将其平分到所有未出现过的 n 元项上。

(c) 构建一个加密的文本。我们这里用替换式加密法,即你可以将 27 个字符的顺序随机打乱,然后将原来的文本按照打乱顺序后的“新字母表”重写。我们将打乱前后的 27 个符号放在一起,可以用一个 27×27 的排序矩阵来表达这个打乱前后的对应关系，其中矩阵的每一个元素取值为 1 或 0，每一行或每一列有且只有一个 1。每一个字符可以表达成一个 27 维的独热向量(one-hot vector)，只有一个元素为 1，其余均为 0。比如对于第 i 个字符，对应的第 i 个元素就为 1。(因此如字母“a”就可以表达为第一个元素为 1 的向量。)按照这种方法，一个文档就可以表达成这些向量的序列。接下来，可以将原始文档的表示矩阵乘以排序矩阵就可以得到打乱顺序后的加密文档。

(d) 用至少 10 000 个加密后的字符序列结合 EM 算法估计一个隐马尔可夫模型。这里可以采用前面习题中的一元模型作为转移模型。此时状态转移部分不需要重新估计，但我们需要根据实际文本重新估计从状态到观测输出的输出模型(emission model)和先验信息。接下来，将已知的转移模型、估计的输出模型、先验信息代入 E 步，然后在 M 步中更新输出模型和先验即可。

(e) 对于加密的文本，利用隐马尔可夫模型的推断包输出一个对于真实文本的最佳估计。需留意的是，当选择的单元块比较大时(如 n 元模型中的 n 比较大时)，这个推断过程就会变得非常慢；但如果这个单元过小，又可能得不到一个很好的解码结果。

(f) 最后，将上面的问题用二元模型和三元模型各自操作一遍，并比较哪个模型解码出的文本更准确。

第 14 章

Applied Machine Learning

学习序列模型的判别式方法

本章将解决你在前一章中可能没有留意的两个问题。首先，对很多序列来说 HMM 并不是最佳选择，因为表示一个以字母为条件的墨迹模型很奇怪。像这样的生成模型要解决实际问题通常还需要完成很多其他额外的工作，而以墨迹为条件的字母建模往往容易得多(这就是分类器的工作原理)。其次，在许多应用中我们更希望学得的模型在给定一组观察到的状态时能产生出正确的隐状态序列，而不是只希望最大化似然。

要解决这些问题需要进行一定的推广。隐马尔可夫模型有两个很好的特性，首先，它们可以用图表示；其次，推断简单且高效。在本章中，我们将介绍可以用图表示，且容易进行推断的其他模型。如果我们将模型的图表示为森林形式，高效推断就可以进行。一个符合我们的标准的序列模型就是判别式方法，但它有个潜在的缺陷。还有更好一些的模型无法用隐状态组的联合概率明确解释，但不妨碍它们可以很容易地进行推断。

现在，我们希望模型读入墨迹序列来输出字符序列。一种训练方式是通过最大化训练数据的联合概率选出一个模型。但这可能并不是我们真正想要的。假设训练数据是墨迹序列和相应的字符序列，我们真正希望的是在向模型输入一段墨迹序列时能产生出对应的真实字符序列。这个在思想上更接近于训练一个分类器(让它产生输入数据的真实标签或近似值)。训练一个序列模型去输出我们想要的目标序列，实际上可以看作是在分类器的基础上做了一个直截了当却又有趣的推广。

14.1 图模型

HMM 的一个吸引人之处在于其推断很容易。我们可以在多项式时间内完成对指数大小的空间的搜索，找到最优路径。前面已经把 HMM 的代价函数迁移到了网格图上，并在网格图上进行了推断。但前面做的事并不要求最小化的代价函数一定是对数概率的形式(回顾 13.2 节确认这一点，这很重要)。在网格图上设置任意的结点权重和边权重，都可以用同一套算法求解权重之和最小的路径。

14.1.1 推断与图

推断与图两者的关联使我们有可能构建出 HMM 之外其他的同样易于推断的模型。这会是个产出丰硕的想法，但需要我们仔细思考是什么让推断变得容易。对 HMM，联合概率的对数可以分解为

$$\begin{aligned}-\log P(Y_1,Y_2,\cdots,Y_N,X_1,X_2,\cdots,X_N) = & -\log P(X_1)-\log P(Y_1\,|\,X_1)- \\ & \log P(X_2\,|\,X_1)-\log P(Y_2\,|\,X_2)- \\ & \cdots \\ & \log P(X_N\,|\,X_{N-1})-\log P(Y_N\,|\,X_N)\end{aligned}$$

在推断时需要选取 $X_1,\cdots,X_N$ 的值最大化这一目标函数。注意，目标函数是两类项的和，一类是**一元项**(unary term)，是单变量的函数，记为 $V(X_i)$。其中的变量表明我们正在处理的是哪一个顶点函数，这也是概率论方法中约定俗成的写法。另一类是**二元项**

(binary term)，是双变量的函数，我们按类似的惯例，记为 $E(X_i, X_j)$。以 HMM 为例，其变量就是隐状态，一元项是输出概率的负对数，而二元项则是转移概率的负对数。

当然，我们也可以把这一目标函数画成图的形式。每个变量对应一个顶点(一元项有时称为**顶点项**，vertex term)，每个二元项对应一条边(二元项有时称为**边项**，edge term)。事实上，如果这个图是森林，那么优化会很容易，下面我们将进行简要概述。但如果所处理的图不是森林，也不代表对应的优化问题就一定难解；其中有大量有趣的细节值得挖掘，我们在这里先暂时忽略。

最简单的一种图就是**链图**(chain graph)。链图的形状像一条链子(故有此名)，是源于 HMM 的图表示形式。这个图中，每个 X_i 有一个顶点项(对 HMM 来说，是 $-\log P(Y_i \mid X_i)$)。对所有 i，如果顶点 X_i 和 X_{i+1} 都存在，则二者之间有一个边项(对 HMM 来说就是 $-\log P(X_{i+1} \mid X_i)$)。推断的目标函数可以写作

$$f(X_1, \cdots, X_n) = \sum_{i=1}^{N} V(X_i) + \sum_{i=1}^{N-1} E(X_i, X_{i+1})$$

我们的目标是最小化这个函数。为此，我们定义一个递归形式的**转移代价函数**(cost-to-go function)，记

$$f_{\text{cost-to-go}}^{(N-1)}(X_{N-1}) = \min_{X_N}[E(X_{N-1}, X_N) + V(X_N)]$$

它表示在选取最优的 X_N 时，X_{N-1} 的取值对含 X_N 的项的影响。这意味着

$$\min_{X_1, \cdots, X_N} f(X_1, \cdots, X_N)$$

等价于

$$\min_{X_1, \cdots, X_{N-1}} (f(X_1, \cdots, X_{N-1}) + f_{\text{cost-to-go}}^{(N-1)}(X_{N-1}))$$

从而我们可以用 X_{N-1} 的单变量函数

$$f_{\text{cost-to-go}}^{(N-1)}(X_{N-1})$$

代替

$$E(X_{N-1}, X_N) + V(X_N)$$

进而把第 N 个变量从优化过程中剔除。

另一种等价方式是，假设我们必须为 X_{N-1} 选定一个值。选定 X_{N-1} 后，转移代价函数就能够以选定的 X_{N-1} 为条件，选取最优的 X_N 来得到 $E(X_{N-1}, X_N) + V(X_N)$ 的值。进一步地，如果我们知道 X_{N-1} 处的转移代价函数，就可以计算出以我们选定的 X_{N-2} 为条件时最优的 X_{N-1}。由此得到

$$\min_{X_{N-1}, X_N} [E(X_{N-2}, X_{N-1}) + V(X_{N-1}) + E(X_{N-1}, X_N) + V(X_N)]$$

等价于

$$\min_{X_{N-1}}[E(X_{N-2}, X_{N-1}) + V(X_{N-1}) + (\min_{X_N} E(X_{N-1}, X_N) + V(X_N))]$$

而这个过程是可以递归进行的，最后可以得到

$$f_{\text{cost-to-go}}^{(k)}(X_k) = \min_{X_{k+1}} E(X_k, X_{k+1}) + V(X_k) + f_{\text{cost-to-go}}^{(k+1)}(X_{k+1})$$

这其实就是 13.2.2 节中我们在网格图上做的事。注意到

$$\min_{X_1, \cdots, X_N} f(X_1, \cdots, X_N)$$

等于

$$\min_{X_1, \cdots, X_{N-1}} (f(X_1, \cdots, X_{N-1}) + f_{\text{cost-to-go}}^{(N-1)}(X_{N-1}))$$

也等于

$$\min_{X_1,\cdots,X_{N-2}} (f(X_1,\cdots,X_{N-2}) + f_{\text{cost-to-go}}^{(N-2)}(X_{N-2}))$$

因此我们可以利用转移代价函数的递归定义，将它转化成

$$\min_{X_1,\cdots,X_N} f(X_1,\cdots,X_N) = \min_{X_1}(f(X_1) + f_{\text{cost-to-go}}^{1}(X_1))$$

上述过程给出了在网格图上最大化目标函数的另一种描述。我们从 X_N 开始构造 $f_{\text{cost-to-go}}^{(N-1)}(X_{N-1})$，然后把这个函数写成表格形式，并给出 X_{N-1} 取不同值时转移代价函数的值；然后，我们再列一张表，给出在 X_{N-1} 取所有不同值时最优的 X_N；接下来，可以继续以表格的形式分别表示出 $f_{\text{cost-to-go}}^{(N-2)}$，以及 X_{N-2} 取不同值时的最优 X_{N-1}，等等；最终我们可以归约到 X_1，我们选择使($f_{\text{chain}}(X_1) + f_{\text{cost-to-go}}^{1}(X_1)$)达到最优值的 X_1，就得到了 X_1 的解。但从这个解出发，我们可以反过来查询 X_2 关于 X_1 的函数表来解出 X_2，依此类推，直到 X_N。显而易见，这一过程可以在多项式时间内给出解，如果每个 X_i 有 k 个取值，那么总的耗时是 $O(Nk^2)$。

上面的策略对于具有森林结构的模型是很有效的。这一点很容易通过归纳法来证明。如果森林不包含边(即完全由结点构成)，那么显然可以用一种很简单的策略达到目标(比如直接独立选取每个 X_i 的最优值)，这显然可以在多项式时间内完成。现在假设算法对含有 e 条边的森林可以在多项式时间内给出结果，我们证明它对 $e+1$ 条边的森林也可以做到这一点。这里分两种情况讨论：如果新增加的边连接了两棵已有的树，那么我们可以对树重新排序，使连接的结点成为根结点，然后对每个根结点构造一个转移代价函数，并用此转移代价函数为这些连接的根结点选取最优的状态组(state pair)；另一种情况是，某棵树增加了一条新的边，这条边的一端只连接了一个孤立的结点。在这种情况下，我们对树重新排序，使这个新结点成为根结点，并构造一个从叶子结点到这个根结点的转移代价函数。从组合数的角度审视，可知算法可行。我们将在 15.1 节中看到一些因图表示不是森林而不易推断的图模型，对这些模型，我们需要用近似策略进行推断。

记住：基于动态规划的推断并不要求权重一定是对数概率。它只需要一个定义在森林上的、可以表示为边和顶点的权重之和的代价函数。在这种一般形式下，动态规划算法可以通过反复消去结点和计算转移代价函数实现推断。

14.1.2　图模型

一个可以将推断问题表示为图的概率模型称为**图模型**(graphical model)。具有这种性质的模型有许多优点。对于一些相对容易的推断，如前面所述，我们是了解的；而如果推断是相对比较困难的(我们后面会有介绍)，我们也往往有很好的近似算法。这一点自然地使得这些模型可以适用于很多问题，而且模型在使用时也很容易构造(图 14-1)。

这里介绍一种对一般形式的图模型进行表达的方法。假设我们希望构造 R 个变量 $U_1,\cdots,U_R$ 上的一个概率分布，并希望将它画成一个图，那么这个分布就需要分解成一系列项，且每个项至多依赖两个变量。这就意味着存在函数ψ_i，ϕ_{ij}，使得

$$-\log P(U_1,\cdots,U_R) = \sum_{i=1}^{R} \psi_i(U_i) + \sum_{(i,j)\in\text{变量对}} \phi_{ij}(U_i,U_j) + K$$

其中 K 是**归一化常数**(normalizing constant)的对数，用来保证分布之和为 1。我们暂时先不关注它。

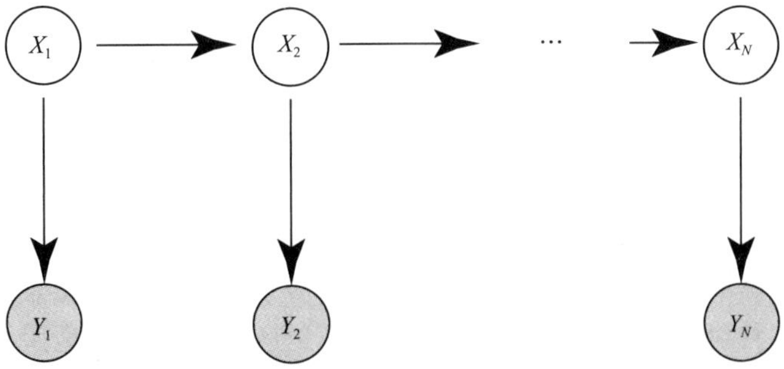

图 14-1 HMM 是图模型的一个例子。隐变量 X_i 和观测值 Y_i 的联合概率分布可按前面叙述的方式进行分解。每个变量可以用图中的一个顶点表示，而分解式中的每对变量用一条边连接，并按条件概率的习惯标注出箭头的方向，而观测值对应的顶点以阴影表示

下面假设我们有一个可以写成这种形式的概率分布。我们把 U 个变量分为两组，一组是未知的 X_i——我们需要通过推断恢复的变量，另一组是已知的 Y_j。这样一来，有一部分 $\psi(\phi)$ 就成为常数，因为它们的自变量(某一个或两个)是已知的；这些常数并不影响优化求解过程，因此我们可以不用把它们画进图里。另一部分 ϕ 事实上成了单变量函数，因为另一个自变量的取值已知且固定。通常我们会在图中保留这些相关的边和顶点，同时对已知的自变量画上阴影进行标识。如此，推断过程就是要求解一组离散变量的取值，以最小化目标函数 $f(X_1,\cdots,X_n)$。

在某些图模型中(HMM 就是一个很好的例子)，可以将 $\phi_{ij}(U_i,U_j)$ 理解为条件概率。比如对 HMM 来说，如果选择得当，可以把 $\phi_{ii+1}(U_i,U_{i+1})$ 看作 $\log P(U_{i+1}|U_i)$。在这类模型中，通常在边上加一个箭头，指向条件概率中竖线前面的变量(在这个例子里就是 U_{i+1})。

14.1.3 在图模型中的学习

图模型的学习有时会比较棘手。我们之前已经看到，可以用 EM 算法学习一个 HMM，在不知道观测值所对应的隐状态序列的情况下对序列进行建模。但这种方法不能推广到任意的图模型上。

因此，本章后面的部分将关注另一种与 EM 算法非常不同的重要学习策略，继续以序列模型为例进行描述，该方法也适用于其他模型。假设我们有一组观测序列(记第 u 个序列为 $\boldsymbol{Y}^{(u)}$)和对应的隐状态序列(记第 u 个序列为 $\boldsymbol{X}^{(u)}$)，现在构造一族以 θ 为参数的代价函数 $C(X,Y;\theta)$，使得通过在其基础上选取适当的 θ，推断出正确的结果，即选取 θ 使得

$$\arg\min_{\boldsymbol{X}} C(\boldsymbol{Y}^{(u)},\boldsymbol{X};\theta)$$

等于或者“接近” $\boldsymbol{X}^{(u)}$。这个过程需要大量的工作，我们下面就来完成这件事。重点是，这种策略适用任何易于推断的模型，使我们可以在 HMM 的基础上做更广泛的推广。

14.2 用于序列的条件随机场模型

HMM 模型使用广泛，但它有一个和实际经验不一致的反常特性。我们回忆一下，X_i 是隐变量，Y_i 是观测值。HMM 建模的对象是

$$P(Y_1,\cdots,Y_n|X_1,\cdots,X_n)\propto P(Y_1,\cdots,Y_n,X_1,\cdots,X_n)$$

即在给定隐变量时观测值的概率。建模利用的是下面的分解式：

$$P(Y_1, Y_2, \cdots, Y_N, X_1, X_2, \cdots, X_N) = P(X_1)P(Y_1 | X_1) \\ P(X_2 | X_1)P(Y_2 | X_2) \\ \cdots \\ P(X_N | X_{N-1})P(Y_N | X_N)$$

在我们将遇到的许多情况中，该建模方式显得有些别扭。例如，在识别手写体文本时，若按这个模型，我们需要在给定原始文字文本的条件下建模所观察到的手写体墨迹出现的概率。但我们一般不会通过去建模在给定某个字符时所观察到的概率这种方式判断所出现的墨迹是否为某一字符(称为**生成式**策略，generative strategy)，而是会用分类器去寻找恰当的字符，也就是会去建模在给定观察到的墨迹条件下某个字符出现的概率(称为**判别式**策略，discriminative strategy)。在实践中这两种策略非常不同。生成式策略要能够覆盖同一字符所有可能的墨迹变体，而判别式策略只需判断观察到的墨迹是否为某个字符。

记住：HMM 有一个反常的特性，有时会不太方便。与已知观测值去选择标签的过程相比，从标签中产生观测值的过程往往需要更精细的模型。

14.2.1 MEMM 和标签偏置

一种备选方案是找一个分解方式不同的模型。例如，我们可以考虑

$$P(X_1, X_2, \cdots, X_N | Y_1, Y_2, \cdots, Y_N) = P(X_1 | Y_1) \times \\ P(X_2 | Y_2, X_1) \times \\ P(X_3 | X_2, Y_2) \times \\ \cdots \times \\ P(X_N | X_{N-1}, Y_N)$$

从而

$$-\log P(X_1, X_2, \cdots, X_N | Y_1, Y_2, \cdots, Y_N) = -\log P(X_1 | Y_1) \\ -\log P(X_2 | Y_2, X_1) \\ -\log P(X_3 | X_2, Y_2) \\ \cdots \\ -\log P(X_N | X_{N-1}, Y_N)$$

这仍然是一组边和顶点的函数，但是注意，其中只有一个顶点函数($-\log P(X_1 | Y_1)$)，其余的项都是边函数。这种形式的模型称为**最大熵马尔可夫模型**(maximum entropy Markov model，MEMM)。

但这个模型已经废弃了。如果没有特殊理由，你不应该使用。这里选择叙述而不是忽略，一是因为它们被废弃的原因值得去理解，二是因为不介绍的话你很可能会自己创建出来一个同样的模型。

上面这类模型的问题在于其结构决定它们经常会忽略测量值。为说明这一点，假设我们拟合了一个模型，希望从给定的观测序列 Y_i 还原出对应的最优序列 X_i。也就是需要选取 $X_1, \cdots, X_N$ 来最小化

$$-\log P(X_1, X_2, \cdots, X_N | Y_1, Y_2, \cdots, Y_N) = -\log P(X_1 | Y_1) \\ -\log P(X_2 | Y_2, X_1) \\ -\log P(X_3 | X_2, Y_2) \\ \cdots$$

$$-\log P(X_N \mid X_{N-1}, Y_N)$$

这一代价函数可以像 HMM 一样表示成网格，但请注意，此时网格图上代价函数的表现与之前不同。在 HMM 中，网格中的每个状态(圆圈)都有一个代价值$-\log P(Y_i \mid X_i)$，每条边有相应的代价值$-\log P(X_{i+1} \mid X_i)$，某一特定序列的代价值是相应路径上代价的和。但对 MEMM 来说，表示方式略有不同。网格图上并没有一个单独分配给各个状态的项，取而代之的是，状态$X_i=U$到$X_{i+1}=V$的边被赋予了代价$-\log P(X_{i+1}=V \mid X_i=U, Y_i)$。状态序列的代价依然是相应路径上代价的和。虽然这看起来好像只是一个小变化，但它却会带来极差的影响。

请看图 14-2 中的例子。注意，当模型处在状态 1 时，它只能转移到状态 4。这意味着$-\log P(X_{i+1}=4 \mid X_i=1, Y_i)=0$，与$Y_i$的测量值无关。同时，可以看出要么有$P(X_{i+1}=3 \mid X_i=2, Y_i)\geqslant 0.5$，要么有$P(X_{i+1}=1 \mid X_i=2, Y_i)\geqslant 0.5$(因为只有两种离开状态 2 的方式)。可以根据测量值来判断哪种方式的可能性更高。图中展示了一个对应三个测量值的网格图。在这个网格图中，除非首个测量值非常不支持 2→1 这一转移，否则路径 2 1 4 的代价值会是最低的。这是因为多数其他路径需要将权重在很多出边中进行分配，而在正常的测量情况下 1→4 的代价值很小，2→1 的代价值也很小，因此使得 2 1 4 的代价最低。在这个过程中，模型会更偏向那些所经过的各状态出边很少的路径，这种现象称为**标签偏置问题**(label bias problem)。虽然对此也有一些可以使用的修正方案，但我们最好重新设计模型。

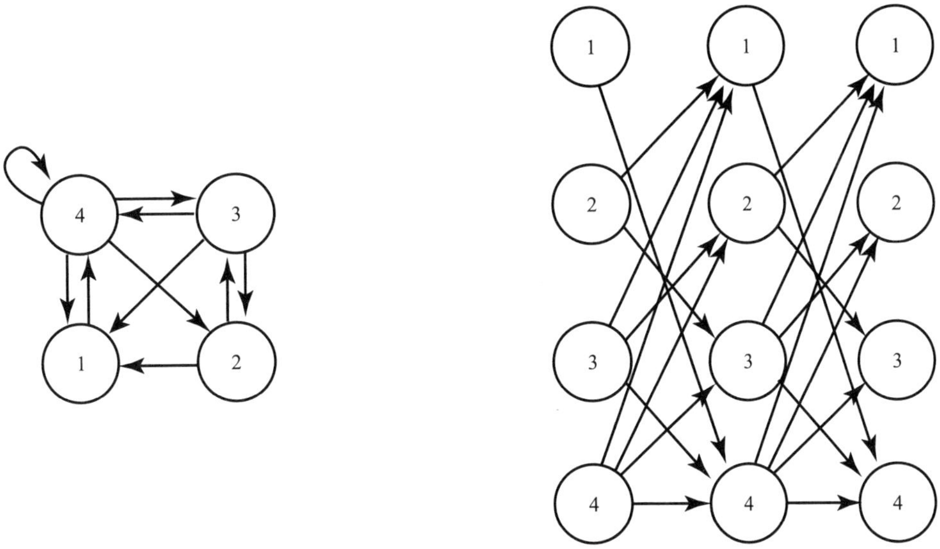

图 14-2　**左图**是在 MEMM 中使用的马尔可夫链。**右图**是相应的网格图。注意在状态 1 中只有一条出边，这意味着$-\log P(X_{i+1}=2 \mid X_i=1, Y_i)=0$，与$Y_i$的取值无关。这会给后续推断带来困难，详见正文描述

记住：最显而易见的一种修正 HMM 所具有的生成式特点是不可行的，因为模型可能会忽略或轻视测量值。

14.2.2　条件随机场模型

我们接下来要找一个没有标签偏置问题的判别式序列模型。此外，我们希望模型像同

样用于建模序列的 HMM 一样容易求解。这点可以通过将模型的图表示成链图实现。同时，我们希望模型的形式是判别式的，即顶点函数可以解释成 $-\log P(X_i|Y_i)$，但我们不想要 MEMM。

我们从代价函数入手来实现。记 $E_i(a,b)$ 为 $X_i=a$ 到 $X_{i+1}=b$ 的边的代价，并将 $X_i=a$ 的代价函数记为 $V_i(a)$。由于我们希望模型是判别式的，因此选用 $V_i(a)=-\log P(X_i=a|Y_i)$ 作为顶点的代价函数。同时，我们假设 $E_i(a,b)$ 和 $V_i(a)$ 都是有界的(这是显然的，毕竟变量都是离散的)，但现在并不直接将这一函数解释为概率，而是令

$$-\log P(X_1=x_1,X_2=x_2,\cdots,X_N=x_N|Y_1,Y_2,\cdots,Y_N)$$

等于

$$[V_1(x_1)+E_1(x_1,x_2)+V_2(x_2)+E_2(x_2,x_3)+\cdots+V_N(x_N)]+K$$

其中 K 是归一化常数的对数，用来保证概率分布之和为 1。这时，模型和 MEMM 就有了一个关键区别：不但边有权重，结点也有了权重，只是边权重不再解释为转移概率。具有这种结构的模型称为**条件随机场**(conditional random field)。

注意前面的负号。这意味着最优序列对应的最小值是

$$\left[\begin{array}{c} V_1(x_1)+E_1(x_1,x_2)+ \\ V_2(x_2)+E_2(x_2,x_3)+ \\ \cdots \\ V_N(X_N) \end{array}\right]$$

我们可以把这一表达式理解为最优序列对应的代价值。与前面类似，如果有已知的 E_i 和 V_i 项，我们就可以直接用动态规划进行推断。

记住：在 CRF 中，我们不能直接将边上的权重解释为条件概率，而是要写出一个联合概率模型。如果模型是森林，那么就可以应用动态规划进行推断求解。

14.2.3　学习 CRF 时需要留心

如何学习 CRF 是一个有趣的问题。由于我们没有 E_i 的概率解释，因此不能用计数之类的方式重建出一个恰当的取值表。但在学习过程中一定会有一组需要调整的参数 θ，调整过程需要一定的原则来指导。一种指导策略是最大化

$$-\log P(X_1=x_1,X_2=x_2,\cdots,X_N=x_N|Y_1,Y_2,\cdots,Y_N,\theta)$$

但这一点在实践中很难实现。问题在于归一化常数 K 依赖 θ，因此我们必须想办法先计算 K。虽然这是有可能的，但计算复杂度很高。

我们可以得到

$$K=\log\Big(\sum_{u_1,u_2,\cdots,u_N}\exp-[V_1(u_1)+E_1(u_1,u_2)+V_2(u_2)+E_2(u_2,u_3)+\cdots+V_N(u_N)]\Big)$$

这一项要在指数大小的空间中进行求和(所有 $u_1,u_2,\cdots,u_N$ 的可能组合)。当这个图是森林时，就可以用动态规划来求解。因为

$$\sum_{u_1,u_2,\cdots,u_N}\exp-[V_1(u_1)+E_1(u_1,u_2)+V_2(u_2)+E_2(u_2,u_3)+\cdots+V_N(u_N)]$$

等于

$$\sum_{u_1,u_2,\cdots,u_N}\left(\begin{array}{c} \exp-[V_1(u_1)+E_1(u_1,u_2)+V_2(u_2)+E_2(u_2,u_3)+\cdots+V_{N-1}] \\ \times \\ \sum_{u_N}\exp-[E_{N-1}(u_{N-1},u_N)+V_N(u_N)] \end{array}\right)$$

由此可以得到递推关系。记

$$f_{\text{和积到}i}(u_i) = \sum_{u_{i+1},\cdots,u_N} \exp - \begin{bmatrix} E_i(u_i, u_{i+1}) + \\ V_{i+1}(u_{i+1}) + \\ E_{i+1}(u_{i+1}, u_{i+2}) + \\ \cdots \\ V_N(u_N) \end{bmatrix}$$

注意到

$$f_{\text{和积到}N-1}(u_{N-1}) = \sum_{u_N} \exp - [E_{N_1}(u_{N-1}, u_N) + V_N(u_N)]$$

故有

$$f_{\text{和积到}i}(u_i) = \sum_{u_{i+1}} [\exp - [E_i(u_i, u_{i+1}) + V_{i+1}(u_{i+1})] \times f_{\text{和积到}i+1}(u_{i+1})]$$

以及

$$K = \log \sum_{u_1} f_{\text{和积到}1}(u_1)$$

这一过程有时称为**和积算法**(sum-products algorithm)。这再次说明了动态规划的强大、实用和它的内在逻辑。但以上面这种方式求出 K 来学习 θ 的方法显得有点笨拙，不太让人满意。因为在这个过程中，每次梯度下降都需要通过递归式计算 K 的梯度。同时，这种方法也不太直接，因为需要先构造一个概率模型来最大化观测数据的对数后验。这把问题复杂化了，并不一定是我们想要的；我们希望的是模型在推断时能给出正确答案就可以。因此在下一节中，我们将阐述一种更直接的训练准则。

记住： 可以通过最大似然的方法为给定的观测序列学习一个 CRF 模型，但需要留心，因为必须计算归一化常数(这一步可以用和积算法求解)。

14.3 CRF 的判别学习

在同时得到一组样例的观测值和隐状态序列后，就有了一种非常强大的 CRF 的学习方法。这组样例中序列的长度可能不等，但无影响。记第 k 个观测序列的第 i 个元素为 $Y_i^{(k)}$，以此类推。任给一组参数后，我们可以根据观测值用动态规划还原出一个解(记为 $\text{Inference}(Y_1^{(k)},\cdots,Y_N^{(k)},\theta)$)。接着我们选择一组参数 $\hat{\theta}$，使得

$$\text{Inference}(Y_1^{(k)},\cdots,Y_N^{(k)},\hat{\theta}) \text{ 接近 } X_1^{(k)}\cdots X_N^{(k)}$$

换句话说，这一原则可以归纳表达为：选取参数，使得要从一组观测值中推断隐状态序列，所得到的隐状态与观察到的(几乎)一致。

14.3.1 模型的表示

我们首先需要对 V_i 和 E_i 进行参数化表示，然后搜索参数得到想要的模型。我们假设各顶点函数相同，各边函数也相同，从而稍微简化记号。并不一定要如此，但这样做通常可以简化推导过程。下面我们构造一组函数 $\phi_j(U,V)$(每个 j 对应一个函数)和一个对应的参数向量 $\theta_j^{(v)}$。最后，我们取 V 为这些基函数的加权和，即 $V(u) = \sum_j \theta_j^{(v)} \phi_j(u, Y_i)$。类似地，我们为 E_i 也构造一组函数 $\psi_j(U,V)$(每个 j 对应一个函数)和一个参数向量 $\theta_j^{(e)}$。我们取 E 为这些基函数的加权和，即 $E(U,V) = \sum_j \theta_j^{(e)} \psi_j(U,V)$。那么接下来，建模需要选取

$\phi_j(U,V)$和 $\psi_j(U,V)$，学习需要选取 $\theta=(\theta^{(v)},\theta^{(e)})$。

下面给出一些构造的例子，虽然第一眼看上去你可能觉得有些不好理解，但关键点在于：(a)我们有一些参数 θ，选取不同的参数会得到不同的代价函数；(b)任意选定一组参数$\hat{\theta}$和序列 Y_i 后，我们可以对网格上的顶点和边标注一个数值，代表该顶点或边的代价值。有了这些性质后，对某个特定的$\hat{\theta}$，我们就可以(像前面一样)用动态规划构造出 X_i 的最优序列。此外，我们还可以尝试选择不同的$\hat{\theta}$，使得在对第 i 个训练序列 $\boldsymbol{y}^{(i)}$ 进行推断时得到 $\boldsymbol{x}^{(i)}$ 或者近似的结果。

14.3.2 例子：数字序列建模

下面是数字序列识别问题的精简版。假设我们现在看到一串手写数字，每个数字出现在固定大小的窗口里，像 MNIST 中的墨迹数字样本一样。此外，假定每个数字所在的窗口位置也是已知的，这是一个重要的简化。

此时每个 $\phi_j(U,V)$有两个自变量。一个是纸上的墨迹图案(V)，一个是墨迹对应的数字标签(U)。下面给出三种构造 ϕ_j 的可行方式。

- 在 MNIST 上，仅用像素值作为输入特征，然后采用多项分布逻辑回归通常就能得到不错的效果。这就意味着，你可以根据像素值计算 10 个线性函数(每个数字标签类别对应一个函数)，使得对应于正确数字的线性函数在大多数时候都比其他 9 个函数小。记 $L_u(V)$表示对应第 u 个数字的墨迹 V 的线性函数，继而就可以将 ϕ 取作 $\sum_u \mathbb{I}_{[U=u]}L_u(V)$。
- 对每个可能的数字 u 和像素位置 p 构造特征函数 $\phi(U,V)=\mathbb{I}_{[U=u]}\mathbb{I}_{[V(p)=0]}$。当$U=u$(即对应的数字为 u)且在像素位置 p 处的墨迹是黑色时，函数取 1，否则为 0。我们按照任意一种方便的方式对这些特征函数编号，得到 $\phi_j(U,V)$。
- 对每个类别 x，我们构造多个不同的分类器，其中每一个都能把这个类同其他类区分开。不同的分类器通过换用不同的训练集、不同的特征、不同的分类器架构，或三种做法的组合得到。记 $g_{i,u}(V)$为类别 u 的第 i 个分类器，当 V 属于类别 u 时，$g_{i,u}(V)$的值很小，否则很大。对每个分类器、每个类别，我们可以分别构造一个特征函数 $\phi(U,V)=g_{i,U}(V)$，然后按照任意一种方便的方式给这些特征函数编号。

下面我们来构造 $\psi_j(U,V)$。在这里，U 和 V 可以取任意状态对应的值。不失一般性，可以假设状态用自然数 1，2，…进行标号，并记某特定状态的值为 a，b。一种简单的构造方式是对每个 a，b 对构造一个 ψ，从而 $\psi_j(U,V)=\mathbb{I}_{[U=a]}\mathbb{I}_{[V=b]}$。如果有 S 个可能的状态，则将有 S^2 个这样的特征函数。当 U 和 V 取互相对应的状态值时，函数值为 1，否则为 0。这种构造方法的优点在于，只要代价值不依赖观测值，那么我们就可以对转移的任意形式的代价函数进行表达。

我们现在已经有了代价函数的模型。接下来，我们把序列写成向量的形式，用 $\boldsymbol{x}$ 表示序列，x_i 表示序列的第 i 个元素。记 $C(\boldsymbol{x};\boldsymbol{y},\theta)$为在给定观测值 $\boldsymbol{y}$ 和参数 θ 的条件下，隐变量序列 $\boldsymbol{x}$ 的代价。为简单起见，这里省去序列中元素的数目(必要时会以 N 表示)，进而得到

$$C(\boldsymbol{x};\boldsymbol{y},\theta)=\sum_{i=1}^{N}\Big[\sum_j \theta_j^{(v)}\phi_j(x_i,y_i)\Big]+\sum_{i=1}^{N-1}\Big[\Big(\sum_l \theta_l^{(e)}\psi_l(x_i,x_{i+1})\Big)\Big]$$

可以看到，这一代价函数是 θ 的线性函数。我们将利用这个代价函数搜索最佳的 θ。

14.3.3 建立学习问题

接下来，记 $\boldsymbol{x}^{(i)}$ 为训练集中的第 i 个隐状态序列，$\boldsymbol{y}^{(i)}$ 为第 i 个观测值序列，并记 $x_j^{(i)}$ 为第 i 个训练序列中第 j 时刻的隐状态，以此类推。模型的学习原则是，训练模型选择的 θ 在对 $\boldsymbol{y}^{(i)}$ 进行推断时，需要能够还原出 $\boldsymbol{x}^{(i)}$（或得到非常近似的值）。

对任意序列 $\boldsymbol{x}$，我们希望有 $C(\boldsymbol{x}^{(i)};\boldsymbol{y}^{(i)},\theta)\leqslant C(\boldsymbol{x};\boldsymbol{y}^{(i)},\theta)$。这个不等式相比表面上看起来有更广泛的适用性，因为它考虑了**所有**可能的序列情况。假设我们现在以 $\boldsymbol{y}^{(i)}$ 作为观察变量，要对用 θ 表示的模型进行推断。将通过推断还原出来的序列记为 $\boldsymbol{x}^{+,i}$，则

$$\boldsymbol{x}^{+,i} = \arg\min_{\boldsymbol{x}} C(\boldsymbol{x};\boldsymbol{y}^{(i)}),\theta)$$

（即 $\boldsymbol{x}^{+,i}$ 是模型参数取 θ 时，推断还原出来的序列）。从而有

$$C(\boldsymbol{x}^{(i)};\boldsymbol{y}^{(i)},\theta) \leqslant C(\boldsymbol{x}^{+,i};\boldsymbol{y}^{(i)},\theta)$$

事实证明，这还不够好，我们希望那些和真实解距离比较远的解能有比较高的代价。因此我们需要保证，某个解所对应的代价值能随着它与真实解距离的增加而增加。记 $d(\boldsymbol{u},\boldsymbol{v})$ 表示序列 $\boldsymbol{u}$ 和 $\boldsymbol{v}$ 之间的某种距离度量，根据上面的描述，我们希望有

$$C(\boldsymbol{x}^{(i)};\boldsymbol{y}^{(i)},\theta) + d(\boldsymbol{x},\boldsymbol{x}^{(i)} \leqslant C(\boldsymbol{x};\boldsymbol{y}^{(i)},\theta)$$

因为这个不等式应当对任意序列 $\boldsymbol{x}$ 成立，故对任意 $\boldsymbol{x}$，有

$$C(\boldsymbol{x}^{(i)};\boldsymbol{y}^{(i)},\theta) \leqslant C(\boldsymbol{x};\boldsymbol{y}^{(i)},\theta) - d(\boldsymbol{x},\boldsymbol{x}^{(i)})$$

记

$$\boldsymbol{x}^{(*,i)} = \arg\min_{\boldsymbol{x}} C(\boldsymbol{x};\boldsymbol{y}^{(i)},\theta) - d(\boldsymbol{x},\boldsymbol{x}^{(i)})$$

则不等式可转化为

$$C(\boldsymbol{x}^{(i)};\boldsymbol{y}^{(i)},\theta) \leqslant C(\boldsymbol{x}^{(*,i)};\boldsymbol{y}^{(i)},\theta) - d(\boldsymbol{x}^{(*,i)},\boldsymbol{x}^{(i)})$$

但在实际中很难保证这一式子对所有参数的取值情况都成立，因此，设

$$\xi_i = \max(C(\boldsymbol{x}^{(i)};\boldsymbol{y}^{(i)},\theta) - C(\boldsymbol{x}^{(*,i)};\boldsymbol{y}^{(i)},\theta) + d(\boldsymbol{x}^{(*,i)},\boldsymbol{x}^{(i)}),0)$$

则可以用 ξ_i 度量约束被违反的程度。我们的目标是选择使约束被违反程度最小的 θ。我们可以最小化所有训练数据上的 ξ_i 之和，但还需要保证 θ 不会“太大”，这就和我们对支持向量机模型也做正则化的原因一样。因此，在这里，选定一个正则化常数 λ，然后通过最小化如下带正则化的代价函数来选取 θ：

$$\sum_{i\in\text{样例}} \xi_i + \lambda\theta^{\mathrm{T}}\theta$$

其中 ξ_i 的定义见上面。这一问题比表面上看起来难解得多，因为 ξ_i 是 θ 的(形式比较反常的)函数。

14.3.4 梯度计算

像之前一样，我们用随机梯度下降求解这里的学习问题。首先，我们要确定 θ 的初始值，然后随机选择一个小批次的样例，并计算这一小批次的梯度和更新 θ 的估计值，不断重复这一过程来得到最后的模型最优参数。这里面依然涉及步长选择等琐碎问题，可以用之前的方法处理。这里重点介绍如何计算其中的梯度。

我们现在以第 u 个样本为例来计算 $\nabla_\theta\xi_u$。首先回顾，

$$\xi_u = \max(C(\boldsymbol{x}^{(u)};\boldsymbol{y}^{(u)},\theta) - C(\boldsymbol{x}^{(*,u)};\boldsymbol{y}^{(u)},\theta) + d(\boldsymbol{x}^{(*,u)},\boldsymbol{x}^{(u)}),0)$$

同时，假设我们已知 $\boldsymbol{x}^{(*,u)}$，并忽略 ξ_u 因 max 函数而可能对 θ 不可导这种意外情况。那么当 $\xi_u=0$ 时，梯度就是 0。否则，之前介绍的代价函数

$$C(\boldsymbol{x};\boldsymbol{y},\theta)=\sum_{i=1}^{N}\Big[\sum_{j}\theta_j^{(v)}\phi_j^{(v)}(x_i,y_i)\Big]+\sum_{i=1}^{N-1}\Big[\Big(\sum_{l}\theta_l^{(e)}\phi_l^{(e)}(x_i,x_{i+1})\Big)\Big]$$

它是 θ 的线性函数；距离项 $d(\boldsymbol{x}^{(*,u)},\boldsymbol{x}^{(u)})$ 不依赖 θ，因而该项对梯度没有贡献。因此，当知道了 $\boldsymbol{x}^{*,i}$ 后，梯度就可以直接求出，因为 C 关于 θ 是线性的。

具体来说，我们有

$$\frac{\partial C}{\partial\theta_j^{(v)}}=\sum_{i=1}^{N}[\phi_j^{(v)}(x_i^{(u)},y_i^{(u)})-\phi_j^{(v)}(x_i^{(*,u)},y_i^{(u)})]$$

以及

$$\frac{\partial C}{\partial\theta_l^{(e)}}=\sum_{i=1}^{N-1}[\phi_l^{(e)}(x_i^{(u)},x_{i+1}^{(u)})-\phi_l^{(e)}(x_i^{(*,u)},x_{i+1}^{(*,u)})]$$

而接下来的一个问题在于，我们无法知道 $\boldsymbol{x}^{(*,u)}$，因为每次改变 θ 时它的值都可能发生变化。回顾前面的内容，可以发现

$$\boldsymbol{x}^{(*,u)}=\arg\min_{x} C(\boldsymbol{x};\boldsymbol{y}^{(u)},\theta)-d(\boldsymbol{x},\boldsymbol{x}^{(u)})$$

因此要求出梯度，我们必须先对样例进行推断来求出 $\boldsymbol{x}^{(*,u)}$。但推断可能很难，具体要看

$$C(\boldsymbol{x};\boldsymbol{y}^{(u)},\theta)-d(\boldsymbol{x},\boldsymbol{x}^{(u)})$$

的形式(通常称之为损失增广的约束违反，loss augmented constraint violation)。因此对于 $d(\boldsymbol{x},\boldsymbol{x}^{(u)})$，我们希望能选取一个不会再进一步增加推断问题难解程度的 $d(\boldsymbol{x},\boldsymbol{x}^{(u)})$。一个使用广泛且通常有效的例子是**汉明距离**(Hamming distance)。

两个序列之间的汉明距离定义为两个序列中处于相同位置上的不同字符的数量。定义函数 $\mathrm{diff}(m,n)=1-\mathbb{I}_{[m=n]}(m,n)$，当其自变量相同时它返回零，否则返回 1。那么汉明距离可以表示为

$$d_h(\boldsymbol{x},\boldsymbol{x}^{(u)})=\sum_{k}\mathrm{diff}(x_k,x_k^{(u)})$$

我们可以添加控制汉明距离影响的一个系数，来表达我们期望代价值以怎样的速度增长。为此，我们选择一个非负数 ε，得到

$$d(\boldsymbol{x},\boldsymbol{x}^{(u)})=\varepsilon d_h(\boldsymbol{x},\boldsymbol{x}^{(u)})$$

汉明距离的这一表达式很有用，因为我们可以借此表示网格图上的距离项。具体来说，对于第 u 个样例的网格图，它的代价函数可以表示为

$$C(\boldsymbol{x};\boldsymbol{y}^{(u)},\theta)-d(\boldsymbol{x},\boldsymbol{x}^{(u)})$$

然后，我们可以通过调整网格图中各列的结点代价来实现这一点。具体来说，对第 k 列，我们令除 $\boldsymbol{x}^{(u)}$ 中第 k 项以外的所有结点的代价值减去 ε。这样，任意路径上的边项和结点项之和都是 $C(\boldsymbol{x};\boldsymbol{y}^{(u)},\theta)-d(\boldsymbol{x},\boldsymbol{x}^{(u)})$。从而，我们就可以用动态规划从这个差值格构造 $\boldsymbol{x}^{(*,u)}$。

现在，我们可以对任意样例进行梯度计算，同时对应的模型学习问题(概念上)也变得直接了。在具体实践中，在对任何一个样例计算梯度时，都需要先根据增广约束违反的损失项预测一个最优序列，然后再用这个序列计算梯度。但由于每次梯度计算都需要进行一轮推断，因此这一方法实现起来比较慢。

记住： 学习 CRF 的一个重要原则是，根据训练数据中的观测值进行的模型推断，应该得到与观测相对应的隐状态。这使得相应的学习算法要反复做两件事：(1)计算当前推断出的最优隐状态序列；(2)调整代价函数，使期望得到的序列得分比当前的最优序列高。

习题

14.1 假设现在要从一组观察到的由“a”“b”两个字母构成的字符串序列推断一个由 0 和 1 组成的二值序列。具体地，已知下面这组序列数据对：

111111000000	aaaaaabbbbbb
000000111111	bbbbbbaaaaaa
0001111000	bbbaaaabbb
000000	aaaaaa
111111	bbbbbb

(a) 请用 HMM 表示这个模型，并用最大似然方法学习模型参数；$p(\text{'a'}\mid 0)$是多少？

(b) 用这个 HMM 模型计算出的 $p(111111000000\mid \text{aaaaaabbbabb})$是多少？为什么？

(c) 请用 CRF 表示这个模型。总共 6 个参数。记 c_{01} 为 0 后跟一个 1 的代价，c_{1a} 为模型在状态 1 观察到“a”的代价，以此类推。假设所有代价值都是有限的，且 $c_{11}<c_{10}$，$c_{00}<c_{01}$，$c_{1a}<c_{0a}$，$c_{0b}<c_{1b}$，那么如果有 $c_{01}+c_{10}+c_{1a}>c_{00}+c_{00}+c_{0a}$，请证明模型在观察到“aaaaaabbbabb”时会推断得到“111111000000”。

编程练习

14.2 假设你发挥自己的聪明才智划定了一个四字单词列表，需要对上面的单词进行修改。现在设计了一种修改策略，去替换单词中的一个或两个字母。而替换的字母个数(1 或 2)是随机均匀选取的。具体来说，会先随机选取一个或两个不同的位置，确定待替换的字母，然后把相应的字母随机替换为 26 个小写字母当中的一个。现在知道这个四字单词列表是：*fair*，*lair*，*bear*，*tear*，*wear*，*tare*，*cart*，*tart*，*mart*，*marl*，*turl*，*hurl*，*duck*，*muck*，*luck*，*cant*，*want*，*aunt*，*hist*，*mist*，*silt*，*wilt*，*fall*，*ball*，*bell*。

(a) 对这个包含 25 个单词的列表，试用模型生成 20 个修改后的样本。思考为什么难以利用这一信息去构建一个可用的条件概率模型 p(原始单词|被修改后的单词)？

(b) 接下来，让我们通过一种序列模型判别学习的简化方法，从被修改后的单词还原真实的单词。我们处理只含一个元素的序列(即每单个单词就是一个序列)。一个(真实单词，修改后的单词)对的代价函数是

$$\text{相同字母的个数}+\lambda\times\text{不同字母的个数}$$

比如真实单词是“mist”，而被修改后的单词是“malt”时，代价就是 $2+2\lambda$。用上面的训练集选取性能最优的 λ 值(简单做搜索应该就够了，不需要随机梯度下降)。

(c) 生成一组修改后的单词的测试集，并推断它们的真实拼写，检查一下你的模型准确率如何？

14.3 **注意：这个练习虽然比较直接，但非常详细。**

我们接下来用序列模型纠正文本中的错误。

(a) 获取一个无版权图书的纯文字文本。一个可能的资源是 https://www.gutenberg.org 上的古登堡计划。去掉文本中除空格以外的所有标点符号，将所有大写字母替

换为小写字母，将多个连续出现的空格合并为 1 个空格，最后得到的文本资源就只涉及 27 个符号(26 个小写字母和一个空格符)。

(b) 按如下过程构造一份被破坏的文本：以概率 p_c 将文本中的各个字符替换为一个随机选择的字符(即 $1-p_c$ 的概率保持不变)。

(c) 用前一半文本构建一个序列模型。这里可以只考虑二元模型，使用 27×27 个 $\psi_j(U,V)$，其每个元素也是一个 27×27 的表格，除一个位置外全为 0。同样地，使用 27×27 个 $\phi_j(U,V)$，其中每个元素同样是除一个位置外全为 0 的 27×27 的表格。然后可以用汉明距离增广约束违反的损失项，并按本章描述的方式进行训练。使用 $\varepsilon=1e-2$。

(d) 接下来用同样的过程破坏后一半文本。用你在上一小题中拟合的模型对这段文本进行校正，看一下你的模型准确率如何？

(e) 尝试用更大的 ε 拟合你的模型，情况如何？

第 15 章

Applied Machine Learning

平均场推断

图模型重要而且有用，但是有一个严重的实际问题。对于很多模型，我们无法计算其归一化常数或最大后验状态。用一些符号表示辅助说明。用 X 表示观测值的集合，$H_1,\cdots,H_N$ 表示感兴趣的未知(隐藏)值。我们假设这些值都是离散的。我们要寻找使得 $P(H_1,\cdots,H_N|X)$ 最大的 $H_1,\cdots,H_N$ 的值。而可能取值的数量是指数级的，所以我们必须在此问题中采用某种结构来发现最大值。如果模型能够描述成森林，那么这种结构很容易找到；否则，这样的结构大多很难找。这意味着模型在形式上是难解的——没有一个寻找最大值的高效算法是实用的。

我们不能因此而简单地忽略图模型，原因有二：首先，难解的图模型可以非常自然地描述很有趣的应用问题，本章将讨论一种这样的模型；其次，可以通过很好的近似过程从难解的模型中抽取信息，本章将描述一个这样的过程。

15.1 有用却难解的模型

这里我们可以用一个形式化的模型。**玻尔兹曼机**(Boltzmann machine)是二值随机变量的分布模型。假设我们有 N 个二值随机变量 U_i，分别取值为 1 或 −1。这些随机变量的值观测不到(像素的真实值)。这些二值随机变量之间不独立。从而，我们假设一些(并不是所有的)变量对是耦合的。我们可以把这种情况描述成一个图(图 15-1)，每个结点表示一个 U_i，每条边表示一个耦合。边是加权的，所以边上的耦合强度各不相同。

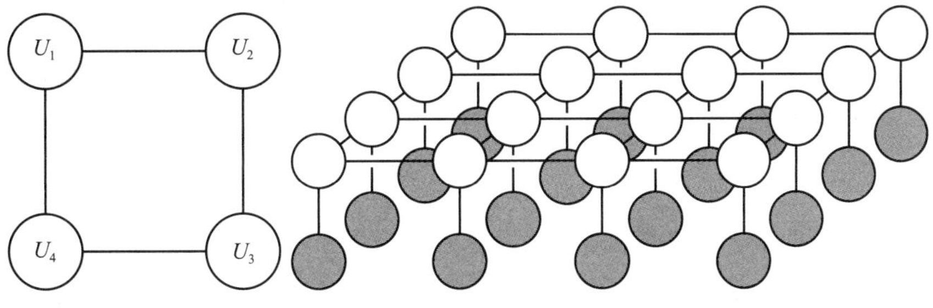

图 15-1 **左图**是简单的玻尔兹曼机。每个 U_i 具有两个可能的状态，所以共有 16 个状态。每条边上耦合结点的不同常数值将导致不同的概率分布。**右图**为适用于二值图像去噪的玻尔兹曼机。阴影结点表示已知的像素值(文中的 X_i)，空白结点表示(未知的、需推断的)真实像素值 H_i。注意，像素的值依赖其在网格中的邻居。在这个简单的例子中，X 有 2^{16} 个状态

用 $\mathcal{N}(U_i)$ 表示与 U_i 耦合的随机变量的集合——它们是图中结点 i 的邻居。联合概率模型可表示为

$$\log P(U|\theta)=\Big[\sum_i\sum_{j\in\mathcal{N}(i)}\theta_{ij}U_iU_j\Big]-\log Z(\theta)=-E(U|\theta)-\log Z(\theta)$$

当 U_i 和 U_j 一致时，U_iU_j 取值为 1，否则为 −1(这就是我们选择 U_i 的取值为 1 和 −1 的原因)。θ_{ij} 是边的权重；注意如果 $\theta_{ij}>0$，模型将倾向于 U_i 和 U_j 一致(即对变量一致的状态赋予较高的概率，除非有其他变量的干扰)，如果 $\theta_{ij}<0$，模型将倾向于 U_i 和 U_j 不

一致。

这里，$E(U|\theta)$有时称为**能量**(energy)(注意符号——较高的能量对应较低的概率)，$Z(\theta)$保证模型归一化到1，所以

$$Z(\theta)=\sum_{U\text{的所有取值}}[\exp(-E(U|\theta))]$$

15.1.1 用玻尔兹曼机为二值图像去噪

这里有一个处理被噪声损坏的二值图像的简单模型。对于每个像素，我们观察到其被损坏的值，这个值也是二值的。每个像素的真实值是被隐藏的。像素的观察值是随机的，但是仅依赖真实值。这意味着，例如，一个像素的值可以改变，但是噪声不会引起像素块的移动。这个模型对于多种传输噪声、扫描噪声等都是相当好的。每个像素的真实值受其邻居的真实值的影响——这是合理的，因为图像的像素倾向与其邻居保持一致。

我们可以应用玻尔兹曼机。将U划分成两组，一组表示每个像素的观察值(用X_i表示，按照惯例i选择是哪个像素)，另一组表示每个像素的隐藏值(用H_i表示)。每个观察值是1或−1。我们构建一个图，使得H_i之间的边形成一个网格，每个X_i和其对应的H_i之间有一个连接(没有其他连接——参见图15-1)。

假设知道θ的很好的取值，我们有

$$P(H|X,\theta)=\frac{\exp(-E(H,X|\theta)/Z(\theta)}{\sum_H[\exp(-E(H,X|\theta))/Z(\theta)]}=\frac{\exp(-E(H,X|\theta))}{\sum_H\exp(-E(H,X|\theta))}$$

所以后验推断不需要估计归一化常数。这并不是一个好消息。后验推断仍要求对指数数量的值求和。除非图是特殊类型的(树或者森林)或非常小，否则后验推断是很难的。

你可能想通过最大后验(MAP)推断解决这个问题。回忆一下MAP推断是寻找H的值，从而最大化$P(H|X,\theta)$，或者最大化$\log P(H|X,\theta)$。我们要寻找的是

$$\arg\max_H\log P(H|X,\theta)=(-E(H,X|\theta))-\log\Big[\sum_H\exp(-E(H,X|\theta))\Big]$$

而第二项并不是H的函数，所以我们可以避免难解的求和。这并不意味着该问题就可解了。纸笔计算可以推导出存在一组常数a_{ij}和b_j的集合，使得该问题的解可以通过解下式得到：

$$\arg\max_H\Big(\sum_{ij}a_{ij}h_ih_j\Big)+\sum_j b_jh_j\quad\text{使得 } h_i\in\{-1,1\}$$

记住：一个自然的二值图像去噪模型假设未知的、真实的像素值之间，以及这些值与观察到的噪声像素值之间均趋于一致。这个模型是难解的——你不能计算出其归一化常数，而且你找不到最佳的那组像素值。

这很可能是一个不好解的组合优化问题。问题的难度依赖于a_{ij}的具体情况，而适当选择a_{ij}的权重，该问题就是**最大割**(max-cut)，这是NP难问题。

15.1.2 离散马尔可夫随机场

玻尔兹曼机是计算机视觉和其他应用中给一个广泛使用的高级工具的简化版本。在玻尔兹曼机中，我们采用一个图，每个结点关联一个二值随机变量，每条边关联一个耦合权重。这样就产生一个概率分布。通过为每个结点设置一个随机变量(不一定是二值的，甚至是离散的)，为每条边设置一个耦合函数(几乎所有函数均可)，我们可以得到**马尔可夫**

随机场(Markov random field)。

我们将忽略随机变量取连续值的可能性。**离散马尔可夫随机场**(discrete Markov random field)的所有离散随机变量 U_i 的可能取值是一个有限的集合。用 U_i 表示第 i 个结点上的随机变量，$\theta(U_i,U_j)$表示结点 i 和 j 之间的边所关联的耦合函数(自变量告诉你用哪个函数；可以针对不同的边采用不同的函数)。对于一个离散马尔可夫随机场，我们有

$$\log P(U|\theta)=\Big[\sum_i\sum_{j\in\mathcal{N}(i)}\theta(U_i,U_j)\Big]-\log Z(\theta)$$

通常——而且是一个好主意——随机变量被看作指示函数，而不是取值。因此，例如，如果结点 i 上有三个可能的取值，我们将 U_i 表示为一个三维的向量，包含每个取值对应的指示函数。其中一个元素必须为 1，另外两个则必须为 0。像这样的向量称为**独热向量**(one-hot vector)。这种表示方式的优点是它有助于明了这样的事实：每个随机变量的值不是取决于一个结点，而是源于不同取值之间的交互。另一个优点是我们容易看清有影响的参数。后文将采用这个惯例。

我将用 $\boldsymbol{u}_i$ 表示点 i 处用向量表示的随机变量。该向量中除一个元素外都为 0，余下的元素取值为 1。如果有 U_i 有 $|U_i|$ 种可能的取值，U_j 有 $|U_j|$ 种可能的取值，我们可以用 $|U_i|\times|U_i|$ 的表格表示 $\theta(U_i,U_j)$的值。将表示 $\theta(U_i,U_j)$的表格记作 $\Theta^{(ij)}$，把表中的第 m，n 项记作 $\theta^{(ij)}_{mn}$。该项是当 U_i 取第 m 个值，U_j 取第 n 个值时 $\theta(U_i,U_j)$的值。$\Theta^{(ij)}$ 是一个矩阵，其第 m，n 个元素是 $\theta^{(ij)}_{mn}$。基于上述符号表示，可以写出

$$\theta(U_i,U_j)=\boldsymbol{u}_i^{\mathrm{T}}\Theta^{(ij)}\boldsymbol{u}_j$$

这些并不能简化归一化常数的计算。我们有

$$Z(\theta)=\sum_{\boldsymbol{u}\text{的所有取值}}\Big[\exp\Big(\sum_i\sum_{j\in\mathcal{N}(i)}\boldsymbol{u}_i^{\mathrm{T}}\Theta^{(ij)}\boldsymbol{u}_j\Big)\Big]$$

注意 $\boldsymbol{u}$ 所有取值的集合具有很差的结构，而且非常大——它包括表示每个 U 的所有可能的独热向量。

15.1.3　基于离散马尔可夫随机场的去噪和分割

简单的非二值图像的去噪模型和二值图像的情况类似。我们现在用一个离散 MRF。我们将 U 划分成两组——H 和 X。我们观察到一个有噪声的图像(X 值)，并希望重构真实的像素值(H 值)。例如，如果我们正在处理每个像素有 256 种可能灰度值的灰度图像，那么每个 H 有 256 种可能值。图是一个 H 上的网格，X 和对应的 H 之间有边相连(类似图 15-1)。现在我们考虑 $P(H|X,\theta)$。正如你预料的，这个模型是难解的——其归一化常数无法计算。

实例 15.1　一个简单的用于图像去噪的离散 MRF

为灰度图像去噪建立一个 MRF 模型。

答：构建一个网格状图。该网格表示每个像素的真实值，这个值是未知的。为每个网格点增加一个额外的结点，将其与网格点相连。这些结点表示每个像素的观察值。像以前一样，我们把变量 U 划分成两个集合，观察值 X 和隐藏值 H(图 15-1)。对于大多数灰度图像，像素有 $256(=2^8)$个取值。现在，我们处理灰度图像，因此每个变量也有 256 种取值。没有理由认为任何一个像素会与其他任何像素的表象不同，所以我们期望 $\theta(H_i,H_j)$并不依赖像素的位置；在每条网格边上复制一个相同的函数。目前最常用的是

$$\theta(H_i,H_j)=\begin{cases}0 & \text{若 } H_i=H_j\\ c & \text{其他}\end{cases}$$

这里 $c>0$。用独热向量表示这个函数是很直接的。没有理由认为观察值和隐藏值之间的关系依赖该像素的位置。但是，观察值和隐藏值之间较大的差异和较小的差异相比更昂贵。用 X_j 表示结点 j 的观察值，其中 j 是与 H_i 对应的有观察值的结点。通常，我们有

$$\theta(H_i,X_j)=(H_i-X_j)^2$$

如果我们将 H_i 看作一个指示函数，那么这个函数可以表示成一个值的向量；其中一个值被指示器选取。注意每个 H_i 结点有一个不同的向量(因为可能有一个不同的 X_i)。

现在，用向量 $\boldsymbol{h}_i$ 表示位置 i 处的隐藏变量。记住，该向量中只有一个元素为 1，其余均为 0。位置 i 处的观察值用独热向量 $\boldsymbol{x}_i$ 表示。用 $\Theta^{(ij)}$ 表示一个矩阵，它的第 m，n 个元素是 $\theta_{mn}^{(ij)}$。基于这样的表示，可以写出

$$\theta(H_i,H_j)=\boldsymbol{h}_i^{\mathrm{T}}\Theta^{(ij)}\boldsymbol{h}_j$$

和

$$\theta(H_i,X_j)=\boldsymbol{h}_i^{\mathrm{T}}\Theta^{(ij)}\boldsymbol{x}_j=\boldsymbol{h}_i^{\mathrm{T}}\beta_i$$

继而，我们有

$$\log p(H|X)=\left[\left(\sum_{ij}\boldsymbol{h}_i^{\mathrm{T}}\Theta^{(ij)}\boldsymbol{h}_j\right)+\sum_i\boldsymbol{h}_i^{\mathrm{T}}\beta_i\right]+\log Z$$

实例 15.2　去噪 MRF-II

用样例 15.1 给出的形式写出 $\theta(H_i,H_j)$中的 $\Theta^{(ij)}$，使用独热向量表示形式。

答：这更像是考察你符号表示。答案是 $c\mathcal{I}$。

实例 15.3　去噪 MRF-III

假设我们有 $X_1=128$ 和 $\theta(H_i,X_j)=(H_i-X_j)^2$。用独热向量表示的 β_1 是什么？假设像素取值范围是[0,255]。

答：还是考察你符号表示。我们有

$$\beta_1=\begin{pmatrix}128^2 & \text{第 1 个元素}\\ \cdots & \\ (i-128)^2 & \text{第 } i \text{ 个元素}\\ \cdots & \\ 127^2 & \end{pmatrix}$$

分割是适用这个方法的另一个应用。现在我们想将图像分成区域的集合。每个区域具有一个标签(例如，“草地”“天空”“树”等)。X_i 是每个像素值的观察值，H_i 是其标签。在这个例子中，图可能具有非常复杂的结构(例如，图 15-2)。给定图像中的一个像素位置，我们必须想出一个过程来计算用给定的标签标注该位置的代价。注意这个过程可以通过查看图像中许多其他像素的值来确定该像素的标签，但是不能参考其他像素的标签。这有很多可能的途径。例如，我们可以构建一个逻辑回归分类器，从一个像素周围的图像特征中预测该像素的标签(如果你不知道任何图像特征的构建方式，假定就用像素的颜色；如果你知道，可以用任意你喜欢的图像特征)。然后，我们将特定像素点的特定标签产生

的代价建模为该模型下取这个标签的负对数概率。我们通过假设邻居像素点的标签趋于一致得到 $\theta(H_i, H_j)$，这一点和去噪的情况一样。

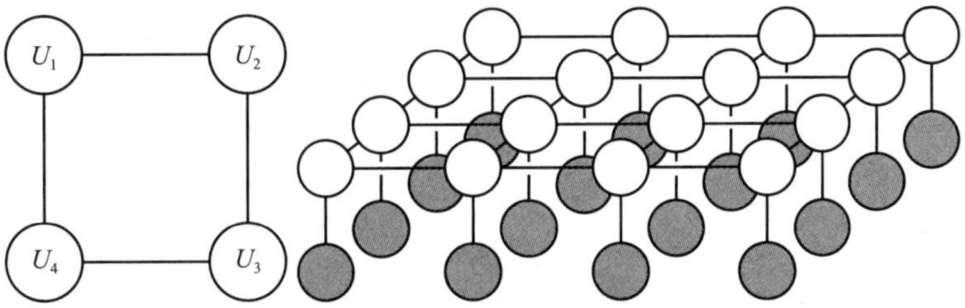

图 15-2 对于类似图像分割的问题，隐藏标签可能和很多观察标签相连。因此，例如，一个像素的分割标签可能依赖很多像素的取值。这里就是一个这样的草图。有阴影的结点表示已知像素值(正文中表示为 X_i)，空白结点表示(未知的、需推断的)标签 H_i。一个特定的隐藏结点可能依赖很多像素，因为我们将使用所有这些像素值以特定的方式来标注该结点，并计算标注的代价

15.1.4 离散马尔可夫场的 MAP 推断可能很难

正如你推测的，用 MAP 推断并不能解决离散马尔可夫场的难题。

实例 15.4 关于 MRF 的有用事实

用正文中的符号表示说明：(a) 对于任何 i，$\mathbf{1}^{\mathrm{T}}\boldsymbol{h}_i=1$；(b) MAP 推断问题可以表达为一个具有对离散变量的线性约束的二次规划。

答： 对于(a)，该等式是成立的，因为 $\boldsymbol{h}_i$ 中只有一个元素为 1，其余均为 0。而(b) 更有意思，MAP 推断等价于最大化 $\log p(H|X)$。回想一下 $\log Z$ 不依赖于 $\boldsymbol{h}$。我们要寻找

$$\max_{\boldsymbol{h}_1,\cdots,\boldsymbol{h}_N}\Big[\Big(\sum_{ij}\boldsymbol{h}_i^{\mathrm{T}}\Theta^{(ij)}\boldsymbol{h}_j\Big)+\sum_i \boldsymbol{h}_i^{\mathrm{T}}\beta_i\Big]+\log Z$$

服从非常重要的约束。对于所有的 i，我们必须保证 $\mathbf{1}^{\mathrm{T}}\boldsymbol{h}_i=1$。而且，$\boldsymbol{h}_i$ 的任意元素必须是 0 或 1。所以我们得到一个二次规划(因为代价函数对变量来说是二次的)，带有针对离散变量的线性约束。

例 15.4 有点令人担忧，因为它(正确地)暗示 MRF 的 MAP 推断可能会非常困难。你应该记住这一点。梯度下降的思想在这里没有意义，梯度下降因此用不上。你不能对离散变量求梯度。如果你有这样的背景知识，那么很容易通过产生一个推断等价于最大割的 MRF 来证明这一点，它是 NP 难的。

实例 15.5 MRF 的 MAP 推断是一个线性规划

用正文中的符号表示说明：MRF 问题的 MAP 推断可以表达为一个具有离散变量的线性约束的线性规划。

答： 如果你有两个二值变量 z_i 和 z_j，取值于$\{0,1\}$，并记 $q_{ij}=z_iz_j$，我们有 $q_{ij}\leqslant z_i$，$q_{ij}\leqslant z_j$，$q_{ij}\in\{0,1\}$，以及 $q_{ij}\geqslant z_i+z_j-1$。你应该检查(a) 这些不等式以及(b) q_{ij} 由这些不等式唯一确定。现在注意 $\boldsymbol{h}_i$ 就是一堆二值变量，而二次项 $\boldsymbol{h}_i^{\mathrm{T}}\Theta^{(ij)}\boldsymbol{h}_j$ 对 q_{ij} 来说是线性的。

例 15.5 属于一大类近似数学方法，我们不必关注。如果你深爱数学，可以在下文中推导所有的线性规划近似解。例如，这样可以使得 MRF 的 MAP 推断能够在多项式时间

内完成；其类型不仅限于树。我们不会去关注那些。

记住： 一般图像的去噪很自然地采用二值图像模型。假设未知的真实像素值之间，以及与观察的噪声像素值之间趋于一致。这个模型是难解的——你无法计算其归一化常数，而且你无法找到最佳的真实像素值集合。这个模型还很自然地适用于图像分割，其未知值为分割片段的标签。

15.2　变分推断

我们可以忽略难解的模型，仅关注可解的模型。这不是一个好主意，因为难解的模型往往是很自然的。图像的离散马尔可夫随机场模型就是一个很自然的模型。图像的标签应该依赖像素值，以及邻居像素的标签。尝试处理难解的模型是更好的。一种真的很成功的策略是选择一个可解的概率模型 $Q(H;\theta)$的参数族，通过调整 θ 寻找参数值$\hat{\theta}$，使其表示的分布以正确的方式“靠近” $P(H|X)$。然后从 $Q(H;\hat{\theta})$中抽取信息。这个过程称为**变分推断**(variational inference)。值得注意的是：(a) 不用太费力地找到 $Q(H;\hat{\theta})$是可能的，以及(b) 在这个分布中抽取到的信息经常是准确而有用的。

记住： 变分推断试图找到可解的分布 $Q(H;\hat{\theta})$，使其“接近”难解的 $P(H|X)$。然后，从 $Q(H;\hat{\theta})$中抽取信息。

15.2.1　KL 散度

假设我们有两个概率分布 $P(X)$和 $Q(X)$。它们之间的相似度度量称为 **KL 散度**(KL divergence，或 Kullback-Leibler divergence)，写作

$$\mathbb{D}(P\|Q)=\int P(X)\log\frac{P(X)}{Q(X)}\mathrm{d}X$$

(你要小心此处 P 和 Q 中的零值)。它可能让你觉得这是一个奇怪的相似度度量，因为它不是对称的。$\mathbb{D}(P\|Q)$和 $\mathbb{D}(Q\|P)$并不相同，意味着你不得不注意观察 P 和 Q。而且，有些研究表明它不满足三角不等式，所以 KL 散度缺少度量的三条性质中的两条。

KL 散度有一些很好的性质。首先，我们有

$$\mathbb{D}(P\|Q)\geqslant 0$$

等号仅当 P 和 Q 几乎处处相等时成立(即除了在度量为 0 的集合上)。

记住： KL 散度度量两个概率分布之间的相似度。它总是非负的，而且仅当两个分布相同时取零值。但是，它不是对称的。

其次，KL 散度和最大似然有关。假设 X_i 是来自未知的 $P(X)$的独立同分布样本，我们希望用这些样本拟合一个参数模型 $Q(X|\theta)$。我们在拟合模型时通常就是这样处理的。现在将 $P(X)$的熵记作 $H(P)$，其定义如下：

$$H(P)=-\int P(X)\log P(X)\mathrm{d}x=-\mathbb{E}_P[\log P]$$

分布 P 是未知的，所以它的熵也是未知的，但它是一个常数。现在我们可以写出

$$\mathbb{D}(P\|Q)=\mathbb{E}_P[\log P]-\mathbb{E}_P[\log Q]$$

那么，

$$\mathcal{L}(\theta) = \sum_i \log Q(X_i|\theta) \approx \int P(X)\log Q(X|\theta)\mathrm{d}X = \mathbb{E}_{P(X)}[\log Q(X|\theta)]$$
$$= -H(P) - \mathbb{D}(P\|Q)(\theta)$$

等价地，我们可以写出

$$\mathcal{L}(\theta) + \mathbb{D}(P\|Q)(\theta) = -H(P)$$

记得 P 不会改变(尽管未知)，所以 $H(P)$ 也是常数(尽管未知)。这意味着当 $\mathcal{L}(\theta)$ 升高时，$\mathbb{D}(P\|Q)(\theta)$ 必然下降。当 $\mathcal{L}(\theta)$ 取最大值时，$\mathbb{D}(P\|Q)(\theta)$ 必然取最小值。所有这些意味着，当通过最大化某数据集在给定 θ 下的似然来选择模型参数 θ 时，你其实是在选择与(未知的) $P(X)$ 的 KL 散度最小的模型。

记住：最大似然估计从选定的分布族中得到一个分布的参数，使其与该数据分布的 KL 散度最小。

15.2.2　变分自由能

我们有很难计算的 $P(H|X)$(通常是因为我们无法评估 $P(X)$)，所以想得到一个 $Q(H)$ 来“接近” $P(H|X)$。一个好的“接近”是要求

$$\mathbb{D}(Q(H)\|P(H|X))$$

的值很小。展开这个 KL 散度的表达式得到

$$\begin{aligned}\mathbb{D}(Q(H)\|P(H|X)) &= \mathbb{E}_Q[\log Q] - \mathbb{E}_Q[\log P(H|X)] \\ &= \mathbb{E}_Q[\log Q] - \mathbb{E}_Q[\log P(H,X)] + \mathbb{E}_Q[\log P(X)] \\ &= \mathbb{E}_Q[\log Q] - \mathbb{E}_Q[\log P(H,X)] + \log P(X)\end{aligned}$$

开始看上去这个表达式并不乐观，因为我们无法评估 $P(X)$。但 $\log P(X)$ 是固定的(尽管未知)。现在重新整理得到

$$\begin{aligned}\log P(X) &= \mathbb{D}(Q(H)\|P(H|X)) - (\mathbb{E}_Q[\log Q] - \mathbb{E}_Q[\log P(H,X)]) \\ &= \mathbb{D}(Q(H)\|P(H|X)) - \mathbb{E}_Q\end{aligned}$$

这里，

$$\mathbb{E}_Q = (\mathbb{E}_Q[\log Q] - \mathbb{E}_Q[\log P(H,X)])$$

称为**变分自由能**(variational free energy)。我们无法评估 $\mathbb{D}(Q(H)\|P(H|X))$。但是，因为 $\log P(X)$ 是固定的，当 $\mathbb{E}_Q$ 下降时，$\mathbb{D}(Q(H)\|P(H|X))$ 也必然下降。此外，$\mathbb{E}_Q$ 的最小值对应 $\mathbb{D}(Q(H)\|P(H|X))$ 的最小值。而我们可以评估 $\mathbb{E}_Q$。

现在我们有一个策略来构建近似的 $Q(H)$。我们选择一个近似分布族。从这组分布中，我们得到使得 $\mathbb{E}_Q$ 最小的 $Q(H)$(这需要一些工作)。结果得到该分布族中最小化 $\mathbb{D}(Q(H)\|P(H|X))$ 的 $Q(H)$。我们使用这个 $Q(H)$ 作为对 $P(H|X)$ 的近似，并从 $Q(H)$ 中抽取我们想要的信息。

记住：Q 的变分自由能给出了 KL 散度 $\mathbb{D}(Q(H)\|P(H|X))$ 的一个界，而且在认真选择 Q 的情况下它是可解的。我们选择 Q 族中的元素，使其具有最小的变分自由能。

15.3　例子：玻尔兹曼机的变分推断

我们想要构建一个近似玻尔兹曼机后验的 $Q(H)$。我们选择 $Q(H)$，使其针对每个隐藏变量都有一个因子，所以 $Q(H)=q_1(H_1)q_2(H_2)\cdots q_N(H_N)$。然后我们假定 Q 中除某项外的所有项都是已知的，并调整该项。我们会扫过所有的项直到不发生改变。

Q 中的第 i 个因子是关于 H_i 的两个可能取值，即 1 和 −1 的一个概率分布。这里只有一种可能的分布。每个 q_i 有一个参数 $\pi_i = P(\{H_i = 1\})$。我们有

$$q_i(H_i) = (\pi_i)^{\frac{(1+H_i)}{2}}(1-\pi_i)^{\frac{(1-H_i)}{2}}$$

注意这里的技巧是每一项的指数为 1 或 0，我用这个技巧打开或关掉每一项，这依赖 H_i 的取值是 1 或 −1。因此 $q_i(1)=\pi_i$ 以及 $q_i(-1)=(1-\pi_i)$。这是一个标准的、非常有用的技巧。我们希望最小化变分自由能，即

$$\mathbb{E}_Q = (\mathbb{E}_Q[\log Q] - \mathbb{E}_Q[\log P(H,X)])$$

我们首先观察 $\mathbb{E}_Q[\log Q]$项，有

$$\begin{aligned}\mathbb{E}_Q[\log Q] &= \mathbb{E}_{q_1(H_1)\cdots q_N(H_N)}[\log q_1(H_1) + \cdots + \log q_N(H_N)] \\ &= \mathbb{E}_{q_1(H_1)}[\log q_1(H_1)] + \cdots + \mathbb{E}_{q_N(H_N)}[\log q_N(H_N)]\end{aligned}$$

这里，第二步是由于注意到

$$\mathbb{E}_{q_1(H_1)\cdots q_N(H_N)}[\log q_1(H_1)] = \mathbb{E}_{q_1(H_1)}[\log q_1(H_1)]$$

（如果你不确定，可以写出期望的表达式并检查一下）。

现在我们需要处理 $\mathbb{E}_Q[\log P(H, X)]$。我们有

$$\log p(H,X) = -E(H,X) - \log Z = \sum_{i\in H}\sum_{j\in\mathcal{N}(i)\cap H}\theta_{ij}H_iH_j + \sum_{i\in H}\sum_{j\in\mathcal{N}(i)\cap X}\theta_{ij}H_iX_j + K$$

（这里 K 不依赖任何 H，因此不必考虑）。假设除了第 i 项，所有的 q 已知。从乘积中忽略掉 q_i 后的分布记作 $Q_{\hat{i}}$，因此 $Q_{\hat{1}} = q_2(H_2)q_3(H_3)\cdots q_N(H_N)$等。注意到

$$\mathbb{E}_Q[\log P(H,X)] = \left(\begin{array}{l} q_i(-1)\mathbb{E}_{Q_{\hat{i}}}[\log P(H_1,\cdots,H_i=-1,\cdots,H_N,X)] + \\ q_i(1)\mathbb{E}_{Q_{\hat{i}}}[\log P(H_1,\cdots,H_i=1,\cdots,H_N,X)] \end{array}\right)$$

这意味着如果固定除去 $q_i(H_i)$的所有 q 项，我们必须选择 q_i 来最小化

$$\begin{aligned}& q_i(-1)\log q_i(-1) + q_i(1)\log q_i(1) - q_i(-1)\mathbb{E}_{Q_{\hat{i}}}[\log P(H_1,\cdots,H_i=-1,\cdots,H_N,X)] \\ & + q_i(1)\mathbb{E}_{Q_{\hat{i}}}[\log P(H_1,\cdots,H_i=1,\cdots,H_N,X)]\end{aligned}$$

满足约束条件 $q_i(1)+q_i(-1)=1$。引入一个拉格朗日乘子来处理这个约束，求导并令导数为 0，得到

$$q_i(1) = \frac{1}{c}\exp(\mathbb{E}_{Q_{\hat{i}}}[\log P(H_1,\cdots,H_i=1,\cdots,H_N,X)])$$

$$q_i(-1) = \frac{1}{c}\exp(\mathbb{E}_{Q_{\hat{i}}}[\log P(H_1,\cdots,H_i=-1,\cdots,H_N,X)])$$

$$\text{其中 } c = \exp(\mathbb{E}_{Q_{\hat{i}}}[\log P(H_1,\cdots,H_i=-1,\cdots,H_N,X)]) + \exp(\mathbb{E}_{Q_{\hat{i}}}[\log P(H_1,\cdots,H_i=1,\cdots,H_N,X)])$$

继而，这意味着我们需要知道 $\mathbb{E}_{Q_{\hat{i}}}[\log P(H_1,\cdots,H_i=-1,\cdots,H_N,X)]$等，只相差一个常数。等价地，我们只需计算 $\log q_i(H_i)+K$，K 是未知常数(因为 $q_i(1)+q_i(-1)=1$)。现在我们计算

$$\mathbb{E}_{Q_{\hat{i}}}[\log P(H_1,\cdots,H_i=-1,\cdots,H_N,X)]$$

这等价于

$$\mathbb{E}_{Q_{\hat{i}}}\left[\sum_{j\in\mathcal{N}(i)\cap H}\theta_{ij}(-1)H_j + \sum_{j\in\mathcal{N}(i)\cap X}\theta_{ij}(-1)X_j + \text{不包含 } H_i \text{ 的项}\right]$$

也就是

$$\sum_{j\in\mathcal{N}(i)\cap H}\theta_{ij}(-1)\mathbb{E}_{Q_{\hat{i}}}[H_j] + \sum_{j\in\mathcal{N}(i)\cap X}\theta_{ij}(-1)X_j + K$$

这等同于

$$\sum_{j\in\mathcal{N}(i)\cap H}\theta_{ij}(-1)((\pi_j)(1)+(1-\pi_j)(-1))+\sum_{j\in\mathcal{N}(i)\cap X}\theta_{ij}(-1)X_j+K$$

也就是

$$\sum_{j\in\mathcal{N}(i)\cap H}\theta_{ij}(-1)(2\pi_j-1)+\sum_{j\in\mathcal{N}(i)\cap X}\theta_{ij}(-1)X_j+K$$

如果你仔细研究另一种情况，即

$$\mathbb{E}_{Q_{\hat{i}}}[\log P(H_1,\cdots,H_i=1,\cdots,H_N,X)]$$

(其过程一样)你将得到

$$\begin{aligned}\log q_i(1)&=\mathbb{E}_{Q_{\hat{i}}}[\log P(H_1,\cdots,H_i=1,\cdots,H_N,X)]+K\\&=\sum_{j\in\mathcal{N}(i)\cap H}[\theta_{ij}(2\pi_j-1)]+\sum_{j\in\mathcal{N}(i)\cap X}[\theta_{ij}X_j]+K\end{aligned}$$

和

$$\begin{aligned}\log q_i(-1)&=\mathbb{E}_{Q_{\hat{i}}}[\log P(H_1,\cdots,H_i=-1,\cdots,H_N,X)]+K\\&=\sum_{j\in\mathcal{N}(i)\cap H}[-\theta_{ij}(2\pi_j-1)]+\sum_{j\in\mathcal{N}(i)\cap X}[-\theta_{ij}X_j]+K\end{aligned}$$

所有这些意味着

$$\pi_i=\frac{\mathrm{e}^a}{\mathrm{e}^a+\mathrm{e}^b}$$

这里，

$$\begin{aligned}a&=\mathrm{e}\Big(\sum_{j\in\mathcal{N}(i)\cap H}[\theta_{ij}(2\pi_j-1)]+\sum_{j\in\mathcal{N}(i)\cap X}[\theta_{ij}X_j]\Big)\\b&=\mathrm{e}\Big(\sum_{j\in\mathcal{N}(i)\cap H}[-\theta_{ij}(2\pi_j-1)]+\sum_{j\in\mathcal{N}(i)\cap X}[-\theta_{ij}X_j]\Big)\end{aligned}$$

大量的计算之后，我们的推断算法很直接。我们顺序地观察每个隐藏结点，将关联的 π_i 设置为上述表达式的值，假定其他所有的 π_j 固定在其当前值，重复直至收敛。我们可以通过检查每个 π_j 的变化量测试收敛。

我们现在可以用 $Q(H)$ 做任何想在 $P(H|X)$ 上做的事。例如，我们可以计算使得 $Q(H)$ 最大的 H 的值，用作 MAP 推断。适当限制我们的野心是明智之举，因为 $Q(H)$ 只是一个近似。虽然构建和描述都比较直接，但是并不是特别好。主要的问题是变分分布是单峰的(unimodal)。而且，我们通过假设每个 H_i 独立于其他 H 来选择变分分布。这意味着计算协方差将可能导致错误的结果(尽管那很简单——几乎所有元素都是 0，其余的很容易计算)。通过假设 H_i 独立于其他的 H 来得到一个近似结果经常被称为**平均场方法**(mean field method)。

记住： 一个很长但是简单的推导产生了一种可以得到近似最佳去噪二值图像的方法。推断算法是一个直接的优化过程。

第六部分

Applied Machine Learning

深度网络

简单神经网络

到目前为止，我们看到过的所有分类和回归的方法都假设我们拥有一个合理的特征集合。如果我们使用的分类和回归的方法并没有取得良好的效果，那么我们需要使用领域知识、对问题拥有敏锐的洞察力，或者是凭借纯粹的运气来获得更多的特征。神经网络提供了一种替代方案：从原始信号中通过学习获得良好的特征。一个神经网络由许多单元组成。每个单元接收一组输入和一组参数，生成一个数字，其中每个单元都是一个对接收到的输入和参数的一个非线性函数。我们用 k 个单元就可以直接得到一个 k 类分类器。

更有趣的是，我们可以通过把某一层单元的输出连接到下一层的输入来构建一组层。第一层可以接收任何形式的输入，最后一层用作一个分类器。每个中间层将其输入映射到特征，这些特征会在下一层使用。因此，网络会学习到对最后的分类层有用的特征。像这样的一堆层可以用随机梯度下降进行训练。这种方法的最大优点在于我们不需要担心使用什么特征——网络通过训练生成强的特征。这一点对于诸如图像分类的应用非常有吸引力，并且我们目前知道的效果最好的图像分类系统就是用神经网络构建的。

本章描述单元、如何用单元构成层，以及如何训练一个神经网络。用神经网络构建一个好的图像分类系统所需要的绝大部分技巧将在下一章描述。

16.1 单元和分类

我们将用简单的单元构建复杂的分类系统。一个**单元**(unit)以一个向量 $\boldsymbol{x}$ 作为输入，用一个参数向量 $\boldsymbol{w}$(称为**权重**(weight))、一个标量 b(称为**偏置**(bias))和一个非线性函数 F 形成单元的输出，它可以表示成

$$F(\boldsymbol{w}^{\mathrm{T}}\boldsymbol{x}+b)$$

近些年，人们尝试了各种各样的非线性函数。目前实践中效果最好的是 **ReLU**(rectified linear unit，线性整流函数或修正线性单元)，在 ReLU 中：

$$F(u)=\max(0,u)$$

举个例子，如果 $\boldsymbol{x}$ 是平面上的一个点，那么一个单独的单元可以表示成一条直线，这条直线由 $\boldsymbol{w}$ 和 b 确定。这条线一侧的所有点的输出都是 0，而另一侧的点的输出都是一个正数，并且点距离直线越远，这个正数就越大。

单元有的时候称为**神经元**(neurons)，这种说法是一个很大、很模糊的推测类比，这种类比将由单元构建的网络和神经科学联系在一起。我不赞成这种做法；我们在这里做的工作非常有用，也非常有趣，即使不援引生物学权威也足以自成一系。此外，如果你想看到一个神经科学家的真正的笑容，你需要做的应该是向他们解释你的神经网络如何真正模拟一些脑组织的活动。

16.1.1 用单元来构建一个分类器：代价函数

我们将用多个单元来构建一个多类分类器，通过使用这些单元的输出来建模类别的后验概率。每个类别都会得到一个单独的单元的输出。我们将这些单元整合成一个向量 $\boldsymbol{o}$，

向量 $\boldsymbol{o}$ 的第 i 个分量是 o_i，它代表第 i 个单元的输出。第 i 个单元的参数分别是 $\boldsymbol{w}^{(i)}$ 和 $b^{(i)}$。我们想要用第 i 个单元对输入属于第 i 类的概率进行建模，模型可以写成 $p(类别=i|x, \boldsymbol{w}^{(i)}, b^{(i)})$。

为了构建这个模型，我将会使用 softmax 函数。softmax 函数以一个 C 维的向量作为输入，返回一个 C 维的非负向量，并且这个非负向量的所有分量和为 1。这样，我们有

$$\text{softmax}(\boldsymbol{u}) = s(\boldsymbol{u}) = \left(\frac{1}{\sum_k \mathrm{e}^{u_k}}\right)\begin{bmatrix}\mathrm{e}^{u_1}\\ \mathrm{e}^{u_2}\\ \cdots\\ \mathrm{e}^{u_C}\end{bmatrix}$$

(回忆 u_j 代表 $\boldsymbol{u}$ 的第 j 个分量)。然后，我们的模型可以写成

$$p(类别 = j|\boldsymbol{x}, \boldsymbol{w}^{(i)}, b^{(i)}) = s_j(\boldsymbol{o}(\boldsymbol{x}, \boldsymbol{w}^{(i)}, b^{(i)}))$$

注意，这个表达式通过了概率模型的重要测试。每个值都在 0 到 1 之间，并且所有类别的和为 1。

在这种形式下，分类器并不是超级有趣。举个例子，假设特征 $\boldsymbol{x}$ 是平面上的点，这些点分属于两类。现在我们有两个单元，每个类一个。每一个单元都有一条对应的直线；平面上的点如果在这条直线的一侧，那么对应的单元输出 0，如果在另一侧，这个单元就会输出一个正数，平面上的点和直线的垂直距离越大，这个正数就越大。通过这个例子，我们可以感知到决策边界的样子。当一个点在这两条直线的 0 侧时，类别概率将会相等(并且都是 1/2——记住这些点分属两类)。当一个点位于第 j 条直线的正侧，但是在另一条直线的 0 侧，那么这个点属于第 j 类的概率就是

$$\frac{\mathrm{e}^{o_j}(\boldsymbol{x}, \boldsymbol{w}^{(j)}, b^{(j)})}{1 + \mathrm{e}^{o_j}(\boldsymbol{x}, \boldsymbol{w}^{(j)}, b^{(j)})}$$

这个点将总是被分在第 j 类(记住，因为 ReLU 函数的特性 $o_j \geqslant 0$)。最后，当一个点在这两条直线的正侧时，分类器归根到底就是选择使 $o_j(\boldsymbol{x}, \boldsymbol{w}^{(j)}, b^{(j)})$ 最大的 j，然后把这个点分为第 j 类。所有这些情况导致的决策边界如图 16-1 所示。注意，这个决策边界是一个分段线性函数，比 SVM 的决策边界稍微复杂一些。

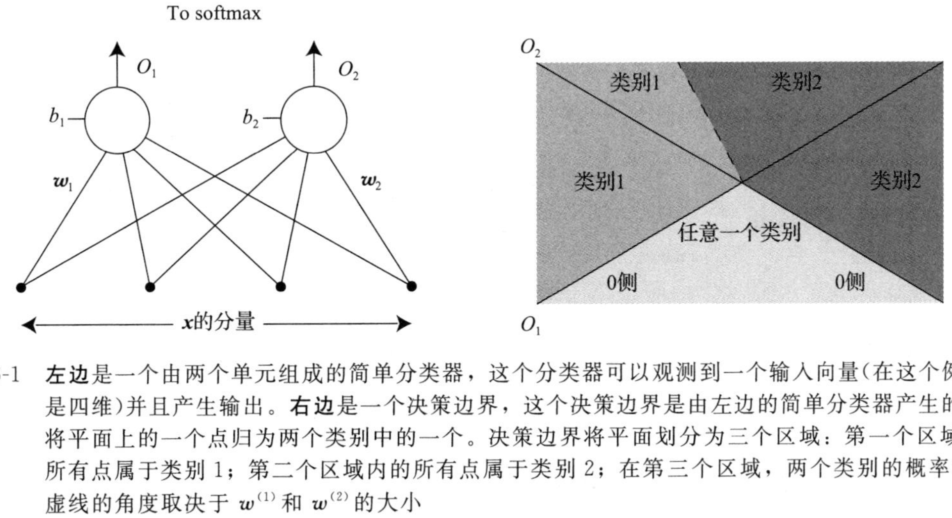

图 16-1 **左边**是一个由两个单元组成的简单分类器，这个分类器可以观测到一个输入向量(在这个例子里是四维)并且产生输出。**右边**是一个决策边界，这个决策边界是由左边的简单分类器产生的，它将平面上的一个点归为两个类别中的一个。决策边界将平面划分为三个区域：第一个区域内的所有点属于类别 1；第二个区域内的所有点属于类别 2；在第三个区域，两个类别的概率相同。虚线的角度取决于 $\boldsymbol{w}^{(1)}$ 和 $\boldsymbol{w}^{(2)}$ 的大小

记住：神经网络可以生成效果很好的分类器。输出通过 softmax 层生成输入属于某个类别的后验估计。我们可以用 k 个单元来构建一个简单的 k 类分类器。这应该和逻辑回归做对比。

16.1.2 用单元来构建一个分类器：决策

在这里，最本质的困难是选择一个恰当的 $\boldsymbol{w}$ 和 b，使分类结果最好。因此我们通过一个代价函数来实现这一点，代价函数可以评估分类的错误率，然后搜索一个值使代价函数尽可能小。假设我们有 N 个样例 $\boldsymbol{x}_i$，对于每个样例我们都已知它的类别。总共有 C 类。我们使用**独热**(one hot)向量 $\boldsymbol{y}_i$ 对每个样例的类别进行编码，每个独热向量都是 C 维的。如果第 i 个样例属于第 j 类，那么它的独热向量 $\boldsymbol{y}_i$ 的第 j 个分量就是 1，而其他分量都为 0。这里用 y_{ij} 表示 $\boldsymbol{y}_i$ 的第 j 个分量。

一个自然的代价函数是数据的对数似然函数，这里的数据是由单元输出构建的概率模型产生的。把所有的系数堆叠成一个向量 θ。如果第 i 个样例属于第 j 个类，我们希望

$$-\log p(\text{类别}=j\,|\,\boldsymbol{x}_i,\theta)$$

尽可能小(注意这里的符号；通常是最小化负对数似然函数)。$\boldsymbol{y}_i$ 的分量可以被用作开关，如同在 EM 中我们讨论如何获得一个损失函数

$$\frac{1}{N}\sum_i L_{\log}(y_i,\boldsymbol{s}(\boldsymbol{o}(\boldsymbol{x}_i,\theta)))=\frac{1}{N}\sum_i[-\log p(\text{实例类别 } i\,|\,\boldsymbol{x}_i,\theta)]$$

$$=\frac{1}{N}\sum_{i\in\text{数据}}[\{-\boldsymbol{y}_i^{\mathrm{T}}\log\boldsymbol{s}(\boldsymbol{o}(\boldsymbol{x}_i,\theta))\}]$$

(回忆 $\log\boldsymbol{s}$ 的第 j 个分量是 $\log s_j$)。这个损失称为**对数损失**(log-loss)或者**交叉熵损失**(cross-entropy loss)。

正如线性支持向量机(2.1 节)，我们希望用一个“小”θ 得到较低的代价，这样形成的整个代价函数既包括损失，又包括惩罚项。将代价函数除以 N 不是必要的(不论是否除以 N，代价函数都会在相同的地方取到最小值)，但是这么做意味着模型的损失不会随着训练集数量的增加而增大，这种特性通常非常方便。

正如线性支持向量机，我们会惩罚较大的权重。记住，我们有 C 个单元(每个类别一个单元)，因此我们有 C 个不同的权重集合。我们把第 k 个单元的权重写成 $\boldsymbol{w}^{(k)}$。我们的惩罚变成

$$\frac{1}{2}\sum_{k\in\text{单元}}(\boldsymbol{w}^{(k)})^{\mathrm{T}}\boldsymbol{w}^{(k)}$$

与线性支持向量机(2.1 节)一样，我们将惩罚的权重写成 λ。这样，我们的代价函数就是

$$S(\theta,\boldsymbol{x};\lambda)=\underbrace{\frac{1}{N}\sum_{i\in\text{数据}}[\{-\boldsymbol{y}_i^{\mathrm{T}}\log\boldsymbol{s}(\boldsymbol{o}(\boldsymbol{x}_i,\theta))\}]}_{\text{(错误分类损失)}}+\underbrace{\frac{\lambda}{2}\sum_{k\in\text{单元}}(\boldsymbol{w}^{(k)})^{\mathrm{T}}\boldsymbol{w}^{(k)}}_{\text{(惩罚)}}$$

记住：网络是通过损失下降来训练的。对于一个分类器，通常的损失函数是负对数后验，后验概率是用一个 softmax 函数建模的。通常我们也会对权重的大小进行正则化。

16.1.3 用单元来构建一个分类器：训练

我们已经描述了一个由单元构建的简单分类器。现在，我们必须训练这个分类器，通

过选择一个恰当的 θ 获得较小的损失。获得真正的最小值也许相当困难，因此我们可能需要勉强接受一个较小值。我们使用随机梯度下降寻找这个较小值，因为我们之前已经见过它；因为这个算法十分有效；也因为在训练由单元组成的、更复杂的分类器的时候，随机梯度下降是首选算法。

对于支持向量机，我们随机挑选一个样例，计算这个样例的梯度，再用计算出的梯度更新参数，然后再挑选一个样例不断重复计算。对于神经网络，我们通常使用**小批量训练**（minibatch training），在小批量训练里我们随机地、均匀地挑选数据集的一个子集，使用这个子集计算梯度，然后更新参数，再次不断往复计算。用小批量训练是因为在最好的实现中，许多操作都是向量化的，使用一个小批量计算出的梯度明显比仅仅用一个样例计算出的梯度要好得多。这个小批量的大小通常取决于内存和体系结构方面的因素。出于这样的原因，小批量的大小通常是 2 的幂。

现在想象我们已经选取了一个包含 M 个样例的小批量。我们必须计算出代价函数的梯度。代价函数里的惩罚项很容易处理，但是损失项需要应用链式法则来求梯度。我们可以忽略样例的下标，这样对 θ 的元素的梯度，我们需要计算下式：

$$-\boldsymbol{y}\log \boldsymbol{s}(\boldsymbol{o}(\boldsymbol{x},\theta)) = \sum_u y_u \log s_u(\boldsymbol{o}(\boldsymbol{x},\theta))$$

应用链式法则，我们有

$$\frac{\partial}{\partial w_a^{(j)}}[y_u \log s_u(\boldsymbol{o}(\boldsymbol{x},\theta))] = y_u\left[\sum_v \frac{\partial \log s_u}{\partial o_v}\frac{\partial o_v}{\partial w_a^{(j)}}\right]$$

和

$$\frac{\partial}{\partial b^{(j)}}[y_u \log s_u(\boldsymbol{o}(\boldsymbol{x},\theta))] = y_u\left[\sum_v \frac{\partial \log s_u}{\partial o_v}\frac{\partial o_v}{\partial b^{(j)}}\right]$$

相关的偏导数可以很简单地求出来。我们用 $\mathbb{I}_{[u=v]}(u, v)$ 表示一个指示函数，如果 $u=v$，这个指示函数的值为 1；否则值为 0。这样，我们有

$$\frac{\partial \log s_u}{\partial o_v} = \mathbb{I}_{[u=v]} - \frac{\mathrm{e}^{o_v}}{\sum_k \mathrm{e}^{o_k}} = \mathbb{I}_{[u=v]} - s_v$$

为了获得剩下部分的偏导数，我们现在需要更多的符号(但是这些符号不是新的符号，只是个提醒)。我用 $\mathbb{I}_{[o_u>0]}(o_u)$ 表示一个指示函数，如果参数 o_u 大于 0，这个指示函数的值为 1；否则值为 0。注意如果 $j\neq u$，那么有

$$\frac{\partial o_u}{\partial w_a^{(j)}} = 0,\quad \frac{\partial o_u}{\partial b^{(j)}} = 0$$

则有

$$\frac{\partial o_u}{\partial w_a^{(j)}} = x_a[\mathbb{I}_{[o_u>0]}(o_u)][\mathbb{I}_{[u=j]}(u,j)]$$

并且有

$$\frac{\partial o_u}{\partial b^{(j)}} = [\mathbb{I}_{[o_u>0]}(o_u)][\mathbb{I}_{[u=j]}(u,j)]$$

一旦你获得了梯度，你就要去使用它。每一步的形式类似 $\theta^{(n+1)} = \theta^{(n)} - \eta_n \nabla_\theta \text{cost}$。你需要对每一步选择一个 η_n。η_n 就是众所周知的**学习率**(learning rate)，更古老的术语叫作**步长**(stepsize)(两个术语描述得都不是特别准确)。通常在学习过程中，我们不会让所有的步长都相等。在训练早期，我们希望步长“较大”；而在训练后期，我们希望步长“较小”。因此在学习中，对于较小的 n，我们希望 η_n “较大”；而对于较大的 n，我们希望 η_n

“较小”。实际上，精确地选择一个良好的学习率是很困难的事情。正如线性支持向量机中的随机梯度下降，它将学习过程分成了许多轮($e(n)$代表第 n 次迭代的轮数(epoch))，然后选择两个常数 a 和 b 以得到下面的式子：

$$\eta_n = \frac{1}{a + be(n)}$$

是一个相当好的选择。获取学习率的另一个广泛使用的规则是

$$\eta_n = \eta(1/\gamma)^{e(n)}$$

在这个式子里，γ 大于 1。这两个方法包含的常数的值和轮数大小需要通过实验选择。随着我们构建更复杂的单元的集合，我们需要更好的方法选择恰当的学习率，这种需求迫在眉睫。

如何选择正则化常数遵循我们在线性支持向量机中看到的方法。保留一个验证集，对不同的 λ 分别进行训练，然后将训练好的系统在验证集上进行评估，最后选择使系统效果最好的 λ。注意，这样的做法会涉及很多轮训练，因此会花费较长时间。对神经网络进行评估和对其他分类器进行评估方法类似。你可以在一个保留集上评估神经网络的错误率，但是注意这个保留集不能被用于选择正则化常数，也不能用于训练。

16.2　例子：信用卡账户分类

UC Irvine 机器学习库中收集了台湾信用卡账户的数据集。这个数据集记录了信用卡用户的大量属性，也记录了它们是否逾期。这个数据集是由 I-Cheng Yeh 贡献的。我们要做的任务是预测一个账户是否会逾期。你可以在 https://archive.ics.uci.edu/ml/datasets/default+of+credit+card+clients 找到这个数据集。

直接的方法在这个分类问题上效果相对较差。在数据集里大概有 22% 的账户逾期，因此如果直接预测没有账户会逾期(先验)，那么你就能得到 0.22 的错误率。这种做法或许会让用户很高兴，但是股东们也许并不会感到开心。一个合理的基准模型是 L1 正则逻辑回归(我用的是 11.4 节提到的 glmnet)。正则化常数的一个恰当选择可以使模型得到均值为 0.19、标准差为 0.02 的交叉验证错误率。这样的结果比起先验要更好，但也很有限。

我使用了上一节提到的随机梯度下降方法，训练了一个两单元的简单网络。我将每个特征分别进行标准化，使每个特征的均值为 0，方差为 1。下面的这些图显示了在大量不同的配置和训练选项下的损失和错误率。正如这些图所示，简单的两单元网络的性能要比逻辑回归稍好一些，可能是因为决策边界稍微复杂一些。整个数据集包含了 30 000 个样例，我使用了 25 000 个样例来训练，剩下的用于测试。此外，我使用了单个样例(而不是一批样例)的梯度来更新模型参数。每 100 次更新，我都会计算并记录在训练集和测试集上的损失和错误率的值。每一轮包含 25 000 次更新。图中显示了训练过程中训练集和测试集的损失和误差曲线。这些图是跟踪训练过程的一个重要且常见的手段。

这些图像显示了我在每种情况下使用的步长。通常而言，拥有较大步长的曲线会比较小步长的曲线噪声更大。较小的步长可以产生更平滑的曲线，但是较小的步长通常会导致对模型空间的探索不足，而且往往会产生较大的训练错误(或者是损失)。事实上，一个足够大的步长会导致训练发散。我将最大步长的曲线和其他曲线分开了，因为最大步长的曲线噪声严重，如果不分开会使其他曲线很难分辨。在每种情况下，每一轮结束后我都会对步长乘上 1/1.1，对步长进行调整(这样在最后一轮，步长大概是开始时的步长的 0.38 倍)。你也许注意到了，在训练后期的曲线要比训练早期时噪声更少。图 16-2、图 16-3 和

图 16-4 都在同一组坐标轴上，我将两个基准模型的错误率绘制为水平线，以供参考。你应该仔细看看这些图。

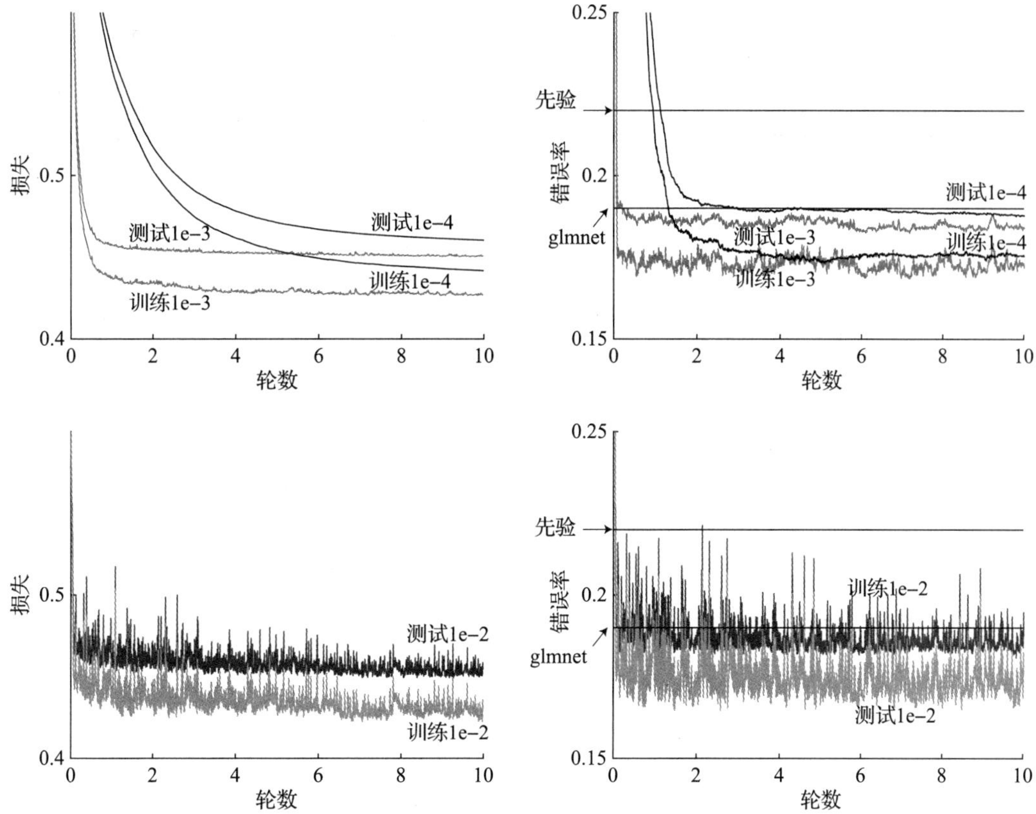

图 16-2　**左边**是损失图，**右边**是错误率图。**顶行**的步长是 1e－4 和 1e－3，**底行**的步长是 1e－2。每个图显示了在信用卡账户文本数据上，一个两单元的分类器在训练过程中的损失（或者错误率）。这些图的正则化常数都是 0.001。步长为 1e－3 的网络，其测试错误率显著优于 glmnet 的交叉验证错误率。更小的步长会产生更差的结果。在最底行，步长很大，由此导致的噪声曲线难以和其他图比较。正如最底行所示，大的步长会导致方法的效果变差

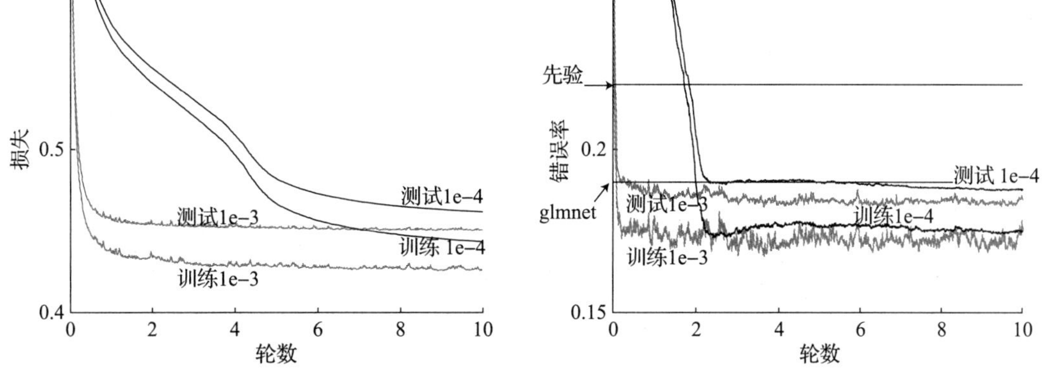

图 16-3　**左边**是损失图，**右边**是错误率图。**顶行**的步长是 1e－4 和 1e－3，**最底行**的步长是 1e－2。每个图都针对在信用卡账户数据上的一个两单元分类器。这些图的正则化常数为 0。与图 16-2 相比，你也许会期望有更大的测试-训练间隔，但是这种差别并不大，也不可靠

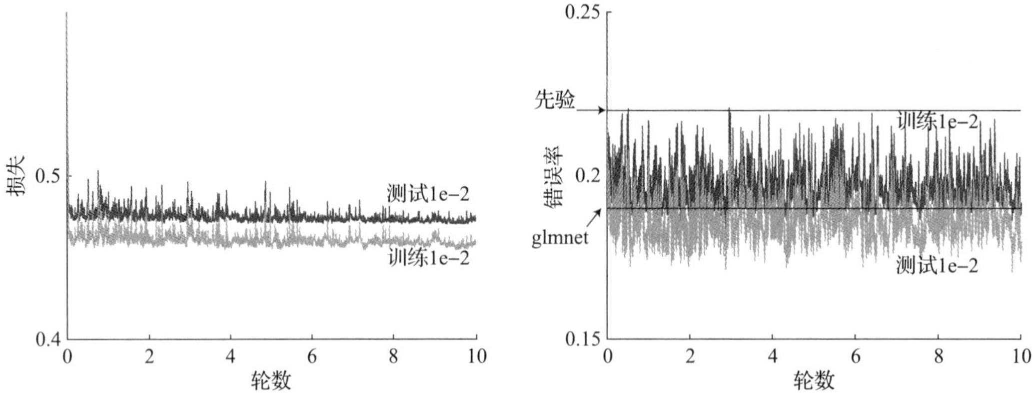

图 16-3 （续）

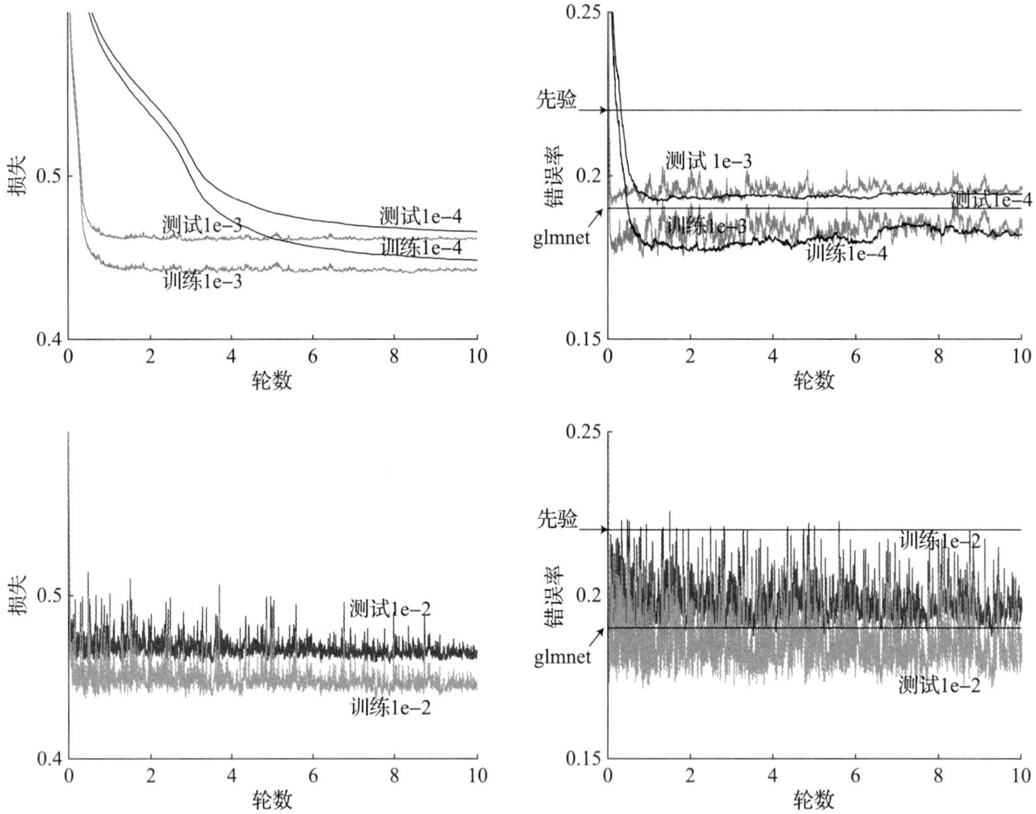

图 16-4 **左边**是损失图，**右边**是错误率图。**顶行**的步长是 1e−4 和 1e−3，**底行**的步长是 1e−2。每个图显示了在信用卡账户文本数据上，一个两单元的分类器在训练过程中的损失（或者错误率）。这些图的正则化常数都是 0.1。与图 16-2 或者图 16-3 相比，你也许会期望有更大的测试-训练间隔，但是这种差别并不大，也不可靠。图中的测试错误率明显比 glmnet 的交叉验证错误率要糟糕。在最底行，步长很大，由此导致的噪声曲线难以和其他图比较。正如最底行所示，大的步长会导致方法的效果变差

对于大多数问题，并没有自然的停止标准（在某些情况下，当模型在验证集上的错误率到达某些值的时候，你可以选择停止训练）。我选择的是在 10 轮之后停止训练。你可以从曲线上看到，这样的选择看起来比较合理。步长和正则化常数的每种选择都会产生一个

不同的模型。这些模型可以通过观察曲线进行比较，但是要找到一组好的步长和正则化常数需要进行一些搜索。

图 16-2 显示了一个正则化常数为 0.001 的模型，这个模型看起来相当不错。将正则化常数减少到 0 会产生一组效果更差的模型(图 16-3)，而将正则化常数增加到 0.1 也是如此(图 16-4)。你应该注意，正则化常数具有相当复杂的效果。正则化常数越大，训练曲线和测试曲线的差距就倾向于越小(但是不保证)。

通过对比图 16-3 和图 16-4，我们可以得到另一个需要记住的点。一个模型可以既产生较低的损失，又产生较高的错误率。图 16-3 中的步长为 1e－3 和 1e－4 的模型，其训练损失要比图 16-4 中的步长相同的模型更低，但是错误率反而是图 16-3 中的模型比图 16-4 里的模型更高。对此的解释是，记住损失和错误率并不相同。一种方法可以在不改变错误率的前提下，通过提高正确类别的概率来降低损失，即使这样做并不会改变类别的排序。

你应该为所选的数据集构建一个像这样的简单分类器。如果你尝试了，你就会注意到分类器的性能强烈依赖于步长和正则化常数的选择，并且在这两个参数间可能存在某种形式的轻微的相互影响。另一个重要的考虑是**初始化**。你需要对所有参数选择一个初始值。神经网络有许多参数；在我们的例子里，网络输入是一个 d 维的向量 $\boldsymbol{x}$，输出是 C 个类别，因此我们有 $(d+1)\times C$ 个参数。如果你把每个参数初始化成 0，那么你会发现梯度也是 0，这样的结果对我们的训练并没有帮助。这种现象会发生是因为所有的 o_u 都会是 0(因为 $w_{u,i}$ 和 b_u 都是 0)。初始化通常是抽取一个均值为 0 的正态随机变量的样本作为初始值。每个样本应该有一个较小的标准差。如果你重复上面的实验，你就会注意到标准差的大小相当重要(对于这些图，我用的值是 0.01)。通常来说，通过尝试各种不同的设置，使用大量的数据，可以使像这样的系统正常工作。

如果你尝试了这个实验(你确实应该尝试)，你也会注意到**预处理**数据对于获得一个良好的结果非常重要。你应该已经注意到，对于信用卡的例子，我们对每个特征分开标准化。你可以尝试在这个数据集上不这么做，但是仍然使用我用的其他参数，看看会发生什么(就我做的尝试而言，我没有从训练中获得任何合理的过程)。关于为什么会有这样的问题，有一个简单的部分解释。第一个特征具有相当大的标准差(大概是 1e－5 阶)，而其他的特征只有较小的标准差(大概是 1 阶)。如果你对于这样的数据拟合出了一个性能很好的分类器，你就会发现第一个特征的系数相当大，但是其他的特征系数相当小。而梯度搜索是从每个系数非常小的值开始的。如果步长很小，那么搜索需要花费许多步才能构建一个较大的系数值；如果步长很大，那么较小的系数有可能得到错误的值。一个通常的事实是，一个较好的预处理选择可以显著地提高一个神经网络分类器的性能。然而，据我所知，除了尝试许多不同的方法外，没有一种通用程序可以为特定的问题建立正确的预处理。

在训练过程中还有着另一个重大障碍。想象一下，系统陷入了这样一个状态：对每一个训练数据项，某些单元 u 的输出 o_u 都是 0。这种情况是有可能发生的，举个例子，如果学习率过大，或者你选了一个糟糕的初始化。那么这个系统就没有办法摆脱这种状态，因为对于这些单元，每一个训练数据项带来的梯度都是 0。这些单元称为**死单元**(dead unit)。对于一个非常简单的分类器，例如像我们的两单元模型，可以通过保持学习率足够小来克服这样的问题。更复杂的结构(后面会提到)可以通过添加大量的单元来克服。图 16-5 显示了对于信用卡例子里训练出的两单元网络，在极端情况下发生的效果——这里两个单元都是死单元。

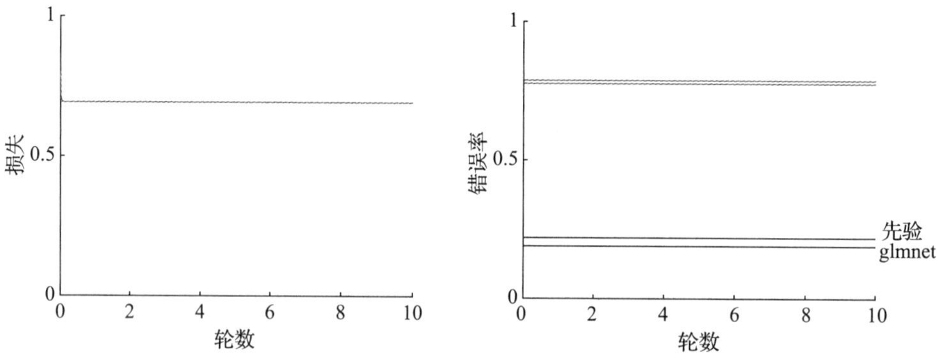

图 16-5　**左边**是损失图，**右边**是错误率图。每个图显示了在信用卡账户文本数据上，一个两单元的分类器在训练过程中的损失(或者错误率)。这是一种很极端的情况(注意这两幅图里的坐标轴取值和其他图的不一样)，在这种情况下，两个单元在训练早期就死掉了。这里的步长是 1e−3，但是它并没有什么用，因为梯度是 0。最终的错误率很高，因为每个单元都输出 0，因此每个类别的概率都是 0.5。这种情况下的解决方案是“选择默认”，这种机制使模型在这里的表现相当差

损失图相当有用，熟练的从业者可以从这些图中很好地诊断出存在的训练问题。这里我给出一些基本规律。如果学习率较小，那么系统训练起来就会很慢，但是也许(最终)会终止于一个良好的状态。如果学习率较大，系统最初训练会很快，但是之后性能会停止提升，因为状态改变得太快以至于很难找到一个良好的状态。如果学习率很大，系统甚至有可能会发散。如果学习率刚刚好，损失会快速下降到一个较好的值，然后缓慢但是平稳地下降。当然，正如支持向量机，损失和步数的关系图并不是一个平滑的曲线，而是有噪声的曲线。复杂的模型可以显示出相当惊人的现象，并不是所有的现象都是可理解的或者可解释的。我在 lossfunctions. tumblr. com 上发现了一些有趣的训练问题的集合——你应该好好看看。

16.3　层和网络

我们已经使用单元构建了一个多类分类器，每个类别一个单元。然后我们用 softmax 函数将单元的输出解释成概率。这样的一个多类分类器充其量只是稍微有点意思。真正有意思的地方在于了解该分类器的输入特征。迄今为止，我们并没有仔细审视特征，而是假设特征是数据集中现有的，或者是应当通过领域知识来构建。记住，在回归的例子里，我们通过生成关于特征的非线性函数提高预测结果。在这里我们可以做得更好；我们可以使用一个单元集合的输出形成下一个单元集合的输入，通过这种方式学习应用哪些非线性函数。

16.3.1　堆叠层

我们将会关注将单元组织成**层**(layer)构建的系统；这些层形成了一个**神经网络**(neural network)。在神经网络中有一个输入层，它是由单元组成的，这些单元接收来自网络外的特征输入。在神经网络中还有一个输出层，它也是由单元组成的，输出层单元的输出会被传递到网络之外。正如前一节构建的网络一样，输入层和输出层可能是同一层。最有意思的情况发生在它们不相同的时候。在这种情况下，网络中可能会有**隐藏层**(hidden layer)。隐藏层的输入来自其他层，它的输出也会被传递到其他层。在我们的例子里，层是有序的，一个给定层的输出仅会被看成下一个层的输入(如图 16-6 所示——我们不允许

在整个网络上的随意连接)。我们暂时假设一层里的每个单元都会接收到一个输入，这个输入来自上一层的每个单元的输出；这意味着我们的网络是**全连接**(full connected)的。其他的网络结构也是可行的，但是现在最重要的问题是我们如何训练已经得到的全连接网络。

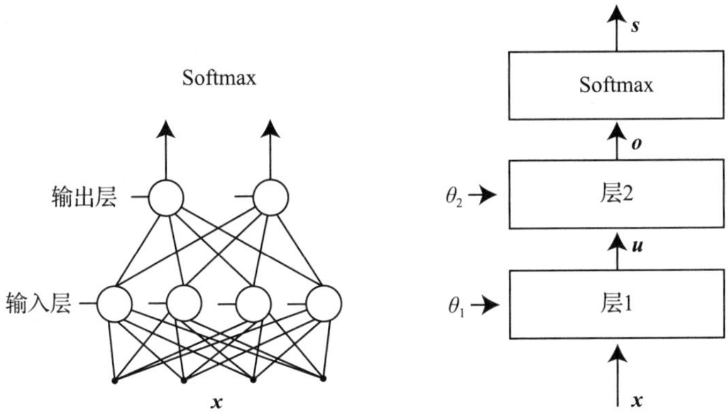

图 16-6 **左边**是一个输入层连接到一个输出层。输入层的单元接收输入并且计算特征；输出层将这些特征转换成输出值，这些输出值将会通过 softmax 函数转换成类别概率。**右边**是这些层的抽象表示。我将 softmax 函数自身描绘成一个层。每层的单元接收一个向量和一些参数，然后生成另一个向量。Softmax 层不接收任何参数

图 16-6 显示了我们的分类器的一个简单扩展，其中有两层相互连接。最好的方法是从多层函数的角度考虑我们正在构建的系统，这些多层函数接收向量输入(通常也接收参数)并且生成向量输出。一层单元就是这样的一个函数，但是 softmax 层并不是。这幅图显示了应用在单元集合上的这种抽象表示。在图中，第一层接收了一个输入 $\boldsymbol{x}$ 和一些参数 $\theta^{(1)}$，产生一个输出 $\boldsymbol{u}$。第二层把这个 $\boldsymbol{u}$ 和一些参数作为输入，产生一个输出 $\boldsymbol{o}$。第三层是 softmax 层——它接收输入并且产生输出，但是 softmax 层不含参数。这样的一整个层的堆叠产生了一个模型，这个模型对给定输入 $\boldsymbol{x}$ 和参数 θ 的条件下每个类别的条件概率进行建模。

我们将会用随机梯度下降来训练像这样的对象。关键问题是如何计算梯度。这里存在的问题是 $\boldsymbol{s}$ 仅仅通过 $\boldsymbol{u}$ 依赖于 $\theta^{(1)}$——改变 $\theta^{(1)}$ 导致 $\boldsymbol{s}$ 仅通过 $\boldsymbol{u}$ 的改变才发生变化。

我可以把图 16-6 所示的对象写成

$$\boldsymbol{s}(\boldsymbol{o}(\boldsymbol{u}(\boldsymbol{x},\theta^{(1)}),\theta^{(2)}))$$

(这是一个相当生硬的符号表示，这些符号表示的模型在图中已经相当清楚地说明了。)这些符号可以更简洁地表示成

$$\boldsymbol{s}$$

其中

$$\boldsymbol{s}=\boldsymbol{s}(o)$$

$$\boldsymbol{o}=\boldsymbol{o}(\boldsymbol{u},\theta^{(2)})$$

$$\boldsymbol{u}=\boldsymbol{u}(\boldsymbol{x},\theta^{(1)})$$

你应该把这些等式看成是在一次计算中的一种映射。对于这些等式，你输入 $\boldsymbol{x}$，这些等式依次输出 $\boldsymbol{u}$，$\boldsymbol{o}$，$\boldsymbol{s}$；通过这样的流程，你可以计算出你的损失。

16.3.2 雅可比矩阵和梯度

现在计算梯度。我会用两种方式来计算梯度，因为也许其中一种方式对你而言比另一

种更容易理解。对于从图的角度思考的人，看图 16-6。损失 L 仅仅当 $\boldsymbol{s}$ 改变时才会改变。如果网络的输入是固定的，为了确定 $\theta^{(2)}$ 的改变对损失 L 产生的影响，你必须先计算出 $\theta^{(2)}$ 的改变对 $\boldsymbol{o}$ 产生的影响；然后计算出 $\boldsymbol{o}$ 的改变对 $\boldsymbol{s}$ 产生的影响；最后计算 $\boldsymbol{s}$ 的改变对损失产生的影响。此外，如果网络的输入是固定的，确定 $\theta^{(1)}$ 的改变对损失的影响更加复杂。你必须先计算 $\theta^{(1)}$ 的改变对 $\boldsymbol{u}$ 的影响；然后计算 $\boldsymbol{u}$ 的改变对 $\boldsymbol{o}$ 产生的影响；再计算 $\boldsymbol{o}$ 的改变对 $\boldsymbol{s}$ 产生的影响；最后计算 $\boldsymbol{s}$ 的改变对损失产生的影响。用铅笔沿着图 16-6 追踪这些改变也许对你有所帮助。

如果你认为等式更容易推导这个过程，那么你就会发现上一段话就是文字形式的链式法则。我们用 $L(\boldsymbol{s})$ 表示损失。然后你可以把链式法则应用在这些等式的集合上：

$$\boldsymbol{s}$$

其中

$$\boldsymbol{s} = \boldsymbol{s}(o)$$
$$\boldsymbol{o} = \boldsymbol{o}(\boldsymbol{u},\theta^{(2)})$$
$$\boldsymbol{u} = \boldsymbol{u}(\boldsymbol{x},\theta^{(1)})$$

通用的符号有助于清楚地表示相关的导数。假设我有一个关于变量 $\boldsymbol{x}$ 的函数 $\boldsymbol{f}$，其中 $\boldsymbol{x}$ 和 $\boldsymbol{f}$ 都是向量。我将把 $\boldsymbol{x}$ 的分量的数量写成 $|\boldsymbol{x}|$，把 $\boldsymbol{x}$ 的第 i 个分量写成 x_i。我将用 $\mathcal{J}_{\boldsymbol{f};\boldsymbol{x}}$ 表示

$$\begin{pmatrix} \frac{\partial f_1}{\partial x_1} & \cdots & \frac{\partial f_1}{\partial x_{|\boldsymbol{x}|}} \\ \cdots & \cdots & \cdots \\ \frac{\partial f_{|\boldsymbol{f}|}}{\partial x_1} & \cdots & \frac{\partial f_{|\boldsymbol{s}|}}{\partial f_{|\boldsymbol{o}|}} \end{pmatrix}$$

并且把这样的一阶偏导矩阵称为**雅可比矩阵**(Jacobian)(有时这样的矩阵也叫作 $\boldsymbol{f}$ 的偏导，但这会造成一些困扰)。雅可比矩阵简化了链式法则的表示。你应该(用任何你能够记起的链式法则的形式)检验

$$\nabla_{\theta^{(2)}} L = (\nabla_{\boldsymbol{s}} L) \times J_{\boldsymbol{s};\boldsymbol{o}} \times J_{\boldsymbol{o};\theta^{(2)}}$$

是否正确。现在，获得损失对 $\theta^{(1)}$ 的导数就更有意思了。损失仅仅通过 $\boldsymbol{u}$ 依赖于 $\theta^{(1)}$。因此我们有

$$\nabla_{\theta^{(1)}} L = (\nabla_{\boldsymbol{s}} L) \times J_{\boldsymbol{s};\boldsymbol{o}} \times J_{\boldsymbol{o};\boldsymbol{u}} \times J_{\boldsymbol{u};\theta^{(1)}}$$

只要我们有足够的符号追踪每个层的输入和输出，前两段的推理过程就可以拓展到任意数量的层、参数、内部连接等。

记住：把多层单元堆叠成一个神经网络能够产生学习到的特征，这些特征会导致最终的分类器表现良好。关于层的构建方式有大量的惯例。借助链式法则，我们能够得到网络损失对参数的梯度。

16.3.3　构建多层

更进一步，我们将用新符号追踪一些细节。我们将把一个神经网络看成是 D 层函数的一个集合。每个函数接收一个向量，并且产生一个向量。这些层不是单元构成的层。把一个单元看成是两个层的组合更为方便。第一层用一组参数计算其输入的一个线性函数。第二层根据线性函数的结果计算 ReLU。正如图 16-7 所示，如果我们把每个单元看成是由两个层组成，并且把 softmax 看成是一个特殊的层，那么对于图中的网络，$D = 5$。

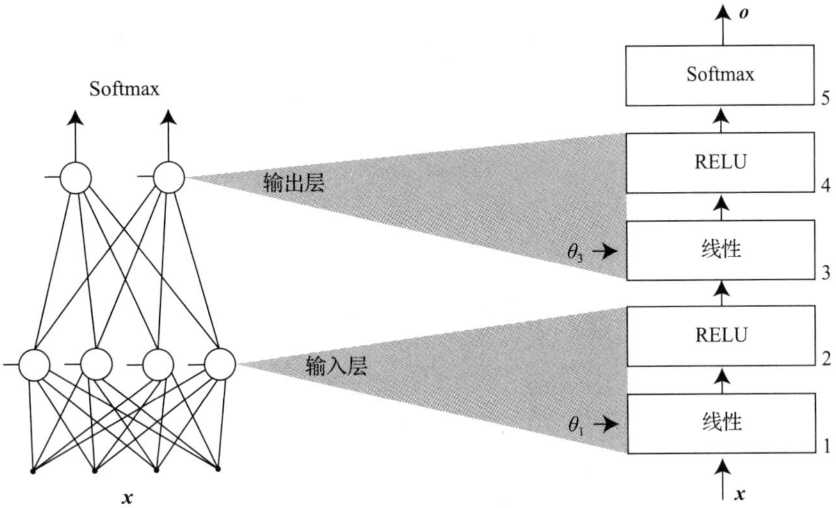

图 16-7 **左边**是一个输入层连接到一个输出层，正如图 16-6 所示。**右边**是对这些层的更进一步抽象，这在计算梯度时很有用。这种抽象把一个单元看成是两个层的组合。第一层计算线性函数，第二层计算 ReLU

这种符号使我们能够不考虑每个函数的功能，从而计算出梯度。我将把第 r 个函数写成 $\boldsymbol{o}^{(r)}$。不是每个函数都会接收参数(ReLU 和 softmax 函数就不会接收参数；但是线性函数就会接收)。按照惯例，假定第 r 层接收参数 $\theta^{(r)}$；如果第 r 层不接收参数，那么对应的参数向量 $\theta^{(r)}$ 就为空。在这种符号表示下，应用于 $\boldsymbol{x}$ 的一个网络的输出应该被写成

$$\boldsymbol{o}^{(D)}(\boldsymbol{o}^{(D-1)}(\cdots(\boldsymbol{o}^{1}(\boldsymbol{x},\theta^{(1)}),\theta^{(2)}),\cdots),\theta^{(D)})$$

上式比较凌乱，更整洁的写法是

$$\boldsymbol{o}^{(D)}$$

其中

$$\boldsymbol{o}^{(D)}=\boldsymbol{o}^{(D)}(\boldsymbol{u}^{(D)},\theta^{(D)})$$
$$\boldsymbol{u}^{(D)}=\boldsymbol{o}^{(D-1)}(\boldsymbol{u}^{(D-1)},\theta^{(D-1)})$$
$$\cdots=\cdots$$
$$\boldsymbol{u}^{(2)}=\boldsymbol{o}^{(1)}(\boldsymbol{u}^{(1)},\theta^{1})$$
$$\boldsymbol{u}^{(1)}=\boldsymbol{x}$$

这些等式对于一次计算的确是一个映射。你输入 $\boldsymbol{x}$，这个映射依次输出 $\boldsymbol{u}^{(1)}$，$\boldsymbol{u}^{(2)}$，直到 $\boldsymbol{o}^{(D)}$。这非常重要，因为它使我们能够相当简洁地写出梯度的表达式(从图 16-8 中能看出一些)。

我们的损失通常是由两项组成。第一项是每个训练样例损失之和的均值，因此它的形式是

$$\frac{1}{N}\sum_{i}L(\boldsymbol{y}_i,\boldsymbol{o}^{(D)}(\boldsymbol{x}_i,\theta))$$

第二项(我们并不总是使用)是一个依赖于参数的项，它将用于正则化参数，就像之前提到的支持向量机和回归。正则化项的梯度很容易求得。

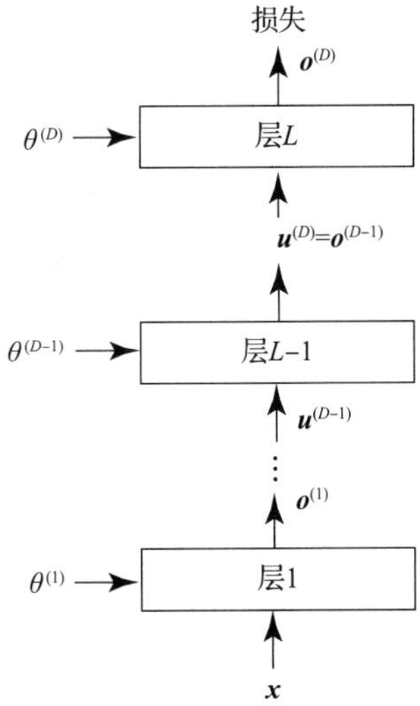

图 16-8 层、输入、参数的符号表示，供参考

16.3.4 梯度和反向传播

为了获得损失项的梯度，我们忽略了样例的下标，这样有

$$L(\boldsymbol{y},\boldsymbol{o}^{(D)})$$

其中

$$\begin{aligned}
\boldsymbol{o}^{(D)} &= \boldsymbol{o}^{(D)}(\boldsymbol{u}^{(D)},\theta^{(D)}) \\
\boldsymbol{u}^{(D)} &= \boldsymbol{o}^{(D-1)}(\boldsymbol{u}^{(D-1)},\theta^{(L-1)}) \\
\cdots &= \cdots \\
\boldsymbol{u}^{(2)} &= \boldsymbol{o}^{(1)}(\boldsymbol{u}^{(1)},\theta^{1}) \\
\boldsymbol{u}^{(1)} &= \boldsymbol{x}
\end{aligned}$$

再强调一次，把这些等式看成一次计算中的一个映射。现在考虑$\nabla_\theta L$ 如何计算，可以将 16.1.3 节中提到的链式法则拓展应用在这里。我们有

$$\nabla_{\theta^{(D)}} L(\boldsymbol{y},\boldsymbol{o}^{(D)}) = (\nabla_{\boldsymbol{o}^{(D)}} L) \times J_{\boldsymbol{o}^{(D)};\theta^{(D)}}$$

(我在 16.1.3 节忽略了 $\theta^{(D)}$，因为层 D 是一个 softmax 层，不含任何参数)。

现在考虑$\nabla_{\theta^{(D-1)}} L$ 如何计算。损失 L 在某种程度上间接依赖于 $\theta^{(D-1)}$；层 $D-1$ 使用参数 $\theta^{(D-1)}$生成输出，并把这个输出送到层 D，作为层 D 的输入。所以我们可以得到

$$\nabla_{\theta^{(D-1)}} L(\boldsymbol{y}_i,\boldsymbol{o}^{(D)}(\boldsymbol{x}_i,\theta)) = (\nabla_{\boldsymbol{o}^{(D)}} L) \times J_{\boldsymbol{o}^{(D)};\boldsymbol{u}^{(D)}} \times J_{\boldsymbol{o}^{(D-1)};\theta^{(D-1)}}$$

(仔细看雅可比矩阵的下标，记住 $\boldsymbol{u}^{(D)}=\boldsymbol{o}^{(D-1)}$)。此外，$\boldsymbol{u}^{(D)}$ 是 $\boldsymbol{u}^{(D-1)}$ 的函数，$\boldsymbol{u}^{(D-1)}$ 是 $\theta^{(D-2)}$ 的函数，所以 $\boldsymbol{o}^{(D)}$通过 $\boldsymbol{u}^{(D)}$、$\boldsymbol{u}^{(D-1)}$依赖于 $\theta^{(D-2)}$。因此

$$\nabla_{\theta^{(D-2)}} L(\boldsymbol{y}_i,\boldsymbol{o}^{(D)}(\boldsymbol{x}_i,\theta)) = (\nabla_{\boldsymbol{o}^{(D)}} L) \times J_{\boldsymbol{o}^{(D)};\boldsymbol{u}^{(D)}} \times J_{\boldsymbol{o}^{(D-1)};\boldsymbol{u}^{(D-1)}} \times J_{\boldsymbol{o}^{(D-2)};\theta^{(D-2)}}$$

(再强调一次，仔细看每个雅可比矩阵的下标，记住 $\boldsymbol{u}^{(D)}=\boldsymbol{o}^{(D-1)}$ 并且 $\boldsymbol{u}^{(D-1)}=\boldsymbol{o}^{(D-2)}$)。

现在我们可以获得损失项的梯度，它是一个递归式

$$\begin{aligned}
\boldsymbol{v}^{(D)} &= (\nabla_{\boldsymbol{o}^{(D)}} L) \\
\nabla_{\theta^{(D)}} L &= \boldsymbol{v}^{(D)} \mathcal{J}_{\boldsymbol{o}^{(D)};\theta^{(D)}} \\
\nabla_{\theta^{(D-1)}} L &= \boldsymbol{v}^{(D)} \mathcal{J}_{\boldsymbol{o}^{(D)};\boldsymbol{u}^{(D)}} \mathcal{J}_{\boldsymbol{o}^{(D-1)};\theta^{(D-1)}} \\
&\cdots \\
\nabla_{\theta^{(i-1)}} L &= \boldsymbol{v}^{(D)} \mathcal{J}_{\boldsymbol{o}^{(D)};\boldsymbol{u}^{(D)}} \cdots \mathcal{J}_{\boldsymbol{o}^{(i)};\boldsymbol{u}^{(i)}} \mathcal{J}_{\boldsymbol{o}^{(i-1)};\theta^{(i-1)}} \\
&\cdots
\end{aligned}$$

但是注意看这些矩阵乘积的形式。我们不需要所有的矩阵重新相乘；我们可以在已经计算出来的乘积上附加一个新的项来计算新的乘积。所有这些可以更整洁地写成

$$\begin{aligned}
\boldsymbol{v}^{(D)} &= (\nabla_{\boldsymbol{o}^{(D)}} L) \\
\nabla_{\theta^{(D)}} L &= \boldsymbol{v}^{(D)} \mathcal{J}_{\boldsymbol{o}^{(D)};\theta^{(D)}} \\
\boldsymbol{v}^{(D-1)} &= \boldsymbol{v}^{(D)} \mathcal{J}_{\boldsymbol{o}^{(D)};\boldsymbol{u}^{(D)}} \\
\nabla_{\theta^{(D-1)}} L &= \boldsymbol{v}^{(D-1)} \mathcal{J}_{\boldsymbol{o}^{(D-1)};\theta^{(D-1)}} \\
&\cdots \\
\boldsymbol{v}^{(i-1)} &= \boldsymbol{v}^{(i)} \mathcal{J}_{\boldsymbol{o}^{(i)};\boldsymbol{u}^{(i)}} \\
\nabla_{\theta^{(i-1)}} L &= \boldsymbol{v}^{(i-1)} \mathcal{J}_{\boldsymbol{o}^{(i-1)};\theta^{(i-1)}} \\
&\cdots
\end{aligned}$$

我并没有添加符号来追踪哪些偏导数被求出(这应该很显然，并且我们已经有了足够的符号)。在看这个递归式的时候，你应该注意到，为了计算出 $\boldsymbol{v}^{(i-1)}$，你需要先知道 $\boldsymbol{u}^{(k)}$，$k\geqslant i-1$。这得出了下面的策略。我们可以在“前向传递”中，沿着从输入层到输出层，依次计算出 $\boldsymbol{u}$ 的值(同样可以计算出 $\boldsymbol{o}$，这两者是等同的)。然后，在“反向传递”中，我们可以沿着从输出层到输入层，计算出梯度。这样的做法通常称为**反向传播**(backpropagation)。

记住： 多层网络的梯度遵循链式法则。被称为反向传播的直接递归方法能够产生一个算法，这个算法在计算梯度上非常有效。信息沿着网络向上流动计算每层的输出，然后沿着向下流动获得梯度。

16.4 训练多层网络

一个多层网络代表着极度复杂、高度非线性的函数，并且这个函数具有大量参数。这样的结构早已为人所知，但是直到最近才在实际应用中大获成功。事后看来，问题在于多层网络很难训练成功。有充分的证据表明，如果我们可以成功训练多层网络的话，拥有大量的层可以提升网络的实际性能。由于某些类型的问题，拥有大量层的多层网络（有时被称为**深度网络**（deep network））很容易胜过已知的所有其他方法。当我们在求解一个分类问题并且拥有大量数据的时候，神经网络似乎表现最好。我们将专注于这种情况。

使一个多层神经网络表现良好面临着许多重要的结构障碍。现在（在撰写本书时）没有任何的理论指导我们哪些结构会起作用，哪些结构不会起作用。这意味着构建真正有用的应用涉及掌握一系列的技巧，并且需要通过直觉判断每个技巧何时会有用。互联网上现在有一个有益的群体，他们分享这些技巧、实现了这些技巧的代码和他们使用这些技巧的一般经验。

数据集： 全连接层有大量的参数，这意味着由全连接层组成的多层网络将需要大量的数据进行训练，并且也需要大量的训练批次。我们有理由相信，在相当长的一段时间里，多层神经网络的性能在应用领域大打折扣是因为人们低估了要使它表现良好所需的数据量和训练轮数。对于成功的应用，庞大的数据集看起来似乎是必要的。但是没有任何理论可以提供一个有效的指导，来告诉我们多少数据是足够的，等等。

计算摩擦（Computing Friction）：评估多层神经网络及其梯度可能会很慢。新式的实践强调使用 GPU，GPU 可以显著地提升训练速度。这里也存在巨大的软件障碍。对于这一点如果你并不确定，你可以在一个合适的编程环境里，尝试使用上面的这些描述从头开始构建和训练一个三层的网络。你将会发现自己在常用代码（把网络层互相连接，计算梯度，等等）上花费了大量的时间和精力。当你每次尝试一个新的网络的时候，这些工作都不得不去做，这种情况是一个巨大的障碍。现代实践强调使用定制化的软件环境，这种软件环境可以接收一个网络描述，帮助你完成所有的编写常用代码的工作。在 16.4.1 节中我描述了一些当前的软件环境，但在本书出版时，这些软件可能已经更新。

冗余单元： 在我们当前的网络层框架里，单元存在一种对称性。举个例子，我们可以交换某一层中的两个单元，交换它们的权重和到下一层的连接，这样我们可以确实得到一个完全相同的分类器。但是这个分类器的权重向量与之前相比，发生了巨大的改变。这意味着许多单元对于相同的输入也许会产生相同的输出，我们无法判断这种现象是否存在。这种现象导致的一个问题是，在后面层的单元有可能会只选择一个等价的单元，并且依赖于这个单元。这是一个糟糕的策略，因为这个特殊的单元有可能表现得很差——不依赖某些特定的单元可能会更好。你可能会期望通过随机初始化解决这个问题，但是有证据表明，强迫单元查看其大部分输入的高级技巧可能会相当有帮助。

梯度混淆： 在技术上一个仍然十分重要的障碍是梯度。注意看我为反向传播描述的递归公式。在第 L 层（顶部）的梯度更新直接依赖于这一层的参数。但是现在考虑一个靠近网络输入端的层。这一层的梯度更新乘上了很多雅可比矩阵。这个梯度更新有可能非常小（如果这些雅可比矩阵缩小了它们的输入向量）或者是无用的（如果靠近输出的层的参数估计不好)。为了让梯度更新真正有用，我们希望网络较高层的梯度正常，但是如果较低层被混淆了，那么我们就无法实现这一点，因为网络较低层会将它们的输出传递到上层去。如果网络中的较低层处于无意义状态，那么这些层可能很难摆脱这一状态。相应地，这也意味着对于一个网络，增加层数有可能提高其性能，但是也有可能因为训练结果很差，使其变得更糟糕。

现在有大量的策略用来处理梯度问题。我们可以尝试用较好的估计值对每一层的参数进行初始化，正如16.4.3节介绍的。较差的梯度估计有的时候可以通过梯度重缩放技巧控制(16.4.4节)。改变层的结构也有所帮助，其中最常用的变体是卷积层。卷积层是一种特殊形式的网络层，它有较少的参数，并且在图像和语音信号领域中应用得非常好。这些都将在下一章进行介绍。改变层之间的连接同样有效，在下一章我将描述其中的一些技巧。

记住： *多层神经网络可以通过多批量随机梯度下降方法训练，通常使用梯度的变体进行更新。训练可能十分困难，但是一些技巧可以帮助你训练。*

16.4.1 软件环境

在16.3.3节，我把一个多层网络写成

$$\boldsymbol{o}^{(D)}$$

其中

$$\begin{aligned}
\boldsymbol{o}^{(D)} &= \boldsymbol{o}^{(D)}(\boldsymbol{u}^{(D)},\theta^{(D)}) \\
\boldsymbol{u}^{(D)} &= \boldsymbol{o}^{(D-1)}(\boldsymbol{u}^{(D-1)},\theta^{(L-1)}) \\
\cdots &= \cdots \\
\boldsymbol{u}^{(2)} &= \boldsymbol{o}^{(1)}(\boldsymbol{u}^{(1)},\theta^{1}) \\
\boldsymbol{u}^{(1)} &= \boldsymbol{x}
\end{aligned}$$

然后我把这些公式用作一次计算里的一幅图。这幅图显示如何使用链式法则计算梯度。为了能够使用这幅图，我们需要知道：(a) 在这个层中计算的形式；(b) 这一层的输出针对该层输入的导数；(c) 这一层的输出针对该层参数的导数。在这幅图中可能有各种类型的层，这些层都特别有用(我们已经见过 softmax 层和全连接层；在下一章我们将看到卷积层)。

现在有许多软件环境可以接收一个网络的描述作为一张计算图，正如上面我们提到过的，并且可以自动地构建代码实现这个网络。用户本质上的工作是编写一张计算图，提供输入并且决定如何处理梯度更新参数。这些软件环境支持必要的高重复利用的工作，以便将网络映射到GPU上、在GPU上评估网络和其梯度、通过更新参数来训练网络等。这些环境的便捷可用性也是神经网络得到广泛采用的一个重要因素。

在撰写本书时，可用的主要软件环境有

- Darknet：这是 Joe Redmon 开发的一个开源环境，你可以在 https://pjreddie.com/darknet/找到它。这个网页上也有一些教程可以帮助你了解 Darknet。
- MatConvNet：这是一个面向 MATLAB 用户的环境，最初由 Andrea Vedaldi 编写，并且得到了开发者社区的支持。你可以在 http://www.vlfeat.org/matconvnet 找到它。该网址有一个教程。
- MXNet：这是一个来自 Apache 的软件框架，许多云服务提供商都支持该软件框架，包括 Amazon Web Services 和 Microsoft Azure。可以在许多环境中调用 MXNet，包括 R 和 MATLAB。你可以在 https://mxnet.apache.org 找到它。
- PaddlePaddle：这是一个由百度深度学习研究院开发的环境。你可以在 http://

www. paddlepaddle. org 找到它。在这个页面上有一些教程。你可以尝试自己搜索这个页面以获取更多的细节。

- PyTorch：这是一个由 Facebook 的人工智能研究院开发的环境。你可以在 https://pytorch. org 找到它。视频教程在 https://pytorch. org/tutorials/。
- TensorFlow：这是一个由 Google 开发的环境。你可以在 https://www. tensorflow. org 找到它。在 https://www. tensorflow. org/tutorial/可以找到大量的相关教程材料。
- Keras：这是一个由 François Chollet 开发的环境，试图提供一个独立于所使用的底层计算框架的高级抽象。它由 TensorFlow 的核心库支持。你可以在 https://keras. io 找到它。在这个网址上同样有一些教程材料。

这些环境中的每一个都有它们自己的开发者社区。现在，在开发者社区发布代码、网络和公开数据集是一个非常普遍的现象。这意味着对于许多前沿研究，你可以很容易地找到一个实现了该网络的代码库、开发者用来训练该网络的所有参数值、一个训练好的网络版本以及他们训练和评估所使用的数据集。

记住：即使是训练一个简单的网络也会涉及相当数量的常用代码。现在有许多软件环境，这些环境可以简化设置，并且简化复杂神经网络的训练。

16.4.2　Dropout 和冗余单元

用权重的平方进行正则化的确很好，但是这种方法不能保证单元不会仅选择冗余输入中的一个。一个非常有用的正则化策略是尝试并且确保没有单元过于依赖任何其他单元的输出。我们可以通过下面的方法做到这一点。在每一轮训练步骤里，随机选择一些单元，将这些单元的输出设置为 0(并且对于将这些单元的输出看成输入的单元，重新加权计算它们的输入)，然后继续训练。现在这些单元被训练来生成合理的输出，即使它们输入中的一部分被随机设置为 0——单元不能过于依赖某个单元，因为这个单元的输出可能被设置为 0。注意这很合理，但是这个方法像是从实验中得出，现在并没有充分的理论证明。这个方法就是所谓的**随机失活**(dropout)。

这里有一些重要的细节我们没有详细描述。输出单元不会受到 dropout 的影响，但是一个输出单元的输入仍然有可能被随机设置为 0。在测试阶段，我们就不再随机挑选一些单元，将它们的输出设置为 0，每个单元用正常的方法来计算正常的输出。这样的做法产生了一个重要的训练问题。我们用 p 代表一个单元被丢弃的概率，对于网络中所有的单元，它们被丢弃的概率都相同。在训练阶段，你应该把第 i 层单元的预期输出考虑成$(1-p)o_i$(因为输出以概率 p 被设置成 0)。但是在测试阶段，下一层单元的输入将会是 o_i；因此在训练阶段，你应该将每层单元的输入的权重乘上 $1/(1-p)$进行调整。在练习中，我们将会使用一些软件包，这些软件包为我们安排好了所有的细节。

记住：dropout 可以强迫单元关注它们的输入，这个输入来自一个冗余单元集合的所有元素，从而对网络进行正则化。

16.4.3　例子：再论信用卡账户

在 16.2 节提到的台湾信用卡账户数据有 30 000 个样例。我将这个数据集划分成两部分，一部分有 25 000 个训练样例，另一部分有 5000 个验证样例。我将使用验证集上的结果描述各种不同的网络结构的性能，但是我们不会选择其中的一个结构，因此我们不需要一个测试集评估选择的结构。

我将会比较四个不同的结构(图 16-9)。四个结构中最简单的——结构Ⅰ有一个由 100 个单元组成的层，使用 ReLU 非线性激活函数。这些单元接收一些输入特征，生成一个 100 维的特征向量。然后用一个线性函数将生成的 100 维特征空间映射到一个二维的特征空间，再用一个 softmax 函数生成类条件概率。你应该把这个网络考虑成一个单个的层，这个层生成一个 100 维的特征向量，紧接着用一个逻辑回归分类器对特征向量进行分类。注意，这里的分类器和 16.2 节中提到的分类器有所不同，因为 16.2 节中使用的分类器只有两个单元，每个类一个单元；在这里，这些单元生成一个高维的特征向量。结构Ⅱ对比结构Ⅰ多了第二层单元(同样使用 ReLU 非线性激活函数)，这一层将第一层输出的 100 维特征向量映射到第二个 100 维的特征向量；与结构Ⅰ相同，紧接着是一个线性函数和 softmax 函数。结构Ⅲ对比结构Ⅱ多了第三层单元(同样使用 ReLU 非线性激活函数)，第三层将第二个 100 维的特征向量映射到第三个 100 维的特征向量；然后与结构Ⅰ相同，紧接着是一个线性函数和 softmax 函数。最后，结构Ⅳ对比结构Ⅲ多了第四层单元(同样使用 ReLU 非线性激活函数)，第四层将第三个 100 维的特征向量映射到第四个 100 维的特征向量；然后与结构Ⅰ相同，紧接着是一个线性函数和 softmax 函数。对于这四个结构中的每个结构，每一个 ReLU 层我都使用了 $p = 0.5$ 的 dropout。我使用的正则化常数是 0.01，但是并没有发现改变这个常数会带来任何特别的提升。

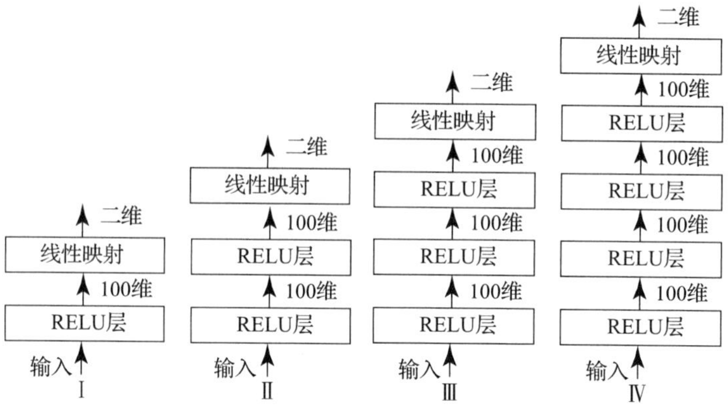

图 16-9 用来对台湾信用卡数据进行分类的四个结构

我使用小批量随机梯度下降最小化损失值。为了方便起见，我直接把小批量的大小设置成 500，而不是通过详细的实验来确定。每训练一步，我都在训练集和验证集上计算损失值和错误率。每训练 400 步，我就通过

$$\eta = \frac{\eta}{1.77}$$

降低学习率 η(这样在 1 600 步之后，学习率就会降低为原来的 1/10)。

在训练过程中，初始化阶段会出现严重的问题。对于结构Ⅰ，对于每个参数的每个初始值，我抽取了一个均值为 0、方差很小的正态随机变量的样本进行初始化。使用这种方法，训练可以顺利进行。但是这种策略对于其他的框架并没有效果(或者，至少是我无法使这种策略对其他框架也有作用)。对于这些框架中的每一个，我发现随机初始化产生的系统会很快将所有的样例分成一类。这可能是由于死单元的存在，这些死单元可能是因为在训练过程的早期较差的梯度导致的。

为了正常训练结构Ⅱ～Ⅳ，我发现有必要用之前的结构的参数进行初始化。因此，我用训练好的结构Ⅰ的第一个 ReLU 层的参数对结构Ⅱ的第一个 ReLU 层的参数进行初始化(此时结构Ⅱ的第二个 ReLU 层的参数随机初始化)；再用训练好的结构Ⅱ的前两个 ReLU 层的参数对结构Ⅲ的前两个 ReLU 层的参数进行初始化；等等。这种技巧看起来不太优雅，但是我发现它的确有效。我们将会在 18.1.5 节再次看到它。

图 16-10 比较了这四个结构。通常而言，有更多层的网络可以降低错误率，但是降低的幅度并不像我们希望的那么大。你应该注意到一个重要的奇怪现象。对于有更多层的网络，验证集上的损失会稍微更大些，但是验证集上的错误率会更小。损失和错误率并不等同，因此损失降低但是错误率没有降低的情况相当常见。对于一些样例，当一个网络通过提高它们的类条件后验概率降低损失时，这意味着网络已经把这些样例分类正确了。如果训练集中有许多这样的样本，那么你也许会看到网络的损失有大幅度下降，但是错误率却没有任何改变。我们无法通过训练最小化错误率，因为错误率在参数上是不可微的(或者更准确地说，对于几乎所有的参数设置，错误率在每个样例上的导数是 0，这对训练完全没有帮助)，这是一个很大的麻烦。

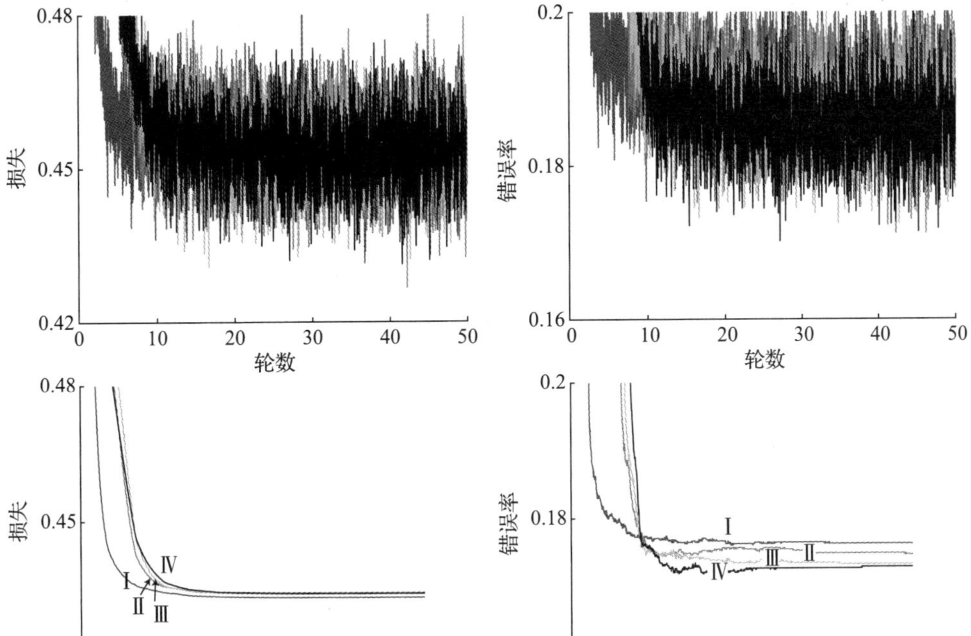

图 16-10　**左边**是损失，**右边**是错误率；**顶部**是训练集上(嘈杂、难以解析)的损失和错误率，**底部**是验证集上(平滑)的损失和错误率；这些都是对台湾信用卡数据进行分类的各种神经网络的损失和错误率。我使用的是之前描述过的四个结构。训练集上的曲线难以解析。注意，损失降低并不一定导致错误率降低。也要注意，增加层可以使分类器更准确，但是准确率在数据集上提升的幅度并不大

记住：堆叠多层单元学习到的特征可以使最终分类器表现良好。这样的多层神经网络是出色的分类器，但是如果没有足够的数据，它们将很难训练。

16.4.4　高级技巧：梯度缩放

在我们想要最小化一个函数的情况下，当我们第一次知道实际上最优的方向并不是沿

着梯度的反方向时，每个人都会感到惊讶。梯度是上坡最快的方向，但是重复下坡步骤通常并不是特别有效。可以用一个例子帮助你理解，我们将从几个方面来看这一点，因为不同的人对这点有不同的理解方式。

我们可以从代数的角度看这个问题。考虑一个函数 $f(x,y)$，$f(x,y)=(1/2)(\varepsilon x^2+y^2)$，在这里 ε 是一个非常小的正整数。这个函数在(x,y)这点的梯度是$(\varepsilon x,y)$。为了简单起见，我使用一个固定的学习率 η，这样我们有

$$\begin{bmatrix} x^{(r)} \\ y^{(r)} \end{bmatrix}=\begin{bmatrix} (1-\varepsilon\eta)x^{(r-1)} \\ (1-\eta)y^{(r-1)} \end{bmatrix}$$

如果你从$(x^{(0)},y^{(0)})$处开始，然后不断沿着梯度方向下坡，你将会非常缓慢地到达目的地。终点可以表示成

$$\begin{bmatrix} x^{(r)} \\ y^{(r)} \end{bmatrix}=\begin{bmatrix} (1-\varepsilon\eta)^r x^{(0)} \\ (1-\eta)^r y^{(0)} \end{bmatrix}$$

问题在于 y 的梯度相当得大(因此 y 的值一定下降得很快)，而 x 的梯度很小(因此 x 变化得会很慢)。继而，要使 y 在训练中收敛，我们需要 $|1-\eta|<1$；但是要使 x 在训练中收敛，我们仅需要相对更弱的约束 $|1-\varepsilon\eta|<1$。假设我们选取了满足 y 收敛约束下最大的 η。虽然 y 的符号可能在每一步中会发生改变，但是 y 的值在训练过程中很快就会变小。然而 x 会极其缓慢地收敛到最终的目的地。

看待这个问题的另一个角度是几何推理。图 16-11 显示了这种方法的效果。在图 16-11 中，函数 $f(x,y)$的梯度方向和函数的等值线垂直。但是当函数的等值线形成一个狭窄的山谷时，梯度方向会指向山谷的另一边，而不是沿着山谷向下。旋转和平移并不会改变这种效果(图 16-12)。

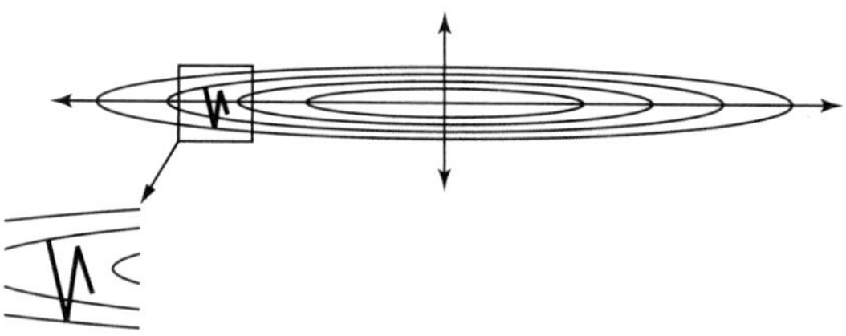

图 16-11　函数 $f(x,y)=(1/2)(\varepsilon x^2+y^2)$的等值线(常数值曲线)图。注意，$f(x,y)$的值随着 x 的较大变化才会缓慢改变，随着 y 的较小变化就会快速改变。梯度方向几乎都是指向 x 轴；这意味着梯度下降法会在函数的“山谷”呈之字形下降。如果我们知道使用什么样的坐标变换，我们也许能够通过坐标变换修正这个问题

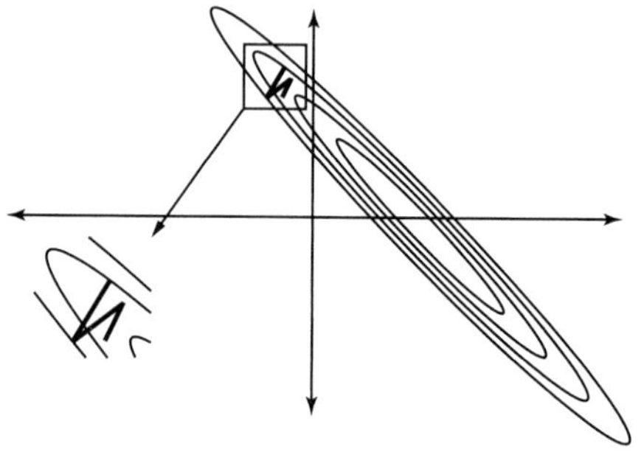

图 16-12　旋转和平移一个函数会同时旋转和平移函数的梯度；这是图 16-11中的函数经过旋转和平移后的图像。之字形下降的问题仍然存在。这一点很重要，因为这意味着我们很难选出一个好的坐标变换来解决这个问题

你也许已经学过牛顿法可以解决这样的问题。牛顿法的确能够很好地解决这类问题，但是使用牛顿法意味着我们需要知道矩阵的二阶偏导数。一个神经网络很容易产生成千上万个参数，我们根本无法形成、存储或者操作如此高维度的矩阵。我们需要定性地考虑更多造成这个问题的原因。

对这个问题的一个有益的见解是梯度向量的快速改变令人担忧。举个例子，考虑函数

$f(x)=(1/2)(x^2+y^2)$。想象一下你是从距离原点很远的地方开始，梯度不会在合理的步数内变化太大。但是现在想象一下你是从类似于 $f(x,y)=(1/2)(x^2+\varepsilon y^2)$ 的函数的山谷的一边开始；当你沿着梯度方向移动时，x 方向上的梯度会快速变小，然后指向你原来的方向。在 x 方向上，你跨出一大步并不合理，因为如果你这么做，你将停在和原来的梯度截然不同的点。类似地，y 方向上的梯度很小，当 y 的值有较大的变化的时候，梯度会保持很小。你希望的应该是在 x 方向上跨一小步，在 y 方向上跨一大步。

你可以看到这些是函数的二阶导数的影响(这就是牛顿法的全部内容)，但是刚才提到过，我们在这里不能使用牛顿法。我们希望在梯度变化不大的方向走得更远一些，在梯度变化大的方向上走得稍微近一点。有许多方法可以做到这一点。

动量(Momentum)：我们不希望参数会出现如上例所示的之字形现象。在这些例子中，这个问题是由下降过程中梯度某些分量的符号不断变化导致的。一个自然的想法是尝试对梯度进行平滑。我们可以通过形成梯度的移动平均值做到这一点。构建一个向量 $\mathbf{v}$，$\mathbf{v}$ 的大小和梯度向量的大小一致，并且把它初始化为 0。选择一个正数 μ，$\mu<1$。然后进行迭代

$$\mathbf{v}^{(r+1)} = \mu\mathbf{v}^{(r)} + \eta\nabla_\theta E$$

$$\theta^{(r+1)} = \theta^{(r)} - \mathbf{v}^{(r+1)}$$

注意，在这里更新的部分是所有过去的梯度的均值，每个梯度的权重都是 μ 的幂。如果 μ 很小，那么均值中只会计算相对而言当前的梯度值，并且平滑度会较低。较大的 μ 会导致较高的平滑度。一个典型的值是 $\mu=0.9$。当你使用 Momentum 时，使学习率随着步数增加而逐渐降低是一个合理的做法。但是需要注意的是，一个较大的 μ 意味着你需要额外迭代许多步才能显示出学习率下降产生的影响。

Adagrad：我们将会追踪梯度的每个分量的大小。更详细地说，我们有一个运行缓存 $\mathbf{c}$，$\mathbf{c}$ 被初始化为 0。我们再选择一个较小的数 α(通常是 1e−6)和一个固定的学习率 η。用 $g_i^{(r)}$ 表示在第 r 次迭代中计算出的梯度 $\nabla_\theta E$ 的第 i 个分量。然后我们可以迭代

$$c_i^{(r+1)} = c_i^{(r)} + (g_i^{(r)})^2$$

$$\theta_i^{(r+1)} = \theta_i^{(r)} - \frac{g_i^{(r)}}{(c_i^{(r+1)})^{\frac{1}{2}} + \alpha}$$

注意，梯度的每个分量都有它自己的学习率，这些学习率是通过以前的梯度的历史设置的。

RMSprop：RMSprop 是对 Adagrad 的一个改进，允许“忘记”很久之前计算出的较大的梯度。我们再一次用 $g_i^{(r)}$ 代表在第 r 轮迭代中计算出的梯度 $\nabla_\theta E$ 的第 i 个分量。我们再选择另一个数 Δ(**衰减率**(decay rate)；通常取 0.9、0.99 或 0.999)，然后迭代

$$c_i^{(r+1)} = \Delta c_i^{(r)} + (1-\Delta)(g_i^{(r)})^2$$

$$\theta_i^{(r+1)} = \theta_i^{(r)} - \eta\frac{g_i^{(r)}}{(c_i^{(r+1)})^{\frac{1}{2}} + \alpha}$$

Adam：Adam 是对 Momentum 的一个改进，它对梯度进行重缩放，尝试遗忘较大的梯度，并且调整早期的梯度估计来校准偏差。我们再一次用 $g_i^{(r)}$ 代表在第 r 轮迭代中计算出的梯度 $\nabla_\theta E$ 的第 i 个分量。我们再选择三个数 β_1、β_2 和 ε(通常分别取 0.9，0.99 和 1e−8)，以及一些步长和学习率 η。然后我们可以迭代

$$\mathbf{v}^{(r+1)} = \beta_1 * \mathbf{v}^{(r)} + (1-\beta_1) * \nabla_\theta E$$

$$c_i^{(r+1)} = \beta_2 * c_i^{(r)} + (1-\beta_2) * (g_i^{(r)})^2$$

$$\hat{\mathbf{v}} = \frac{\mathbf{v}^{(r+1)}}{1-\beta_1^t}$$

$$\hat{c}_i = \frac{\hat{c}_i^{(r+1)}}{1-\beta_2^t}$$

$$\theta_i^{(r+1)} = \theta_i^{(r)} - \eta \frac{\hat{v}_i}{\sqrt{\hat{c}_i}+\varepsilon}$$

记住：如果你在训练过程中没有得到改善，可以使用梯度缩放技巧。

习题

16.1 画出由三个单元组成的分类器(每个类别一个单元)的决策边界，这个分类器可以将一个二维的点 $\boldsymbol{x}$ 归为三个类别中的某一个。

16.2 网络分类样例 $\boldsymbol{x}$ 的损失可以写成

$$L(\boldsymbol{y},\boldsymbol{o}^{(D)})$$

其中

$$\begin{aligned}
\boldsymbol{o}^{(D)} &= \boldsymbol{o}^{(D)}(\boldsymbol{u}^{(D)},\theta^{(D)})\\
\boldsymbol{u}^{(D)} &= \boldsymbol{o}^{(D-1)}(\boldsymbol{u}^{(D-1)},\theta^{(L-1)})\\
\cdots &= \cdots\\
\boldsymbol{u}^{(2)} &= \boldsymbol{o}^{(1)}(\boldsymbol{u}^{(1)},\theta^{1})\\
\boldsymbol{u}^{(1)} &= \boldsymbol{x}
\end{aligned}$$

现在考虑梯度 $\nabla_\theta L$。

(a) 推导

$$\nabla_{\theta^{(D)}} L(\boldsymbol{y},\boldsymbol{o}^{(D)}) = (\nabla_{\boldsymbol{o}^{(D)}} L) \times J_{\boldsymbol{o}^{(D)};\theta^{(D)}}$$

(b) 推导

$$\nabla_{\theta^{(D-1)}} L(\boldsymbol{y}_i,\boldsymbol{o}^{(D)}(\boldsymbol{x}_i,\theta)) = (\nabla_{\boldsymbol{o}^{(D-1)}} L) \times J_{\boldsymbol{o}^{(D)};\boldsymbol{u}^{(D)}} \times J_{\boldsymbol{o}^{(D-1)};\theta^{(D-1)}}$$

(c) 推导

$$\nabla_{\theta^{(D-2)}} L(\boldsymbol{y}_i,\boldsymbol{o}^{(D)}(\boldsymbol{x}_i,\theta)) = (\nabla_{\boldsymbol{o}^{(D)}} L) \times J_{\boldsymbol{o}^{(D)};\boldsymbol{u}^{(D)}} \times J_{\boldsymbol{o}^{(D-1)};\boldsymbol{u}^{(D-1)}} \times J_{\boldsymbol{o}^{(D-2)};\theta^{(D-2)}}$$

16.3 证明由迭代公式

$$\begin{aligned}
\boldsymbol{v}^{(D)} &= (\nabla_{\boldsymbol{o}^{(D)}} L)\\
\nabla_{\theta^{(D)}} L &= \boldsymbol{v}^{(D)} \mathcal{J}_{\boldsymbol{o}^{(D)};\theta^{(D)}}\\
\boldsymbol{v}^{(D-1)} &= \boldsymbol{v}^{(D)} \mathcal{J}_{\boldsymbol{o}^{(D)};\boldsymbol{u}^{(D)}}\\
\nabla_{\theta^{(D-1)}} L &= \boldsymbol{v}^{(D-1)} \mathcal{J}_{\boldsymbol{o}^{(D-1)};\theta^{(D-1)}}\\
&\cdots\\
\boldsymbol{v}^{(i-1)} &= \boldsymbol{v}^{(i)} \mathcal{J}_{\boldsymbol{o}^{(i)};\boldsymbol{u}^{(i)}}\\
\nabla_{\theta^{(i-1)}} L &= \boldsymbol{v}^{(i-1)} \mathcal{J}_{\boldsymbol{o}^{(i-1)};\theta^{(i-1)}}\\
&\cdots
\end{aligned}$$

计算出的梯度是正确的。然后写出公式 $\nabla_{\theta^{(1)}} L$。

16.4 网络分类样例 $\boldsymbol{x}$ 的损失可以写成

$$L(\boldsymbol{y},\boldsymbol{o}^{(D)})$$

其中

$$\begin{aligned}
\boldsymbol{o}^{(D)} &= \boldsymbol{o}^{(D)}(\boldsymbol{u}^{(D)},\theta^{(D)})\\
\boldsymbol{u}^{(D)} &= \boldsymbol{o}^{(D-1)}(\boldsymbol{u}^{(D-1)},\theta^{(L-1)})\\
\cdots &= \cdots\\
\boldsymbol{u}^{(2)} &= \boldsymbol{o}^{(1)}(\boldsymbol{u}^{(1)},\theta^{1})
\end{aligned}$$

$$u^{(1)} = x$$

解释如何使用反向传播计算$\nabla_x L$。

编程练习

16.5　重复 16.2 节的例子，使用例子中给出的常数、初始化方法和预处理步骤。提示：可以使用 16.4.1 节简述的软件环境之一，否则可能会很困难。这是一个很好的预热问题，能够让你开始习惯使用一个软件环境。

(a) 如果你不对特征进行预处理的话，会发生什么？

(b) 通过调整初始化、学习率、预处理等等，你能得到的最好的错误率是多少？

16.6　重复 16.4.3 节的例子，使用例子中给出的常数、初始化方法和预处理步骤。提示：可以使用 16.4.1 节简述的软件环境之一，否则可能会很困难。把上一个练习当作热身题。

(a) 如果你不对特征进行预处理的话，会发生什么？

(b) 通过调整初始化、学习率、预处理等等，你能得到的最好的错误率是多少？

(c) 你能够不使用在 16.4.3 节里提到的技巧来训练多层网络吗？

(d) 使用 Dropout 会提高正确率还是会降低准确率？

16.7　UC Irvine 机器学习数据库收集了一批关于 p53 表达式是否激活的数据。通过阅读以下内容，你可了解其含义以及更多信息：Danziger, S. A., Baronio, R., Ho, L., Hall, L., Salmon, K., Hateld, G. W., Kaiser, P., and Lathrop, R. H. "Predicting Positivep 53 Cancer Rescue Regions Using Most Informative Positive (MIP) Active Learning," *PLOS Computational Biology*, 5(9), 2009; Danziger, S. A., Zeng, J., Wang, Y., Brachmann, R. K. and Lathrop, R. H. "Choosing where to look next in a mutation sequence space: Active Learning of informative p53 cancer rescue mutants," *Bioinformatics*, 23(13), 104-114, 2007; Danziger, S. A., Swamidass, S. J., Zeng, J., Dearth, L. R., Lu, Q., Chen, J. H., Cheng, J., Hoang, V. P., Saigo, H., Luo, R., Baldi, P., Brachmann, R. K. and Lathrop, R. H. "Functional census of mutation sequence spaces: the example of p53 cancer rescue mutants," *IEEE/ACM transactions on computational biology and bioinformatics*, 3, 114-125, 2006。

你可以在 https://archive.ics.uci.edu/ml/datasets/p53+Mutants 找到这个数据集。这个数据集中总共有 16 772 个样本，每个样本有 5409 个属性。属性 5409 是类别属性，分为激活和未激活。这个数据集有很多版本，推荐你使用 K8.data 的版本。

使用随机梯度下降训练一个多层神经网络，并对数据进行分类。你需要删除有缺失值的数据项。你应该使用交叉验证来估计正则化常数，并尝试至少三个不同的值。你的训练方法应该至少利用训练集数据的 50%。你应该随机选择数据集的 10%作为保留集，在保留集上评估分类器的准确率。按照 16.4.3 节提到的步骤对特征进行预处理。

(a) 如果你不对特征进行预处理的话，会发生什么？

(b) 通过调整初始化、学习率、预处理等等，你能得到的最好的错误率是多少？

(c) 你能够不使用在 16.4.3 节里提到的技巧来训练多层网络吗？

(d) 使用 Dropout 会提高正确率还是会降低准确率？

(e) 使用梯度缩放技巧是否有助于训练过程？

第 17 章

Applied Machine Learning

简单图像分类器

在图像理解中有两个核心问题。首先是**图像分类**(image classification)，在这个问题中我们要判断一幅大小固定的图像属于哪个类别。我们通常使用包含有物体的许多个图像构成的集合来构建分类器。这些对象通常位于图像的中心，并在很大程度上是孤立的。使用预先提供的分类标准，每幅图像都会被分配一个所包含的物体的名称。这里你可以联想服装或家具类别的图像。另一个可能的例子是脸部照片或网站上人们的照片(类别是姓名)等。业界投入图像分类的研究经费可以反映出图像分类的解决方案有许多有价值的应用。

第二个问题是**物体检测**(object detection)，我们试图找到图像中属于某一些类别的物体的位置。因此我们可能需要标记出所有的车、猫、骆驼等等。大家都知道，物体检测的正确方法是我们在图像中搜索一组窗口，对每一个窗口进行图像分类，然后进一步解决重叠窗口之间的冲突即可。为此，作为关键步骤，如何选择这些窗口是一个活跃且快速发展的领域。与图像分类相似，物体检测也是一个受到工业界大量关注的问题。

神经网络的出现使这两个问题都取得了惊人的进展。我们现在已经有了许多非常准确的大规模图像分类方法和相当有效且快速的物体检测方法。本章主要介绍用于构建这些方法的一些主要方法，并以两个相当详细的简单图像分类实例作为结束。下一章将介绍现代图像分类和物体检测方法。

17.1 图像分类

手写字符数据集 MNIST 是一个具有指导意义的图像分类数据集。该数据集被广泛用于检验一些简单的方法。它最初由 Yann Lecun、Corinna Cortes 和 Christopher J. C. Burges 构建。你可以在多个地方找到此数据集。原始数据集位于 http://yann.lecun.com/exdb/mnist/。我使用的版本是为 Kaggle 比赛准备的(所以我不需要解压缩 Lecun 的原始格式)。该版本可以在 http://www.kaggle.com/c/digit-recognizer 找到。

图像数据具有一些重要的且普遍存在的属性(图 17-1)。“同一事物”的图像——在 MNIST 的例子中，即为同样的手写数字——可能看起来相当不同；微小的移动和旋转不会改变图像的类别；将图像在一定程度上变亮或者变暗同样不会改变图像的类别；把图像放大一些或者缩小一些(然后根据要求裁剪或填充像素)也不会改变图像的类别。这些都意味着单个像素值并不能提供特别有用的信息。你无法通过只观察数字图像的一个给定的像素点判断该图像是否是某个数字(例如数字 0)，因为墨迹可能会在不改变数字的情况下移动到所观察像素的左边或右边。因此，你不应该期望对图像像素值直接应用逻辑回归就会对图像分类特别有用。对于 MNIST，这种方法产生的错误率与一些更好的方法相比会非常高(使用 glmnet，可以很快做出尝试)。

图像的另一个重要特性是它们包含很多像素。构建一个全连接层，使其中的每个单元(unit)和每个像素都直接相连的做法是不切实际的，因为这会造成每一个单元都可能有数百万个输入，但没有一个是特别有用的。如果把每一个单元想象成一个构造图像特征的装置，那么这种构造方式是奇怪的，因为它需要人们使用图像中的每一个像素构造一个有用的特征。但这与我们的经验是不符的。例如，如果你观察图 17-2，你将注意到图像的另一个重要特性，即局部的模式可以提供相当多的信息。比如像 0 和 8 这样的数字有环；像 4 和 8 这样的数字有交叉；像 1、2、3、5 和 7 这样的数字有线端(line ending)，但没有环或交叉；像 6 和 9 这样的数字既有环也有线端。此外，局部模式之间的空间联系也可以提供有用信息。比如数字 1 有上、下两个线端；3 有上、中、下三个线端。这些观察表明现代计算机视觉的一个核心原则：先构建出能够反映小的、局部的区域模式的特征；然后基于这些特征的模式得到其他特征；再进一步基于得到的特征的模式得到进一步的特征，以此类推。

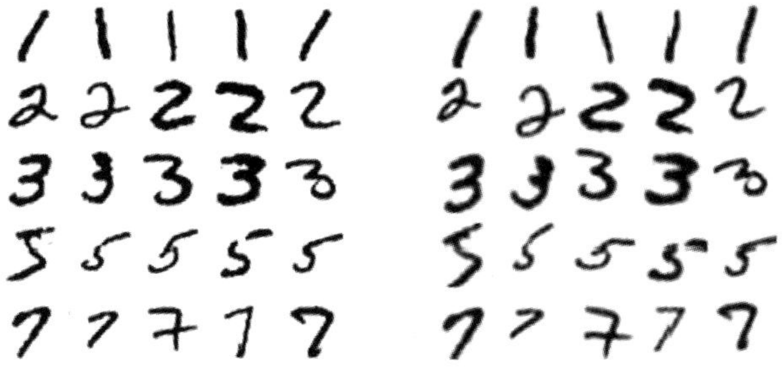

图 17-1 **左图**是从 MNIST 数据集中选出的数字图像。可以看到，相同数字的图像可能不同，这就给图像分类增加了困难。但“同一事物”的图像看起来很不一样，这是很常见的现象。**右图**是对来自 MNIST 的数字图像经过了一些旋转和缩放，然后裁剪成标准尺寸的图像。可以看到，微小的旋转、缩放和裁剪不会影响数字的类别

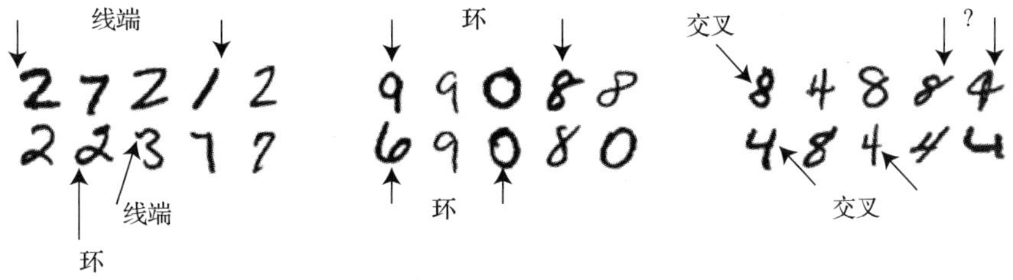

图 17-2 图像中的局部模式含有丰富的信息。这里显示的 MNIST 图像是一些简单的图像，因此只用一小组局部模式就非常有用；模式之间的相对位置也可以提供有用信息。例如，数字 8 有两个环，其中一个在另一个的上方。所有这些提示了一个关键的策略：构建可以对小的、局部区域的模式做出响应的特征；然后其他特征观察这些特征的模式；进一步其他特征再观察那些特征的模式，以此类推。每个模式(这里是线端、交叉和环)在图像中都有一系列的外观表现。例如，一个线端有时会有一个小的波动，就像在数字 3 中一样；环可以是大而开的，或者是很扁的。上述的模式列表并不全面。“?”显示了这里没有具体命名但是实际上很有用的模式。换句话说，这也意味着对学习分类有用的模式(以及模式的模式，以此类推)

17.1.1 基于卷积的模式检测

现在，把图像想象成一个二维灰度数组。将位于 u，v 的像素写作 $\mathcal{I}_{uv}$，我们可以构造一个小数组(一个**掩模**(mask)或**核**(kernel)) $\mathcal{W}$，并使用如下规则，根据图像和掩模计算得到一个新的图像 $\mathcal{N}$。

$$\mathcal{N}_{ij} = \sum_{kl} \mathcal{I}_{i-k,j-l} \mathcal{W}_{kl}$$

这里我们对应用到 $\mathcal{W}$ 上的所有 k 和 l 进行累加。现在暂时不需要担心当索引超出 $\mathcal{I}$ 的范围时会发生什么。这个操作被称为**卷积**(convolution)。这一操作形式在信号处理中非常重

要，但是卷积到底有什么好处通常很难直观理解。我们将这一概念进行一般化的阐述。

如果我们将 $\mathcal{W}$ 在两个方向上做镜像翻转，结果记为 $\mathcal{M}$，那么我们可以得到一个新的图像为

$$\mathcal{N} = \text{conv}(\mathcal{I}, \mathcal{M})$$

其中

$$\mathcal{N}_{ij} = \sum_{kl} \mathcal{I}_{kl} \mathcal{M}_{k-i,l-j}$$

在接下来的操作中，我将始终使用这种翻转，并使用术语“卷积”表示上面定义的操作符 conv。这与信号处理中的表达不一致，但在机器学习的相关文献中却相当常见。现在，再次改变索引值，注意到如果 u 的取值范围是 0 到∞，那么 $u-i$ 同样是。因此通过令 $u=k-i$，$v=l-j$，可以得到：

$$\mathcal{N}_{ij} = \sum_{uv} \mathcal{I}_{i+u,j+v} \mathcal{M}_{uv}$$

这一操作是线性的，你可以检查一下：

- 如果 $\mathcal{I}$ 是 0，那么 $\text{conv}(\mathcal{I}, \mathcal{M})$ 也等于 0。
- $\text{conv}(k\mathcal{I}, \mathcal{M}) = k \cdot \text{conv}(\mathcal{I}, \mathcal{M})$。
- $\text{conv}(\mathcal{I}+\mathcal{J}, \mathcal{M}) = \text{conv}(\mathcal{I}, \mathcal{M}) + \text{conv}(\mathcal{J}, \mathcal{M})$。

如果对 $\mathcal{M}$ 和位于 $\mathcal{M}$ 下方的图像块重新建立索引，使它们各自成为向量，此时 $\mathcal{N}_{ij}$ 的值就是一个点积的结果。这个视角可以解释卷积的意义：它是一个非常简单的模式检测器。假设 $\boldsymbol{u}$ 和 $\boldsymbol{v}$ 是单位向量。那么当 $\boldsymbol{u}=\boldsymbol{v}$ 时，$\boldsymbol{u} \cdot \boldsymbol{v}$ 最大；当 $\boldsymbol{u}=-\boldsymbol{v}$ 时，$\boldsymbol{u} \cdot \boldsymbol{v}$ 最小。与点积类似，为了使 $\mathcal{N}_{ij}$ 具有较大的正值，位于 $\mathcal{M}$ 下方的图像块必须“看起来像”$\mathcal{M}$。图 17-3 给出了一些例子。

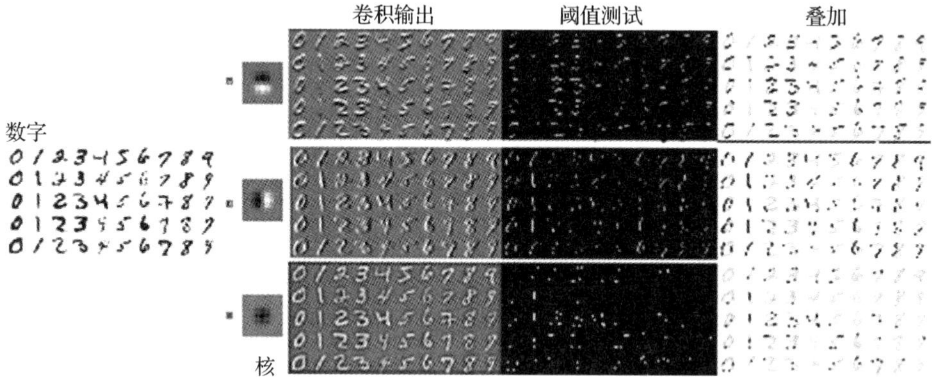

图 17-3 **最左边**是 MNIST 数据集中的一些图像。**中间偏左**是三个卷积核；其中的小块显示的核已经放缩到图像的大小，因此你可以看出应用核时所对应的图像的大小。较大的块表示整个核(灰色为零；白色为正；黑色为负)。最上面一行的核表明它对亮条上方有暗条的区域响应最强烈；中间一行表明它对亮条左边为暗条的区域响应最强烈；底部的核则对点的反应最强烈。**中间**显示了将这些核应用于图像的结果。你需要仔细观察中等响应和强响应的区别。**中间偏右**显示了超过一个阈值的像素点。你应该注意这给出了(从上到下)：一个横条检测器，一个竖条检测器，以及一个线端检测器。这些检测器的效果还算不错，但并不完美。**最右边**显示的是叠加在原始图像(灰色)上的检测器响应(黑色)，从这里也可以看到检测结果和图像之间的对应

conv 的正确运算是这样的。为了计算某个位置的 $\mathcal{N}$ 的值，你可以在 $\mathcal{I}$ 中的对应位置取与 $\mathcal{M}$ 大小相同的窗口 $\mathcal{W}$，然后把 $\mathcal{M}$ 和 $\mathcal{W}$ 相互重叠的对应元素相乘，最后将结果相加即得(图 17-4)。把它看作窗口上的操作使我们可以对其进行非常有用的推广。

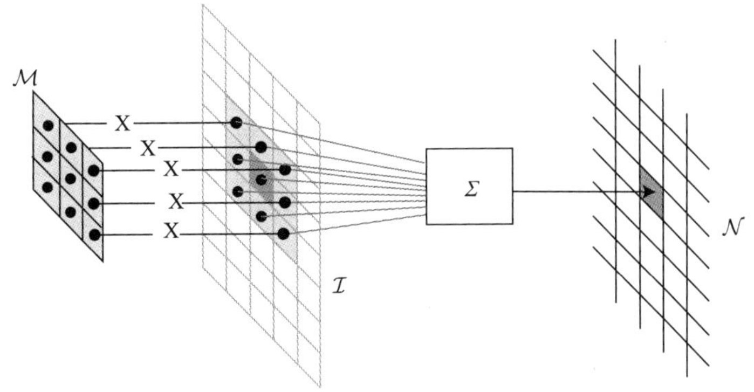

图 17-4　为了计算某个位置的 $\mathcal{N}$ 值，需要将 $\mathcal{M}$ 的一个复制移动到 $\mathcal{I}$ 中的对应位置；把 $\mathcal{M}$ 和 $\mathcal{I}$ 中位于相同位置的非零元素相乘；然后将结果相加即得

在最初的操作中，我们对 $\mathcal{I}$ 中的每个位置都使用一个窗口；但是我们实际中可能更倾向于每隔一个位置使用一个窗口。且窗口中心位于由 $\mathcal{I}$ 中的像素组成的网格上。在网格上的点之间需要经过的像素数目称为它的**步长**(stride)。一个步长为 1 的网格包含每一个像素点。步长为 2 的网格由 $\mathcal{I}$ 中每隔一个像素的像素点组成，等等。你可以将步长为 2 理解为先执行 conv 操作，然后保留每个方向上每隔一个像素的值；另一种更好的理解是像之前那样利用卷积核滑过整幅图像，但是现在每次将窗口移动两个像素，然后再进行乘法和加法运算。

上述对原始操作的描述没有涉及如果在某一个位置的窗口超出原始图像 $\mathcal{I}$ 的范围会发生什么。我们采用的惯例是只对那些位于 $\mathcal{I}$ 内的窗口进行操作，但我们可以对 $\mathcal{I}$ 应用**填充**(padding)以确保 $\mathcal{N}$ 是我们想要的大小。在图像的顶部和底部(以及左和右)附加一些行(以及列)进行填充，使它成为所需的大小。在通常情况下，新填充的行或列由 0 组成，但也并非总是如此。目前最常用的核形式是使用奇数维度的正方形的卷积核 $\mathcal{M}$(这会使中心更容易确认)。假设 $\mathcal{I}$ 的大小为 $n_x \times n_y$，$\mathcal{M}$ 的大小为 $(2k+1)\times(2k+1)$；如果我们在 $\mathcal{I}$ 的顶部和底部分别填充 k 行，在两边分别填充 k 列，$\mathrm{conv}(\mathcal{I},\mathcal{M})$ 的大小将会是 $n_x \times n_y$(图 17-5)。

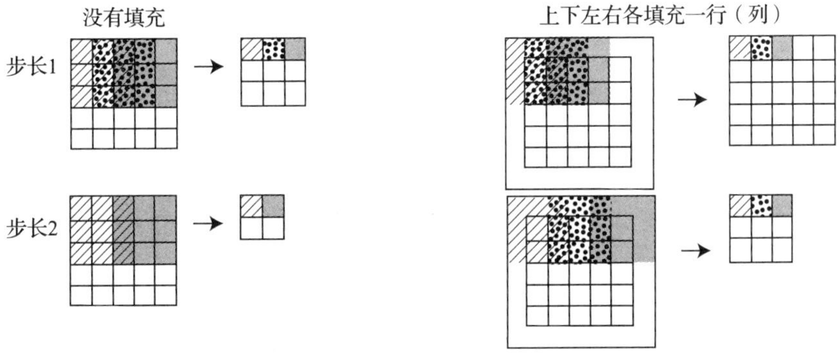

图 17-5　步长和填充对 conv 的影响。在**左边**，没有填充的 conv 接收到 $\mathcal{I}$ 后，在由步长确定的网格位置上放置一个 3×3 的 $\mathcal{M}$，然后输出有效窗口的值。当步长是 1 的时候，输入 5×5 的 $\mathcal{I}$，会输出3×3 的 $\mathcal{N}$。当步长是 2 的时候，输入 5×5 的 $\mathcal{I}$，会输出 2×2 的 $\mathcal{N}$。影线和阴影显示用于计算 $\mathcal{N}$ 中相应值的窗口。在**右边**，包含填充的 conv 接收到 $\mathcal{I}$ 并填充它后(在本例中，在顶部和底部填充一行，并在左侧和右侧填充一列)，在由步长确定的位于填充后的图像网格位置上放置一个3×3的 $\mathcal{M}$，然后输出有效窗口的值。当步长是 1 的时候，输入 5×5 的 $\mathcal{I}$，会输出 5×5 的 $\mathcal{N}$。当步长是 2 的时候，输入 5×5 的 $\mathcal{I}$，会输出 3×3 的 $\mathcal{N}$。影线和阴影显示用于计算 $\mathcal{N}$ 中相应值的窗口

很自然地，图像是一个具有两个空间维度(上-下、左-右)和一个可选择切片(slice)的第三维(对彩色图像来说是 R、G 或 B)的三维物体。这种结构对于图像模式的表示也很自然——两个维度告诉你模式在哪里，另一个维度告诉你模式是什么。图 17-3 显示了由三个这样的切片组成的块。这些切片是图像中的固定模式的模式检测器的响应，其中块的每一个空间位置都有一个对应的响应，它们也通常称为**特征图**(feature map)。

我们接下来将进一步推广 conv 操作，并将其应用于三维数据块(这里将其简称为**块**(block))。把 $\mathcal{I}$ 当作一个输入数据块，其大小是 $x\times y\times d$。通常前两个维度对应于空间的维度(但这取决于你的软件环境)，第三个维度决定切片数目。记 $\mathcal{M}$ 为一个三维的核，也就是 $k_x\times k_y\times d$。现在选择填充和步长，这决定了在 $\mathcal{I}$ 的空间维度中的网格位置。在每个位置上，我们都必须计算出 $\mathcal{N}$ 的值。要做到这一点，只要取 $\mathcal{I}$ 中相同位置并与 $\mathcal{M}$ 大小相同的窗口 $\mathcal{W}$，将 $\mathcal{M}$ 与 $\mathcal{W}$ 对应位置的元素相乘，然后将结果相加即可(图 17-4)。这一求和过程也同样会沿着第三个维度进行，因此就得到了二维的 $\mathcal{N}$。

要使用此操作生成三维的数据块，就需要使用四维的卷积核块。假设一个**核块**(kernel block)由 D 个核组成，其中每个核的维度都是 $k_x\times k_y\times d$。如果像上一段所述的那样将每一个核都应用于一个 $x\times y\times d$ 维的图像 $\mathcal{I}$，那么最终可以得到一个维度为 $X\times Y\times D$ 的三维数据块 $\mathcal{N}$，如图 17-6 所示。X 和 Y 的值取决于 k_x、k_y、步长和填充。一个**卷积层**(convolutional layer)由一个核块以及一个包含 D 个偏置项的偏置向量组成。卷积层对输入图像块应用核块(如前述过程)，然后向每一层添加相应的偏置值。

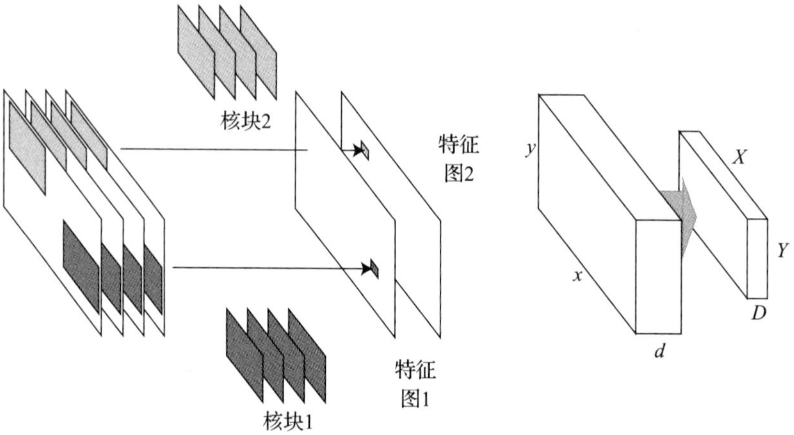

图 17-6　在**左侧**，将两个核应用于一组特征图上(如文中所示，现在是三维的)，使用文中描述的过程可以分别生成一个对应于各个核的新的特征图(未显示偏置项)。这个过程可以将其抽象为一个把 $x\times y\times d$ 的数据块转换为 $X\times Y\times D$ 的数据块的过程(如**右侧**所示)

卷积层是一个非常普遍且有用的概念。一个全连接层也可以看作是卷积层的一种形式；我们可以通过在卷积层后面接一个 ReLU 层来构建一个简单的模式检测器；也可以通过卷积层来构建一个降低维度的线性映射。

有用的事实 17.1　定义：卷积层

卷积层基于步长、填充、核块以及一个偏置项向量，将输入的三维数据块转变为另一个三维数据块进行输出。细节如文中所述。

记住：一个全连接层可以看作是一个卷积层之后跟着一个 ReLU 层。假设你有一个 $x\times$

$y \times d$ 的数据块，将其重塑成一个 $(xyd) \times 1 \times 1$ 的块，然后对其应用核块大小为 $(xyd) \times 1 \times D$ 的卷积层，最后接一个 ReLU 层。这两层会与包含 D 个单元的全连接层生成相同的结果。

记住： 取卷积层的输出并应用 ReLU。首先，设想在一个特定的图像部分(利用特定的核的操作)。如果该部分与核“足够相似”，我们将在对应位置看到一个正的响应；如果该部分与核大不相同，我们会看到零值响应。这是一个如图 17-3 所示的模式检测器。通过改变核的偏置项调整“足够相似”的程度。例如，一个负的、取值很大的偏置项意味着图像块必须非常像核才能得到非零值响应。这个模式检测器(基本上)是这样一个单元：将 ReLU 应用于图像块的线性函数的输出上，并加上一个常数作为最终输出。从而，当所有核应用于整幅图像时会发生什么就也很清楚了。一个切片中的每一个像素表示图像对应位置的一个模式检测器的结果。结果块中的每一个切片都表示一个不同的模式检测器的结果。输出块的元素通常被认为是**特征**(feature)。

记住： 卷积层这一术语没有标准的含义。这里用的是两种广泛使用的定义之一。在软件实现上也会倾向于使用这种定义；而研究类论文经常使用另一种选择，即在我们的定义之后再加上一个非线性层(几乎总是 ReLU)。这是因为在研究论文中，卷积层通常会再连接一个 ReLU，但在软件实现上把两者分开更有效率。

不同的软件包使用不同的默认填充值。一种默认的假设是不使用填充，这意味着一个大小为 $k_x \times k_y \times d \times D$ 的卷积核块作用于大小为 $x \times y \times d$ 的数据块时，若步长为 1，则会得到大小为 $(n_x - k_x + 1) \times (n_y - k_y + 1) \times D$ 的数据块(利用纸笔计算检验一下)。另一种假设是默认用零填充输入块，使得输出数据块的大小为 $n_x \times n_y \times D$。

记住： 在图 17-3 中，输出块中的大多数值都为零(图中的黑色像素)。这是模式探测器生成的典型结果。这是一个实验性的事实，似乎与图像的深层特性有关。

记住： 一个大小为 $1 \times 1 \times n_z \times D$ 的核块，被称为一个 **1×1 卷积**(1×1 convolution)。这是一个有趣的线性映射。将输入和输出块看作列向量的集合，那么输入块就是 $n_x \times n_y$ 个列向量的集合，每个列向量的维度为 $n_z \times 1$(即在输入块的每个位置都有一个列向量)。令 $\boldsymbol{i}_{uv}$ 表示输入块中 u，v 位置的向量，$\boldsymbol{o}_{uv}$ 表示向量在输出块中 u，v 位置的向量。那么，存在一个维度为 $D \times n_z$ 的矩阵 $\mathcal{M}$，使得通过 1×1 卷积可以将 $\boldsymbol{i}_{uv}$ 映射为

$$\boldsymbol{o}_{uv} = \mathcal{M}\boldsymbol{i}_{uv}$$

当输入具有非常高的维度时，这非常有用，因为 $\mathcal{M}$ 可用于降维，并且它是从数据中学习得到的。

17.1.2　卷积层的堆叠

卷积层和 ReLU 层一样，接收数据块并输出另一个数据块。这表明卷积层的输出可以连接到 ReLU 层，然后再连接到另一个卷积层，等等。这样做被许多方法证明是一个有效的方式。

接下来我们来考虑第一个卷积层的输出。每个位置都会接收对应于该位置的一个窗口中的像素作为输入。然后，就像我们之前看到的那样，ReLU 层的输出形成了一个简单的模式检测器。如果我们现在在顶层添加第二个卷积层，那么第二层中的每个位置都接收来自第一层中对应位置的窗口中的值作为输入。这意味着在第二层中的一个位置相对于第一

层来说会收到更大的像素层面的窗口中的像素值影响。这些可以看作是“模式的模式”。如果我们再在第二层的顶部添加第三层，第三层的位置将进一步地取决于一个更大的像素层面的窗口中的像素。第四层又将依赖于更大的窗口，以此类推。这里的关键点是，我们可以通过学习每一层所用的核来选择不同的模式。

数据块(或相当于一个单元)中某个位置的**感受野**(receptive field)是指影响该位置的值的那些图像像素点。通常，最重要的是感受野的大小。第一个卷积层的感受野由该层的卷积核确定；后面的层的感受野需要一些计算来确定(其中，还必须考虑步长或者池化的影响)。

如果几个我们接了几个步长为 1 的卷积层，那么输出的每个数据块将具有相同的空间维度。这往往会产生一个问题，因为对顶层单元提供信息的像素点会和对该顶层单元周围的单元提供信息的像素点有很大的重叠。因而，单元所取的值将会是相似的，也意味着在输出块中会有多余的信息。通常可以通过将块变小来解决这个问题；另一个自然的策略是偶尔设置某一层的步长为 2。

另一种可选的策略是使用**池化**(pooling)。池化单元可以反映它的输入的主要信息。在最常见的方式中，池化层将数据块的每个空间维度减半。现在，暂时忽略小维度带来的一些小问题。在池化操作中，通过对输入块的每一个特征映射图中的对应位置设置一个池化窗口，进而形成输出块的每一个特征映射图。如果这些单元应用一个大小为 2×2、步长为 2 的窗口进行池化(即它们不重叠)，那么输出块的大小会是输入块的一半。在通常情况下，默认输出只反映有效的输入窗口，因此在这一步池化操作会将 $x\times y\times d$ 的数据块变成 $\text{floor}(x/2)\times\text{floor}(y/2)\times d$ 的数据块。因此，如图 17-7 所示，5×5×1 的块变为 2×2×1 的块，但分别有一行和一列被忽略了。一个常见的替代方法是使用一个 3×3 且步长为 2 的窗口池化。在这种情况下，5×5×1 的块变为 2×2×1 的块且不忽略行或列。输出的每一个单元都反映输入的最大值(生成**最大池化**(max pooling)层)或它的输入的平均值(产生一个**平均池化**(average pooling)层)。

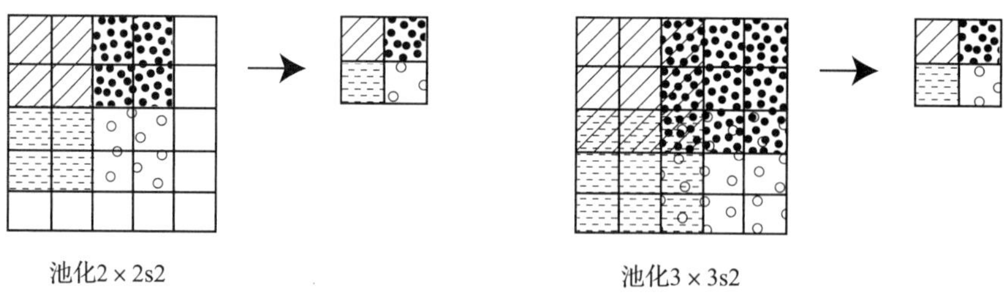

图 17-7　在池化层中，池化单元计算其输入的概要信息，然后把它传递下去。最常见的情况是 2×2，如**左边**所示。我们把每个特征图都用 2×2 的不重叠的窗口(所以有步长为 2)平铺。池化单元计算输入的概要信息(通常是最大值或平均值)，然后将其传递到输出块的相应特征图中的相应位置。因此，输出块的空间维度将大约是输入块的一半。**右边**是另一种常见的选择：用大小为 3 × 3、步长为 2 的重叠窗口做池化

17.2　两个实用的图像分类器

现在，我们可以使用以下一种粗略的架构构建图像分类器。首先，第一个卷积层接收图像像素值作为输入；它的输出被送入后续一堆卷积层中，其中的每一层都被送入下一层，且不同层之间可能还会添加 ReLU 层；偶尔会添加最大池化层，或者步长为 2 的卷积层，以确保随着数据在网络中从前向后地移动，数据块会逐渐变小，感受野逐渐变大；最

后一层的输出被提供给一个或多个全连接层，一个输出对应一个类，并经由 softmax 将这些输出值转换为类别概率。这个框架整体使用对数损失并由批次梯度下降法或者之前介绍的变体优化方法进行优化训练。

注意，不同的图像分类网络模型在结构组件上的变化都比较直接。在大多数情况下，同样的模块可能会出现在不同的网络模型中(比如基于各种不同损失函数的批次梯度下降法的变体、随机失活、评测等)。因此，这就意味着我们应该使用某种形式的规范语言对感兴趣的网络结构进行描述。在理想情况下，此时，我们先描述网络结构，然后选择一种优化算法一些参数(如随机失活的概率等)。然后组装网络、训练网络(在理想情况下生成我们可以随时查看的日志文件)并评估模型效果。16.4.1 节提到的教程中包含了相关环境的图像分类器实例。在这里展示的例子中，使用 MatConvNet 进行实现，因为我对 Matlab 最为熟悉。

17.2.1　例子：MNIST 数据集分类

MNIST 图像数据集有一些非常好的特性，使它非常适合作为入门的例子。我们这里用一个相对简单的网络结构，以固定大小的图像作为输入。这一特性对其他网络结构来说也非常常见，适用于大多数分类结构。这对 MNIST 来说完全不是问题，因为 MNIST 中的所有图像都是相同的大小。MNIST 的另一个不错的特性是图像像素要么是属于墨水像素，要么是属于纸张像素——中间值很少，并且这些很少的中间值像素也通常没有什么影响。在一般图像中，$\mathcal{I}$ 和 $0.9\times\mathcal{I}$ 显示的是相同的目标对象，只是亮度不同。但这不会发生在 MNIST 的图像上。此外 MNIST 还有一个不错的特性是所有数据使用者都使用一个固定的相同的测试-训练集划分，因此很容易做比较。如果没有一个固定的划分，两个网络之间使用不同的测试集，那么它们的性能差异就有可能是由随机效应，而不是真正的网络模型的差异造成的。

MNIST 图像中的许多信息都是冗余的。比如许多像素是每幅(或几乎每幅)图像都存在的属于纸的像素。这些像素应当被每个分类器忽略，因为它们包含很少或根本不包含有效信息。对于其他像素来说，该像素与该位置的像素期望值之间的差异要比该像素位置的像素绝对值重要得多。经验表明，神经网络从大量冗余的图像数据中学习是非常困难的。通常可以通过图像预处理移除一部分冗余。对于 MNIST，通常会将每一幅输入的训练图像先减去所有训练图像的均值再作为输入。图 17-8 表明这样做为什么可以增强图像的信息内容。

图 17-9 展示了本例中使用的网络模型。该网络是一个可以利用 MatConvNet 构建的标准的 MNIST 简单分类网络。这里有三种对该网络的不同表示方式。图像中间行的网络层表示方式记录每个层的类型和对应的卷积核的大小。网络的第一层接收大小为 $28\times28\times1$ 的块数据(数据块表示)作为输入，并进行卷积操作。按照惯例，“conv$5\times5\times1\times20$”是指一个由 20 个大小均为 $5\times5\times1$ 的核构成的卷积层。图 17-10 展示了这一层中学习得到的部分核的效果。

在这里使用的实现方式中，卷积层没有使用填充，因此得到的数据块的维度是 $24\times24\times20$(检查一下你是否知道为什么是这个数字)。这个数据块中的每个值都是由一个 5×5 的像素窗口计算出来的，所以感受野是 5×5。同样，按照惯例，每个卷积层都有一个偏置项，所以第一层的参数总数是$(5\times5\times1)\times20+20$(也请读者自行检查计算这个表达式中的数字)。下一层是一个 2×2 的最大池化层，同样没有填充。这就使得输入的维度为 $24\times24\times20$ 的块变为一个维度为 $12\times12\times20$ 的块。这一步中的池化层的块的感受野是 6×6(你可以用笔和纸检查一下；它是正确的)。

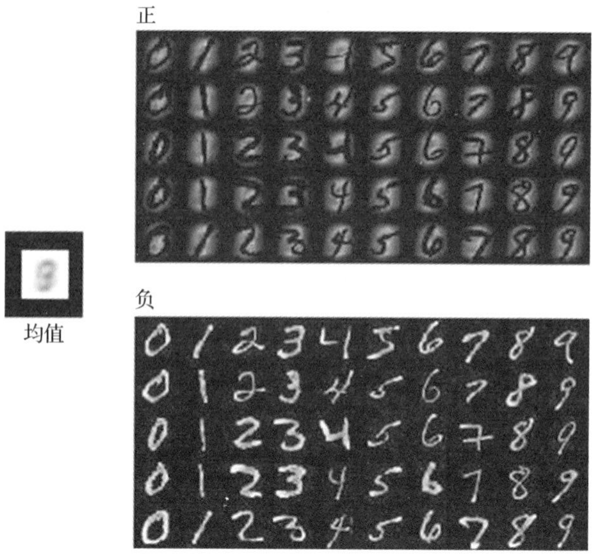

图 17-8　**左侧**为 MNIST 训练图像的均值，周围有一个黑色的框架，这样你就可以很容易地确定它就是背景。**右侧**为部分训练图像与均值差值的正(**上**)、负(**下**)分量。像素的颜色越浅，所对应的幅度越大。从中可以看到，小的正值通常趋向于属于墨迹的像素，以及一些比较大的负值也是这幅图像中墨迹所在的地方。这给了网络模型一些关于一幅图像中墨迹所在位置的信息，这一点在实际中通常可以帮助网络的训练

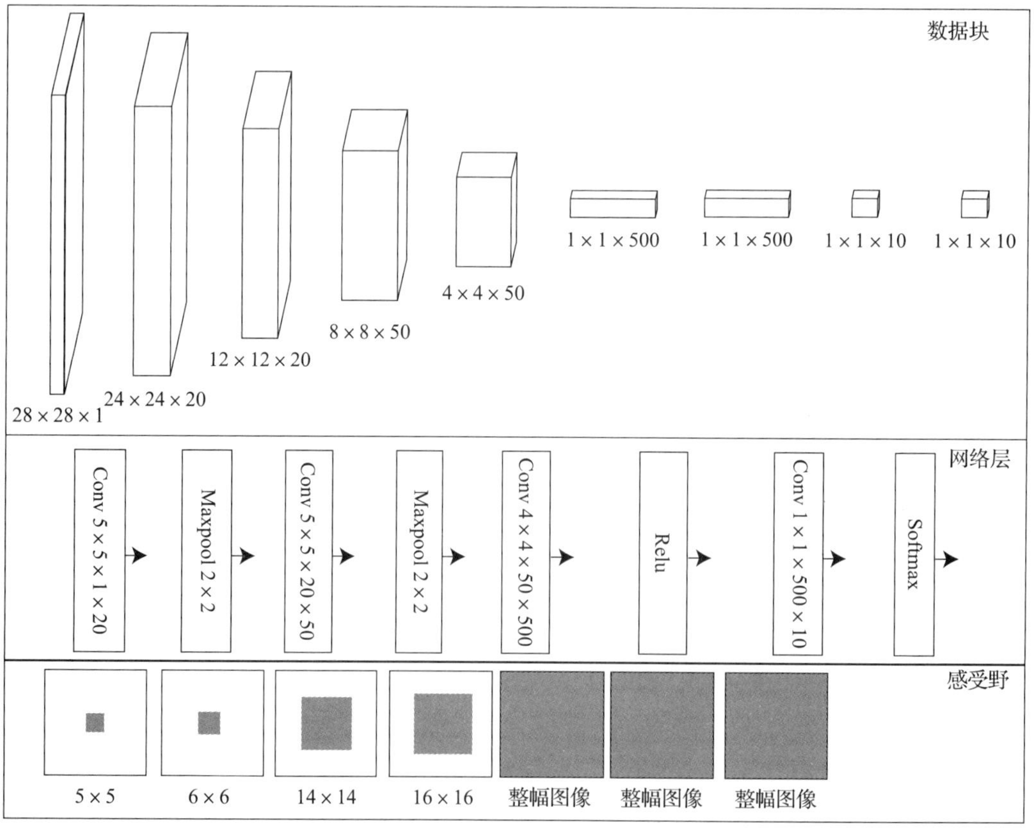

图 17-9　本例中用于对 MNIST 数字进行分类的简单网络的三种不同表示方式。详细信息见正文

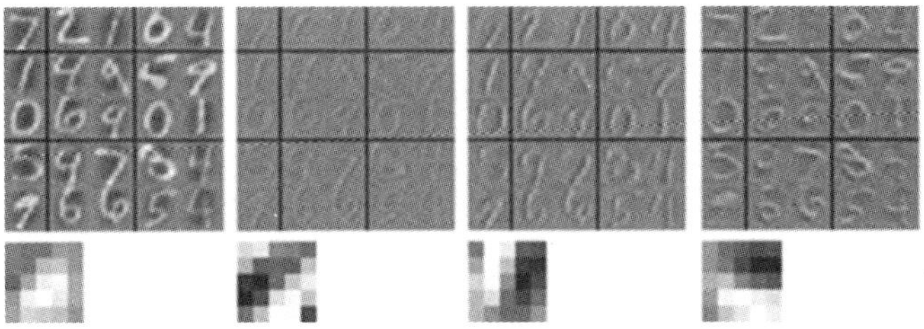

图 17-10　MNIST 网络第一层的 20 个核中的 4 个。核的尺寸很小(5×5)，但是为了可以看到，图中对它进行了放大。在核上方显示的是一组图像在通过该核之后的输出。输出图像进行了缩放，以使所有输出的最大值的颜色为最亮，最小值的为最暗，0 为中灰色。这就使我们可以用肉眼对这些图像进行比较。请注意(相当粗略地)**最左边**的核会对图像中变化大的区域有响应；**中间靠左**的核看起来应该对图像中的斜线有响应；**中间靠右**是对竖线有响应；**最右边**是对横线有响应

接着是另一个卷积层和另一个最大池化层，将数据缩小到维度为 4×4×50 的块。此块中的每个值可能会受图像中每个像素的影响，对于接下来的所有块也都是如此；再接下来，通过一个卷积层将其缩小为 1×1×500 的块(同样，每个值都可能受到图像中每个像素的影响)；然后，通过 ReLU 层进行输出(输出如图 17-11 所示)。我们可以把结果想象成一个描述图像的 500 维特征向量，然后通过一个卷积层和 softmax 层作用于该特征向量进行逻辑回归。

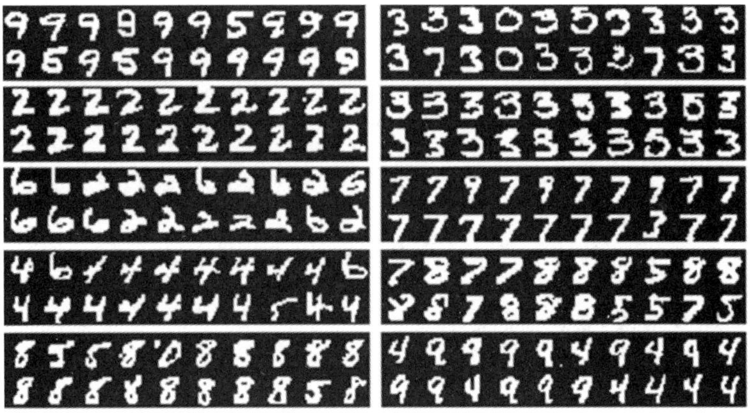

图 17-11　在最后阶段，ReLU 对简单 CIFAR 样例响应模式的可视化。每个图像块显示对应于 10 个 ReLU(它们是从 500 个可用的 ReLU 中随机选择的)的最大输出的图像。请注意，这些 ReLU 输出并不对应于具体类别：这些输出在分类之前还要再经过一个全连接层，但是从图中可以看出每个 ReLU 都会对某一个模式有明显的响应，并且不同的 ReLU 所对应的响应最强的模式也不同

这里使用 MatConvNet 提供的教程代码对这个网络训练了 20 轮。批次训练中的每个小批量数据都是预先选定的，以确保每个训练数据项在每一轮都恰好使用一次，因此一轮即表示对所有训练数据的一次遍历。图像分类中常见的衡量标准有损失、Top-1 错误率和 Top-5 错误率。Top-1 错误率是具有最高后验概率的类恰好是正确的类的频率。Top-5 错误率是后验概率最大的 5 类中包含正确类的频率。Top-5 错误率在 Top-1 错误率很大时非常有用，因为即使 Top-1 错误率没有变化，你也依然可能观察到 Top-5 错误率的提升。图 17-12 显示了训练集和验证集上的损失、Top-1 错误率和 Top-5 错误率随训练轮数的变化。该网络的错误率较低，在 10 000 个测试样本中，仅有 89 个错误，如图 17-13 所示。

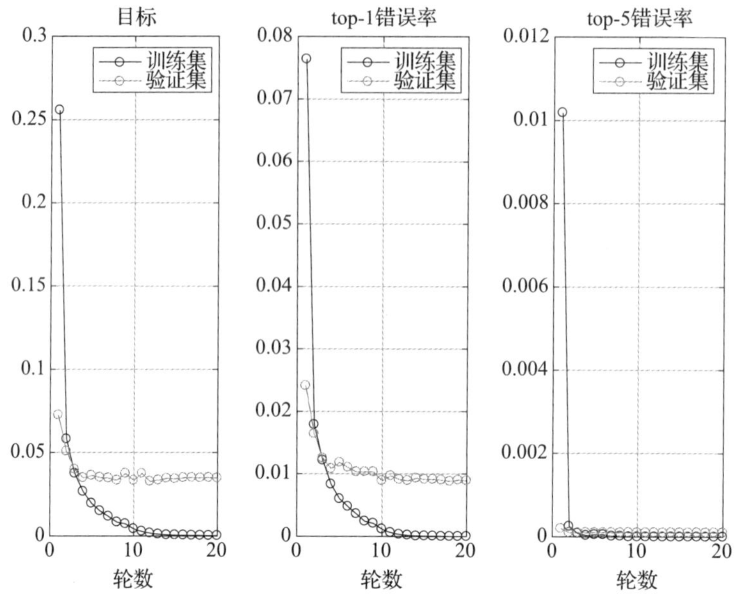

图 17-12 该图显示了如图 17-9 所示的网络在 MNIST 训练集上的训练结果。训练集和验证集的损失、top-1 错误率和 top-5 错误率被绘制成关于训练轮数的数据图。这里用的损失(记作“目标”)是对数损失。请注意观察这几个现象：训练集的误差较低；训练误差与验证误差之间有一定差距；Top-5 的误差很小。这个数据集上的验证误差实际上相当高：你可以在 http://rodrigob.github.io/are_we_there_yet/build/classification_datasets_results.html 找到一个结果记录的表格

5	9	2	0	5	2	6	1	8	9
5	1	6	5	2	4	5	7	3	9
7	6	5	0	4	3	0	9	1	4
3	4	4	9	3	1	0	7	5	8
2	9	0	4	8	0	5	3	9	8
2	2	8	3	4	2	3	0	7	7
1	2	7	5	0	4	6	3	8	3
8	9	9	9	7	7	2	8	6	5
9	2	2	8	7	3	6	0	8	

图 17-13 **左边**是 MNIST 中 10 000 个测试样本中被错误分类的全部 89 个样本，**右边**是这些样本的预测标签。尽管一些被错误分类的数字形状非常奇怪，但大部分样本的真实标签还是比较清晰、易辨认的

17.2.2 例子：CIFAR-10 数据集分类

CIFAR-10 是由 Alex Krizhevsky、Vinod Nair 和 Geoffrey Hinton 收集的包含 10 个类别的 32×32 彩色图像的数据集。它常被用来评估图像分类算法。该数据集包含 50 000 幅训练图像和 10 000 幅测试图像，并且测试集和训练集的划分是确定的。图像在不同的类之间均匀分布。图 17-14 显示了全部的类别，以及每个类别的示例图像。两个类别之间没有重叠(因此比如“汽车”由轿车等组成，而“卡车”由大型卡车组成)。你可以在 https://www.cs.toronto.edu/~kriz/cifar.html 下载该数据集。

图 17-15 展示了用于分类 CIFAR-10 图像的网络。这个网络也是使用 MatConvNet 构建的 CIFAR-10 的标准分类网络。同样，这里用三种不同的表示方式展示这一网络。图中间的网络层表示方式记录了每一层的类型和对应卷积核的大小，其中第一层接收 32×32×

3 的数据块图像(数据块表示)作为输入，并进行卷积。

图 17-14　CIFAR-10 图像分类数据集包含了总共有 10 个类别的 60 000 幅图像。图像均为 32×32 的彩色图像。该图显示了来自 10 个类别，且每个类别抽取 20 个的图像和对应的各个类别的标签。**最右边**是每个类别中图像的均值。这里已经把亮度的均值加倍，这样就可以观察出颜色差异了。每个类别的均值是不同的，并且一些类看起来像是某一个背景上的一块斑点，而另一些(例如船、卡车)更像是一个户外场景

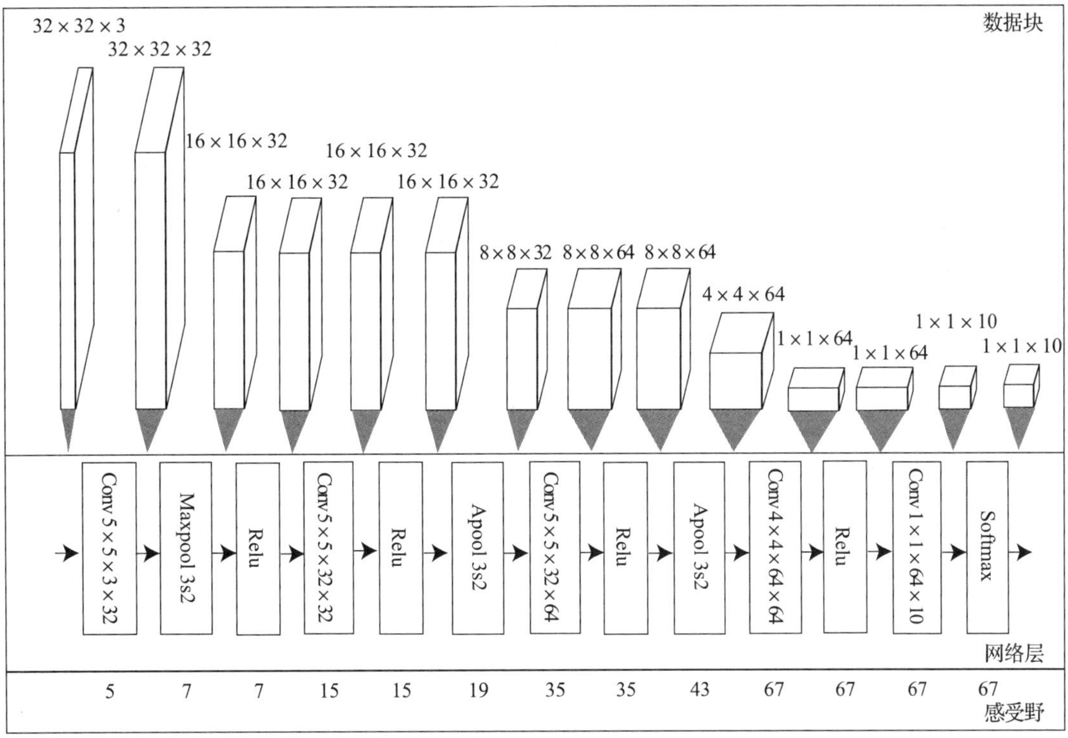

图 17-15　本例中用于对 CIFAR-10 图像进行分类的简单网络的三种不同表示方式。详细信息见正文

在这个网络中，卷积是首先进行填充，使得输出的数据块维度为 32×32×32。读者可以检查是否能得到这一结果，可以通过计算图像需要填充多少像素辅助判断(绘图可能会有帮助)。这个数据块中的每一个值都是由一个 5×5 的像素窗口计算得到的，所以感受野是 5×5。同样，按照惯例，每个卷积层都有一个偏置项，所以第一层的参数总数是(5×5×3)×32+32。下一层是 3×3 的最大池化层。符号 3s2 表示大小为 3×3，步长为 2，因此各个池化单元的作用区域是重叠的。通过在右侧添加一列，在底部添加一行，可以得到

一个 33×33×32 的块。这样的填充结合步长数值，当输入维度为 33×33×32 的块时，就会产生一个维度为 16×16×32 的块为输出(你可以用笔和纸检查一下；它是正确的)。这个块的感受野是 7×7(你可以用笔和纸检查一下；它是正确的)。

标记为“Apool 3s2”的层是一个平均池化层，它计算一个 3×3 的窗口中像素的平均值，同样以 2 为步长。数据块在经过这个层之前，首先以经过最大池化层之前的相同方式进行填充。最后，我们可以得到一个 64 维的特征向量来描述图像；最后用一个卷积层和 Softmax 层来作用于该特征向量进行逻辑回归。

就像 MNIST 一样，CIFAR-10 的图像中也有许多信息是冗余的。现在要直接观察这个冗余特性有些困难，但是由图 17-14，你应该可以发现一些类具有不同于其他类的背景。图 17-14 中显示了每个类的类均值。有多种方法可以对这些图像进行归一化(更多内容见下文)。在本例中，我们独立地对图像网格中的每个像素进行像素值的白化操作(对应于过程 17.1，它的使用非常广泛)。对人类来说，白化后的图像很难理解。然而，归一化操作很好地处理整体图像的亮度变化和图像颜色的偏移抖动，可以显著提高分类效果。

过程 17.1　简单图像白化

训练时： 从 N 个训练图像 $\mathcal{I}^{(i)}$ 开始。我们假设这些是三维数据块。把第 i 幅图像中位于 u，v，w 的值记作 $\mathcal{I}^{(i)}_{uvw}$。由下式计算 u，v，w 位置上的 $\mathcal{M}$ 和 $\mathcal{S}$：

$$M_{uvw}=\frac{\sum_i I^{(i)}_{uvw}}{N}$$

$$S_{uvw}=\sqrt{\frac{\sum_i (I^{(i)}_{uvw}-M^{(i)}_{uvw})^2}{N}}$$

选择一个很小的数字 ε，以防止分母为零。现在第 i 幅白化后的图像 $\mathcal{W}^{(i)}$ 在位置 u，v，w 的值为

$$W^{(i)}_{uvw}=(I^{(i)}_{uvw}-M_{uvw})/(S_{uvw}+\varepsilon)$$

接下来使用这些白化后的图像进行训练。

测试时： 对于测试图像 $\mathcal{T}$，计算 u，v，w 位置的 $\mathcal{W}$ 值：

$$W_{uvw}=(T_{uvw}-M_{uvw})/(S_{uvw}+\varepsilon)$$

然后对测试图像进行分类。

这里使用 MatConvNet 提供的教程代码对这个网络训练了 20 轮。批次训练中的每个小批量数据都是预先选定的，以确保每个训练数据项在每一轮都恰好使用一次，因此一轮可以表示对所有训练数据的一次遍历。图像分类中常见的衡量标准有损失、Top-1 错误率和 Top-5 错误率。Top-1 错误率是具有最高后验概率的类恰好是正确的类频率。Top-5 错误率是后验概率最大的 5 类中包含正确类的频率。Top-5 错误率在当 Top-1 错误率很大时非常有用，因为即使 Top-1 错误率没有变化，你也依然可以观察到 Top-5 错误率的提升。图 17-16 显示了训练集和验证集上的损失、Top-1 错误率和 Top-5 错误率随训练轮数的变化。该分类器对大约 2000 个测试示例的分类是错误的，因此很难显示所有的 2000 个错误样例。图 17-17 和图 17-18 显示了一部分被错误分类为其他类的样例。

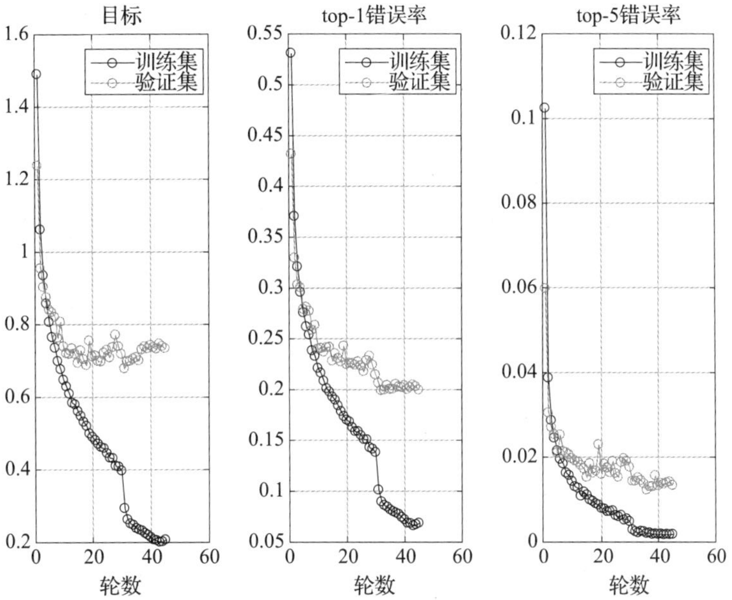

图 17-16　该图显示了如图 17-9 所示的网络在 CIFAR-10 训练集上的训练结果。训练集和验证集的损失、top-1 错误率和 top-5 错误率被绘制成关于训练轮数的数据图。这里的损失(记作“目标”)是对数损失。请注意观察这几个现象：训练集的误差较低；训练误差与验证误差之间有一定差距；Top-5 的误差很小。这个验证误差实际上是在这个数据集上的相当高的误差：你可以在 http://rodrigob.github.io/are_we_there_yet/build/classification_datasets_results.html 找到对应该数据集的一个结果表格

图 17-17　被文中训练的分类网络模型错误分类的大约 2000 个测试样本中的一些样例。每一行对应一个类别。该行中的图像属于所对应的类别，但被分类为了其他类别。在这些图像中，至少有一些图像看起来像是对应物体的“不常见”视角或比较“奇怪”的实例——当图像视角不常见或物体是对应类别的一个奇怪实例时，网络误分类图像是可能的

ReLU 是模式检测器的现象在实验中表现得相当稳定。图 17-19 显示了在最后的 ReLU 层中，分别对 10 个 ReLU 响应最强烈的 20 幅图像。这些 ReLU 显然有一个很强的模式理论，并且不同的 ReLU 响应最强烈的模式也不同。更复杂的可视化可以在复杂网络的不同阶段搜索最强响应的图像获得；这些图像会显示出某种秩序或结构形式，这是相当可靠的。

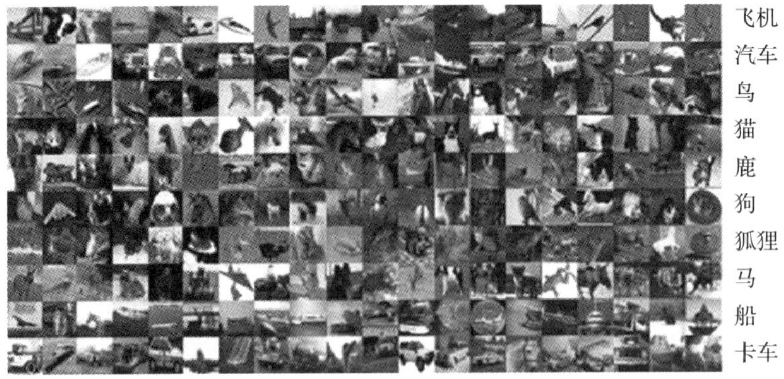

图 17-18　被文中训练的分类网络模型错误分类的大约 2000 个测试样本中的一些样例。每一行对应一个类别。该行中的图像被分类为该类别，但实际上属于另一个类别。至少有一些图像看起来是“令人困惑的”视角——例如，你确实可以找到看起来像飞机的鸟，也可以找到看起来像鸟的飞机

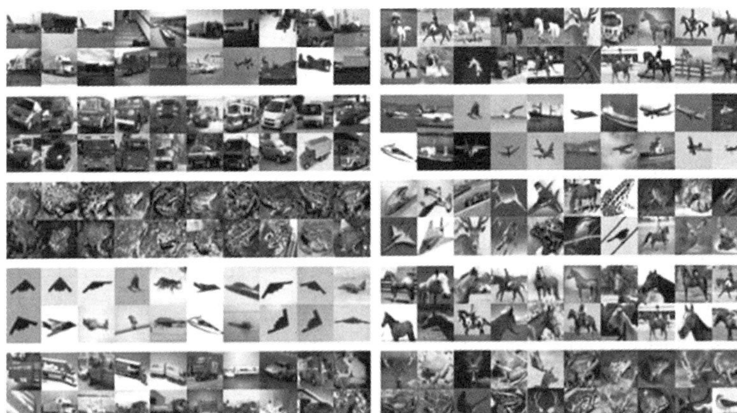

图 17-19　在最后阶段，ReLU 对简单的 CIFAR 样例响应模式的可视化。每个图像块显示 10 个 ReLU(它们是从 64 个网络顶部可用的 ReLU 层中随机选择的)所对应的最大输出的图像。请注意，这些 ReLU 输出并不对应于具体类别：这些输出在分类之前还需要经过一个全连接层，但是可以看出每个 ReLU 都对某一个模式有明显的响应，并且不同的 ReLU 所对应的响应最强的模式也不同

17.2.3　异类：对抗样本

对抗样本是神经网络图像分类器所具有的一个奇特的实验上的特性。假设你有一个被正确分类到 l 的图像 $\boldsymbol{x}$，该网络将在标签 $P(L|\boldsymbol{x})$上产生出一个概率分布。我们现在选择某个不正确的标签 k，那么可以通过一些现代的优化方法，找到对图像的一个修改 $\delta\boldsymbol{x}$ 使得

$$\delta\boldsymbol{x} \quad \text{值很小}$$

$$\text{但}$$

$$P(k|\boldsymbol{x}+\delta\boldsymbol{x}) \quad \text{值很大}$$

此时修改后的图像就是对抗样本。你可能会认为 $\delta\boldsymbol{x}$ 是一个很“大”的值；但令人惊讶的是，大多数情况下它是如此之小，以至于我们都察觉不到。对抗样本的特性似乎对图像平滑、简单的图像处理以及打印和拍照都很鲁棒。对抗样本的存在同时带来了下面的需要更加警觉的可能性：假设你可以控制一个停车标志，并通过一个喷漆罐，就可以使标志被当前计算机视觉系统解释为一个最低限速标志，这就会带来问题。我还没有看到这个演示实

现，但它似乎完全在现代科技的实现范围内，它和类似的一些行为可能会产生严重的混乱。

这种现象的惊人之处在于：它是由对没有人为改变的图像分类效果非常好的图像分类网络所表现出来的。因此，现代分类网络在未经人为篡改的图像上非常精确，但在篡改的情况下可能会表现得非常奇怪。人们可以(相当模糊地)确定问题的根源，即神经网络图像分类器的自由度远远大于图像所能确定的自由度。然而，这一观察结果并没有真正的帮助作用，因为它没有解释为什么它们(大多数情况下)可以工作得相当好，也没有告诉我们如何处理对抗样本。人们已经在试图建立一个能够解决对抗样本的网络，并为此做了各种努力，但目前的成果仅仅基于实验(一些网络比另一些表现得更好)，缺乏明确的理论指导。

编程练习

17.1　在你选择的编程框架下，下载一个简单的 MNIST 分类器的教程代码，用这个代码训练并运行一个分类器。你在做这个练习时应该无须访问 GPU。

17.2　现在用你的编程框架重现 17.2.1 节的例子。那里包含足够多你要构建的网络的结构细节。这并不是一个非常好的分类器；此练习是要把一个网络的描述转化成实例。使用标准的测试-训练划分，用直接的随机梯度下降进行训练。根据这个例子和你的硬件条件选择一个小批量的大小。同样，你在做这个练习时应该无须访问 GPU。

(a) 使用动量会改进训练吗？

(b) 在前两层使用随机失活会提高网络的性能吗？

(c) 修改该网络的架构以提高性能。前文中给出了一些技巧建议。哪些技巧最有效？

17.3　在你选择的编程框架下，下载一个简单的 CIFAR-10 分类器的教程代码，用这个代码训练并运行一个分类器。你在做这个练习时应该无须访问 GPU。

17.4　现在用你的编程框架重现 17.2.2 节的例子。那里包含足够多你要构建的网络的结构细节。这并不是一个非常好的分类器；此练习是要把一个网络的描述转化成实例。使用标准的测试-训练划分，用直接的随机梯度下降进行训练。根据这个例子和你的硬件条件选择一个小批量的大小。同样，你在做这个练习时应该无须访问 GPU。

(a) 使用动量会改进训练吗？

(b) 在前两层使用随机失活会提高网络的性能吗？

(c) 修改该网络的架构以提高性能。前文中给出了一些技巧建议。哪些技巧最有效？

第 18 章

Applied Machine Learning

图像分类与物体检测

神经网络在分类的方法中已经不再是一个新奇的事物了，它已成为一个巨大且非常成功的产业的原动力。这一切都在非常短的时间(还不到十年)内发生。主要的原因是，拥有了足够的训练数据和足够的训练技巧，神经网络能产生非常成功的分类系统，比任何人使用其他方法产生的都要好得多。神经网络尤其擅长图像分类。如图 18-1 所示，在一个(非常大且非常难)的图像分类数据集中，top-5 错误率在很短的一段时间内降低了很多。主要的原因似乎在于分类器所使用的特征本身是从数据中学到的。学习的过程看起来确保了这些特征对于分类是有用的。很容易看出来它可能会如此；本书告诉你它确实如此。

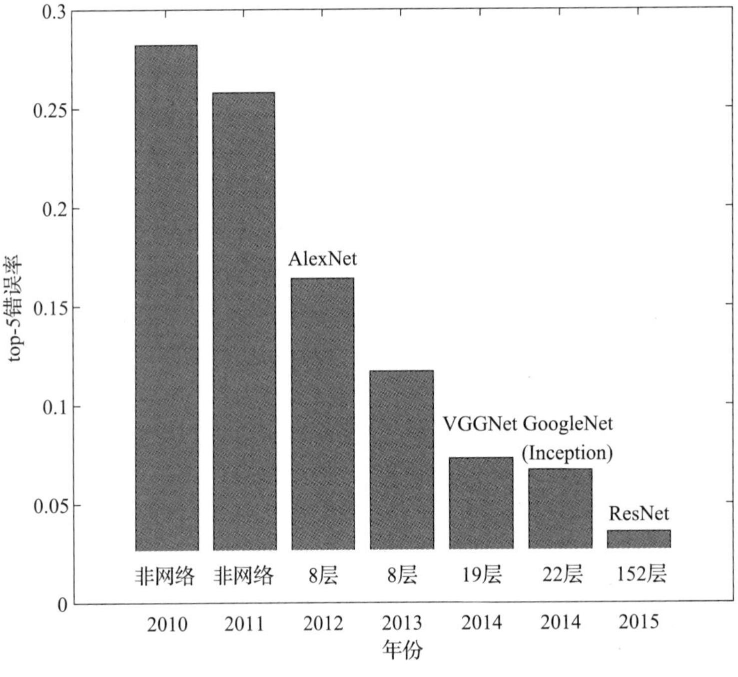

图 18-1 对 ImageNet 数据集的图像分类，top-5 错误率从 2010 年的 28%下降到 2015 年的 3.6%。2014 年有两个条目，让错误率的下降看起来变平缓了。这是因为这两个方法都很重要，它们在本节后面会讨论。请注意增加网络层数似乎可以降低错误率。本图借鉴了 Kaiming He 的图的想法。每一个有名字的网络都在以下的一个小节中有简短的描述

有两个重要趋势推动了这一领域的发展。第一个趋势是庞大的、具有挑战性(但不是不合理得难)的数据集的发展，这些数据集对外公开，并且使用公平公开的规则评估准确率。第二个趋势是成功模型的广泛传播。如果有人做出了一个很好的图像分类器，你通常可以很快在因特网上找到一个实现。这意味着很容易就能修改这些成功的架构，并设法让它们变得更好。通常，这些实现都来自预训练的模型。

本章将会阐述近期使用神经网络在图像分类和物体检测上取得的成功。你可能很难仅从文字叙述中构建我在此描述的任何内容，但你可以在其他地方找到一个预训练的版本。

你应该充分了解人们在做什么，什么看起来是有用的，以及为什么要使用那些已经被共享的模型。

18.1　图像分类

在接下来的小节中我将描述几个重要的网络结构，但仅基于这些描述从头开始构建其中任何一个结构，都将是英勇(且可能不成功)的冒险。你需要做的是从你喜欢的环境中下载一个版本，然后使用它。你可以从以下地址找到预训练的模型：

- https://pjreddie.com/darknet/imagenet/(针对 darknet)；
- http://www.vlfeat.org/matconvnet/pretrained/(针对 MatConvNet)；
- https://mxnet.apache.org/api/python/gluon/model_zoo.html(针对 MXNet)；
- https://github.com/PaddlePaddle/models(针对 PaddlePaddle；能读懂中文会有帮助)；
- https://pytorch.org/docs/stable/torchvision/models.html(针对 PyTorch)；
- https://github.com/tensorow/models(针对 TensorFlow)；
- https://keras.io(针对 Keras)。

18.1.1　物体图像分类数据集

MNIST 和 CIFAR-10 已不再是前沿的图像分类数据集。我所描述的网络非常简单，且在这些问题上的性能相当好。最好的方法现在性能已经极好了。Rodrigo Benenson 维护了一个网站，给出了到目前为止这些数据集上最好的性能，网址是 http://rodrigob.github.io/are we there yet/build/classification datasets results.html。根据记录，MNIST 上最优的错误率是 0.21%(即在 10 000 个测试集样例中共有 21 个错误)。对于 CIFAR-10，最优的错误率是 3.47%(即共有 347 个样例错误；比我们的 2000 个好多了)。通常，这些方法性能很好，以至于改进一定非常小，因此很难看出什么才是重要的改变，什么只是侥幸的结果。这些数据集现在大多被用于预热的目的——检验一个想法是否糟糕，或者一个方法是否在“简单”的数据集上有效。

记住： *MNIST 和 CIFAR-10 是预热数据集。你可以在 http://yann.lecun.com/exdb/mnist/或者 http://www.kaggle.com/c/digit-recognizer 找到 MNIST，可以在 https://www.cs.toronto.edu/~kriz/cifar.html 找到 CIFAR-10。*

很难准确说出使数据集变难的是什么。或许类别较多的数据集比类别较少的数据集更难。或许各个类别拥有大量训练数据使数据集变简单。可以肯定的是标注错误和测试图像与训练图像的不同会导致错误。当前的数据集倾向于使用协议谨慎地构建数据集，尽量确保每个数据项的标签是正确的。比如，可以独立地标注图像，然后检查其标签是否一致。没有什么方法可以检查训练集是否与测试集类似，但可以先收集好数据，然后将数据划分为训练集与测试集。

MNIST 和 CIFAR-10 包含的图片中的物体很大程度上是孤立的。CIFAR-100 是一个更难的数据集。它非常像 CIFAR-10，但现在有了 100 个类别。其中的图像是来自 100 个类别的 32×32 的彩色图像，由 Alex Krizhevsky、Vinod Nair 和 Geoffrey Hinton 收集。数据集有 50 000 张训练图像(因此现在每个类别有 500 幅图像，而不是 5000 幅)和 10 000 幅测试图像，测试一训练集的划分是标准的。图像在类别之间均匀地划分。这些类别非常粗略地聚成超类，从而出现多种不同的昆虫类别、多种不同的爬行动物类别等等。

记住：CIFAR-100 是一个小且难的图像分类数据集。你可以从 https://www.cs.toronto.edu/~kriz/cifar.html 下载数据集。CIFAR-100 的准确率记录在 http://rodrigob.github.io/are_we_there_yet/build/classification_datasets_results.html。最优的错误率(24.28%)是该数据集比 CIFAR-10 和 MNIST 更难的一个简单标志。

有几个重要的大型图像分类数据集。数据集往往随时间不断发展，应该通过关注一系列专题研讨会跟进其发展。**Pascal 视觉物体类别挑战**(Pascal visual object classes challenge)是从 2005 年到 2012 年举办的针对图像分类挑战的一系列研讨会。这些研讨会通过 Mark Everingham 团队的努力，产生了若干仍被使用的任务和数据集。更多的信息(包括排行榜)、最好的做法、组织者等参见 http://host.robots.ox.ac.uk/pascal/VOC/。

记住：PASCAL VOC 2007 仍是一个标准的图像分类数据集。你可以在 http://host.robots.ox.ac.uk/pascal/VOC/voc2007/index.html 找到它。数据集包含 20 个物体类别，这些物体类别成为了一种标准的形式。

将包含物体的图像分类到没有用处的类别中是没有意义的，但什么类别应该被使用并不是显而易见的。一个策略是像组织物体的名词一样组织类别。**WordNet** 是一个英语的词汇数据库，以一种分层的方式组织，试图表示人们从不同物体之间找到的差别。因此，举个例子，一只猫是这样的一个域，它是一种肉食动物，是一种有胎盘哺乳动物，是一种脊椎动物，是一种脊索动物，也是一种动物(诸如此类……)。你可以在 https://wordnet.princeton.edu 探索 WordNet。**ImageNet** 是一个根据 WordNet 的一种语义层次组织的集合。ImageNet 大规模视觉识别挑战赛(ImageNet Large Scale Visual Recognition Challenge，ILSVRC)研讨会从 2010 年举办到 2017 年，围绕各种不同的挑战组织。

记住：ImageNet 是一个非常重要的大规模图像分类数据集。一个非常常用的标准是 ILSVRC2012 数据集，它有 1000 个类别和 128 万张训练图像。它有一个标准的 50 000 张图像(每个类别 50 张)的验证集。你可以在 http://www.image-net.org/challenges/LSVRC/2012/nonpub-downloads 找到它。数据集使用 1000 个物体类别的集合，这些物体类别成为一种标准的形式。

18.1.2　场景图像分类数据集

物体倾向于以非常结构化的方式共同出现，因此如果你看见一只长颈鹿，你可能还会看到一棵金合欢树或一只狮子，但你不太可能看到一艘潜艇或一个沙发。不同的上下文往往导致不同的物体组合。因此在草地上你可能会看到一只长颈鹿或一只狮子，而在客厅你可能看到一个沙发，但你不太可能在客厅看到一只长颈鹿。这表明环境被分解为多个聚类，它们看起来不同，且往往包含着不同的物体。这样的聚类在视觉领域被广泛地称为**场景**(scene)。有一个重要的图像分类挑战就是获取一幅场景图像，并预测其场景是什么。

SUN 数据集是一个重要的场景分类数据集。它广泛用于训练和各种分类的挑战。它有一个包含 397 个类别的基准数据集。完整的数据集包含 900 多个类别和数百万张图像。专题研讨会的挑战赛，包括用到的特定的数据集和排行榜，参见 http://lsun.cs.princeton.edu/2016/(LSUN 2016)和 http://lsun.cs.princeton.edu/2017/(LSUN 2017)。这个挑战赛使用场景类别的一个选定的子集。

记住：SUN 是一个大规模的场景分类数据集，已经成为一些挑战赛专题研讨会的核心。数据集参见 https://groups.csail.mit.edu/vision/SUN/。

另一个重要的数据集是 Places-2 数据集。它有 1000 万张来自 400 个类别的图像，包含了场景属性和各种其他资料的标注。

记住：Places-2 是一个大规模的场景分类数据集，你可以在 http://places2.csail.mit.edu 找到它。

18.1.3　增广和集成

要构建非常强大的图像分类器，需要解决三个重要的实际问题。

- **数据稀疏**(data sparsity)：图像数据集的大小总是不足以准确显示所有的影响。这是因为一个马的图像始终是一个马的图像，即便它经过了小的旋转，或者尺寸被调整到稍大一点或稍小一点，或者用不同的方式裁剪等等。在网络的结构中无法考虑这些影响。
- **数据合规性**(data compliance)：我们希望送入网络中的每个图像都是相同大小的。
- **网络差异**(network variance)：我们拥有的网络永远不会是最好的网络；训练从一组随机的参数开始，并且具有很强的随机性。比如，大多数的小批量选择算法会选择随机的小批量。在相同的数据集上训练两次将不会产生相同的网络。

这三个问题都可以通过对训练和测试数据做一些处理来应对。

通常，应对数据稀疏问题的方法是**数据增广**(data augmentation)，做法是对图像使用旋转、缩放和裁剪等方式扩展数据集。你拿到了每个训练图像，从它开始获得一批额外的训练图像。你可以用以下方式获得这批图像：调整大小然后裁剪训练图像；使用不同的方式裁剪图像(假定训练图像比你要使用的图像稍大一点)；将训练图像旋转一个小角度，调整大小并裁剪；诸如此类。

有几点需要注意。当你旋转然后裁剪时，你需要确保没有“未知”的像素进入最后的裁剪结果中。你不能裁剪太多，因为你需要确保修改过的图像仍然属于相关的类别，太激进的裁剪可能将马(或任何物体)整个切断。这在一定程度上取决于数据集。如果每个图像在一个大的背景下包含一个小的物体，并且这些物体大量地分散，裁剪需要谨慎；但如果物体占了图像大部分的面积，裁剪可以相当激进。

裁剪通常是确保每个图像都拥有相同大小的正确手段。如果图像的长宽比不对，调整图像尺寸可能导致一些拉伸或挤压。这可能不是一个好的想法，因为它会导致物体拉伸或挤压，使得它们更难辨认。通常的做法是调整图像尺寸到一个适当的大小，而不改变长宽比，然后裁剪成固定大小。

对于网络差异有两种方法可以考虑(至少!)。如果你训练的网络不是最好的网络(因为不可能是)，那么很可能训练多个网络然后用一些方式将结果结合起来可以改进分类效果。举个例子，你可以采用投票的方式结合结果。像这样可以可靠地获得一些小的改进，但是这种策略经常被弃用，因为它不是特别优雅和高效。一个更加普遍的方法是注意到网络可能擅长处理测试图像的一部分而不是其他部分(因为它不是最好的网络等等)。通过将测试图像的多个剪切块呈现给一个给定的网络，并结合这些切片的结果，可以非常可靠地获得性能上的小改进。

18.1.4 AlexNet

第一个真正成功的神经网络图像分类器是 AlexNet，在“ImageNet Classification with Deep Convolutional Neural Networks”一文中被介绍，这是一篇 NIPS 2012 的论文，作者是 Alex Krizhevsky、Ilya Sutskever 和 Geoffrey Hinton。AlexNet 很像我们见过的最简单的网络——一个用来减少数据块的空间维度的卷积层序列，随后是一些全连接层——但它仍有一些特别的特征。2012 年 GPU 的显存比现在的小很多，而 AlexNet 网络结构的构建使得数据块可以被切分到两个 GPU 上。AlexNet 有新的归一化层，还有一个全连接层，它以一种新的方式减少了数据块的大小。

切分数据块的影响非常重大。如图 18-2 所示，图像通过一个 96 个核的卷积层，紧接着一个 ReLU，响应归一化(改变一个块的值，但不改变块的大小)，然后最大池化(max pooling)。这通常会产生一个维度为 55×55×96 的数据块，但此处每个 GPU 都得到一个由不同的半数卷积核的输出组成的块(因此这里有两个 55×55×48 的块)。每个块都经过另一个 128 个核的卷积层(大小为 5×5×48)，总计 256 个卷积核。在 GPU 1 和 GPU 2 上的块可能含有很不同的特征；图中 B 阶段 GPU 1 上的块对 A 阶段 GPU 2 上的块是不可见的。C 阶段各个 GPU 上的块由 B 阶段两个 GPU 的上的块共同构建，但此后通过网络的块不再交互，直到稠密层(E 到 F 的过程)为止。这意味着在一个 GPU 上的特征可以编码截然不同的属性，而这在实践中确确实实是发生着的。

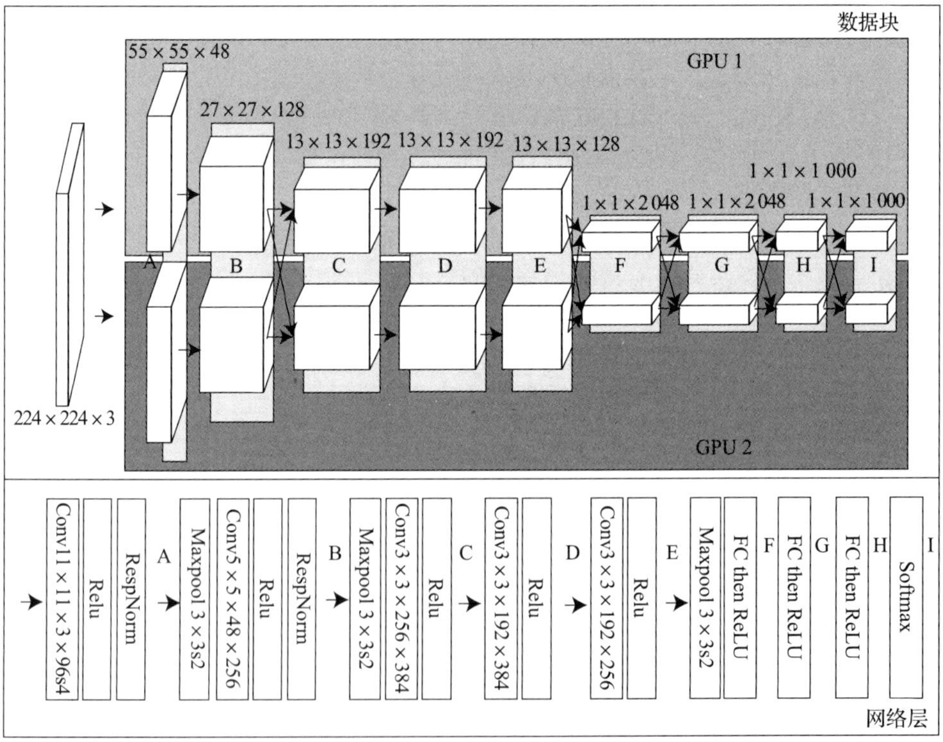

图 18-2　AlexNet 结构的两个视角，它是第一个在图像分类上击败先前的特征构建方法的卷积神经网络架构。网络有五个带 ReLU 的卷积层，响应归一化和散布的池化层。**顶部**显示了整个网络各个阶段的数据块，而**底部**显示了所有的层(大写字母标出了网络中数据块的各个阶段)。顶部框内水平和倾斜的箭头标示了数据是如何在 GPU 之间划分的，详细信息见正文。响应归一化层在正文中有描述。我压缩了最后的全连接层以适应空间的大小

对于一个块中的每个位置，响应归一化层会利用邻近的值之和对此位置的值进行缩放。如此的响应归一化已经不再广泛使用了，因此我会忽略细节。正如前文所说，这个网络是通过大量的数据增广训练的。前两层的单元以 0.5 的概率被丢弃(dropped out)。训练使用常用的随机梯度下降，但加了动量项。AlexNet 是一个巨大成功，它在 ImageNet ILSVRC-2010 挑战赛中，于 top-1 和 top-5 错误率上分别实现了 37.5%和 17.0%。这些分数比任何过去提出的方法都好很多，它激发了人们对网络架构的广泛研究，这些架构可能会做得更好。

记住：AlexNet 是 ImageNet 图像分类的一个巨大成功。

18.1.5 VGGNet

AlexNet 有一些奇怪的特点。它的层数相对较少，并且数据块分布于多个 GPU 中。第一层的卷积核和步长都很大。它还有响应归一化层。VGGNet 是一类用于解决这些和其他问题的网络。使用其中最好的网络，在裁剪、评估、数据增广等方面做到最佳，VGGNet 在 ImageNet ILSVRC-2014 挑战赛中 top-1 和 top-5 错误率分别可达 23.7%和 6.8%。这是一个巨大的进步。表 18-1 描述了五种最重要的 VGGNet(第六种是用来证明响应归一化并不是万能的；这对我们不重要)。

表 18-1 本表总结了五种 VGGNet 的架构。详细信息见正文

网络架构				
A	B	C	D	E
可学习权重的层数				
11	13	16	16	19
输入(224×224×3 的图像)				
conv3-64	conv3-64	conv3-64	conv3-64	conv3-64
	conv3-64	conv3-64	conv3-64	conv3-64
maxpool2×2s2				
conv3-64	conv3-64	conv3-64	conv3-64	conv3-64
	conv3-64	conv3-64	conv3-64	conv3-64
maxpool2×2s2				
conv3-128	conv3-128	conv3-128	conv3-128	conv3-128
	conv3-128	conv3-128	conv3-128	conv3-128
maxpool2×2s2				
conv3-256	conv3-256	conv3-256	conv3-256	conv3-256
conv3-256	conv3-256	conv3-256	conv3-256	conv3-256
		conv1-256	**conv3-256**	conv3-256
				conv3-256
maxpool2×2s2				
conv3-512	conv3-512	conv3-512	conv3-512	conv3-512
conv3-512	conv3-512	conv3-512	conv3-512	conv3-512
		conv1-512	**conv3-512**	conv3-512
				conv3-512

（续）

maxpool2×2s2				
conv3-512	conv3-512	conv3-512	conv3-512	conv3-512
conv3-512	conv3-512	conv3-512	conv3-512	conv3-512
		conv1-512	**conv3-512**	conv3-512
				conv3-512
maxpool2×2s2				
FC-4096				
FC-4096				
FC-1000				
softmax				

仅对这五种 VGGNet 而言，相比图 18-2，表 18-1 更加紧凑地表示了大部分的信息。该表显示了信息由上而下的流向。表中文字的命名是这样约定的。“convX-Y”项意为一个带有 Y 个 $X\times X$ 卷积核的卷积层，紧接一个 ReLU 层。“FC-X”项意为一个产生 X 维向量的全连接层。比如，在 VGGNet-A 中，一张 224×224×3 的图像通过一个标为“conv3-64”的层。此层由一个带有 64 个 3×3×3 卷积核的卷积层及随后的 ReLU 层组成。这个数据块接下来通过一个最大池化层，在 2×2 窗口中以 2 为步长进行池化。结果进入一个含 128 个 3×3×3 卷积核的卷积层，然后是 ReLU 层。最后，这个数据块送入一个全连接层产生一个 4 096 维的向量（“FC-4096”），通过另一个同样的层再进入一个 FC-1000层，然后到一个 softmax 层。

整个表给出了 VGGNet 不同的版本。注意相比 AlexNet，它可训练权重的层数明显更多。版本 E(众所周知的 VGG-19)是使用最广泛的；其他几种主要用来训练，然后证实更多的层数带来更好的性能。随着版本的提高，网络会拥有更多的层数。粗体表示的项指的是网络更改时引入的层。因此，举个例子，版本 B 中有一个 A 中没有的 conv3-64 项，而 C、D 和 E 保留了该项；版本 C 中有一个 A 和 B 中没有的 conv1-512 项，而 D 和 E 中以 conv3-512 将其取代。

你应该预料到训练如此深的网络是很困难的(回想 16.4.3 节)。VGGNet 的训练遵循我在 16.4.3 节中使用的过程 I 的一个复杂版本。注意版本 B 就是版本 A 加上两个新的项，以此类推。训练过程由训练版本 A 开始。一旦版本 A 训练好了，插入新的层产生版本 B (保持版本 A 的参数值不变)，然后新的网络以此初始化来训练。在新的网络中所有的参数值都要更新。接下来版本 C 从版本 B 开始训练，以此类推。所有的训练都是通过小批量上带有动量项的随机梯度下降完成的。前两层使用随机失活(随机失活概率为 0.5)。数据被充分地增广。

实验显示 VGG-19 及类似的网络构建的特征在某种程度上是规范的。如果你有一个任务涉及图像中的计算，对该任务使用 VGG-19 的特征常常是起作用的。或者，你也可以使用 VGG-19 作为初始化来为你的任务训练一个网络。VGG19 仍广泛地用作**特征栈**(feature stack)——一个为分类而训练，但其特征也用于其他用途的网络。

记住：VGGNet 在图像分类上超越了 AlexNet。它有多种版本。VGG-19 仍被其他任务用来产生图像的特征。

18.1.6 批归一化

有实验证据很好地表明，神经网络中任何一层的输入值过大都会导致一些问题。这种问题的根源可能是这样的：想象某个单元的输入的绝对值很大，如果对应的权重相对较小，那么一步梯度可能导致权重的符号改变。接下来，该单元的输出将从 ReLU 的非线性一侧摆动到另一侧。如果这在太多的单元上发生，训练就会出现问题，因为梯度就不能很好地预测到输出的实际情况。因此我们应该确保在任何层的输入中相对较少的位置有很大的绝对值。我们要建立一个新的层，有时候叫作**批归一化层**(batch normalization layer)，它可以插入到两个已存在的层之间。

将 $\boldsymbol{x}^b$ 记作这一层的输入，$\boldsymbol{o}^b$ 记作它的输出。输出与输入有相同的维度，我把这个维度记为 d。该层有两个参数向量，γ 和 β，维度都是 d。记 $\text{diag}(\boldsymbol{v})$ 为对角线为 $\boldsymbol{v}$、其他位置都是零的矩阵。假设我们已知 $\boldsymbol{x}^b$ 每个部分的均值($\boldsymbol{m}$)和标准差($\boldsymbol{s}$)，此处对于所有的相关数据求期望。该层的格式为

$$\boldsymbol{x}^n = [\text{diag}(\boldsymbol{s}+\varepsilon)]^{-1}(\boldsymbol{x}^b - \boldsymbol{m})$$

$$\boldsymbol{o}^b = [\text{diag}(\gamma)]\boldsymbol{x}^n + \beta$$

注意到该层的输出是一个关于 γ 和 β 的可微函数。同样也注意到该层可以表示恒等变换，只要 $\gamma=\text{diag}(\boldsymbol{s}+\varepsilon)$ 和 $\beta=\boldsymbol{m}$。我们在训练时调整参数以实现最好的性能。按接下来这么去想会有所帮助。该层将输入放缩到零均值和单位标准差，于是就可以通过训练按照要求调整均值和标准差。本质上，我们期望层与层之间的很大的值可能是网络训练困难的偶然情况，不是为了取得良好性能而必需的。

此处的困难是 $\boldsymbol{m}$ 和 $\boldsymbol{s}$ 我们都不知道，因为我们不知道前面的层使用的参数。目前的做法如下。首先，每个层从 $\boldsymbol{m}=\boldsymbol{0}$ 和 $\boldsymbol{s}=\boldsymbol{1}$ 开始。现在选择一个小批量，使用这个小批量训练网络。一旦你得到足够的梯度步，准备到另一个小批量时，重新估计 $\boldsymbol{m}$ 为输入到这一层的值的均值，$\boldsymbol{s}$ 为对应的标准差。现在得到了另一个小批量，继续如此。记住，γ 和 β 也是要训练的参数(使用梯度下降、动量、AdaGrad 或者任何优化器)。一旦网络被训练好了，我们就求得了网络层在所有训练数据中输出的均值(标准差)为 $\boldsymbol{m}(\boldsymbol{s})$。大多数神经网络实现环境可以完成所有这些工作。在网络内每一层之间添加一个批归一化层已非常普遍。

在一些问题上，小批量会很小，这通常是因为模型或者数据项很大，从而很难将这么多内容硬塞到 GPU 里。如果你有多个 GPU，你可以考虑将小批量同步到多 GPU 上，然后对 GPU 上的小批量取平均——这并不适用于每个人。如果小批量很小，那么从小批量上估计得到的 $\boldsymbol{m}$ 和 $\boldsymbol{s}$ 会包含很多噪声，从而批归一化会表现得很差。对于很多涉及图像的问题，你可以合理地假定一组特征应该有相同的尺度。这就需要使用**组归一化**(group normalization)，即在一个小批量中以组的形式对特征通道进行归一化。这么做的好处是在估计参数时你能用更多的值；缺点是你需要选择形成组的通道。

人们普遍认为归一化能改善训练，但在细节上也有一些分歧。有实验对比了两个网络，其中一个用了归一化，另一个没有用，结果表明训练相同步数后使用批归一化的网络会有更低的错误率。一些作者指出收敛变快了(这并不是一回事)。也有人指出可以采用更大的学习率。

记住： 批归一化通过抑制数据块中对提高准确率没有帮助的大数值来改善训练。当小批量较小时，最好使用组归一化，即对多组特征进行归一化。

18.1.7　计算图

在 16.3 节中，我写了下面这样一个简单的网络：

$$\boldsymbol{o}^{(D)}$$

其中

$$\begin{aligned}\boldsymbol{o}^{(D)} &= \boldsymbol{o}^{(D)}(\boldsymbol{u}^{(D)},\theta^{(D)})\\ \boldsymbol{u}^{(D)} &= \boldsymbol{o}^{(D-1)}(\boldsymbol{u}^{(D-1)},\theta^{(D-1)})\\ \cdots &= \cdots\\ \boldsymbol{u}^{(2)} &= \boldsymbol{o}^{(1)}(\boldsymbol{u}^{(1)},\theta^{1})\\ \boldsymbol{u}^{(1)} &= \boldsymbol{x}\end{aligned}$$

这些等式实际上是一个计算的"映射"。你输入 $\boldsymbol{x}$，它给出 $\boldsymbol{u}^{(1)}$，再给出 $\boldsymbol{u}^{(2)}$，以此类推，直到求得 $\boldsymbol{o}^{(D)}$。梯度从"映射"倒着往回传递信息。这些步骤并没有要求任何层只有一个输入或者只有一个输出。我们需要的只是将输入和输出用一个有向无环图连起来，这样在任何结点上我们都知道信息向前(向后)传递意味着什么。这个图称为**计算图**(computation graph)。图 18-3 展示了一个例子，你应该用它来检查你是否理解了梯度的计算方式。优秀的软件环境的一个关键特征就是它支持构建复杂的计算图。

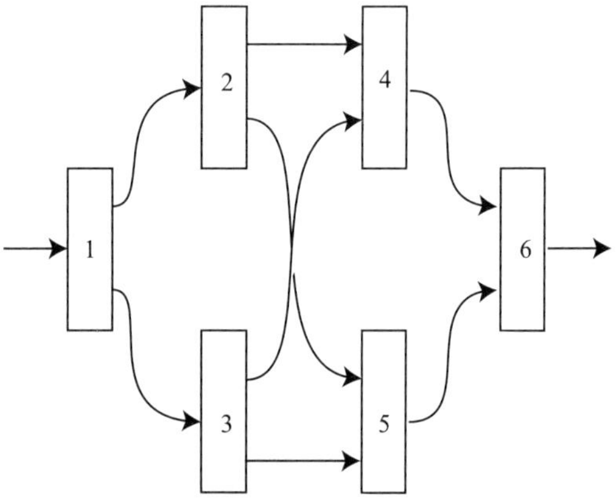

图 18-3　一个简单的计算图，你应该确信，对反向传播的一个简单调整将对网络中所有相关梯度产生影响

18.1.8　Inception 网络

到目前为止，我们看到的图像分类网络由一些层的序列组成，每个层有一个输入和一个输出，信息按顺序、按块地从一层传到另一层。这并不是反向传播的必要条件。我们只需要有一组块(相当于我们的层)，每个块可以有一个以上的输入和一个以上的输出就足够了。只要你知道如何对每个输入求每个输出的微分，并且只要输出是以有向无环图的形式与输入相连的，反向传播就可以进行。

这意味着我们可以构造比层序列丰富得多的结构。一个自然的方式就是构建模块层。图 18-4 显示了两个 inception **模块**(在很多文献中你可以看到这个词；在本章结尾有一些相关的参考链接)。Base 块将它的输入传递到每个输出中。一个标为"AxB"的块指的是一个核为 $A\times B$ 的卷积层加上一个 ReLU 层；一个堆叠块将每个输入的数据块堆叠起来构成输出。

模块由一组在数据块上独立操作的流(inception 的分支)组成；随后得到的块被堆叠起来。堆叠意味着每一个流的输出都必须有相同的空间尺寸，因此所有流必须有一致的步长。每个流中都有一个 1×1 的卷积，它用于维度缩减。这意味着如果你将两个模块堆叠在一起，顶层模块的每个流可以在传入数据的不同空间尺度上选择特征。这种选择确实发生了，因为网络学到了实现维度缩减的线性映射。在这个网络中，一些单元可以专门处理大(或者小，或者混合尺寸)的模式，后面的单元可以选择除了大(或者小，或者混合尺寸)的模式之外的成分。

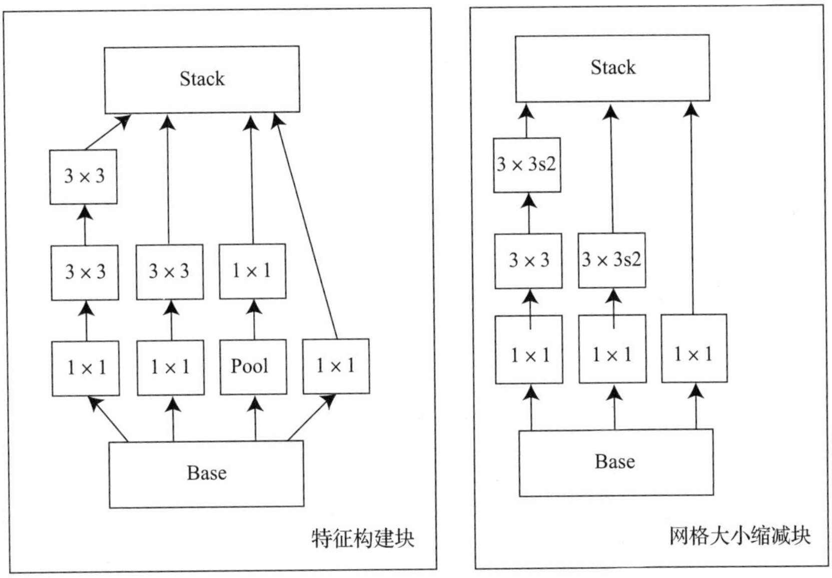

图 18-4　**左边**是一个用于计算特征的 inception 模块。**右边**是一个用于缩减网格大小的模块。特征模块的主要组成为：5×5 尺度(最左边的流)；3×3 尺度(左边的流)；池化之后的 1×1 尺度(右边的流)和未池化的 1×1 尺度。它们堆叠到一个块中。网格大小缩减模块将一块特征放到一个网格，然后降低这个网格的大小。左边的流构建了一个缩小的特征网格，它们有很大的尺度(输入流中的 5×5)；中间的流构建了一个缩小的特征网格，有中等的尺度(输入流中的 3×3)；右边的流就是一个池化。这些流的输出随后被堆叠起来

有很多种不同的 inception 模块，以及由它们构建的大量的可能的网络集合。由这些模块构建的网络通常称为 inception 网络。inception 网络一般比 VGG-19 更小且更快。一个 inception 网络(在实践中采用合适的裁剪、评估、数据增广等等)在 ImageNet ILSVRC-2012 挑战赛数据集上分别获得了 21.2%和 5.6%的 top-1，top-5 错误率。这是一个可观的进步。如你所料，训练非常讲究技巧。它通常使用 RMSprop 优化。

记住： inception 网络在 ImageNet 上超越了 VGG-19。inception 网络由模块化的方式构建而成。特征模块使用 1×1 卷积选择传入的数据，在不同的空间尺度上构建特征，然后将它们堆叠起来。其他模块用于减小空间网络的大小。训练会非常讲究技巧。

18.1.9　残差网络

一个随机初始化的深度网络会严重搅乱它的输入，以至于只有通过不切实际的大量训练才能让最后一层做一些有用的事。因此，能堆叠的网络层数有实际的限制。最近的一种避免这种困难的策略是使用**残差连接**(residual connection)。

我们一般的流程是取一个数据块 $\mathcal{X}^{(l)}$，构建这个块的一个函数 $\mathcal{W}(\mathcal{X}^{(l)})$，然后对结果使用 ReLU。到目前为止，这个函数包括使用一个全连接层或者一个卷积，然后添加偏置项。将 ReLU 写为 $F(\cdot)$，我们有

$$\mathcal{X}^{(l+1)} = F(\mathcal{W}(\mathcal{X}^{(l)}))$$

现在假设线性函数不改变数据块的大小，我们将这个过程更改为

$$\mathcal{X}^{(l+1)} = F(\mathcal{W}(\mathcal{X}^{(l)})) + \mathcal{X}^{(l)}$$

（F，$\mathcal{W}$ 等的符号与之前一样）。通常的思考方式是现在一个层传递它的输入，但添加了一个残差项在上边。这一切的意义在于，至少大体上，残差层可以将它的输出表示为它的输入的一个小的偏移。如果接收了值很大的输入，它可以通过传递输入产生值很大的输出。它的输出的搅乱程度也远远没有堆叠层那么严重，因为它的输出主要是由它的输入加上一个非线性函数给出的。这些残差连接可以用于绕开多个块。使用残差连接的网络常常被称为**残差网络**（ResNet）。

有很好的证据表明残差连接允许层数叠加得非常深（比如，用 1 001 层在 CIFAR-10 上得到低于 5％的错误率；如果你可以，超过它吧！）一个原因是每一层都会有有用的部分给梯度，这些部分并不被前一层所搅乱。考虑这样的层对于输入的雅可比矩阵，你可以看到这一点。你会看到雅可比矩阵是这样的形式：

$$\mathcal{J}_{o^{(l)};u^l} = (\mathcal{I} + \mathcal{M}_l)$$

其中 $\mathcal{I}$ 为恒等矩阵，$\mathcal{M}_l$ 是一系列取决于映射 $\mathcal{M}$ 的项。现在记住，当我们在第 k 层构建梯度时，我们的方法是将这一层之前的雅可比矩阵都乘起来。从而这个乘积一定是像这样的：

$$(\nabla_{o^{(D)}} L) J_{o^{(D)};u^{(D)}} \times J_{o^{(D-1)};u^{(D-1)}} \times \cdots \times J_{o^k;\theta^k}$$

即

$$(\nabla_{o^{(D)}} L)(\mathcal{I} + \mathcal{M}_D)(\mathcal{I} + \mathcal{M}_{D-1})\cdots(\mathcal{I} + \mathcal{M}_{l+1})\mathcal{J}_{x^{k+1};\theta^k}$$

即

$$(\nabla_{o^{(D)}} L)(\mathcal{I} + \mathcal{M}_D + \mathcal{M}_{D-1}\cdots + \mathcal{M}_{l+1} + \cdots)\mathcal{J}_{x^{k+1};\theta^k}$$

这意味着这一层梯度的一些分量不会因为经过一系列估计不准确的雅可比矩阵而被打乱。

由于某些函数的选择，块的大小会变化。在这种情况下，我们无法使用 $\mathcal{X}^{(l+1)} = F(\mathcal{W}(\mathcal{X}^{(l)}) + \mathcal{X}^{(l)})$的形式，而是使用

$$\mathcal{X}^{(l+1)} = F(\mathcal{W}(\mathcal{X}^{(l)})) + \mathcal{G}(\mathcal{X}^{(l)})$$

其中 $\mathcal{G}$ 表示一个可学习的，从 $\mathcal{X}^{(l)}$ 到正确大小块的线性映射。

成功训练这种结构的非常深的网络是可能的。图 18-5 对比了一个 34 层的残差网络和 VGG-19 网络。一个这样结构的网络（包括合理使用裁剪、评估、数据增广等）在 ILSVRC-2012 分类挑战验证集上 top-1 和 top-5 错误率分别为 24.2％和 7.4％。在性能上它相比 inception 网络稍微落后，但准确率可以通过构建更深层的网络（难以画出来）以及使用集成、不同裁剪间投票等方式极大改善。一个使用 152 层的模型（ResNet-152）在 ImageNet ILSVRC-2015 挑战赛中获得了 3.57％的 top-5 错误率。ResNet-152 作为一个特征栈被广泛地使用，通常比 VGGNet 更加准确。

记住：ResNet 是图像分类的首选。ResNet 使用一个网络块将一个处理过的输入添加到输入中。这意味着即使是非常深的网络也能得到有帮助的梯度值。ResNet 模型可以被建得非常深，被广泛地用于图像分类以外任务的特征提取中。

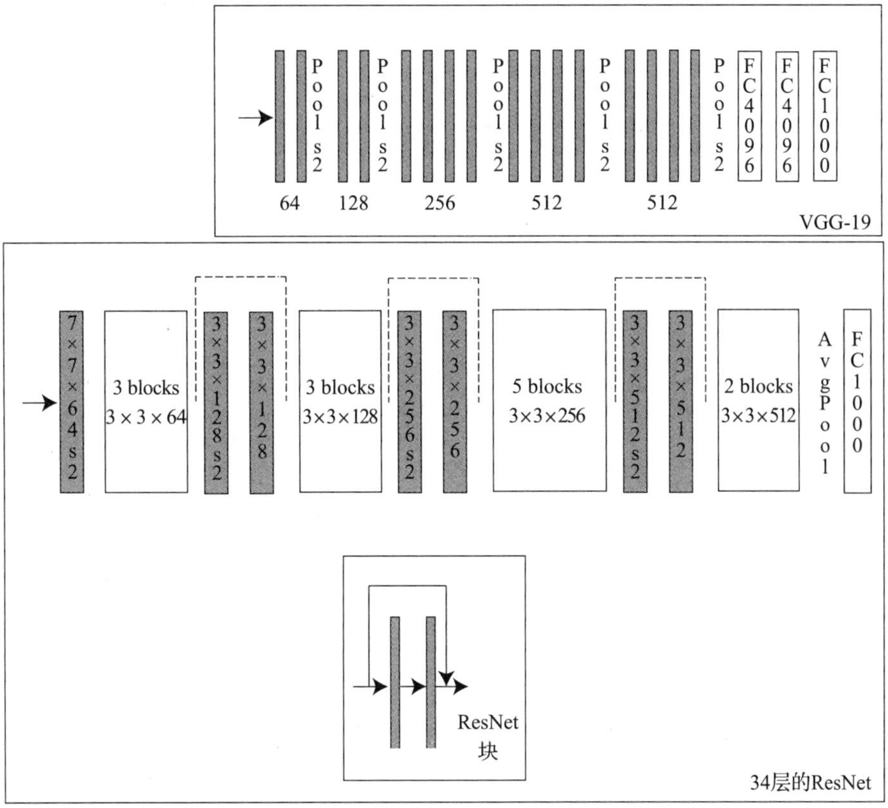

图 18-5　相比 VGG-19，一个 34 层的 ResNet 需要更紧凑的图表示。每个阴影框是一个 3×3×D 卷积核后接 ReLU 的卷积层。卷积核的个数在框下面给出，D 可通过匹配大小求得。每个有可学习参数的层用框表示，因此 VGG-19 有 19 个这样的层，此外还含有池化层。34 层的 ResNet 有 34 个这样的层。虽有几个专门的层(框中的文字)，但它们大多是以残差块(插图)的形式出现的，块中有两个 3×3×D 的层，用一个残差连接跳过两层。如图所示，这些块被堆叠起来。灰色块之间的虚线表示一个残差连接，它们导致了数据块大小的改变

18.2　物体检测

一个物体检测程序必须在测试图像中从一个已知的类别集合中定位每个物体。物体检测由于种种原因是很困难的。首先，当你从不同方向看时各种物体是不一样的。比如，一辆车从上面看和从侧边看是完全不同的。第二，物体在图像中会以非常不同的尺度和位置出现。比如，单张图像可能包含大的人脸(站得离相机比较近)和小的人脸(站在后面)。第三，许多物体(比如人)会变形而类别依然不变。第四，经常有一些不好处理的层级结构出现。比如，椅子有腿、靠背、螺栓、垫圈、螺母、垫子、针脚(在垫子上)等。最后，大多数场景包含了非常多的物体(想一下在一个报告厅中螺母的数量——每个椅子都有很多)而大多数都不值得被提到。

18.2.1　物体检测如何工作

物体检测是从图像分类器中构建的。这里是构建(比如)一个人脸检测器最简单的方法。构建一个图像分类器，它可以分辨一个固定大小的图像窗口中是否存在人脸。这个分类器对人脸给出高分，对非人脸给出低分。使用这个分类器，在图像中选择一系列的窗口

搜索。使用得到的分数确定窗口中是否存在人脸。这个非常简单的模型暴露出需要解决的重大问题。我们必须：

- **窗口大小的确定**：这非常简单。有两种可能：一个框或者其他某种方式。框很容易表示，被几乎所有实际的检测器采用。另一种方法——一些形式的掩模将物体从图像中裁剪出来——几乎没有使用，因为它们很难表示。
- **对窗口构建一个分类器**：这非常简单——我们已经见过了多种结构的图像分类器。
- **确定关注哪些窗口**：这是一个有趣的问题。搜索所有的窗口是没有效率的。
- **选择哪些获得高分的窗口作为输出**：这也很有趣。因为窗口是相互重叠的，我们不希望在稍有不同的窗口中多次输出同一个物体。
- **使用这些窗口输出所有人脸的精确位置**：这也很有趣。事实证明，我们的窗口可能不是最好的，在确定它包含人脸后，我们可以改进它。

确定关注哪些窗口比较困难，大多数的创新点都在这里。每个窗口都是关于物体**配置**(位置和大小)的假设。选择窗口最简单的步骤是在某个网格上使用所有的窗口(如果你想要找更大的人脸，使用同样的网格和缩小版的图片)。现在的检测器没有使用网格的，因为它很低效。一个作用于间隔很近的窗口的检测器可能能够更准确地**定位**(估计的位置和大小)物体。但是用更多的窗口意味着为了得到一个有用的检测器，分类器的假正率必须非常小。平铺的图像往往会产生过多的窗口，其中有许多是非常糟糕的(比如，一个框可能将物体切成两半)。

决定输出哪个窗口会出现一些微小但重要的问题。假设你在看 32×32 的窗口，步长为 1。那么会有很多窗口与物体紧密重叠在一起，它们的得分都很接近。简单地将得分取阈值意味着我们在相同位置报告相同物体的许多实例，这是毫无帮助的。如果步长变大了，那么可能会没有窗口能正确地覆盖物体，并且有可能错过它。相反，大多数方法使用了贪心算法的一种变体，叫作**非极大值抑制**(non-maximum suppression)。首先，为得分超过阈值的所有窗口构建一个有序列表。重复以下过程，直到列表为空：选择得分最高的窗口，视为它包含了一个物体；移除所有与这个窗口重叠足够大的窗口。

精确地确定物体的位置也是一个微小但重要的问题。假设我们有了一个高分的窗口，它已经过了非极大值抑制。生成窗口的过程并不需要对窗口内所有像素进行精确地评估(否则我们就不需要分类器了)，因此这个窗口可能不是表示这个物体的最佳位置。通过使用当前框内像素的特征表示预测一个新的边框，可以获得更好的位置估计。很自然地，可以使用分类器计算的特征表示进行**边框回归**(bounding box regression)过程。

记住：目标检测器工作时将可能包含物体的图像框传入一个分类器中。分类器对每个框中可能的物体评分。对相同物体的多次检测得到的重叠框可以通过非极大值抑制处理，得分较高的框淘汰掉得分更低且重叠的框。接下来使用边框回归过程对框进行调整。

18.2.2　选择性搜索

最简单的构建框的方法是在图像上对窗口进行滑动。这很简单，但效果很差。它产生了大量的框，而框本身却忽略了重要的图像特征。物体在图像中一般都有非常清晰的边界。例如，如果你看一张马站在田野上的照片，你通常不会不确定马和田野所在的位置。在这些边界处，图像的各种属性会发生急剧变化。在马的边界，颜色会变化(比如，棕色到绿色)、纹理会变化(比如，光滑的皮肤到粗糙的草)、亮度会变化(比如，暗棕色的马到更亮的绿草)等等。

滑动窗口生成框会忽略这个信息。跨越边界的框可能只包含物体的一部分。周围没有边界的框可能不会包含任何有趣的东西。实际上，找到物体的边界依然是十分困难的，因为并不是每个边界都有颜色变化(想想棕色田野里的棕色马)，而且有的颜色变化发生的地方离边界很远(想想斑马身上的条纹)。尽管如此，一段时间以来，人们已经知道了可以使用边界为框的“物体性”评分。最佳的检测器是通过只观察那些有足够高“物体性”得分的框搭建的。

计算这样的框的标准机制称为**选择性搜索**(selective search)。笼统的描述很简单，但细节则不然(而你需要去查阅)。首先，使用一个聚合型聚类器将图像分解为**区域**——具有一致外观的像素集合。凝聚聚类器的使用很重要，因为它产生的表示允许大区域由小区域构成(比如，马可能由头、身体和腿构成)。其次，对聚类器产生的区域进行“物体性”评分。这个得分是通过计算各种区域特征、编码颜色、纹理等得到的。最后，根据分数对区域排序。将得分超过某个阈值的框视为物体，反之不是的假设是不安全的，但这个过程很好地减少了需要关注的框的个数。再也不需要深入到排序过的区域中寻找感兴趣的物体了(一般剩余 2000 个框)。

记住：图像中可能包含物体的框与区域有紧密的联系。选择性搜索通过建立一个区域的层次结构来寻找这些框，然后对“物体性”进行打分；得分高的区域会产生边框。这为寻找可能包含物体的框提供了一种有效方法。

18.2.3　R-CNN、Fast R-CNN 和 Faster R-CNN

很自然地可以使用选择性搜索和一个图像分类器构建一个检测器。使用选择性搜索构建一个区域的有序列表。对于有序列表中每一个区域，构建一个边框。现在将这些框调整大小为一个标准的尺寸，将得到的图像传入一个图像分类器。根据预测到的物体分类得分对框进行排序，保留得分高于阈值的框。现在对这个列表使用非极大值抑制和边框回归。图 18-6 展示了这个结构，它被称为 R-CNN；它是一个非常成功的检测器，但是速度还有待提高。

R-CNN 的问题在于必须将每个框都独立地通过一个图像分类器。框与框之间往往有很大程度的重叠。这意味着图像分类器必须在每个框中都对重叠的像素计算神经网络特征，因而做了不必要的重复工作。它的解决方法产生了一种检测器，称作 Fast R-CNN。将整个图像传到一个卷积神经网络分类器中(但忽略全连接层)。现在用选择性搜索得到的框确定特征图中的感兴趣区域(Region of Interest，ROI)。使用图像分类的机制从这些感兴趣区域中计算类别概率。

由于物体的尺度不同，ROI 的大小各不相同。它们需要被简化为一个标准的大小；否则，我们无法将它们传入一般的分类器中。这个技巧叫作 **ROI pooling 层**，它对每个 ROI 都生成一个标准大小的摘要以便分类。确定 ROI 将要简化到的一个标准大小(比如 $r_x \times r_y$)。对每个 ROI 都分出这个大小的网格。对每个 ROI，将 ROI 分解为 $r_x \times r_y$ 个大小均匀的块。现在计算每个块中的最大值，将这个值放到对应位置的网格中。这组网格继而可被传入一个分类器中。

这条推理过程的顶点(到目前为止!)是 Faster R-CNN。人们发现选择性搜索拖慢了 Fast R-CNN。至少一部分的减速来自计算选择性搜索的特征等。但选择性搜索是一个从图像数据中预测框的过程。没有特别的原因需要为选择性搜索计算专门的特征，而很自然地我们可以尝试使用相同的特征预测框，然后对其分类。Faster R-CNN 使用图像的特征定位重要的框(图 18-7)。

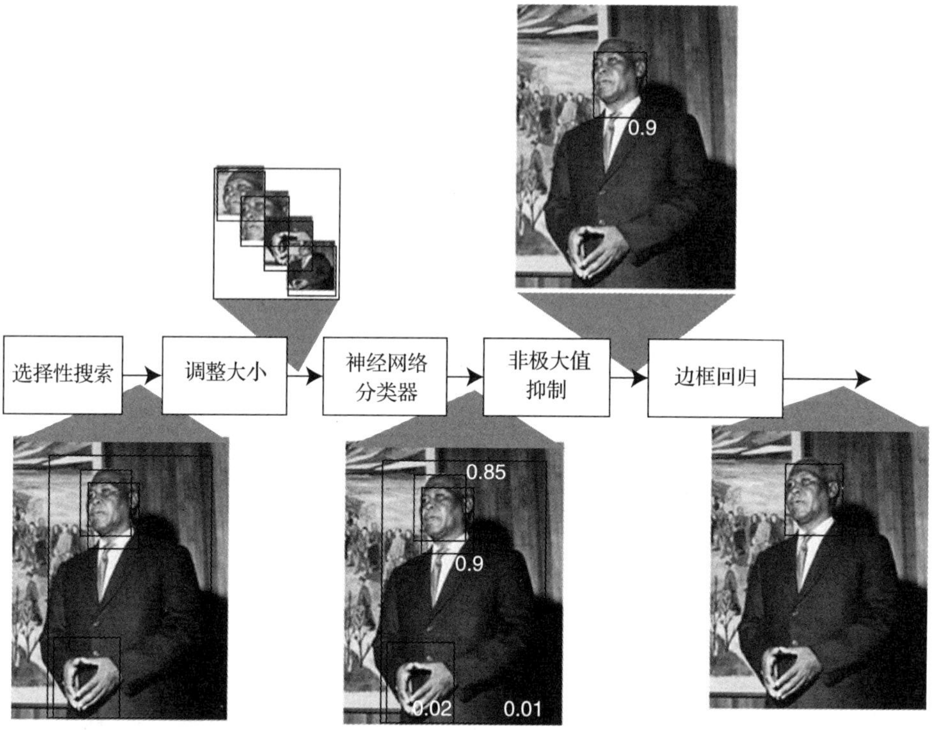

图 18-6　一个 R-CNN 工作的示意图。阿尔贝特·卢图利酋长的照片被送入选择性搜索，求得可能的框；它们从图像中被裁剪出来，变形为固定的大小；这些框继而被分类(得分在框旁边)；用非极大值抑制找到高分的框并抑制旁边的高分框(因此他的脸不会被找到两次)；最后使用框内特征通过边框回归调整框的角落来得到最佳的拟合

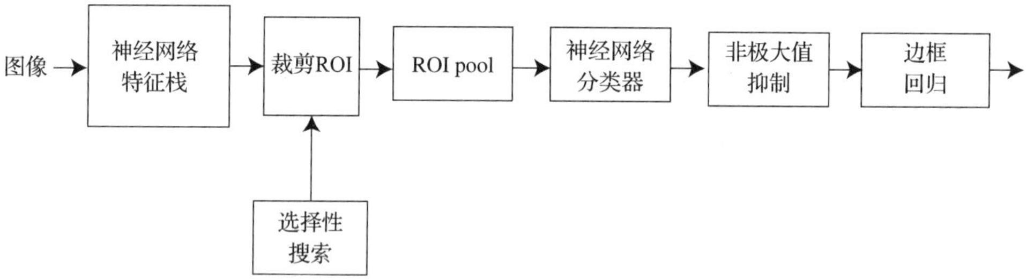

图 18-7　Fast R-CNN 比 R-CNN 更加高效，因为它从图像中只计算一次特征图，然后使用选择性搜索得到的框从特征图中裁剪感兴趣区域(ROI)。它们通过 ROI pooling 层映射到一个标准的大小，然后送给一个分类器。剩余的部分我们应该很熟悉了

卷积神经网络对于列表并不是特别擅长，但非常擅长做空间映射。技巧就是将大量图像的框编码为固定大小的表示，这可以被看作一个映射。框可以这样表示。构建一个 3D 的块，块的每个空间位置表示图像中的一个网格点(网格点在原图中对应 16 的步长)。块的第三维表示一个**锚框**(anchor box)。它们是中心在网格位置的、大小和长宽比不同的框(图 18-8，原版有 9 个)。你可能会担心只关注相对少量的大小、位置和长宽比可能会产生问题；但边框回归足以应对由此产生的所有问题。如果某些框有可能包含物体，那么我们

希望此处映射的值很大(你可以认为这是一个“物体性”得分)，否则很小。对框阈值化，然后使用非极大值抑制产生可能的框的列表，它们便可以如前文所述地被处理。

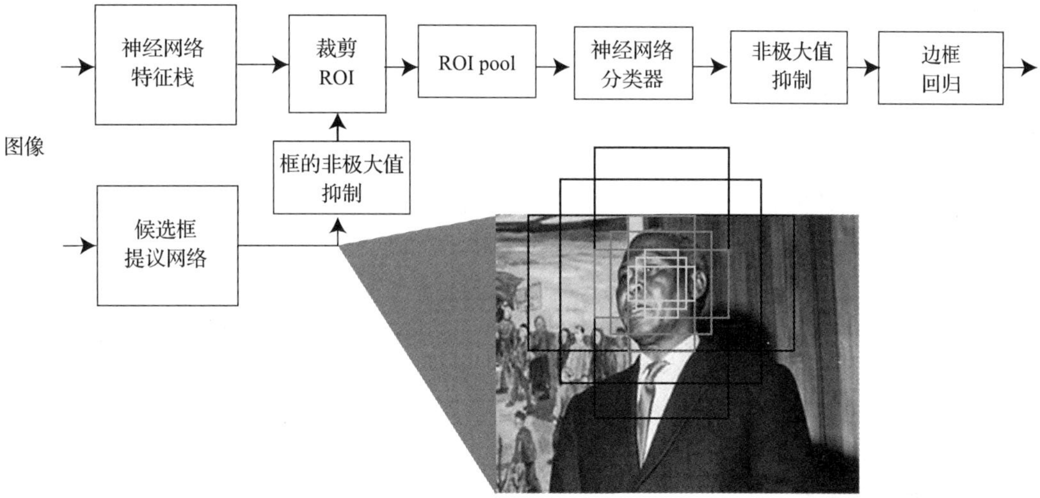

图 18-8　Faster RCNN 使用两个网络。一个使用图像计算每个可能的图像框的采样的“物体性”得分。这些采样(成为“锚框”)的中心都位于网格点中。在每个网格点上，有九个框(三种尺度、三种长宽比)。第二个网络是一个特征栈，它对图像计算一个适用于分类的特征表示。有高“物体性”得分的框接下来从特征图中剪下来，用 ROI pooling 标准化，然后传入一个分类器。边框回归意味着相对粗糙的位置、尺度、长宽比的采样并不会降低准确率

这个方法一个很大的吸引点在于，框的求解可以与分类器训练同时进行——框的提出可以考虑分类器的误差，反之亦然。训练时，需要两种损失。一种损失衡量提出框的过程的有效性，另一种损失衡量检测的准确率。主要的区别在于框提出的过程需要给任何与任一真值(ground-truth)框有高 IoU 的框赋予较高的得分(无论框里有何种物体)。

记住：R-CNN、Fast R-CNN 和 Faster R-CNN 是性能很强的物体检测系统，它们的区别在于框是如何被提出的。R-CNN 和 Fast R-CNN 使用选择性搜索；Faster R-CNN 对锚框打分。在撰写本书时，Faster R-CNN 是参考物体检测器。

18.2.4　YOLO

所有我们至此见过的检测器的方法都是找出可能有用的框的列表。YOLO(You Only Look Once)是一类检测器(用准确率换取速度的变体)，它使用的方法与框的方法完全不同。图像被分为 $S \times S$ 个网格状的片(tile)。每一片负责预测所有中心在它内部的框。每一片都要求输出 B 个框，每个框由它在片上中心的位置与它的宽和高表示。对每个这样的框(记为 b)，每个片也必须输出一个框的置信度得分 $c(b(\text{tile}))$。这个方法被训练后，如果没有物体的中心在片内，则生成零置信度；如果有，则生成框与真实框的 IoU(当然，在运行时它或许不能正确地输出这个分数)。

每个片也会输出一个类别后验概率 $p(\text{class} \mid \text{tile})$。进而将一个片上的每个框 b 连接到一个类别的得分，由此计算：

$$c(b(\text{tile})) \times p(\text{class} \mid \text{tile})$$

注意框的评分过程是如何从物体的类别评分过程解耦出来的。每个片给出物体与它重叠程

度的得分以及与其相连的框的重要性得分。但这些得分是单独计算的——在计算物体的得分时这个方法并不知道哪个框被使用了。这意味着该方法可以非常快，而 YOLO 提供了相对简单的速度与准确率的权衡方式，这是非常有帮助的(比如，可以使用更多或者更少的网络层数提取特征，每个片上有更多或者更少的框，等等)。

将框从类别中解耦带来了一些问题。YOLO 对小物体的掌控能力偏弱。框的数量有限，因此很难处理大规模的小物体。决定一个物体是否出现是基于整个片的，因此如果物体相对于片来说很小，那么这个决定可能很不准确。YOLO 在新的长宽比或相似物体的新配置方面做得相对不好。这是由框的预测过程引起的。如果模型完全由垂直的树训练(高而瘦的框)，它面对一棵侧卧的树时可能会遇到麻烦(矮而宽的框)。

记住： YOLO 一类的检测器与 R-CNN 一类的检测器工作方式非常不同。在 YOLO 中，图像的片对框独立地产生“物体性”得分，对物体产生分类得分；接下来它们才被乘起来。它的优势是速度，而且在速度和准确率的均衡上很容易转换。缺点是许多物体很难被检测到，相似物体新的配置的预测会经常缺失。

18.2.5 评价检测器

对物体检测器的评价需要细心。一个物体检测器取得一张图片，然后对每个它所知的物体类别产生一个框的列表，每个框带有一个得分。对检测器的评价包括了将这些框与人类标注的真实框进行比较。评价应该偏向于那些能在正确的位置获得正确数量的正确物体的检测器，并阻挡那些只提出了一些糟糕的框检测器。做好这些需要相当多的细致工作，但并不是对所有人都要求掌握(或者有用)的。如果你对物体检测不是那么感兴趣，本节剩余部分可以跳过。

回到最开始，假定检测器只对一种物体有响应。你现在有两个列表：一个($\mathcal{G}$)是真实框的列表，另一个($\mathcal{D}$)是检测器产生的框的列表，这个列表已经经过了非极大值抑制、边框回归以及其他任何检测器作者团队能想到的操作。你应该将检测器考虑为一个搜索的过程。检测器搜索到大量的框之后，产生一些它认为相关的框，以相关程度排序(即列表 $\mathcal{D}$)。这个列表需要有评分。在评价过程中，如果 $\mathcal{D}$ 中的框与真实的框相匹配，则将其标记为**相关**，否则标记为**不相关**，然后对这个列表进行总结。

检测器预测的框不太可能与真实的框精确匹配，我们需要一些方法来辨别框是否足够好。这么做的标准方法是测试**交并比**(IoU，intersection over union)。记 B_g 为真实的框，B_p 为预测的框。IoU 为

$$\mathrm{IoU}(B_p, B_g) = \frac{\text{区域}(B_g \cap B_p)}{\text{区域}(B_g \cup B_p)}$$

选择某个阈值 t。如果 $\mathrm{IoU}(B_p, B_g) > t$，那么 B_p 能够与真实的框 B_g 相匹配。

当产生出高分且与真实框相匹配时，检测器应被奖励。但检测器不应该通过对一个真实框预测很多个框而被改善。处理这个问题的标准做法是将得分最高的重叠框标记为**相关**。这个过程为

- 选择一个阈值 t。
- 将 $\mathcal{D}$ 按照每个框的得分排序，将每个 $\mathcal{D}$ 中的元素设为**不相关**。选择一个阈值 t。
- 对排序后的 $\mathcal{D}$ 中的每个元素，将框与所有真实的框进行比较。如果任意真实的框的 IoU 大于 t，将这个检测框标记为**相关**，并将这个真实的框从 $\mathcal{G}$ 中移出。继续这个过程直到 $\mathcal{G}$ 中的框全部被移出。

现在每个 $\mathcal{D}$ 中的框都已被标记为**相关**或**不相关**。

搜索结果与检测器产生的结果类似，对其有标准的评价方法。第一步是将所有待评估图像的结果列表合并为一个列表。一组搜索结果的**精度**(precision)$\mathcal{S}$由下面公式给出：

$$\boldsymbol{P}(S)=\frac{\text{相关搜索结果数}}{\text{总搜索结果数}}$$

召回率(recall)由下面公式给出：

$$\boldsymbol{R}(S)=\frac{\text{相关搜索结果数}}{\text{大量相关项总数}}$$

当你将列表$\mathcal{D}$以得分顺序往后移，你会得到一组新的搜索结果。召回率不会降低，因为整个集合越来越大，因此你可以将精度以召回率的函数形式画出来(写为$\boldsymbol{P}(R)$)。这样的图是典型的锯齿结构(图 18-9)。如果你往这组结果中添加一个不相关的项，精度会降低；如果你接下来添加一个相关的项，它会上升。锯齿实际上没有反映出这个结果的用处——人们通常乐意往一组搜索结果中添加几项来提高精度——因此最好使用**插值精度**(interpolated precision)。在某个召回值R_0处的插值精度由下面公式给出：

$$\hat{\boldsymbol{P}}(R_0)=\max_{R\geqslant R_0}\boldsymbol{P}(R)$$

(图 18-9)。按照约定，**平均精度**(average precision)由下面公式计算：

$$\frac{1}{11}\sum_{i=0}^{10}\hat{\boldsymbol{P}}\left(\frac{i}{10}\right)$$

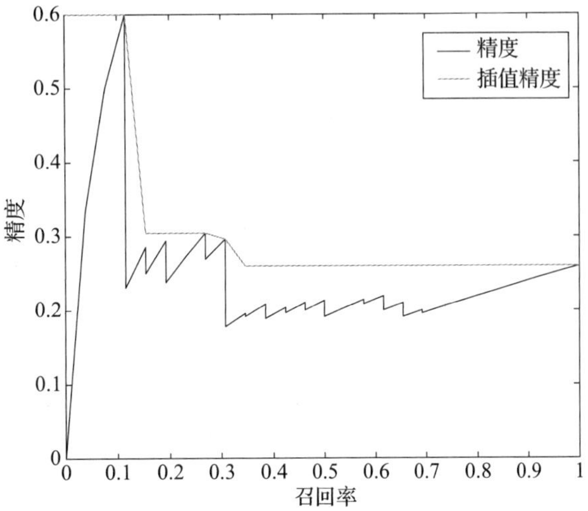

图 18-9　一个假想的搜索过程的两个曲线。以召回率为变量的精度曲线是一个典型的锯齿状。插值精度衡量了你通过增加召回率能得到的最佳精度，因此是对曲线做的平滑。插值精度也是人们希望从搜索结果中得到的一个更自然的表示——大多数人会愿意添加一些项来得到更高的精度。插值精度用于评估检测器

这个值对召回-精度曲线做了归纳。注意如此插值精度的平均具有高召回率。这样做意味着一个检测器不能通过只产生非常少、非常精确的框来得到高分——为了做得好，一个检测器应该有好的精度，即使它必须预测每个精度。

平均精度是对单个物体的检测做的评估。**平均精度均值**(mean average precision，mAP)是每个类别的平均精度的均值。这个值的大小取决于 IoU 阈值的选择。一种约定的做法是报告在 IoU＝0.5 时的 mAP。另一种做法是计算在一组 10 个 IoU 值时的 mAP $(0.45+i\times0.05, i\in1,\cdots,10)$，然后取 mAP 的平均。这些评价产生的数值对于更好的检测器会更高，但需要一些实践才能清楚地理解一个 mAP 上的改进到底意味着什么。

记住：对物体检测器的评价应该偏向于那些能在正确的位置获得正确数量的正确物体的检测器，并阻挡那些只提出了一些糟糕的框的检测器。评估过程对检测器产生的框的相关程度(这个框是在正确的位置吗?)进行评估，这个评估由 IoU 分数实现，它衡量了预测的框与真实的框的重叠程度。对每个类别的物体，平均精度由一个插值精度曲线计算求得。进而对所有物体类别的平均精度取平均得到 mAP。

18.3 延伸阅读

为了更进一步，你真的应该阅读原论文，这是这个领域学习和交流的方式。这里是一个入门的阅读清单。

- **CNN 的起源**：*Gradient-based learning applied to document recognition*，by Yann LeCun，Léon Bottou，Yoshua Bengio，and Patrick Haner，Proceedings of the IEEE 86(11)，2278-2324.
- **批归一化**：*Batch Normalization：Accelerating Deep Network Training by Reducing Internal Covariate Shift*，by Sergey Ioffe，Christian Szegedy，Proc Int. Conf. Machine Learning，2015. You can find a version at https://arxiv.org/abs/1502.03167.
- **ImageNet**：*ImageNet Large Scale Visual Recognition Challenge*，by Olga Russakovsky，Jia Deng，Hao Su，Jonathan Krause，Sanjeev Satheesh，Sean Ma，Zhiheng Huang，Andrej Karpathy，Aditya Khosla，Michael Bernstein，Alexander C. Berg，and Li Fei-Fei in International Journal of Computer Vision December 2015，Volume 115，Issue 3，pp. 211-252.
- **Pascal**：*The Pascal Visual Object Classes（VOC）Challenge*，by Mark Everingham，Luc Van Gool，Christopher K. I. Williams，John Winn，and Andrew Zisserman，International Journal of Computer Vision，June 2010，Volume 88，Issue 2，pp. 303-338.
- **VGGNet**：*Very Deep Convolutional Networks for Large-Scale Image Recognition* by Karen Simonyan and Andrew Zisserman，Proc. Int. Conf. Learned Representations，2015. 你可以在这里找到一个版本：https://arxiv.org/pdf/1409.1556.pdf.
- **Inception**：*Going Deeper with Convolutions*，by Christian Szegedy，Wei Liu，Yangqing Jia，Pierre Sermanet，Scott Reed，Dragomir Anguelov，Dumitru Erhan，VincentVanhoucke，and Andrew Rabinovich，Proc Computer Vision and Pattern Recognition，2015. 你可以在这里找到一个版本：https://arxiv.org/abs/1409.4842.
- **ResNets**：*Deep Residual Learning for Image Recognition* by Kaiming He，Xiangyu Zhang，Shaoqing Ren，and Jian Sun，Proc Computer Vision and Pattern Recognition，2015. 你可以在这里找到一个版本：https://arxiv.org/abs/1512.03385.
- **Selective search**：*Selective Search for Object Recognition* by J. R. R. Uijlings，K. E. A. van de Sande，T. Gevers，and A. W. M. Smeulders，International Journal of Computer Vision September 2013，Volume 104，Issue 2，pp. 154-171.
- **R-CNN**：*Rich feature hierarchies for accurate object detection and semantic segmentation*，by R. Girshick，J. Donahue，T. Darrell，and J. Malik，IEEE Conf. on Computer Vision and Pattern Recognition，2014. 你可以在这里找到一个版本：https://arxiv.org/abs/1311.2524.
- **Fast R-CNN**：*Fast R-CNN*，by Ross Girshick，IEEE Int. Conf. on Computer Vision(ICCV)，2015，pp. 1440-1448. 你可以在这里找到一个版本：https://www.cv-foundation.org/openaccess/content_iccv_2015/html/Girshick_Fast_R-CNN_ICCV_2015_paper.html.
- **Faster R-CNN**：*Faster R-CNN：Towards Real-Time Object Detection with Region*

Proposal Networks, by Shaoqing Ren, Kaiming He, Ross Girshick, and Jian Sun, Advances in Neural Information Processing Systems 28(NIPS 2015). 你可以在这里找到一个版本：http://papers.nips.cc/paper/5638-faster-r-cnn-towards-real-time-object-detection-with-region-proposal-networks.pdf.

- YOLO：*You Only Look Once: Unied, Real-Time Object Detection*, by Joseph Redmon, Santosh Divvala, Ross Girshick, and Ali Farhadi, Proc Computer Vision and Pattern Recognition, 2016. 你可以在这里找到一个版本：https://www.cv-foundation.org/openaccess/content_cvpr_2016/papers/Redmon_You_Only_Look_CVPR_2016_paper.pdf. 主页是 https://pjreddie.com/darknet/yolo/.

习题

18.1 修改反向传播算法，处理如图 18-3 所示的有向无环图。注意层的编号已标在图上，第 i 层的参数记作 θ_i。

(a) 第一步是处理具有一个输出、两个输入的层。如果我们可以处理两个输入，那么也可以处理任意数量的输入。将第 6 层的两个输入记作 $\boldsymbol{x}_1^{(6)}$ 和 $\boldsymbol{x}_2^{(6)}$。用 $J_{\boldsymbol{o}^{(6)};\boldsymbol{x}_i^{(6)}}$ 表示输出相对于第 i 个输入的雅可比矩阵。请解释如何利用这个雅可比矩阵计算$\nabla_{\theta_4}\mathcal{L}$。

(b) 第 2 层有两个输出，分别记作 $\boldsymbol{o}_1^{(2)}$ 和 $\boldsymbol{o}_2^{(2)}$。用 $J_{\boldsymbol{o}^{(2)};\boldsymbol{x}^{(2)}}$ 表示第 i 个输出相对于输入的雅可比矩阵。请解释如何利用这个(及其他)雅可比矩阵计算$\nabla_{\theta_2}\mathcal{L}$。

(c) 你能通过包含两个输入和两个输出的层进行反向传播吗?

(d) 当计算图有环时，反向传播会有什么问题?

编程练习

一般说明： 这些练习是建议性的，而且答案是开放式的。如果没有 GPU 的话，可能很难完成。你可能需要轻松地安装软件环境等。然而，这么做是值得的。

小麻烦： 至少对于我使用的 ILSVRC-2012 验证数据集，一些图像是灰度图像而非 RGB 图像。确保你使用的代码通过把 R、G 和 B 通道设为原始的强度通道来将这些图像转换成 RGB 图像，否则会有奇怪的现象发生。

18.2 在你选择的编程框架下，下载一个预训练过的 VGGNet-19 图像分类器。

(a) 在 ILSVRC-2012 验证数据集上运行这个分类器。每幅图像需要缩小为 224×224 的块。为此，先将图像均匀缩放使得最小的维度为 224，然后裁出右半幅图像。确保在这个裁剪的块上可以执行 VGGNet-19 要求的任何预处理操作(每个像素应该减去 RGB 的均值；但是不要除以标准差)。在这个例子中，top-1 误差率是多少? top-5 误差率是多少?

(b) 现在考察使用多个裁剪的效果。对于验证集中的每幅图像，用 5 个不同的裁剪窗口将其裁剪成 224×224。其中一个位于图像的中心；其他的 4 个裁剪窗口分别放在图像的 4 个角。确保 VGGNet-19 的任何预处理操作都在这个裁剪的块上(每个像素应该减去 RGB 的均值；但是不要除以标准差)。将每个裁剪图像块通过网络，然后对预测的类别后验求平均值，以此为得分。在这个例子中，top-1 误差率是多少? top-5 误差率是多少?

18.3 在你选择的编程框架下，下载一个预训练过的 ResNet 图像分类器。

(a) 在 ILSVRC-2012 验证数据集上运行这个分类器。每幅图像需要缩小为 224×224 的块。为此，先将图像均匀缩放使得最小的维度为 224，然后裁出右半幅图像。确保在这个裁剪的块上可以执行 ResNet 要求的任何预处理操作(每个像素应该减去 RGB 的均值；但是不要除以标准差)。这个例子中，top-1 误差率是多少？top-5 误差率是多少？

(b) 现在考察使用多个裁剪的效果。对于验证集中的每幅图像，用 5 个不同的裁剪窗口将其裁剪成 224×224。其中一个位于图像的中心；其他的 4 个裁剪窗口分别放在图像的 4 个角。确保 ResNet 的任何预处理操作都在这个裁剪的块上(每个像素应该减去 RGB 的均值；但是不要除以标准差)。将每个裁剪图像块通过网络，然后对预测的类别后验求平均值，以此为得分。在这个例子中，top-1 误差率是多少？top-5 误差率是多少？

18.4 在你选择的编程框架下，下载一个预训练过的 ResNet 和 VGG-19 图像分类器。对于验证集中的每幅图像，在中心位置将其裁剪成 224×224。确保可以执行网络要求的任何预处理操作。记录每幅图像的真实类别，以及分别由 ResNet 和 VGG-19 预测的类别。

(a) 平均来说，如果你知道 VGG-19 是否正确地预测了标签，那么你能多大程度准确地预测 ResNet 也得到正确的标签？使用你的数据计算 P(ResNet 正确 | VGG 正确)和 P(ResNet 正确 | VGG 错误)回答此问题。

(b) 两个网络都非常准确，即使对 top-1 误差率亦是如此。这意味着它们的误差一定是相互关联的，因为每个网络对大多数样例的预测是正确的。我们想知道上面的子问题得到的结果是否是因为此现象，或是其他原因。VGG-19 的误差率记为 v，ResNet 的误差率记为 r。用 $\boldsymbol{v}$ 表示 50 000 维二值向量，其中有 v 个 1，向量的元素是均值为 v 的伯努利分布的独立同分布样本。这是一个随机分布误差的模型，其误差率与 VGG-19 相同。类似地，用 $\boldsymbol{r}$ 建模 ResNet 的随机误差。从($\boldsymbol{v}$,$\boldsymbol{r}$)中抽取 1000 个样本对，计算 $P(r_i=0 \mid v_i=1)$和 $P(r_i=1 \mid v_i=0)$的均值和标准误差。使用这个信息确定 ResNet 是否“知道”VGG-19 的误差。

(c) 是什么原因导致你看到的现象？

(d) 误差在类别间的分布如何？

(e) **很难**！(*但很有趣*)。获得几个不同的 ImageNet 分类网络的实例。观察误差的模式。特别地，如果某些图像有一个网络预测的标签错误，那其他网络是否也发生了错误？如果是这样，有多少不同的标签？我发现不同的网络在错误标记一幅图像时有相当强的一致性(即如果网络 A 认为一只狗的图像是猫，且网络 B 对这幅图像也预测错了，它也认为图像是猫)。

18.5 选择 10 个 ImageNet 类别。对于每个类别，从网上图像资源(images. google. com 或 images. bing. com 是很好的地方；用每个类别的名称查询)下载 50 幅样例图像。

(a) 用一个预训练过的网络对这些 ImageNet 类别的图像进行分类。top-1 误差率是多少？top-5 误差率是多少？

(b) 将此实验的结果与验证集上这些类别的准确率相比，结果如何？

大信号的小码表示

这一章探究深层神经网络的一个不同种类的用法。除了直接分类或者检测特定的模式，我们试图构建高维信号的低维表示。做这件事情最简单的原因是构建一个数据集的绘图。我们已经看到一个可以做到这样的过程。但是看起来这个过程似乎有些问题，而这一章提供两种可选的替代方案来实现这个目标，它们自身也能够非常有用地将数据集进行映射。

下一步是试图学习一个映射，它能够处理新的数据，并预测它们的低维表示。人们可以将这个问题当作一个回归问题来处理(即通过高维/低维的数据实例对来学习这个映射)。但是将这个问题看成是一个编码问题会变得更加富有成效。学习一个输入数据的编码，保留其重要的信息。为了能评估编码的质量，我们同时也学习如何从编码表示中解码，从而得到原始的数据表项。这就产生了一个自编码器——它由一个成对的、同时训练的编码器和解码器构成，为了产生一个好的到低维编码的映射。我们已经看到如何通过跳步(stride)和池化(pooling)构建网络，使得数据块变得更小。一个解码器需要令数据块变得更大，这需要一些新的技巧。为确保一个自编码器能产生好看的图像，需要在训练损失和训练过程上下功夫，但是这能够被解决。

如果你有一个能工作的解码器，给它输入一些随机码，来看看它是否能产生新的图像是一个很自然的事情。但这并不能如上所述发挥作用。其难点在于，编码器往往产生具有奇怪分布的编码表示，而解码器在遇到一些奇怪的编码输入时会抓狂。每一方面的效应都能够通过一些技巧来缓解。从随机数字中用类似解码器的策略产生图像需要对训练损失函数进行好的管理，但在某些特定情形下，如书写图像方面，效果还是不错的。

19.1 更好的低维映射

一个真正重要的大信号的小码表示的应用是构造绘图。我们已经在 6.2 节中看到了一个例子。我们从 N 个 d 维的点 $\boldsymbol{x}$ 开始，其中第 i 个点记为 $\boldsymbol{x}_i$。我们想要对这个数据集建立一个绘图来显示它的主要特性。例如，我们想要知道，它是否包含很多个或者少量的数据团块，是否存在较多的散点，等等。我们还打算对不同类型的数据点用不同的符号来绘制图像。例如，如果数据中包含图像，我们可能感兴趣的是猫的图像是否形成一个团块，并且与狗的图像显著区分开来，等等。我将用 $\boldsymbol{y}_i$ 来表示 $\boldsymbol{x}_i$ 在绘图中对应的点。这个绘图是一个 M 维的空间。如果有人试图构建一个绘图，则 M 在应用当中一般都是 2 或者 3。有时候有人仅仅需要一个能够保留重要信息的低维表示。在这种情况下，M 可能会很大，并且这个过程被称作**嵌入**(embedding)。

主坐标分析利用特征向量来确定一个数据的映射，这个映射保证在低维空间中点的距离与高维空间中点的距离相似。我指出这个映射的选择需最小化如下函数：

$$\sum_{i,j}(\|\boldsymbol{y}_i-\boldsymbol{y}_j\|^2-\|\boldsymbol{x}_i-\boldsymbol{x}_j\|^2)^2$$

然后对这些项进行重排，通过最小化如下函数以产生一个解：

$$\sum_{i,j}(\boldsymbol{y}_i^{\mathrm{T}}\boldsymbol{y}_j-\boldsymbol{x}_i^{\mathrm{T}}\boldsymbol{x}_j)^2$$

但是这个损失函数的选择不是特别好的主意。这个映射几乎完全由相互远离的点来决定。这个现象之所以发生，是因为大数的平方距离往往比小数的平方距离大得多，所以距离较远的点之间的距离项将会在损失函数当中占据主要地位。于是，这将意味着我们的映射并不能展示数据的结构——例如，在原始数据当中的一小部分分散的点有可能破坏映射图当中的聚类(通过将在聚类中的点被推得很远来获得一个映射，它将散落的点放在相互之间大致正确的地方)。

19.1.1　萨蒙映射

萨蒙映射(Sammon Mapping)是一种通过修改损失函数的方式来解决上述问题的一种方法。我们试图使得小的距离在模型解中更重要，通过最小化如下函数得到：

$$C(\boldsymbol{y}_1,\cdots,\boldsymbol{y}_N)=\left(\frac{1}{\sum_{i<j}\|\boldsymbol{x}_i-\boldsymbol{x}_j\|}\right)\sum_{i<j}\left[\frac{(\|\boldsymbol{y}_i-\boldsymbol{y}_j\|-\|\boldsymbol{x}_i-\boldsymbol{x}_j\|)^2}{\|\boldsymbol{x}_i-\boldsymbol{x}_j\|}\right]$$

第一项是一个常量，它除了使得梯度更加简洁之外没有别的用处。重要的是，我们对损失函数进行偏置，使得在小距离上的误差显得更加重要。不像直接的多维缩放，求和的索引范围在这里具有重要的影响——如果在求和中 i 等于 j，那么在某一项中将会有除以零的情况出现。

这个损失函数不存在闭合解。而且，对每个 $\boldsymbol{x}$ 选择 $\boldsymbol{y}$ 的过程是通过在损失函数上进行梯度下降得到的。你应该注意到，这里没有唯一解，因为旋转、平移，或者对所有的 $\boldsymbol{y}_i$ 进行镜像反射等操作，都不会影响损失函数的值。进一步，没有理由相信梯度下降一定能产生损失函数的最优解。经验表明，萨蒙映射效果相当不错，但具有一个令人讨厌的特性。如果一对高维空间的点离得非常近，则在这对点上产生正确的映射对于在损失函数当中获得一个较小的值非常重要。这对你来说看起来像个问题，因为在非常细微的距离中的一个形变不应该比在一个小距离中的形变更加重要。

实例 19.1　对 MINIST 数据做萨蒙映射

准备一个萨蒙映射，将从 MNIST 数据集中随机采样的 1000 个样本映射到二维空间。

答：这个问题有 2000 个变量(即未知的 $\boldsymbol{y}$)。损失函数仅通过距离来由 $\boldsymbol{x}$ 决定，所以并不清楚对 $\boldsymbol{x}$ 进行降维是否有帮助。我试了两种情形：第一种情形，我仅仅用了 MNIST 数字的 784 维向量；第二种情形，我用主坐标分析方法将数字映射到 30 维空间。然后我计算了每一种情况下的萨蒙映射。我利用 MATLAB 的 fmincon 优化函数(能够做近似牛顿法，记作 LBFGS，能够加速求解)。图 19-1 对数据进行了展示。注意到降维操作似乎没有改变任何重要的东西，它也没有让这个方法变得更快。

记住：萨蒙映射产生一个从高维空间数据到低维空间的映射，它降低了主坐标分析对大距离的过分重视。它通过求解一个优化问题来选择低维空间的每一个点的坐标值。然而，萨蒙映射通常会因为小距离带来一定偏差。

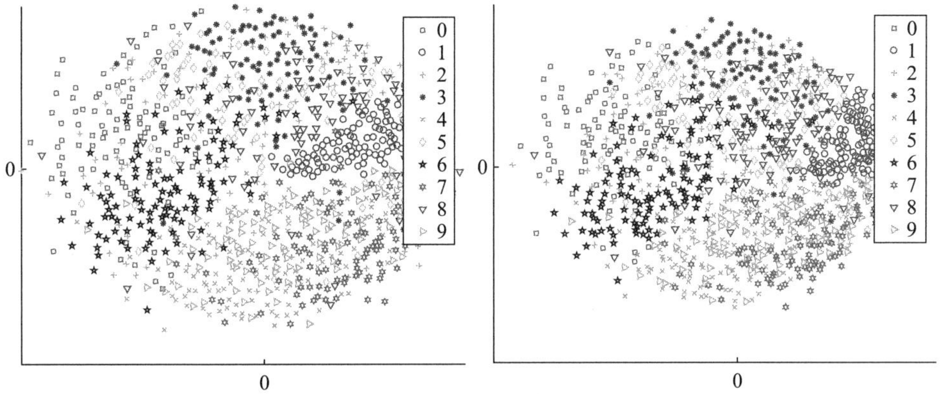

图 19-1 1000 个 784 维的 MNIST 数字样本的萨蒙映射。**在左图中**，这个映射用了整个数字向量，**在右图中**，数据用 PCA 降到 30 维，然后用萨蒙映射来处理。在训练中，类别标签没有被使用，但在绘图中则显示了类别标签。这帮助我们来决定这个可视化是否好——你可以合理地期待一个可视化结果能够将同一个类的数据放置得彼此接近，且不同类的数据放置得足够远。正如边上的图例显示，类别之间被很好地分开

19.1.2 T-SNE

我们现在要建立一个模型，它并非用来对距离进行推理，而是对概率进行推理(尽管这个故事也能通过度量的方式来讲述)。我们要构建一个这样的概率模型(即高维空间中的两个点是近邻)，并建立另外一个概率模型(即低维空间的两个点也是近邻)。我们在低维空间中调整点的位置，使得这两个模型的 KL 散度尽可能小。

我们首先对两个高维空间的点成为近邻的概率进行推理。用 $p_{j|i}$表示 $\boldsymbol{x}_j$ 是 $\boldsymbol{x}_i$ 近邻的条件概率。令

$$w_{j|i} = \exp\left(\frac{\|\boldsymbol{x}_j - \boldsymbol{x}_i\|^2}{2\sigma_i^2}\right)$$

我们用如下模型：

$$p_{j|i} = \frac{w_{j|i}}{\sum_k w_{k|i}}$$

注意到这取决于 i 点的大小，记为 σ_i。现在我们假定这是已知的。我们定义 p_{ij} 为 $\boldsymbol{x}_i$ 和 $\boldsymbol{x}_j$ 是近邻的联合概率，假定 $p_{ii}=0$，于是对所有其他的数据对，有

$$p_{ij} = \frac{P_{j|i} + p_{i|j}}{2N}$$

这是一个 $N\times N$ 大小的概率查找表。你应该确认一下这个表确实表示一个联合概率分布(即它的元素是非负的，且和为 1)。

在低维空间中，我们用稍微不同的概率模型。我们知道，在高维空间中，在一个给定点周围比在低维空间中有更多的空余区域(将这个点看成一个基本点)。这意味着将一堆点从高维映射到低维空间必然会将一些点驱离到距基本点更远的地方。进而，这意味着在低维空间中远离基本点的点仍有可能是基本点的近邻。我们的概率模型应该具有“长尾”形状——即两个点是近邻的概率不应随着距离衰减得过快。用 q_{ij} 来表示 $\boldsymbol{y}_i$ 和 $\boldsymbol{y}_j$ 是近邻的概率。对于所有的 i，我们假定 $q_{ii}=0$。对于其他数据对，我们用如下模型：

$$q_{ij}(\mathbf{y}_1,\cdots,\mathbf{y}_N)=\frac{\dfrac{1}{1+\|\mathbf{y}_i-\mathbf{y}_j\|^2}}{\sum\limits_{k,l,k\neq l}\dfrac{1}{1+\|\mathbf{y}_l-\mathbf{y}_k\|^2}}$$

(其中你可能会认出学生 t 分布，如果你以前见过它的话)。你应该考虑类似这样的情形。我们有一个表，表示高维空间的两个点是近邻的概率，这个概率是由我们计算 p_{ij} 的模型得到的。q_{ij} 的值也能够用来填充一个 $N\times N$ 的联合概率表，这个表用来表示两个点是近邻的概率。我们希望这两个表相互之间相似。一种自然的相似度度量是 KL 散度，已在 15.2.1 节中介绍。所以我们选择 $\mathbf{y}$ 来最小化如下式子：

$$C_{tsne}(\mathbf{y}_1,\cdots,\mathbf{y}_N)=\sum_{ij}p_{ij}\log\frac{p_{ij}}{q_{ij}(\mathbf{y}_1,\cdots,\mathbf{y}_N)}$$

记住 $p_{ii}=q_{ii}=0$，所以采用惯例 $0\log 0/0=0$ 以避免尴尬(或者，如果你不喜欢这样，忽略求和中的对角元素)。在原始的论文中，具有固定步长和动量的梯度下降对于最小化这个函数是足够的，尽管 16.4.4 节中介绍的其他技巧也许能有更多帮助。

这里存在两个漏掉的细节。首先，这个梯度具有非常简单的形式(这里不进行推导)。我们有

$$\nabla_{\mathbf{y}_i}C_{tsne}=4\sum_j\left[(p_{ij}-q_{ij})\frac{(\mathbf{y}_i-\mathbf{y}_j)}{1+\|\mathbf{y}_i-\mathbf{y}_j\|^2}\right]$$

其次，我们需要选择 σ_i。对于每个数据点都存在这样一个参数，并且我们需要它们计算 p_{ij} 的模型。这通常可通过搜索做到，但为了理解这个搜索过程，我们需要一个新的项。一个拥有熵 $H(P)$ 的概率分布的**混乱度**(perplexity)定义如下：

$$\mathrm{Perp}(P)=2^{H(P)}$$

搜索过程如下：用户选择一个混乱度值，然后，对于每个 i，用一个二元搜索来选择 σ_i，使得 $p_{j|i}$ 拥有这个混乱度值。当前的实验表明，这个结果对广泛变动的用户选择都非常鲁棒。在实际的例子当中，用 PCA 获得一个稍微降维后的 $\mathbf{x}$ 也是十分普遍的做法。

实例 19.2　对 MINIST 数据做 T-SNE

准备一个 T-SNE 映射，将从 MNIST 数据集中随机采样的 1000 个样本映射到二维空间。

答：这个问题有 2000 个变量(即未知的 $\mathbf{y}$)。我用到了 Laurens van der Maaten 提供的非常棒的 MATLAB 代码(https://lvdmaaten.github.io/tsne/)。在这个主页上还有可在其他环境下运行的代码。我尝试了两种情形：第一种情形，我用主坐标分析将数字映射到 30 维，第二种情形，我将数字映射到 200 维。接下来我计算每种情形的 T-SNE 映射。图 19-2 显示了结果。注意到降维似乎并没有改变任何重要的东西，并且也没有让方法变得更快。

记住：T-SNE 产生一个从高维数据到低维空间的嵌入。它通过求解一个优化问题来选择每个数据点在低维空间中的坐标。这个优化问题试图使一对点在低维空间中成为近邻的概率与其在高维空间中成为近邻的概率相似。相比主坐标分析和萨蒙映射，T-SNE 看起来更不会对数据集造成失真。

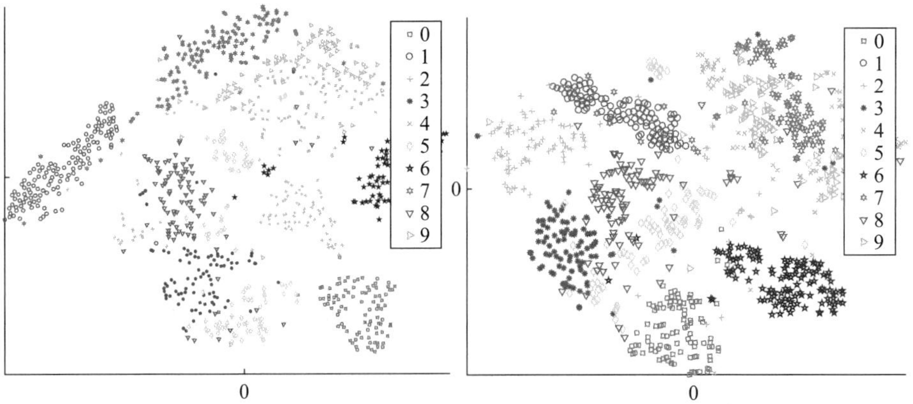

图 19-2　1000 个 784 维的 MNIST 数字样本的萨蒙映射。**在左图中**，数据用 PCA 映射到 30 维，然后进行 T-SNE，**在右图中**，数据用 PCA 降到 200 维，然后进行 T-SNE。在训练中，类别标签没有被使用，但在绘图中则显示了类别标签。这帮助我们来决定这个可视化是否好——你可以合理地期待一个可视化结果能够将同一个类的数据放置得彼此接近，且不同类的数据放置得足够远。正如边上的图例显示，T-SNE 比萨蒙映射更有效地将类别区分开来(图 19-1)

19.2　产生低维表示的映射

T-SNE 和萨蒙映射建立了从高维数据到低维表示的产生机制。这些表示是有用的，但也存在问题。首先，当我们需要低维表示时，我们并没有一个产生低维表示的映射——例如，在新的 $\boldsymbol{x}$ 上，我们没有一个能够构建 $\boldsymbol{y}$ 的过程，除了将整个过程用在一个新的点集合之上。第二，我们没有任何一种方式判断这个表示是否“正确”。实际上，我们确实没有任何办法区分一个好的表示和一个坏的表示。

解决第一个问题的自然途径是产生一个从 $\boldsymbol{x}$ 到 $\boldsymbol{y}$ 的映射。这可以是一个网络。我们能够训练这个网络来根据一系列的输入 $\boldsymbol{x}_i$ 产生 $\boldsymbol{y}_i$，并对其他 $\boldsymbol{x}$ 平滑。这并不吸引人，因为我们不知道 $\boldsymbol{y}_i$ 是否正确。一种能够解决这个问题的方式是坚持每一个 $\boldsymbol{y}_i$ 都能够用来重建原始输入 $\boldsymbol{x}_i$。我们同时训练两个网络：一个从 $\boldsymbol{x}$ 得到 $\boldsymbol{y}$，另外一个仅从 $\boldsymbol{y}$ 来重建 $\boldsymbol{x}$。

19.2.1　编码器、解码器和自编码器

一个**编码器**(encoder)是一个能够接收信号输入并产生一个编码输出的网络。典型地，这个编码是输入信号的一种描述。对于我们来说，信号可以是图像，并且我将继续用图像作为例子，但读者必须注意到所有我提到的技术都能够被用到声音及其他信号上。这个编码应该比原始的信号要“小”，即包含更少数字的意思—或者它反而会更大，即它拥有更多的数字，一个能够被提及的例子是**过完备**(overcomplete)表示。你可以看到我们的图像分类网络可当作编码器，将图像当作输入并产生短的表示。一个**解码器**(decoder)也是一个网络，能够根据编码输入产生一个信号。迄今为止，我们还没见过解码器。

一个**自编码器**(autoencoder)是一个耦合的编码器和解码器。编码器将信号映射成编码，解码器根据这些编码重建原始信号。这对编解码器通过训练使得信号重建变得准确——如果你将一个信号输入到一个编码器 $\mathcal{E}$，获得 $\boldsymbol{y}=\mathcal{E}(\boldsymbol{x})$，然后解码器 $\mathcal{D}$ 需保证 $\mathcal{D}(\boldsymbol{y})$ 与 $\boldsymbol{x}$ 接近。自编码器是非常有用的，我们将在接下来的章节中探讨。我们的应用是在无监督特征学习方面，我们试图从一个无标注图像集合中构建一个有用的特征集合。我们能用这个自编码器产生的编码作为特征的来源。另一个可能的应用是构造一个聚类

方法——我们用自编码器的编码对数据进行聚类。其他可能的应用是生成图像。假定我们能训练一个自编码器，并满足(a)你能从编码中重建图像，以及(b)该编码表示具有特定的分布。然后我们就可以通过将对该编码表示分布的随机采样输入到解码器中尝试生成新的图像。

我们将描述一个能够构造一个自编码器的过程。具体来说，我们用灰度图像作为例子，并假定编码器由卷积层构成。用 $\mathcal{I}_i$ 来表示第 i 个输入图像。所有的图像都具有 $m\times m\times 1$ 维度。我们假定编码器能够产生数据块 $s\times s\times r$。通常可以让这些层产生一个数据块，其中空间维度小于输入。这是通过跳步和池化达到的效果——s 会比 m 小很多。用 $\mathcal{E}(\mathcal{I},\theta_e)$ 来表示用在图像 $\mathcal{I}$ 上的编码器，此处 θ_e 表示编码器单元的权重和偏置参数。用 $Z_i=\mathcal{E}(\mathcal{I}_i,\theta_e)$ 来表示用编码器在第 i 幅图像上得到的编码表示。解码器的结构一般模仿编码器的结构(但是数据流向呈反方向!)。这导致了一个网络外观上的特性，即编码器-解码器结构通常称作**沙漏网络**(hourglass network)。图 19-3 展示了一个简单的自编码器结构，在 17.2.1 节的 MNIST 分类器基础上发展而来。在图的左半部分，大的数据块逐渐变小；在右半部分，小的数据块逐渐变大。

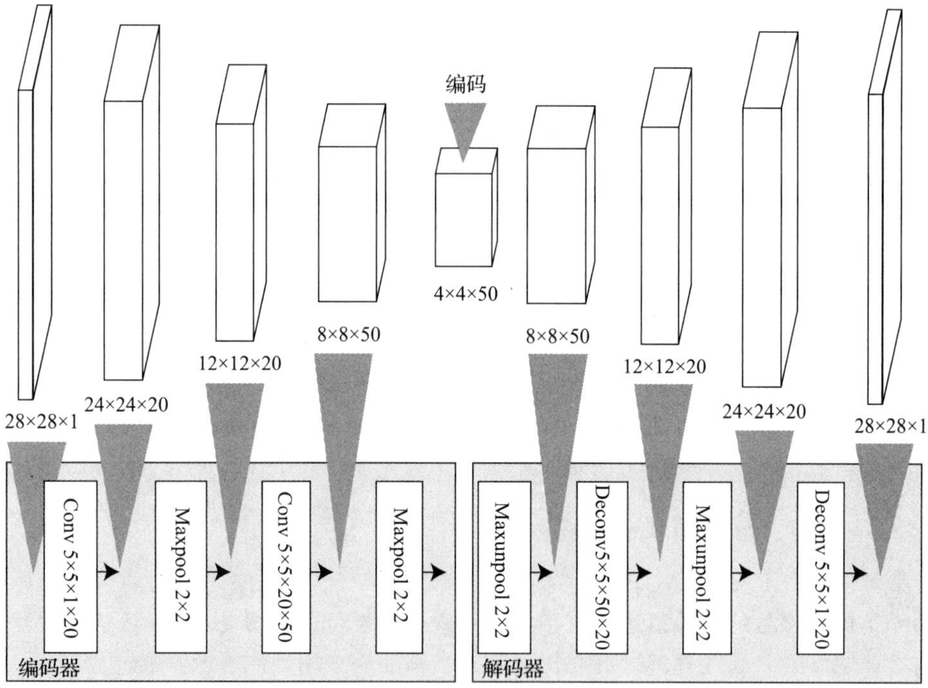

图 19-3　一个基于 17.2.1 节的网络结构得到的简单自编码器结构。注意到数据块图像的沙漏形状——编码器让它们变小，而解码器让它们再次变大

记住：一个自编码器包括一个编码器(其被训练以从高维数据中产生低维的编码)和一个解码器(其被训练以从编码中恢复数据)。二者放在一起训练以产生编码，并且允许信号的重建。

19.2.2　令数据块变得更大

我们知道如何将一个大的数据块变小。但是构建一个解码器则要求将一个小的数据块变大。这需要新的技巧(或者老技巧的修改版本)。一个**转置卷积层**(transposed convolution layer)或**反卷积层**(deconvolution layer)提高数据块的空间维度。所以对一个 8×8 的特征映射，从上、下、左、右补 4 行/列的零元素，然后利用一个 5×5 的卷积核能够产生 12×12 的特征映射。

在每一层中处理跳步需要更加小心。图 19-4 展示了一个 2×2 的特征映射的过程。有很多选择可以放大特征映射。最简单地，接收到一个 $m\times m$ 的特征映射，产生一个$(2m+1)\times(2m+1)$的中间特征映射。将一个输入的特征映射的值放置在中间映射的每隔 2 个元素的位置(图 19-4)。或者，在中间映射的一些位置可以用双线性插值进行重建，这也是一种标准的上采样过程(在图 19-4 中用“x”标注)。这会变得稍慢，但是会抑制某些重建过程中的块效应。任一过程产生一个$(2m+1)\times(2m+1)$的特征映射。现在将上部和左边补上零，并使用一个 3×3 的卷积核，则产生 $2m\times 2m$ 的特征映射。

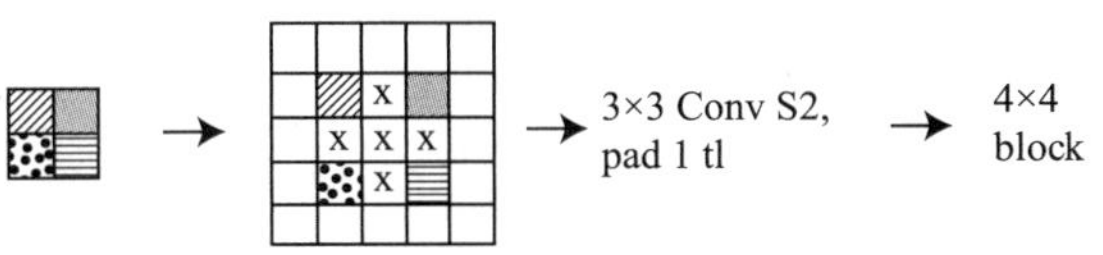

图 19-4 一个反卷积层或转置卷积层将一个空间上小的数据块作为输入并放大它。此处展示的最普遍的情形是利用跳步为 2 和 3×3 的卷积核。接收到一个 $m\times m$ 的特征映射，产生一个$(2m+1)\times(2m+1)$的中间特征映射，由输入映射当中的值所构成。这些值每隔 2 个元素被放置(一个更大的跳步会把它们放置得更远)，如图所示。不同的方法通过不同方式利用“x”标记的位置(可以让它们为零，或者复制输入的像素，或者对输入的像素进行插值)。中间的特征映射被补上一行和一列的零，然后用一个 3×3 的卷积核进行卷积。得到的结果大小为 $2m\times 2m$

编码器通常具有池化层。一个池化层从一个集合的值当中选择最大(平均)值，所以造成信息的损失。当编码器和解码器具有镜像的层时，建立一个**上池化**(unpooling)层是直接的。我们假定池化窗口不重叠。对于平均池化层，该池化层选择一个窗口的元素，计算其平均值，并在该位置上记录该值。在池化窗口不重叠的情况下，上池化平均池化是直接的——在一个输入位置上做平均，并将其复制到该输出位置对应窗口的每个元素位置(图 19-5)。上池化最大池化更精细一些，并且它仅仅在池化和上池化彼此互为镜像时发挥作用(图 19-5)。调整池化层，使得它能够记录哪一个池化窗口的元素是最大的。对于上池化，创建一个合适尺寸的零值中间特征映射。现在使用构造的指针(该指针是当特征映射被池化时所创建的，记录最大值元素的位置)，将被池化出来的值放置在上池化图像中的对应的窗口当中的相应位置。

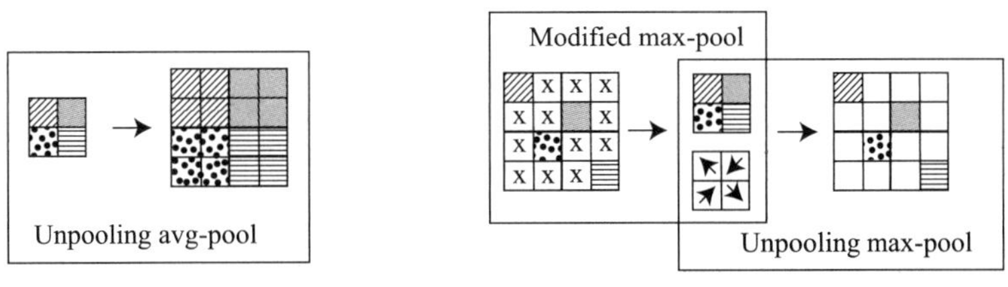

图 19-5 当池化窗口不重叠时，对一个平均池化层进行上池化是直接的(**左图**)。这个层构造一个中间映射，该中间映射的尺寸和池化层的输入相同，并且在每个池化窗口当中的每个位置都复制一次平均值。对最大池化层进行上池化看起来更复杂一点(**右图**)。对最大池化层做了一点修改，以使其能记录在窗口中的最大元素的位置，这个位置与池化的结果一起被前传。在上池化阶段，这些信息用来将像素值放置在一堆零映射中的相应位置。图中的“x”表示的是那些值在池化过程中被忽略的像素

最后的技巧是重要的。考虑解码器的最后一层，这应该是一个卷积层之后跟着非线性映射。利用一个 ReLU 作为非线性映射对于你来说似乎很奇怪，因为我们知道图像像素值既存在上界也存在下界。一般情况下可用 **S 形映射层**(sigmoid layer)。S 形函数形式为

$$\sigma(x)=\frac{1}{1+e^{-x}}$$

对于非常小的 x 值，其 S 形映射值接近 0，对于较大的值，则接近于 1。在 0 附近有一个较为平滑的过渡。一个 S 形映射层接收一块数据，并将 S 形非线性映射用到数据块的每一个元素上。利用一个 S 型映射层意味着将输出的范围限定在 0 到 1 之间。如果你的图像像素被限定在 0 到 255 之间，那么你需要对它们进行重新归一化，以便计算出一个类似这样可感知的损失。

我们有 $Z_i=\mathcal{E}(\mathcal{I}_i,\theta_e)$，并且想要使得 $\mathcal{D}(Z_i,\theta_d)$接近 $\mathcal{I}_i$。我们能够通过训练这个系统来强化这个目标，通过 θ_e 和 θ_d 上的随机梯度下降来最小化目标函数$\|\mathcal{D}(Z_i,\theta_d)-\mathcal{I}_i\|^2$。一个事情可能会让你紧张。如果 $s\times s\times r$ 比 $m\times m$ 大的话，则有可能编码不出意外地是冗余的。例如，如果 $s=m$，编码器可能由那些仅通过输入信号的单元构成，且解码器有可能也仅通过输入信号——在这种情况下，编码即是原始的图像，且没有任何有趣的事情发生。这种冗余有可能变得非常难以发现，且当 $s\times s\times r$ 比 $m\times m$ 小时也有可能发生，假如这个网络“发现了”一些聪明的表示技巧的话。仅仅用这个损失来训练一个自编码器，很有可能会导致其表现得很差。

记住：一个解码器通过转置卷积层或者反卷积层使得小的数据块(即编码表示)变得更大。通过几种方法之一，输入的数据块尺寸会变大，然后经过一次卷积。

19.2.3　去噪自编码器

避免这个问题是有一个聪明的技巧的。我们可以要求编码变得鲁棒，使得当我们将一个有噪声的图像输入到编码器时，它能够产生能恢复原始图像的编码。这意味着我们要求一个编码不但能描述图像，而且不会被噪声干扰。能产生这样效果的自编码器，称作**去噪自编码器**(denoising autoencoder)。现在编码器和解码器不能只是通过图像了，因为这个结果有可能是有噪声的图像。编码器必须尝试并产生一个不被噪声严重影响的编码，解码器则必须在解码时考虑噪声的概率问题。

取决于应用，我们可以利用一个或者多个不同的噪声模型。不同的模型对编码器和解码器的行为有着不同的要求。存在三种自然的噪声模型：在每个像素上施加正态随机变量的独立样本(有时候也称作加性高斯噪声)；取随机选择的像素，将其值替换为 0(掩模噪声)；取随机选择的像素，将其值替换为随机选择的最亮或者最暗的值(椒盐噪声)。

一些极端的训练技巧是可能的，并且有时候是正当的。图 19-6 和图 19-7 展示了一个自编码器被训练来填充图像当中的大块(一个**图像修复自编码器**(inpainting autoencoder))。这可以用于(比如说)人脸图像，因为人脸的缺失部分可以被很好地从剩余的人脸信息中预测出来。

记住：自编码器的训练有可能是棘手的，因为训练有可能会发现不重要的编码，尤其在码长较大时。当要求自编码器能对输入降噪时，训练效果会被改善。

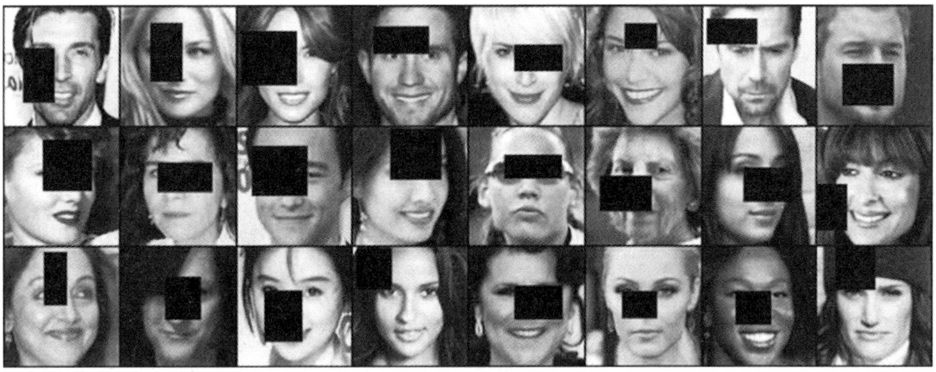

图 19-6　从广泛使用的 Celeb-A 数据集中选出的三个批次的人脸图像，你可以在主页 http://mmlab. ie. cuhk. edu. hk/projects/CelebA. html 上找到它，脸上有黑色框的区域是图像修复自编码器被要求在没有见过其内容的情况下实现重建的区域。结果显示在图 19-7 中。图片由 UIUC 的 Anand Bhattad 贡献

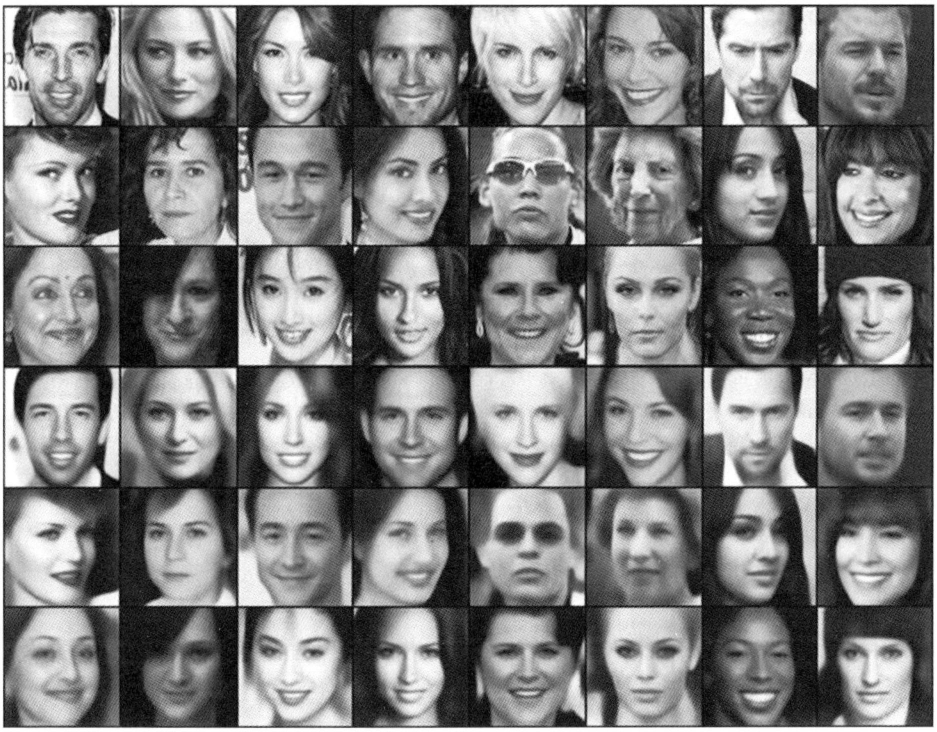

图 19-7　**顶部**显示了从广泛使用的 Celeb-A 数据集中选出的三个批次的人脸图像，你可以在主页 http://mmlab. ie. cuhk. edu. hk/projects/CelebA. html 上找到它。**底部**显示了一个图像修复自编码器在这些图像上的输出。你应该注意到自编码器并没有保留高空间频率的细节(人脸图像轻微地模糊化)，但它几乎很好地重构了人脸。在图 19-6 的输入中，可以看到人脸的大块区域缺失，而自编码器能够完美地提供其重建结果。图片由 UIUC 的 Anand Bhattad 贡献

从解码器获得较好的图像仍然需要大量的技巧。我们将在随后讨论一些技巧，但使用误差平方和作为重建损失倾向于产生模糊的图像(如图 19-8 所示)。这是因为一个小数字的平方仍然非常小。所以，误差平方和损失更喜欢小的，但在某种程度上广泛分布的误差。这是个很奇怪的事情，但只需要一点点行动就能够很容易辨认出来(图 19-9 描绘了为

什么小的广泛分布的误差倾向于产生模糊效果)。这个误差对于在图像表观中什么是重要的并不是一个特别好的表示。例如将一幅图片向左平移一个像素并没有真正改变一幅图像，但却导致了一个大的平方误差和。

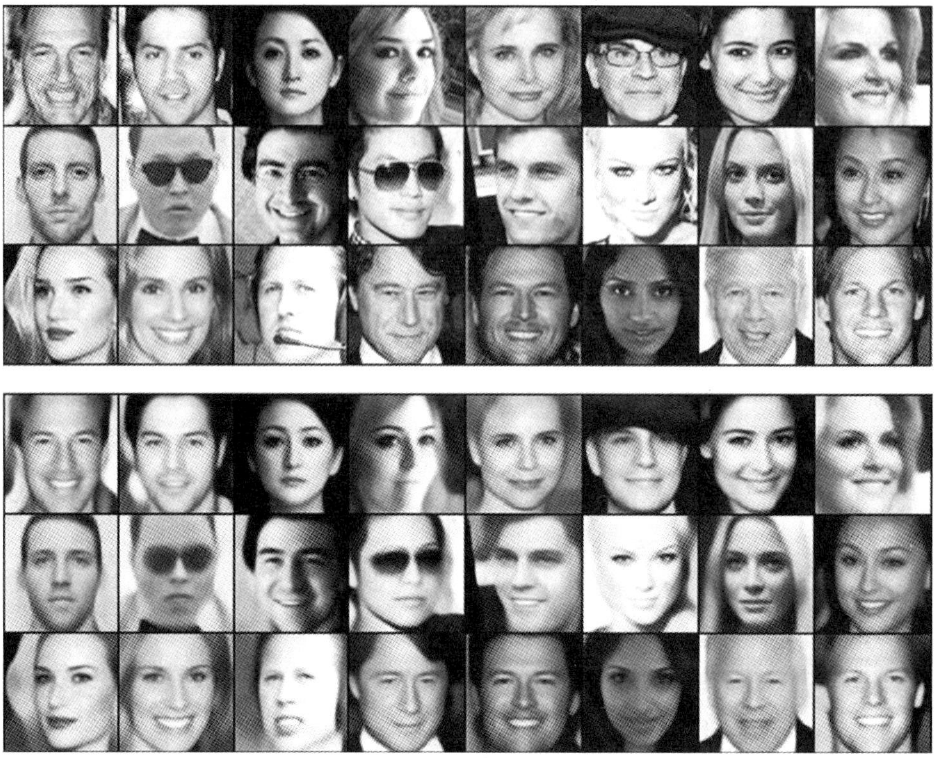

图 19-8　**顶部**：显示了三个批次的人脸图像，从广泛使用的 Celeb-A 数据集中选择得到，你可以在主页 http://mmlab.ie.cuhk.edu.hk/projects/CelebA.html 上找到。**底部**：显示了一个简单的自编码器在这些图像上的输出。你可以注意到自编码器并没有保留高空间频率的细节(人脸图像被轻微的模糊化)，但它几乎很好地重构了人脸。评估图像自编码器在人脸数据上的效果是传统做法，因为轻微的模糊效果常常使一张人脸看起来更加吸引人。图片由 UIUC 的 Anand Bhattad 贡献

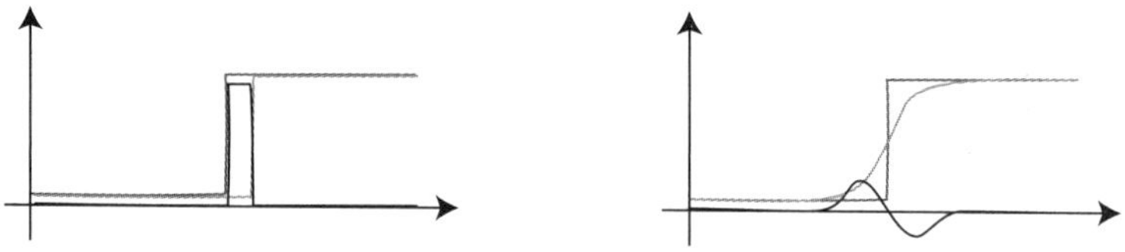

图 19-9　用误差平方和方式训练的自编码器倾向于产生相对模糊的图像。这是因为将一个锐利的边放在错误的地方，对于该损失而言是非常昂贵的(尽管它并没有显著改变图像)，但对一条边进行模糊的代价却很低。**左图**显示了一个风格化的图片边缘及其可能的重建误差。顶部的曲线图显示了图像沿着某条线的密度(x 是沿着这条线的距离)，中间的曲线图显示了一种可能的重建结果，它正确地重建了边的形状，但是位置却错了，底部的曲线图显示了结果的误差。由于包含了很大的值，这个误差会有一个很大的平方和。**右图**显示了一个风格化的图像边缘及一个完全不同的重建误差，它使得边缘变得模糊。注意这个误差是如何得小以及如何扩散开来的。所以，误差的平方和比较小。我们可以稳妥地假定一个自编码器将产生某种误差。利用误差平方和意味着产生模糊的边缘相对代价低，所以更有可能发生

图像 $\mathcal{I}_1$ 和 $\mathcal{I}_2$ 的**感知损失**(perceptual loss)可通过如下方式计算。构建一个图像分类网络(VGGNet 是一个很流行的选择)。用 $D_i(\mathcal{I}_1)$ 表示当 $\mathcal{I}_1$ 输入时离开这个网络第 i 层的数据块。这个数据块具有尺寸 $W_i \times H_i \times F_i$。将这个数据块形状改造成一个向量 $\boldsymbol{d}_i(\mathcal{I}_1)$。于是第 i 层的特征重建损失表示为

$$\mathcal{L}_{\text{fr},i}(\mathcal{I}_1,\mathcal{I}_2)=\left(\frac{1}{W_iH_iF_i}\right)(\|\boldsymbol{d}_i(\mathcal{I}_1),\boldsymbol{d}_i(\mathcal{I}_2)\|^2)$$

对于每个层选择一个权重集合 w_i。$\mathcal{I}_1$ 和 $\mathcal{I}_2$ 的感知损失计算如下：

$$\mathcal{L}_{\text{per}}(\mathcal{I}_1,\mathcal{I}_2)=\sum_i w_i\mathcal{L}_{\text{fr},i}(\mathcal{I}_1,\mathcal{I}_2)$$

仅仅利用前几层来计算这个损失是很常见的事情。由于分类网络的前几层搜寻图像当中的局部模式，并且强制每一层的输出相似意味着搜索到的局部模式是相似的，所以这个损失能够起作用。这保留了边等信息，因为对于一个模式检测器来说，一个平滑的边和一个锐利的边并不等价。较强的自编码器能够通过最小化如下损失训练得到：

$$\mathcal{L}_{\text{gen}}(\mathcal{I}_1,\mathcal{I}_2)=\lambda_1\mathcal{L}_{\text{per}}(\mathcal{I}_1,\mathcal{I}_2)+\lambda_2\|\mathcal{I}_1-\mathcal{I}_2\|^2$$

现在用 noise($\mathcal{I}_i$)来表示将噪声附加到图像 $\mathcal{I}_i$ 上的结果。对于样例 i 来说，其训练损失、编码参数 θ_e、解码器参数 θ_d 表示如下：

$$\mathcal{L}_{\text{gen}}(\mathcal{D}(Z_i,\theta_d),\mathcal{I}_i),\text{其中 } Z_i=\mathcal{E}(\text{noise}(\mathcal{I}_i),\theta_e)$$

你应该注意到，掩模噪声和椒盐噪声与加性高斯噪声不同，因为对于掩模噪声和椒盐噪声而言，仅仅一小部分像素会被噪声影响。在重建损失中，这些像素的最小均方误差的比重应该加大——当我们这么做时，我们要求编码器能够学习一个擅长预测缺失像素的表示。训练是通过随机梯度下降来完成的，利用 16.4.4 节中列举的梯度技巧的其中一个即可。注意到对于每一个训练样本，我们为该版本的训练样本构建一个新的噪声实例，所以编码和解码层看到的是不同的像素被移除的相同的样本。

自编码器还有很多有趣的用途。因为编码很小，但表征了被编码的信号，它们可以用来对信号进行索引，或者对它们进行聚类。自编码器常常用来学习对除了重建之外的某些目标有用的特征。一个重要的实例是当我们有很少的已标注图像数据时。虽然没有足够的标注来学习一个完整的卷积神经网络，但我们能够期待利用一个自编码器将产生可用的特征。这个过程包括：将自编码器适配到一个大的可能相关的图像数据上；现在丢弃解码器，将编码器堆叠起来，以便其能够产生特征；将堆叠编码器的最后一层产生的编码传递到一个全连接层中；利用已标注的训练数据，对整个系统进行细调。这个特征不一定能很好地适配到分类上——如果你有很多的已标注数据，利用第 18 章中的方法是更好的选择——但它们倾向于表现得很好。

记住：仅仅使用平方误差和损失训练图像自编码器会产生模糊的重建图像。感知损失能够改善这个问题。

19.3 从例子中产生图像

假定 Alice 有一个很大的图像数据集，并需要保证其隐私。例如，这些可能是医学图像，且 Alice 可能没有权限向世人展示其他人的内脏图像。Bob 需要构建医学图像分类系统。如果 Alice 能够训练一个方法，利用已有的图像制造图像(一个图像生成器)，她就能够生成新的图像。这个方法生成的结果很像 Alice 拥有的图像，但实际上并不是。如果 Alice 能够证明公布这些生成的图像并不违反病人的隐私权，而且这些图像是“正确”的，

那么她可以将它们公布给 Bob。证明发布这个图像是可接受的需要一些工作——例如，如果生成器只是重组或者复制训练数据，那么这就存在问题了。证明产生的图像是“正确”的也需要一些工作。但是 Alice 有办法给 Bob 展示一些和她手里的数据很像的图像来帮助 Bob，并且不会伤害到 Alice 的病人。

为什么产生图像非常难，这是值得探究的。一种自然的方式是建立一个能描述图像概率分布的模型 $P(X)$，然后从这个概率模型中采集一些样本。这样的一个模型很难直接构建，因为图像当中存在很多的结构信息。对于大多数像素来说，某个像素附近的颜色基本上和它自己相同。某些像素点却存在剧烈的颜色变化。但是这些**边缘点**在空间上也具有高度的组织结构——它们(大量地)将形状区域分开。在图像当中，在很长的空间尺度上也存在一致性。例如，在一幅甜甜圈放在桌子上的图像当中，在甜甜圈洞里桌子的颜色与圈外面的颜色几乎一致。这意味着数字数组当中的绝大多数都不是图像。如果你怀疑这个，而且不会觉得无聊，可以从一个具有单位协方差的多元高斯分布当中采样，看看遇到一个哪怕粗略地看起来像一幅图片的样本需要多久(提示：这在你有生之年将永远不会发生，但是观察几百万个样本确实是一种消磨时间的无害方式)。这一章将提供一个非常广泛的调研，并集中在图像生成问题上。但是，从样例中生成图像的过程也能用到其他类型的信号上。

19.3.1 变分自编码器

一个产生图像的自然的策略是构建一个自编码器。现在生成随机编码，然后将它们输入解码器。这值得尝试一下，以便让你进一步确认这个策略不成功。不成功的原因有二。首先，编码器产生的编码具有非常复杂的分布，从这个分布当中生成编码是非常困难的，因为我们不了解它。注意从众多训练数据集产生的编码中选择一个编码不够好——解码器会产生非常接近训练图像的结果，这并不是我们试图想要达到的。其次，解码器被训练成仅仅对训练数据的编码进行解码。训练过程并没有强制它在那些和训练编码接近的编码上产生合乎情理的输出，并且大多数解码器实际上不会这么做。

训练一个自编码器克服上述困难是可能的。这种自编码器称作**变分自编码器**(variational autoencoder，VAE)。编码器端产生的是一个概率分布的表示，而不是具体的编码。通常，编码器接收一张图片，并产生一个编码的均值和标准差集合，而这个编码将由这个均值和标准差对应的分布产生。它这么做是为了表示在输入图像“附近”的图像编码的分布。所有由编码器以这种方式产生的编码形成一个由多个正态分布混合构成的概率分布(每个正态分布对应一个训练样本)。

下一步是设计一个训练损失，能够对编码分布和一个标准分布之间的 KL 散度进行打分。这是个典型的标准正态分布。这个损失能够驱动编码器-解码器对的学习，使得编码的分布是一个标准正态分布，即意味着从编码分布中采样一个样本非常容易。

我们现在必须保证解码器能够处理那些在训练时没有见过的编码。现在描述一下具体过程。当一幅图像输入到编码器时，它产生了一个均值和标准差。从均值及标准差对应的正态分布当中采样一个样本输送给解码器，而不是直接把均值传递给解码器。采样出来的编码(a)从一个编码分布当中产生，且(b)与原始训练图像的编码表示很“相似”。现在设计一个损失来要求解码器接收该编码输入，产生一幅与原始训练图像“相似”的新图像。

我已经把细节都忽略了，因为它们过于复杂，并且不是每个人都必须掌握。然而，假定你已经像这样训练了一个编码器/解码器对(有证据很好地表明这确实能够做到)，然后你就可以对一个标准正态分布进行采样，将采样结果输入解码器，进而生成图像。

变分自编码器倾向于产生模糊的图像。对损失进行调整来改进生成图像的质量并不吸引人(你可能需要将所有的时间花在把一些项增加到损失中以抑制新的效应)。一种替代方案是尝试并展示一些有能力的分类器不能很好地辨别出真实的图像和生成的图像的差别。

记住：变分自编码器被训练，以从一个已知分布中产生编码。变分自编码器的训练保证解码器能够在与训练集的编码非常相似的编码上产生合理的结果。所以，解码器能够从随机数字中产生合理的图像，尽管生成的结果通常是模糊的。

19.3.2 对抗损失：愚弄分类器

有一种策略可以生成特定的图像，例如人脸图像。构建一个解码器，将一连串在某种方便的分布下独立同分布的随机编码提供给它。现在训练一个解码器，要求一个有能力的对手不能分辨真实的人脸图像和生成的图像的差别。在这个流程中，解码器通常称作一个**生成器**(generator)，其对手是一个分类器，常被称作**判别器**(discriminator)。判别器也需要训练。最自然的方式是利用你手中最好的生成器构建一个判别器，调整调整生成器来愚弄这个判别器，然后重新调整判别器，调整生成器，如此重复。在这个流程中，解码器通常称为生成器，用这个策略训练的网络称作**生成对抗网络**(generative adversarial network, GAN)。实际上，实现这些需求涉及重要的技术难题。

用 $G(\boldsymbol{z})$ 表示一个从编码 $\boldsymbol{z}$ 生成的图像，用 $D(\boldsymbol{x})$ 表示应用到图像 $\boldsymbol{x}$ 上的判别器。我们假定这个判别器能够产生一个 0 和 1 之间的数字，希望它对于任何真实图像能产生一个 1，对于任意合成的数据产生 0。现在考虑其损失函数：

$$\mathcal{C}(D,G) = \frac{1}{N_r}\sum_{\boldsymbol{x}_i \in 真实图像} \log(D(\boldsymbol{x}_i)) + \frac{1}{N_s}\sum_{\boldsymbol{z}_j \in 编码} \log(1 - D(G(\boldsymbol{z}_j)))$$

如果判别器表现非常不错(即能很好地辨别出真实的和生成的图像)，这个损失会比较大。如果生成器表现非常不错(即能够愚弄判别器)，这个损失会比较小。所以我们可以尝试通过如下方式得到 $\hat{D}$ 和 $\hat{G}$：

$$\underset{G}{\operatorname{argmin}}\, \underset{D}{\operatorname{argmax}}\, \mathcal{C}(D,G)$$

此处 G 可以是某种形式的解码器，D 可能是某种形式的分类器。用随机梯度下降/上升来解决这个问题是一个自然的选择。一个普遍的流程是重复性地固定 G，对 D 进行几次梯度上升操作，然后固定 D，对 G 进行几次梯度下降操作。这就是术语对抗的由来：生成器和判别器是对抗性的，它们在一个博弈游戏当中试图击败对方。

这种显然很简单的策略会面临实际应用和技术方面的难题。这里列举一个重要的难点。如果 G 不是那么好，但 D 是完美的，于是它对每个可能是真实的图像输出 1，对每个可能是生成的图像输出 0。然后在训练 G 的时候就没有梯度了，因为任意小的 G 的更新仍然会产生不是那么正确的图像。这意味着我们可能需要一个不是那么好的 D。实际上，我们要求 D 具有一个重要的特性：如果你想要让一个图像“更加真实”，则 D 将产生一个更大的值，如果你想要让它“更加不真实”，则 D 将产生一个小的值。这比要求 D 是一个分类器更加严格。

下面讨论第二个难点。假定存在两个截然不同的人脸的簇。我将用“戴眼镜的”和

“不戴眼镜的”做例子。原则上，如果生成器没有产生“戴眼镜的”人脸，则判别器的工作要轻松很多(任意“戴眼镜的”脸能够被识别为真实的)。但这是一个非常弱的信号——利用这个信息来强制生成器以产生“戴眼镜的”脸是困难的，特别是“戴眼镜的”这种模式在训练数据中不常见的情况下。这导致了一个普遍的现象，有时候称作**模式坍塌**(mode collapse)，即生成器倾向于产生某种特定类型的图像，而不产生其他类型的。这个现象很难通过实验来判定，因为很难判断在生成的图像当中少了什么信息。

尽管有这些警告，我们仍然能够像这样训练网络。有好的证据表明，当图像的内容被专门指定到某种类型上时(也就是说，可以产生人脸图像、房间图像，或如下所示的肺部图像，但不是一些通用的万物图像)，这样的网络能够生成相当好的图像(图 19-10)。也有好的证据表明，一个对抗损失的一般性想法能够用来很好地调整其他的生成器。例如，试图通过附加对抗损失来改善类似 VAE 网络或者自编码器的努力通常是成功的。判别器能够很容易地发现真实的图像并不会模糊。通过使用其他的损失来缓解上述警告，可以确保生成器在正确的位置启动。

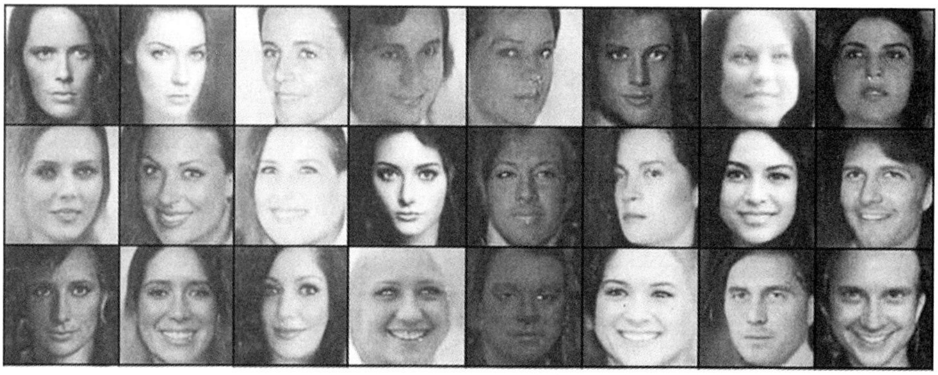

图 19-10　Celeb-A 数据集(http://mmlab.ie.cuhk.edu.hk/projects/CelebA.html)作为训练数据，用 19.3.2 节中描述的 GAN 策略的变体产生的三个批次的人脸图像。你应该注意到这些图像“一眼看上去”确实像人脸，但如果你留意一下，你会看到各式各样的诡异的眼睛、小的全局的人脸形变、怪异的嘴型，诸如此类。图片由 UIUC 的 Anand Bhattad 贡献

记住：一个对抗损失平衡一个生成器(用来生成图像)和一个判别器(试图判别一个真实的图像和一个生成的图像)。两者之间相互竞争：生成器试图愚弄判别器，而判别器试图辨别生成器的结果。利用对抗损失来训练可能需要大量技巧。

19.3.3 利用测试函数来匹配分布

我们的训练要求有一个替代性视角。你可以将由生成器产生的图像看作一个从概率分布 $P(R)$中产生的样本(R 表示重构(reconstruct))。我们很难将这个分布的形式写出来，但是从中采样却很容易——只需要采样一个随机码，然后将它提供给解码器。真实的图片可以看作是另外一个概率分布 $P(X)$的采样。我们可以对生成器进行调整，直到 $P(R)$与 $P(X)$接近“一致”。

一种测试两个分布是否“一致”的方式是检查它们的期望。例如，考虑在封闭的 0 到 1 区间的两个概率分布 $P(x)$和 $Q(x)$。选择一个足够大的函数集合 ϕ_k，用 k 作为索引变量。作为一个具体的例子，你可以考虑单项式，比如 $\phi_0=1$，$\phi_1=x$，$\phi_2=x^2$，等等。现在假定 $\mathbb{E}_{\phi_x}[P(x)]=\mathbb{E}_{\phi_x}[Q(x)]$对所有这些函数都成立。这表明，对于所有其他的函数 $f(x)$，

$\mathbb{E}_f[P(x)]$必须任意地接近 $\mathbb{E}_f[Q(x)]$。这是因为你可以用级数以任意的精度来表示 $f(x)$，所以

$$f(x) = a_o\phi_o(x) + a_1\phi_1(x) + \cdots + \text{任意小的误差}$$

所以，$P(x)$和 $Q(x)$从实用的角度来看是“一致”的。如果你学过一些形式化分析和概率，你会注意到我对大量的细节做了模糊处理，但是你有能力将这些细节补全。

全部这些表明如下的策略是必要的。构建一个测试函数集合 ϕ_k。选择一个生成器，并要求

$$\sum_k \left[\frac{1}{N_r}\sum_{x_i \in \text{真实图像}} \phi_k(\boldsymbol{x}_i) - \frac{1}{N_s}\sum_{z_j \in \text{编码}} \phi_k(G(\boldsymbol{z}_j))\right]^2$$

尽可能小。但是这里也存在一定的困难。首先，测试函数集合可能需要非常得大，这样就造成了在梯度计算等类似方面的问题。其次，这些测试函数需要在某种合理的方式下是“有用”的。所以，举个例子，一个能够提取单个像素值的测试函数不太可能会特别有用。正确的处理方式是搜索一个**“见证函数”**（witness function）——一个能够体现分布之间差异的测试函数。注意这很像前一章中的对抗交互：我们调整生成器，使得 $P(R)$与 $P(X)$接近，利用我们当前的测试函数来测量，然后我们搜索一个见证函数来强调两个分布的差异，并将这个函数添加到测试函数集合中，然后进一步利用这个新的测试函数进行调整，如此往复下去。

记住：用生成器生成图像的分布应该与训练图像的分布相匹配。一种评估分布一致性的方式是保证没有任何测试函数在训练图像和生成图像上的期望是不同的。这个准则具有对抗的成分，因为训练过程需要找出能够突出训练图像和生成图像不同的那些测试函数来。

19.3.4 通过查看距离来匹配分布

一种对比 $P(R)$和 $P(X)$的替代方法需要对近邻的点进行推理。我们考虑一维空间上的两个集合的样本$\{R_i\}$和$\{X_j\}$。为简单起见，我们对相同大小的样本集合进行推理。如果这些样本从同一个分布中产生，那么将存在 X 与任意的 R 接近，且 R 与任意的 X 接近。特别地，一个合理的相似性度量是将 X 和 R 配对，然后累加所有配对的数据距离。我们选择配对，使得每一个 X(或 R)有且仅有一个 R(或 X)，于是距离的和被最小化。这种特殊的距离能够被很容易地评估。对 R_i 进行降序排序，对 X_j 进行降序排序，然后将第一个 R_i 与第一个 X_j 进行配对，第二个 R_i 和第二个 X_j 配对，依此类推。然后我们将数据对之间的平方距离求和。

这个技巧能够很容易地扩展到多个维度。假定我们有高维的 R_i(或 X_j)。现在在这个高维空间中选择一些随机的方向，并将 R_i(或 X_j)投影到这个方向上。如果分布是一致的，则投影后的分布也是一致的。所以我们能够在任意的投影方向上获得求和结果的一个“小”的值。所以，这证明了对在多个随机投影上的距离进行平均的必要性。当然，我们需要的是一个能够突出生成器生成图像和真实图像之间的差异的方向，而这又再次涉及对抗性。这个过程看起来应该是这样的：调整生成器，使得 $P(R)$和 $P(X)$在现有的投影上彼此接近，找到一个方向，让两者看起来不同，然后利用这个投影继续调整生成器，进行下去。沿着这个方向推理能够产生相当好的生成模型，如图 19-11 所示。

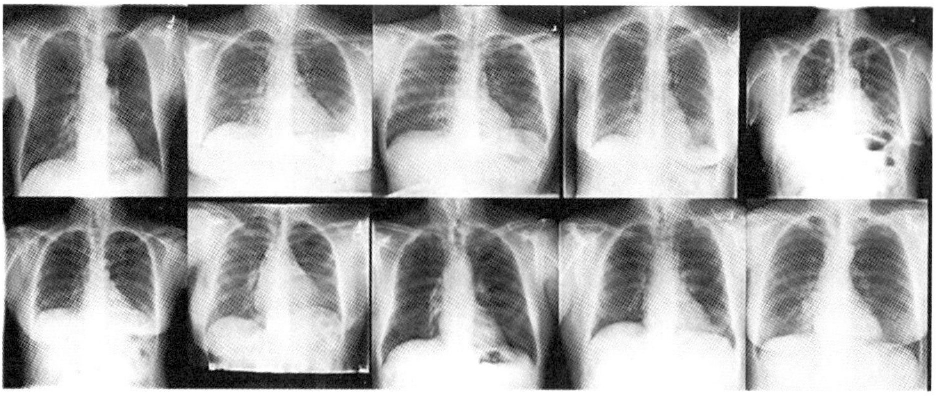

图 19-11　通过一个生成对抗网络，利用文中介绍的一维方法生成的胸部 X 光图像。图片由 UIUC 的 Ishan Deshpande 和 Alex Schwing 提供。我能够展示这些图像是因为它们并非真人的医学图像——它们是通过计算机程序产生的！

记住： 一个衡量两个分布在一个方向上的强相似性度量能够通过对点和点的距离进行推理得到。这种方法能够通过投影到一维方向上的方式扩展到处理高维分布上。这个准则也具有一个对抗性的成分，因为训练过程需要找到那些能够突出训练图像和生成图像的差异的投影方向。

编程练习

一般说明： 这些练习是建议性的，而且答案是开放式的。如果没有 *GPU* 的话，可能很难完成。你可能需要轻松地安装软件环境等。然而，这么做是值得的。

19.1　下载一个为 MNIST 数据集准备的能在你喜欢的编程环境上运行的自编码器。对 MNIST 而言，存在两种自编码器。第一种将 MNIST 数据看作图像（所以用值域在 0～1 或者 0～255 的值来表示每个像素），而第二种将它们当成二值图像（所以用 0 或者 1 来表示每个像素）。你需要第一种，从一个预训练的模型开始。

(a) 对于 MNIST 测试数据集当中的每一幅图像，计算自编码器的残差，即真实图像和通过自编码器重建的图像之间的差异，得到的残差自身也是一个图像。准备一个图，能展示平均残差和前五个主成分。每一个都是一幅图像。你应该保留正负号（即平均残差可能有正值，也可能有负值）。使这些图像更具有信息量的显示方法是使用一个中间灰度值来表示 0，暗值表示负的图像值，亮值表示正的值。你选择的尺度很重要。你应该在六个图像上分别用相同的灰度级别展示平均值和五个主成分，这个灰度级别应保证在六个图像上最大的绝对值分别是全亮或者全暗。并且平均值和五个主成分的图像对应的灰度尺度是针对各自图像进行选择的结果。

(b) 对训练数据的编码表示，计算其均值和协方差。然后利用这个均值和协方差构建一个正态分布，并从该正态分布中随机采样一些样本，将这些样本输入到解码器当中。生成的结果看起来像图像吗？

(c) 对编码表示用混合正态分布的如下方式来建模。对于每个类，在训练数据的编码上计算均值和协方差。你的混合分布是 10 个类分布的均匀加权和。现在从这个混合分布中随机采样，并将这些样本输入到解码器当中。生成的结果看起来像图像吗?

(d) 对 MNIST 图像，在自编码器生成的编码上利用随机决策森林进行分类。对比这个方法的结果和直接利用一个神经网络分类器的结果。特别注意，你需要多少已标注的训练数据来得到一个像这样对于 MNIST 图像分类任务的合理的准确率指标?

19.2 下载一个为 MNIST 数据集准备的能在你喜欢的编程环境上运行的自编码器。对 MNIST 而言，存在两种自编码器。第一种将 MNIST 数据看作图像(所以用值域在 0～1 或者 0～255 的值来表示每个像素)，而第二种将它们当成二值图像(所以用 0 或者 1 来表示每个像素)。你需要第一种。

(a) 训练一个自编码器。你能否通过数据增广来改善测试集的误差? 你应该考虑小尺度和小的图像旋转的方式。

(b) 修改这个自编码器，在编码器和解码器各加一层，并重新训练它。结果变得更好了吗?

19.3 下载一个为 CIFAR-10 数据集准备的能在你喜欢的编程环境上运行的自编码器。对 CIFAR-10 而言，存在两种自编码器。第一种将 CIFAR-10 数据看作图像(所以用值域在 0～1 或者 0～255 的值来表示每个像素)，而第二种将它们当成二值图像(所以用 0 或者 1 来表示每个像素)。你需要第一种，从一个预训练的模型开始。

(a) 对 CIFAR-10 测试数据集中的每一幅图像，计算自编码器的残差，即真实图像和通过自编码器重建的图像之间的差异，它本身也是一幅图像。准备一个图，能展示平均残差和前五个主成分。每一个都是一幅图像。你应该保留正负号(即平均残差可能有正值，也可能有负值)。使这些图像更具有信息量的显示方法是使用一个中间灰度值来表示 0，暗值表示负的图像值，亮值表示正的值。你选择的尺度很重要。你应该在六个图像上分别用相同的灰度级别展示平均值和五个主成分，这个灰度级别应保证在六个图像上最大的绝对值分别是全亮或者全暗。并且平均值和五个主成分的图像对应的灰度尺度是针对各自图像进行选择的结果。

(b) 对训练数据的编码表示，计算其均值和协方差。然后利用这个均值和协方差构建一个正态分布，并从该正态分布中随机采样一些样本，将这些样本输入到解码器当中。生成的结果看起来像图像吗?

(c) 对编码表示用混合正态分布的如下方式来建模。对于每个类，在训练数据的编码上计算均值和协方差。你的混合分布是 10 个类分布的均匀加权和。现在从这个混合分布中随机采样，并将这些样本输入到解码器当中。生成的结果看起来像图像吗?

(d) 对 CIFAR-10 图像，在自编码器生成的编码上利用随机决策森林进行分类。对比这个方法的结果和直接利用一个神经网络分类器的结果。特别注意，你需要多少已标注的训练数据来得到一个像这样对于 CIFAR-10 图像分类任务的合理的准确率指标?

19.4 下载一个为 CIFAR-10 数据集准备的能在你喜欢的编程环境上运行的自编码器。对 CIFAR-10 而言，存在两种自编码器。第一种将 CIFAR-10 数据看作图像(所以用值域在 0～1 或者 0～255 的值来表示每个像素)，而第二种将它们当成二值图像(所以用 0 或者 1 来表示每个像素)。你需要第一种。

(a) 训练一个自编码器。你能否通过数据增广来改善测试集的误差？你应该考虑小尺度和小的图像旋转的方式。

(b) 修改这个自编码器，在编码器和解码器各加一层，并重新训练它。结果变得更好了吗？

19.5 我们将评估一个用在 MNIST 数据集上的变分自编码器。找到(或者自己写一个，但这并非硬性要求)一个变分自编码器。用 MNIST 数据训练这个自编码器。仅用 MNIST 训练集。

(a) 我们现在需要判定这个自编码器产生的编码的内插结果有多好。对 10 对随机选择的 MNIST 测试图像当中对应**相同**数字的数据对，计算图像对当中每一幅图像的编码。现在在这些编码对之间计算 7 个等间隔分布的线性内插结果，并将这些结果解码成图像。准备一个图来展示这些内插。将每个内插的图排成一行。在行的左边是第一个测试图像，然后是最接近它的内插编码的解码图，等等，直到最右边的另外一张测试图像。你应该得到 10 行、9 列的图像。

(b) 对 10 对随机选择的 MNIST 测试图像当中对应**不同**数字的数据对，计算图像对当中每一幅图像的编码。现在在这些编码对之间计算 7 个等间隔分布的线性内插结果，并将这些结果解码成图像。准备一个图来展示这些内插。将每个内插的图排成一行。在行的左边是第一个测试图像，然后是最接近它的内插编码的解码图，等等，直到最右边的另外一张测试图像。你应该得到 10 行、9 列的图像。

(c) 在训练数据上计算编码的均值和方差。现在从这个均值和方差对应的正态分布中随机采样一些样本，并将其输入到解码器当中。生成的结果看起来像图像吗？

(d) 对编码表示用混合正态分布的如下方式来建模。对于每个类，在训练数据的编码上计算均值和协方差。你的混合分布是十个类分布的均匀加权和。现在从这个混合分布中随机采样，并将这些样本输入到解码器当中。生成的结果看起来像图像吗？

(e) 对 MNIST 图像，在变分自编码器生成的编码上利用随机决策森林进行分类。对比这个方法的结果和直接利用一个神经网络分类器的结果。特别注意，你需要多少已标注的训练数据来得到一个像这样对于 MNIST 图像分类任务的合理的准确率指标？

推荐阅读

机器学习：算法视角（原书第15版）

作者：Stephen Marsland 译者：高阳 商琳 等 ISBN：978-7-111-62226-0 定价：99.00元

当计算机体系结构遇到深度学习

作者：Brandon Reagen 等 译者：杨海龙 王锐 ISBN：978-7-111-62248-2 定价：69.00元

机器学习基础

作者：Mehryar Mohri 等 译者：张文生 等 ISBN：978-7-111-62218-5 定价：待定

机器学习精讲：基础、算法及应用

作者：Jeremy Watt 等 译者:杨博 等 ISBN：978-7-111-61196-7 定价：69.00元

基于复杂网络的机器学习方法

作者：Thiago Christiano Silva 等 译者:李泽荃 等 ISBN：978-7-111-61149-3 定价：79.00元

卷积神经网络与视觉计算

作者：Ragav Venkatesan 等 译者：钱亚冠 等 ISBN：978-7-111-61239-1 定价：59.00元

推荐阅读

机器学习：贝叶斯和优化方法（英文版）

作者：[希] 西格尔斯·西奥多里蒂斯 等 ISBN：978-7-111-56526-0 定价：269.00元

本书对所有主要的机器学习方法和最新研究趋势进行了深入探索，既涵盖基于优化技术的概率和确定性方法，也包含基于层次化概率模型的贝叶斯推断方法。这些背景各异、用途广泛的方法盘根错节，而本书站在全景视角将其一一打通，形成了明晰的机器学习知识体系。书中各章内容相对独立，在讲解机器学习方法时专注于数学理论背后的物理推理，给出数学建模和算法实现，并辅以应用实例和习题，适合该领域的科研人员和工程师阅读，也适合学习模式识别、统计/自适应信号处理和深度学习等课程的学生参考。

深入理解机器学习：从原理到算法

作者：[以] 沙伊·沙莱夫-施瓦茨 [加] 沙伊·本-戴维 ISBN：978-7-111-54302-2 定价：79.00元

机器学习是计算机科学中发展最快的领域之一，实际应用广泛。这本教材的目标是从理论角度提供机器学习的入门知识和相关算法范式。本书全面地介绍了机器学习背后的基本思想和理论依据，以及将这些理论转化为实际算法的数学推导。在介绍了机器学习的基本内容后，本书还覆盖了此前的教材中一系列从未涉及过的内容。其中包括对学习的计算复杂度、凸性和稳定性的概念的讨论，以及重要的算法范式的介绍（包括随机梯度下降、神经元网络以及结构化输出学习）。同时，本书引入了最新的理论概念，包括PAC-贝叶斯方法和压缩界。本书为高等院校本科高年级和研究生入门阶段而设计，不仅计算机、电子工程、数学统计专业学生能轻松理解机器学习的基础知识和算法，其他专业的读者也能读懂。